"十二五"普通高等教育本科国家级规划教材　计算机系列教材

殷人昆　郑人杰　马素霞　白晓颖　编著

实用软件工程
（第三版）

清华大学出版社
北京

内容简介

本书是《实用软件工程》的第三版。本书的第二版出版后,在国内被许多学校和培训班用作教材,部分内容被其他相关教材多次引用,受到普遍好评。由于本领域在近年来发展极快,新的知识和技术不断涌现,如果限于一本教材,难于反映全貌,也无法授人以渔,故第三版分为"开发篇"——《实用软件工程(第三版)》与"管理篇"——《实用软件工程高级教程(第三版)》两册。本册"开发篇"共 10 章,系统地介绍了软件工程的概念、方法和技术,包括软件生存周期、需求分析、设计、编码、测试、维护等;另一册"管理篇"共 8 章,系统地介绍了软件工程管理、软件过程、质量和质量保证、可靠性、软件标准和文档、软件工具、MDA 和 SOA 等。本书力图让学习者不但能理解相关知识,而且能学会运用相关技能。

本册适用于计算机专业的本科生、非计算机专业的本科生和研究生;"管理篇"适用于计算机专业的研究生和其他学习软件工程的专业人员,也可用作培训班的教材。

本书封面贴有清华大学出版社防伪标签,无标签者不得销售。
版权所有,侵权必究。举报: 010-62782989, beiqinquan@tup.tsinghua.edu.cn。

图书在版编目(CIP)数据

实用软件工程 / 殷人昆等编著. —3 版. —北京: 清华大学出版社,2010.11(2024.8重印)
(计算机系列教材)
ISBN 978-7-302-22200-2

Ⅰ. ①实… Ⅱ. ①殷… Ⅲ. ①软件工程—高等学校—教材 Ⅳ. ①TP311.5

中国版本图书馆 CIP 数据核字(2010)第 036525 号

责任编辑: 郑寅堃
责任校对: 白 蕾
责任印制: 刘海龙

出版发行: 清华大学出版社
            网　　址: https://www.tup.com.cn, https://www.wqxuetang.com
            地　　址: 北京清华大学学研大厦 A 座   邮　　编: 100084
            社 总 机: 010-83470000   邮　　购: 010-62786544
            投稿与读者服务: 010-62776969, c-service@tup.tsinghua.edu.cn
            质 量 反 馈: 010-62772015, zhiliang@tup.tsinghua.edu.cn
印 装 者: 北京鑫海金澳胶印有限公司
经　　销: 全国新华书店
开　　本: 185mm×260mm   印　　张: 33.5   字　　数: 805 千字
印　　次: 2024 年 8 月第 18 次印刷
印　　数: 40001~40800
定　　价: 85.00 元

产品编号: 032414-03

普通高等教育"十一五"国家级规划教材　计算机系列教材　编委会

主　　任：周立柱

副 主 任：王志英　李晓明

编委委员：（按姓氏笔画为序）

　　　　　汤志忠　孙吉贵　杨　波

　　　　　岳丽华　钱德沛　谢长生

　　　　　蒋宗礼　廖明宏　樊晓桠

责任编辑：马瑛珺

前言

本书第二版自 1997 年发行以来，已经历了十多个年头。近年来它成为许多高等学校计算机相关专业软件工程课的首选教材，已经拥有了二十几万的读者。在这十几年中，软件技术以及与其相关的计算机系统和网络技术都已取得了长足的进步，原书内容的调整与更新自然已成为适应趋势之必需。然而，在进行第三版的修订之时，作者仍然力图坚守第一、第二版的选材原则，希望继续体现简明与实用。当然，过于简短并不能充分地阐述软件工程的基本概念、基本原则与基本方法，也将无法满足广大读者的需求，指导软件工程实践。

为此第三版保留了软件生存期过程的基本内容，包括软件需求、设计、实现、测试和维护等，同时增加了统一建模语言 UML，扩充了面向对象方法，以此来满足高校计算机相关专业本科教学的要求。另一方面，把涉及软件管理，包括项目管理、配置管理、质量管理、软件过程、软件工程标准以及软件工具的内容分离出来，另成一册，并增加了体现软件面向服务(SOA)的内容，以期适应研究生教学的要求。

关于如何把握好内容的更新，我们认为，正是由于本书的主要读者对象是初学者，他们在学习中更应着重掌握好软件工程的基本知识和基本内容，而不是一味地求新。例如，当前在一些软件开发组织中流行着"敏捷开发方法"，尽管该方法具有简单、灵活的优点，我们仍然不主张初学者从敏捷开发入手。毋庸置疑，传统的软件工程方法有助于培养严谨的思维、规范化的作风和工程实践，而这一点恰是软件工程师的职业生涯中必不可缺和至关重要的。还是先学走再学跑为妥，否则本末倒置，也许掌握了技巧却丢掉了基本功，那种"捷径"是不可取的。

在内容更新方面需要说明的另一点是软件标准的更新。由于软件工程的规范化实践很大程度上体现在能否遵循和参考软件工程标准，为此，必须及时地跟踪新的国际标准以及最新修订的国家标准。本书的第三版已尽可能选用了最新标准版本予以介绍，并希望通过这一部分让读者建立软件工程标准化的概念。

以下几位作者参与了第三版的工作：马素霞教授负责编写软件设计工程、体系结构设计与设计模式、软件配置管理及软件工具与环境等部分；本人负责编写软件质量管理、软件过程、软件工程标准及软件文档部分；其余部分由殷人昆教授和白晓颖副教授编写。

读者若有反馈意见请径告作者或由清华大学出版社(zhengyk@tup.tsinghua.edu.cn)转告。

郑人杰
2010 年 8 月

目录

第1章 软件工程概述 /1
- 1.1 软件的概念、特点和分类 /1
  - 1.1.1 软件的概念及特点 /1
  - 1.1.2 软件的分类 /2
  - 1.1.3 软件的发展及软件危机 /3
- 1.2 软件工程 /5
  - 1.2.1 软件工程的定义 /5
  - 1.2.2 软件工程的框架 /6
  - 1.2.3 软件工程知识体系及知识域 /7
  - 1.2.4 软件工程的基本原理 /10
- 1.3 软件生存周期与软件过程 /11
  - 1.3.1 软件生存周期的基本任务 /11
  - 1.3.2 软件过程 /13
- 1.4 软件过程模型 /13
  - 1.4.1 瀑布模型 /14
  - 1.4.2 快速原型模型 /15
  - 1.4.3 形式化系统开发模型 /16
  - 1.4.4 面向复用的开发模型 /17
  - 1.4.5 增量模型 /18
  - 1.4.6 螺旋模型 /19
  - 1.4.7 喷泉模型 /21
  - 1.4.8 智能模型 /21
  - 1.4.9 快速应用开发模型 /22
  - 1.4.10 Rational统一开发过程 /24
- 1.5 问题解决和范型 /26
  - 1.5.1 范型 /27
  - 1.5.2 流行的范型 /27

第2章 计算机系统工程 /32
- 2.1 基于计算机的系统 /32
- 2.2 计算机系统工程 /33

目录

  2.2.1 识别用户的要求 /33
  2.2.2 系统分析和结构设计 /35
  2.2.3 可行性研究 /36
  2.2.4 建立成本和进度的限制 /36
  2.2.5 生成系统需求规格说明 /36
 2.3 系统分析与结构设计 /38
  2.3.1 系统分析的层次 /38
  2.3.2 业务过程工程和产品工程建模 /39
  2.3.3 系统模型模板 /41
  2.3.4 系统文档与评审 /45
 2.4 可行性研究 /46
  2.4.1 经济可行性 /46
  2.4.2 技术可行性 /49
  2.4.3 法律可行性 /50
  2.4.4 用户操作可行性 /50
  2.4.5 方案的选择和折衷 /50
  2.4.6 可行性研究报告 /51
 2.5 其他系统描述方法 /52
  2.5.1 系统框图和系统流程图 /52
  2.5.2 HIPO建模 /53

第3章 面向对象方法与UML /57
 3.1 面向对象系统的概念 /57
  3.1.1 面向对象系统的概念 /57
  3.1.2 对象 /58
  3.1.3 类与封装 /59
  3.1.4 继承 /60
  3.1.5 多态性和动态绑定 /61
  3.1.6 消息通信 /62
  3.1.7 对象生存周期 /63
 3.2 统一建模语言UML概述 /63
  3.2.1 什么是建模 /63
  3.2.2 UML发展历史 /64

目录

  3.2.3　UML 的特点　/65
  3.2.4　UML 的视图　/66
 3.3　UML 的模型元素　/67
  3.3.1　UML 的事物　/68
  3.3.2　UML 中的关系　/69
 3.4　UML 中的图　/75
  3.4.1　外部视图　/75
  3.4.2　内部视图　/80
 3.5　UML 的元模型结构　/86
 3.6　UML 建模工具 Rational Rose　/87
  3.6.1　Rose 的特点　/88
  3.6.2　Rose 简介　/89
  3.6.3　Rose 的基本操作　/90
  3.6.4　在 Rose 环境下建立 UML 模型　/93

第 4 章　软件需求工程　/108

 4.1　软件需求工程基础　/108
  4.1.1　软件需求的定义和层次　/108
  4.1.2　软件需求工程过程　/111
  4.1.3　需求工程方法　/114
 4.2　需求获取　/115
  4.2.1　需求获取的任务和原则　/115
  4.2.2　需求获取的过程　/116
  4.2.3　需求的表达　/120
  4.2.4　用逆向沟通改善需求的质量　/123
 4.3　传统的分析建模方法　/124
  4.3.1　数据建模　/125
  4.3.2　功能建模　/127
  4.3.3　行为建模　/132
  4.3.4　数据字典　/136
  4.3.5　基本加工逻辑说明　/139
 4.4　面向对象的分析建模方法　/142
  4.4.1　面向对象分析建模概述　/142

目录

    4.4.2 识别类或对象 /143
    4.4.3 识别关系(结构) /149
    4.4.4 标识类的属性和服务 /150
    4.4.5 分析模型评审 /152
  4.5 原型化方法 /153
    4.5.1 软件原型的分类 /153
    4.5.2 快速原型开发模型 /154
    4.5.3 原型开发技术 /157
  4.6 需求规格说明 /159
    4.6.1 软件需求规格说明的目标 /159
    4.6.2 软件需求规格说明编制的原则 /159
    4.6.3 软件需求规格说明模板 /161
    4.6.4 SRS 和 DRD 的质量要求 /163
  4.7 软件需求评审 /165
    4.7.1 正式的需求评审 /165
    4.7.2 需求评审中的常见风险 /167
  4.8 软件需求管理 /167
    4.8.1 需求管理的概念 /167
    4.8.2 需求规格说明的版本控制 /168
    4.8.3 需求跟踪 /169
    4.8.4 需求变更请求的管理 /172

第5章 软件设计工程 /175
  5.1 软件设计的目标与准则 /175
    5.1.1 性能准则 /175
    5.1.2 可靠性准则 /175
    5.1.3 成本准则 /176
    5.1.4 维护准则 /176
    5.1.5 最终用户准则 /177
  5.2 软件设计工程的任务 /177
    5.2.1 软件设计的概念 /177
    5.2.2 软件设计的阶段与任务 /178
    5.2.3 软件设计的过程 /179

目录

5.3 创建良好设计的原则 /180
    5.3.1 分而治之和模块化 /180
    5.3.2 模块独立性 /181
    5.3.3 尽量降低耦合性 /181
    5.3.4 尽量提高内聚性 /184
    5.3.5 提高抽象层次 /186
    5.3.6 复用性设计 /187
    5.3.7 灵活性设计 /187
    5.3.8 预防过期 /188
    5.3.9 可移植性设计 /188
    5.3.10 可测试性设计 /188
    5.3.11 防御性设计 /189
5.4 传统的面向过程的设计方法 /189
    5.4.1 结构化设计与结构化分析的关系 /190
    5.4.2 软件结构及表示工具 /190
    5.4.3 典型的数据流类型和系统结构 /194
    5.4.4 变换流映射 /197
    5.4.5 事务流映射 /200
    5.4.6 软件模块结构改进的方法 /201
    5.4.7 接口设计 /205
5.5 面向对象的系统设计 /205
    5.5.1 子系统分解 /206
    5.5.2 问题域部分的设计 /208
    5.5.3 人机交互部分的设计 /210
    5.5.4 任务管理部分的设计 /213
    5.5.5 数据管理部分的设计 /214
5.6 对象设计 /216
    5.6.1 使用模式设计对象 /216
    5.6.2 接口规格说明设计 /220
    5.6.3 重构对象设计模型 /222
    5.6.4 优化对象设计模型 /222
5.7 处理过程设计 /223
    5.7.1 结构化程序设计 /223

5.7.2　程序流程图　/224
　　　5.7.3　N-S 图　/227
　　　5.7.4　PAD 图　/228
　　　5.7.5　程序设计语言 PDL　/230
　　　5.7.6　判定表　/230
　　　5.7.7　HIPO　/232
　5.8　软件设计规格说明　/232
　　　5.8.1　软件(结构)设计说明(SDD)　/232
　　　5.8.2　数据库(顶层)设计说明(DBDD)　/233
　　　5.8.3　接口设计说明(IDD)　/234
　5.9　软件设计评审　/235
　　　5.9.1　概要设计评审的检查内容　/235
　　　5.9.2　详细设计评审的检查内容　/236

第6章　体系结构设计与设计模式　/238

　6.1　软件体系结构的概念　/238
　　　6.1.1　什么是体系结构　/238
　　　6.1.2　体系结构的重要作用　/239
　　　6.1.3　构件的定义与构件之间的关系　/239
　6.2　体系结构设计与风格　/241
　　　6.2.1　体系结构设计的过程　/241
　　　6.2.2　系统环境表示　/241
　　　6.2.3　体系结构的结构风格　/242
　　　6.2.4　体系结构的控制模型　/247
　　　6.2.5　体系结构的模块分解　/249
　6.3　特定领域的软件体系结构　/250
　　　6.3.1　类属模型　/250
　　　6.3.2　参考模型　/251
　6.4　分布式系统结构　/252
　　　6.4.1　多处理器体系结构　/252
　　　6.4.2　客户机/服务器体系结构　/252
　　　6.4.3　分布式对象体系结构　/256

目录

    6.4.4 代理 /257
    6.4.5 聚合和联邦体系 /258
  6.5 软件体系结构的评价 /260
  6.6 体系结构描述语言 /261
  6.7 设计模式 /262
    6.7.1 什么是设计模式 /263
    6.7.2 设计模式分类 /264
    6.7.3 创建型设计模式 /264
    6.7.4 结构型设计模式 /271
    6.7.5 行为型设计模式 /281
    6.7.6 设计模式如何解决设计问题 /294
    6.7.7 如何使用设计模式 /298

第7章 软件实现 /300

  7.1 软件实现的过程与任务 /300
  7.2 程序设计方法概述 /301
    7.2.1 结构化程序设计 /302
    7.2.2 面向对象的程序设计方法 /304
    7.2.3 极限编程 /308
  7.3 编程风格与编码标准 /312
    7.3.1 源程序文档化 /312
    7.3.2 数据说明规范化 /314
    7.3.3 程序代码结构化 /315
    7.3.4 输入/输出风格可视化 /318
    7.3.5 编程规范 /320
  7.4 编程语言 /324
    7.4.1 编程语言特性的比较 /325
    7.4.2 编程语言的分类 /328
    7.4.3 编程语言的选择 /334
  7.5 程序效率与性能分析 /335
    7.5.1 算法对效率的影响 /335

目录

  7.5.2　影响存储器效率的因素　/336
  7.5.3　影响输入/输出的因素　/336
 7.6　程序复杂性　/336
  7.6.1　代码行度量法　/337
  7.6.2　McCabe 度量法　/337
  7.6.3　Henry-Kafura 的信息流度量　/339
  7.6.4　Thayer 复杂性度量　/339
  7.6.5　Halstead 的软件科学　/341
  7.6.6　软件复杂性的综合度量　/343

第 8 章　软件测试工程　/344
 8.1　软件测试的任务　/344
  8.1.1　软件测试的目的和定义　/344
  8.1.2　软件测试的原则　/345
  8.1.3　软件测试的对象　/347
  8.1.4　测试信息流　/347
  8.1.5　软件测试的生存周期模型　/348
  8.1.6　软件的确认和验证　/349
  8.1.7　软件测试文档　/349
 8.2　软件错误　/352
  8.2.1　按错误的影响和后果分类　/352
  8.2.2　按错误的性质和范围分类　/352
  8.2.3　按软件生存周期阶段分类　/353
  8.2.4　错误统计　/354
 8.3　人工测试　/354
  8.3.1　桌面检查　/354
  8.3.2　代码检查　/356
  8.3.3　走查　/358
 8.4　软件开发生存周期中的测试活动　/359
  8.4.1　软件需求分析阶段的测试活动　/360
  8.4.2　软件设计阶段的测试活动　/361
  8.4.3　编程及单元测试阶段的测试活动　/363
  8.4.4　集成测试阶段的测试活动　/364

目录

　8.4.5　系统测试阶段的测试活动　/366
　8.4.6　验收测试　/366
　8.4.7　运行和维护阶段的测试活动　/367
　8.4.8　回归测试　/368
8.5　面向对象的测试　/369
　8.5.1　面向对象软件测试的问题　/369
　8.5.2　面向对象软件测试的模型　/371
　8.5.3　面向对象分析的测试　/372
　8.5.4　面向对象设计的测试　/372
　8.5.5　面向对象编程的测试　/373
　8.5.6　面向对象程序的单元测试　/373
　8.5.7　面向对象程序的集成测试　/373
　8.5.8　面向对象软件的系统测试　/374
8.6　单元测试　/374
　8.6.1　单元测试的定义和目标　/374
　8.6.2　单元测试环境　/375
　8.6.3　单元测试策略　/376
　8.6.4　单元测试分析　/377
　8.6.5　面向对象程序的单元测试　/379
8.7　集成测试　/381
　8.7.1　集成测试的定义和目标　/381
　8.7.2　集成测试环境　/381
　8.7.3　集成测试策略　/382
　8.7.4　集成测试分析　/387
　8.7.5　面向对象程序的集成测试　/390
8.8　系统测试　/391
　8.8.1　系统测试的定义与目标　/391
　8.8.2　系统测试环境　/391
　8.8.3　系统测试策略　/392
　8.8.4　系统测试分析　/400
8.9　程序调试　/401
　8.9.1　程序调试的步骤　/401
　8.9.2　几种主要的调试方法　/402

8.9.3 调试的原则 /404

第9章 软件测试用例设计 /406
9.1 测试用例设计概述 /406
    9.1.1 测试用例的重要性 /406
    9.1.2 测试用例数和软件规模的关系 /407
    9.1.3 测试用例设计说明的书写规范 /407
9.2 软件测试用例设计方法 /409
    9.2.1 黑盒测试方法(Black-Box Testing) /409
    9.2.2 白盒测试方法(White-Box Testing) /410
9.3 白盒测试用例设计方法 /411
    9.3.1 逻辑覆盖 /411
    9.3.2 判定和循环结构测试 /416
    9.3.3 基本路径测试 /418
9.4 黑盒测试用例设计方法 /420
    9.4.1 等价类划分 /420
    9.4.2 边界值分析 /424
    9.4.3 判定表法 /426
    9.4.4 因果图法 /428
    9.4.5 其他黑盒测试用例设计方法 /431
    9.4.6 选择测试方法的综合策略及工作步骤 /432
9.5 单元测试用例设计 /433
    9.5.1 单元测试用例设计的步骤 /433
    9.5.2 单元测试用例设计方法 /434
    9.5.3 构建类声明的测试用例 /437
    9.5.4 根据状态图构建测试用例 /440
9.6 集成测试的测试用例设计 /442
    9.6.1 集成测试用例设计的步骤 /442
    9.6.2 基于协作图生成集成测试用例设计 /443
    9.6.3 继承关系的测试用例设计 /449
9.7 系统测试用例的设计 /450

目录

9.7.1 基于场景设计测试用例 /450
9.7.2 基于功能图设计测试用例 /455
9.7.3 基于有限状态机的系统级线索设计测试用例 /457
9.7.4 基于UML的系统级线索测试用例设计 /461

第10章 软件维护 /462

10.1 软件维护的概念 /462
 10.1.1 软件维护的定义 /462
 10.1.2 影响维护工作量的因素 /463
 10.1.3 软件维护的策略 /464
 10.1.4 维护成本 /465

10.2 软件维护的活动 /466
 10.2.1 维护机构 /466
 10.2.2 软件维护申请报告 /466
 10.2.3 软件维护过程模型 /467
 10.2.4 软件维护的一般工作流程 /468
 10.2.5 维护记录文档 /469
 10.2.6 维护评价 /469

10.3 程序修改的步骤及修改的副作用 /470
 10.3.1 结构化维护与非结构化维护 /470
 10.3.2 软件维护面临的问题 /471
 10.3.3 分析和理解程序 /472
 10.3.4 评估修改范围 /474
 10.3.5 修改程序 /474
 10.3.6 重新验证程序 /476

10.4 面向对象软件的维护 /478

10.5 软件可维护性 /480
 10.5.1 可维护性的外部视图 /480
 10.5.2 影响可维护性的内部质量属性 /481
 10.5.3 其他可维护性的度量 /483

10.6 提高可维护性的方法 /488

10.6.1 建立明确的软件质量目标和优先级 /488
10.6.2 使用提高软件质量的技术和工具 /488
10.6.3 进行明确的质量保证审查 /492
10.6.4 选择可维护的程序设计语言 /495
10.6.5 改进程序的文档 /496
10.7 遗留系统的再工程 /496
10.7.1 遗留系统的演化 /496
10.7.2 软件再工程 /498
10.7.3 遗留系统的现代化改造的过程 /501
10.7.4 重构与逆向工程 /502
10.7.5 系统体系结构的重构 /505
10.7.6 程序理解策略和模型 /507
10.7.7 影响程序理解的因素及对策 /509

参考文献 /511

第 1 章　软件工程概述

自从 1968 年在 NATO 的一次会议上正式提出"软件工程"的概念以来,软件工程学科得到了迅速的发展,在指导人们科学地开发软件、制作软件产品、集成计算机系统、保证软件产品的质量、按期并以合理的成本完成软件产品的生产等方面起到了巨大的作用。近四十多年来,软件工程已逐步成为计算机和信息产业的支柱,或不可分割的部分。本章主要介绍软件和软件工程的相关概念,并概要地介绍软件过程的有关知识。

1.1　软件的概念、特点和分类

1.1.1　软件的概念及特点

"软件(Software)"一词是在 20 世纪 60 年代出现的。一般认为,软件是计算机系统中的一个重要组成部分,从系统工程角度来看,它作为系统元素,与计算机硬件、人、数据库、过程等共同构成计算机系统。

软件由两部分组成:计算机程序及其相关文档。其中,计算机程序是按事先设计的功能和性能要求执行的指令序列;文档是与程序开发、维护和使用有关的图文材料,它又可分为系统文档、用户文档和 Web 站点。系统文档用于描述系统的结构;用户文档针对软件产品解释如何使用系统;Web 站点用于下载系统信息。

更细致地探讨,"软件"可具有三层含义:一是个体含义,软件是指计算机系统中的某个程序及其文档;二是整体含义,软件是指在特定计算机系统中所有个体含义的软件的总体;三为学科含义,软件是指在开发、使用和维护前述含义下的软件所涉及的理论、原则、方法、技术所构成的学科,在这种含义下,软件也可称为软件学。

软件是用户与硬件之间的接口。要使用计算机,就必须编制程序,必须有软件。用户主要通过软件与计算机进行交互。软件在计算机系统中起指挥、管理作用。计算机系统工作与否,做什么以及如何做,都是听命于软件的。

软件具有的特点有以下几点。

(1) 软件是一种逻辑实体,而不是具体的物理实体,因而它具有抽象性。这个特点使它和计算机硬件,或是其他工程对象有着明显的差别。人们可以把它记录在介质上,但却无法看到软件的形态,必须通过观察、分析、思考、判断,去了解它的功能、性能及其他特性。

(2) 软件是开发出来的,不是制造出来的。软件没有明显的制造过程,因而软件的质量主要取决于软件的"开发"。在开发过程中,通过人们的智力活动和有效的管理,把知识与技术转化成信息产品。一旦某一软件产品开发成功,以后就可以大量地复制同一内容的副本。

(3) 软件可能被废弃,但不会被用坏。在软件的运行和使用期间,没有硬件那样的机械磨损、短路、用坏等问题。任何机械、电子设备在运行和使用中,其失效率大都遵循如图 1.1(a)所示的 U 形曲线(即浴盆曲线)。而软件的情况与此不同,因为它存在失效与退化问题,必须要多次修改(维护)软件,如图 1.1(b)所示。当然,随着时间的不断推移,软件最终会由于不适应环境或需求的变化而被废弃。

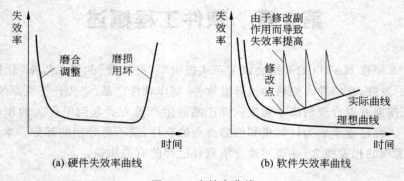

图 1.1　失效率曲线

(4) 以往的软件大多是定制的,而不是装配的。以前很少有类似于硬件"零部件"的软件"零部件"。即使有,也多为具有完整功能的软件产品或具有独立功能的模块,而不是"零件"或"部件"。因此,软件大多是为用户专门"定制"的,而不是用现成的软件零部件"装配"而成的。现在,这种情况正在改变,面向对象技术和构件技术的迅速发展,开发出越来越多的软件部件(或称为软件组件、软件构件),可以像硬件产品那样,实现一定程度的"即插即用"。

(5) 软件的开发和运行常常受到计算机系统的限制,对计算机系统有着不同程度的依赖性。软件不能完全摆脱硬件单独活动,在开发和运行中必须以硬件提供的条件为依据。而有的软件则依赖于某个操作系统。

1.1.2　软件的分类

因为针对不同类型的工程对象,对其进行开发和维护有着不同的要求和处理方法,所以目前还找不到一个统一的严格分类标准。按照软件的作用,一般可以将软件做如下分类。

(1) 系统软件——系统软件是能与计算机硬件紧密配合在一起,使计算机系统各个部件、相关的软件和数据协调、高效工作的软件。例如,操作系统、编译软件、数据库管理系统、设备驱动程序以及通信和网络处理程序等。系统软件在运行时需要频繁地与硬件交互,以提供有效的用户服务和资源的共享,其间伴随着复杂的进程管理和复杂的数据结构处理。系统软件是计算机系统必不可少的一个组成部分。

(2) 应用软件——应用软件是在系统软件的支持下,在特定领域内开发,为特定目的服务的一类软件。现在几乎所有的国民经济领域都使用了计算机,为这些计算机应用领域服务的应用软件种类繁多,其中商业数据处理软件是所占比例最大的一类,工程与科学计算软件大多属于数值计算问题。此外,应用软件在计算机辅助设计/制造(CAD/CAM)、系统仿真、实时控制、智能产品嵌入软件(如汽车油耗控制、仪表盘数字显示、刹车系统),以及人工智能软件(如专家系统、模式识别)等方面大显神通,使得传统的产业部门面目一新,带给人们的是惊人的生产效率和巨大的经济效益。而在事务管理、办公自动化方面的软件也在企事业机关迅速推广,中文信息处理、计算机辅助教学(CAI)等软件使得计算机向家庭普及,甚至连儿童也能在计算机上进行学习和游戏。

(3) 支撑软件——支撑软件亦称为工具软件,是协助用户开发软件的工具性软件,其中包括帮助程序人员开发软件产品的工具，也包括帮助管理人员控制开发进程的工具。支撑软件可分为纵向支撑软件和横向支撑软件。纵向支撑软件是指支持软件生存周期各个阶段特定软件工程活动所使用的软件工具，如需求分析工具、设计工具、编码工具、测试工具、维护工具等；横向支撑软件是指支持整个软件生存周期各个活动所使用的软件工具，如项目管理工具、配置管理工具等。20世纪90年代中后期发展起来的软件开发环境以及后来开发的中间件可看成是现代支撑软件的代表。软件开发环境主要包括环境数据库、各种接口软件和工具组，三者形成整体，协同支撑软件的开发与维护。

（4）可复用软件——最初实现的典型可复用软件是各种标准函数库，通常是由计算机厂商提供的系统软件的一部分。这些标准函数库中的标准函数可以不加改造，直接在新开发的程序中使用。后来可复用的范围扩展到算法之外，数据结构也可以复用。到了20世纪90年代，作为复用的基础，可复用的范围从代码复用发展到体系结构的复用、开发过程的复用。特别是，面向对象开发方法的核心思想就是基于复用的，为此，建立了可复用的类库、应用程序库等，其中的可复用成分称为可复用构件。在开发新的软件时，可以对已有的可复用构件稍加修改，或不加修改，通过继承复用所需的属性或服务。

1.1.3 软件的发展及软件危机

自20世纪40年代出现了世界上第一台计算机以后，就有了程序的概念。其后经历了几十年的发展，计算机软件经历了三个发展阶段。

1. 程序设计阶段（1946～1956年）

这一阶段从第一台计算机上的第一个程序出现持续到实用的高级程序设计语言出现以前。当时计算机的应用领域较窄，主要是科学计算。就一项计算任务而言，输入、输出量并不大，但计算量却较大，主要是处理一些数值数据。机器结构以中央处理器为中心，存储容量较小。编制程序所用的工具是低级语言，即以机器基本指令集为主的机器语言和在机器语言基础上稍加符号化的汇编语言。这一阶段系统开发的主要特点是：

（1）程序设计是一种由人发挥创造才能的技术领域。编写出的程序只要能在计算机上运行速度快、占用内存少，并能得出正确的结果，程序的写法就可以不受任何约束，而很少考虑到结构清晰、可读性和可维护性。程序开发人员把自己编写的程序看做是按个人意图创造的"艺术品"，过于强调编程技巧。

（2）程序开发者只是为了满足自己的需要。这种自给自足的个体生产方式效率低下，程序的设计和编制工作复杂、烦琐、费时和易出差错。研究范围局限于科学计算程序、服务性程序和程序库，研究对象是顺序程序。对和程序有关的文档的重要性认识不足。

2. 程序系统阶段（1956～1968年）

这一阶段从实用的高级程序设计语言出现持续到软件工程出现。随着计算机应用领域的逐步扩大，除了科学计算继续发展以外，还增加了大量的数据处理问题，其性质和科学计算有明显区别。就一项计算任务而言，计算量不大，但输入、输出量却较大。这时，机器结构转向以存储控制为中心，出现了大容量的存储器，外围设备也随之迅速发展。为了提高程序人员的工作效率，采用了实用的高级程序设计语言；为了充分利用系统资源，出现了操作系统；为了适应大量数据处理问题的需要，开始使用数据库及其管理系统。在20世纪50年代后期，人们逐渐认识到和程序有关的文档的重要性，开始将程序及其有关的文档融为一体。

在软件发展的这个阶段,由于软件的复杂程度提高,规模增大,研制周期变长,而软件技术的进步不能满足发展的要求,软件质量得不到保证,成本不断上升,软件开发的生产率无法提高,致使问题积累起来,形成了日益尖锐的矛盾。这就导致了软件危机。

软件危机主要体现在软件开发进度无法预测,成本增长无法控制,软件可靠性没有保证,软件维护费用大幅上升,开发人员无限增多,软件产品无法满足用户的要求等几个方面。

问题归结起来有:

(1) 缺乏软件开发的经验和有关软件开发数据的积累,使得开发工作的计划很难制定。主观盲目地制定计划,执行起来和实际情况有很大差距,致使常常增加经费预算。由于工作量估计不准确,进度计划无法遵循,因此开发工作完成的期限一拖再拖。

(2) 软件需求,在开发的初期阶段提得不够明确,或是未能得到确切的表达。开发工作开始后,软件人员和用户又未能及时交换意见,使得一些问题不能及时解决而隐藏下来,造成开发后期矛盾的集中暴露。

(3) 开发过程没有统一、公认的方法论和规范指导,参加的人员各行其是,加之设计和实现过程的资料很不完整,或忽视了每个人工作与其他人的接口,对发现的问题只能修修补补,降低了程序和文档的可读性,使得软件很难维护。

(4) 未能在测试阶段充分做好检测工作,提交用户的软件质量差,在运行中暴露出大量的问题。在应用领域工作的不可靠软件,轻者影响系统的正常工作,重者发生事故,甚至造成生命财产的重大损失。

如果这些障碍不能突破,进而摆脱困境,软件的发展是没有出路的。为此,许多计算机和软件科学家尝试,把其他工程领域中行之有效的工程学知识运用到软件开发工作中来。经过不断实践和总结,最后得出一个结论:按工程化的原则和方法组织软件开发工作是必要的、有效的,也是摆脱软件危机的一个主要出路。

3. 软件工程阶段(1968 年以来)

软件工程出现以后迄今为软件工程阶段。由于大型软件的开发是一项工程性任务,采用个体或合作方式不仅效率低,产品可靠性差,而且很难完成,只有采用工程化的方法才能适应,从而在 1968 年的北大西洋公约学术会议上提出了软件工程。这一阶段的特点是:

(1) 软件应用领域不断拓展。随着多个领域产品的智能化,出现了嵌入式应用系统。其特点是受制于它所嵌入的宿主系统,而不只是受制于其功能要求。为了适应计算机网络的需要,出现了网络软件。随着微型计算机的出现,分布式应用和分布式软件得到发展。

(2) 开发方式逐步由个体合作方式转向工程方式,软件工程发展迅速,特别是,出现了"计算机辅助软件工程"。除了开发各类工具与环境,用以支撑软件的开发与维护外,还出现了一些实验性的软件自动化系统。

(3) 致力研究软件开发过程本身,研究各种软件开发范型与模型。例如,功能分解范型与模型和面向对象范型与模型等。研究软件体系结构、基于构件的软件,以及中间件等。

(4) 除了软件传统技术继续发展外,人们着重研究以智能化、自动化、集成化、并行化以及自然化等为目标的软件开发新技术。

(5) 注意研究软件理论,特别是软件开发过程的本质。

表 1.1 列出了三个发展时期主要特征的对比。

表 1.1 计算机软件发展的三个时期及其特点

特点＼时期	程序设计	程序系统	软件工程
软件所指	程序	程序及规格说明	程序,文档,数据
主要程序设计语言	汇编及机器语言	高级语言	软件语言*
软件工作范围	程序编写	包括设计和测试	软件生存周期
软件使用者	程序设计者本人	少数用户	市场用户
软件开发组织	个人	开发小组	开发小组及大中型软件开发机构
软件规模	小型	中小型	大中小型
决定质量的因素	个人编程技术	小组技术水平	技术水平及管理水平
开发技术和手段	子程序和程序库	结构化程序设计	数据库,开发工具,开发环境,工程化开发方法,标准和规范,网络及分布式开发,面向对象技术及软件复用
维护责任者	程序设计者	开发小组	专职维护人员
硬件特征	价格高,存储容量小,工作可靠性差	降价;速度、容量及工作可靠性有明显提高	向超高速、大容量、微型化及网络化方向发展
软件特征	完全不受重视	软件技术的发展不能满足需要,出现软件危机	开发技术有进步,但未获突破性进展,价格高,未完全摆脱软件危机

* 这里软件语言包括需求定义语言、软件功能语言、软件设计语言、程序设计语言等。

1.2 软 件 工 程

1968 年,NATO(北大西洋公约组织)在德国 Garmish 举行的学术会议上第一次提出了"软件工程"这一术语,从那时起,软件工程与计算机硬件、应用需求相互影响、相互促进,得到迅速的发展。在软件工程的理念、方法、模型、管理等方面均取得了长足的进步。

1.2.1 软件工程的定义

概括地说,软件工程是指导软件开发和维护的工程性学科,它以计算机科学理论和其他相关学科的理论为指导,采用工程化的概念、原理、技术和方法进行软件的开发和维护,把经过时间考验而证明是正确的管理技术和当前能够得到的最好的技术方法结合起来,以较少的代价获得高质量的软件并维护它。

关于软件工程的定义,简单列举出以下几个。

1983 年在 IEEE 的软件工程术语汇编中对软件工程的定义为"软件工程是开发、运行、维护和修复软件的系统方法",其中,"软件"的定义为:计算机程序、方法、规则、相关的文档资料以及在计算机上运行时所必需的数据。

Fritz Bauer 也曾经为软件工程下了定义:"软件工程是为了经济地获得能够在实际机

器上有效运行的可靠软件而建立和使用的一系列完善的工程化原则。"

1990年在IEEE新版的软件工程术语汇编中,对软件工程的定义修改为"把系统化的、规范的和可度量的手段应用于软件的开发、运行和维护中,即把工程化原则应用于软件中。"

我国2006年的国家标准《GB/T 11457—2006软件工程术语》中对软件工程定义为"应用计算机科学理论和技术以及工程管理原则和方法,按预算和进度,实现满足用户要求的软件产品的定义、开发、发布和维护的工程或进行研究的学科"。

此外,还有一些相关的定义,但主要思想都是强调在软件生存周期中应用工程化原则的重要性。

软件工程涉及的范围十分广泛,在某些方面属于数学和计算机科学,在其他方面可归属于经济学、心理学或管理学方面。但计算机科学着眼于原理和理论,软件工程则着眼于如何建造一个软件系统。也就是说,软件工程要用工程科学中的技术来进行成本估算、安排进度及制定计划和方案;软件工程还要利用管理科学中的方法、原理来实现软件生产的管理,并用数学的方法建立软件开发中的各种模型和算法,如可靠性模型、说明用户要求的形式化模型等。

1.2.2 软件工程的框架

软件工程是应用计算机科学、数学及管理科学等原理,以工程化方法制作软件的工程,它是一门交叉性学科。软件工程的框架可用一个三元组刻画,即 SE=(G,P,Q),其中SE表示软件工程,G为目标,P为原则,Q为活动,如图1.2所示。

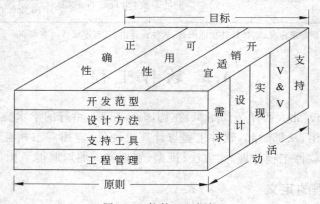

图1.2 软件工程框架

软件工程的目标是"生产具有正确性、可用性及开销适宜的产品"。其中,正确性表明软件产品达到预期功能的程度;可用性表明软件基本结构、实现和文档为用户所接受的程度;开销适宜表明软件开发、运行的整个开销满足用户要求的程度。这些目标的实现在理论和实践上有很多问题需要解决,它们形成了对过程、过程模型及工程方法选取的约束。

软件工程活动是"生产一个最终满足需求并达到工程目标要求的软件产品所需要的一系列步骤"。它们主要包括需求分析、设计、实现、V&V(验证与确认)以及支持等活动。需求分析活动包括需求获取和分析建模:需求获取的目的在于获取软件需求定义;分析建模的目的在于生成详细的分析模型和需求规格说明。设计活动包括概要设计和详细设计两个阶段：概要设计建立整个软件体系结构，包括建立子系统、模块以及相关层次的说明以及每一个模块的接口定义；详细设计产生编程人员可用的模块说明，包括每个模块中数据结构说明及加工描述。实现活动把设计结果转换为可执行的程序代码。验证与确认活动贯穿于整个开发过程，目的是确保产品满足用户的要求。支持活动包括修改和完善。伴随以上活动的还有管理过程、支持过程和培训过程等。

围绕工程设计、工程支持和工程管理，应注意遵守以下四条基本原则。

（1）选取适宜的开发范型（亦称开发方法学或风范）。此原则与系统设计有关。在系统设计中，软件需求、硬件需求以及其他因素之间是相互制约、相互影响的，经常需要进行权衡。因此，必须认清需求定义的易变性，采用适当的开发范型，如过程性范型、面向对象范型、面向进程范型或逻辑性范型等，予以控制，以保证软件产品能够满足用户的要求。

（2）采用合适的设计方法。在软件设计中，通常需要考虑软件的模块化、抽象和信息隐蔽、局部化、一致性、适应性等特征。合适的设计方法有助于这些特征的实现，以达到软件工程的目标。

（3）提供高质量的工具支持。在软件工程中，软件工具与环境对软件过程的支持非常重要。软件工程项目的质量与开销直接取决于对软件工程所提供的支撑的质量与效用。

（4）重视开发过程的管理。软件工程的管理工作直接影响能否有效利用可用资源、生产满足要求的软件产品以及提高软件组织的生产能力等问题。因此，只有当软件过程得到有效管理时，才能实现软件工程的有效运用。

1.2.3 软件工程知识体系及知识域

20 世纪 90 年代到本世纪初，随着计算机网络成为社会发展的支柱，对各种软件的需求成为社会的主流需求，软件工程也随之成为计算机教育的核心之一。诸如需求建模、设计方法、体系结构设计、软件复用、软件过程、质量问题之类软件工程领域的知识和技能对于软件的高效开发变得至关重要。如果参与软件项目的人员缺乏对于各种最佳软件工程实践和必要能力的共识，将导致在软件开发项目活动中出现混乱，最终必将对软件产品的获取和应用造成不良后果。

1. 软件工程知识体系指南的历史

1998 年，美国联邦航空管理局计划启动一个旨在提高该局技术和管理人员软件工程能力的项目，但他们无法确定软件工程工程师应该具备哪些公认的知识结构，于是他们向美国联邦政府提出了有关开发"软件工程知识体系指南"项目的建议。美国 Embry-Riddle 航空大学计算与数学系的 Thomas B. Hilburn 教授接受了该研究项目，并且于 1994 年 4 月完成了《软件工程知识本体结构》的报告。该报告发布后在世界软件工程界、教育界和一些政府机构中反响热烈，人们认识到：第一，建立软件工程本体知识的结构是确立软件工程专业至关重要的一步；第二，如果没有一个得到共识的软件工程本体知识结构，将无法验证软件工程师的资格，无法设置相应的课程，无法建立认定相应课程的判断准则。

建立权威的软件工程知识本体结构的需求很快得到世界很多机构的响应。1995 年 5 月，ISO/IEC/JTC1（此为国际标准化组织和国际电工委员会共同领导的技术委员会）为顺应这种需求，启动了标准化项目——" 软件工程知识体指南"（Guide to the Software Engineering Body of Knowledge，SWEBOK）。IEEE 与 ACM（美国计算机协会）联合建立的软件工程协调委员会(SECC)、加拿大魁北克大学以及美国 MITRE 公司(与美国软件工程研究所 SEI 共同开发软件能力成熟度模型 SW-CMM 的软件工程咨询公司)等共同承担了 ISO/IEC/JTC1"SWEBOK 指南"项目任务。

SWEBOK 项目自 1994 年开始分三阶段完成。先是"稻草人阶段"(1994～1996 年),在充分调查的基础上建立了软件工程本体知识指南的原型。2001 年 4 月 8 日发布的 SWEBOK 0.95 版标志着"石头人阶段"(1998～2001 年)开发完成,并集合了世界范围内 42 个国家近 500 位软件工程专家进行评审。此时正是另一个项目(CC2001 课程体系)发布之时,并作为四大学科(计算机科学、计算机工程、软件工程、管理信息系统)知识/课程体系之一。在完成两年试用之后,启动了该指南的"铁人阶段"(2003～2004 年),在 Web 调查的基础上作了修订,按统一风格改写,此外还征集了 21 个国家 120 位专家的评审意见。2004 年 6 月,IEEE 和 ACM 的联合网站公布了软件工程知识体指南(SWEBOK)2004 版全文,2005 年 9 月 ISO/IEC JTC1/SC7 正式发布为国际标准,即 ISO/IEC TR 19759—2005 软件工程.软件工程知识体系指南(SWEBOK)。这标志着 SWEBOK 项目的工作告一段落,软件工程作为一门学科,为取得对其核心的知识体系的共识,已经达到了一个重要的里程碑。

2. 软件工程知识体系指南的目标

SWEBOK 指南的目的是确认软件工程学科的范围,并为支持该学科的本体知识提供指导。SWEBOK 指南的目标是:

(1) 促使软件工程本体知识成为世界范围的共识。

(2) 澄清软件工程与其他相关学科,如计算机科学、项目管理、计算机工程以及计算机数学的关系,并且确定软件工程学科的范围。

(3) 反映软件工程学科内容的特征。

(4) 确定软件工程本体知识的各个专题。

(5) 为相应的课程和职业资格认证材料的编写奠定基础。

为达到上述目标(1),SWEBOK 指南完成的每一阶段都要广泛征求业界各方人士意见。而目标(2)、(3)则有一个知识深浅程度的定位问题,也就是软件工程师应具有什么样的知识。知识定位深了(如数学建模),一般人达不到;知识定位浅了,不敷使用。SWEBOK 定位在大学毕业后有四年工作经验的人。这是因为如果没有参与过软件系统制作的全过程、不了解如何与用户沟通、不理解延误交付期遭受的罚款压力、不理解没完没了的质量纠纷的人,就很难对其中的知识点有深入的了解和体验。

3. 软件工程知识体系指南的内容

SWEBOK 指南将软件工程知识体系划分为 10 个知识域(Knowledge Areas,KA),分为两类过程。一类是开发与维护过程,包括软件需求、软件设计、软件构造、软件测试和软件维护;另一类是支持和组织过程,包括软件配置管理、软件工程管理、软件工程过程、软件工程工具与方法、软件质量。每个知识域还可进一步分解为若干论题,在论题描述中引用有关知识的参考文献,形成一个多级层次结构,以此确定软件工程知识体系的内容和边界。

有关知识的参考文献涉及的相关学科包括计算机工程、计算机科学、管理学、数学、项目管理、质量管理、软件人类工程学、系统工程等,其中的关系参看图 1.3。

每个知识域又可分解为若干子知识域,每个知识域的具体内容参看表 1.2。表中给出了这些子知识域,以及在指南中指定的子知识域、相应知识点和参考文献的数目。

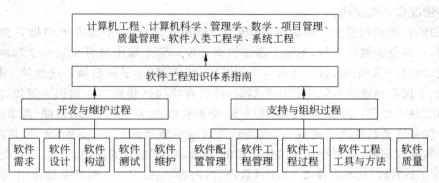

图 1.3 软件工程知识体系指南的构成

表 1.2 软件工程知识体系指南的内容

知识域	子知识域	子知识域/知识点（参考文献）
软件需求	软件需求基础、需求过程、需求获取、需求分析、需求规格说明、需求确认、实践考虑	7/28(10)
软件设计	软件设计基础、软件设计关键问题、软件结构与体系结构、软件设计质量的分析与评价、软件设计符号、软件设计的策略与方法	6/25(14)
软件构造	软件构造基础、管理构造、实际考虑	3/14(7)
软件测试	软件测试基础、测试级别、测试技术、与测试相关的度量、测试过程	5/16(9)
软件维护	软件维护基础、软件维护关键问题、维护过程、维护技术	4/15(16)
软件配置管理	软件配置过程管理、软件配置标识、软件配置控制、软件配置状态统计、软件配置审计、软件发行管理和交付	6/17(11)
软件工程管理	项目启动和范围定义、软件项目计划、软件项目实施、评审与评价、项目收尾、软件工程度量	6/24(7)
软件工程过程	过程定义、过程实施与变更、过程评估、过程和产品度量	4/16(20)
软件工程工具和方法	软件工具（软件需求工具、软件设计工具、软件构造工具、软件测试工具、软件维护工具、软件配置管理工具、软件工程过程工具、软件质量工具和其他工具）软件工程方法（启发式方法、形式化方法、原型方法）	2/12(7)
软件质量	软件质量基础、软件质量过程、实践考虑	3/11(68)

从知识域到子知识域再到知识点，要完全理解它们的含义还要靠它们的外延，即各种参考文献。例如，SWEBOK 指南谈到"走查"是软件测试前的重要活动（可以找出70%～80%的缺陷），至于走查的详细内容是什么，何时走查，应查阅相应的书籍或参考文献。所以，"真正"的知识在参考文献中，而知识点是向导。知识点向导可以大到一本书，例如，软件需求的子知识域"需求分析"有4个知识点：需求分类、概念模型、体系结构设计和需求分配、需求磋商，其中每个知识点都可以写成一本书。知识点向导也可以小到某一章中的某一小节，如需求分类，不过一般对应为一篇文章（阐明一个专题）。SWEBOK 指南共计有知识域10个、子知识域46个、知识点178个、参考文献169篇、应用标准51个。

关于 SWEBOK 指南中每个知识域和子知识域的相应活动，在后续章节将详细介绍，这里对某些情况作一些说明。

　　SWEBOK 指南的前五个知识域(属开发与维护过程)似乎有瀑布模型做背景,但指南郑重声明,它只是为叙述方便,不限于瀑布模型开发。每个域中尽可能有一个基本概念、术语或基础知识的子知识域,最后还有一个所谓"实践考虑"的子知识域。这反映了软件工程的工程性,不仅要描述这个域中有什么知识,还要有使用这些知识的知识。例如,软件需求知识域的实践考虑是:需求过程的迭代性质、变更管理、需求属性、需求追踪、需求度量。

　　软件度量既是软件具有的属性,也是软件过程中重要的活动。SWEBOK 指南没有把它作为单独的知识域,而是在各相关知识域的"实践考虑"中分别描述。

　　"软件工程管理"基本上覆盖了"项目管理"的内容,包括定义工程产品的范围、项目启动、项目计划、项目评审/验收、项目收尾等活动。但最后一个子知识域"软件工程度量"有它的特殊性,其知识点包括了建立和实施度量承诺机构、计划度量过程、执行度量过程、度量评估。

　　工程管理是具体过程的管理或管理计划的过程。而"软件工程过程"知识域是反映近年软件过程技术的成果,即一个产品的开发不是某个固定的过程模型,而是根据产品应用域、开发单位的文化和资产,专门设计一个最优过程,不仅要设计产品,还要设计过程,不仅要度量产品的质量,还要度量过程。但 SWEBOK 指南采取较为保守的态度,强调过程的变更和改进过程,而不是设计新过程。这是符合 ISO 12207 标准的,也是当前可行的。

　　除此之外,"软件设计"知识域尽可能抹平结构化程序设计和面向对象程序设计上的差异,只把它们看做不同的策略和方法。它们在设计中的关键问题,如并发性、事件控制、组织分布、错误、异常、交互和表示、数据持久是一样的,也都有质量分析和评价问题。

1.2.4　软件工程的基本原理

　　自从"软件工程"诞生,提出运用工程学的基本原理和方法来组织和实施软件生产后,随着与软件开发相关的心理学、生理学和经济学等方面学科的发展,科学家们陆续提出了一百多条有关软件工程的准则,1983 年美国 TRW 公司 B.W.Boehm 将它们概括为著名的软件工程七条基本原理。

　　(1) 按软件生存周期分阶段制定计划并认真实施——一个软件从定义、开发、运行和维护,直到最终被废弃,要经历一个很长的时间,通常称这样一个时期为软件生存周期。在软件生存周期中需要完成许多不同性质的工作,所以应把软件生存周期划分为若干阶段,为每一阶段规定若干任务,制定出可行的计划,并按照计划对软件的开发和维护活动进行管理。不同层次的管理人员都必须严格按照计划各尽其职地管理软件的开发和维护工作,不应受客户或上级人员的影响而擅自背离预定计划。

　　(2) 坚持进行阶段评审——软件的质量保证工作不能等到编码阶段结束之后再进行。因为大部分错误是在编码之前造成的,而且错误发现得越晚,为改正它所需付出的代价就越大。因此,在每个阶段都要进行严格的评审,以尽早发现在软件开发过程中产生的错误。

　　(3) 坚持严格的产品控制——在软件开发过程中不应随意改变需求,因为改变一项需求往往需要付出较高的代价。但是,由于外界环境的变化或软件工作范围的变化,在软件开发过程中改变需求又是难免的,不能硬性规定禁止客户改变需求,只能依靠科学的产品变更控制技术来顺应需求的变更。就是说,当变更需求时,为了保持软件各个配置成分的一致性,必须实施严格的产品控制,其中主要是实施基线配置管理。

(4) 使用现代程序设计技术——自从提出软件工程的概念以来,人们一直致力于研究各种新的程序设计技术。20 世纪 60 年代末提出的结构化程序设计技术,已经成为大多数人公认的能够产生高质量程序的程序设计技术。随着软件产品的规模和复杂性不断增加,采用了更强大的开发方法,如面向对象的开发技术、面向方面的开发技术、模型驱动开发方法等。实践表明,采用先进的技术可提高软件开发的生产率,还可提高软件的可维护性。

(5) 明确责任——软件产品不同于一般的物理产品,它是看不见摸不着的逻辑产品。软件开发人员或开发小组的工作进展情况可见性差,难以准确度量,使得软件产品的开发过程比一般产品的开发过程更难于评价和管理。为了提高软件开发过程的可见性,有效地进行管理,应当根据软件开发项目的总目标及完成期限,规定开发组织的责任和产品标准,使得工作结果能够得到清楚的审查。

(6) 用人少而精——合理安排软件开发小组人员的原则是参与人员应当少而精,即小组的成员应当具有较高的素质,且人数不应过多。提高人员的素质能促进软件开发生产率的提高,明显减少软件中的错误。一般而言,随着开发小组人数的增加,因交流开发进展情况和讨论遇到的问题而造成的通信开销也急剧增加。因此,应当保证软件开发小组人员少而精。

(7) 不断改进开发过程——软件开发过程是将软件工程的方法和工具综合起来,以达到合理、及时地进行计算机软件开发的目的。过程定义了方法使用的顺序、要求交付的文档资料、为保证质量和协调变化所需要的管理以及软件开发各个阶段应采取的活动和必要的评审。为保证软件开发的过程能够跟上技术的进步,必须不断灵活地改进软件工程过程。为了达到这个要求,应当积极主动地采用新的软件开发技术,注意不断总结经验。此外,需要注意收集和积累出错类型、问题报告等数据,用以评估软件技术的效果和软件人员的能力,确定必须着重开发的软件工具和应当优先研究的技术。

1.3 软件生存周期与软件过程

随着计算机应用范围的不断扩大与深化,软件越来越复杂。软件开发的实践使人们意识到,软件系统的开发与其他工业产品的开发一样,也有必不可少的设计、制作、检验等环节。将软件作为一种产品,它的开发也应当划分阶段,像工业化的流水线那样,逐阶段制作和检验,最终获得合格的产品。基于这种认识,在 1976 年之后,提出了"软件生存周期"这一概念,开创了软件生产工程化与规范化的先河。

1.3.1 软件生存周期的基本任务

软件生存周期是软件产品的一系列相关活动的整个生命期,即从形成概念开始,经过开发、交付使用、在使用中不断修改和演进,直到最终被废弃,让位于新的软件产品为止的整个时期。根据软件工程实践,人们把软件生存周期划分为软件定义、软件开发和运行维护 3 个时期,每个时期又进一步划分为若干阶段。

软件定义时期的基本任务是:确定软件开发工程必须完成的总目标;确定工程的可行性;导出实现工程目标应当采取的策略及软件必须实现的功能;估算完成该工程项目需要的资源和成本,制定工程进度计划。这个时期的工作通常称为需求工程,由软件分析人员负责完成。软件定义时期又可进一步划分为两个阶段:问题定义与可行性研究和需求分析。

软件开发时期的基本任务是具体设计和实现在软件定义时期定义的软件系统。它通常由三个阶段组成：软件设计、程序编码和单元测试、综合测试。软件设计的工作通常称为设计工程，它包括概要设计和详细设计两个步骤。程序编码和单元测试以及综合测试统称为实现工程。

运行维护时期的主要任务是使软件持久地满足用户的需要。为此，一旦用户在使用过程中发现了在开发时未能发现的错误，需要立即加以改正；如果用户的使用环境发生变化，为使得软件适应新的环境，也需要修改软件；此外，为满足用户提出来的新的功能和性能要求，更需对软件进行变更。软件维护的工作量相当大，每个维护活动都可以看做是一次小型的定义和开发过程。

下面分别简要介绍上述各个阶段所要完成的基本任务。

(1) 问题定义与可行性研究——本阶段要回答的关键问题是"到底要解决什么问题？在成本和时间的限制条件下能否解决问题？是否值得做？"为此，必须确定要开发软件系统的总目标，给出它的功能、性能、约束、接口以及可靠性等方面的要求；由软件分析员和用户合作，探讨解决问题的可能方案，针对每一个候选方案，从技术、经济、法律和用户操作等方面，研究完成该项软件任务的可行性分析，并对可利用的资源（如计算机硬件、软件、人力等）、成本、可取得的效益、开发的进度做出估算，制定出完成开发任务的实施计划，连同可行性研究报告，提交管理部门审查。

(2) 需求分析——本阶段要回答的关键问题是"目标系统应当做什么？"为此，必须对用户要求进行分析，明确目标系统的功能需求和非功能需求，并通过建立分析模型，从功能、数据、行为等方面描述系统的静态特性和动态特性，对目标系统做彻底的细化，了解系统的各种细节。基于分析结果，软件分析人员和用户共同讨论决定：哪些需求是必须满足的，并对其加以确切的描述，然后编写出软件需求规格说明或系统功能规格说明、确认测试计划和初步的系统用户手册，提交管理机构进行分析评审。

(3) 软件设计——设计是软件工程的技术核心。本阶段要回答的关键问题是"目标系统如何做？"为此，必须在设计阶段中制定设计方案，把已确定的各项需求转换成一个相应的软件体系结构。结构中的每一组成部分都是意义明确的模块，每个模块都和某些需求相对应，即所谓概要设计。进而对每个模块要完成的工作进行具体的描述，为源程序编写打下基础，即所谓详细设计。所有设计中的考虑都应以设计规格说明的形式加以描述，以供后续工作使用。此外，基于设计结果编写单元测试和集成测试计划，再执行设计评审。

(4) 程序编码与单元测试——本阶段要解决的问题是"编写正确的、可维护的程序代码"。为此，需要选择合适的编程语言，把软件设计转换成计算机可以接受的程序代码，并对程序结构中的各个模块进行单元测试，然后运用调试的手段排除测试中发现的错误。要求编写出的程序应当是结构良好、清晰易读的，且与设计相一致的。

(5) 综合测试——测试是保证软件质量的重要手段。本阶段的主要任务是做集成测试和确认测试。集成测试的任务是将已测试过的模块按设计规定的顺序组装起来，在组装的过程中检查程序连接中的问题。确认测试的任务是根据需求规格说明的要求，对必须实现的各项需求逐项进行确认，判定已开发的软件是否合格，能否交付用户使用。为了更有效地发现系统中的问题，通常这个阶段的工作由开发人员和用户之外的第三者承担。

(6) 软件维护——已交付的软件投入正式使用，便进入运行阶段，这一阶段可能持续若干年甚至几十年。软件在运行中可能由于多方面的原因,需要对它进行修改。其原因可能有:运行中发现了软件中的错误需要修正;为了适应变化了的软件工作环境,需做适当变更;为了增强软件的功能需做变更。为此,必须进行软件维护。通常有四种类型的维护:改正性维护、适应性维护、完善性维护和预防性维护。维护贯穿于软件的运行/维护阶段,并需从理解软件开始着手,因此在开发时必须考虑如何方便于将来的维护,使软件具有一定的可维护性。

1.3.2 软件过程

在从事软件开发工作时,由于项目的类型不同,规模不同,使用的开发方法不同,开发时需完成的任务也会有差异,不存在一个通用的、适合于所有项目的任务集合。如果将针对一个大型复杂的软件项目规定的任务集合和任务安排的顺序,用于一个小型的较为简单的项目就显得过于复杂了,会给开发人员造成很大的负担。

因此,一个软件项目应有适合自己的任务集合与任务安排的顺序,通过软件过程的改进,选择最有效的软件工程任务集合,规定应执行的工作顺序、应交付的工作产品和里程碑(即经过评审得到各方认可的阶段产品)。

什么是过程? ISO 9000 的定义是"把输入转化为输出的一组彼此相关的资源和活动"。从软件开发的观点看,它就是使用适当的资源(包括人员、硬软件工具、时间等),为开发软件进行的一组开发活动,在过程结束时将输入(用户要求)转化为输出(软件产品)。

事实上,软件过程规定了在获取、供应、开发、运行和维护软件时需要实施的过程、活动和任务,其目的是为各种人员提供一个公共的框架。该框架由一些重要的过程组成,在这些过程中包含了用以获取、供应、开发、运行和维护软件所需的最基本的活动和任务。该框架还包含了用以控制和管理软件的过程。各个组织或机构可以根据具体情况进行选择和剪裁,规定适合本机构的活动顺序、应当交付的文档资料、为保证软件质量和协调变更应采取的管理措施以及标志软件开发各阶段任务完成的里程碑。为获得高质量的软件,软件过程必须是科学、合理的。

最基本的软件过程活动可归于以下四种:
(1) 软件规格说明——定义软件产品的功能和操作约束。
(2) 软件设计与实现——生产满足规格说明的软件产品。
(3) 软件确认——确认软件产品的有效性,确保该软件产品所做的是用户所需要的。
(4) 软件演进——改进软件产品,满足用户新的需要。

有许多不同的方法可以用于改进软件过程。如果一个组织或机构制定了过程的规范,就能在一个机构中采用先进、适用的软件工程方法和技术,推行最佳的软件工程实践,还可以改善软件过程中各种活动的不一致性,改进沟通,减少培训时间,并使得自动化过程支持成为可能。全面了解软件过程知识可参看本书《实用软件工程高级教程(第三版)》中"软件过程"一章,特别是其中介绍的国际标准 ISO/IEC 12207:2008 软件生存期过程部分的内容。

1.4 软件过程模型

软件过程模型也称为软件生存周期模型,它是对软件过程的一种抽象表达。每个过程模型从某个特定视点描述了一个生存期过程,从而提供了有关该过程的特定的信息。下面介绍一些广泛使用的过程模型。不过这种介绍只涉及过程的框架,用于解释不同软件的开发方法,而未涉及许多有关过程活动的细节,不是软件过程的定义性描述。

1.4.1 瀑布模型

瀑布模型规定了各项软件工程活动,并且规定了这些活动自上而下,相互衔接的固定次序,如同瀑布流水,逐级下落,所以被称为瀑布模型,如图 1.4 所示。其基本活动如下:

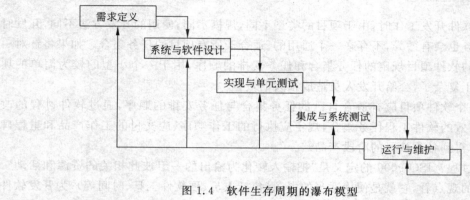

图 1.4 软件生存周期的瀑布模型

(1) 需求分析与定义——通过与系统用户会商建立起系统功能、限制和目标,然后详细地定义它们,编制系统规格说明。

(2) 系统与软件设计——系统设计将需求分配给系统的硬件部分和软件部分,从而建立整个系统的体系结构。软件设计标识和描述基本的软件系统构件和这些构件之间的关系。

(3) 实现和单元测试——实现是使用某种编程工具将软件设计转化为一组程序或程序单元;单元测试检查每个程序单元是否满足设计要求。

(4) 集成和系统测试——将每一个经过单元测试的程序或程序单元按一定顺序集成起来,并当做一个完全的系统进行测试以确保软件需求能够得到满足。测试后可将软件系统交付给客户。

(5) 运行和维护——在这一阶段安装并将系统实际投入使用。维护的任务是改正在较早阶段没有发现的错误,根据新的系统需求改进系统单元的实现或加强系统的功能。

原则上,各阶段的成果是一个或多个经过确认的文档。前一阶段完成之后,后一阶段才能开始。软件开发的实践表明,上述各个阶段之间相互交迭,而且会反馈信息给其他阶段。软件过程并非完全是简单的线性图式,在其各个活动中存在一系列迭代。

因为编写和确认文档需要花费代价,所以迭代也要付出代价,包括必要的返工。因此,在经过几次迭代之后,常常暂时中止部分开发(如规格说明),继续后续阶段的开发工作。问题遗留到稍后再解决或忽略掉。由于这种暂时中止造成需求过程的某些缺失,往往最后制做出的系统不能达到用户的要求,而且还可能构造出很差的系统结构,作为设计问题,需要通过某些程序设计技巧脱出困境。

在最后的生存周期(运行和维护)阶段软件投入使用。在使用过程中会发现最初需求方面的错误或冗余,会暴露出某些程序和设计错误,用户还会提出新的功能或性能要求。因此,系统必须进行修改。为了做出这些变更可能要重复执行在开发中已经历过的各项活动。

瀑布模型强调文档的作用,并要求每个阶段都要仔细验证。但是,这种模型的线性过程太理想化,不适合现代的软件开发模式,其主要问题在于:

- 各个阶段的划分固定,缺乏灵活性,阶段之间产生大量的文档,极大地增加了工作量。
- 由于开发模型基本是线性的,用户只有等到整个过程的末期才能见到开发成果,从而增加了开发的风险。
- 早期的错误可能要等到开发后期的测试阶段才能发现,进而带来严重的后果。

瀑布模型在过程的早期阶段必须明确地做出承诺,这意味着很难根据变化的用户要求做出相应的变更。因此,瀑布模型仅适用于需求比较明确的场合。但即使如此,因为瀑布模型反映了软件工程实践,所以在软件开发中仍然广泛使用基于这种方法的软件过程,特别是较大型的系统工程项目中更是如此。

1.4.2 快速原型模型

快速原型模型也称为演进模型,是基于快速开发一个满足初始构想的模型的想法提出来的。由于在项目开发的初始阶段人们对软件的需求认识常常不够清晰,因而使得开发项目难于做到一次开发成功,出现返工再开发在所难免。因此,可以先做试验开发,其目标只是在于探索可行性,弄清软件需求;然后在此基础上获得较为满意的软件产品。通常把第一次得到的试验性产品称为"原型",参见图1.5。

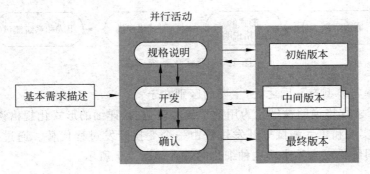

图 1.5 演进模型

在这种模型中,制定规格说明、开发原型和确认等活动并行进行,并穿越这些活动实现快速反馈。快速原型开发过程有两种类型:

(1)演进开发——过程的目的是与客户一起工作,通过一次次向客户演示原型系统并征求他们的意见,再根据他们的要求不断改进,从而演化出满足客户需求的可交付的最终系统。

(2)废弃原型——过程的目的是通过建立原型,借助原型与客户沟通,探索与理解客户的真正需求,据此开发出系统更良好的需求规格说明。原型是一种实验品,可参考它来开发最终系统,但不采取扩充它以形成最终系统的办法。原型起到这一作用后便废弃。

软件开发的演进方法通常比瀑布方法更有效,它可以满足客户直接的要求。这种过程的优点是可以增量式地开发出需求规格说明:开发出一部分,向用户展示一部分,用户能够及早看到部分软件,及早发现问题。或者先开发一个"原型"软件,完成部分主要功能,展示给用户并征求意见,然后逐步完善,最终获得满意的软件产品。该模型具有较大的灵活性,适合于软件需求不明确,设计方案有一定风险的软件项目。

从工程和管理角度来看,该模型存在三个问题:
- 过程是不可见的——管理人员要求提供正式的可交付的工作产品,用以测量开发进度。如果系统是快速开发出来的,想要产生反映系统的每一个版本的文档,其代价是高昂的。
- 系统常常构造得不合理——持续的变更常常会恶化软件结构。组合软件便更会增加修改软件的困难、提高成本。
- 可能要求特殊的工具和技术——这些工具和技术用于快速开发,但可能与其他工具或技术不兼容,而且可能只有相当少的人员具有使用这些工具或技术的技能。

无论如何,快速原型技术可以使用户集中精力参与到需求的讨论中来。如果开发者能够创建被开发系统的工作模型,将会得到更多的用户反馈。另外,快速原型技术还可以帮助减轻技术风险。通过快速开发一个基础版本的软件,开发者可以揭示许多不能预见的问题。

1.4.3 形式化系统开发模型

形式化系统开发模型是一种基于形式化数学变换的软件开发方法,它可将系统规格说明转换为可执行的程序。该过程的具体描述如图 1.6 所示。为简化模型,过程的迭代在图中没有画出。

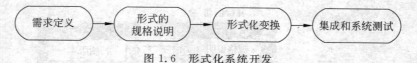

图 1.6 形式化系统开发

该模型与瀑布模型有共同之处,主要的区别在于:
(1) 软件需求规格说明被细化为用数学记号表达的、详细的形式化规格说明。
(2) 设计、实现和单元测试等开发过程由一个变换开发过程代替。通过一系列变换将形式的规格说明细化成为程序。这种细化的过程如图 1.7 所示。

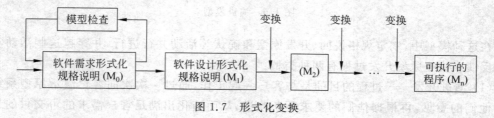

图 1.7 形式化变换

在变换过程中系统的形式化数学表示被系统地转换为更详细的、正确的系统表示,每一步加入一些细节,直到形式化规格说明被转换为等价的程序。从图 1.7 可以看到,软件需求确定以后,可用某种形式化的需求规格说明语言(如 VDM 的 META-IV,CSP 和 Z)描述软件需求规格说明,生成形式化的设计规格说明。为了确认形式化规格说明与软件需求的一致性,往往以形式化设计规格说明为基础开发一个软件原型。用户可以从人机界面、系统主要功能、性能等几个方面对原型进行评审。必要时,可以对软件需求、形式化设计规格说明和原型进行修改,直到原型被确认为止。这时软件开发人员可以对形式化规格说明进行一系列的变换,直到生成计算机可执行的程序为止。

多步变换过程的一个重要性质是每一步变换对相关的模型描述是"封闭的"。即每一步变换的正确性仅与该步变换所依据的规则 M_i 以及对变换后的假设 M_{i+1} 有关,在此意义上,变换步骤独立于其他变换步骤。这称为变换的独立性。若没有这种独立性,就不能控制错误的蔓延。

形式化开发过程的一个为人所熟知的例子就是静室(Cleanroom)过程。这是由 IBM 最初于 1987 年提出来的。静室过程是软件增量式开发的发展,在每一步开发时都要用形式化方法证实其正确性。在过程中不需要用测试寻找缺陷,最终的系统测试主要是为了评估系统的可靠性。

1.4.4 面向复用的开发模型

在多数软件项目中都存在某些软件复用。如果将要开发的软件的设计或代码与已经开发的项目有类似的情形,经常会发生这种事情。开发人员寻找可复用的部分,按照要求加以修改以适应新系统。在过去的几年中,基于构件的软件开发方法得到日益广泛的应用,它把复用嵌入到开发过程中,实现快速的系统开发。

面向复用的方法通常依赖于一个大的可复用软件构件库,这个构件库是一个框架,用以集成众多的构件,供使用者访问。有时,构件自身就是一个系统(如 COTS,即 Commercial Off-The-Shelf 系统),可用于提供特定的像文本格式化、数值计算等功能。

针对面向复用开发的过程模型如图 1.8 所示。

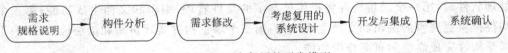

图 1.8 面向复用的开发模型

只有初始的需求规格说明阶段和系统确认阶段可以与其他过程模型相比较,而中间几个阶段是面向复用过程独有的。这几个阶段的主要任务如下:

(1) 构件分析——在已给定需求规格说明的情况下,搜索所有的构件库寻找可实现规格说明的构件。通常,不存在完全合乎要求的构件,所以选择的构件可能仅使用它提供某些要求的功能。

(2) 需求修改——使用已选定构件的信息再分析需求,然后修改需求,使得这些构件能够有效地被利用。如果不能修改需求,针对这种场合再次进行构件分析活动,寻找替代的解决方案。

(3) 考虑复用的系统设计——设计系统的整体框架或复用一个已有的系统框架。设计人员考虑可复用的构件,组织满足要求的框架。

(4) 开发和集成——开发不能购进的软件,集成构件和 COTS 系统,从而建立系统。在这个模型中,系统集成可以是系统开发的一连串活动,而不是单个的活动。

面向复用的开发模型的优点是减少了软件的开发量,降低了成本和风险,缩短了软件的交付时间。然而,由于需求的妥协是无可避免的,这就可能导致系统不能满足用户的实际要求。另外,当可复用构件的新版本不在使用这些构件的组织控制之下时,就会失去施加在系统演化上的某些控制。

1.4.5 增量模型

软件开发的瀑布模型要求客户在设计开始之前提交一组需求给系统开发机构,并要求设计人员在实现之前提交详细的设计策略。开发过程中对需求的变更都要求重写需求、设计和实现。而瀑布模型的长处在于它是一个简单的管理模型,将设计与实现分离可建立起健壮的、允许变更的系统。

相反地,演进的开发模型将需求和设计决策延迟,但这样做可能会建立起很难理解和维护的软件结构。增量式开发则介于这两个方法之间,集合了这两个模型的长处。

增量式开发方法是 1980 年由 Mills 等人提出来的,如图 1.9 所示。

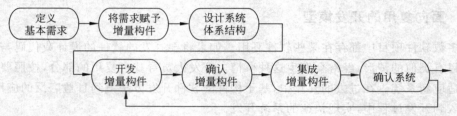

图 1.9 增量式开发模型

使用增量式开发方法开发软件时,把软件产品作为一系列的增量构件来设计、实现和确认。每个构件由多个相互作用的模块构成,并且能够完成特定的功能。在增量开发循环中,第一个增量构件一般是实现软件的基本需求,提供最核心的功能。例如,使用增量模型开发字处理软件时,第一个增量构件将提供最基本的文件管理、编辑和文档生成功能;第二个增量构件提供更完善的编辑和文档生成功能;第三个增量构件实现拼写和语法检查功能;第四个增量构件完成高级的页面排版功能。

把软件产品分解成一系列的增量构件,在增量开发迭代中逐步加入。为此,要求构件的规模适中,并在把新构件集成到已有软件中时所形成的新产品必须是可测试的。

使用增量开发模型有许多优点:

- 客户不必等到整个系统全部完成就能得到他们所需要的东西。第一个增量构件满足他们最关键的需求,这样,软件可以直接使用。
- 客户可以使用较早的增量构件作为原型,用于取得经验,从而获得稍后的增量构件的需求。
- 项目失败的风险较低。虽然在某些增量构件中可能遇到一些问题,但其他增量构件将能够成功地交付给客户。
- 优先级最高的服务首先交付,然后再将其他增量构件逐次集成进来。一个必然的事实是:最重要的系统服务将接受最多的测试。这意味着系统最重要的部分一般不会遭遇失败。

每个增量构件应当实现某种系统功能,因此增量构件的开发可以采用瀑布模型的方式,如图 1.10 所示。但想要把客户需求分配给一定规模的增量构件则存在较大的困难。此外,大多数系统要求一组基本的工具,用以实现系统的不同部分。但需求直到增量构件快要实现时才能详细定义,这样就很难标识所有增量构件所要求的公共工具。

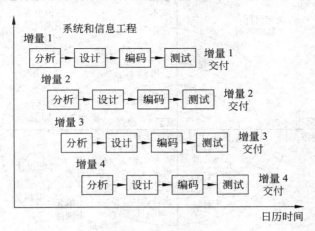

图1.10 增量构件开发

1.4.6 螺旋模型

螺旋模型最初是在1988年由Boehm提出来的。该模型将瀑布模型与快速原型模型结合起来,并且加入两种模型均忽略了的风险分析。

在螺旋模型中,软件过程表示成一个螺线,而不是像以往的模型那样表示为一个具有回溯活动的序列。在螺线上的每一个循环表示过程的一个阶段。最内层的循环可以是处理系统可行性,下一层循环是研究系统需求,再下一层循环是研究系统设计,等等。

螺线上的每一个循环可划分为四个象限,分别表达了四个方面的活动,即:

(1) 目标设定——定义在该阶段的目标,弄清对过程和产品的限制条件,制定详细的管理计划,识别项目风险,可能还要计划与这些风险有关的对策。

(2) 风险估计与弱化——针对每一个风险进行详细分析,设想弱化风险的步骤。例如,若有一个风险即需求不合适,可以考虑开发一个原型系统。

(3) 开发与确认——评价风险之后再选择系统开发模型。例如,若用户界面风险的发生概率很大或影响可能很严重,则可以采用演进原型作为开发模型;若安全性风险是主要考虑因素,则可以采用形式化变换方法;若子系统集成成为主要风险,则瀑布模型最合适。

(4) 计划——评价开发工作,确定是否继续进行螺线的下一个循环。如果确定要继续,则计划项目的下一个阶段的工作。

沿螺线自内向外每旋转一圈便开发出更为完善的一个新的软件版本,如图1.11所示。图1.12给出了螺旋模型的另一个图式。

例如,螺线循环可以从确定诸如功能、性能等系统目标开始。然后考虑为达成这些目标可用的解决方法和施加于每一个解决方案的限制,依据各个目标评估这些解决方案,从而识别出项目的风险源。下一步是通过诸如更详细的分析、快速原型化、模拟等活动评价这些风险。一旦做了风险估计,就可以进行某些开发,接下来就是计划过程的下一阶段的活动。

螺线模型与其他软件过程模型之间的重要区别在于明确地考虑了开发中的风险。风险虽然是很简单的事情,但若不去做则可能会招致系统开发失误。如果我们想使用一个新的

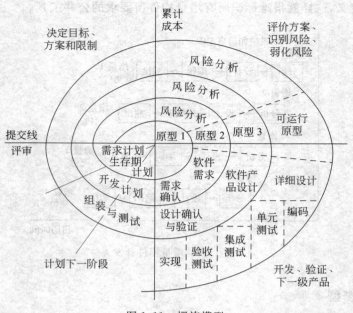

图 1.11　螺旋模型

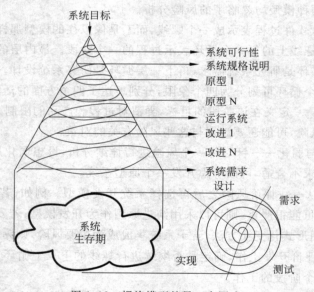

图 1.12　螺旋模型的另一个图式

程序设计语言,可能的风险是所使用的编译器将会产生不可靠的低效目标代码。风险很可能造成进度和成本超出,给项目带来问题,因此,风险弱化成为十分重要的项目管理活动。

需求规格说明、设计等活动在螺旋模型中不固定在某个阶段。此外,螺旋模型还包含了其他过程模型。在一个螺线周期中可使用原型以解决需求的不确定问题,并因此降低风险。然后再使用传统的瀑布模型进行开发。

螺旋模型适合于大型软件的开发。它吸收了软件工程"演化"的概念,使得开发人员和客户对每个演化层出现的风险有所了解,继而做出应有的反应。

螺旋模型的优越性比起其他模型来说是明显的,但并不是绝对的。要求许多客户接受和相信演化方法并不容易。这个模型的使用需要具有相当丰富的风险评估经验和专门知识。如果项目风险较大,又未能及时发现,势必造成重大损失。

1.4.7 喷泉模型

喷泉模型是 1990 年由 Sollers 和 Edwards 提出的一种软件过程模型,它主要提供了对软件复用和面向对象开发方法的支持。"喷泉"一词本身体现了迭代和无间隙的特性。系统某个部分常常重复工作多次,相关对象在每次迭代中随之加入演进的软件成分。所谓无间隙是指在各项开发活动,即分析、设计和编码之间不存在明显的边界,如图 1.13 所示。

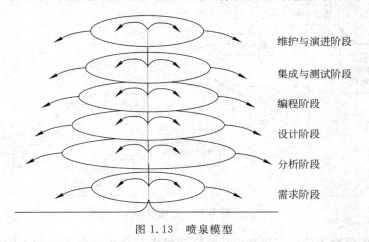

图 1.13 喷泉模型

喷泉模型的特点是:
- 喷泉模型各阶段相互重叠,反映了软件过程并行性的特点。
- 喷泉模型以分析为基础,资源消耗呈塔形,在分析阶段消耗的资源最多。
- 喷泉模型反映了软件过程迭代的自然特性,从高层返回低层没有资源消耗。
- 喷泉模型强调增量式开发,它依据分析一部分就设计一部分的原则,不要求一个阶段的彻底完成。整个过程是一个迭代的、逐步细化的过程。
- 喷泉模型是对象驱动的过程,对象是所有活动作用的实体,也是项目管理的基本内容。
- 喷泉模型在实现时,由于活动不同,可分为对象实现和系统实现,不但反映了系统的开发全过程,而且也反映了对象族的开发和复用的过程。

1.4.8 智能模型

智能模型是基于知识的软件开发模型,它把瀑布模型和专家系统综合在一起。该模型在各个开发阶段都利用了相应的专家系统来帮助软件人员完成开发工作。为此,建立了各个阶段的知识库,将模型、相应领域知识和软件工程知识分别存入数据库,以软件工程知识为基础的生成规则构成的专家系统与包含应用领域知识规则的其他专家系统相结合,构成该应用领域的开发系统。

支持需求活动的专家系统用于帮助减少需求活动中的有歧义的、不精确的、冲突或易变的需求。这需要使用应用领域的知识和应用系统的规则,从而建立应用领域的专家系统以支持需求活动。支持设计活动的专家系统用于选择支持设计功能的 CASE 工具和文档,它要用到软件开发的知识。支持测试活动的专家系统用来支持测试自动化。它利用基于知识的系统来选择测试工具,生成测试用例,跟踪测试过程,分析测试结果。支持维护活动的专家系统将维护变成新的应用开发过程的重复,运行可利用的、基于知识的系统来进行维护。

基于知识的智能模型如图 1.14 所示。该模型基于瀑布模型,在各阶段都有相应的专家系统支持。

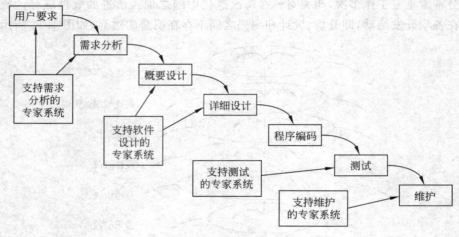

图 1.14　智能模型

基于知识的模型将软件工程知识从特定领域中分离出来收入到知识库中,在吸收软件工程技术知识的基础上编成专家系统,用来辅助软件的开发。在使用过程中,将软件工程专家系统与其他领域的应用知识的专家系统连接起来,形成特定软件系统,用于开发一个软件产品。

智能模型的优点是:
- 通过领域的专家系统,可使需求说明更完整、准确和无二义性。
- 通过软件工程专家系统,提供一个设计库支持,在开发过程中成为设计人员的助手。
- 通过软件工程知识和特定应用领域知识和规则的应用帮助系统的开发。

但要建立适合于软件设计的专家系统是非常困难的,要建立一个既适合软件工程又适合应用领域的知识库也是非常困难的。目前的状况是,正在软件开发中应用人工智能技术,在 CASE 工具系统中使用专家系统,用专家系统实现测试自动化,在软件开发的局部阶段已有进展。

1.4.9　快速应用开发模型

快速应用开发模型(Rapid Application Development Model,RAD)是一种增量软件过程模型,它强调采用极其短的开发周期(如 2～3 个月),在基于可复用构件的编程环境中构造应用程序。如果需求非常清楚并且项目范围边界也很清晰,则采用这种模型是合适的。RAD 模型的框架活动如图 1.15 所示。

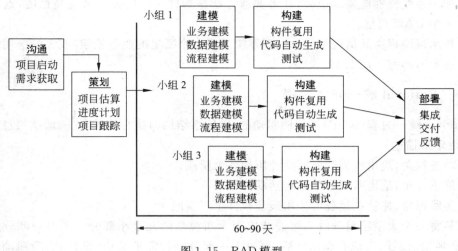

图 1.15 RAD 模型

各个阶段的主要活动包括以下内容：

(1) 沟通——与客户和领域专家协同，理解相关的业务问题和待开发软件产品应具有的各种特性。

(2) 策划——进行任务分解，安排开发过程，确保各个开发小组能够并行工作，依次完成不同功能增量的开发。

(3) 建模——包括三个主要阶段：

- 业务建模：对业务功能中的信息流进行建模。用以明确驱动业务过程的信息是什么？生成了哪些信息？是谁生成了这些信息？信息流向了什么地方？谁处理这些信息？
- 数据建模：对作为业务建模一部分的信息流进一步求精而得到一组数据对象。标识每一个对象的特征（称为属性），并定义这些对象之间的关系。数据建模通常使用实体—关系图（ER 图）表示。
- 流程建模：从数据建模中的数据对象出发，根据每一个要实现的业务功能的需要，建立对每一个数据对象操作的过程化描述。流程建模通常使用数据流图（DFD 图）表示。

(4) 构建——以 RAD 模型为基础，构造待开发的软件系统。

- 从已有的可复用软件构件中选择适用的构件，必要时也可建立新的软件构件。
- 使用代码自动生成技术构造待开发的软件系统。
- 已有的可复用构件一般都经过了严格的测试，对于它们只需要进行确认测试，但是，对于那些新开发的构件必须进行测试，对所有的用户界面程序也必须进行测试。

使用 RAD 模型的主要优点是能够快速地完成整个应用系统的开发。但是，使用这种模型也有它的缺点：

- 对于大型的项目，为建立适当数目的 RAD 开发小组可能需要大量的人力资源。
- 如果开发人员和客户双方在短时间内不能对整个系统的开发达成协议，或任何一方做不到的话，使用 RAD 进行开发将不可避免地会遭到失败。
- 如果一个系统不能够合理地模块化，则构造 RAD 构件会出现问题。

- 如果系统对性能要求很高,并需要通过调整构件接口的方式来提高性能,这时不能采用 RAD 模型。
- 技术风险很高的情况下(例如,新系统属于一个陌生的业务领域,或大量应用了新的技术),不宜采用 RAD 模型。

1.4.10 Rational 统一开发过程

Rational 统一过程(RUP)是用例驱动的、以体系结构为核心的、迭代的增量的过程。它从三个视角来描述:
- 动态视角,给出模型随时间所经历的各个阶段。
- 静态视角,给出所规定的过程活动。
- 实践视角,建议在过程中采用最佳软件工程实践。

RUP 将一个大型项目分解为可连续应用瀑布模型的几个小部分。在对一部分进行需求分析和风险、设计、实现并确认之后,再对下一部分进行需求分析、设计、实现和确认。以此进行下去,直到整个项目完成。这就是迭代式开发。

RUP 的动态视角聚焦在产品的迭代开发上。在 RUP 中迭代过程分为 4 个阶段。各阶段中的过程活动与业务紧密关联。图 1.16 给出了 RUP 中阶段的划分。

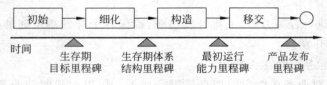

图 1.16 RUP 中的阶段

(1)初始阶段(Inception)——此阶段的目标是建立一个系统业务的用例。标识所有与系统交互的外部实体(人、事或相关系统),并定义它们与系统的所有交互。然后使用这些信息来评估系统对业务的贡献。如果贡献很微小,则在此阶段结束时应取消相应的项目。

(2)细化阶段(Elaboration)——此阶段的目标是增进对问题领域的理解,计划需完成的活动和资源,详细说明产品特性并识别关键项目风险,然后建立系统的体系框架。这个阶段结束时可得到系统的需求模型(描述了 UML 用例),包括软件系统的体系结构描述和开发计划。

(3)构造阶段(Construction)——此阶段构造整个产品,逐步完善视图、体系结构和计划,包括系统设计、编程和测试。系统的各个部分并行开发,再逐步集成。在这个阶段结束时可得到一个能工作的软件系统以及可交付给用户的相关文档。

(4)移交阶段(Transition)——此阶段关注如何将系统从开发部门移交给用户,并使之在实际环境中工作,包括制造、交付、培训、支持及维护产品。这是被绝大多数软件过程模型所忽视的一个阶段,而这个阶段实际上是一个代价很高且有时问题很大的活动。此阶段结束时可得到在实际操作环境下能正常工作的软件系统及其文档。

这 4 个阶段构成一个开发周期,周期结束时产生一代新的软件产品。软件产品产生于初始开发周期,随着重复执行同样的过程,软件发展到下一代产品,这一时期即为软件的进化周期。迭代周期如图 1.17 所示。

用户需求的变更、基础技术的变化、竞争都可能激活新的进化周期。周期之间在时间上

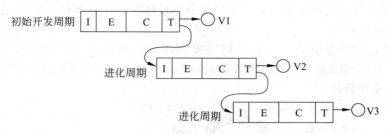

图 1.17 RUP 的迭代周期

会有重叠。后一个周期的初始与细化阶段与前一个阶段的移交阶段可能同时进行。在各阶段内也包含有一个或几个迭代过程,如图 1.18 所示。

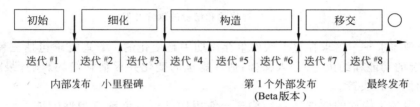

图 1.18 RUP 阶段内的迭代

RUP 的静态视角聚焦在开发过程中活动的组织方面。在 RUP 描述中,用工作流来描述能够生成有用结果的活动序列,用以描述工作人员之间的交互。

在 RUP 的每一个迭代周期中涉及 6 个核心工程工作流,3 个核心支持工作流。RUP 是结合 UML 设计的,UML 是一个面向对象建模语言,所以工作流描述围绕着 UML 模型给出。核心工程工作流和支持工作流的描述如表 1.3 所示。

表 1.3 RUP 中的静态工作流

工 作 流	描 述
业务建模	使用业务用例对业务过程进行建模
需求	找出与系统进行交互的参与者并开发用例,完成对系统需求的建模
分析和设计	使用体系结构模型、构件模型、对象模型和交互模型来创建并记录设计模型
实现	实现系统中的构件并将它们合理安排在子系统中。从设计模型自动代码生成有助于加快此过程
测试	测试是一个反复过程,它的执行是与实现紧密相关联的。系统测试紧随实现环节的完成
部署	创建和分发产品版本并安装到它们的工作场所
配置和变更管理	它支持工作流管理对系统的变更
项目管理	它支持工作流管理系统开发
环境	用于提供软件开发团队可用的合适的软件工具

在系统开发过程的各个阶段,每一工作流的活动和所花费的工作量是不相同的。在初始阶段,绝大多数工作量花费在"业务建模"和"需求"工作流上,而在移交阶段,工作量主要都花在"测试"和"部署"上。

RUP 的实践视角描述在系统开发中所需要的最佳软件工程实践。RUP 主张的 6 个最佳软件工程实践是：

（1）迭代式地开发软件——基于螺旋模型组织一个迭代的和增量的开发过程，如图 1.19 所示。并应当根据客户的轻重缓急来规划系统的增量，在开发过程中先开发和交付最高优先级的系统特征。

图 1.19　迭代的和增量的软件开发

（2）管理需求——需求在整个软件生存周期中是变化的。管理需求包括三种活动：获取、组织系统的功能和约束，并记入文档；估计需求的变化并评估它们的影响；跟踪、记录和权衡所做出的各种决策。

（3）使用基于构件的软件体系结构——使用构件可以创建有弹性的体系结构。例如，使用模块化方法，开发人员可以区分和关注系统中易变的不同元素；使用标准化的框架（如 CORBA、EJB、COM+）和其他商品化构件可以提供软件的可复用性；构件还为软件配置管理提供了一个非常自然的基础。

（4）建立可视化的模型——模型是现实的简化，它从特定的视角完整地描述一个系统。通过模型化，可将系统体系的结构和行为可视化、具体化；可以提供一系列方案，用以解决软件开发所遇到的问题；还可以帮助开发人员提高管理软件复杂性的能力。

（5）不断地验证软件质量——在软件实施之后再查找和发现软件问题，比在早期就进行这项工作需多花 10 到 100 倍的费用。因此，必须从功能、可靠性、性能等方面不断对软件质量进行评估。验证系统功能，需要对每一个关键场景进行测试。场景描述了系统应实现的某一种行为。场景测试检测用于确定哪些场景执行有问题，在什么地方出问题，出现什么问题（有缺陷或未实现）等，从而评估软件功能，确保软件满足了预期的质量标准。

（6）控制对软件的变更——为使软件开发人员、开发组的活动和产品协调一致，必须建立管理软件变更的工作流，在迭代过程中，持续监控变更，动态地发现问题并及时反映。每次迭代过程结束时需建立和发布经过测试的基线，保证迭代过程与发布版本协调一致。在软件生存周期中，一般使用变更管理软件及配置管理过程和工具来管理软件的变更。

RUP 并不适合于所有开发类型，但是它代表了一类通用的过程。RUP 重要的贡献在于对阶段的分解和工作流，以及将把软件部署到用户环境看做是过程的一部分。阶段是动态的，而且是有目标的。工作流是静态的，且不再是只与某个阶段相关的技术活动，可以在整个开发过程的各个阶段使用，以达到该阶段的目标。

1.5　问题解决和范型

软件开发人员的工作是解决问题。问题的解用规格说明、设计和代码来表示。目前已经有了许多解决问题的方法，下面将讨论它们的不同之处和它们的优点。通过选择最合适的问题解决技术,提出一些比较有效的方式。

1.5.1 范型

范型(Paradigm)又称为范例、风范或模式(Pattern)。从软件开发角度来看,范型与问题解决技术有关。软件范型定义了特定的问题和应用系统开发过程中应遵循的步骤,确定用于描述问题及其解决方案中各个成分的表示方式,并利用这些成分表示与问题解决有关的抽象,直接得到问题的结构。因此,范型实际上就是指软件开发的模式。范型的选择影响整个软件开发生存周期。就是说,它支配了设计方法、编码语言、测试和检验技术的选择。注意,需要区别范型和泛型(Generic Type),后者的典型例子是 C++ 的模板机制。

1.5.2 流行的范型

目前流行多种范型,它们提供了不同的方法用于系统的分解。流行的范型有:过程性的、逻辑的、面向存取的、面向进程的、面向对象的、函数型的、说明性的。每个范型都有它的支持者和用户,每个范型都特别适合于某种类型的问题或子问题。例如,逻辑程序设计范型是基于规则的,它把有关问题的知识分解成一组具体规则,用语言的 **if_then** 等结构来表示这些规则。面向存取范型是一种在构造用户界面方面很有用的技术。此外,每一个范型都用不同的方式考虑问题,每一个范型都使用不同的方法来分解问题,而且每一个范型都导致不同种类的块、过程和产生规则。

下面主要讨论三种范型。研究目的是帮助开发人员找到解决问题的入手点:如何解决这个问题?使用什么样的设计技术可以最有力地支持这个问题的解决?

首先看过程性范型,并将它与另外两个范型,即面向对象与面向进程的范型进行比较。考虑一个简单的 draw 程序,它可让用户在屏幕上画一些简单的形状。图 1.20 显示了这样一个系统的概念设计,它的实现使用了事件驱动方法。对于每种范型,我们只简单介绍其基本结构是什么及如何开发它们。

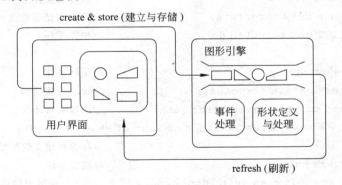

图 1.20 draw(作图)程序的概念模型

1. 过程性范型

过程性范型是使用最广泛、历史最长的软件范型。过程性范型产生过程的抽象,这些抽象的基础是把软件视为处理流,并定义成由一系列步骤构成的算法。每一步骤都是带有预定输入和特定输出的一个过程,把这些步骤串联在一起可产生合理、稳定、贯通于整个程序的控制流,最终产生一个简单的、具有静态结构的体系结构,如图 1.21(a)所示。

过程性系统

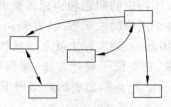

(a) 系统结构基于要执行的任务，改变一个可能需要改变
其他所有的面向对象的系统

(b) 系统结构基于对象间的交互，改变一个通常只具有局部影响

图 1.21　过程性系统和面向对象系统的基本构造

过程性范型侧重建立构成问题解决的处理流，数据抽象、数据结构是根据算法步骤的要求开发的，它贯穿于过程，提供过程所要求操作的信息。系统的状态是一组全局变量，这组全局变量保存状态的值，把它们从一个过程传送到另一个过程。

图 1.22 给出了一种 **draw** 程序的过程性结构，还给出了系统的基本算法。许多细节没

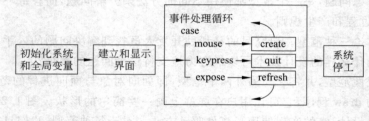

```
Pseudocode Algorithm                              //算法的伪码表示
(1)   Initialize system;                          //系统初始化
(2)   Create and draw interface;                  //建立和显示界面
(3)   while QUIT not selected do                  //操作循环
      case
         Mouse event:                             //鼠标事件
            create shape structure;               //建立形状结构
            read mouse movements for data;        //读鼠标移动数据
            store newly created shape on list of shape records;
                                                  //存储新建立的形状到形状记录表中
         KeyPress event:                          //按键事件
            if key='q' then exit loop;            //按 'q' 则跳出循环
            else ignore;                          //不顾
         Ecpose event:                            //显示事件
            refresh display by drawing each shape structure;
                                                  //通过画出各形状结构来刷新显示
(4)   Shut down system;                           //系统停工
```

图 1.22　draw 程序的过程性体系结构

有给出,但可以看到基本想法。在这个例子中,系统的各个任务顺序地排列,当然也可以并发地安排。系统设计时,首先确定任务顺序,再定义支持过程基本操作的数据。

过程性范型是一种成熟的应用系统开发方法,对这种方法已有许多支持工具。然而,在大型系统的开发上存在一些问题。改进大型系统开发的技术主要集中在开发数据的抽象。现在越来越多的考虑是使用抽象数据类型。随着大型系统的开发,接踵而来的问题就是要把过程抽象与数据抽象方法结合起来,这种需要导致了其他范型的开发。

2. 面向对象的范型

面向对象范型是问题分解方法演化的结果。在过程性范型中优先考虑的是过程抽象,而在面向对象范型中优先考虑的是实体,即问题领域中的对象。在面向对象范型中,把标识和模型化问题领域中的主要实体作为系统开发的起点,主要考虑对象的行为而不是必须执行的一系列动作。

面向对象系统中的对象是数据抽象与过程抽象的综合体。系统的状态保存在各个数据抽象的内部定义的数据存储中。控制流包含在各个数据抽象中的操作内。不像在过程性范型里那样,把数据从一个过程传送到另一个过程,而是把控制流从一个数据抽象通过消息传送到另一个数据抽象。建立的系统体系结构更复杂但也更灵活,如图 1.21(b) 所示。把控制流分离成块,这样可以把复杂的动作视为各个局部之间的相互作用。

图 1.23 给出 draw 程序的面向对象体系结构。图中的箭头指示从一个对象到另一个对象的消息。为了简化这个图,没有把所有的消息都画出来。这个体系结构与图 1.22 所示的体系结构之间基本的差别在于它偏重于实体。其中有物理实体,如鼠标、键盘和显示器;还有概念实体,如事件和形状等。

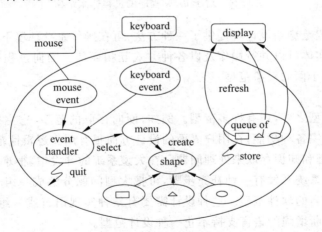

图 1.23 draw 程序的面向对象体系结构

3. 面向进程的范型

面向进程的范型是把一个问题分解成独立执行的模块,让不止一个程序同时运行。这些程序,或更确切地说,这些进程互相配合,解决问题。

面向进程范型产生的主要的块是进程。一个进程中的活动独立于其他进程的活动,但可以要求从其他进程得到信息,或为其他进程提供信息,甚至可以异步处理,仅需要进程暂停发送或接收信息。在面向对象范型中,各个对象是相对独立的,但也存在单线索(单线程)控制。面向进程范型支持与面向对象范型相同的封装,但可提供多线索(多线程)执行。

面向进程范型的用户群体相对比较小,但这种范型将给用户提供很成熟的技术。许多主流语言,如 Ada 语言,通过 tasking(派任务)功能支持这种范型。Ada 还提供了一个抽象界面来产生进程,而 C/UNIX 环境则允许设计者直接存取操作系统级服务。

图 1.24 显示了一个 draw 应用的进程体系结构,其中,每个进程都是使用面向对象范型开发的。每个进程包含一组对象,这些对象之间经常互相通信但很少要求把信息从一个进程传送到另一个进程。此外,这种体系结构还支持并发处理。

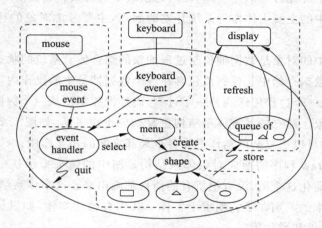

图 1.24 对于 draw 程序的进程体系结构

总之,面向进程范型给设计者提供了一种方法,可在操作系统环境下把问题分解成一组独立的实体,这些实体可以并行操作及以各种方式互相通信。面向进程范型在信息隐蔽与抽象方面非常类似于面向对象范型。

4. 其他范型

除以上三种范型之外,还有许多范型。例如,面向存取的范型,它主要是通过对话的方式和事件驱动来组织各种功能,在用户界面的设计方面很有用。逻辑性范型,它主要是通过知识表示、知识推理和知识存取来处理问题。在大型系统的开发中,很难说哪种范型对整个问题的解决最好。系统开发有一种补充步骤,可把大型问题分解成一组子问题。对于每个子问题可以采用适当的软件范型。这种设计需要有某种实现语言或一组协同语言的支持。许多流行的功能不断增强的语言支持不止一种设计范型。

对于混合范型,现在已经存在不少技术。像 C++ 和并发 C 这样的语言都是多范型语言,支持过程性范型和面向对象范型。并发 C 还支持面向进程范型。系统可以使用单一的语言,利用两种或多种范型写成。还可以利用可共享数据格式和连接规约的某些语言,把用这些语言分别编写的块链接到某个单一的应用系统中去。在这个应用系统的脚本中,每个块支持为它所选择的范型。每个块用相应的语言编译器编译,然后把它们都连接起来。

现在考虑一个智能数据分析系统的设计,可把它看做是 4 个子系统,如图 1.25 所示。

系统有一个数据库界面,可以使用面向对象范型进行设计;知识库用逻辑范型设计;而一组分析算法则是过程性的;系统通过一个用户界面来实用化,这个用户界面是用面向存取范型设计出来的。

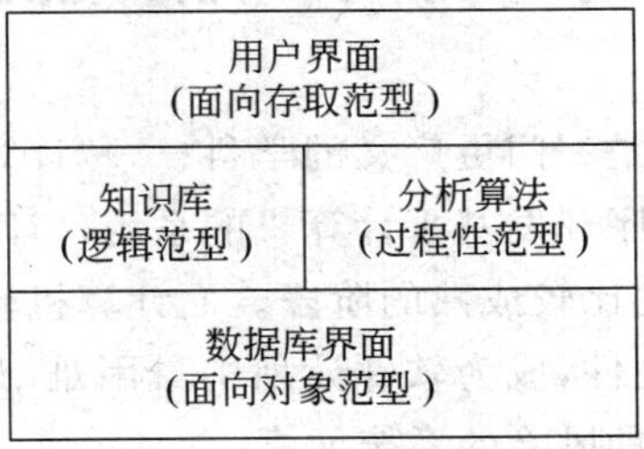

用户界面 (面向存取范型)	
知识库 (逻辑范型)	分析算法 (过程性范型)
数据库界面 (面向对象范型)	

图 1.25　一个智能数据分析系统

第 2 章　计算机系统工程

计算机软件工程可以看做是一门更广义的学科——"计算机系统工程"内的活动。它们所要做的都是想要按一定的次序开发基于计算机的系统。计算机硬件工程的技术是由电子设计技术发展起来的,并已达到比较成熟的阶段。而计算机软件工程仍然在发展中,在基于计算机的系统中,软件已取代硬件,成为软件计划中最困难、最不易成功(就是说,能及时交付且成本不超出预算)、管理最具风险的系统元素。

2.1　基于计算机的系统

所谓基于计算机的系统可以定义为"某些元素的一个集合或排列,这些元素被组织起来以实现某种方法、过程或借助处理信息进行控制"。图 2.1 给出了基于计算机系统的系统元素。其中,"软件"是指计算机程序和用以描述所需要的逻辑方法、过程或控制的相关文档;"硬件"是指提供计算能力的电子设备(如 CPU、存储器等)和提供外部功能的机电设备(如传感器、马达等);"人"是指硬件和软件的用户和操作员;"数据库"是一个大型的有组织的信息集合,它通过软件进行存取,是系统功能的一个主要部分;"文档"是指手册、表格和其他用以描述系统使用和操作的描述性信息;"过程",也称规程,是定义每一种系统元素的特定使用的步骤,或系统驻留的过程性环境。

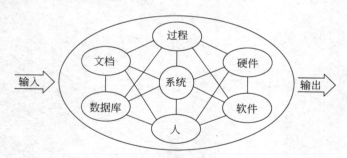

图 2.1　基于计算机系统的系统元素

这些系统元素以各种方式的组合来进行信息的转换。例如,机器人把包含一些特定指令的命令文件转换成一组控制信号,产生某些特定的物理动作。

基于计算机的系统本身可以成为一个更大的基于计算机系统中的一个元素,并称为那个更大系统的宏元素。这就使得系统变得复杂起来。例如,我们考虑一个工厂的自动化系统,该系统基本上是一个由若干系统组成的层次结构,如图 2.2 所示。

在最低的层次上有数控机床、机器人和数据输入设备,每一个都是基于计算机的系统。数控机床的元素有电子的和机电的硬件设备(如处理器、存储器、马达、传感器等)、软件(用于通信、机床控制、插值平滑)、人(机器的操作者)、数据库(存储数控程序)、文档和过程等。对机器人和数据输入设备也可以做类似的分解,它们都是基于计算机系统的。

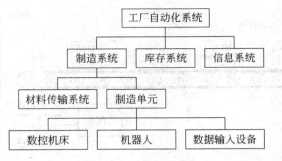

图 2.2 系统的系统

该层次的上一层为"制造单元"。制造单元也是一个基于计算机的系统,其构成元素有它本身(如计算机、夹具),以及它的宏元素,如数控机床、机器人、数据输入设备等。

总之,制造单元和它的宏元素都是由软件、硬件、人、数据库、过程和文档等生成元素所组成。一方面,不同宏元素可以共享一个生成元素。例如,机器人和数控机床可能都是由同一操作员管理;另一方面,对于同一系统,生成元素又是排他的。

系统工程师(亦称为系统分析员)的作用就是要在总的系统(宏元素)层次结构的环境中定义某一特定基于计算机系统的元素。

2.2 计算机系统工程

多数待开发的软件系统都是基于计算机系统的一部分,因此,在软件开发之前,首先要关注计算机系统工程,分析该基于计算机系统的系统元素以及系统元素之间的关系,确定待开发软件的周边环境。

计算机系统工程是一类问题的求解活动,因应用范围的不同,有不同的活动和过程框架。如果开发的是企业的业务处理系统,则按业务过程工程(Business Process Engineering)组织各种开发活动;如果开发的是某种产品,则按产品工程(Product Engineering)组织各种开发活动。不论是哪一类工程,主要的活动都包括在以下几个阶段中。

2.2.1 识别用户的要求

系统工程师与用户合作,确认用户的目标和约束,继而导出功能、性能、接口、设计约束和信息结构的表示,把它们分配到在前面所介绍的每一个系统元素中。

在多数新系统开始建立的时候,系统工程师必须通过识别所希望的功能和性能范围来"界定"系统。例如,对于一个如图 2.3 所示的传输线分类系统 CLSS,提交给系统工程师的关于 CLSS 的描述如下:

"CLSS 识别在传输线上移动的箱子,把它们分类到传输线末端的 6 个料箱中的一个。箱子通过一个分类站,在那里扫描并识别箱子上印的识别数字(条形码),把箱子分装到合适的料箱里。传输线缓慢地移动,箱子以随机的次序通过并均匀地放置在传输线上。"

作为系统工程师,首先应当考虑并回答以下问题:

- 有多少种需处理的不同的识别数字?它们的表示形式是什么样的?

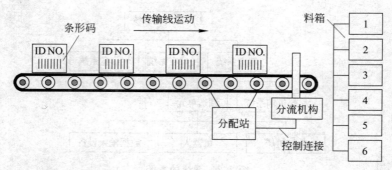

图 2.3 CLSS 系统的结构示例

- 传输线的速度(以英尺/秒为单位)是多少?箱子之间的距离(以英尺为单位)又是多少?
- 分类站与料箱之间的距离有多远?
- 料箱之间相隔的距离有多远?
- 如果箱子上没有识别数字,或识别数字不正确,应当怎么办?
- 如果料箱装满了怎么办?
- 关于箱子目的地和料箱容量的信息要被移到工厂自动化系统中其他地方吗?需要实时数据采集吗?
- 可接受的出错/失效率是多少?
- 传输线系统当前已存在并可操作的部分是哪些?
- 对开发进度和预算的限制有哪些?

注意,上述问题的焦点集中于功能、性能、信息流和容量上。系统工程师不是向用户询问这个任务该如何去做,而是应当询问用户需要什么。

设想合理的回答,系统工程师提出一些候选的分配方案。在每一个候选方案中,系统的功能和性能都被分配给各种不同的系统生成元素。

分配方案 1——培训一个分类操作员,他在分类站识别箱子上的识别数字,并把箱子放入合适的料箱中。这个方案由人执行全部分类功能。使用某些文档(把料箱位置与识别数字关联起来的表格和有关培训操作员的过程性描述)。

分配方案 2——在分配站安装条形码读入器和控制器,把条形码输出到可编程控制器,控制机械分路器,将箱子送入合适的料箱中。这个方案使用了硬件(条形码读入器、可编程控制器、分路装置等)、软件(条形码读入器和可编程控制器中应用的程序)、数据库(将箱子识别数字或 ID 与料箱位置关联起来的对照表),提供了全自动的解决方式。

分配方案 3——在分配站安装条形码读入器和控制器,把条形码输出到机器人的手臂,抓住箱子,将它们放入合适的料箱中。这个方案使用了一些系统元素,如硬件、软件、数据库、文档,以及一个宏元素——机器人。

检查以上三个候选分配方案可知,对同一功能,可以分配给不同的系统元素。为了选取一种最有效的分配方案,应对每一方案使用一组权衡准则进行评价。

- 项目考虑——在预估的成本与进度范围内所选的系统配置能否实现?与成本和进度估算相关的风险有哪些?

- 商业考虑——所选的系统配置是最可能赢利的解决方案吗?能否成功地占领市场?最终的效益是否能表明所冒的开发风险是值得的?
- 技术分析——具备开发所有系统元素的技术实力吗?能确保功能和性能得到满足吗?能对这种系统配置进行充分的维护吗?具备技术资源吗?与技术相关的风险有哪些?
- 生产评估——生产工具与设备是有效的吗?必需的成分是否短缺?是否充分地实施了质量保证?
- 人员问题——研制和生产人员是否得到培训?是否存在政治问题?用户了解这个系统将要做什么吗?
- 环境界面——所提交的系统配置与系统的外部环境的接口是否合适?机器与机器、人与机器之间的通信是否以智能方式处理?
- 法律考虑——这种配置会引入违法的责任风险吗?对责任问题给予足够的保护了吗?是否存在潜在的破坏问题?

系统工程师还应当考虑能解决用户问题的现货供应方案。等价的系统是否已经存在?能否购买到解决方案的主要部件?

应用以上的权衡准则,就能够选择一个特定的系统配置,并把功能与性能规格分配给硬件、软件、人、数据库、文档和规程。

2.2.2 系统分析和结构设计

一旦将功能和性能分配给每一个系统元素,系统工程师将进一步通过硬件工程、软件工程、人机工程和数据库工程等建立相应系统元素的需求模型,确定系统元素的功能和性能范围,提出能与其他系统元素适当集成的接口要求。

1. 硬件系统模型

系统工程师选择硬件元件的某种组合以构成基于计算机系统的硬件元素。
- 通过硬件需求分析,为硬件元素中的所有元件确定精确的功能、性能和接口需求。此外还要建立设计约束条件(如尺寸、环境)及测试准则。
- 分析需求并设计一个初步的硬件配置方案,包括通信协议、拓扑结构等。
- 确定质量需求,包括安全性、可靠性、可用性等方面的质量标准。

2. 软件系统模型
- 通过软件需求分析,确认分配给软件的功能和性能。
- 按照功能分解的结果,提出软件系统分解为一系列子系统的构想,描述各子系统的功能和性能要求,以及各子系统之间的交互。
- 各子系统在硬件系统中的部署情况。

3. 人机交互模型
- 根据分配给人的各项活动,建立人员活动(任务)网络图,描述人机交互的环境。
- 根据用户分类和每一类用户的特点,针对用户要求的每一个动作和机器产生的每一个动作,建立"对话"方式构想。
- 设计用户界面原型,将硬件、软件和其他系统元素组合起来形成简化的用户环境,模拟和评价人机交互的所有步骤。

4. 数据库模型

并不是所有的基于计算机的系统都使用数据库,但对于使用数据库的系统来说,数据仓库往往是所有功能的核心。系统工程师建立数据库模型应关注以下问题:
- 定义数据库中包含的信息,查询的类型,数据存取的方式和数据库的容量等。
- 如果使用多个数据库管理系统,还要描述它们之间的数据转换方式和必要的数据结构。

i-Logix 公司对系统建模和模拟的作用进行了概括:"人们建立一个综合模型用以……解决常用功能的问题和数据流的问题,以及系统的动态行为问题。通过测试这些模型,系统工程师可以了解,一个被定义的系统,若它实现之后会怎样进行工作。此外,还能回答诸如'如果……就会……'之类的问题,遵从特定的场景,检查某些不希望的情况是否会发生……。从这个意义上来看,系统工程师可以说是起了系统及其环境的最终用户的作用……"。

2.2.3 可行性研究

可行性研究从经济、技术、法律、用户操作等方面分析所给出的解决方案是否可行。这是项目立项的依据。只有当解决方案可行且有一定的经济效益或社会效益时才能开始系统的开发。

2.2.4 建立成本和进度的限制

开发一个基于计算机的系统必须有足够的资金投入和有(交付)时间限制,这是与客户在合同或任务书中已经达成协议的。因此,在系统工程阶段必须进行任务分解和成本估算,对每一个系统元素以及在相应的获取工程中所需成本进行分配,同时做出进度安排。

2.2.5 生成系统需求规格说明

系统需求规格说明是在后续阶段中开发硬件系统、软件系统、数据库系统和人机接口系统的时候使用的一个文档。它描述了一个基于计算机系统的功能和性能,以及管理该系统开发的一些限制条件。这个规格说明界定每个被分配的系统元素。例如,它给软件工程师指明了软件在整个系统和各种子系统环境中的作用。系统需求规格说明还描述了系统的输入/输出(数据与控制)信息。

国家标准 GB/T 8567—2006《计算机软件文档编制规范》中规定《系统/子系统需求规格说明》的主要内容如下。

1	引言		
1.1	标识(标识、标题、版本号)		
1.2	系统概述(简述系统用途和一般特性、历史、标识项目相关方、运行现场、其他有关文档等)		
1.3	文档概述(概括本文档的用途和内容,描述有关保密性和私密性要求)		

2	引用文档
3	需求
3.1	要求的状态和方式
3.2	需求概述
	3.2.1 系统总体功能和业务结构
	3.2.2 硬件系统的需求

3.2.3 软件系统的需求	3.14.2 计算机硬件资源利用需求
3.2.4 接口需求	3.14.3 计算机软件需求
3.3 系统功能需求	3.14.4 计算机通信需求
3.3.x 每一系统功能需求	3.15 系统质量因素（例如包括系统的功能性、可靠性、可维护性、可用性、灵活性、可移植性、可复用性、可测试性、易用性和其他属性等的定量需求）
• 所需的系统行为，包括适用的参数	
• 在异常条件、非许可条件或越界条件下所需的行为	
3.4 系统外部接口需求	3.16 设计和构造的约束
3.4.1 接口标识和接口图	3.17 相关人员需求
3.4.x 每一接口需求（实现接口的需求）	3.18 相关培训需求
3.5 系统内部接口需求	3.19 相关后勤需求
3.6 系统内部数据需求	3.20 其他需求
3.7 适应性需求	3.21 包装需求
3.8 安全性需求	3.22 需求的优先次序和关键级别
3.9 保密性和私密性需求	4 （检验）合格性规定（的方法）
3.10 操作需求	a. 演示
3.11 可使用性、可维护性、可移植性、可靠性和安全性需求	b. 测试和采集数据
	c. 分析（数据处理或测试结果解释）
3.12 故障处理需求	d. 审查
3.12.1 软件系统出错处理的说明	e. 特殊的合格性方法
3.12.2 硬件系统冗余措施的说明	5 需求可追踪性
3.13 系统环境需求	6 非技术需求（交付日期、里程碑等）
3.14 计算机资源需求	7 尚未解决的问题
3.14.1 计算机硬件需求	8 注解（背景信息、术语表、原理）
	附录

GB/T 8567—2006《计算机软件文档编制规范》还给出一个补充文档《接口需求规格说明（IRS）》，描述了构成计算机系统的各个系统元素，包括各个硬件配置项、软件配置项、人工过程、其他系统部件之间的一个或多个接口的需求。该文档的主要内容包括：

1 引言	2 引用文档
1.1 标识（系统的完整标识）	3 需求
1.2 系统概述（简述系统的用途和一般特性、系统历史、标识项目相关方、运行现场、其他有关文档等）	3.1 接口标识和接口图
	3.x 每一接口的需求
	a. 接口优先级别
1.3 文档概述（概括本文档的用途和内容，描述有关保密性和私密性要求）	b. 接口类型

c. 接口传送单个数据元素的特性	3.y 每一需求的优先顺序和关键程度
d. 接口传送数据元素集合的特性	4 （检验）合格性规定（的方法）
e. 接口使用通信方法的特性	5 需求的可追踪性
f. 接口使用协议的特性	6 注解
g. 接口实体的物理兼容性等	附录

2.3 系统分析与结构设计

系统分析和结构设计是一个包括了许多任务（它们合称为计算机系统工程）的活动。是在硬件工程、软件工程、数据库工程之前进行的，其概貌如图2.4所示。

图2.4 计算机系统工程

2.3.1 系统分析的层次

图2.5给出了系统分析的层次，它可适用于任何业务领域。系统工程师首先从"全局视图"出发，研究业务领域或产品领域，建立适当的业务或技术上下文环境。然后把注意力集中到所关心的具体领域，细化全局视图，在这个领域中针对主要的系统元素（如数据、软件、硬件、人员等），开展系统的分析建模、设计和构造活动。

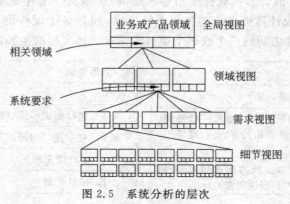

图2.5 系统分析的层次

系统分析在系统层次的顶端确定一个较为宽广的业务领域环境,而详细的技术活动则通过相关工程学科(如硬件工程或软件工程)的活动具体处理。

例如,我们要为某一个卷烟厂开发适用于该厂的生产计划与调度软件,首先应对烟草行业的生产业务中带有普遍性的问题进行分析,了解其环境和需求,这涉及企业的信息战略规划问题。然后再对烟草行业的一般性业务过程和业务对象进行领域分析,了解其特点和规则。最后再把视野缩小到该卷烟厂的生产环境,具体问题具体分析,抓住其业务和产品的技术需求和项目需求,并进行细化。

根据国家标准 GB/T 8566—2001《信息技术 软件生存周期过程》,有关系统分析与结构设计的主要要求有:

(1)分析待开发系统的特定的预期使用要求,以规定系统需求。系统需求规格说明应描述系统的功能与性能;业务、组织和用户需求;安全性、保密性、人类工程(人机工程学)、接口、运行和维护需求;设计限制和鉴定需求。系统需求规格说明应形成文档。

(2)根据评价准则评价系统需求,并将评价结果形成文档。评价准则包括获取需要的可追溯性;获取需要的一致性;可测试性;系统结构设计的可行性;运作和维护的可行性。

(3)建立系统的顶层结构。结构中应标出硬件配置、软件配置和人工操作过程等系统元素。应确保所有系统需求都已分配到各个系统元素中。分配到各个系统元素中的系统需求和系统结构应形成文档。

(4)根据评价准则评价这些系统元素的系统需求和结构,并将评价结果形成文档。评价准则包括系统需求的可追溯性;与系统需求的一致性;所使用的设计标准和方法的适宜性;特别是软件部分满足指定需求的可行性;运行和维护的可行性。

2.3.2 业务过程工程和产品工程建模

为了自顶向下,逐步搞清问题要求,系统建模是一个重要的手段。在系统分析的各个层次都需要建模,BlanChard 和 Fabrychy 提出了以下系统建模的准则:

(1)模型应表现出系统构成的动态特性,其操作应当尽量接近真实的结果。

(2)模型应包括所有的相关元素,并且保证其可靠性。

(3)模型应突出表现与现实问题最相关的因素,回避一些不重要的因素。

(4)模型设计应尽量简单,并应很快解决问题。为此分析员与管理人员应尽可能使用现有的工具和有效的方法。此外,如果模型很庞大且非常复杂,则应建立一系列的模型,其中一个模型的输出可以是另一个模型的输入。

(5)模型设计应制定要求,以便修改或者扩充,并在需要时进行评估。对模型要进行一系列的实验,以使其不断地接近系统的目标。

图 2.6 说明在模型化的过程中信息的整个流程。

系统工程师基于对实际领域的观察或对系统目标的逼近,建立系统模型。通过评价模型的特性,并将它与实际的或期望的系统特性作比较,进而深入了解系统。

1. 业务过程工程

如果要向客户提供系统服务,就需实施业务过程工程。业务过程工程(Business Process Engineering,BPE)的目的是定义一个能有效利用信息进行业务活动的体系。从企业信息技术需求的全局角度出发,不仅需要说明适用的计算体系架构,还需要开发适用于企

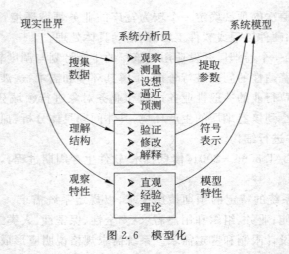

图 2.6 模型化

业计算资源的特定配置的软件系统架构。业务过程工程就是用于建立实施计算体系架构总体规划的一种方法。业务过程工程涉及 3 种不同的系统架构：数据体系架构、应用体系架构和技术基础设施。

数据体系架构描述了业务或业务功能的信息需求。架构的基本单元是业务数据对象。一个业务数据对象包括一组属性以及对质量、特征或数据的描述。此外，还描述了这组业务数据对象之间的关系。关系表明对象之间是如何相联系的。例如，"消费者"和"产品 A"这两个对象之间可以通过"购买"关系发生联系，即"消费者"购买了"产品 A"或"产品 A"被"消费者"购买。在业务活动中流动的数据对象可以通过数据库组织起来，为业务需要提供所需的信息。

应用体系架构是为了某些业务目的而在数据体系架构范围内进行变换的那些系统元素而构成的系统。从软件工程角度则可认为应用体系架构就是执行变换的程序（软件）系统。从更广泛的意义来看，应用体系架构应当将人员角色（信息的变换者和使用者）和待实现的业务过程联系在一起。

技术基础设施为数据体系架构和应用体系架构提供组织基础。基础设施包括用来支持应用和数据的硬件和软件，包括计算机、操作系统、网络、通信链路、存储技术和用于实现这些技术的体系结构（如客户/服务器）。为了建立系统体系架构的模型，业务过程工程活动可按如图 2.7 所示的分层的方式实施。

2．产品工程

如果要向客户提供产品，就要实施产品工程。产品工程的目的是将用户期望的已经定义的一组能力转化为实际产品。为此，产品工程也要给出系统架构和基础设施。这个系统架构包括 4 个系统构件：软件、硬件、数据（数据库）和人员。基础设施则包括能集成各种构件的技术和用于支持构件的信息（如文档、CD-ROM、视频）。

如图 2.8 所示，全局视图由需求工程得到。全局性需求由客户提出，包括信息和控制要求、产品功能和行为、产品整体性能、设计和接口约束条件以及其他特殊要求。一旦这些需求确定下来，需求工程的工作就是将这些功能和行为分配到上述 4 个系统构件中。

系统构件工程是一组并发活动，分别处理软件工程、硬件工程、人类工程和数据库工程这些系统构件。每个工程的开发规范都用特定领域的观点来看待，但特别需要重视工程规范的建立和维持相互之间的积极沟通。需求工程的部分作用是建立便于沟通的接口机制。

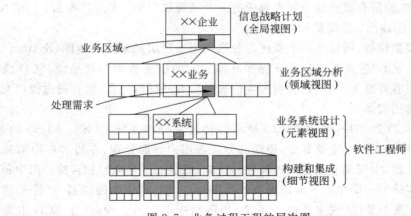

图 2.7 业务过程工程的层次图

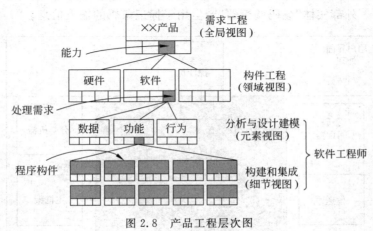

图 2.8 产品工程层次图

产品工程的元素视图针对某一特定构件的工程规范。对软件工程来说,这意味着需进行分析和设计建模活动,以及包括编码、测试和支持任务在内的构造和部署活动。分析的任务是使用数据、功能和行为模型来描述需求,设计的任务是将分析模型映射到数据设计、结构设计、接口设计和软件构件级设计中。

2.3.3 系统模型模板

由于一个系统可以在不同抽象层次(如全局视图、领域视图、要素视图)上表现,因此系统模型基本上是一个分层结构。在层次的顶端,展示完整(全局视图)的系统模型,展现主要数据对象、处理功能和行为。随着层次的进一步划分,逐步引入全局视图的各个元素的构成成分,展现各个成分的细节建模。最后系统模型逐步演变为工程模型,而这个工程模型就是适用的工程规范。

1. Hatley 与 Pirbhai 系统模型模板

按照 Hatley 与 Pirbhai 建模的思想,每个基于计算机的系统都可以按以下方式建模,即利用"输入—处理—输出"模板进行信息转换。Hatley 和 Pirbhai 又增加了"用户界面处理"、"维护和自检处理"两个系统特征,从而使得系统模型更加完整。他们提出一个系统模型的模板,将系统的所有成分分布到模板内的 5 个处理过程中:①用户界面,②输入,③系统功能和控制,④输出,⑤维护和自检。

使用系统模型模板,可建立一个系统的分层模型。顶层是系统环境图(System Context Diagram,SCD),SCD"建立系统和系统操作环境之间的信息边界",就是说,SCD 确定系统所使用信息的所有外部生产者、系统所产生信息的所有外部消费者、所有通过接口交流或者执行维护和自检的实体。

为了阐明 SCD 的作用,考虑图 2.3 所示的传送带分类系统 CLSS。CLSS 的 SCD 如图 2.9 所示。图中分成 5 个主要部分,顶端部分代表用户界面处理,左边和右边部分分别描述输入和输出处理,中间部分包含处理和控制功能,底层部分是维护和自检。图中每个框都代表一个外部实体——即生产者或消费者的系统信息,例如"条码阅读器"产生的信息输入到 CLSS 系统。整个系统(或主要的子系统)用圆角矩形表示。因此,在 SCD 中央表示了 CLSS 的处理和控制区域。SCD 中的箭头表明从外部环境进入到 CLSS 系统中的信息(包括数据和控制)。外部实体"条码阅读器"产生用于标记条码的输入信息。

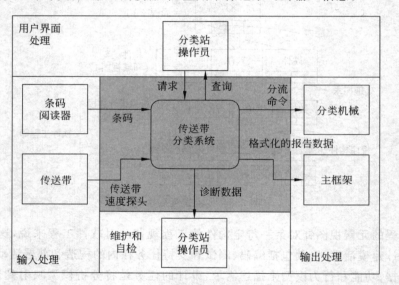

图 2.9 CLSS 系统的系统环境图 SCD

系统工程师通过进一步细致考虑图 2.9 中带阴影的矩形部分来细化系统环境图。各种专门的子系统能够完成传输线分类系统规定的功能,主要的子系统可在系统流程图(System Flow Diagram,SFD)中基于 SCD 定义,如图 2.10 所示。

系统流程图给出了各个专门子系统和重要的(数据与控制)信息流,更详细地描述 CLSS 系统。此外,系统模型模板也可以对子系统进行描述,划分成早先讨论的五个处理区域。这样形成系统流程图的分层模型,最基本的系统流程图是 SFD 分层结构的顶层结点,在基本 SFD 中的每一个圆角矩形都可以扩充成为由它分解成的另一个系统模型模板,这个过程在图 2.11 中用图示做了具体说明。每一个 SFD 都可成为后续工程步骤子系统的开始点。

2. UML 系统建模

UML 提供了大量图表表示法,它们用于在系统和软件层次进行分析和设计建模。对于 CLSS 系统,需要对 4 个重要的系统元素进行建模:

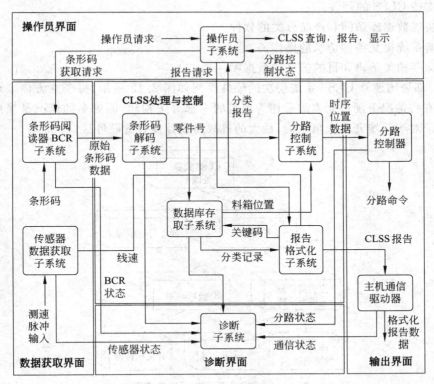

图 2.10 CLSS 系统的系统流程图 SFD

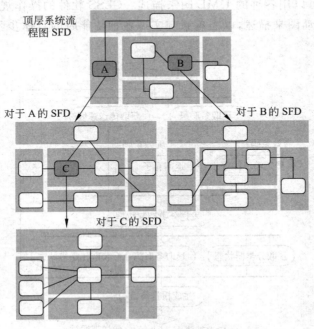

图 2.11 分层的系统流程图 SFD 模型

(1) 支持 CLSS 的硬件。
(2) 实现数据库访问和产品分类的软件。
(3) 向系统提交各种请求的操作员。
(4) 保存相关条码和目的信息的数据库。

UML 部署图建立 CLSS 系统层次的硬件模型如图 2.12 所示,每个立方体表示一个硬件元素。有些情况下硬件元素需要作为项目的一部分来构建,而更多的情况是采用现成的硬件元素。对于系统开发人员来说,最大的挑战是设计良好的硬件接口。

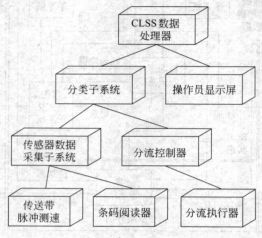

图 2.12 CLSS 系统的硬件部署图

CLSS 的软件可以用各种的 UML 图来描述。CLSS 软件的操作规程方面可以用类似于程序流程图的活动图来描述,以表现系统实现各种功能时的具体步骤,如图 2.13 所示。

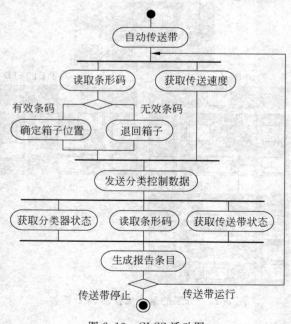

图 2.13 CLSS 活动图

图中的圆角矩形表示特定的系统功能,箭头表示系统的流程,菱形表示分支,水平粗实线表示并发事件。

另一个用于构建软件模型的 UML 表示法是类图。从系统分析角度来看,类是从问题描述中提取的。对 CLSS 来说,候选类可能是箱子、传送带、条码阅读器、分流控制器、操作者请求、报告、产品等。每个类都封装了一组属性和一组操作。Box(箱子)类的 UML 类图如图 2.14 所示。

CLSS 操作员可以用图 2.15 所示的 UML 用例图来建模。用例图阐述了一个参与者(这个用例中是操作员,用小人表示)与系统的交互行为。方框(表示 CLSS 系统的边界)里的每个椭圆都表示一个用例,用例用文字来描述角色与系统的交互场景。

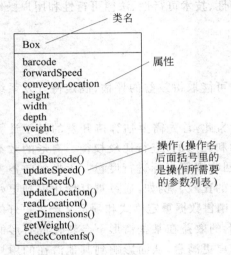

图 2.14　CLSS 类图

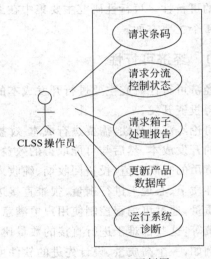

图 2.15　CLSS 用例图

2.3.4　系统文档与评审

系统分析与结构设计阶段应交付的文档有:
(1) 系统可行性研究报告
(2) 系统/子系统需求规格说明
(3) 系统/子系统设计说明
(4) 接口需求规格说明(可选项)
(5) 接口设计说明(可选项)

在系统分析与结构设计阶段,有关软件的主要评审内容包括:
(1) 软件功能描述的正确性
(2) 软硬件功能划分的合理性和可行性
(3) 接口要求及接口设备要求的合理性
(4) 质量要求的合理性
(5) 开发环境要求的合理性和可行性
(6) 开发进度要求的合理性和可行性
(7) 软件开发技术的合理性和可行性

(8) 软件开发成本的合理性和可行性

2.4 可行性研究

任何项目都必然存在资源和时间的限制。有些项目中由于资源缺乏和交付时间限制的困扰,使得基于计算机系统的开发变得十分困难。因此,需要尽早对软件项目的可行性做出细致而谨慎的评估。如果在定义阶段尽早发现将来可能在开发过程中遇到的问题,及早给予妥善的解决便可以避免大量的人力、金钱以及时间上的浪费。

可行性与风险分析在许多方面是相关的。如果项目的风险很大,就会降低产生高质量软件的可行性。可行性研究主要集中在经济可行性、技术可行性、法律可行性和用户操作可行性4个主要方面。

2.4.1 经济可行性

经济可行性研究主要进行开发成本的估算及可能取得效益的评估,确定待开发系统是否值得投资开发。

讨论经济可行性,需要进行成本-效益分析。为此,首先需要估算待开发的基于计算机系统的开发成本,然后与可能取得的效益(有形的和无形的)进行比较权衡。有形的效益可以用货币的时间价值、投资回收期、纯收入、投资回收率等指标进行度量。无形的效益主要是从性质上、心理上进行衡量,很难直接进行数量的比较。例如,通过重复优化得到更好的设计质量;通过可编程控制使用户更满意;通过对销售数据重定格式和预定义产生更好的商业决策等,这些都难于进行直接的数量比较。无形的效益在某些情形下会转化成有形的效益。例如,一个高质量、设计先进的软件可以使用户更满意,从而影响到其他潜在的用户也会喜欢它,一旦需要时就会选择购买它,这样使得无形的效益转化成有形的效益。

系统的经济效益等于因使用新系统而增加的收入加上使用新系统可以节省的运行费用。运行费用包括操作员人数、工作时间、消耗的物资等。

1. 几种度量效益的方法

1) 货币的时间价值

成本估算的目的,是筹划对项目投资。但投资在前,取得效益在后。因此要考虑货币的时间价值。通常用利率表示货币的时间价值。设银行的年利率为 i,现已存入 P 元,则 n 年后可得钱数 F 为:

$$F = P(1+i)^n$$

这就是 P 元钱在 n 年后的价值。反之,若 n 年后能收入 F 元,那么这些钱现在的价值是:

$$P = \frac{F}{(1+i)^n}$$

例如,在工程设计中可用一个 CAD 系统来取代大部分人工设计工作。开发这个系统共投资了20万元,每年可节省9.6万元。若软件生存周期为5年,则5年可节省48万元。

我们不能简单地把20万元与48万元相比较。因为前者是现在投资的钱,而后者是5年以后节省的钱。需要把5年内每年预计节省的钱折合成现在的价值才能进行比较。

设银行的年利率是5%,利用上面计算货币现在价值的公式,可以算出引入 CAD 系统后,每年预计节省的钱的现在价值,参看表2.1。

表 2.1 货币的时间价值

年份	将来值(万)	$(1+i)^n$	现在值(万)	累计的现在值(万)
1	9.6	1.05	9.1429	9.1429
2	9.6	1.1025	8.7075	17.8513
3	9.6	1.1576	8.2928	26.1432
4	9.6	1.2155	7.8979	34.0411
5	9.6	1.2763	7.5219	41.5630

2) 投资回收期

投资回收期是衡量一个开发工程价值的经济指标。所谓投资回收期,就是使累计的经济效益等于最初的投资所需要的时间。投资回收期越短,就能越快获得利润,因此这项工程也就越值得投资。例如,引入 CAD 系统两年以后,可以节省 17.85 万元,比最初的投资还少 2.15 万元,但第三年可以节省 8.29 万元,则 2.15/8.29=0.259。因此,投资回收期是 2.259 年。

3) 纯收入

工程的纯收入是衡量工程价值的另一项经济指标。所谓纯收入,就是在整个生存周期之内系统的累计经济效益(折合成现在值)与投资之差。例如,引入 CAD 系统之后,5 年内工程的纯收入预计是 41.563－20＝21.563(万元)。这相当于比较投资一个待开发的软件项目后预期可取得的效益和把钱存在银行里(或贷款给其他企业)所取得的收益,到底孰优孰劣。如果纯收入为零,则工程的预期效益与在银行存款一样。但开发一个软件项目有风险,从经济观点看,这项工程可能是不值得投资的。如果纯收入小于零,那么显然这项工程不值得投资。只有当纯收入大于零,才能考虑投资。

4) 投资回收率

把钱存在银行里,可以用年利率来衡量利息的多少。类似地,用投资回收率来衡量投资效益的大小。已知现在的投资额 P,并且已经估算出将来每年可以获得的经济效益 F_k,以及软件的使用寿命 $n, k=1,2,\cdots,n$。则投资回收率 j 可用如下的方程来计算:

$$P = \frac{F_1}{(1+j)^1} + \frac{F_2}{(1+j)^2} + \frac{F_3}{(1+j)^3} + \cdots\cdots + \frac{F_n}{(1+j)^n}$$

这相当于把数额等于投资额的资金存入银行,每年年底从银行取回的钱等于系统每年预期可以获得的效益。在时间等于系统寿命时,正好把在银行中的钱全部取光。此时的年利率是多少呢?就等于投资回收率。

2. 成本-效益的分析

系统的效益分析随系统的特性而异。为了具体说明,考虑一个管理信息系统的效益,如表 2.2 所示。大多数数据处理系统的基本目标是开发具有较大信息容量、更高的质量、更及时、组织得更好的系统。因此,表 2.2 所示的效益集中在信息存取和它对用户环境的影响上面。与工程-科学计算软件及基于微处理器的产品相关的效益在本质上可能不大相同。

表 2.2 可能的信息系统效益

改进计算与打印工作所得到的效益	降低每个单元的计算和打印成本(CR)
	提高计算任务的精确度(ER)
	有能力快速改变计算程序中的变量与值(IF)
	大大提高计算和打印的速度(IS)
改进记录保存工作所得到的效益	能够"自动"为记录收集和存储数据(CR、IS、ER)
	更完全、系统地保存记录(CR、ER)
	根据空间和成本,增加记录保存的容量(CR)
	记录保存标准化(CR、IS)
	增加每个记录中可存储的数据量(CR、IS)
	改进记录存储的安全性(ER、CR、MC)
	改进记录的可移植性(IF、CR、IS)
改进记录查找工作所得到的效益	快速地检索记录(IS)
	改进从大型数据库中存取记录的能力(IF)
	改进变更数据库中记录的能力(IF、CR)
	通过远程通信,链接要求查找的地点的能力(IF、IS)
	改进登记记录的能力,登记哪些记录存取过及被谁存取过(ER、MC)
	审计和分析记录查找活动的能力(MC、ER)
改进系统重构能力所得到的效益	同时变更整个记录类的能力(IS、IF、CR)
	传输大型数据文件的能力(IS、IF)
	归并其他文件建立新文件的能力(IS、IF)
改进分析和模拟能力所得到的效益	快速地执行复杂的、同时发生的计算的能力(IS、IF、ER)
	建立复杂现象的模拟,以解答"如果……,则……"问题的能力(MC、IF)
	为计划和决策的制定,聚集大量可用数据的能力(MC、IF)
改进过程和资源管理所得到的效益	减少在过程和资源管理方面所需的工作量(CR)
	改进"精细调校"过程(如汇编行)的能力(CR、MC、IS、ER)
	改进保持对可用资源进行不间断监控的能力(MC、ER、IF)

说明:CR=降低成本;ER=减少错误;IF=增加灵活性;IS=增加活动的速度;MC=改进管理计划和控制。

基于计算机系统开发的成本如表 2.3 所示。

分析员可以估算每一项的成本,然后用开发费用和运行费用来确定投资的偿还、损益两平点和投资回收期。例如,在前面所介绍的 CAD 系统中,若每年可节约总费用的估计值为 96000 元,总开发(或购买)费用为 204000 元,年度费用估计为 32000 元。则从图 2.16 可知,投资回收期大约需要 3.1 年。实际上,投资的偿还可以用更详细的分析方法来确定,即货币的时间价值、税收的影响及其他潜在的对投资的使用。再把无形的效益考虑在内,上级管理部门就可以决策,在经济上是否值得开发这个系统。

表 2.3 信息系统可能的费用

筹办费用	咨询费	与项目有关的费用	软件购置费
	实际设备购置或租用设备费		为适应局域系统修改软件的费用
	设备安装费		公司内系统开发人员工资、经常性开销
	设备场所改建费（空调、安全设施等）		培训用户人员使用应用系统的费用
	资本		数据收集和建立数据收集过程所需费用
	与筹办相关的管理和人员的费用		准备文档所需的费用
开办费用	操作系统软件的费用		开发管理费
	通信设备安装费用（电话线、数据线等）	运行费用	系统维护费用（硬件、软件和设备）
	开办人员的费用		租借费用（电费、电话费等）
	人员寻找与聘用活动所需的费用		硬件折旧费
	开办活动所需的费用		信息系统管理、操作及计划活动中涉及人员的费用
	指导开办活动所需的管理费用		

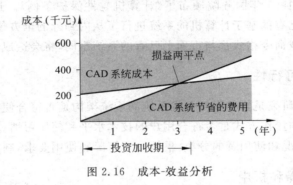

图 2.16 成本-效益分析

此外，为了增强系统的功能、提高系统的性能，就要相应地增加系统的成本。

2.4.2 技术可行性

技术可行性研究是根据待开发系统的功能、性能及实现系统的各种约束条件等，分析在现有的资源和技术条件下，技术风险有多大，系统是否能实现。技术可行性分析通常包括风险分析、资源分析和技术分析。

1. 风险分析

风险分析是要分析在给定的约束条件下设计和实现系统的风险。主要是考察技术解决方案的实用性。如果使用的技术太过先进或不成熟，就可能导致技术风险；如果技术解决方案不合理，会导致开发出来的系统不能满足用户的需要。此外，还要考虑人员流动可能给项目带来的风险、成本和人员估算不合理造成的预算风险等。在可行性分析时，风险分析的目的是找出风险，评价风险的大小，分析能否有效地控制和缓解风险。

2. 资源分析

资源分析是要考察技术资源的可用性。一是考察参与系统开发的各类人员的工作基础,如果参加系统开发和管理的团队从事过类似项目的开发,同时开发人员比较熟悉系统所处的领域,并有足够的人员保证,则相比从未接触过该领域系统开发的团队,成功的机会就比较大。二是考察基础硬件/软件的可用性,如果系统所需的硬件和支撑软件能通过合法的手段及时获取,那么从技术角度看,可以认为具备设计和实现系统的条件。

3. 技术分析

技术分析是要分析当前科学与技术的进步是否支持系统开发的各项活动。在技术分析过程中,分析员收集系统的性能、可靠性、可维护性和生产率方面的信息,分析实现系统功能、性能所需的技术、方法、算法或过程,从技术角度分析可能存在的风险,以及这些技术问题对成本的影响。

技术分析提交系统技术可行性评估。指明为完成系统的功能和性能需要什么技术?需要哪些新材料、方法、算法或过程?有什么开发风险?这些技术问题对成本的影响如何?

2.4.3 法律可行性

法律可行性研究关注的是系统开发过程中可能涉及的合同、侵权、责任以及各种与法律相抵触的问题。1990年我国颁布了《中华人民共和国著作权法》,其中将计算机软件作为著作权法的保护对象。1991年国务院颁布了《计算机软件保护条例》。这两个法律文件从思想、内容和形式上对已有的基于计算机的系统进行了从内到外的全方位保护,如果待开发系统的外观、整体结构或命令格式都与市面上已有的系统雷同,将会造成侵权,导致法律纠纷。

2.4.4 用户操作可行性

用户操作可行性研究是要考察待开发系统的系统架构是否符合使用单位的使用环境现状和管理制度,系统的操作方式是否符合用户的技术水平和使用习惯。为此,需要了解使用单位的计算机利用情况和使用者的分类,根据实际情况和使用要求,制定人机交互的方案。

2.4.5 方案的选择和折中

一个基于计算机的系统可以有多个可行的实现方案,每个方案对成本、时间、人员、技术、设备都有不同的要求,不同方案开发出来的系统在功能、性能方面也会有所不同。因此要在多个可行的实现方案中做出选择。

由于系统的功能和性能受到多种因素的影响,某些因素之间又可能相互关联和制约。例如,为了达到高的精度就可能导致长的执行时间,为了达到高可靠性就会导致高的成本等。因此,在必要时应进行折中。对于大多数系统(例外情况有国防系统、法律委托的系统和高技术应用系统)而言,一般衡量经济上是否合算,应考虑一个"底线"。经济可行性研究涉及范围较广,包括成本-效益分析、长期的公司经营策略、对其他的单位或产品的影响、开发所需的成本和资源,以及潜在的市场前景。而技术可行性常常是系统开发过程中最难于决断的方面。因为系统的目标、功能、性能比较模糊。因此,技术可行性的评估应该与系统分析过程与定义并行进行。

总之,可行性研究最根本的任务是为未来的开发提出建议。经过分析,如果发现问题没有可行的解,分析人员应建议停止系统的开发,从而避免不必要的资源浪费;如果认为问题可解或值得解,则应推荐一个较好的解决方案,并制定出一个初步的项目开发计划。

2.4.6 可行性研究报告

可行性研究的结果可以单独报告的形式，提供给上级管理部门，也可以包括在"系统需求规格说明"的附录中。可行性报告的形式可以有多种，根据 GB/T 8567—2006《计算机软件文档编制规范》所列《可行性分析（研究）报告》，主要内容和格式如下：

1 引言
1.1 标识（标识号、标题、版本号）
1.2 背景（要求、目标、实现环境、限制条件）
1.3 项目概述（用途、特性、历史、项目相关方、运行现场、其他有关文档）
1.4 文档概述（用途、内容、保密性要求）
2 引用文档
3 可行性分析的前提
3.1 项目的要求（功能、性能、输入、输出、处理流程和数据流程、完成期限、安全和保密要求）
3.2 项目的目标（费用、处理速度、控制精度或生产能力、人员利用率）
3.3 项目的环境、条件、假定和限制（硬件、软件、运行环境、开发环境、经费、时间、可利用的信息和资源）
3.4 进行可行性分析的方法（调查、加权、确定模型、建立基准点或仿真等）
4 可选的方案
4.1 原有方案的优缺点、局限和存在的问题
4.2 可复用的系统及其与要求之间的差距
4.3 可选择的系统方案 1（方案概述、处理流程和数据流程、对现有系统的改进、预期的影响、存在的局限性等）
4.4 可选择的系统方案 2（方案概述、处理流程和数据流程、对现有系统的改进、预期的影响、存在的局限性等）
……
4.n 选择最终方案的准则（方案概述、处理流程和数据流程、对现有系统的改进、预期的影响、存在的局限性等）
5 所建议的系统
5.1 说明（基本方法、理论依据等）
5.2 数据流程和处理流程
5.3 与原有系统的比较（逐项说明改进之处）
5.4 影响（或要求）
5.4.1 设备（需要对现有设备做出的修改）
5.4.2 软件（需要对现有应用软件和支持软件做出的修改和补充）
5.4.3 运行（对运行的影响）
5.4.4 开发（对开发的影响）
5.4.5 环境（对环境的影响）
5.4.6 经费（需要的各项开支）
5.5 局限性
6 经济可行性（成本-效益分析）
6.1 投资（基本建设投资、其他一次性或非一次性投资）
6.2 预期的经济效益
6.2.1 一次性收益（开支的缩减、价值的提高等）
6.2.2 非一次性收益（月度收益、年度收益）
6.2.3 不可定量的收益（如服务的改进、风险的减小、组织形象的改善等）
6.2.4 收益/投资比
6.2.5 投资回收周期
6.3 市场预测（潜在的客户数、市场份额）
7 技术可行性（技术风险评价：团队技术实力、已有工作基础、设备条件等）
8 法律可行性（可能导致的侵权、违法和责任）
9 用户使用可行性（用户单位的管理和工作制度、使用人员的素质）
10 其他与项目有关的问题（未来可能的变化）
11 注释（用于理解的信息、术语表等）
附录

可行性研究报告首先由项目负责人审查(审查内容是否可靠),再上报给上级主管审阅(估价项目的地位)。从可行性研究应当得出"行或不行"的决断。当然,在以后的开发阶段,还要做出其他"行还是不行"的决定。

一般地,可行性研究所需要的费用只是预期的项目总成本的5%~10%。

2.5 其他系统描述方法

在系统开发实践中,还有一些流行的系统描述方法,正确地使用它们,可以形象地表达设计思想,建立良好的沟通渠道。

2.5.1 系统框图和系统流程图

系统框图(Block Diagram)和系统流程图(Flow Chart)都是描述物理系统的工具。所谓物理系统,就是一个具体实现的系统,也就是描述一个单位、组织的信息处理的具体实现的系统。在可行性研究中,可以通过系统流程图表达待开发系统的大概处理流程,用系统框图表达系统的组织结构。它们不仅能用于可行性研究,还能用于需求分析阶段。

根据国家标准 GB/T 11457—2006《信息技术 软件工程术语》,系统框图和系统流程图可用图形符号来表示系统中的各个元素,例如,人工处理、数据处理、数据库、文件和设备等。它表达了系统中各个元素之间的连接关系和信息流动的情况,参看图2.17。

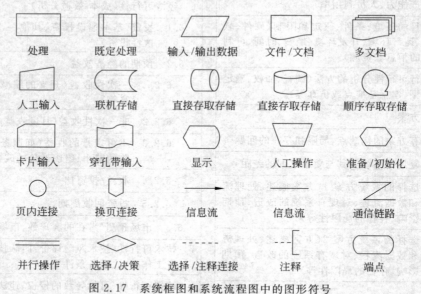

图 2.17 系统框图和系统流程图中的图形符号

系统框图与系统流程图的不同之处在于表达的含义。系统框图给出了系统的框架结构,各个处理之间用不带箭头的线段连接;系统流程图表达了系统的处理过程,各个处理之间用带有箭头的线段连接,参看图2.18和图2.19。

画系统框图和系统流程图时,首先要搞清楚业务处理过程以及处理中的各个元素,同时要理解图中各个符号的含义,选择相应的符号来代表系统中的各个元素。所画的系统框图要反映系统的实际构成,而系统流程图要反映出系统的处理流程。

图 2.18 系统框图示例

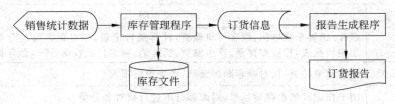

图 2.19 系统流程图示例

2.5.2 HIPO 建模

HIPO(Hierarchy plus Input Process Output)是较早时期 IBM 公司提出的一种系统分析和设计工具。它由两部分组成：可视目录表和 IPO 图。可视目录表给出系统的功能分层关系；IPO 图则为系统的各部分提供具体的工作细节。

1. 层次图(Hierarchy Chart)

用它表明各个功能的隶属关系，它是自顶向下逐层分解得到的一个树形结构。其顶层是整个系统的名称和系统的概括功能说明；第二层把系统的功能展开，分成几个功能框；第二层功能进一步分解，就得到了第三层、第四层……直到最后一层。每个功能框内都应有一个名字，用以标识它的功能。还应有一个编号，记录它所在层次及在该层次的位置。

层次图的每一个功能框都有一个小说明。它是对该功能框的补充说明，在必须说明时才用，所以它是可选的。小说明可以使用自然语言。

例如，应用 HIPO 法对盘存/销售系统进行分析，得到如图 2.20 所示的系统流程图。分析此工作流程图，可得如图 2.21 所示的层次图和小说明。

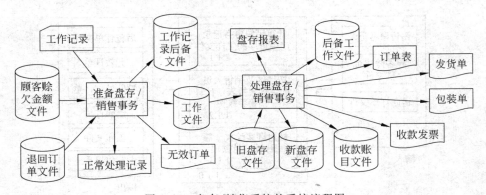

图 2.20 盘存/销售系统的系统流程图

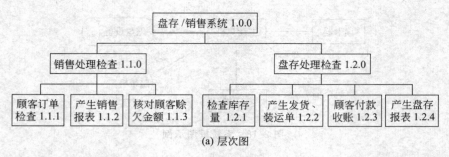

图 2.21 盘存/销售系统的层次图和小说明

2. IPO 图

IPO(Input Process Output)图为层次图中每一功能框详细地指明输入、处理及输出。通常,IPO 图有固定的格式,图中处理操作部分总是列在中间,输入和输出部分分别在其左边和右边。由于某些细节很难在一张 IPO 图中表达清楚,常常把 IPO 图又分为两部分,简单概括的称为概要 IPO 图,细致具体一些的称为详细 IPO 图。

概要 IPO 图用于表达对一个系统,或对其中某一个子系统功能的概略表达,指明在完成某一功能框规定的功能时需要哪些输入、哪些操作和哪些输出。图 2.22 是表示销售/盘

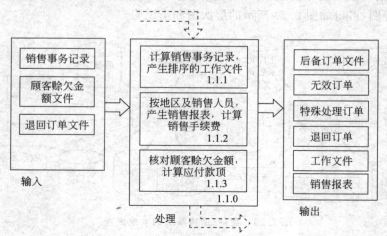

图 2.22 对应层次图上 1.1.0 框的概要 IPO 图

存系统第二层(对应于层次图上的 1.1.0 框)的概要 IPO 图。

在概要 IPO 图中,没有指明输入—处理—输出三者之间的关系,用它来进行下一步的设计是不可能的。故需要使用详细 IPO 图以指明输入—处理—输出三者之间的关系。其图形与概要 IPO 图一样,但输入、输出最好用具体的介质和设备类型的图形表示。图 2.23 是销售/盘存系统中对应于 1.1.2 框的一张详细 IPO 图。

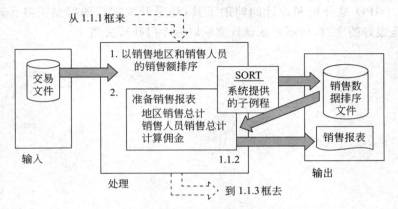

图 2.23　对应层次图上 1.1.2 框的详细 IPO 图

3. 利用 HIPO 进行逐层细化的建模

在系统建模时,通常需要经历一个认识逐步发展的过程,并且对一些问题还要经过反复的考虑才可能达到比较满意的建模效果。HIPO 能很好地适应这一要求。图 2.24 是利用

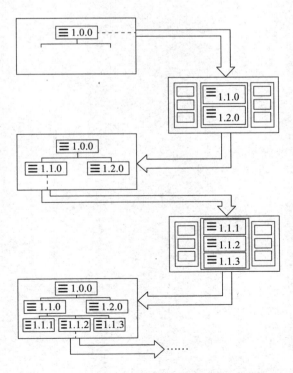

图 2.24　利用 HIPO 进行逐层细化的建模

HIPO进行逐层细化的示意图。从图中可看到,把层次图和IPO图结合起来,反复交替地使用它们,可使得建模工作逐步深化,最终取得完满的设计结果。

HIPO的特点是:

(1) 这一图形表达方法容易看懂。

(2) HIPO的适用范围很广。

事实上,HIPO是分析和设计的辅助工具,还是开发文档的编制工具。开发完成后,HIPO图就是很好的文档,而不必在设计完成以后专门补写文档。

第 3 章 面向对象方法与 UML

面向对象方法是一个非常实用且强有力的软件开发方法。它起源于 20 世纪 60 年代末挪威的 K. Nyguard 等人推出的编程语言 Simula 67。在这个语言中引入了数据抽象和类的概念，但真正为面向对象程序设计奠定基础的是由 Alan Keyz 主持推出的 Smalltalk 语言，"面向对象"这个词也是 Smalltalk 首先采用的。1976 年推出了 Smalltalk-72，1978 年推出了 Smalltalk-76，由此逐步发展和完善了面向对象程序设计的概念。1981 年由 Xerox Learning Research Group 所研制的 Smalltalk-80 系统，全面地体现了面向对象程序设计语言的特征。Smalltalk 被认为是第一个真正的面向对象程序设计语言。由于 Smalltalk-80 语言的推广使用，导致了面向对象语言的蓬勃发展，有的是传统语言的扩充，有的是新开发的面向对象语言，其中有代表性的包括 Objective-C(1986)、C++ (1986)、Self(1987)、Eiffel(1987)、CLOS(1986)、Object Oriented Pascal 等。1986 年，Grady Booch 首先提出"面向对象设计"概念，从那以后，越来越多的人投入到面向对象的研究领域。一方面，面向对象向软件开发的前期阶段，包括面向对象设计、面向对象分析，是按照 OOP—OOD—OOA 的顺序发展的，而在进行系统开发时却应该按照 OOA—OOD—OOP 的顺序；另一方面，面向对象在越来越广泛的计算机软硬件领域得以发展，如面向对象程序设计方法学、面向对象数据库、面向对象操作系统、面向对象软件开发环境、面向对象的智能程序设计、面向对象的计算机体系结构等。面向对象技术已成为软件开发的主流技术。

3.1 面向对象系统的概念

3.1.1 面向对象系统的概念

为了讨论面向对象的系统，必须首先明确什么是"面向对象"？Coad 和 Yourdon 给出了一个定义：

$$面向对象 = 对象 + 类 + 继承 + 消息通信$$

如果一个系统是使用这样 4 个概念设计和实现的，则可认为这个系统是面向对象的。面向对象系统的每个成分都应是对象，计算是通过新对象的建立和对象之间的通信来执行的。

面向对象系统具有许多特色。
- 系统的定义从问题领域的实体出发，与人类习惯的思维方式一致。
- 搭建的系统结构稳定性好，修改可以局部化。
- 系统及体系结构可以使用构件组装，可复用性好。
- 软件系统容易理解，容易修改，容易测试，适合开发大型的软件产品。
- 软件体系结构严格按照信息(细节)隐蔽的原则设计，产品可维护性好。

3.1.2 对象

1. 对象的定义

对象（Object）是系统中用来描述客观事物的实体，是构成系统的基本单位。每个对象可用它的名字、它本身的一组属性和它可以执行的一组操作来定义。

属性表征了对象的静态特征，在C++中称为数据成员，一般通过封装在对象内部的数据存储来定义。一旦对象的数据存储都赋了值，这个对象的状态就确定了。

操作又称为方法或服务，它描述了对象执行的功能，因此，它表征了对象的动态行为，在C++中称为成员函数。若通过消息传递，还可以为其他对象使用。

对象属性的值只能通过执行对象的操作来改变，也可以说，对象的状态只能通过执行对象的操作才能修改。

例如，在计算机屏幕上画3个多边形。为简化起见，每个多边形可以看做是一个由有序顶点集合定义的对象。这个顶点集合给出了多边形对象的状态，包括它的形状和它在屏幕上的位置。在多边形上的操作包括 **draw**（在屏幕上显示它）、**move**（从原来的位置上移动到一个指定的新位置）及 **contains**（检查某个指定的点是否在多边形内部）。图3.1(a)显示了在计算机屏幕上的3个多边形对象和定义它们的点。图3.1(b)给出了这些多边形对象的图形表示。

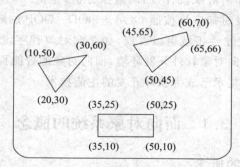

(a) 在计算机屏幕上的三个多边形

triangle	quadrilateral1	quadrilateral2
(10,50)	(35,10)　(50,10)	(45,65)　(50,45)
(30,60)	(35,25)　(50,25)	(65,66)　(60,70)
(20,30)		
draw	draw	draw
move(Δx,Δy)	move(Δx,Δy)	move(Δx,Δy)
contains(aPoint)	contains(aPoint)	contains(aPoint)

(b) 表示多边形的3个对象

图3.1　多边形对象

2. 对象的分类

对象可以分为5种：物理、角色、事件、交互和规格说明。每个应用系统可以拥有某几种或所有各种对象，但也不必特意对每个对象进行分类。

（1）物理对象（Physical Objects）——物理对象是最易识别的对象，通常可以在问题领域的描述中找到，它们的属性可以标识和测量。例如，大学课程注册系统中的学生对象;一个网络管理系统中各种网络物理资源对象(如开关、CPU 和打印机)都是物理对象。

(2) 角色对象(Roles)——一个实体的角色也可以抽象成一个单独的对象。角色对象的操作是由角色提供的技能。例如,一个面向对象系统中通常有"管理器"对象,它履行协调系统资源的角色。一个窗口系统中通常有"窗口管理器"对象,它扮演协调鼠标器按钮和其他窗口操作的角色。特别地,一个实际的物理对象可能同时承担几个角色。例如,一个退休教师同时扮演退休者和教师的角色。

(3) 事件对象(Incidents)——一个事件是某种活动的一次"出现"。例如"鼠标"事件。一个事件对象通常是一个数据实体,它管理"出现"的重要信息。事件对象的操作主要用于对数据的存取。如"鼠标"事件对象有诸如光标坐标、左右键、单击、双击等信息。

(4) 交互对象(Interactions)——交互表示两个对象之间的关系,这种类型的对象类似于在数据库设计时所涉及的"关系"实体。当实体之间是多对多的关系时,利用交互对象可将其简化为两个一对多的关系。例如,在大学课程注册系统中,学生和课程之间的关系是多对多的关系,可设置一个"选课"交互对象来简化它们之间的关系。

(5) 规格说明对象(Specifications)——规格说明对象表明组合某些实体时的要求。规格说明对象中的操作支持把一些简单的对象组合成较复杂的对象。例如,一个"烹饪"对象定义各种调料和它们的量,以及它们组合的次序和方式。

3. 对象的特点

(1) 对象是消息处理的主体。对象之间是通过消息互相通信的。

(2) 对象是以数据为中心的。所有操作都与对象的属性相关,而且操作的结果往往与当时所处的状态(属性的值)有关。

(3) 实现了数据封装。对象是一个黑盒,其属性值对外不可见,被完全封装在盒子内部,对属性值的访问只能通过接口中定义的(公有)接口操作进行。为了使用对象内的属性值,只需知道属性值的取值范围和可以访问该属性的接口操作,无需知道表征属性的具体数据结构和操作的实现算法。

(4) 模块独立性好。由于前 3 个特点,故对象内部各种成分彼此相关,联系紧密,内聚性强。又由于完成对象功能所需的操作和相关数据结构基本上都被封装在对象内部,形成了面向对象系统的基本模块,因而它与外界的联系较少,对象之间的耦合比较松散。

(5) 具有并行的特点。不同的对象各自独立地处理自身的数据,彼此通过发送消息、传递信息来完成通信。所以它们具有并行工作的特点。

对象有两个视图,分别表现在设计和实现方面。设计视图把对象看做实体,产生有关实体的声明,包括实体的属性和可以执行的操作,但不涉及实现功能的一系列动作。实现视图用对象表示在应用程序代码中的实体,是数据存储与相关操作的统一的封装体,是数据抽象和过程抽象的实例化。

3.1.3 类与封装

类(Class)是一组具有相同结构、相同服务、共同关系和共同语义的对象集合。类的定义包括类名、一组数据属性和在数据上的一组合法操作。

在一个类中，每个对象都是类的实例（Instance），它们都具有相同的属性（但具有不同的属性值），都可使用类中定义的方法。一个实例的属性称为该实例的实例变量，实例变量的值一旦确定，该实例的状态也就确定下来了。

例如，在图 3.1 中有两个四边形，它们具有相同的数据结构和相同的操作，可以基于它们定义一个如图 3.2 所示的 quadrilateral 类。该类的每个实例有同样的一组实例变量和服务。就这个意义来讲，类 Quadrilateral 提供了一个抽象，表示了所有四边形对象，定义了各个四边形实例中的实例变量和可以作用于任一实例上的一组操作。

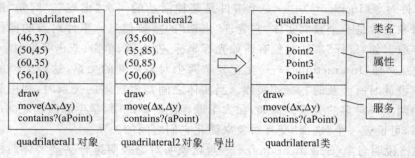

图 3.2　quadrilateral（四边形）的类定义

一旦有了类的定义，还可以创建属于该类的新实例，但必须定义类的构造函数，以便在创建新的实例时系统利用这些构造函数对它们初始化。

类的定义应遵循抽象数据类型（ADT）的原则，按照使用与实现分离的要求，封装类的数据定义和辅助操作定义。为此，必须把可提供给外部使用的操作定义在类的接口部分（在 C++ 中这部分的存取权限为 public）。

在定义类的数据结构和操作时常常会用到其他类的实例，作为它的组成部分或参数。例如，在图 3.2 中定义 Quadrilateral 类时，引用的 4 个顶点是 point 类的实例。这些实例应当受到保护不被其他对象存取，包括同一个类的其他实例。如果其他对象必须存取这些点，应在类的接口上增加一些相应的存取操作。

类与 Pascal 语言中的记录或 C 语言中的结构的区别在于类可提供各种级别的访问权限。此外，类中包括了数据结构和操作的定义，在语义上更完整。而在 Pascal 的记录和 C 的结构中只能对数据做结构定义，至于相关的操作需要单独定义，这将给系统的开发和修改带来很大的隐患。

3.1.4　继承

如果某几个类之间具有共性的东西（属性和行为），把它们抽取出来放在一个父类中，将各个类的特有的东西放在子类中分别描述，则可建立起子类对父类的继承。

例如，当定义 Quadrilateral 类时，如果图 3.3（a）所示的 Polygon（多边形）类已经存在，则 Quadrilateral 类可以作为它的子类定义，如图 3.3（b）所示。图 3.3（b）中斜体部分表示在 Polygon 类中已经定义，并通过继承可加到 Quadrilateral 类的定义中。假如这些成员作为 Polygon 类的一部分已经过了测试，那么在 Quadrilateral 类中就无需像新写的代码那样做严格的测试了。

继承是在已有类定义的基础上定义新类的技术。例如，图 3.3 中的 Quadrilateral 类是

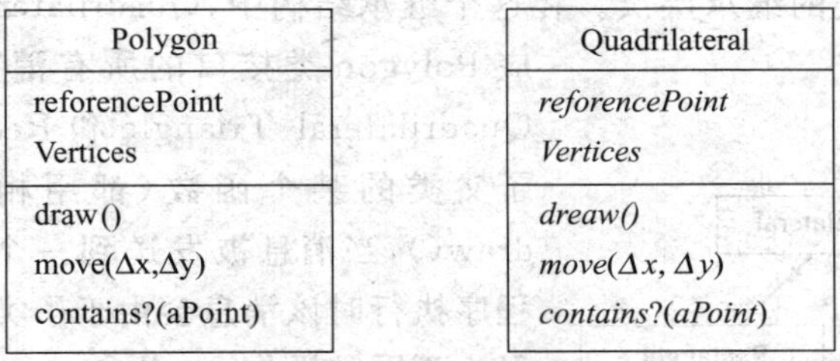

```
┌─────────────────────┐     ┌─────────────────────┐
│      Polygon        │     │   Quadrilateral     │
├─────────────────────┤     ├─────────────────────┤
│ reforencePoint      │     │ reforencePoint      │
│ Vertices            │     │ Vertices            │
├─────────────────────┤     ├─────────────────────┤
│ draw()              │     │ dreaw()             │
│ move(Δx,Δy)         │     │ move(Δx,Δy)         │
│ contains?(aPoint)   │     │ contains?(aPoint)   │
└─────────────────────┘     └─────────────────────┘
      (a) Polygon 类         (b) Quadrilateral 类（Polygon 的子类）
```

图 3.3　使用继承的一个例子

Polygon 类的一个子类。如果限定 Quadrilateral 是矩形，还可以建立 Quadrilateral 类的子类 Rectangle，它是一种特殊的四边形，这样就形成了类继承的层次结构。

继承具有传递性，如果 Rectangle 类继承 Quadrilateral 类，Quadrilateral 类又继承 Polygon 类，则 Rectangle 类也继承了 Polygon 类。

继承从内容上可划分为 4 种。

（1）取代继承。例如"窗口"和"Windows 窗口"的关系，任何需要"窗口"的地方都可以用"Windows 窗口"来代替。此时，"窗口"可视为父类（抽象类），"Windows 窗口"作为"窗口"的子类（具体类）。

（2）内容继承。例如"四边形"与"矩形"的关系，"四边形"包括了"矩形"。

（3）受限继承。例如"鸵鸟"是一种特殊的"鸟"，它不能继承"鸟"的"会飞"的特性。这样，子类（"鸵鸟"）只能部分继承父类（"鸟"）的某些属性或操作。

（4）特化继承。例如"汽车"与"起重车"的关系。"起重车"作为"汽车"的子类可以直接使用父类的"数据＋操作"，它自己还增加了特有的"数据＋操作"，就是说，在它的接口中引入了新的能力。

3.1.5　多态性和动态绑定

对象、类、继承及消息通信表征了面向对象开发方法，但还使用了其他一些技术与它们配合，其中的两个是多态性（Polymorphism）和动态绑定（Dynamic Binding）。

多态性，也称为多形性，是指同名的函数或操作可在不同类型的对象中有各自相应的实现。例如一个"＋"操作，在整数情形执行整数加法，在浮点数情形执行浮点数加法，在字符串情形执行字符串连接。这些操作的名字相同，但实现各不相同，语言编译器根据操作对象的类型自动调用相应的实现程序。

在支持多态性的语言程序中，在函数或操作的参数表中，与形式参数对应实际参数的数据类型可能不是单一的，而是属于一个特定数据类型集合中的一个数据类型。例如，想要在屏幕上画一系列多边形，多态性允许发送消息 draw()，根据消息接收对象的类型不同，画出不同的多边形。draw() 针对的是一系列的类型（类族）而不仅仅是一个类型。

具有多态的函数或操作在运行时才根据实际的对象类型，执行相应实现程序的连接，即动态绑定。多态性的实现有两种。

（1）利用继承关系把所有数据类型当做一个抽象数据类型的子类型。

图 3.4 给出了 4 个类的继承层次。在这个继承结构中，Quadrilateral 类的接口可以响应 Polygon 类接口的所有消息。如果几个子类 Quadrilateral、Triangle 和 Rectangle 都重新定义了父类的某个函数（都用相同的函数名），如 draw()，当消息被发送到一个子类实例 p 时，在程序执行时该消息会由于子类实例的不同而被解释为不同的操作。

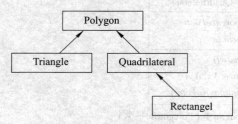

图 3.4　某些多边形类的继承层次

动态绑定保证在程序执行时实施与实例 p 连接的操作。如果 p 是 Rectangle 类的实例，则执行与 Rectangle 连接的操作；如果 p 是 Triangle 类的实例，则执行与 Triangle 连接的操作。

（2）利用模板机制把所有可能的数据类型用一个参数化的数据类型来代替。

作为动态绑定的例子，再考虑 Polygon 类中的操作 contains(aPoint)。这个操作可以在类层次的各层重新实现，使得各个子类的特征能够得到使用。例如，假定一个 Rectangle 有某些边与屏幕的边平行，这时，检查一个点是否包含在矩形内，比检查一个点是否在一个一般的四边形内的效率要高一些。

如果我们有一个多态 Polygon 实例的表，如图 3.5 所示，并且想要看一个点 p（可能是鼠标点取的位置）是否在它们中的某一个内，那么可以遍历这个表，给表中的每个实例 P 发送消息 P.concains(p)。如果某个实例 P 响应这个消息，则动态绑定执行与实例 P 连接的操作。如果 P 属于 Rectangle 类，则执行与 Rectangle 连接的操作，而不使用与 Quadrilateral 类或 Polygon 类连接的操作。

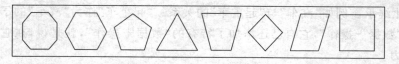

图 3.5　一系列多边形类型

3.1.6　消息通信

消息是一个对象向另一个对象传递的信息。有 4 类消息：
- 发送对象请求接收对象提供服务。
- 发送对象激活接收对象。
- 发送对象询问接收对象。
- 发送对象仅传送信息给接收对象。

消息的使用类似于函数调用，消息中指定了某一个实例、一个操作名和一个参数表（可能是空的），如 quadrilateral1.move(15,20)。接收消息的实例执行消息中指定的操作，并将形式参数与参数表中相应的值结合起来。

系统功能的实现就是一组对象通过执行对象自身的操作和消息通信来完成的。如图 3.6 所示，如果想在屏幕上移动一个 Shape 实例，可调用操作 moveTo(Point)，该操作发送一个类内消息 erase()，把这个实例在原处擦去，再发送一个类内消息 draw()，并在新的位置画出它。而存取参考点 ReferencePoint 的函数则是类间消息。

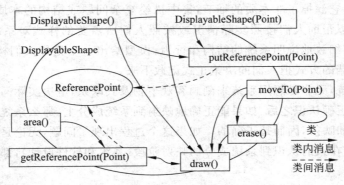

图 3.6 消息通信的例子

3.1.7 对象生存周期

对象的生存周期属于对象的实现视图。在传统的过程性程序中,首先需要定义相关的自定义数据类型,然后定义属于某种数据类型的变量,再使用这些变量参加程序的运算。在面向对象的程序中,参加程序运行的不是类,而是属于某种类的对象(实例)。与一般意义的变量不同的是,对象有它的生存周期。在程序执行过程中,它们根据需要被创建;一旦它们的使命完成不再需要它们时,对象将被销毁。从这个意义上讲,对象具有动态性。

对象的创建称为实例化。在此过程中,系统自动调用该类的构造函数,对新创建的对象初始化,即给对象的所有属性赋初值,确定该对象的初始状态。

对象具有状态和行为。对象的状态保存在对象内部的属性中,对象的行为通过相关的操作来表现。当然,对象中某些属性可以与状态无关,例如对象标识符。但对象中属性值的改变,只能通过该对象的操作。

对象之间可以并行工作,各自独立处理自己的数据,同时改变自己的状态。对象之间还具有通信能力,它们通过互相发送消息进行通信,协同完成工作流程。

各种语言执行对象销毁的方式各有不同。例如,C++语言在类定义中可以定义析构函数,在销毁对象时,系统自动调用这个析构函数释放该对象占有的存储空间,再撤销该对象;在Java语言中有无用单元自动回收的功能,只要没有从其他对象对它的引用,该对象将自动撤销,其占有的存储空间作为垃圾自动回收。此外,在一个操作中创建并使用的局部对象,在操作执行结束时将自行释放。

3.2 统一建模语言 UML 概述

UML(Unified Modeling Language)是一种定义良好、易于表达、功能强大且普遍适用的建模语言。它融入了软件工程领域的新思想、新方法和新技术。它的作用域不仅支持面向对象系统的分析与设计,还支持从需求分析开始的系统开发的全过程。

3.2.1 什么是建模

几十年系统开发的实践证明,建模是系统成功的一个基本因素。模型的实质就是对现实的简化或抽象,它滤掉了非本质的细节,集中描绘复杂问题或结构的本质,使得问题更容易理解。模型可以帮助人们按照实际情况或按照人们所需要的样式对系统进行直观的描绘;模型允许人们细致地说明系统的结构和行为;模型给出一个指导人们构造系统的模板;模型可以通过文档的方式把人们的决策正式记载下来。

我们开发系统,无非是想用系统来刻画客观事物及其联系,解决实际问题。人脑中形成了对客观世界的正确认识之后,如果能正确地映射到系统成分上,那么系统就一定是对客观事物的正确描述和映射,因而是正确的。如果这个过程出现了问题,无论是在人脑认识阶段(需求分析),还是在人的认识到系统成分的映射阶段(系统和软件设计),都会使系统或软件开发失败。

因此,在建模过程中通常应当注意以下一些原则:

(1) 选择创建的模型应能反映所要处理和解决的问题。
(2) 根据观察者的角色和观察的原因,可选择用不同详细程度表示的模型。
(3) 模型建造要基于现实、反映现实。
(4) 为了完整地理解和表达系统,需要用一组从不同视角描述系统的模型。例如,为了完整理解面向对象系统的体系结构,应使用几个互补和连锁的视图,例如,用例图、设计视图、进程视图、实现视图和实施视图。
(5) 构造模型的基本技术是抽象,应抓住与问题有关的主要特征,从抽象到具体,逐步引进问题详细可行的解决方案。
(6) 不要追求绝对的真实和完美,只须从预期目标的角度看其是否充分。
(7) 应当分阶段刻画问题的关键方面,略去相对次要的因素。
(8) 建模语言应支持人的由模糊到清晰、由粗到细、逐渐完善的认识过程。
(9) 应采用可视化图形建模语言,例如 UML。

3.2.2 UML 发展历史

20 世纪 90 年代,在软件系统业界流行着几十种面向对象的开发方法,形成百家争鸣的局面。其中著名的 3 种方法是 OMT(Rumbaugh)、Booch 和 OOSE(Jacobson)。每种方法都有自己的开发过程、表示符号和侧重点。OMT 的强项在分析,而弱项在设计;Booch 91 的强项在设计,而弱项在分析;OOSE 的强项在行为分析,而弱项在其他领域。

随着时间的推移,Booch 方法吸收了很多 OMT 和 OOSE 以及其他优秀的分析技术。Rumbaugh 方法也接受了很多 Booch 方法在设计方面的优秀技术,这就形成了所谓的 OMT-2 方法。虽然这些方法开始互相靠拢,但它们仍然保持各自的表示法。

1995 年开始,Booch 和刚转入 Rational 公司的 Rumbaugh 在公司高层的主持下将他们各自的面向对象建模方法统一为 Unified Method V0.8。一年之后,Ivar Jacobson 加入其中,共同将该方法统一为 UML 0.9。这三位杰出的专家被称为"三友(Three Amigos)"。很快 UML 获得了工业界、科技界和应用界的广泛支持,1996 年 10 月在美国就已有七百多家公司表示支持采用 UML 作为建模语言。1996 年年底,UML 已稳居面向对象技术市场 85% 的份额,成为可视化建模语言事实上的工业标准。

1996 年,一个由建模专家组成的国际性组织"UML 伙伴组织"开始同"三友"一起工作,计划提议将 UML 作为 OMG 的标准建模语言。1997 年 1 月,伙伴组织向 OMG 提交了最初的提案 UML 1.0。经过了 9 个月的紧张修订,于 1997 年 9 月提交了最终提案 UML1.1,这个提案在 1997 年 11 月被 OMG 正式采纳为对象建模标准。

UML 在完善过程中,吸收了百家之长,包含了来自很多其他方法的最佳思想,如图 3.7 所示。到 2005 年,推出了 UML 2.0。该工作分为 4 个部分:UML 2.0 超级结构、UML 2.0 基础结构、UML 2.0 对象约束语言(OCL)和 UML 2.0 图的交换。2009 年发布了 UML 2.2。图 3.8 描述了 UML 的发展历史。

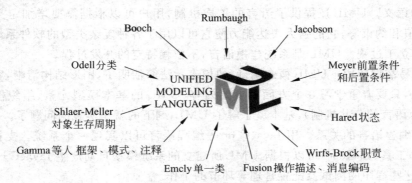

图 3.7 UML 吸收了许多面向对象方法的优秀想法

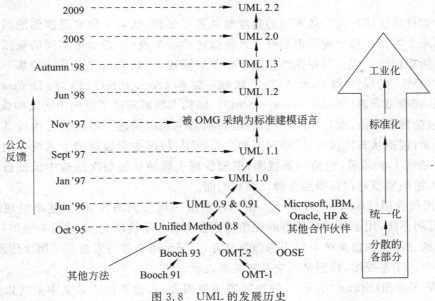

图 3.8 UML 的发展历史

3.2.3 UML 的特点

有人认为,标准建模语言 UML 的出现,是面向对象方法在 20 世纪 90 年代中期所取得的最重要的成果。其主要特点可以归结为以下 6 点。

(1) 统一标准。UML 不仅统一了 Booch、OMT 和 OOSE 等方法中的基本概念,还吸取了面向对象技术领域中其他流派的长处,其中包括非 OO 方法的影响。UML 使用的符号表示考虑了各种方法的图形表示,删掉了大量易引起混乱的、多余的和极少使用的符号,也添加了一些新符号,提供了标准的面向对象模型元素的定义和表示法,并已经成为 OMG 的标准。

(2) 面向对象。UML 支持面向对象技术的主要概念,它提供了一批基本的表示模型元素的图形和方法,能简洁明了地表达面向对象的各种概念和模型元素。

(3) 可视化,表达能力强大。UML 是一种图形化语言,用 UML 的图形元素能清晰地表示系统的逻辑模型或实现模型。它不只是一堆图形符号,在每个图形表示符号后面,都有良好定义的语义。UML 还提供了语言的扩展机制,用户可以根据需要增加定义自己的构造型、标记值和约束等,它的强大表达能力使它可以用于各种复杂类型的软件系统的建模。

(4) 独立于过程。UML 是系统建模语言,不依赖特定的开发过程。

(5) 容易掌握使用。UML 概念明确,建模表示法简洁明了,图形结构清晰,容易掌握使用。实际上,只要着重学习 3 个方面的主要内容(UML 的基本模型元素、组织模型元素的规则、UML 语言的公共机制),基本就了解了 UML,剩下的就是实践的问题了。

(6) 与编程语言的关系。用 Java、C++ 等编程语言可以实现一个系统。支持 UML 的一些 CASE 工具(如 Rose)可以根据 UML 所建立的系统模型自动产生 Java、C++ 等代码框架,还支持这些程序的测试及配置管理等环节的工作。

3.2.4 UML 的视图

一个软件系统往往可以从不同的角度对其进行观察,从某个角度观察到的系统就构成了系统的一个视图。每个视图都是整个系统描述的一个投影,若干个不同的视图可以完整地描述出所建造的系统。每种视图用若干幅图来描述,一幅图包含了系统的某一特殊方面的信息。UML 把视图划分为 4 个主题域:结构(Structural)、动态(Dynamic)、物理(Physical)和模型管理(Model Management)。结构主题域描述了系统中的结构成员及其相互关系,包括静态视图、设计视图和用例视图;动态主题域描述了系统的行为或其他随时间变化的行为,包括状态机视图、活动视图和交互视图;物理主题域描述了系统中的计算资源及其总体结构上的部署,包括部署视图;模型管理主题域描述层次结构中模型自身的组织(利用包来组织模型),包括模型管理视图和剖面。

(1) 用例视图(Use Case View) 用例视图由一组用例图构成,其基本组成部件是用例、参与者和系统,用于从系统的外部视角描述参与者与系统的交互,进行系统的功能建模。用例视图的意图是列出系统中的用例和参与者,并显示哪个参与者参与了哪个用例的执行。用例的行为用动态视图,特别是用交互视图来表示。

(2) 静态视图(Static View) 静态视图用类图表示,主要描述系统中的类以及类之间的相互关系。它用于建立系统的逻辑结构模型(应用领域的视角)与物理结构模型(系统实现的视角)。在静态视图中不描述依赖于时间的系统行为。

(3) 设计视图(Design View) 设计视图由一组内部结构图、通信图和构件图实现。它用于对应用系统自身的设计层面的结构建模,例如,将设计出的体系结构表示为结构化类元(classifier)、为实现功能所需的协作,以及具有良好接口定义的构件的组装。

(4) 状态机视图(State Machine View) 状态机视图用状态机图表示。每个状态机图用于对一个类实例的整个生存周期的个体行为建模,它描述了该实例的一组状态和这些状态之间的迁移。其中,每个状态描述该实例在其生存周期中满足某种条件的一个时间段的动作或活动。当一个事件发生时,会触发实例中一个状态向另一个状态的迁移,附加在迁移上的动作或活动也同时被执行。

(5) 活动视图(Activity View) 活动视图用活动图表示。活动图相当于传统的程序流程图的作用,用于描述一个系统或子系统的工作流,或者描述某一算法中计算活动的控制流。在活动图中,动作和活动的含义不同,一个动作是一个基本的计算步骤,而一个活动是一组动作或子活动。活动图扩展了程序流程图,它不但可描述顺序执行的计算,还可描述并发执行的计算。

(6) 交互视图(Interaction View) 交互视图可用顺序图和通信图表示,描述系统中一组对象如何通过消息传递,共同协作来实现某一个用例或构件的功能。它给出了系统中的集体行为的视图。

(7) 部署视图(Deployment View) 部署视图用部署图表示,部署图描述了运行时结点(如计算机等物理设备资源)的配置及其连接,以及各种制品在结点网络上的分布。制品是一个物理实现单元,如一个文件,它也可以表示一个或多个构件的实现。

(8) 模型管理视图(Model Management View) 模型管理视图对模型自身的组织建模。一个模型由一组保存模型元素(如类、状态机、用例)的包组成。包还可以包含其他的包,因此,一个模型从一个间接包含所有模型内容的根包(Root Package)开始。包是操纵模型内容的单元,还是访问控制和配置控制的单元。每个模型元素可以被一个包或另一个元素拥有。模型管理信息通常展示在包图中,它是类图的变种。

(9) 剖面(Profile) UML 是用一个元模型(Meta-model)定义的。元模型是指描述建模语言自身的模型。剖面机制允许在不修改基本元模型的前提下对 UML 作有限的变化。

UML 包含 3 个主要的可扩展结构:约束(Constraints)、构造型(Stereotypes)和标签值(Tagged Values)。约束是以自然语言或特定形式语言书写的对语义的限制或条件,一般把约束写在花括号中,如{value≥0}、{or}等。构造型也叫做衍型,可追加在其他模型元素之上,使原来的模型元素变成具有特定语义的新变种。它本质上是一种新元类(Metaclass)。一般用《》标记构造型,如《signal》。标签值是贴在任何模型元素上被命名的信息片。图 3.9 给出了约束、构造型和标签值的应用实例。

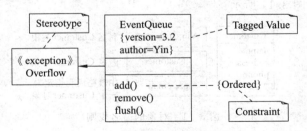

图 3.9 约束、构造型和标签值

3.3 UML 的模型元素

UML 提供了丰富的用图形符号表示的模型元素,这些标准的图形符号隐含了 UML 的语法,而由这些图形符号组成的各种模型给出了 UML 的语义,描述了系统结构以及行为。

UML定义了两类模型元素：一类模型元素用于表示模型中的各种事物，如类、对象、构件、结点、接口、包和注释等；另一类用于表示模型元素之间相互连接的关系，包括关联、泛化、依赖和实现等。这两类模型元素均可用图形符号来表示。

3.3.1 UML 的事物

图 3.10 给出了 UML 中的事物。事物是对模型中最具代表性成分的抽象。在 UML 中，可以将事物分为结构事物、行为事物、分组事物和注释事物 4 类。

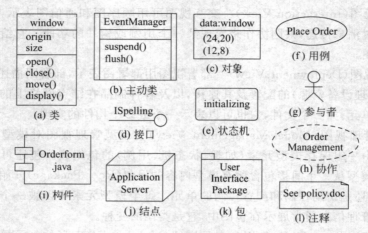

图 3.10 UML 的基本事物

1. 结构事物

结构事物是 UML 模型的静态部分，主要用来描述概念的或物理的元素，包括类、主动类、接口、用例、协作、构件和结点等。

（1）类（Class）——参看图 3.10(a)，类用带有类名、属性和操作的矩形框来表示。

（2）对象（Object）——对象是类的实例，在使用时需在其名字下边加下划线，如图 3.10(c)所示。对象的属性值需明确给出。在 UML 中，对象的表示分成有名对象和匿名对象，其命名规则如图 3.11 所示。

图 3.11 对象的命名规则

（3）接口（Interface）——描述了一个类或构件的一组外部可用的服务（操作）集。接口定义的是一组操作的描述，而不是操作的实现。一般把接口画成从实现它的类或构件引出的气球，参看图 3.10(d)。接口体现了使用与实现分离的原则。

（4）主动类（Active Class）——主动类的实例应具有一个或多个进程或线程，能够启动控制活动。在图形上，为了与普通类区分，主动类用两侧加边框的矩形表示，如图 3.10(b)所示，或用具有粗外框的矩形来表示。主动类对象的行为与其他元素的行为可并发工作。

(5) 用例(Use Case)——亦称用况,用于表示系统想要实现的行为,即描述一组动作序列(即场景)。而系统执行这组动作后将产生一个对特定参与者有价值的结果。在图形上,用例用一个仅包含其名字的实线椭圆表示,如图 3.10(f)所示。

(6) 参与者(Actor)——亦称行动者或角色。参与者定义了一组与系统有信息交互关系的人、事、物,在图形上用一个简化的小人表示,如图 3.10(g)所示。它是用例的客户并与用例进行交互。

(7) 协作(Collaboration)——用例仅描述要实现的行为,不描述这些行为的实现。这种实现用协作描述。协作定义了一个交互,描述一组角色实体和其他实体如何通过协同工作来完成一个功能或行为。在图形上,协作用一个仅包含名字的虚线椭圆表示,如图 3.10(h)所示。协作与用例之间是实现关系。

(8) 构件(Component)——亦称组件,是系统中物理的、可替代的部件。它通常是一个描述了一些逻辑元素的物理包。在图形上,构件用一个带有小方框的矩形来表示,参看图 3.10(i)。

(9) 结点(Node)——是在运行时存在的物理元素。它代表一种可计算的资源,通常具有一定的记忆能力和处理能力。在图形上,结点用立方体来表示,参看图 3.10(j)。

2. 行为事物

行为事物是 UML 模型的动态部分,包括交互和状态机两类。

(1) 交互(Interaction)——交互由在特定的上下文环境中共同完成一定任务的一组对象之间传递的消息组成,如图 3.12 所示。交互涉及的元素包括消息、动作序列(由一个消息所引起的行为)和链(对象间的连接)。

消息可以分为同步消息、异步消息和简单消息等类型。

图 3.12 对象之间的交互

(2) 状态机(State Machine)——描述了一个对象或一个交互在生存周期内响应事件所经历的状态序列,单个类或者一组类之间协作的行为都可以用状态机来描述。状态机涉及状态、变迁和活动,其中状态用圆角矩形来表示,如图 3.10(e)所示。

3. 分组事物

分组事物是 UML 模型的组织部分。它的作用是降低模型的复杂性。

包(Package)——是把模型元素组织成组的机制,结构事物、行为事物甚至其他分组事物都可以放进包内。包不像构件(仅在运行时存在),它纯粹是概念上的(即它仅在开发时存在)。包的图形如图 3.10(k)所示。

4. 注释事物

注释事物是 UML 模型的解释部分,它们用来描述和标注模型的任何元素。通常可用注释修饰带有约束或者解释的图。它的图形如图 3.10(l)所示。

3.3.2 UML 中的关系

模型元素之间的关系也是模型元素,如图 3.13 所示。常见的关系有依赖、关联、泛化和实现 4 种。

1. 依赖（Dependency）关系

依赖是两个事物之间的语义关系，其中一个事物发生变化会影响到另一个事物的语义，它用一个虚线箭头表示。虚线箭头的方向从源事物指向目标事物，表示源事物依赖于目标事物。图 3.14 显示了 CourseSchedule 对象依赖于 Course 对象，如果 Course 发生变化，CourseSchedule 的某些操作也会有变化。

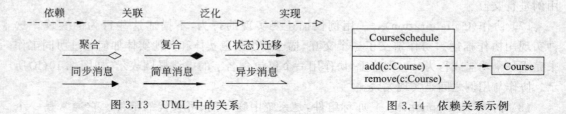

图 3.13　UML 中的关系　　　　　　图 3.14　依赖关系示例

UML 静态视图中的依赖关系参看表 3.1。依赖关系的具体语义可以用在表示依赖关系的虚线箭头上附加的双尖括号括起来的关键字加以说明，如《create》。

表 3.1　依赖的种类

依赖	功　　　能	关键字
访问	源包（如用户界面包）被赋予了可访问目标包（如业务对象包）的权限，并可引用目标包中的元素	access
绑定	目标类是模板类（如<数据类型参数化为 T>栈），源类是将指定值替换模板参数而生成的特定类（如<实参为 int>栈）	bind
调用	强调源类中的操作（如矩形类的 draw）调用了定义在目标类中的操作（如像素点类的 draw）	call
友元	目标类（如二叉树）视源类（如 Iterator）为其友元，允许源类访问目标类的所有私有成员（UML 2.0 中没有）	friend
派生	源事物（如年龄）可以从目标事物（如出生年月）通过计算导出	derive
创建	源类（如链表类）可创建目标类（如链表结点类）的实例	create
细化	同一模型元素的不同详细程度或不同语义层次的规格说明，源（如详细配置图）比目标（如概要配置图）更为详细	refine
实例化	强调源类的实例（如链表）创建了目标类的实例（如链表结点），而且还做了初始化和满足约束的工作	instantiate
允许	允许源事物（如电梯调度器）访问或处理目标事物（如中断向量表）的内容。因为电梯调度需要做电梯启停等中断处理	permit
实现	一个规格说明（如栈的接口）和其具体实现（该栈的类实现）之间的映射关系	realize
发送	一个信号发送者（如电梯控制器）与信号接收者（如楼层管理器）之间的关系	send
替换	表明源类可以支持目标类的接口，并可以在类型声明为目标类的地方取代目标类。继承性和多态性都可支持这种关系	substitute
使用	强调源事物（如电梯调度器）想要正确地履行职责（包括调用、创建、实例化、发送等），则要求目标事物（如决策表）存在。通过决策表可知各个电梯当前状态，以确定哪部电梯来相应楼层接乘客	use(s)
追踪	它连接两个模型元素，表明目标是源历史上的前驱。如交互和协作就是从用例导出的	trace

UML 中把源事物又称为客户,把目标事物又称为供应者。此外,还有一些在 UML 2.0 中没有明确列表说明,但在其术语词典中出现的依赖关系。

包之间的依赖关系还有导入依赖和导出依赖。

(1) 导入依赖《import》——它表明了源包可以使用简单的名字(不是从根开始的全路径名)来访问目标包里的元素,但各个包有自己独立的命名空间,这意味着属于不同包的两个元素可以重名。导入依赖可以使目标包内的公共可见元素进入源包的命名空间。

(2) 导出依赖《export》——它表明在包的上下文环境中,通过调整元素的可见性而使得包中的元素可以在它的命名空间之外被访问。

用例之间的依赖关系还有包含依赖和扩展依赖。

(1) 包含依赖《include》——它表明源用例显式地包含目标用例作为其行为的一部分。此时将源用例称为基用例,目标用例称为包含用例。如果两个用例之间具有包含依赖关系,则表明基用例的动作序列中有特定的步骤把包含用例的动作序列包含进来。

(2) 扩展依赖《extend》——它表明源用例扩展了目标用例的行为。此时,源用例称为基用例,目标用例称为扩展用例。扩展用例在特定条件下为基用例提供附加的动态行为。例如,在人机交互过程中出现差错时进行的异常处理即为扩展动作。

扩展依赖与包含依赖的区别在于,如果仅将扩展从基用例的动作序列中去除,基用例仍然是语义完备的,即它的执行仍将产生有意义的结果。而包含依赖则不然。

2. 关联(Association)关系

关联是一种结构关系,它描述了两个或多个类的实例之间的连接关系,是一种特殊的依赖。例如,一架飞机有两个发动机,则飞机与发动机之间就存在一种连接关系,这就是关联关系。关联的实例称为链(Link),每一条链连接一组对象(类的实例)。关联主要用来组织一个系统模型。

关联分为普通关联、限定关联、关联类以及聚合与其特殊情形——复合。

1) 普通关联

普通关联是最常见的关联关系,只要类与类之间存在连接关系就可以用普通关联表示。普通关联又分为二元关联和多元关联。

二元关联描述两个类之间的关联,用两个类之间的一条直线来表示,直线上可写上关联名。关联通常是双向的,每一个方向可有一个关联名,并用一个实心三角来指示关联名指的是哪一个方向。如果关联含义清晰的话,也可不起名字。图 3.15 给出了"先生"类和"生徒"类之间的关联,该关联表明一位先生教授多名生徒,这些生徒受教于一位先生。

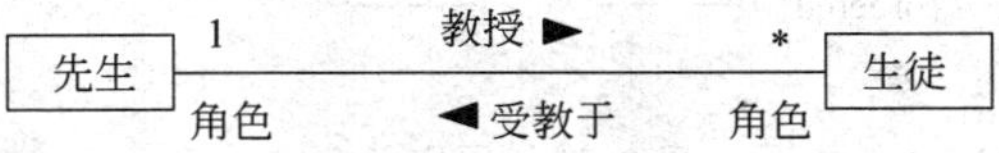

图 3.15 二元关联

关联与两端的类连接的地方叫做关联端点,在关联两端连接的类各自充当了某种角色,有关的信息(如角色名、可见性、多重性等)可附加到各个端点上。其中:

多重性(Multiplicity)表明在一个关联的两端连接的类实例个数的对应关系,即一端的类的多少个实例对象可以与另一端的类的一个实例相关。多重性的表示如下:

```
1──1个实例              0..* 或 *──0到多个实例
0..1──0到1个实例         1+ 或 1..*──1到多个实例
```

如果图中没有明确标出关联的多重性，则默认的多重性为1。

关联端点上还可以附加角色名，表示类的实例在这个关联中扮演的角色，如图3.16所示。UML还允许一个类与它自身关联。图3.17表示航班与乘务组是多对多的关联，而乘务长与乘务员是1对多的关联，乘务长与乘务员之间存在管理关系。

图 3.16 关联中的角色　　　　　　图 3.17 自身关联

多元关联是指3个或3个以上类之间的关联。多元关联由一个菱形，以及由菱形引出的通向各个相关类的直线组成，关联名（如果有的话）可标在菱形的旁边，在关联的端点也可以标上多重性等信息。图3.18是一个三元关联，图中的链表示哪个程序员用哪种程序语言开发了哪个项目。

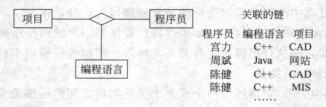

图 3.18 三元关联及相应类实例连接的链

2) 限定关联

限定关联通常用在一对多或多对多的关联关系中，可以把模型中的多重性从一对多变成一对一，或将多对多简化成多对一。一种方式是在类图中关联关系的下方加约束；另一种方式是在类图中把限定词（Qualifier）放在关联关系末端的一个小方框内。例如，某操作系统中一个目录下有许多文件，一个文件仅属于一个目录，在一个目录内文件名确定了唯一的一个文件。图3.19(a)给出它们之间的一种约束 ordered，表明在目录中文件按字典顺序列表；图3.19(b)利用限定词"文件名"表示了目录与文件之间的关系，这样就利用限定词把一对多关系简化成了一对一关系。注意，限定词"文件名"应该放在靠近目录的那一端。

图 3.19 限定关联

3) 关联类

在关联关系比较简单的情况下，关联关系的语义用关联关系的名字来概括。但在某些情况下，需要对关联关系的语义做详细的定义、存储和访问，为此可以建立关联类（Association Class），用来描述关联的属性。关联中的每个链与关联类的一个实例相联系。

关联类通过一条虚线与关联连接。例如,图 3.20 是一个公司类与属下一个或多个员工之间的关联。通过关联类给出关联 job 的细节。

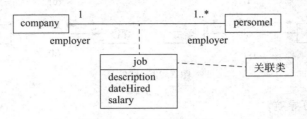

图 3.20　关联类的示例

4) 聚合

聚合(Aggregation)也称为聚集,是一种特殊的关联。它描述了整体和部分之间的结构关系。在需求陈述中,若出现"包含"、"组成"、"分为……部分"等字句,往往意味着存在聚合关系。除了一般聚合之外,还有两种特殊的聚合关系:共享聚合(Shared Aggregation)和复合聚合(Composition Aggregation)。

如果在聚合关系中处于部分方的实例可同时参与多个处于整体方实例的构成,则该聚合称为共享聚合。例如,一个剧组包含许多演员,每个演员又可以是其他剧组的成员,则剧组和演员之间是共享聚合关系,如图 3.21(a)所示。聚合和共享聚合的图示符号是在表示关联关系的直线末端紧挨着整体类的地方画一个空心菱形。

(a) 共享聚合　　　　　　　　(b) 复合聚合

图 3.21　聚合

如果部分类完全隶属于整体类,部分类需要与整体类共存,一旦整体类不存在了,则部分类也会随之消失,或失去存在价值,则这种聚合称为复合聚合,例如,在屏幕上的窗口与其所属的按钮之间的关联即为复合聚合,它们有相同的生存周期。参看图 3.21(b),在复合聚合关系中整体方的菱形为实心菱形。

导航(Navigability)是关联关系的一种特性,它通过在关联的一个端点上加箭头来表示导航的方向。

在图 3.22(a)所示的关联中,课程与学生之间是多对多的关系,这个关联的链是由一组(课程实例和学生实例)对组成的元组组成。如果想知道某门课程有哪些学生选修,或某个学生选修了哪些课程,就需遍历该链的所有元组。UML 通过导航(在关联端点加一个箭头来表示)可从该链的所有元组中得到给定的元组。例如,图 3.22(b)给出的学生和课程之间的导航表明,当指定一门课程时,就能直接导航出选修这门课程的所有学生,不用遍历全部元组,但当指定一个学生时,不能直接导航出该学生选修的所有课程,只能通过遍历全部元组才能得到结果。这种导航是单向的。同样,图 3.22(c)给出了学生到课程的(单向)导航,即当指定一个学生时就能直接导航出该学生所选的所有课程。图 3.22(d)则表示学生与课程之间的导航是双向。

导航主要在设计阶段使用,当关联具有双向可导航性时,可以省略指示导航方向的箭

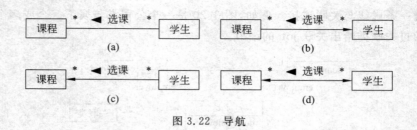

图 3.22 导航

头。此时隐指双向可导航。

3. 泛化(Generalization)关系

泛化关系就是一般(Generalization)类和特殊(Specialization)类之间的继承关系。特殊类完全拥有一般类的信息,并且还可以附加一些其他信息。

在 UML 中,一般类亦称泛化类,特殊类亦称特化类。在图形表示上,用一端为空心三角形的连线表示泛化关系,三角形的顶角紧挨着一般类。注意,泛化针对类型而不针对实例,因为一个类可以继承另一个类,但一个对象不能继承另一个对象。泛化可进一步划分成普通泛化和受限泛化两类。

1) 普通泛化

普通泛化与前面讲过的继承基本相同。但要了解的是,在泛化关系中常遇到一个特殊的类——抽象类。一般称没有具体对象的类为抽象类。抽象类通常作为父类,用于描述其他类(子类)的公共属性和行为。在图形上,抽象类的类名下附加一个标签值{abstract},如图 3.23 所示。图 3.23 下方的两个折角矩形是注释,分别说明了两个子类的 drive 操作功能。抽象类中的操作仅用于指定它的所有具体子类应具有的行为。这些操作在每个具体子类中有其具体的实现。每个具体子类可创建自己的实例。

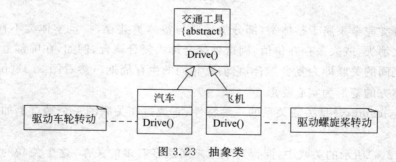

图 3.23 抽象类

普通泛化可以分为多重继承和单继承。多重继承是指一个子类可同时继承多个上层父类,例如,图 3.24 中的"医学教授"类继承了"医生"类和"教授"类这两个类。与多重继承相对的是单继承,即一个子类只能继承一个父类。

2) 受限泛化

受限泛化关系是指泛化具有约束条件。预定义的约束有 4 种:交叠(Overlapping)、不相交(Disjoint)、完全(Complete)和不完全(Incomplate)。这些约束都是语义约束。

一个一般类可以从不同的方面将其特化成不同的特殊类集合,参看图 3.25 的例子,从性别角度,人可以分为男人和女人,这覆盖了人的所有性别(约束是"完全的"),并且是互斥的(约束是"不相交"的)。从职业角度,人又可以分为教师、医生,并未覆盖人的所有职业(约束是"不完全的"),而且允许一个人有多个职业,如医科大学的教师也可以是医生(约束是"交叠"的)。

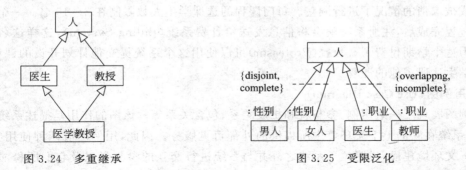

图 3.24　多重继承　　　　　　　图 3.25　受限泛化

4. 实现(Implement)关系

实现是泛化关系和依赖关系的结合,也是类之间的语义关系,通常在以下两种情况出现实现关系：

(1) 接口和实现它们的类或构件之间。

(2) 用例和实现它们的协作之间。

在 UML 中,实现关系用带有空心箭头的虚线表示。图 3.26 描述了用 TV 类和 Radio 类来实现接口 ElectricalEquipment 中规定的所有动作的情形。

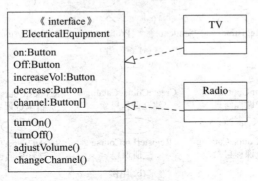

图 3.26　实现关系

3.4　UML 中的图

图用于建立可视化模型的表示部分,分为外部视图和内部视图。外部视图是从参与者的角度来观察和描述系统,而内部视图是从开发者的角度描述系统如何设计和实现以提供参与者所需要的服务。

3.4.1　外部视图

外部视图主要用用例图、活动图和顺序图来描述。下面用一个简单的课程注册系统的例子说明这些图的作用。系统的问题陈述如下：

"在每个学期开始时,注册管理员(Registrar)设置一个学期开设的所有课程信息,并根据学生的专业,为学生提供一个可选课程的目录,列出他可选择的课程。学生(Student)可以申请这个课程目录,选择4门课程。另外,每个学生还要指定2门候补课程,以便所选课程满员或被取消的情况下进行调整。每门课程的选课学生人数限制在3~10名。一个学生的注册过程完成后,注册系统就会将信息发送给计费系统(Billing System),这样这名学生就可以为这个学期付费了。教授(Professor)可以使用这个系统提交他计划开设的课程,查看哪些学生注册了他的课程。"

1. 用例图(Use Case Diagram)

用例图展现了一组用例、参与者和扩展关系、包含关系等。该图的作用是描述系统的行为,即该系统在它的上下文环境中所提供的外部可见服务。因此,用例图有两种使用方式:一是上下文环境建模,说明位于系统之外并与系统进行交互的参与者以及它们所扮演的角色的含义;二是功能需求建模,说明系统想要的行为。

为建立用例图,首先从问题陈述中寻找参与者。很显然,课程注册系统的参与者有4个,即注册管理员、学生、教授和计费系统,如图3.27(a)所示。然后,再从问题陈述中寻找这些参与者的职责,并列出一个清单:注册管理员维护所有课程信息,生成某学期的课程目录;教授选择所要教的课程,并请求选课名单;学生浏览课程目录,注册他所选的课程;计费系统从注册中心接受计费信息。由此可得到的用例如图3.27(b)所示。最后,确定参与者和用例之间的关系,得到整个用例图,如图3.27(c)所示。

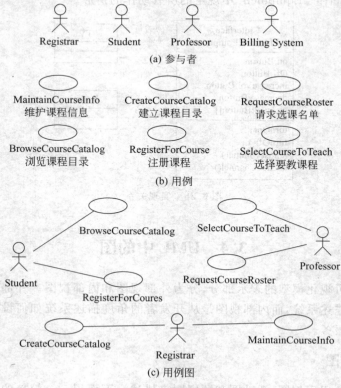

图 3.27 用例与参与者间的关系

仅使用用例图还是不够的,还需要为每个用例配备一个规格说明,解释在用例执行时系统必须为参与者提供的各种细节。图 3.28 就是"浏览课程目录"用例的规格说明。

> 1 用例名:浏览课程目录
>   1.1 简要描述:本用例由学生启动。它为学生提供了能够查看课程和为指定学期所提供的课程的能力。
> 2 事件流
>   2.1 基本流
>   2.1.1 浏览目录:当学生选择"浏览课程目录"时,启动这个用例。
>   2.1.2 按照专业区域浏览:系统显示 3 个选项,即按照专业范围浏览、搜索可供选择的课程、退出。学生选择了"按照专业范围浏览"。
>   2.2 备选流
>   2.2.1 按照专业范围浏览
>   • 选择专业范围:系统显示专业范围列表。学生选择一个专业范围。
>   • 显示可供选择的课程:系统显示所有可供选择的课程列表。学生选择一门课程。系统检索并显示该课程的详细信息,包括课程名称、课程编号、天数、时间、任课教师和先修课程。
>   本用例结束。
>   2.2.2 搜索可供选择的课程
>   • 学生录入所选课程的编号。
>   • 系统检索并显示出该课程的详细信息,包括课程名称、课程编号、天数、时间、任课教师和先修课程。本用例结束。
>   2.2.3 退出
>   在本用例中的任意时刻,学生都可以退出。当学生选择"退出"时,用例结束。
> 3 特殊需求:无。
> 4 前置条件:课程目录必须存在。
> 5 后置条件:无。

图 3.28 "浏览课程目录"用例的规格说明

如果多个用例共享一个功能,可以单独建立一个用例以描述这个功能,并建立用例之间的联系,包括"包含"和"扩展"关系。例如,在课程注册系统中所有的用例都从用户验证开始,为此建立"用户验证"用例,其他用例就可以根据需要利用"包含"关系来使用这个用例。又例如,在学生"注册课程"的用例中,如果所选课程无效,学生可能想看看其他可选的课程,因此,"浏览课程目录"可以是"注册课程"用例的扩展,如图 3.29 所示。

2. 活动图(Activity Diagram)

用例图描述了系统应提供的功能,但不包括实现功能的细节。如果需要描述功能的实现细节,可以使用活动图和顺序图。

活动图显示了用例中的操作和操作之间的控制流和数据流。使用活动图可以表达出计算过程或工作流顺序的和并发的执行步骤。图中所使用的图形符号如图 3.30 所示。

使用活动图可以描述用例的业务工作流,进行工作流建模,展示与系统交互的参与者所能观察到的活动。在后续的设计阶段,还可以利用活动图对操作的控制流建模。此时可以

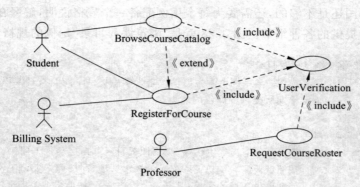

图 3.29 用例之间的关系

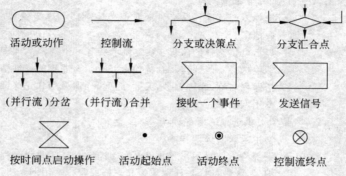

图 3.30 活动图中的主要符号

把活动当做程序流程图使用,对一个计算的细节部分进行描述。例如,"浏览课程目录"的活动图如图 3.31 所示。

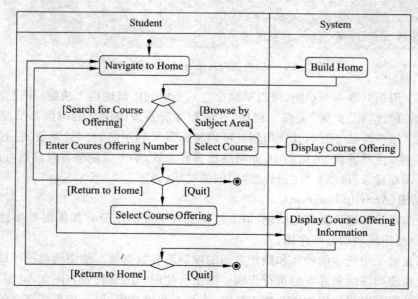

图 3.31 "浏览课程目录"的活动图

图 3.31 中引入了泳道的概念。我们希望在活动图中既能描述执行了什么活动,又能够说明该活动由谁来完成,可以使用泳道来描述这种关系。

泳道用矩形框表示,属于某个泳道的活动放在该矩形框内,将对象名放在矩形框的顶部,表示泳道中的活动由该对象负责。图 3.31 中两个泳道中的活动分别由不同的对象 Student 和 System 负责,活动之间控制权的转移表明对象之间的协作关系。

3. 顺序图(Sequence Diagram)

顺序图也称为序列图,它按时间顺序显示对象之间的交互,描述了如何通过对象之间的交互实现用例。它由在一个上下文环境中的一组对象及它们之间交互的信息组成。

对象表述为虚垂线顶端的矩形框。这些对象都排列在图的顶部。其中,发起用例活动的对象(如参与者)放在最左边,其他对象按边界对象、控制对象、实体对象依次排列。

每个对象下面有一条虚垂线,称为该对象的生命线,表明对象在一段时间内存在,以此说明对象可以在交互过程中创建,在交互过程中撤销。

在生命线上覆盖的瘦高的矩形称为控制焦点,表示一个对象执行一个动作所经历的时间段。矩形的顶部表示动作的开始,底部表示动作的结束(可以用一个由虚线剪头表示的返回消息来标记)。

生命线之间的箭头表示消息。它从一个对象指向另一个对象。消息箭头可以回到同一条生命线,指明自调用,即对象发给自己的消息。消息出现的次序自上而下。

顺序图展现了一组对象和由这组对象收发的消息,用于按时间顺序对控制流建模。图 3.32 即为"注册课程"用例的顺序图。

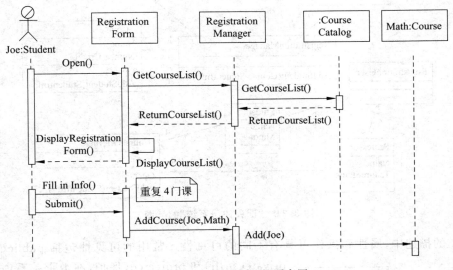

图 3.32 "注册课程"的顺序图

在顺序图中条件分支和重复的表示法参看图 3.33。在图 3.33(a)中,如果几个分支代表的消息语义互斥时,则只有一个分支的消息发送,否则按并发消息执行;图 3.33(b)是重复发送消息的表示,也可以使用约束标记给出重复的范围,如"$\{4 \leqslant op() \leqslant 10\}$"表明操作 op() 至少重复 4 次,最多 10 次。

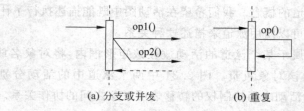

(a) 分支或并发   (b) 重复

图 3.33 顺序图中的几个符号

顺序图强调的是消息交换,这有助于用例的细化和规格化。用例的各种不同场景都可以用顺序图表述。还可以使用跨越多个用例的顺序图,在一个较粗略的层次描述业务过程。高层顺序图可以很好地概述客户、业务伙伴和业务系统之间的交互。

3.4.2 内部视图

UML 的内部视图描述系统内部的过程、活动、关系和结构。下面介绍几个主要的内部视图。

1. 类图(Class Diagram)

类图是系统的静态结构视图,在类图中 UML 建模元素包括类及其结构和行为,接口,协作,关联、依赖、泛化关系,多重性和导航指示符,角色名字等。特别地,主动类的类图给出了系统的静态进程视图。图 3.34 是"课程注册系统"的类图。

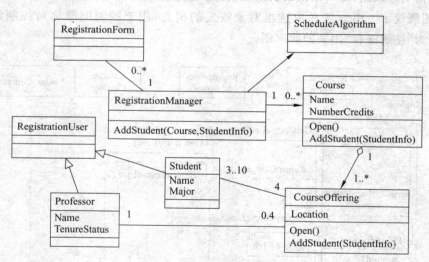

图 3.34 "课程注册系统"的类图

在类的描述中,属性和操作可具有不同的可见性。常用的可见性包括 public(公用)、private(私用)和 protected(保护,在继承关系中使用),在 UML 中分别用"+"、"-"和"#"表示,参看图 3.35。UML 还允许在属性和操作后附加约束特性的说明。如在某属性后加"{只读}"说明该属性是只读属性;又如在某操作后加"{const}"说明该操作是常值操作,操作的结果不会改变类对象的值。

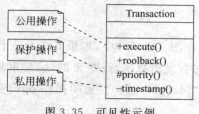

图 3.35 可见性示例

2. 对象图（Object Diagram）

对象是类的实例，对象图可以看做是类图的一个实例，对象之间的链（Link）可以是类之间关联的实例。因此，对象图展现了一组对象以及它们之间的关系，用以详述、构造和文档化系统中存在的对象以及它们之间的相互关系。图 3.36 是对象图的一个示例。

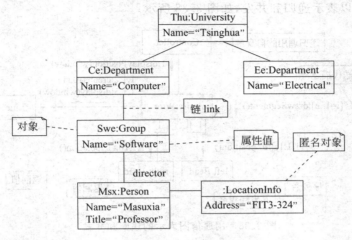

图 3.36　对象图

事实上，它表示的是在类图中所建立的事物的实例在某一个上下文环境下的静态快照，如在一部电影映出的动态场景中某一时刻人物之间的静态画面。因此，对象图给出了系统的静态设计视图或静态进程视图。这种视图主要支持系统的功能需求，即系统应该提供给最终用户的服务。

3. 通信图（Communication Diagram）

通信图在 UML 2.0 以前的版本称为协作图或合作图，它是动态设计视图，强调参加交互的各个对象的组织。通信图只对相互间有交互的对象和这些对象之间的关系建模，而忽略了其他对象和关联。

通信图可以被视为对象图的扩展，但它除了展现出对象之间的链接外，还显示出对象之间的消息传递。在表示链接的直线上可以附加名字，对象之间的消息传递用箭头标示在链的旁边，箭头的方向从发送消息的对象指向接收消息的对象。消息上所附序列号指明消息执行的时间顺序。图 3.37 是"建立课程目录"的通信图。

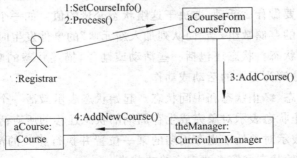

图 3.37　"建立课程目录"的通信图

通信图与顺序图都可以表示对象之间的交互，它们同属于交互图，在语义上是等价的。但它们之间也有不同。顺序图主要强调各个消息收发的时间先后次序，但没有明确表达对象之间的关系，外部视图和内部视图都可以描述动态的交互行为；通信图主要强调各个对象的组织关系，但时间顺序必须从消息的序列号得到，一般多用于内部视图。

通信图还可以表示递归和并发，如图 3.38 所示。

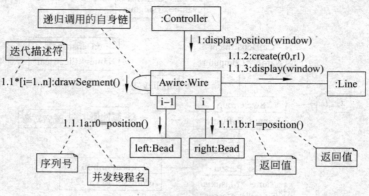

图 3.38　用通信图表示的递归和并发

4. 状态机图（State Machine Diagram）

在 UML 中，一个类的对象有其生存周期过程。在此过程中对象具有若干典型的状态，当探测到某一事件发生，对象做出响应就将导致状态的转变。对象的每个状态执行若干活动或动作，从而表现出某种行为并完成某种工作。

状态机图通过对类的对象的生存周期建模来描述对象随时间变化的动态行为，它由状态、迁移、事件和活动组成，如图 3.39 所示。

图 3.39　状态机图的符号

状态是在对象生存周期中的一个位置。在此位置满足某种条件，执行某种活动或等待某个事件。状态包含一组状态变量，即对象在生存周期某一时刻所具有的一组属性值，当对象响应某个事件时需要做什么活动，取决于这组状态变量的值。如一个队列实例，其状态变量包括一个队列元素的存储数组，当"向队列加入新元素"的事件发生时，如果数组装满队列就将转换到"队列满"状态。状态还包括一些活动或动作，描述状态的响应。动作是原子操作，而活动还可以再分解为更小的活动或动作。

状态分为起始状态、终止状态和中间状态。起始状态表示激活一个对象，开始该对象的生存周期的历程；终止状态表示对象完成生存周期的状态迁移的所有活动，结束对象的生存周期历程；中间状态表示对象处于生存周期的某一位置并执行相关的活动或动作。一个状态机图可以有一个起始状态和零个或多个终止状态。

状态迁移表示图中一个状态到另一个状态的转换，在状态机图中用连接两个状态的箭头表示。状态迁移分成外部迁移和内部迁移。外部迁移是系统响应某个事件并导致对象状态转换的迁移,通常把事件名写在表示迁移的箭头旁,需要时可加上引发迁移的条件表达式。内部迁移也是系统响应某个事件的发生而被触发的,但它不会导致对象状态的转换,因此这种迁移只有源状态而没有目标状态。也可以说,内部迁移是对象处于该状态时,为响应事件而在状态内部执行的活动或动作,它不改变状态。图 3.40 给出带有内部迁移的状态。

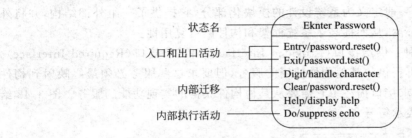

图 3.40 带有内部迁移、入口和出口动作的状态的示例

事件是指在某一时刻发生并造成影响的事。在状态机中,一个事件的发生可以触发状态的迁移。事件包含一个参数表(可以为空),用于事件的发出者向接收者传递信息。

事件可以分成 4 种:调用事件、改变事件、信号事件和时间事件。调用事件表明出现一个调用某个操作的请求,期望的结果是把控制转给相应的操作并执行它,在迁移完成后控制返回给调用者;改变事件是指当某个布尔表达式的值发生改变时所发生的事件;信号事件表明接收到一个有名、有参数值的信号,以触发对象的零个或一个迁移,这种信号是对象之间异步通信的手段;时间事件是指到达某个绝对时间或进入某状态后经过一段相对的时间而发生的事件,一般出现在时钟驱动的情况。

状态机图描述了类对象的行为,对这些对象而言,一个状态代表了执行中的一步。但它们也可以用于描述用例、协作和操作的动态行为。事实上,活动图就是一种特殊的状态图。我们在描述状态机时,通常会用类和对象来表述,但是它也可以直接应用于其他元素。图 3.41 给出描述"课程"对象的一个状态机图。

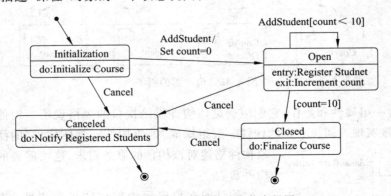

图 3.41 "课程"对象的一个状态机图

总之,状态机图显示了一个给定类的对象的生命历程,描述了导致状态迁移的一系列事件以及产生状态变化的一系列活动。它是一个对象的局部视图,一个将对象与其外部世界

分离开来并独立考察其行为的视图。但状态机图不适合用来理解系统的整体运作。如果要更好地理解行为对整个系统产生的影响,还是使用交互图(顺序图或通信图)更好些。然而,状态机图有助于理解如用户界面和设备控制器这样的控制机制。

5. 构件图(Component Diagram)

构件图展现了一组构件的类型、内部结构和它们之间的依赖关系。构件图专注于系统的静态实现视图。它与类图相关,通常把构件映射为一个或多个类、接口或协作。

在构件图中,构件一般定义为系统设计的模块化部分,它提供了一组外部结构,并将外部接口与其内部实现分离,从而提高了系统框架和构件的可复用性。

构件的接口有两种:供给接口(Provided Interface)和需求接口(Required Interface)。供给接口包括了一组可提供给其他构件使用的服务,但要求这些服务必须最终映射到构件内相应的实现元素;需求接口描述了它需要从其他构件获得的实现功能的服务。图3.42给出了构件及其接口的表示符号。

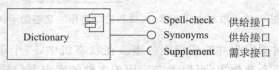

图 3.42 构件图的图形符号

图 3.43 是课程注册系统的一个构件图的例子。

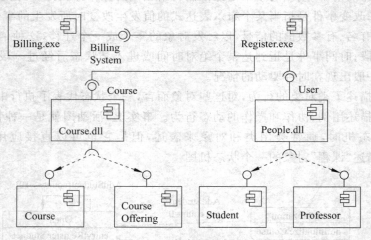

图 3.43 构件图的例子

构件包含一组属性和操作,它们应满足该构件供给接口的规格说明。构件可以直接实现,也可以间接实现。间接实现的构件一般组织成"抽象构件—具体构件"的泛化关系。抽象构件描述对该构件的服务需求,这些服务的实现由具体构件负责。

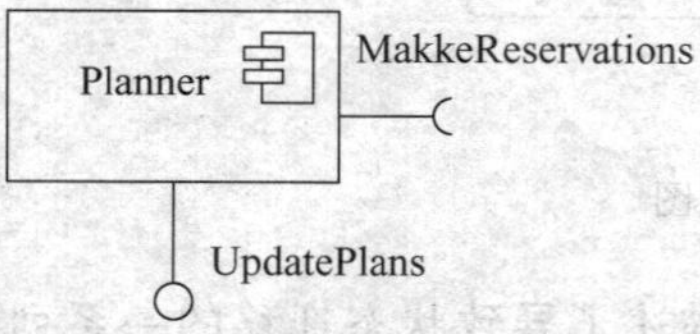

构件的端口表示为构件的矩形边框上的小矩形,如图3.44所示。端口的作用是绑定一组与一种行为有关的需求接口和供给接口,并由构件的实现来决定消息将到达哪个端口或从哪个端口发出。

图 3.44 端口

6. 包图（Package Diagram）

建立包图是为了降低复杂度。当对大型系统建模时，经常需要处理大量的类、接口、构件、结点和图，这时就有必要把这些元素进行分组，即把语义相近并倾向于一起变化的元素组织起来加入到同一个包中，目的是控制可见度及指引读者的思路。

在包图中主要使用以下几种元素，其 UML 图形如图 3.45 所示。

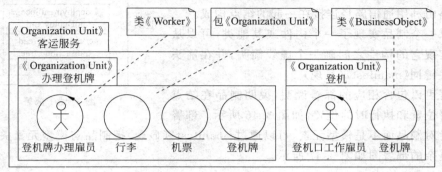

图 3.45 包图

- 包《Organization Unit》——组织单元。在包的左上角的小方框内将包的名字写在构造型《 Organization Unit 》下边，而组织单元的内容则放在下边的大方框内。在大多数情况下，只需列出最重要的元素（如工作人员、业务对象）就可以了。
- 类《Worker》——描述负责执行业务过程的人，以及相关人员的角色。
- 业务对象《Business Object》——业务对象应当与某些用例有关，它的生存周期比单个交互更长，因此它成为用例和工作人员（涉及不同用例）之间的一种连接形式。

包是配置控制、存储和访问控制的基础。

从配置控制来看，包可以包含一组内嵌的包和普通的模型元素。包对于其中的元素来说是一个名称空间。一个命名的元素可以由它的限定名唯一地指定。限定名就是从根直到特定元素的一系列包或名称空间的名称。为了避免使用限定名，一个包可以导入其他包中的元素或内容到自己的名称空间。导入之后，包中的元素就可以使用被导入的元素的名称，如同它们是在包中直接定义的一样。

从存取控制来看，包指明了它的元素的可见性，指明其他元素是否能访问该元素或其内容。当包从其他包导入元素时，它可以进一步限制被导入的元素相对于它的客户的可见性。包将它所包含的元素的可见性定义为 private（私用）或 public（公用），公用元素是可访问的，私用元素在包以外是不可见的。包也可以有 protected（受保护）或 package（包）可见性，受保护的元素只在它的派生类中可见。包可见的元素对同一个包中的所有元素都是可见的。

7. 部署图（Deployment Diagram）

部署图展示了运行时处理结点（Node）和在这些结点上制品（Artifact）的配置。

部署图描述了处理器、设备和软件构件运行时的体系结构。在这个体系结构上可以看到某个结点上在执行哪个构件，在构件中实现了哪些逻辑元素（如类、对象、协作等）。

部署图的基本元素有结点、连接、构件、对象、关联等。

在 UML 2.0 中，结点代表了运行时的计算资源，例如计算机、磁盘驱动器、打印机、通信设备等。在结点上分布的制品代表了物理实体，如文件、脚本、数据库表单、网页等，可以使用构造型来区分不同种类的制品。

部署表示为了执行而将一个制品或一组制品分配到各结点上。

通信路径是结点之间的关联,允许各结点交换消息和信号。

网络由利用通信路径连接在一起的结点构成。

如果一个制品实现了一个构件或其他类,可以从制品到实现它的构件之间画一个虚线箭头,并在箭头上附加关键词《manifest》(显现)。

部署可以包含相应的部署说明,说明制品在结点上的部署位置和执行时的位置,如图 3.46 所示。部署主要是针对制品而不是模型元素,可以通过《manifest》(显现)把制品与模型元素关联起来。一个更复杂的部署图如图 3.47 所示。

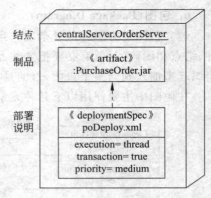

图 3.46　部署

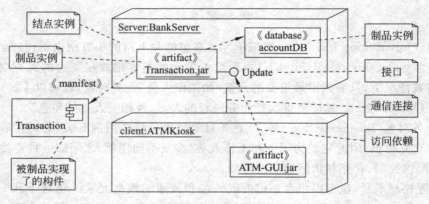

图 3.47　部署图

3.5　UML 的元模型结构

UML 的元模型结构详细说明了 UML 对象建模概念的抽象语法和语义,采用半形式化的风格,融合了自然语言、形式化语言以及图形化记号,从而达到表达能力和可读性之间的平衡。该结构描述了结构模型和行为模型的语义,包括结构模型(静态模型)和行为模型(动态模型),其中结构模型强调系统中对象的结构,包括类、接口、属性和关系;行为模型强调系统中对象的行为,包括方法、交互、协作和状态历史。

UML 的元模型结构是一个逻辑模型而不是一个物理(实现)模型。它强调的是描述性语义,并隐藏了实现细节。元模型结构是定义复杂模型所必需的、有精确语义的一个基础体系结构,基于它可实现将来 UML 元模型的扩展。

按照 UML 的语义,UML 可定义为 4 个抽象层次,从高到低分别是元元模型(Meta-Meta Model)、元模型(Meta Model)、模型(Model)和运行实例(Run-time Instance)。上一层是下一层的基础,下一层是上一层的实例,如图 3.48 所示。

(1) 元元模型层：元元模型层是一个元模型的基础结构，它定义了用于描述元模型的语言。在 UML 的元元模型中，定义了"元类"(Meta Class)、"元属性"(Meta Attribute)、"元操作"(Meta Operation)等概念。它们都属于 Infrastructure Library，其中的概念"事物"等可以代表任何可定义的东西。

(2) 元模型层：元模型层定义了用于详细说明模型的语言，组成了 UML 的基本元素，包括面向对象和构件的概念。元模型是元元模型的一个实例，如类、属性、操作等，都是元模型层的元对象，其中类是"元类"的实例；属性是"元属性"的实例；而操作则是"元操作"的实例。因此，"类"、"对象"、"关联"和"链接"等概念都是元元模型中"事物"概念的实例。

(3) 模型层：模型层可以看做是元模型层的一个实例，定义了描述一个信息领域的语言，组成了 UML 的模型。模型是对现实世界的抽象，无论是问题领域还是解决方案，都可以抽象成模型。例如，在一个学生管理系统的模型中，类"学生"与"教授"之间存在着"关联"关系，符号"1"和"*"表示一位教授与多位学生有关联关系。

(4) 运行实例层：运行实例层是系统用户层，是模型所描述的实体或表达一个模型的特定情况。例如，一位教授"严蔚敏"和多位学生"刘激扬"、"章燕军"等由于教学而发生关联。运行实例是模型的一个实例，用于详细说明一个信息领域。例如，在图 3.48 中的"刘激扬"、"章燕军"是"学生"类的实例，"严蔚敏"是"教授"类的实例，他们的名字带有下划线；"教学"关联是元关联"关联"的实例。

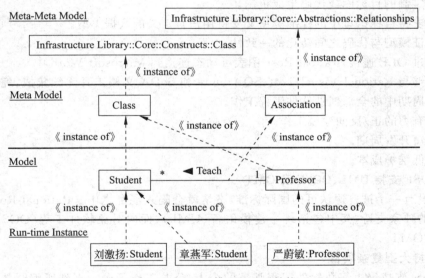

图 3.48　UML 模型的 4 层结构

3.6　UML 建模工具 Rational Rose

Rational Rose(简称 Rose)是美国 IBM Rational 软件公司在软件工程专家 Grady Booch、Ivar Jacobson、Jim Rumbaugh 等人主持下研制的面向对象的图形化、集成化 OOCASE 产品，支持面向对象软件系统的开发，支持 UML、OOSE 及 OMT。是目前使用最广泛、最先进的可视化软件开发工具之一。

3.6.1 Rose 的特点

目前，Rose 已发展成为一整套面向对象的软件开发工具，这些 OOCASE 工具支持面向对象软件开发的全过程，组成 Rose 家族系列。除了具有前面介绍的 OOCASE 工具的所有特点外，OOCASE 工具还具有以下特点。

1. Rose 支持三层结构方案

客户机/服务器体系结构的广泛应用预示了系统复杂化的发展趋势，为了解决这一问题，与之相应的三层结构方案（Three-Tiered）得到了越来越广泛的应用。传统的两层结构不是"胖客户机"就是"胖服务器"。在胖客户机结构中，事务处理集中在客户端进行；在胖服务器结构中，事物处理被集成在数据库中，大量的数据流动为维护和编程带来了极大的困难，而且，其中包含的事务处理规则不能与其他应用系统共享。

三层结构方案将应用逻辑从用户界面层和数据库层中分离出来，组成中间层。与传统的两层结构相比，三层结构有着更多的优点，如对应用结构任意一层做出修改时，只对其他层产生极小的影响；三层结构的可塑性强，三层既可共存于单机之中，也可根据需要相互分开。

2. Rose 产品为大型软件工程提供了可塑性和柔韧性极强的解决方案

包括：
- 有力的浏览器，用于查看模型和查找可复用的组件。
- 可定制的目标库或代码生成机制。
- 既支持目标语言中的标准类型又支持用户自定义的数据类型。
- 保证模型与代码之间转化的一致性。
- 通过 OLE 连接，Ratioal Rose 图表可动态连接到 Microsoft Word 中。
- 能够与 Rational Visual Test、SQA Suite 和 SoDA 文档工具无缝集成，完成软件生存周期中的全部辅助软件工程工作。
- 强有力的正/反向建模工作。
- 缩短开发周期。
- 降低维护成本。

3. ROSE 支持 UML、OOSE 及 OMT

如果没有一个被普遍认可的国际标准，事情就会陷入混乱之中。Rational Rose 提供对工业标准的独家支持，其中包括统一建模语言（UML）、面向对象软件工程（OOSE）及对象模型技术（OMT）。

4. 支持大型复杂项目
- Rose 支持绝大多数软件工程常见的个人/公共工作平台。直到所编制软件共享之前，软件工程师都可以在个人工作平台修改自己的源代码和已建立的模型。
- 在公共平台，通过与配置管理和版本控制（CMVC）工具集成，使得模型改变可以共享。
- 支持企业级数据库。

5. 与多种开发环境无缝集成

Rose 可视化开发工具可以与多种开发环境无缝集成，目前所支持的开发语言包括 Visual Basic、Java、PowerBuilder、C++、Ada、Smalltalk、Fort 等。

Rational Rose 的所有产品支持关系型数据库逻辑模型的生成，包括 Oracle 7、Sybase、

SQL Server、Watcom SQL 和 ANSI SQL,其结果可用于数据库建模工具生成逻辑模型和概念模型,如 LogicWorks Erwin、Powersoft 和 S-Designor。

3.6.2 Rose 简介

1. Rose 的启动

Rose 2003 的启动窗口如图 3.49 所示。用户可以选择建立新模型、打开某个已存在的模型或打开最近使用的模型。在建立新模型时,可根据开发环境选择相应的模板框架,也可以不基于实现语言来选择模板框架。如在图 3.49 中,选择的是 Rational Unified Process,即 Rational 统一过程。

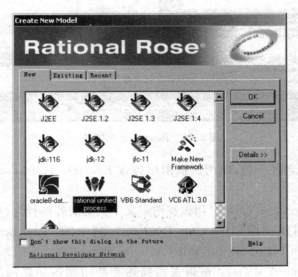

图 3.49 Rose 启动界面:选择新模型的框架

另外,用户也可以不选择现有的框架,而在向导的指引下自己定义框架。在这种情况下,可选择图 3.49 中的 Make New Framework。

2. 系统主菜单窗口

运行 Rose 后出现的第一个界面是系统主菜单窗口,如图 3.50 所示。系统主菜单窗口分为 7 个区域:系统主菜单、标准工具栏、图形工具栏、浏览器窗口、文档窗口、应用窗口和日志窗口。

在图 3.49 中无论选择哪种模板,图 3.50 中的浏览器窗口中的最上层框架结构都是一样的,但子框架的内容会有所区别。

(1) 系统主菜单:系统主菜单有 11 个菜单项,集成了系统中几乎所有的操作,包括 File、Edit、View、Add-Ins、Window、Help 等。每个菜单项都有二级菜单。

(2) 标准工具栏:列出各窗口使用的命令图标。

(3) 图形工具栏:列出当前模型图可使用的 UML 基本元素图标。

(4) 浏览器窗口:以目录形式显示当前活动模型的组织结构。从图 3.50 中可以看到,UML 的视图包括用例视图、逻辑视图、构件视图、部署视图及模型特性(Model Properties)。这里将目录也称为包(Package),目录中又可以包含子目录,也就是说,包中又可以包含子

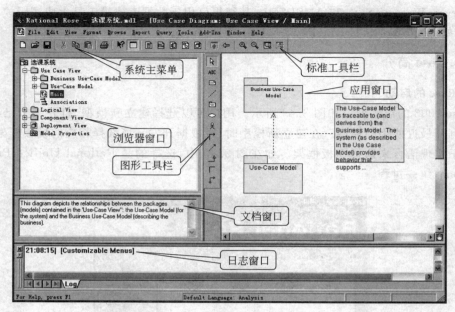

图 3.50　Rose 主菜单窗口

包。每种视图下可包含多个包，如用例视图中包含 Business Use-Case Model 和 Use-Case Model 两个包。

- 用例视图（Use Case View）：用例视图定义了系统的外部行为，帮助用户理解和使用系统。它包括用例图（Use Case Diagram）、顺序图（Sequence Diagram）、协作图（Collaboration Diagram）和活动图（Activity Diagram）。
- 逻辑视图（Logical View）：逻辑视图描述支持用例图功能的逻辑结构，包括类图（Class Diagram）和状态图（State Diagram）。
- 构件视图（Component View）：构件视图由包图和构件图组成。
- 部署视图（Deployment View）：部署视图由包图和部署图组成。

（5）应用窗口：用于显示及编辑模型图。如图 3.50 中的应用窗口显示的是用例视图中的主视图（Main），图中显示的是不同包之间的依赖关系。

（6）文档窗口：显示当前模型元素的说明文字。

（7）日志窗口：显示出错的日志内容。

3.6.3　Rose 的基本操作

1. 自定义工具栏

在建立模型的时候，如果发现图形工具栏中没有显示所需要的 UML 元素，则需要将所需要的 UML 元素添加到图形工具栏中，方法如下：

在图形工具栏上右击，在弹出的快捷菜单中选择 Customize 命令，如图 3.51 所示。选择 Customize 命令后，系统弹出"自定义工具栏"对话框，如图 3.52 所示。

在左边的窗口中选择所需要的 UML 元素符号，单击【添加】按钮，所选择的 UML 元素符号即被添加到右面的窗口中，添加完毕后，单击【关闭】按钮即可。

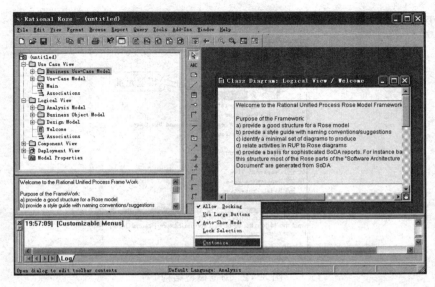

图 3.51 定制工具栏

图 3.52 "自定义工具栏"对话框

2. 保存模型

右击模型结构窗口中的 untitled，在弹出的快捷菜单中选择 Save 命令，或者选择主菜单 File 下的 Save 子菜单，系统弹出文件保存对话框，如图 3.53 所示。

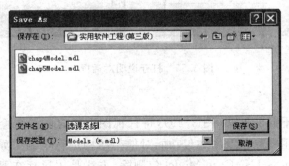

图 3.53 保存模型

3. 浏览模型结构

浏览器窗口中前面带有文件夹图标的项称为包，其他一般为模型元素，如图 3.54 所示。通过单击前面的"+"号或"-"号，使其打开或折叠。在模型元素或包上单击，在下面的文档窗口即显示其简要的说明文字。

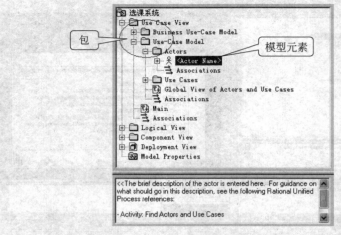

图 3.54　浏览模型结构

也可以在模型元素或包上双击，或者右击，从弹出的快捷菜单中选择 Open Specification 命令，如图 3.55(a)所示。Rose 打开说明对话框，如图 3.55(b)所示。

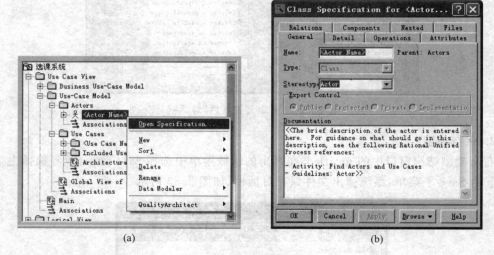

图 3.55　打开说明对话框

4. 删除及增加包

新建模型时选择不同的框架（图 3.49），每种视图下包含的子包会有所不同，它们并不都是必需的。可以使用删除包及增加包功能对框架结构进行定制。如为了简单起见，可以将用例视图中的 Business Use-Case Model 包删除，方法是用鼠标在要删除的包上右击，从弹出的快捷菜单中选择 Delete 命令，如图 3.56 所示，可将所选择的包删除。

也可以根据需要增加包，方法是先选定增加的位置（某个已存在的包），单击鼠标右键，从快捷菜单中选择 New|Package 命令，如图 3.57 所示，则可在所选择的包下增加一个名为 NewPackage 的新包，此时可直接修改包的名字。

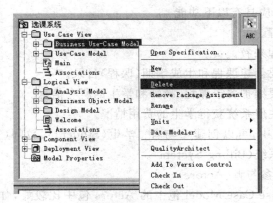

图 3.56 删除包

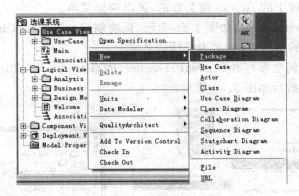

图 3.57 增加包

5. 删除及增加图元素

浏览器窗口中的一个图元素可以在多个应用窗口中出现，也就是说可以出现在多个图中，因此在删除图元素时要区分是从浏览器窗口中删除图元素，还是从应用窗口中删除图元素。当从浏览器窗口中删除图元素时，Rose 首先从模型中移去所选择的元素，之后修改所有出现被移去元素的图，从中删除被移去的元素及元素的详细说明；当从某个应用窗口中移去选择的元素时，不影响浏览器窗口，也不影响其他应用窗口。

类似地，可以采用两种方式增加元素：在浏览器窗口中增加元素及在应用窗口中增加元素。在浏览器窗口中增加元素是通过右键菜单添加，类似于图 3.57。在应用窗口中增加元素是通过将图形工具栏上的元素直接拖到应用窗口。

3.6.4 在 Rose 环境下建立 UML 模型

利用 Rose 可以非常方便地建立 UML 模型。当用户进入 Rose 后，系统自动在浏览器窗口中建立一个模型结构，该模型结构由用例视图、逻辑视图、构件视图、部署视图 4 个子目录和 1 个特性集子目录组成。

1. 建立用例图

用例图显示使用案例（表示系统功能）与角色（人或系统）间的交互。下面以课程注册系统为例说明如何建立用例图。

课程注册系统一般应具有以下功能：
- 学生要注册课程。
- 教师要选择课程来教。
- 注册管理人员要创建课程和生成学期（课程）目录。
- 注册管理人员要维护关于课程、教师和学生的所有信息。
- 收费系统要从注册系统获得学生的费用情况。

从上面的功能描述中，可以创建参与者：学生（Student）、教师（Teacher）、注册管理人员（Registrar）、收费系统（Billing System）。

1) 在 Rose 中创建参与者（Actors）

创建的角色放在 Use-Case Model 包中的 Actors 包中比较好，如果模型结构中没有这样的包，可以先创建 Actors 包，之后按下面的步骤创建角色：

(1) 在浏览器窗口中的 Actors 包上右击，弹出快捷菜单。
(2) 选择 New|Actor 命令，如图 3.58 所示，系统创建名为 New Class 的参与者。
(3) 选中新创建的参与者，更名为设计的名字。

重复上面的步骤创建参与者 Student、Teacher、Registrar 及 Billing System，创建好的参与者在浏览器中的显示如图 3.59 所示。

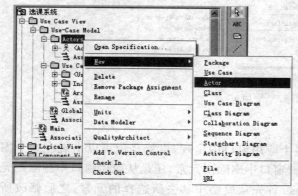

图 3.58 创建参与者

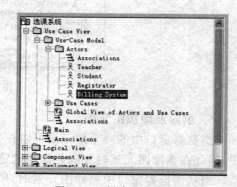

图 3.59 创建 4 个参与者

2) 给参与者添加文档

在 Rose 中我们对模型元素都可以（在多数情况下是必需的）添加文档以提供更多的描述信息。应该给模型中的每个 Actor 添加摘要描述，摘要描述表示 Actor 和系统交互的规则。

在课程注册系统中 Actor 的摘要描述如下：
- Student——在学校注册上课的人。
- Teacher——学校授权上课的人。
- Registrar——系统认同的维护人员。
- Billing System——学生付费的外部系统。

在 Rational Rose 中给角色增加文档描述的方法如下：

(1) 如果文档窗口没有打开，则在 View 菜单中选择文档窗口将其打开。
(2) 在浏览器中选中相应的参与者。

(3) 把光标定位在文档窗口中,输入文档信息即可。

3) 在 Rose 中创建用例(Use Case)

Use Cases 模型是系统和 Actor 之间的对话,它表现系统提供的功能,即系统给操作者提供什么样的使用操作。以下的问题可以帮助我们更好地标识系统的用例:

- 每个 Actor 的特定任务是什么?
- 是否每个 Actor 都要从系统中创建、存储、改变、移动或读取信息?
- 是否任何 Actor 需要通知系统有关突发性的、外部的改变?
- 由哪些 Use Cases 支持或维护系统?
- 目前的用例是否覆盖了所有功能需求?

根据前面所讲的课程注册系统的功能需求,可以生成以下用例:

- 注册课程——Register for a course
- 选择课程任教——Select a course to teach
- 得到课程目录——Get a course catalogue
- 维护课程信息——Maintain course information
- 维护教师信息——Maintain teacher information
- 维护学生信息——Maintain student information
- 创建课程目录——Create course catalogue

应该将用例放在 Use Cases 包中,如果模型结构中没有这样的包,则应该先创建包。建议将每个用例放在单独的包中,因此可以先创建相应的包,再创建用例。另外,在多个用例中使用的公共用例,如验证用户(Validate User),可以放在一个单独的包中,如可以在 Use Cases 包中创建 Included Use Cases 包来存放公共用例。

在 Rose 中创建用例的过程如下:

(1) 在浏览器的相应包上右击,弹出快捷菜单。
(2) 选择 New|Use Case 命令,则在浏览器中生成名为 NewUseCase 的新用例。
(3) 选中创建的新用例,输入设计的名字。

重复上面的步骤,直到将所有需要的用例都创建完成,如图 3.60 所示。与参与者的描述类似,应该为每个用例增加文档描述信息。

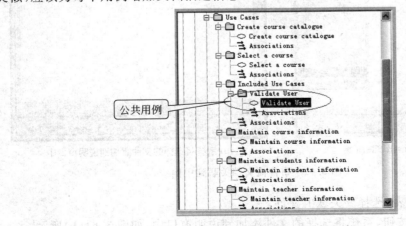

图 3.60 将每个用例放在单独的包中

4) 为用例增加事件流

事件流是 Use Case 完成需求行为的事件描述。事件流用来指示系统要完成什么,而不是如何完成。事件流是用文档表示的(如现在通常使用的 Word 文档),可以作为附加文档添加在 Rose 中。

例如,选择课程任教用例的事件流如下,可将此描述输入到 Word 文档中保存。

> 1.0　选择课程任教的事件流
> 1.1　前提条件
> 维护课程 Use Case 的创建课程事件流必须在该 Use Cases 开始前执行;
> 1.2　主要事件流
> 当教师登录系统并输入口令后这个 Use Case 开始。系统校验口令正确后,提示教师选择当前或以后的学期。教师输入预定的学期。系统提示教师选择动作:ADD、DELETE、REVIEW、PRINT、QUIT。如果选择了 ADD,则执行 S-1:增加可选的课程子流;如果选择了 DELETE,则执行 S-2:删除课程子流;如果选择了 REVIEW,则执行 S-3:预览计划子流;如果选择了 PRINT,则执行 S-4:打印计划子流;如果选择了 QUIT,则 Use Case 终止。

将事件流文档关联到用例的方法如下:
在浏览器中的 Use Case 上右击,弹出快捷菜单;
(1) 选择 Specification 命令。
(2) 选择 Files 选项卡。
(3) 单击右键,弹出快捷菜单。
(4) 选择 Insert File 命令,如图 3.61(a)所示。

 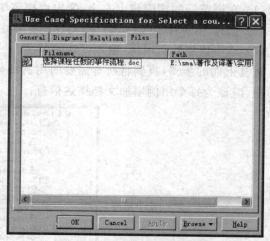

(a) 选择 Insert File 命令　　　　(b) 系统将选择的文件添加到说明窗口中

图 3.61　事件流文档关联到用例

(5) 浏览目录列表,选择要关联的文件。
(6) 单击 Open 按钮,系统将选择的文件添加到说明窗口中,如图 3.61(b)所示。

(7) 单击 OK 按钮，关闭 Specification 窗口。

5) 创建用例图

用例图是若干个参与者和用例，以及它们间的关系构成的图形表示。每个系统通常都有一个总体视图(Global View of Actors and Use Cases)，如果总体视图过于复杂，则可以创建多个用例图，每个用例图关注系统的某一方面，通常是围绕参与者创建用例图。

在 Rose 中创建用例图的过程如下：

a) 加入参与者及用例

(1) 在浏览器中的 Use Case 视图中双击 Main。

(2) 单击，选中一个 Actor 并将其拖动到图中。

(3) 重复步骤(2)，把每个需要加入图中的 Actor 都加上。

(4) 在浏览器中选择一个 Use Case 并将它拖到图中。

(5) 重复步骤(4)把所有 Use Case 都拖到图中。

注：Actors 和 Use Case 也可以直接用图形工具栏上的工具在图中生成。

加入参与者及用例后的主用例图如图 3.62 所示。

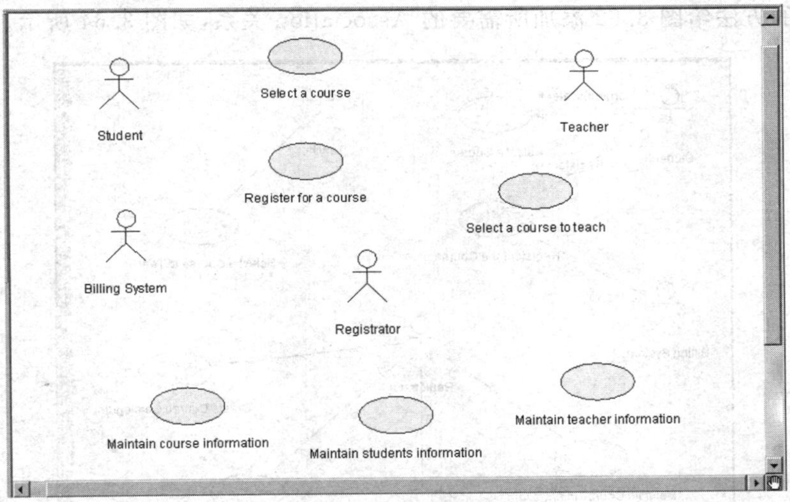

图 3.62　加入参与者及用例的主用例图

b) 创建参与者与用例之间的关联关系

在图形工具栏上单击 Association(双向关联)或 Unidirectional Association(单向关联)图标，在起始 Actor 上单击并拖动到 Use Case 上。如果发现所需要的图标没有在工具条上，可以在工具条上单击鼠标右键，在弹出的快捷菜单中选择 Customize 命令进行定制。具体见 3.6.3 节"Rose 的基本操作"。

可以按下面的步骤给关联关系增加关系类型（构造型，Stereotype）：

(1) 双击 Association 线，弹出 Specification 窗口；或使用右键菜单的 Open Specification 项。

(2) 从 Stereotype 的下拉框中选择一种类型，如图 3.63 所示。如果下拉框中没有，则可以输入关系名称。

(3) 单击 OK 按钮，关闭 Specification 窗口。

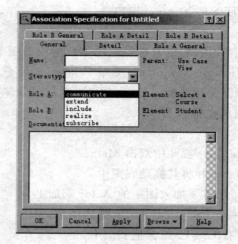

图 3.63 选择构造型

这一步不是必须要做的，如果没有指定关系类型的名称，则隐含为通信类型。
按上面的方法给图 3.62 添加所需要的 Association 关系，如图 3.64 所示。

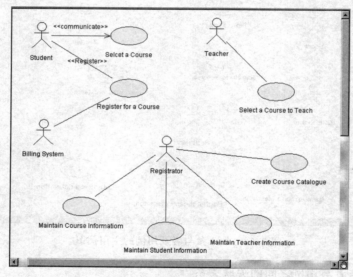

图 3.64 添加了参与者与用例之间关系的用例图

c）创建用例之间的关系

用例之间主要有两种关系：使用（Uses）或扩展（Extends）。

- 使用关系：多个用例可能使用同一个功能，这种用例最好分开单独建立，比在多个用例中实现相同的功能更好些。使用关系建立在两个用例之间。这种使用关系用指向被使用的 Use Case 的虚线箭头表示。
- 扩展关系：可以用于表示可选择的行为、在特定条件下才发生的行为（如警告信息）、基于操作者选择的几种不同的流程。扩展关系可以用一个结束于基础用例的虚线箭头表示。

由于表示使用和扩展关系的符号相同,因此必须通过增加 Stereotype 来进行区分。

在 Rose 中创建使用(Uses)关系的步骤如下:

(1) 在工具条上单击 Dependency 图标。

(2) 在使用 Use Case 上单击,将其拖动到被使用的 Use Case 上。

(3) 双击 Dependency 线,弹出 Specification 窗口。

(4) 在 Stereotype 下拉列表中选择 uses,若 Stereotype 是首次使用,则下拉框中没有 uses 项,可在 Stereotype 输入框中输入 uses,也可输入中文"使用",如图 3.65 所示。

(5) 单击 OK 按钮,关闭 Specification 窗口。

添加了使用关系的主用例图如图 3.66 所示。

在 Rose 中创建扩展(Extends)关系的步骤如下:

(1) 在工具条上单击 Dependency 图标。

图 3.65 添加使用关系

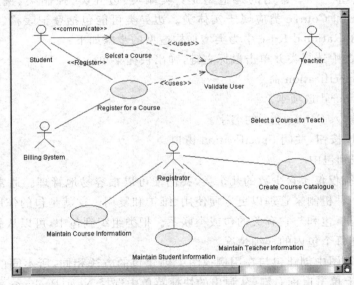

图 3.66 增加了使用关系的主用例图

(2) 单击包含 Extends 功能的 Use Case,将其拖动到基础的 Use Case 上。

(3) 双击 Generalization 线,弹出 Specification 窗口。

(4) 如果 Stereotype 是第一次使用,在 Stereotype 输入框中输入 extends;如果这个 Stereotype 已经创建了,则在下拉列表中选择。

(5) 单击 OK 按钮,关闭 Specification 窗口。

到目前为止已经介绍了如何建立用例图。如果主用例图中的某个用例还太复杂,需要进行分解,则需要建立单独的子用例图。

用例图建好后,下一部应该建立初步的类图,之后对于关键的用例需要建立顺序图(Sequence Diagram)、协作图(Collaboration Diagram)或活动图(Activity Diagram)。方法是在浏览器窗口中选中某个用例并右击,从弹出的快捷菜单中选择 New 命令,之后再选择相应的图即可。

2. 建立类图

用户在逻辑视图(Logical View)子目录下可以建立类图(Class Diagram)和状态图(State Diagram)。类图的建立和编辑过程与用例图类似,但有自己的特点。在建立一个类图之前首先要创建类。

1) 创建类

创建一个类的过程如下:

(1) 在浏览器中选中逻辑视图(Logical View),单击鼠标右键。

(2) 选择 New|Class 命令,一个叫做 New Class 的类出现在浏览器中。

(3) 选择新类,输入类的名字。

在选课系统中,涉及的类有学生、教师和课程等。因此,可以创建 Student、Teacher 和 Course 类。

在前面关于 Use Case 图中的关系中涉及构造型(Stereotypes),类也有构造型,每个类最少有一种构造型。一些常用的构造型是:实体类、边界类、控制类、例外类等。显然,Student、Teacher 和 Course 类应属于实体类。边界类可能包括登记表格、计划表、计费接口、课程表等。在 Rational Rose 中为类增加构造型的步骤如下:

(1) 在浏览器中选择类并单击鼠标右键,弹出快捷菜单。

(2) 选择 Sepecification 命令。

(3) 选择 General 选项卡。

(4) 选择或输入 Stereotype 的名字。

(5) 单击 OK 按钮,关闭 Specification 窗口。

2) 将类组织到包中

如果一个系统仅仅包含少数的几个类,我们便可以很容易地管理。通常的系统都包含很多类,需要有一种机制来管理以更方便使用、维护和复用。这就是包的作用。

在逻辑视图里,包和与它有关的包或类联系。把类组织到包中,可以从总体看到模型的结构,也可以看到每个包内的详细情况。

在逻辑用例视图中创建包与在用例视图中创建包的方法相同,所不同的是要在逻辑视图(Logic View)上单击鼠标右键,从弹出的快捷菜单中选择 New|Package 命令。

对于选课系统,可以建立如图 3.67 所示的 3 个包:界面(Interfaces)、人(People)和学校事件(UniversityArtifaces)。

当创建好包后,就需要重新安排类的位置,方法如下:

(1) 单击选择浏览器中的类。

(2) 把类拖动到设计的包中。

(3) 重复上述步骤直到所有的类都重新定位。

将类组织到包中之后的逻辑视图如图 3.68 所示。

3) 建立和编辑类图

当增加了更多的类后,类的文本描述就不足以说明问题了。类图主要描述类之间的关系。

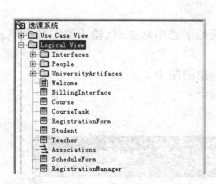

图 3.67　增加包之后的逻辑视图　　　　图 3.68　将类组织到包中

在逻辑视图中，主视图（Main）是系统的包图。每个包也有其自己的主要类图，通常显示包的公共类。也可能需要创建其他的类图。主视图是逻辑视图中典型的高级包视图。

增加一个包图的过程是：

(1) 在浏览器中双击主视图。
(2) 在浏览器中选择包。
(3) 把包拖到视图中。
(4) 重复上述步骤直到把所有的包都处理完。

图 3.69 为增加 3 个包之后的主视图。

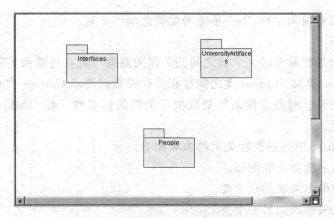

图 3.69　增加 3 个包之后的主视图

对于每一个包，都可以创建包的主类图，步骤如下：

(1) 在主视图中双击包。
(2) Rose 会打开包并创建（或显示）这个包的视图。
(3) 在浏览器中选择类并拖到视图中。
(4) 重复步骤(3)直到所有类都处理完。

需要时也可以加入类的分视图,类的分视图展现了模型中包和类的另一种"视图"。添加类的分视图的步骤如下:
(1) 在浏览器中单击鼠标右键,弹出快捷菜单。
(2) 选择 New:Class Diagram 命令。
(3) 系统增加名为 NewDiagram 的类图,在此项处于选中状态时,输入类图的名字。
(4) 在浏览器中双击此类图,将图打开。
(5) 在逻辑视图中选择一个类,并把该类拖到创建的图中。
(6) 重复步骤(5)直到选择的每个类都放在该图中。
在选课系统中增加的分视图如图 3.70 所示。

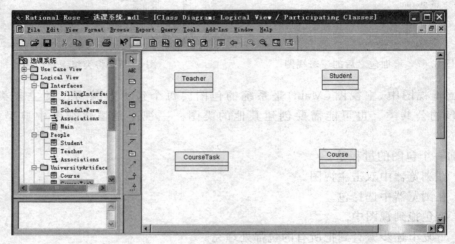

图 3.70 分视图

将相关的类加到视图中后,下一步应增加类之间的关系。
4) 关联关系
关联在类之间具有双向语义。类之间的关联关系意味着在对象和关联的对象之间存在连接。例如,Course 类和 Student 类之间存在关联关系就表示 Course 类对象和 Student 类对象之间有连接关系。对象连接的数量取决于关联的多重性。在 UML 中,关联用连接关联的类的直线表示。

在 Rational Rose 中创建关联关系的步骤如下:
(1) 在工具条上选择关联图标。
(2) 在类图中单击关联的一个类。
(3) 拖动关联关系线到另一个类上。
在图 3.70 中的类之间增加关联关系后,结果如图 3.71 所示。
增加关联关系后,还需要标识出关联的数量,步骤如下:
(1) 双击关系线,弹出 Specification 窗口。
(2) 选择 Detail 选项卡,修改角色(Role A Detail 或 Role B Detail);
(3) 输入设计的多重性数值。
如果规定一名教师每学期最多承担 4 个教学任务,特殊情况下可以不承担教学任务;少

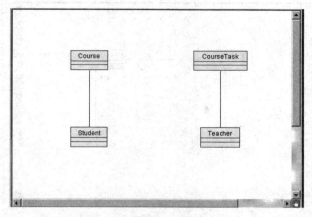

图 3.71 增加类之间的关联关系

于 15 人不开课,每名学生每学期选课不超过 6 门。则增加了关联数量的类图如图 3.72 所示。

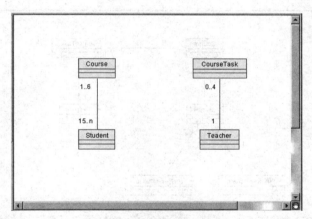

图 3.72 增加关联数量

5) 聚合关系

聚合是关联关系的特殊形式——整体和部分的关系。聚合是部分或包含的关系。在 UML 中,聚合是由一个空心菱形表示的。例如,在一个学期中,很多班级的学生都要上同一门课程(Course),通常会将此门课程的教学划分为多个教学任务(CourseTask)。Course 和 CourseTask 可以认为是聚合关系。在 Rational Rose 中创建聚合关系的方法如下:

(1) 从工具条上选择聚合关系(Aggregation)图标。

(2) 单击属于"整体"的类,拖动鼠标到属于"部分"的类。

增加了聚集关系的类图如图 3.73 所示。

6) 泛化关系(继承关系)

在 Rational Rose 中创建继承关系的方法如下:

(1) 从工具条上选择继承关系(Generalization)图标。

(2) 单击属于"子类"的类,拖动鼠标到属于"父类"的类。

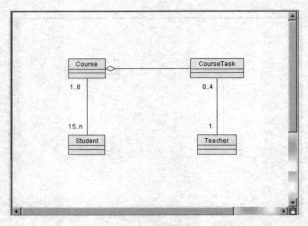

图 3.73 增加了聚合关系的类图

在选课系统中,将学生区分为全日制学生(FullTimeStudent)和半工半读学生(HalfTimeStudent),增加了继承关系的类图如图 3.74 所示。

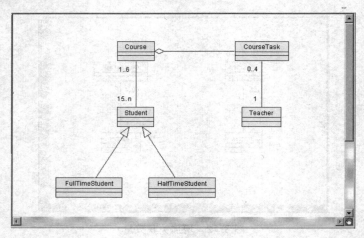

图 3.74 增加了继承关系的类图

3. 建立顺序图

前面所讲的用例图中的事件流是由文本表示的,事件流描述的是用例实现的过程,也称为场景(Scenarios),可以用顺序图表示场景。顺序图按照时间顺序显示对象之间的交互关系。它描述场景中的对象和类以及在完成场景中定义的功能时对象间要交换的信息。

在 UML 中,对象与类具有几乎完全相同的表示形式,主要差别是对象的名字下面要加一条下划线。对象名有下列三种表示格式:

第一种格式是对象名在前,类名在后,中间用冒号连接,形如:

对象名:类名

第二种格式形如:

:类名

这种格式用于尚未给对象命名的情况。注意,类名前的冒号不能省略。

第三种格式形如：

对象名

这种格式不带类名（即省略类名）。

在顺序图中，纵轴从上到下表示时间顺序；横轴从左到右安排有关联的各个相关对象，关系密切的对象应该安排在相邻位置。每个对象下面有条称为生存线的竖直虚线，绘制在生存线中的细长矩形图标符号称为该对象生存活跃期，虚线为该对象的休眠期。对象之间的消息传递由实箭线表示，箭线上标记消息的名称，箭线从发送方指向接收方。在开发环境下，顺序图通常与用例相关联。

在 Rational Rose 中创建顺序图的过程如下：

（1）在浏览器中选择某个用例，单击鼠标右键，弹出快捷菜单。

（2）选择 New|Sequence Diagram 命令。在视图中增加了一个名字为 NewDiagram 的顺序图。

（3）选择 NewDiagram，输入名字。

如在选课系统中，可以给 Register for a course 用例增加顺序图，如图 3.75 所示。

在 Rational Rose 中创建顺序图的对象和消息，步骤如下：

（1）在浏览器中双击顺序图将其打开。

（2）在浏览器中选择 Actor，将 Actor 拖到顺序图中。

（3）在浏览窗口中查找需要的类，并依次将其拖到顺序图上，在顺序图上显示的是类对象，如图 3.76 所示。

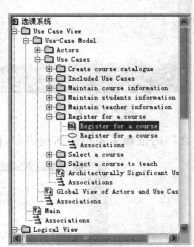

图 3.75　给用例增加顺序图

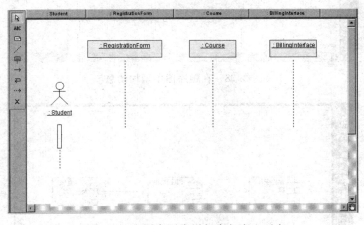

图 3.76　在顺序图中增加参与者和对象

也可以在工具条上选择对象图标，之后在顺序图上单击鼠标，将对象放在图上，在对象还处于选中状态时，输入对象的名字。

（4）在工具条上选择消息图标。

（5）在发出消息的对象上单击鼠标，把消息线拖到接收消息的对象上。

(6) 用鼠标双击消息线,弹出如图 3.77 所示的消息窗口,在 Name 文本框中输入消息名称。

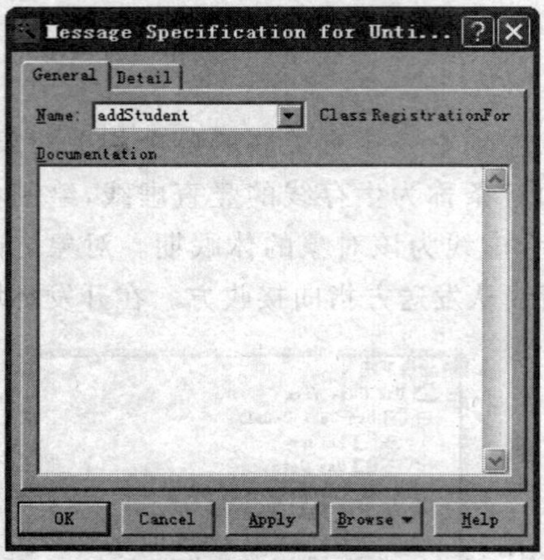

(7) 重复步骤(4)~(6)直到所有消息都添加到顺序图中。

增加消息后的顺序图如图 3.78 所示。

4. 建立构件图

构件视图由包图和构件图(Component Diagram)组成。建立构件视图的包图、子包图、构件图的过程和方法与建立用例视图类似。构件图显示软件组件之间的相关性,包括源程序代码构件、编译代码构件、可执行代码构件。图 3.79 所示的构件图显示了源程序代码构件、编译代码构件、可执行代码构件之间的依赖关系:可执行代码构件依赖编译代码构件;编译代码构件依赖源程序代码构件。构件之间的依赖关系用虚箭线表示,箭头由依赖方指向被依赖方。

图 3.77 消息窗口

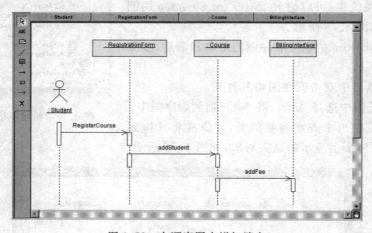

图 3.78 在顺序图中增加消息

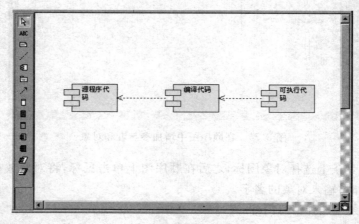

图 3.79 构件图

5. 建立部署图

部署图(Deployment Diagram)显示系统的软件和硬件的物理配置,即每个软件构件安装(或部署)在哪个硬件上,它还显示了这些硬件之间的通信链路。图 3.80 显示了一个简单的部署图。部署图中有若干个结点:数据库服务器结点、应用服务器结点、Web 服务器结点以及打印机结点等。结点内还可以包含结点、构件、接口或对象。

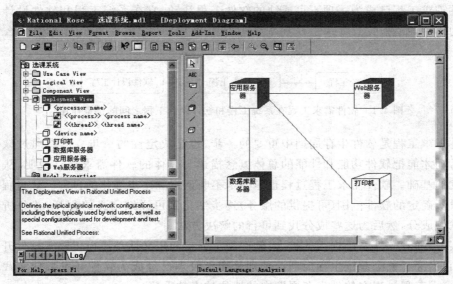

图 3.80　部署图

第4章 软件需求工程

软件需求工程已成为一项不可或缺的软件工程活动,它在系统工程和软件设计之间起到桥梁的作用,如图 4.1 所示。其基本任务是准确地回答"软件系统必须做什么?"这个问题。

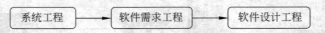

图 4.1 软件需求工程在系统工程和软件设计工程之间的桥梁作用

软件需求工程是软件生存周期中重要的一步,也是决定性的一步。只有通过软件需求工程的活动才能把软件功能和性能的总体概念描述为具体的软件需求规格说明,从而奠定软件开发的基础。软件需求工程过程也是一个不断认识和逐步细化的过程。该过程将软件计划阶段所确定的软件范围(可提供的服务)逐步细化到可详细定义的程度,并分析出各种不同的软件成分,然后为这些成分找到可行的解决方法。

事实上,随着软件系统规模的扩大,软件需求分析和定义活动不再仅限于软件开发的最初阶段,它贯穿于整个系统生存周期。特别是需求管理已经成为软件开发最佳实践。可以说,软件需求工程过程在软件生存周期中的地位越来越重要。

4.1 软件需求工程基础

如果某人想要建造一幢价值数百万元的房屋,他一定会与建房者详细讨论各种细节,因为他们都明白若完工以后再修改会造成很大的经济损失。同样的考虑也适用于软件开发,1997 年 Leffingwell 提出,软件项目中 40%~60% 的问题都是在需求工程阶段埋下的"祸根"。如果不重视需求的获取和编写规范的规格说明,那么就会导致开发人员做出的产品不能满足客户的期望,从而使得软件的开发失败。

4.1.1 软件需求的定义和层次

1. 需求的定义

1997 年 IEEE 在《软件工程标准词汇表》对需求(Requirement)所做出的定义为:

(1) 用户为解决某一问题或为达到某个目标所需要的条件或能力。

(2) 系统或系统部件为满足合同、标准、规格说明或其他正式的强制性文档所必须具有的条件或能力。

(3) 对在(1)和(2)中所描述的条件或能力的文档化说明。

国家标准 GB/T 11457—2006《信息技术 软件工程术语》等同采用了这个定义。它从两个方面阐述了需求的含义:一是用户所要求的系统应具有的外部行为;二是开发者所要求的系统应具有的内部特性。最后强调了需求一定要文档化。

2. 需求的层次

软件需求包括 3 个不同的层次：业务需求、用户需求、功能需求和非功能需求。不同层次从不同角度与不同程度反映着细节问题。

1) 业务需求(Business Requirement)

业务需求反映了组织或客户高层次的目标要求。业务需求主要来自于项目的投资人、购买产品的客户、实际用户的管理者、市场营销部门或产品策划部门。业务需求描述了组织的愿景(Vision)，即为什么要开发一个系统，以及系统的业务范围、业务对象、客户、特性、价值和各种特性的优先级别等。通常它们记录在项目范围文档中。

2) 用户需求(User Requirement)

用户需求描述了他们要求系统必须完成的任务，即用户对系统的目标要求。用户需求通常只涉及系统的外部可见行为，不涉及系统的内部特性。需要注意的是，用户需要(User Needs)和用户需求不同。用户需要是用户真正需要的东西，用户需求是用户对其需要的一种陈述，但这种陈述可能与它们的需要不一致。用户需求一般采用自然语言和直观图形相结合的方式描述，例如采用用例(Use Case)文档或场景(Scenario)等方式说明。

3) 功能需求和非功能需求

功能需求定义了开发者应提供的软件功能或服务，但不涉及这些功能或服务的实现；非功能需求则是对功能需求的补充，包括了对系统的各种限制和用户对系统的质量要求，参看表 4.1。所谓特性(Features)，是指逻辑上相关的功能需求的集合，用以满足业务需求。功能需求记录在软件需求规格说明(SRS)中。SRS 完整地描述了软件系统的预期特性。开发、测试、质量保证、项目管理和其他相关的项目活动都要用到 SRS。

表 4.1 非功能需求

产品需求	性能	实时性 其他时间限制，包括响应时间、处理时间、包传送时间等 资源配置需求，包括内存容量、磁盘容量、缓存容量、硬软件支持等 处理精度、单位时间处理量、网络流通量等
	接口	相关硬件接口、软件接口、人机接口
	可靠性	可用性(系统无故障运行时间所占总运行时间的百分比) 完整性(系统的行为遵从用户需求所期望行为的百分比)
	安全保密性	安全性(系统一旦发生故障，能够降低损失防止严重危害的能力) 保密性(系统防止非法访问，保证信息不泄露的能力)
	运行限制	使用频度、运行期限 控制方式(如本地控制还是远程控制) 对操作员的需求
	物理限制	对系统的规模等限制
过程需求	开发类型(实用型开发还是试验型开发？是有机型、嵌入型还是半独立型项目？)	
	开发工作量估计	
	对资源、开发时间及交付的安排	

		续表
过程需求	开发方法	应遵循的规范和标准(如开发规范、文档规范、专业标准等)
		里程碑和评审(如对阶段制品设置检查点和评审内容)
		质量控制标准及验收标准(如质量检验指标)
	建立可理解性、可修改性、可移植性、可测试性、效率等质量需求并设置优先级	
	可维护性	

4) 系统需求

系统需求来自于系统分析和结构设计。例如,有一个电信计费系统,它包括许多业务规则,这些业务规则与企业方针、政府条例、会计准则、计算方法有关。它们本身并非软件需求,因为它们不属于任何特定的软件系统的范围,它们属于系统需求。然而系统为符合这些业务规则必须实现某些特定的功能,所以,如果对某些功能需求进行追踪时,会发现它们来源于某一条特定的业务规则。

图4.2给出了各种需求之间的关系,以理解需求的整体概念。图中的椭圆代表各类需求信息,矩形代表存储这些信息的载体(如文档、图形或数据库)。

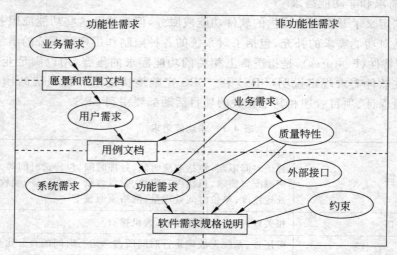

图4.2 各种需求的关系

所有的用户需求必须与业务需求一致。分析员可以从用户需求中总结出功能需求,以满足用户对产品的要求,从而完成其任务,而开发者则根据功能需求来设计软件以实现必须的功能。功能需求充分描述了软件系统应具有的外部行为。对一个复杂产品来说,软件功能需求也许只是系统需求的一个子集。非功能需求作为功能需求的补充,包括产品必须遵从的标准、规范和合约,外部接口的具体细节,性能要求,设计或实现的约束条件及质量属性。所谓约束指开发人员在软件产品设计和构造上的限制。质量属性是通过多种角度对产品的特点进行描述,从而反映产品功能。多角度描述产品对用户和开发者都极为重要。

3. 优良需求的特点

理想情况下,每一项用户需求、业务需求和功能需求都应具备下列性质。

(1) 完整性。每一项需求都必须完整地描述将要交付使用的功能。它必须包含开发者设计和实现这项功能时所需要的全部信息。如果发现缺少某项信息,应使用"待定"这一标注加以标明。在开发系统之前都必须解决需求中所有的"待定"问题。

(2) 正确性。每一项需求都必须准确地描述将要开发的功能。判断正确性要参照需求的来源,如实际用户和高级的系统需求。如果一项软件需求与其相对应的系统需求发生冲突就是不正确的。只有用户代表才能决定用户需求的正确性。正因为如此,需求规格说明必须经过用户或用户委托的代理人审阅。

(3) 可行性。需求必须能够在系统及其运行环境的已知能力和约束条件内实现。为避免不可实现的需求,在需求的获取阶段,应安排一名开发者始终和营销人员或需求分析员协同工作。由开发者进行可行性检查,判断技术上能够实现哪些需求,或哪些功能需要额外的成本才能实现。评估需求可行性的方法包括增量开发方法和快速原型。

(4) 必要性。每一项需求所包含的功能都必须是用户真正需要的,或者是为符合外部系统需求或某一标准而必须具备的功能。每项需求都必须来源于有权定义需求的一方。对每项需求都必须追溯至特定的用户需求,例如用例、业务规则或其他来源。

(5) 优先级。为每一项功能需求、特性或用例指定一个实现优先级,以表明它在产品的某一版本中的重要程度。如果所有需求都被视为同等重要,项目经理就很难采取措施应对预算削减、进度拖后、人员流失或开发过程中需求增加等情况。

(6) 无歧义。一项需求的陈述应当对所有读者只有一种一致的解释,然而自然语言却极易产生歧义。编写需求时应该使用用户所处领域的、简洁明了的语言。"易理解"是与"无歧义"相关的一个需求质量目标——必须能够让读者理解每项需求究竟是指什么。应该在词汇表中列出所有专用的和可能让用户感到迷惑的术语。

(7) 可验证性。是否能设计一些测试方法或使用其他验证方法,例如用检查或演示的手段来判断产品是否正确实现了需求。如果某项需求不可验证,那么判定其实现的正确与否就成了主观臆断。不完备、不一致、不可行或有歧义的需求也是不可验证的。

4.1.2 软件需求工程过程

软件需求工程阶段研究的对象是软件项目的用户需要。需要注意的是,必须全面理解用户的各种需求,但又不能全盘接受所有的需求。因为并非所有用户提出的需求都是合理的。对其中模糊的需求还需要澄清,然后才能决定是否可以采纳。对于那些无法实现的需求应向用户做充分的解释,以求得谅解。准确地表达被接受的用户需求,是软件需求工程的另一个重要方面。只有经过确切描述的软件需求才能成为软件设计的基础。

软件开发的目标是要实现目标系统的物理模型,即确定待开发系统的各种软件成分,并将功能和信息结构分配到这些软件成分中。它是软件实现的基础。但是目标系统的具体物理模型是由当前系统的具体物理模型经过一系列的转换得到的。其转换步骤如图4.3所示。

(1) 获得当前系统的具体物理模型。所谓当前系统可能是需要改进的某个已在计算机上运行的信息系统,也可能是一个人工的信息处理过程。在这一步首先分析现实世界,理解当前系统是如何运行的,了解当前系统的组织机构、输入/输出、资源利用情况和日常数据处

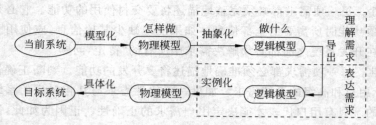

图 4.3 参考当前系统建立目标系统模型

理过程,并用一个具体模型来反映(即模型化)自己对当前系统的理解。这一模型应客观地反映现实世界的实际情况。

(2) 抽象出当前系统的逻辑模型。在理解当前系统"怎样做"的基础上,抽取其"做什么"的本质,从而从当前系统的物理模型抽象出当前系统的逻辑模型。事实上,就是去除物理模型中的实现细节和物理因素,仅保留其功能、性能和其他质量属性等反映系统外部可见行为的情节(即抽象化),形成一个"理想化"的系统模型。

(3) 建立目标系统的逻辑模型。分析目标系统与当前系统在功能、性能、其他质量属性、约束条件上的差别,明确目标系统到底要"做什么",从而从当前系统的逻辑模型导出目标系统的逻辑模型。具体做法是:首先确定变更的范围,即决定目标系统与当前系统在逻辑上的差别;再将变更的部分看做是新的处理步骤,对逻辑模型进行调整;然后由外向里对变更的部分进行分析,凭经验推断其结构,获得目标系统逻辑模型的构想。

(4) 转换为目标系统的物理模型。根据具体应用的上下文环境的要求,从不同视角设计目标系统的实现蓝图(即实例化),基于目标系统的逻辑模型,补充实现的细节,包括目标系统的用户接口,至今尚未详细考虑的诸如系统的启动和结束、出错处理、系统的输入/输出和系统性能方面的需求,以及系统其他必须满足的性能和限制等。

最后,程序员根据设计方案(即物理模型)利用某种实现工具完成系统的编程和运行(即具体化)活动。在图 4.3 中,虚线框内的工作就是需求工程所要完成的工作,主要就是解决目标系统要"做什么"的问题,明确系统开发的方向。

2001 年 Abran 和 Moore 给出了一个软件需求工程过程模型,如图 4.4 所示。注意,需求管理没有包括在内,被归入项目整体管理的过程。

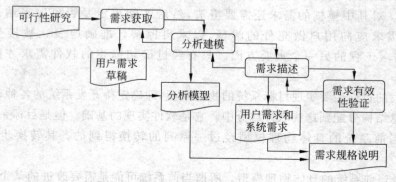

图 4.4 需求工程过程

这 4 个步骤涵盖了与软件需求相关的所有活动,包括:

- 确定目标系统将要面对的各类用户。
- 从各类用户的代表那里收集需求。
- 了解用户的任务和目标,以及这些任务要实现的业务目标。
- 分析从用户那里得到的信息,将用户的任务和目标与软件的功能需求、非功能需求、业务规则、解决方案建议及其他无关信息区分开来。
- 将顶层的需求分配到软件系统构架内定义好的软件成分中。
- 了解各个质量属性的相对重要性。
- 协商需求的实现优先级。
- 将收集的用户需求表述为书面的需求规格说明和模型。
- 审阅需求文档,以确保在认识上与用户需求相一致。应在开发组接受需求之前解决所有分歧。

需求迭代是需求开发成功的关键。需求开发计划应包含多个周期,每个周期包括研究需求、细化高层需求以及请用户确认需求的有效性等活动。这些周期活动是交叉的、递增的和反复的,如图 4.5 所示。

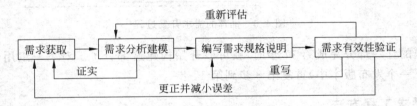

图 4.5　需求开发是一个迭代的过程

当分析员和客户交流时,分析员应注意聆听客户的意见,观察他们的行为(需求获取)。然后处理这些信息以便理解它,将其加以分类,并将客户的要求和可能的软件需求联系起来(需求分析建模)。然后分析员将客户的要求和得到的需求编制成书面的文档和图解(编写规格说明)。接着,与客户代表一起确认所编写的文档是否正确和完整,并纠正其中的错误(需求验证)。这个反复的过程贯穿于整个需求开发过程。

由于软件开发项目和企业文化的多样性,需求开发没有一种单一的公式化的方法。图 4.6 给出了一个适用于(或经过适当调整后适用于)多数项目的需求开发过程框架。

图中显示了质量控制反馈的循环,以及以用例为基础的增量实现。其中的步骤一般是按数字顺序执行的,但严格来说这个过程并不是完全按顺序执行的。前 7 个步骤主要在项目的前期执行一次,其他步骤在每次版本升级或迭代时都要执行。

根据分析员和用户代表的关系密切程度,选择适当的需求获取方法(小组讨论、调查研究、面谈等),在时间和资源方面制定计划。由于许多系统都采用增量开发模型,因此分析员需要为用例或其他需求划分优先级(第 7 步),按照排定的优先次序考虑每次增量开发时需要安排实现哪些用例,这样就可以适时地研究所需用例。对于新系统或重大改进,需要定义或改进体系结构(第 14 步),将功能需求分配给特定的子系统(第 15 步)。第 12 步和第 17 步是质量控制活动,它引领分析员重新回到一些前面的步骤以改正错误、改进分析模型、发现以前忽略的需求。第 13 步中建立的原型常常会导致对以前定义的需求的润色和修

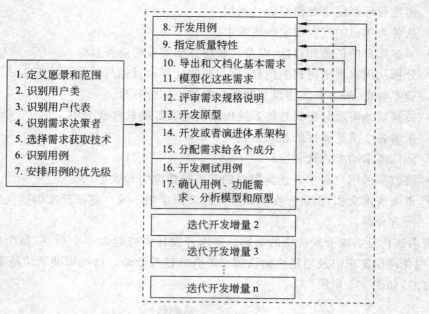

图 4.6 推荐的需求开发过程

改。对需求的任一部分完成第 17 步时,就可以开始构建这部分了。对下一组用例(它们可能出现在下一个发布版本中)重复第 8 步到第 17 步。

4.1.3 需求工程方法

Karl Wiegers 研究最佳软件开发实践,提出了需求工程的 50 种推荐方法,并把这些方法归于 7 种类型。Sommerville、Hofmann 等人发现这些方法是有效的,参看表 4.2。

表 4.2 需求工程推荐方法

知识技能	需求管理	项目管理
培训需求分析员	定义需求变更控制进程	选择合适的开发周期
对用户代表和管理者进行需求培训	成立变更控制委员会	根据需求制订项目计划
	分析需求变更的影响	重新协商权利或义务
对开发者进行应用领域相关的培训	控制需求版本并为其建立基线	管理需求风险
		跟踪需求耗费的人力物力
创建术语表	维护需求变更的历史记录	回顾以往的教训
	跟踪每项需求的状态	
	衡量需求稳定性	
	使用需求管理工具	
	创建需求跟踪矩阵	

续表

需求获取	需求分析	编写规格说明	需求确认
定义需求开发过程	绘制关联图	采用 SRS 模板	审查需求文档
定义项目愿景和范围	创建原型	确定需求来源	测试需求
确定用户群	分析可行性	唯一标识每项需求	确定合格标准
选择用户代理人	确定需求优先级	记录业务规范	
建立核心队伍	为需求建模	定义质量属性	
确定用例	创建数据字典		
确定系统事件和响应	将需求分配至各子系统		
做进一步需求获取的讨论	应用质量功能调度		
观察用户如何工作			
检查问题报告			
复用需求			

4.2 需求获取

需求获取是在问题及其最终解决方案之间架设桥梁的第一步。获取需求的一个必不可少的结果是理解项目描述中的用户需求。一旦理解了需求,分析员、开发者和客户就能探索出相应的多种解决方案。软件设计师只有在他们理解了问题之后才能开始设计系统,否则,对需求规格说明的任何改动,都会导致设计方面的大量返工。把需求获取集中在用户任务上(而不是集中在用户接口上)有助于防止开发组由于草率处理设计问题而造成的失误。

4.2.1 需求获取的任务和原则

需求获取的目标是确定用户到底"需要"什么样的软件产品,就是说,必须清楚地理解要解决什么样的问题。然而需求获取可能是软件开发中最困难、最关键、最易出错及最需要交流的方面。这主要表现在:

- 需求的不稳定性:在整个软件生存周期内软件需求会随着时间的推移发生变化。
- 需求的不准确性:用户和开发人员的认识会随着使用系统实现业务流程的实践逐步提高,一开始不可能设想得面面俱到。

因此,需求获取只有通过有效的客户/开发者的合作才能成功。没有专业的分析员,用户很难了解到需要开发什么相关信息和功能;另一方面,没有与用户的交流,分析员也很难弄清客户真正需要什么。因此,称发现用户需求的过程为需求获取。一旦提出了最初的需求,进一步推敲、细化和扩充的过程则称为需求分析。

1. 需求获取活动的任务

需求获取活动需要解决的问题概括起来有以下几项:
(1) 发现和分析问题:发现问题症结,并分析问题的原因/结果关系。
(2) 使用调查研究的方法收集信息。

（3）遵循需求获取框架，按照数据、过程和接口这三个成分观察问题的不同侧面。

（4）需求文档化：以草稿形式将调查结果制成文档。形式有用例、决策表、需求表等。

2. 需求获取技术的基本特征

好的需求获取技术，对于规范需求获取活动，高效准确地获取需求定义，是十分重要的。好的需求获取技术应具有如下基本特征：

- 提供便于沟通的工具，如易于理解的语言和直观的图表。
- 提供定义系统边界（交互）的方法。
- 提供支持抽象的机制，如"分解"、"映射"等。
- 鼓励分析员使用面向问题的术语思考问题，编写文档。
- 为分析员提供多种可供选择的解决方案。
- 适应需求的变化。

其中，"分解"是指捕获问题空间的"整体—部分"关系，如问题/子问题分解；"抽象"是指捕获问题空间的"共性—特性"关系，如问题的不同变型；"映射"是指捕获问题空间的多维视图，即从不同角度考察。

适于以上特征的需求获取方法有基于数据流的结构化分析方法、基于用例的建模方法。

需求获取技术的关键点在于：

（1）深入浅出的原则。就是说，需求获取要尽可能全面、细致。获取的需求是个全集，目标系统真正实现的是个子集。分析时的调研内容并不都纳入到新系统中，目的在于以后的扩充。

（2）以流程为主线的原则。在与用户交流的过程中，应该用流程将所有的内容串起来，如信息、组织结构、处理规则等，这样便于交流沟通。流程的描述既有宏观描述，也有微观描述；既要强调总体的业务流程、整个生存周期的业务流程，又要对流程细化，研究有分支的业务流程。

4.2.2 需求获取的过程

由于软件开发项目和企业文化的不同，对于需求获取没有一个简单的公式化的途径。Karl E. Wiegers 在他的《Software Requirements》中给出了一个需求获取过程的参考步骤。

1. 开发高层的业务模型

所谓应用领域，即目标系统的应用环境，如银行、电信公司、书店等。如果分析员对该领域有了充分了解，就可以建立一个业务模型，描述用户的业务过程，确定用户的初始需求。然后通过迭代，更深入地了解应用领域，回过头来推敲业务模型。

为什么需要业务模型？这是因为在过去应用系统的开发都是基于部门的功能而进行的，至于如何使企业内的多个应用系统共同运作，就不在开发者的考虑之列了。随着企业的发展，就会发现企业需要革新以适应市场变化和业务发展时，原有的一系列应用系统却成了企业发展的拦路虎。针对这种情况，解决的方法就是从业务建模入手，而不是从较低层次（部门以下）入手。通过建立企业的业务模型，进行适当的切割，选取稳定的软件体系结构，分析出企业的业务实体，以此为基础，开发或选取必需的构件，集成到相应的三层体系结构中，建立针对特定功能区域的应用系统。

在 RUP（Rational Unified Process）中特别强调：业务模型是需求工作流的一种重要输

入,用来了解对系统的需求;业务实体是分析设计工作流的一种输入,用来确定设计模型中的实体类。

2. 定义项目的视图和范围

要想项目成功,离不开项目干系人(亦称涉众或共益者)的支持。在项目开始之前,应当在所有干系人中树立一个共同的愿景,明确他们的权利和义务,以及开发人员的权利和义务,并发布得到共识的、对项目目标的理解和评判标准。

在共同愿景的确立过程中要做两件事情,即定义项目范围和高层需求。项目范围描述项目该做什么,不该做什么,它们可以通过陈述和图表(如用例图或数据流图)来表达;高层需求不涉及过多的细节,主要通过它表示系统的概貌,从而建立需求模型。

3. 寻求需求的来源

软件需求的来源取决于目标系统的性质和开发环境。下面列出几种典型的需求来源。

- 与潜在用户进行交谈和讨论——这是向用户调查的最直接的方式。
- 描述现有产品或竞争产品的文档——这类文档对业务流程的描述很有帮助,也可以参考这些文档找出要解决的问题和缺陷,为新系统赢得竞争优势。
- 系统需求规格说明——这是包含硬件和软件部分的高层系统需求规格说明,用于描述整个产品。分析员可以从这些需求中推导出软件的详细功能需求。
- 当前系统的问题报告和改进要求——根据问题报告了解用户使用当前系统时遇到的问题,并从用户那里了解如何改进系统的意见,有助于目标系统的开发。
- 市场调查和用户问卷调查——事先向有关专家咨询如何进行调查,确保向正确的对象提出正确的问题。分析员通过调查检验自己对需求的理解。
- 观察用户如何工作——通过观察用户在实际工作环境下的工作流程,分析员能够验证先前交谈中收集到的需求,确定交谈的新主题,发现当前系统的缺陷,找到让目标系统更好地支持工作流程的方法。分析员必须对观察对象的活动进行归纳和概括,保证得到的需求适用于整个用户群,而不是仅仅适合被观察的用户。
- 用户工作的场景分析——在确定用户需要借助系统完成哪些工作之后,分析员就能够利用用例图等工具推导出用户完成这些工作必需的功能需求。
- 事件和响应——列出系统必须响应的外部事件和正确的响应。

根据所受限制不同,不同类型的应用系统能够从用户那里获取需求的比例也不同。参看图 4.7。

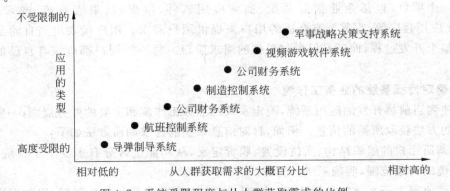

图 4.7 系统受限程度与从人群获取需求的比例

所谓限制,是指受客观物理规律的限制。如导弹制导系统更多地受物理运动定律的限制,而非人的决策。视频游戏软件的大部分需求依赖于人,因为它是一个想像出来的产品。因此,应用系统受到的限制越少,需要从用户那里获得的需求比例越大。

此外,还应当明确的是,需求是与技术无关的。在需求获取阶段不讨论技术的实现细节,因为那会让人们的注意力分散。技术的实现细节应在后续的设计和实现阶段考虑。

4. 识别用户类和用户代表

需求获取的主要目标是理解用户需求,因而客户的参与是生产出优质软件的关键因素。能否让开发人员更准确地了解用户的需求,将决定软件需求工作能否取得成功。为此,应首先确定目标系统的不同用户类型,然后挑选出每一类用户和其他项目相关者的代表并与他们一起工作,最后商定谁是项目需求的决策者。

产品的不同用户之间在很多方面存在差异,例如:
- 使用产品的频率。
- 用户在应用领域的经验和使用计算机系统的技能。
- 所用到的产品功能。
- 为支持业务过程所进行的工作。
- 访问权限和安全级别(如普通用户、来宾用户或系统管理员)。

可以根据这些差异将用户分为若干不同的用户类。例如,人们常常根据用户的地理位置、所在企业的类型或所担任的工作来划分他们的类别。

每个用户类都会根据其成员要执行的工作提出一组自己的需求。不同用户类可能还有不同的非功能需求。例如,没有经验或只是偶尔使用系统的用户关心的是系统操作的易学性。他们喜欢具有菜单、图形界面、整齐有序的屏幕显示、详细的提示,以及使用向导的系统。而对于熟悉系统的用户,他们就会更关心使用的方便性与效率,并开始看重快捷键、宏、自定义选项、工具栏、脚本等功能,甚至希望用命令行界面替代图形界面。

不同用户类的需求甚至可能发生冲突。例如,同样一个网络系统,某些用户希望网络传输速度快一些,容量大一些;但另一些用户希望做到安全性第一,而运算速度则不作要求。因此,对于发生冲突的需求必须做出权衡与折中。

用户类可以是人,也可以是与系统打交道的其他应用程序或硬件部件。分析员必须在项目初期便确定产品有哪些不同的用户类,并描述它们的特点,这样就能从每个重要用户类的代表那里获取需求。

每一个项目,包括企业信息系统、商业应用软件、数据包、集成系统、嵌入式系统、Internet应用程序等,都需要有合适的用户来提供用户需求。用户代表应当自始至终参与项目的整个开发过程,而不是仅参与最初的需求阶段。每一类用户都应该有自己的代表或代理。

5. 确定目标系统的业务工作流

具体到当前待开发的应用系统,确定系统的业务工作流和主要的业务规则,一般采取需求调研的方法获取所需的信息。例如,针对信息系统的需求调研方法如下:

- 调研用户的组织结构、岗位设置、职责定义,从功能上区分有多少个子系统,划分系统的大致范围,明确系统的目标。
- 调研每个子系统的处理流程、功能与处理规则,收集原始信息资料,用数据流来表示物流、资金流、信息流三者的关系。
- 对调研内容事先准备,针对不同管理层次的用户询问不同的问题,列出问题清单。将操作层、管理层、决策层等不同层次需求的关系和区别调查清楚,形成一个需求的层次。
- 对与用户沟通的情况及时总结归纳,整理调研结果,初步构成需求基线。

需求调研的形式可以根据需求的来源来确定。下面重点讨论需求访谈。

传统的需求来源是与单个客户或未来的用户一起座谈。因为大部分需求获取是人与人沟通的活动,这些沟通活动必须经过精心组织,才能准确地获得最佳效果。

(1) 业务访谈前要从内容和目标上做好精心准备。用户的需要存在于用户的脑海里,存在于客户组织的实践运作体系中,但也可能并不存在。分析员应通过包括业务访谈在内的各种方法来获得用户需求。为此必须事前有所准备,对访谈的目标和内容有专门的策划,包括确定访谈对象。通过查阅组织的组织结构图,搞清业务部门的各种角色,选择访谈的主要对象,预约访谈时间。此外,还要准备访谈内容,拟定一些具体问题并打印出一份清单,使得访谈过程可以按部就班地进行。

(2) 选择访谈对象应点线结合。有两种选择访谈对象的方法。一种是选择工作角色,如业务主管、业务助手等;另一种是从业务工作流程入手,选择流程中的角色。因此,可以采取联席会议的方式,也可以根据业务部门的工作过程,对这个过程中的每个角色逐个进行访谈。此时,应根据系统的主要工作流程做出相应的访谈路线图,以有效地把握访谈工作的进程。

(3) 访谈过程中要善于引导访谈对象。需求访谈要搞清4W1H。需求分析员要清楚地掌握某个需求,应该能够清楚该业务的4W和1H。
- What:系统要处理的业务内容是什么?
- When:系统业务过程的主要活动什么时候发生?持续时间有多长?
- Who:系统业务过程的各个活动中会有哪些相关的人、物、事(系统)?
- Why:为什么会出现这样的问题?
- How:为完成系统的业务目标所采用的方法?

调查系统的业务流程,目的是要发现业务流程背后的用户需求。但业务流程可能受到各种条件的制约,而用户往往不能说清楚。此时,需求分析员可以尝试着问一些实际的引导性的问题,例如,"以我的理解,下一步会……",用户立刻就会指出问题中的错误,并滔滔不绝地开始谈论业务。需要注意的是,分析员提出的问题最好比较具体,可回答性强,不要一下问得太大。比如想要了解业务过程和相应的活动,可以问"你的主要工作职责有哪些?"或者问"你的主要日常工作有哪些?"等。如果想要了解业务过程怎样完成,可以问"你如何完成它?"、"需要哪些步骤?"。而如果你比较关心会得到什么信息,可以问"你要使用什么样的表单或报告?"等。

(4) 在访谈过程中要善于寻求异常和错误情况。用户"想要"的功能并不一定等同于他们使用产品实际工作时所需要的功能。因此要有思想准备,千万不要认为被访谈对象的话总是对的。大多情况下需要一种求异思维来面对被访谈对象,因为只有这样才能挖掘到更多的业务细节。多问问"如果条件没有达到,你会怎么办?"、"如果不是这样你会怎么处理?",而要少说"是"。

正确的态度应该是客观、理性的态度。不管用户说什么,分析员首先要分析,然后置疑,从而引导用户说出他们真正的需求所在。

6. 需求的整理与描述

当访谈结束后,必须进行总结。不仅要总结出所选出的需求,还要回忆整个访谈过程,以便事后仔细研讨得失,这对提高业务访谈的能力是大有裨益的。接下来的工作是:

- 开发反映主要业务规则的用例(或数据流图)并设置优先级。
- 收集来自用户的质量属性信息和其他非功能需求,将性能、安全性、可靠性等需求和其他设计约束结合业务规则,形成功能需求。
- 分类在用例(或数据流图)中涉及的数据,包括数据的组成和数据之间的关系。
- 详细拟订用例(或数据流图)的规格说明,建立功能模型,并进行审查,用以澄清需求获取的参与者对需求的理解。
- 开发并评估界面原型,设想输入设备、输出设备、显示风格、显示方式、输出格式等,建立接口规范和信息流传输规则。
- 从功能描述中开发概念测试用例,用测试用例来验证用例(或数据流图)、功能需求和原型。

4.2.3 需求的表达

对于诸如商业应用软件、Web网络应用系统、实时系统、系统服务软件等,用例方法是一种获取和表达需求的有效方法。虽然用例方法源自于面向对象开发方法,但为了描述需求,在采用其他开发方法的项目中也可以使用,因为需求描述不涉及用什么方法来实现。

用例改变了需求开发的角度。传统的需求获取方式是向用户询问他们需要系统"做什么",而用例方法是考虑系统需要"实现什么",即描述用户需要通过系统执行什么服务。

用例图提供了对用户需求的高层的可视化表示,描述了系统外的参与者与应用系统之间的交互,注重于用户对系统的看法。使用用例方法描述用户需求的过程如下:

(1) 标识参与者——标识目标系统将支持的不同类型的用户,可以是人、事件或其他系统。

(2) 标识场景——用场景描述目标系统典型功能的活动细节,并与用户沟通,加深开发人员对应用领域的理解。

(3) 标识用例——当双方确定了一组场景后,开发人员从该场景抽象出一组用例,描述所有可能的情况。用例表达了系统的范围。

(4) 求精用例——细化每一个用例。引入带有出错处理或带有异常处理的用例,描述系统的行为,保证需求的描述是完全的。

(5) 标识用例之间的关系——描述用例之间的依赖关系,提取相同功能,建立用例模型。

(6) 标识非功能需求——包括系统性能上的约束、文档、使用资源、安全性和质量等需求。

为了建立用例模型,分析员需要访问一些不同的信息资源:

- 客户提供的与应用领域相关的文档和手册。
- 将被目标系统替代的遗留系统的技术文档。

- 最终用户和客户本人。

以"图书管理系统"为例,建立用例模型的步骤如下。

1. 标识参与者

根据系统的问题陈述,寻找与系统有交互关系的外部实体(一般是某种角色)作为参与者。在识别参与者的同时,需要把每一个参与者所涉及的活动与参与者对应起来。

(1) Librarian 图书管理员——创建、修改、删除读者信息;添加、编辑、删除书目信息;添加、编辑、删除图书信息。

(2) Borrower 读者——借阅、预约、归还图书,以及取消书目预约。

此处的图书(Book)是指某种书目(Title)的某一册流通中的复本。例如"数据库基础"的 5 本馆藏复本中的第 3 本。

2. 识别用例

根据各个参与者所做的与图书管理系统有关的活动,从系统外部识别相关的用例。

(1) BorrowBook——借阅图书。

(2) ReturnBook——返还图书。

(3) RecerveTitle——预约某种馆藏图书。

(4) CancelReservation——取消预约。

(5) MaintainBorrowerInfo——维护读者信息,包括创建、修改、取消读者账户。

(6) MaintainTitleInfo——维护书目信息,包括添加、修改、删除书目信息。

(7) MaintainBookInfo——维护流通图书信息,包括添加、修改、删除流通图书信息。

(8) Login:登录。

3. 识别参与者与用例之间的关系(场景)

(1) Borrower 执行 BorrowBook、ReturnBook、ReserveTitle、CancelReservation 等用例。

(2) Borrower 是通过 Librarian 完成上述用例的工作的,则 Borrower 与 Librarian 存在依赖关系。

(3) Librarian 还与 MaintainBorrowerInfo、MaintainTitleInfo、MaintainBookInfo 交互。

(4) Librarian 还需要与用例 Login 交互。

4. 画出用例图

把参与者、用例和它们之间的关系用图形表示,得到如图 4.8 所示的表示系统概貌的用例图。此外,每一个用例都需要一个规格说明,详细描述该用例的使用场景。例如,用例 BorrowBook 的规格说明如图 4.9 所示。

5. 草拟用户界面和其他接口

建立初始用户界面是原型方法的一种,目的是快速与用户沟通。用户通常在看到应用系统的图形用户界面(GUI)后才能够想像这个应用程序未来的样子。

开发用户界面的步骤如下。

(1) 了解客户——深入了解最终用户的想法;根据用户的层次,提供不同种类的用户界面。了解内容包括:

- 知识和经验层次:计算机素养、系统经验、使用类似应用系统的经验、教育水平、阅读水平、打字技能等。

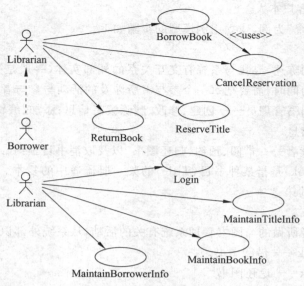

图 4.8 图书管理系统的用例图

> 1.1 前置条件：在此用例开始之前，Librarian 必须登录到系统中。
> 1.2 后置条件：如果此用例执行成功，在系统中建立并存储一条借阅记录，必要时需要删除预约记录。如果执行不成功，系统状态不变。
> 1.3 事件流：
> 基本流
> - 当 Borrower 借阅某书目的图书，且 Librarian 选择"借书"，则此用例启动。
> - 提供书目和读者信息。
> - 检索书目（E-1）。
> - 确定该书目的物理复本（图书）是否在架（E-2）。
> - 检索读者（E-3）。
> - 将流通图书交给读者。
> - 创建并存储借阅记录。
> - 删除预约记录。
> - 用例终止。
>
> 备选流
> - E-1：若该种书目的图书不存在，系统显示提示信息，用例终止。
> - E-2：若该种书目的图书都已借出，系统显示提示信息，用例终止。
> - E-3：系统中不存在该读者，系统显示提示信息，用例终止。

图 4.9 用例 BorrowBook 的规格说明

- 用户的生理特征：年龄、性别、左右手习惯、生理障碍等。

（2）理解业务功能——根据应用系统的整体意图来理解特定用户界面的目的。功能界面出现的顺序通常应当反映用户处理日常业务的过程。理解内容包括：

- 用户的任务和工作特征：应用软件的使用方式、使用频率、雇员的流动率、任务的重要性、任务的重复性、对培训的期望、工作类型等。
- 用户的心理特征：工作态度、能动性、认知方式等。

(3) 理解优良界面设计的原则——目的是加强视觉效果。包括：
- 确保应用系统的各个界面之间风格的一致性：习惯、步骤、视觉和感觉、位置等。
- 揣测用户通常开始操作的地点。
- 导航系统尽量简捷。
- 使用分组和分层来强调重要性级别。

(4) 选择合适的窗口类型——包括五类窗口：
- 属性窗口：展示实体的属性。
- 对话窗口：完成特定任务或命令的信息。
- 消息窗口：提供信息。
- 面板窗口：展示一组控件。
- 弹出窗口：突出显示信息。

(5) 制作系统菜单——为用户提供一个稳定的、易于理解的使用环境,可以方便地搜寻需要的选项。包括：
- 提供一个主菜单。
- 显示所有相关选择(仅局限于此)。
- 将菜单结构与应用系统要完成的任务对应起来。
- 尽量减少菜单的层次数。

图 4.10 是图书管理系统的顶层和第一层窗口的示例。

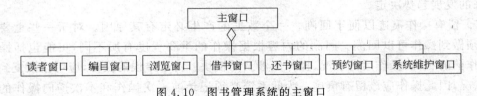

图 4.10　图书管理系统的主窗口

(6) 选择合适的、基于设备的控件——提供给用户,向系统发送指示的实际手段,包括鼠标、键盘、触摸屏、绘图板、轨迹球、麦克风等。

(7) 选择合适的、基于界面的控件——即出现在屏幕上的符号。用户通过这些符号向系统提出输入和操作意图,包括图标、按钮、复选框、单选按钮等。

(8) 组织和安排窗口布局——多窗口的排列规则,如平铺、层叠等。

(9) 选择合适的颜色——尽量保持简捷和低调。颜色搭配要和谐。

4.2.4　用逆向沟通改善需求的质量

逆向沟通,就是在需求调研的过程中,除了了解用户的情况外,同时还要向用户反馈,提出一些建议,供用户参考。

通常需求获取的原则是要严格遵守用户的意见。但是他们一般只是从单纯的业务流程的角度,而不是从系统构建的角度去考虑业务流程的。因此,需求分析员要充分说明目标系统是如何对当前系统的业务流程进行剪裁和改进的,以及需要注意哪些要点。

有效的逆向沟通可以减少因为对业务流程的理解不一致而造成的需求质量的下降。

逆向沟通主要考虑如下几个方面。

(1) 所提出的业务需求是否符合行业的规范。不同行业对于业务流程有自己的规范，例如财务、审计、工程设计等，都具有行业规范。这些规范一方面是对行业行为的一种约束，同时也是行业内经验的归纳和总结。部分企业由于所处的状况不同，没有完全遵守行业规范，这就造成了需求变更的隐患。分析员在探讨业务流程的过程中，应该留意客户的业务流程是否符合行业规范，如果有不符合的地方，应该进行适当的引导。

(2) 展望系统发展环境，留有适当的扩展接口。每个行业的发展趋势应该有一定的规律可遵循。客户所在企业本身的发展变化是引起需求变更的最主要因素，因此，提前预测行业的发展趋势对于应用系统预留一定的发展接口是很重要的。但客户通常不会预测行业的变化趋势，因为参与需求开发的客户代表并不是关注行业和企业发展趋势的人员，而且客户关注需求的程度可能和系统实现人员不同。

(3) 探索适合于信息化的工作流程。用户有时也会对信息化后系统工作的流程提出要求，但这只是他们自己一厢情愿的想法。分析员应深入挖掘这些要求背后的隐含目标，以便设计最适合用户、同时也最有利于实现的系统框架。例如，在图书管理系统中为了控制书库工作人员的取书时间，客户可能要求记录书出库的时间。然而能够实现控制员工工作时间的手段有很多，客户提到的并不一定是最适合、最有效的方式。

(4) 合理使用批处理方式。对于一些规模不大的系统，集中处理（批处理）的方式是合适的。可是，如果系统的规模很大，涉及的业务很多且对业务的实时性要求很高时，集中的批量处理不是一个很好的方法。是否使用批处理方式，要根据需求的类型、系统的容量，以及未来的发展趋势决定。

(5) 留有操作痕迹以便于回溯。一个数据的产生必定有其原因。对于一些重要的数据，必须做到操作可以回溯。回溯的内容根据操作的重要程度有所不同，可能包括操作时间、操作前的状况、操作后的状况、操作所涉及的模块。对于错误的操作，应可以恢复到操作前的状况，因此操作应该留有痕迹。为此系统必须记录前一次操作和本次逆向操作的有关信息，以备核查。

(6) 重要流程有校验的功能。重要流程是指对下一步操作有重要影响的流程，或者无法回溯的流程。例如，发送客户对账单，对账单发到客户手里以前还可以重新打印以修复一些错误，但是，如果已经发给客户，即使可以修复，也会产生一定的不良影响。因此，在这些流程上应该进行比较细致的校验。校验可以采用自动校验，前提是有比较可靠的校验算法，否则，通过有经验的操作员进行校验是比较有效的方式。另外，一旦发现校验失败的案例，必须把这些案例作为重要的事件进行核查，以找到原因，纠正以前的校验算法。

4.3 传统的分析建模方法

在需求获取阶段建立的高层逻辑模型概要地反映了用户需求，它用用户能够理解的形式描述，以利于与用户沟通。但为了更详细地描述系统需求，必须采用比较专业的方式来描述，这就是建立系统的分析模型。分析建模的目的是对来自客户的需求形式化，因为形式化可以洞察出新的需求和发现需求错误。

最有代表性的传统分析建模方法称为结构化分析（Structured Analysis，SA）方法。它是一种面向数据流进行需求分析建模的方法，在20世纪70年代由 D. Ross 最先提出，后来经 E. Yourdon、L. Constantine 和 T. DeMarco 等人推广，并由 Ward 和 Mellor 以及后来的 Hatley 和 Pirbhai 等人扩充，形成了今天的结构化分析方法的框架。

经扩充后的结构化分析方法所建立的分析模型如图 4.11 所示。

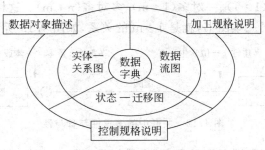

图 4.11 分析模型的结构

这个模型的核心是数据字典，它描述了所有的在目标系统中使用和生成的数据对象。围绕着这个核心的有三种图。

- 实体—关系图（ERD，即 E-R 图）描述数据对象及数据对象之间的关系，用于数据建模。
- 数据流图（DFD）描述数据在系统中如何被传送或变换，以及描述如何对数据流进行变换的功能（子功能），用于功能建模。
- 状态—迁移图（STD）描述系统对外部事件如何响应，如何动作，用于行为建模。

4.3.1 数据建模

数据建模即传统的实体—关系方法，它使用了三种互相关联的信息：数据实体，描述实体的属性，描述实体间相互连接的关系，并使用了实体—关系图（E-R 图）进行表述。

1. 数据实体

数据实体是目标系统所需要的、复合信息的表示，它是具有若干不同属性信息的组合体，在 E-R 图中用矩形"▭"表示。数据实体可以是外部实体（如显示器）、事物（如报表或显示）、角色（如教师或学生）、行为（如一个电话呼叫）或事件（如单击鼠标左键）、组织单位（如研究生院）、地点（如注册室）或结构（如文件）。数据实体只封装了数据，没有包含作用于这些数据上的操作。这与面向对象方法中的类/对象不同。具有相同特征的数据实体组成的集合称为数据实体集，其中的某一个实体叫做该数据实体集的一个实例。

2. 属性

属性定义数据实体的特征，在 E-R 图中用圆角矩形"▢"表示。它可用来：

(1) 标识数据实体（数据实体集的实例）。

(2) 描述这个实例。

(3) 建立对另一个数据实体集的另一个实例的引用。

如"书目"实体的属性可以有书号、书名、著作者、出版社、出版年月等。为了唯一地标识数据实体集的某一个实例，应定义数据实体中的一个属性或几个属性为主键（Key），书写为 _id，例如在"书目"数据实体中用"ISBN 号"（国际标准书号）作为主键，它可唯一地标识一个"书目"数据实体集中的实例。

3. 关系

各个数据实体集的实例之间有关，在 E-R 图上用线段"———"表示。如一个学生"张鹏"借阅了"软件工程"与"计算机网络"两本书，学生与书目的实例通过"借阅"关联起来。实例的关联有三种：一对一（1∶1）、一对多（1∶m）、多对多（n∶m）。这种实例的关联称为"多重性"。如一个学生借阅了三本图书，就是 1∶m 的关系，如图 4.12 所示。

图 4.12 关联中的多重性与参与性

图 4.13 给出了借书和还书的 E-R 图，它最初是由 Peter Chen 提出来的，后来经过了扩展，广泛用于数据库建模和面向对象分析建模。

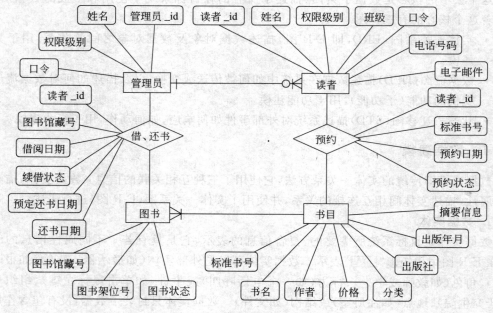

图 4.13 借书和还书的 ERD

E-R 图的建立步骤：

（1）在捕获需求的过程中，要求用户列出应用或业务过程涉及的所有"事物"。这些事物将来可能会演变为一系列的输入/输出数据实体以及生产和消费信息的外部实体。

（2）一次考虑一个数据实体。分析人员和用户共同确认这个实体，并考虑与其他实体之间是否存在连接（在本阶段不命名）。

（3）当存在连接时，分析员和用户应创建一个或多个＜实体—关系＞对。

（4）对每一个＜实体—关系＞对，考察它的多重性和参与性。

（5）迭代执行步骤（2）～（4），直到所有＜实体—关系＞对定义完成。

（6）定义每个实体的属性。

（7）规范化并复审实体—关系图。

(8) 重复执行步骤(1)～(7),直到数据建模完成。

为了详细说明各个数据实体的属性,应建立数据对象说明,描述所有输入/输出的数据、处理中生成并需存储的数据。

4.3.2 功能建模

功能建模方法即传统的结构化分析的方法,即使用抽象模型的概念,按照软件内部数据传递、变换的关系,自顶向下逐层分解、细化,直到找到满足功能要求的所有可实现的软件分量为止。

利用数据流图描述目标系统的处理过程,是功能建模的一种有效手段。执行功能建模,目标系统首先被表示成如图 4.14 所示的数据流图,系统的功能体现在其核心的数据变换中。

图 4.14 顶层数据流图(上下文图)

1. 数据流图

根据 DeMarco 的论述,使用数据流图是为了表达系统内数据的运动情况。数据流图(Data Flow Diagram,DFD)也称为泡图(Bubble Chart),它从数据传递和加工的角度,以图形的方式刻画数据流从输入到输出的移动变换过程。

下面以在图书馆借书为例,说明数据流图如何描述数据处理过程。图 4.15 描述了读者在图书馆借阅处办理借书手续的过程。读者把借书证和图书一并交给借阅处的管理员进行检验。管理员查询读者文件,核对读者身份;查询图书馆藏文件,检查该图书的状态;查询借阅记录文件,检查该读者已借图书的情况。如果发现问题均应报告读者。在检验通过的情形下,管理员创建一条借阅记录,登记在借阅记录文件中,并在图书馆藏文件中修改该图书状态。最后把图书和借书证交给读者,完成这一简单的数据处理活动。

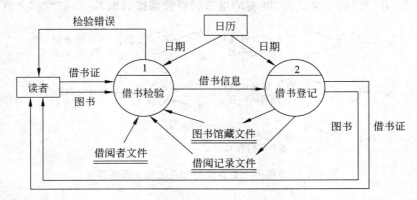

图 4.15 图书馆办理借书手续的数据流图

从数据流图可知,数据流图的基本图形元素有 4 种,如图 4.16 所示。

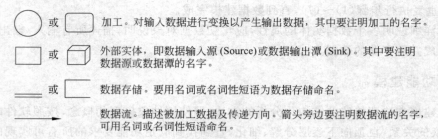

图 4.16 DFD 的基本图形符号

加工，也称为数据变换，负责对输入数据的内容进行处理以产生输出数据。加工的名字是一个动词性短语，用以表明完成的是什么加工。在为加工命名时，应避免使用不确定或不具体的动词，使得整个数据流图不确切或造成误解。

数据流就是在加工之间传送的数据。一般情况下它应是有名数据，但在数据存储和加工之间传送的数据可以是无名数据，这些数据虽然没有命名，但因所连接的是有名加工和有名数据存储，所以其含意也是清楚的。需要注意的是，同一数据流图上不能有两个数据流名字相同。多个数据流可以指向同一个加工，也可以从一个加工散发出多个数据流。

数据存储在数据流图中起保存数据的作用，可以是数据库文件或任何形式的数据组织。指向数据存储的数据流可理解为向数据存储中写入数据，从数据存储中引出的数据流可理解为从数据存储读取数据或得到查询结果。

数据源或数据潭表示图中要处理数据的输入来源或处理结果要送往何处。它在图中的出现仅仅是一个符号，并不需要以软件的形式进行设计和实现。原则上讲，它不属于目标系统，只是目标系统的外围环境（即上下文）中的实体部分，构成系统的边界。在实际问题中它可能是人员、相关的系统或计算机的外围设备。

在数据流图中，如果有两个以上数据流指向一个加工，或是从一个加工中引出两个以上的数据流，这些数据流之间往往存在一定的关系。为表达这些关系，在这些数据流的加工可以标上不同的标记符号。这里以向某一加工流入两个数据流或流出两个数据流为例，说明其间符号的作用。所用符号及其含意在图 4.17 中给出。其中星号"＊"表示相邻的一对数据流同时存在，有"与"的含义；"⊕"则表示相邻的两数据流只取其一，有"或"之意。

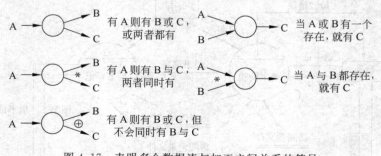

图 4.17 表明多个数据流与加工之间关系的符号

2. 分层的数据流图

为了表达数据处理过程的复杂加工情况，需要从抽象到具体、从概括到细节，逐步展开或细化系统的加工。因此，按照系统的层次结构进行逐步分解，并以分层的数据流图反映这种结构关系,能清楚地表达并使整个系统容易理解。

最初,把整个数据处理过程看成一个加工,它的输入数据流和输出数据流实际上反映了目标系统与外界环境的交互。这就是分层数据流图的顶层数据流图。但仅此一个图并不足以描述数据的加工需求,需要进一步细化,如图4.18所示。

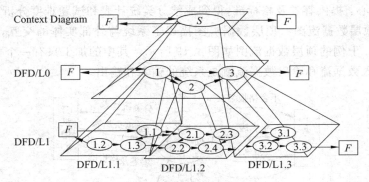

图4.18 分层的数据流图

目标系统S包括三个子系统,可以画出表示三个子系统1、2、3的加工及其相关的数据流。这是顶层下面的第0层数据流图,记为DFD/L0。继续分解三个子系统,从而可得到第1层数据流图DFD/L1.1、DFD/L1.2及DFD/L1.3分别是子系统1、2和3的细化。仅以DFD/L1.2为例,其中的4个加工的编号均可联系到其上层图中的子系统2。这样得到的多层数据流图可十分清晰地表达整个数据加工系统的真实情况。对任何一层数据流图来说,如果它是由上层的一个加工经分解得到的,则称上层图中的那个加工为该图的父图,它是该加工的子图。必须注意,各层数据流图之间应保持"平衡"关系。例如,图4.18中DFD/L0中子系统3有两个输入数据流和一个输出数据流,那么它的子图DFD/L1.3也要有同样多的输入数据流和输出数据流,才能符合图细化的实际情况。

在分层的数据流图中,顶层的数据流图仅包含一个加工,它代表目标系统。它的输入流是该系统的输入数据,输出流是该系统的输出数据。顶层数据流图的作用在于表明目标系统的范围以及它和周围环境的数据交互关系,为逐层分解打下基础。所以,顶层数据流图又被称为上下文图或语境图(Context Diagram)。底层数据流图是指其加工不需再做分解的数据流图,它处在最底层,其中的加工又称为"原子加工"。中间层流图则表示对其上层父图的细化,它的每一加工可能继续细化,形成子图。

3. 功能建模的步骤

下面举一个考试业务处理系统的例子来说明建模的步骤。该系统的主要功能是:"系统首先对考生交来的报名表进行检查。如果报名表不合规定,则将报名表退回给考生,否则为考生建立考生档案记录并存储到考生文件中,然后将准考证发给考生。在正式考试前将汇总后的考生名单送给阅卷站。在考试后对阅卷站送来的成绩单进行检查,如果发现有错误,则将成绩单退回阅卷站修改,否则将根据考试中心制定的合格标准审定合格者,制作考试通知单(含成绩及合格/不合格标志)送给考生。最后按地区进行成绩分类统计和试题难度分析,为考试中心提供相应的统计分析表。"

绘制数据流图的主要步骤如下。

(1) 首先确定与系统有交互关系的外部实体。这些外部实体即为系统的数据源和数据

潭,它们与系统的交互构成系统的输入和输出。分析本节的例子可知,外部实体有考生、阅卷站和考试中心,它们与系统的交互为:

- 考生:提交报名表,接受不合规定的报名表,得到准考证,得到考试通知单。
- 阅卷站:得到考生名单,提交考试成绩单,退还有误成绩单。
- 考试中心:提供答卷及格标准,得到成绩分类统计表和试题难度分析表。

(2) 画出顶层数据流图。顶层数据流图描述了系统与外部实体的交互,反映了最主要业务处理流程。上例的顶层数据流图如图 4.19 所示。其中的加工只有一个,它代表了系统本身。它的输入数据流和输出数据流就是系统的输入和输出。

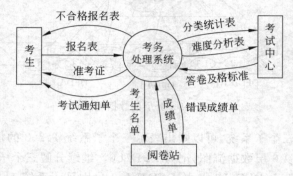

图 4.19 考试业务处理系统的顶层数据流图

(3) 分析考试业务处理的主要功能,建立第 0 层数据流图。第 0 层数据流图是对顶层数据流图的细化。它从输入端开始,根据考试业务工作流程,画出数据流流经的各个加工,逐步画到输出端,以反映数据的实际处理过程,参看图 4.20。图中的两个加工"登记报名"和"统计成绩"是系统的主要功能,分别编号为 1、2。

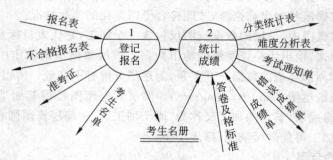

图 4.20 考试业务处理系统的第 0 层数据流图

(4) 对每一个加工继续细化。分析每一个加工,如果加工内还有数据流,可将该加工再细分成几个子加工,并在各子加工之间画出数据流。参看图 4.21 和图 4.22,它们是第 1 层数据流图,分别是"登记报名表"和"统计成绩"的加细数据流图,即它们的子图。

对于在第 0 层数据流图中编号为 1 的加工,它的子图中的加工分别编号为 1.1、1.2、1.3……。同样地,对于在第 0 层数据流图中编号为 2 的加工,它的子图中的加工分别编号为 2.1、2.2、2.3……。一个加工如有子图,它就是子图的父图。可照此办法不断细分下去,直到加工不能再细分为止。

在画出数据流和加工的同时画出有关的数据存储。

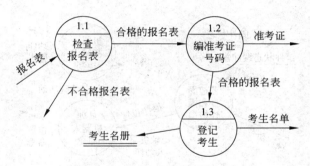

图 4.21 加工"登记报名"的子数据流图

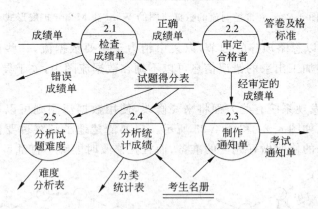

图 4.22 加工"统计成绩"的子数据流图

在此实例中,数据流图画到这一步已基本反映了系统的主要逻辑功能。通常,要细化到每一加工都成为"可实现的",即软件元素内部的操作都明确了为止。当然,这两张图可以连接起来,形成一张完整的数据流图。

4. 绘制分层数据流图的原则

(1) 数据流图上所有图形符号只限于前述四种基本图形元素,它们的命名应反映其实际含义。

(2) 数据流图的顶层图上的数据流必须封闭在外部实体之间。

(3) 每个加工至少有一个输入数据流和一个输出数据流。

(4) 允许一个加工有多条数据流流向另一个加工,也允许一个加工有两个相同的输出数据流流向两个不同的加工。

(5) 在数据流图中需按层给加工框编号,编号表明该加工所处层次及上下层的亲子关系。

(6) 规定任何一个数据流子图必须与它上一层的一个加工对应,两者的输入数据流和输出数据流必须一致,此即父图与子图的平衡。

(7) 如果一个数据存储仅在展开的数据流子图中使用,可以在父图中不画出。

(8) 可以在数据流图中加入物质流,帮助用户理解数据流图。

(9) 数据流图中不可夹带控制流,但针对实时系统可以加入控制流,成为数据流图的扩展形式。

使用 Ward 和 Mellor 符号的数据流图如图 4.23 所示。

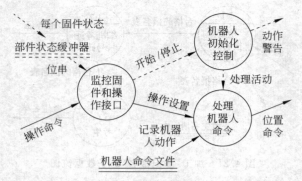

图 4.23　夹带控制流的数据流图的 Ward 和 Mellor 扩展形式

（10）初画时可以忽略琐碎的细节，以集中精力于主要数据流，一些枝节问题可以缓一步再画，例如从某些加工出来的错误信息可以不画在数据流图中，关于异常状态的处理留待设计阶段处理。

分析员有时会发现系统有些方面将来要修改，使用数据流图则可以很容易地把需要修改的区域分离出来，如图 4.24 和图 4.25 所示。只要清楚地了解穿过要修改区域边界的信息流，就可以为将来的修改做好充分的准备，而且在修改时能够不打乱系统的其他部分。

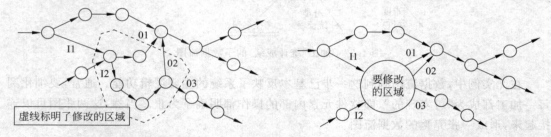

图 4.24　现有系统的数据流图　　　　图 4.25　将修改的区域分离出来后重新构造模型

4.3.3　行为建模

为了直观地分析系统的动作，从特定的视点出发描述系统的行为，需要建立动态模型。最常用的动态（行为）模型方法有状态迁移图、UML 的顺序图、Petri 网等。

1. 状态迁移图

状态迁移图是描述系统的状态如何响应外部的信号进行推移的一种图形表示。在状态迁移图中，用圆圈"○"表示可得到的系统状态，用箭头"→"表示从一种状态向另一种状态的迁移。在箭头上要写上导致迁移的信号或事件的名字。如图 4.26(a)所示，系统中可取得的状态有 S_1、S_2、S_3，事件有 t_1、t_2、t_3、t_4。事件 t_1 将引起系统状态 S_1 向状态 S_3 迁移，事件 t_2 将引起系统状态 S_3 向状态 S_2 迁移等。

状态迁移图所表示的关系还可以用状态迁移矩阵来表达。图 4.26(b) 是与图 4.26(a)等价的状态迁移矩阵。矩阵中第 i 行第 j 列的元素是一个状态，它是从当前状态 S_j 因事件 t_i 而要转移到的下一个状态。由于系统中可得到的状态是有限的，因此在根据当前状态和输入信号（到来的事件）确定下一个状态时可用状态迁移图来表达。

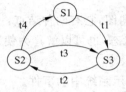

(a) 状态迁移图　　　　　　　(b) 状态迁移表

图 4.26　状态迁移图与其等价的状态迁移矩阵

如何设置系统的状态,需要根据分析的目标和表达的目的而定。下面举一个在操作系统中根据调度的要求设置进程状态的例子。图 4.27 给出了当有多个申请占用 CPU 运行的进程时有关 CPU 分配进程的状态迁移。进程是 CPU 分配的最小处理单位。

进程的状态包括"就绪(获得除 CPU 外的其他资源)"、"运行(正在使用 CPU 做处理)"、"等待(等待分配资源)"。

生成的事件有 t1、t2、t3、t4。

- t1——因 I/O 等事件发生而要求中断。
- t2——中断事件已处理。
- t3——分配 CPU。
- t4——已用完分配的 CPU 时间。

状态迁移图的优点有,状态之间的关系能够直观地捕捉到;由于状态迁移图的单纯性,能够机械地分析许多情况,使分析变得容易。

如果系统比较复杂,可以把状态迁移图分层表示,如图 4.28 所示。

例如,在确定了如图 4.28 所示的大状态 S1、S2、S3 之后,接下来就可把状态 S1、S2、S3 细化。在该图中对状态 S1 进行了细化。此外,在状态迁移图中,由一个状态和一个事件所决定的下一状态可能会有多个,实际会迁移到哪一个是由更详细的内部状态和更详细的事件信息来决定的。此时,可采用状态迁移图的一种变形,加入判定和处理,如图 4.29 所示。

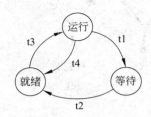
图 4.27　进程的状态迁移

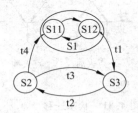
图 4.28　状态迁移图的网

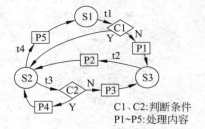
图 4.29　状态迁移图的变形

2. Petri 网

Petri 网的思想是 1962 年由德国人 C. A. Petri 提出来的。本来是表达异步系统的控制规则的图形表示法,现在已广泛地应用于硬件与软件系统的开发中,它适用于描述与分析相互独立、协同操作的处理系统,也就是并发执行的处理系统。在软件需求分析与设计阶段都可以使用,在制定功能的规格说明方面作用更明显。

1) 基本概念

Petri 网简称 PNG(Petri Net Graph)，是一种有向图，它有两种结点：
- 库所(Place)：符号为"○"，用来表示系统的状态，也可以解释为使系统工作的条件，或使之工作的要求。
- 变迁(Transition)：符号为"—"或"|"，用来表示系统中的事件。

图中的有向边表示对变迁的输入，或由变迁的输出：
- 符号"→|"：表示事件发生的前提，即对变迁(事件)的输入。
- 符号"|→"：表示事件的结果，即由变迁(事件)的输出。

我们称变迁的起动为点火(Fire)，它是变迁的输出。只有当作为输入的所有库所的条件都满足时才能引起点火。例如，图 4.30(a) 给出了一个简单的 PNG 的例子，它表示了一个处于静止状态的系统。图中只给出系统中各个状态通过变迁而表示出来的相互关系。为了描述系统的动态行为，需要引入令牌(Token)的概念。

在图 4.30(b) 中，库所 P3 与 P5 的圆圈中的黑点即为令牌。令牌在库所中出现表明了处理要求的到来，从而确定变迁是否能够点火。例如在图 4.30(b) 中，P3 与 P5 上都出现了令牌，表明这两个库所都有了处理要求，亦即变迁 t3 点火的两个前提都已具备，变迁 t3 点火。作为执行的结果，库所 P3 与 P5 中的令牌移去，令牌转移到库所 P4 中。

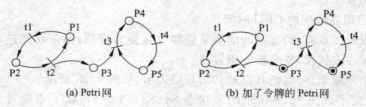

图 4.30　一个简单的 Petri 网

反过来，当变迁点火所产生的结果有多个时，将选择一个结果输出，并在作为输出目标的库所中加上令牌。令牌在 PNG 中的游动，就出现了"状态的迁移"。图 4.31 就是根据变迁的点火而得到的状态迁移。

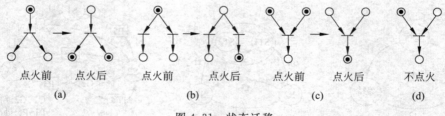

图 4.31　状态迁移

图 4.31(b) 表明当出现了两个以上有可能点火的变迁时，一个变迁点火了，而另一个变迁则没有点火。

2) 简单的 Petri 网模型

下面用一个例子说明 Petri 网模型的建立。设在一个多任务系统中有两个进程 PR1 和 PR2，它们使用了一个公共资源 R。该资源在系统运行的某一时刻只能为一个进程所占用。为了解决两个进程在运行中可能会同时申请资源的矛盾，要用原语 LOCK(对资源加锁)和

UNLOCK(对资源解锁)控制 R 的使用,保证进程间的同步,参看图 4.32。这两个进程同步的动作可以用 PNG 描述,如图 4.33 所示。

图 4.32 进程同步的机制

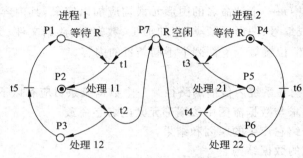

图 4.33 进程同步机制的 PNG

3) 可达树

设系统有 n 个库所,每个库所因令牌的有无,可有"1"与"0"两种状态。这样整个系统的状态可以用各库所上的令牌符号"1"、"0"来表示。现在把系统在某一时刻的状态用 n 元组 (P1,P2,…,Pn)表示,其中,Pi 是第 i 个库所中的令牌符号,有"1"与"0"两种取值,ti 是变迁。如图 4.34 所示的例子。

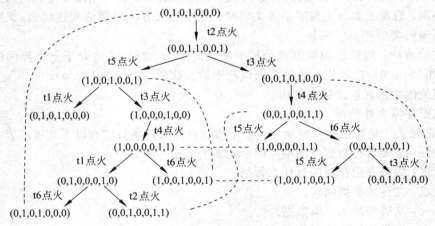

图 4.34 进程同步机制 PNG 的可达树

对应于(P1,P2,P3,P4,P5,P6,P7),当前系统的状态是(0,1,0,1,0,0,0),从这个状态开始,随着变迁的点火,状态向前推移。其中,用虚线连接的两个状态是相同的状态。这样,状态推移出现了往复循环。我们称这种有限的图为可达树。利用这种可达树,可以检查可达性。若给出某一状态v,那么从初始状态v_0到状态v有没有变迁激发(状态推移)序列,就可以用可达树检查。若树中出现了叶结点,则系统中出现了死锁,状态推移到此,就无法再推移下去。此外,利用可达树还可以检查系统的有界性、安全性、覆盖性、等价性等。

4.3.4 数据字典

数据字典与数据流图配合,能清楚地表达数据处理的要求。数据字典的任务是以词条方式详细定义在数据流图中出现的所有被命名的图形元素,包括数据流、加工、数据文件、数据元素以及数据源和数据潭等。

1. 词条描述

对于在数据流图中每一个被命名的图形元素均应加以定义,其内容包括图形元素的名字、图形元素的别名或编号、图形元素类别(如加工、数据流、数据文件、数据元素、数据源或数据潭等)、描述、定义、位置等。下面列举不同条目的内容。

1) 数据流条目

数据流是数据结构在系统内传播的路径。一个数据流条目应有以下几项内容。

- 数据流名:要求与数据流图中该图形元素的名字一致。
- 简述:简要介绍它产生的原因和结果。
- 组成:数据流的数据结构。
- 来源:数据流来自哪个加工或作为数据源的外部实体。
- 去向:数据流流向哪个加工或作为数据潭的外部实体。
- 流通量:单位时间数据的流通量。
- 峰值:流通量的极端值。

2) 数据元素条目

数据流图中每一个数据结构都由数据元素构成,数据元素是数据处理中最小的、不可再分的单位。对于组成数据结构的这些数据元素必须在数据字典中给出描述,其描述如下。

- 类型:数据元素分为数字型与文字型。数字型又分为离散值和连续值,文字的类型用编码类型和长度区分。
- 取值范围:离散值的取值或是枚举的(如3,17,21),或是介于上下界间的一组数(如2..100);连续值一般是有取值范围的实数集(如0.0..100.0)。
- 相关的数据元素及数据结构。

3) 数据存储文件条目

数据存储文件是数据保存的地方。一个数据存储文件条目应有以下几项内容。

- 文件名:要求与数据流图中该图形元素的名字一致。
- 简述:简要介绍存放的是什么数据。
- 组成:文件的数据结构。
- 输入:从哪些加工获取数据。
- 输出:由哪些加工使用数据。
- 存取方式:分为顺序、直接、关键码等不同的存取方式。
- 存取频率:单位时间的存取次数。

4) 加工条目

加工可以使用诸如判定表、判定树和结构化语言等形式表达。主要的描述有以下几点:

- 加工名：要求与数据流图中该图形元素的名字一致。
- 编号：用以反映该加工的层次和亲子关系。
- 简述：加工逻辑及功能简述。
- 输入：加工的输入数据流。
- 输出：加工的输出数据流。
- 加工逻辑：简述加工程序或加工顺序。

5）数据源及数据潭条目

对于一个数据处理系统来说，数据源和数据潭应比较少。如果过多则表明独立性差，人机界面复杂。定义数据源和数据潭时，应包括以下几项：

- 名称：要求与数据流图中该外部实体的名字一致。
- 简述：简要描述是什么外部实体。
- 有关数据流：该实体与系统交互时涉及哪些数据流。
- 数目：该实体与系统交互的次数。

2. 数据结构描述

在数据字典的编制中，分析员最常用的描述数据结构的方式有定义式或 Warnier 图。

1）定义式

在数据流图中，数据流和数据文件都具有一定的数据结构。因此必须以一种清晰、准确、无二义性的方式来描述数据结构。表 4.3 列出的定义方式类似于描述高级语言结构的巴科斯—瑙尔范式 BNF(Backus-Naur Form)，是一种严格的描述方式。

表 4.3 数据结构定义式中的符号

符 号	含 义	解 释
=	被定义为	
+	与	例如，x=a+b，表示 x 由 a 和 b 组成
[...,...]	或	例如，x=[a, b]，x=[a | b]，表示 x 由 a 或由 b 组成
[...|...]	或	同上
{ ... }	重复	例如，x={a}，表示 x 由 0 个或多个 a 组成
m{...}n	重复	例如，x=3{a}8，表示 x 中至少出现 3 次 a，至多出现 8 次 a
(...)	可选	例如，x=(a)，表示 a 可在 x 中出现，也可不出现
"..."	基本数据元素	例如，x="a"，表示 x 为取值为 a 的数据元素
..	连结符	例如，x=1..9，表示 x 可取 1～9 之中的任一值

例如，在银行储蓄业务处理系统中，可以把"存折"视为数据存储文件，它在数据字典中的定义格式为：

存折=户名+账号+开户日+性质+(印密)+1{存取行}50
户名=2{字母}24
账号="00000000001".."99999999999" 注：账号规定由 11 位数字组成
开户日=年+月+日
性质="1".."6" 注："1"表示普通户，"5"表示工资户等

印密=["0"|"000001".."999999"] 注:"0"表示印密在存折上不显示
存取行=日期+(摘要)+支出+存入+余额+操作+复核
日期=年+月+日
年="0001".."9999"
月="01".."12"
日="01".."31"
摘要=1{字母}4 注:表明该存折是存?是取?还是换?
支出=金额 注:金额规定不超过9999999.99元
存入=金额
余额=金额
金额="0000000.01".."9999999.99"
操作="00001".."99999"
复核="00001".."99999"
字母=["a".."z"|"A".."Z"]

这表明存折是由6部分组成,第6部分的"存取行"要重复出现多次。如果重复的次数是个常数,例如为50,则可表示为1{存取行}50 或 {存取行}^{50}。

如果重复的次数是个变量,那么要估计其变动范围。例如,存取行从1到50,则可记为1{存取行}50。在存取行中,"摘要"加了圆括号,表明它是可有可无的。"日期"由"年＋月＋日"组成,例如2007年7月15日表示成20070715。"支出"又称借方,"存入"又称贷方,表明该存取行存取的金额,"余额"是经过存取之后存折上剩余的钱。"操作"、"复核"是银行职员的代码,用5位整数表示。

这种方法采取自顶向下,逐级给出定义式的方式,直到最后给出基本数据元素为止。

2) Warnier 图

Warnier 图是表示数据结构的另一种图形工具,它用树形结构来描绘数据结构。图4.35给出"存折"的Warnier图。

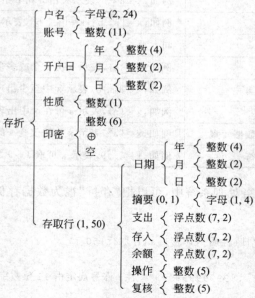

图4.35 用Warnier图表达数据的层次结构

在图中，用花括号"{"表示层次关系，在同一括号下，自上到下是顺序排列的数据项。在有些数据项的名字后面附加了圆括号，给出该数据项重复的次数。如字母(2，24)表示字母有 2～24 个；整数(11) 表示数字占 11 位；浮点数(7，2)表示浮点数整数部分占 7 位，小数部分占 2 位；摘要(0，1)表示摘要可有可无，若有就占一栏。此外，用符号(⊕)表示二者选一的选择关系。

4.3.5 基本加工逻辑说明

所谓基本加工，又称原子加工，是底层数据流图中的加工，它是自顶向下逐步细化的终点，应可以直接写出其实现的程序逻辑，即其处理的规则。如果每一个基本加工的详细逻辑功能都已写出，再自底向上综合，就能完成全部加工。

在写基本加工逻辑的说明时，主要目的是要表达"做什么"，而不是"怎样做"。因此它应满足如下的要求：

- 对数据流图的每一个基本加工，必须有一个加工逻辑说明。
- 加工逻辑说明必须描述基本加工如何把输入数据流变换为输出数据流的加工规则。
- 加工逻辑说明必须描述实现加工的策略而不是实现加工的细节。
- 加工逻辑说明中包含的信息应是充足、完备、有用的，没有重复的多余信息。

用于编写加工逻辑说明的工具有结构化语言、决策表和决策树。

1. 结构化语言(Structured Language)

结构化语言也叫做程序设计语言(Program Design Language，PDL)，是一种介于自然语言和形式化语言之间的半形式化语言，又称为伪码。它是在自然语言基础上加了一些限制，使用有限的词汇和有限的语句来描述加工逻辑而得到的语言。

结构化语言的词汇表由原形动词、数据字典中定义的名字、有限的自定义词，以及用于划分基本控制结构的逻辑关系词 IF_THEN_ELSE(两分支判断)、WHILE_DO(先判断的循环)、REPEAT_UNTIL(后判断的循环)、CASE_OF(多分支判断)等组成。

语言描述的正文用基本控制结构进行分割，加工中的操作用自然语言短语来表示。其基本控制结构有三种：

- 简单陈述句结构：采用类似自然语言的陈述句表示，避免使用复合语句。
- 判定结构：IF_THEN_ELSE 或 CASE_OF 结构。
- 重复结构：WHILE_DO 或 REPEAT_UNTIL 结构。

此外在书写时，必须按层次横向向右缩进，续行也同样向右缩进，对齐。

下面是商店业务处理系统中"检查订货单"的例子。

```
IF 客户订货金额超过 5000 元 THEN
    IF 客户拖延未还赊欠钱款超过 60 天 THEN
        在偿还欠款前不予批准
    ELSE (拖延未还赊欠钱款不超过 60 天)
        发批准书、发货单
    ENDIF
ELSE (客户订货金额未超过 5000 元)
    IF 客户拖延未还赊欠钱款超过 60 天 THEN
```

```
            发批准书、发货单,并发催款通知书
    ELSE (拖延未还赊欠钱款不超过 60 天)
        发批准书、发货单
    ENDIF
ENDIF
```

为了对基本加工逻辑的来龙去脉、在数据流图中的位置、加工的使用情况等有更清楚的了解,一般对用结构化语言描述的加工逻辑加一些外层说明,如:

```
加工名:检查订货单
编号:1.3.1.1
简述:当收到订货单时激活此加工
加工逻辑:IF 客户客户订货金额超过 5000 元 THEN
            IF 客户拖延未还赊欠钱款超过 60 天 THEN
            ……
执行频率:50 次/日
```

2. 决策表(Decision Table)

在某些数据处理问题中,某个加工的执行需要依赖于多个逻辑条件的取值,即完成这一加工的一组动作是由于某一组条件取值的组合而引发的。此时可用决策表来描述。使用决策表,比较容易保证所有条件和操作都被说明,不容易发生错误和遗漏。

下面以"检查订货单"为例,说明决策表的构成。参看图 4.36。

		1	2	3	4
条件	订货单金额	>5000元	>5000元	≤5000元	≤5000元
	偿还欠款情况	>60 天	≤60 天	>60 天	≤60 天
动作	在偿还欠款前不予批准	√			
	发出批准书		√	√	√
	发出发货单		√		√
	发催款通知书			√	

图 4.36 "检查订货单"的决策表

决策表由 4 个部分组成。左上部分是条件茬(Condition Stub),在此区域列出了各种可能的单个条件;左下部分是动作茬(Action Stub),在此区域列出了可能采取的单个动作;右上部分是条件项(Condition Entry),在此区域列出了针对各种条件的每一组条件取值的组合;右下部分是动作项(Action Entry),这些动作项与条件项紧密相关,它指出了在条件项的各组取值的组合情况下应采取的动作。

通常人们把每一列条件项和动作项称做一条处理规则,它包含一个条件取值组合以及相应要执行的一组动作。决策表中列出了多少个条件取值的组合,也就有多少条处理规则。

在实际使用决策表时,常常先把它化简。如果表中有两条或更多的处理规则具有相同的动作,并且其条件项之间存在着某种关系,就可设法将它们合并。例如图 4.36 中第 3 个条件项与第4个条件项的对应动作相同,则可将这两条处理规则合并,合并后的条件"偿还欠款情况"的取值用"一"表示,以示该规则与此条件的取值无关,它表明只要当订货单金额≤5000元就可发出批准书和发货单,不论订货单金额是多少,如图4.37所示。

		1	2	3
条件	订货单金额	＞5000元	＞5000元	≤5000元
	偿还欠款情况	＞60天	≤60天	—
动作	在偿还欠款前不予批准	√		
	发出批准书		√	√
	发出发货单		√	√
	发催款通知书		√	

图4.37 改进的"检查订货单"的决策表

决策表能够把在什么条件下系统应完成哪些操作表达得十分清楚、准确,一目了然。这是用语言说明难以准确、清楚表达的。但是用决策表描述循环比较困难。有时,决策表可以和结构化语言结合起来使用。

3. 决策树(Decision Tree)

决策树也是用来表达加工逻辑的一种工具,有时候它比决策表更直观。用它来描述加工,很容易为用户接受。下面把前面的"检查订货单"的例子用决策树表示,参看图4.38。

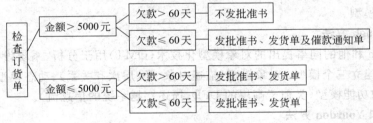

图4.38 决策树

没有一种统一的方法来构造决策树,也不可能有统一的方法,因为它是以用结构化语言,甚至是自然语言写成的叙述文档作为构造决策树的原始依据的。但可以从中找些规律。

首先,应从文档叙述中分清哪些是判定条件,哪些是判定结果。例如上面的例子中,判定条件是"金额＞5000元的订货单,欠款≤60天",判定结果应是"发给批准书和发货单"。然后,从文档叙述中的一些连接词(如除非、然而、但、并且、和、或……)中,找出判定条件的从属关系、并列关系、选择关系……

在表达一个基本加工逻辑时,结构化语言、决策表和决策树常常被交叉使用,互相补充。因为这三种手段各有优缺点。

- 从易学易懂的角度看,决策树最易学、易懂,结构化语言次之,决策表较难懂。
- 决策表最易进行逻辑验证,因它考虑了全部可能的情况,逻辑清晰,能够澄清疑问。结构化语言次之,决策树较难验证。
- 决策树的表达是直观的图形表示,一目了然,易于同用户讨论。结构化语言次之,决

- 作为文档,结构化语言较好表达,决策表次之,决策树居后。
- 从可修改的角度看,结构化语言较易修改,决策树次之,决策表较难修改。

通过以上情况的分析可知,对于不太复杂的判定条件,或者使用决策表有困难时,使用决策树较好;而在一个加工逻辑中,如同时存在顺序、判断和循环时,使用结构化语言较好;最后,对于复杂的判定,组合条件较多,则使用决策表较好。

4.4 面向对象的分析建模方法

面向对象分析建模的目的是想要得到对问题领域的清晰、精确的定义。传统的分析建模产生一组过程性的文档,定义目标系统的主要功能;而面向对象的分析建模则产生一种综合描述系统功能和问题空间的基本特征的文档。

4.4.1 面向对象分析建模概述

多年来已经衍生出许多种面向对象分析(OOA)建模的方法。每种方法都有各自的分析过程,有各自的一组描述过程演进的图形表示和符号体系。典型的有以下几种:

1. Booch 方法

Booch 方法包含"微开发过程"和"宏开发过程"。微开发过程定义了一组任务,并在宏开发过程的每一步骤中反复使用它们,以维持演进途径。Booch 的 OOA 宏开发过程的任务包括标识类和对象、标识类和对象的语义、定义类与对象间的关系,以及进行一系列求精从而实现分析模型。

2. Rumbaugh 方法

Rumbaugh 和他的同事提出的对象模型化技术(OMT)用于分析、系统设计和对象级设计。分析活动建立三个模型:对象模型(描述对象、类、层次和关系)、动态模型(描述对象和系统的行为)和功能模型(类似于高层的 DFD,描述穿越系统的信息流)。

3. Coad 和 Yourdon 方法

Coad 和 Yourdon 方法常常被认为是最容易学习的 OOA 方法。建模符号相当简单,而且开发分析模型的导引直接明了。其 OOA 过程概述如下:

(1) 使用"要找什么"准则标识对象。
(2) 定义对象之间的一般化/特殊化结构(又称为分类结构)。
(3) 定义对象之间的整体/部分结构(又称为组装结构)。
(4) 标识主题(系统构件的表示)。
(5) 定义对象的属性及对象之间的实例连接。
(6) 定义服务及对象之间的消息连接。

4. Jacobson 方法

Jacobson 方法也称为 OOSE(面向对象软件工程)。Jacobson 方法与其他方法的不同之处在于它特别强调用例(Use Case)——用以描述用户与系统之间如何交互的场景。Jacobson 方法概述如下:

(1) 标识系统的用户和它们的整体责任。

(2) 通过定义参与者及其职责、用例、对象和关系的初步视图,建立需求模型。

(3) 通过标识界面对象、建立界面对象的结构视图、表示对象行为、分离出每个对象的子系统和模型,建立分析模型。

5. Wirfs-Brock 方法

Wirfs-Brock 方法不要求明确地区分分析和设计任务。从评估客户规格说明到设计完成,是一个连续的过程。与 Wirfs-Brock 分析有关的任务概述如下:

(1) 评估客户规格说明。

(2) 使用语法分析从规格说明中提取候选类。

(3) 将类分组以标识超类。

(4) 定义每一个类的职责。

(5) 将职责赋予每个类。

(6) 标识类之间的关系。

(7) 基于职责定义类之间的协作。

(8) 建立类的层次表示。

(9) 构造系统的通信图。

6. UML 的 OOA 方法

在 UML 中用 5 种不同的视图来表示一个系统,这些视图从不同的侧面描述系统。每一个视图由一组图形来定义,这些视图概述如下:

(1) 用户模型视图:这个视图从用户(在 UML 中叫做参与者)角度来表示系统。它用用例(Use Case)来建立模型,并用它来描述来自终端用户方面的可用场景。

(2) 结构模型视图:从系统内部来看数据和功能。即对系统的静态结构(类、对象和关系)建模。

(3) 行为模型视图:这种视图表示了系统动态和行为。它还描述了在用户模型视图和结构模型视图中所描述的各种结构元素之间的交互和协作。

(4) 实现模型视图:将系统的结构和行为表达成为易于转换为实现的方式。

(5) 环境模型视图:表示系统实现环境的结构和行为。

通常,UML 分析建模的注意力放在系统的用户模型和结构模型视图,而 UML 设计建模则定位在行为模型、实现模型和环境模型。

4.4.2 识别类或对象

面向对象分析模型由三个独立的模型构成:由用例和场景表示的功能模型;用类和对象表示的分析对象模型;由状态图和顺序图表示的动态模型。

通常,在需求获取阶段得到的用例模型就是功能模型,但在分析建模阶段还需要补充更多的用例,并据此可导出分析对象模型和动态模型。需要注意的是,这些模型代表的是来自客户的概念,而非实际的软件类或实际构件。如数据库、子系统、会话管理器、网络等,不应出现在分析模型中,因为这些概念仅与实现相关。

分析中的类或对象可以看做是高层抽象。若在建立分析对象模型时区分实体对象、边界对象和控制对象,将有助于理解系统。实体对象表示系统将跟踪的持久信息;边界对象表示参与者与系统之间的交互;控制对象负责用例的实现。其图形表示参看图 4.39。

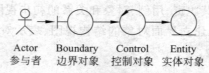

图 4.39 分析对象模型中的对象

图 4.40 是具有两个按钮的手表的分析类。通常在表示类的图形中增加用构造型符号"<<"和">>"括起来的说明来区分它们。<<boundary>>是边界对象，如按钮（Button）和液晶显示屏（LCDDisplay）；<<entity>>是实体对象，如年（Year）、月（Month）和日（Day）；<<control>>是控制对象，如变更日期（ChangeDate）。

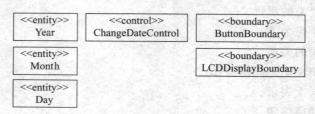

图 4.40 实体对象、控制对象和边界对象的实例

使用实体对象、边界对象和控制对象等对系统建模时，常常需要提供一些简单的启发式规则作为指导。通常，识别对象的一般启发式准则有：

（1）对象应具有记忆其自身状态的能力。

（2）对象应具有有意义的服务（或操作），可用以修改对象本身的状态（属性值），或可以为系统中的其他对象提供外部服务。

（3）对象应具有多个有意义的属性。仅有一个属性的对象可表示为其他对象的属性。

（4）为对象定义的属性应适合于对象的所有实例。如果该对象的某一个实例不具备某属性，则意味着应用领域中存在尚未发现的继承关系。应该利用继承关系将原来的对象和特殊的实例区分为两个对象。

（5）为对象定义的有关服务应适合于对象的所有实例。

（6）对象应是软件分析模型的必要成分，与设计和实现方法无关。

在面向对象的分析活动中，对对象的识别和筛选取决于应用问题及其背景，也取决于分析员的主观思维。以下分别讨论各种对象的识别。

1. 识别实体对象

为识别实体对象，可参考以下方法。

1）自然语言分析法

系统的对象通常与问题领域的有关概念关系密切，而概念的表述主要基于自然语言。把语言规则应用到软件系统分析中的处理方法称为自然语言分析法。自然语言分析法包括短语频率分析（Phrase Frequency Analysis，PFA）和矩阵分析（Matrix Analysis，MA）。

短语频率分析 PFA 建立一个 PFA 清单，识别和罗列在问题陈述中表示问题领域概念的术语，并利用一些启发式的准则，将这些概念映射为模型成分，如表 4.4 所示。

表 4.4 用短语频率分析法识别模型成分的启发式准则

语言成分	模型成分	示例
专有名词	实例	"金茂忠"
普通名词	类	"教授"、"测试工程师"
Doing 动词	操作	"创建"课程目录,"提交"选课申请,"选择"确认按钮
Being 动词	继承	卡车"是"汽车"的一种",卡车"是一种"汽车
Having 动词	聚合	汽车"有"引擎,汽车"包括"引擎,文章"由"段落"组成"
情态动词	约束	必须是
定语	类的属性	学生的"籍贯",图书的"出版日期",鼠标的"左键"

矩阵分析 MA 用于识别问题领域中的关系。矩阵的行和列是问题领域的概念,矩阵中的元素表示了相对应的行与列上的概念之间的关联关系。矩阵分析表述了系统的事务规则,还可能会发现新的在初始的 PFA 中没有产生的对象。表 4.5 给出了图书管理系统的矩阵分析的实例。

表 4.5 矩阵分析实例

	图书管理员	读者	书目	图书
图书管理员		办理借书手续时需建立借阅记录;办理还书时应记录归还时间	制定书目的采购计划并负责采购。图书购入后查询书目信息	为已购入图书编目。办理图书的借还手续
读者	读者将借书证和图书交给管理员,委托办理借还手续		当所借图书不在架上时预约书目;当不想借阅时可撤销预约	一名读者最多只能借阅十本图书,且每本图书最多只能借两个月
书目				同一书目的图书可拥有多册(本)
图书	图书的在架状态提供给管理员		图书是书目的实际的一个复本	

2) 从用例模型中识别候选对象

检查用例模型中的每一个参与者和用例,识别候选对象的启发式准则:
- 用例中的连续名词,如借阅事件。
- 系统需要跟踪现实世界中的实体,如书目信息、图书信息、借阅记录。
- 系统需要跟踪现实世界中的活动,如在实现用例的协作中涉及的各种实体对象。
- 参与者,如读者、图书管理员。

3) 从状态模型中识别候选对象

针对事件驱动系统和实时系统,还需要借助状态模型识别候选对象。有两种状态模型:
- 事件响应模型——首先标识系统必须识别的每一个事件和系统必须做出的预期响应,由此标识一系列的识别事件的对象和产生响应的对象。例如,在一个电梯控制系统中,可能的事件和预定的响应如表 4.6 所示。
- 状态迁移图——分析图中的状态,有助于标识保存状态信息的属性。

表 4.6 电梯控制系统的事件响应模型

1. 召唤电梯	A. 修改召唤按钮面板设置 B. 按照电梯调度策略对电梯进行调度
2. 目的地请求	A. 修改目的地按钮面板设置 B. 按照电梯调度策略对电梯进行调度
3. 电梯到达调度的楼层	A. 修改到达面板 B. 修改目的地按钮面板设置 C. 修改召唤按钮面板设置 D. 电梯停靠在该楼层上
4. 电梯到达非调度的楼层	A. 修改到达面板
5. 电梯就绪	A. 按电梯调度策略分派电梯
6. 电梯超载	A. 停止执行电梯分派工作
7. 电梯未超载	A. 继续开始电梯分派工作

2. 识别边界对象

在用例图中，每一个参与者至少要与一个边界对象交互。边界对象收集来自参与者的信息，将它们转换为可用于实体对象和控制对象的表示形式。边界对象对用户界面进行粗略的建模，不涉及如菜单项、滚动条等可视方面的细节。识别边界对象的启发式准则如下：

（1）识别与参与者交互的基本用例的用户界面控制。
（2）识别参与者需要录入系统的数据表格。
（3）识别系统需要识别的事件和系统用于响应用户的消息。
（4）当用例中有多个参与者时，根据构想的用户界面来标识参与者的行为。
（5）不要使用边界对象对交互的可视方面建模，应使用用户原型对可视用户界面建模。
（6）使用用户的术语来描述交互，不要使用来自设计和实现的术语。

3. 识别控制对象

控制对象负责协调实体对象和边界对象。控制对象没有在现实世界中具体的对应物，它通常从边界对象处收集信息，并把这些信息分配给实体对象。

4. 根据以上的启发式准则，识别图书管理系统中的对象

1）实体对象

Borrower：读者。他们可以借书、还书、预约书目和取消预约。因为读者名字可能重复，一般用借书证号码来识别不同的读者。

Title：书目。它表明某一种书籍，可通过该书的国际标准书号 ISBN 来识别。

Book：图书。它表明某一种书籍的具体复本，可以通过图书馆藏号码来识别。

Loan：借阅记录。同一个人关于不同图书的借阅记录是不同的。

Reservation：预约记录。

2）边界对象

MainWindow：主窗口。包含借书、还书、预约、取消预约、添加书目、修改书目、删除书目、添加读者、修改读者、删除读者、添加图书、删除图书等操作。

BorrowerDialog：读者对话框。包含添加读者、修改读者、删除读者等操作。

FindBwrDialog：查找读者的弹出对话框。包含根据读者 ID 查找读者的操作。

TitleDialog：书目对话框。包含添加书目、修改书目、删除书目等操作。
FindTDialog：查找书目弹出对话框。包含根据书目的 ISBN 号码查找书目的操作。
BorrowDialog：借书对话框。根据图书的馆藏号码和读者信息，执行借阅动作，创建和保存借阅记录。
ReturnDialog：还书对话框。根据图书的馆藏号码，执行还书动作，删除借阅记录。
ReserveDialog：预约对话框。根据书目的 ISBN 号码和读者信息，执行预约、取消预约动作。
MessageWindow：显示提示信息窗口。
LoginDialog：输入用户名和密码，并进行校验的窗口。

3) 使用顺序图将用例映射为对象

顺序图将用例与对象联系起来，直观地描述了用例（场景）行为在其参与对象之间是如何实施的。顺序图描述了在用例的实现中各参与对象的协作，即这些参与对象之间的交互序列。每一个消息从一个对象（或参与者）发送给另一个对象（或参与者）。消息的接受就触发了一个操作。通过顺序图，将责任以操作集合的形式分配给每一个对象。如果一个对象参与多个用例，则其操作应为这些用例共享。

画顺序图的启发式准则如下：
- 顺序图第一栏对应激活该用例的参与者，第二栏是边界对象，第三栏是管理用例中其他参与对象的控制对象。
- 可以通过边界对象来初始化用例，并创建控制对象；反之，通过控制对象还可以创建其他边界对象。
- 实体对象允许边界对象和控制对象访问，但实体对象不能访问边界对象和控制对象。

图 4.41 是借书用例的顺序图。图 4.42 是还书用例的顺序图。从顺序图中可以发现控制为防止图上符号太密集，将访问的返回消息全部省略了。

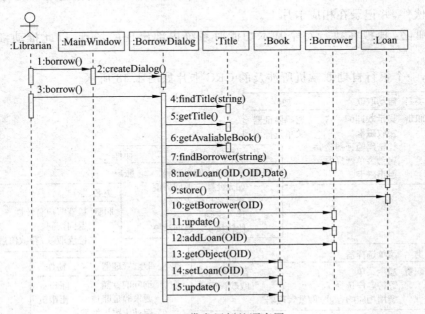

图 4.41　借书用例的顺序图

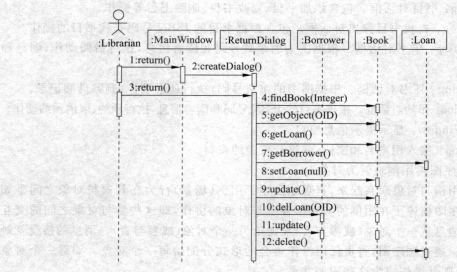

图 4.42 还书用例的顺序图

5. 使用 CRC 卡片对对象之间的交互建模

CRC 是类、职责和协作的缩写。每一个类或对象可用一张 CRC 卡片表示。建立 CRC 卡片有以下几个步骤:

（1）识别类和职责：首先识别类或对象,然后从问题陈述中寻找各个类或对象的有关行为的描述,以发现类的职责。

（2）将职责分配到类：记录在相应的卡片上。

（3）找寻协作者：依次检查每一类承担的责任,看是否需要其他类的帮助,找寻与每个类协作的伙伴,并记录在相应卡片上。

（4）细化：模拟在执行每个基本功能时系统内部出现的场景,以此推动细化工作的进行。

例如,一个银行自动取款机所涉及的 CRC 卡片如图 4.43 所示。

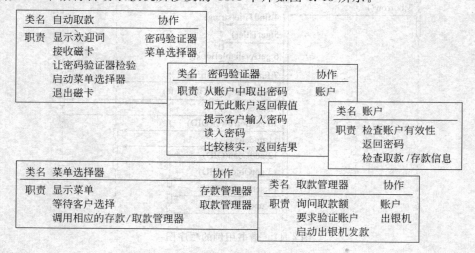

图 4.43 关于银行自动取款机的 CRC 卡片

在模拟一个场景的过程中,每当一个类开始"执行"时,它的卡片就被拿出来讨论,当"控制"传送到另一个类时,注意力就从前一张卡片转移到另一张上去了。不同的场景,包括例外和出错状况,都应逐一加以模拟。在这个过程中可以验证已有的定义,不断发现新的类、职责以及伙伴。在模拟不同的场景中会发现某些职责需要重新加以分配。这些都导致进一步的开发工作。

4.4.3 识别关系(结构)

使用类图,能够表示对象之间的关系。通常,在类图中使用关联表示一组存在于两个或多个对象之间、具有相同结构和含义的具体链接。对象的实例之间的对应关系可用多重性表征。标识关联的启发式准则如下:

(1) 检查指示状态的动词或动词短语,识别动作的主体和客体,从角色寻找关联。
(2) 准确地命名关联和角色。
(3) 尽量使用常用的修饰词标识出名字空间和关键属性。
(4) 应消除导出其他关联的关联。
(5) 在一组关联被稳定之前先不必考虑实例之间的多重性。
(6) 过多的关联使得一个模型不可读。

此外,在类图中还应包括泛化、依赖关系等。建立类图中关系的过程如下。

1. 建立系统的包图(主题)

建立包图的目的是降低复杂性,控制可见度及指引读者的思路。对于分析模型,使用包图可表示此模型的整体框架,每一个包就是一个主题,可视为类图的子图,它可包含多个类或子包,以及它们的关系。包图可以是一个层次结构。

例如,图书管理系统的包图具有三个包:GUI(图形用户界面)、Library(图书业务管理)和 DataBase(图书数据管理),它们之间的关系如图 4.44 所示。

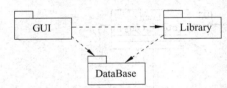

图 4.44 图书管理系统的包图

通过对主题的识别,可以让人们能够比较清晰地了解大而复杂的模型。

2. 建立边界类的类图

该类图标明了边界类的实例之间的关系,包括关联、泛化等,参看图 4.45。

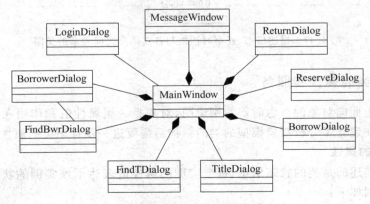

图 4.45 边界类之间的关系

3. 建立实体类的类图

实体类与存储数据的对象类相关。为了操作方便，以它们为子类，建立一个持久类（Persistent）作为它们的父类，与这些数据对象相关的共享操作都放在这个持久类中定义，相当于数据接口。例如，图书管理系统的实体类包括书目（Title）、图书（Book）、借阅记录（Loan）、借阅者（Borrower）和预约（Reservation），它们之间具有关联关系，同时都是泛化类Persistent的特化类，如图4.46所示。

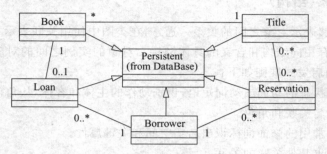

图 4.46 实体类之间的关系

4. 建立边界类与实体类之间关系的类图

边界类与实体类之间的关系背后隐含了没有明示的控制类，这些控制类将在设计阶段进一步补充定义。图4.47和图4.48给出了图书管理系统中借书、还书和书目（包含查找书目）对话框与各个实体类之间的存取关系（用依赖符号表示）。

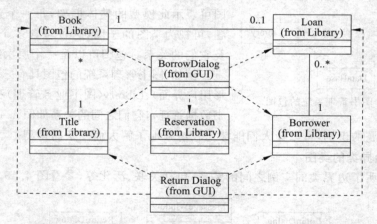

图 4.47 描述借书、还书对话框与各实体类之间关系的类图

4.4.4 标识类的属性和服务

前面在讨论面向对象的概念时曾特别说明，对象是一组属性值和作用在其上的一组操作的封装体。在建立了分析对象模型的类的结构后需要进一步标识类的属性和操作。

1. 标识类的属性

类的属性描述的是类的状态信息，每个实例的属性值表达了该实例的状态值。标识属性的启发性准则如下：

（1）每个对象至少需包含一个属性，例如_id。

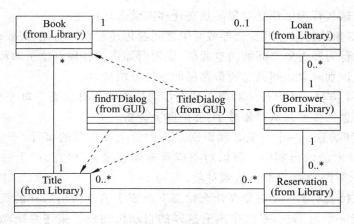

图 4.48 描述书目对话框与各实体类之间关系的类图

（2）属性取值必需适合对象类的所有实例。例如,属性"会飞"并不属于所有的鸟,有的鸟不会飞,因此可以建立鸟的泛化结构,把不同的鸟划分到"会飞的鸟"和"不会飞的鸟"两个子类中。

（3）出现在泛化关系中的对象所继承的属性必须与泛化关系一致。

（4）系统的所有存储数据必须定义为属性。

（5）对象的导出属性应当略去。例如,"年龄"是由属性"出生年月"导出的,它不能作为基本属性存在。

（6）在分析阶段,如果某属性描述了对象的外部不可见状态,应将该属性从分析模型中删去。

通常,属性放在哪一个类中应是很明显的。通用的属性应放在泛化结构中较高层的类中,特殊的属性应放在较低层的类中。

实体关系图中的实体可能对应于某一对象,这样,实体的属性就会简单地成为对象的属性。如果实体（如人）不只对应于一类对象,那么这个实体的属性必须分配到分析模型的不同类的对象之中。

2. 标识类的服务

对象收到消息后所能执行的操作称为它可提供的服务。其他服务则必须显式地在图中画出。在标识每个对象中必须封装的服务时要注意以下两种服务。

（1）简单的服务：即每一个对象都应具备的服务,这些服务包括建立和初始化一个新对象,建立或切断对象之间的关联,存取对象的属性值,释放或删除一个对象。这些服务在分析时是隐含的,在图中不标出,但实现类和对象时有定义。

（2）复杂的服务：它分为两种。

- 计算服务：利用对象的属性值计算,以实现某种功能。
- 监控服务：处理对外部系统的输入/输出,外部设备的控制和数据的存取。

标识了类的服务后需要比较类的服务与属性,验证其一致性。如果已经标识了类的属性,那么每个属性必然关联到某个服务,否则该属性就形同虚设,永远不可能被访问。

3. 对每一对象的与状态有关的行为建模

每一个对象（类）在其生存周期中处于不同的活动状态,不同状态之间的转变是由于某些操作的结果。这些行为可建立对象的状态迁移图动态地描述。

进一步地,对象执行服务可能会导致对象之间要传递消息。为此,需要通过对象的行为模型描述对象的行为和对象之间的消息通信,说明所标识的各种对象是如何共同协作,使系统运作起来的。识别对象之间消息通信路径的方法有两种。

(1) 自底向上方法:找出每一对象在其生存周期中的所有状态。每一状态的改变都关联到对象之间消息的传递。从对象着手,逐渐向上分析。

(2) 自顶向下方法:一个对象必须识别系统中发生或出现的事件,产生发送给其他对象的消息,由那些对象做出响应。所以对象应具有能够接收、处理、产生每个消息的服务。它是从系统行为着手,然后逐渐分析到对象。

消息通信路径表示了一个对象在什么状态下对哪个消息做出怎样的反应。也就是说,每个对象被看成一个自动机,系统中所有这样的自动机构成了描述系统动态行为的基础。然而,这种零散的说明让人很难从中形成一个总体的概念。因此,可使用交互图(例如UML 的顺序图或 OMT 的事件追踪图)来标识和描述对象之间的相互通信。对于每一个事件,顺序图或事件追踪图表明了由哪一个对象来识别事件的发生,产生什么消息;其他哪些对象接收这些消息,并产生什么响应。事件追踪图的表示方法类似于顺序图,如图 4.49所示。

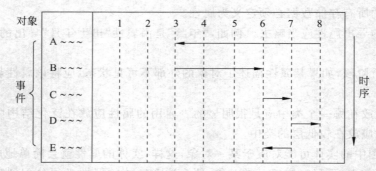

图 4.49　使用事件追踪图(等效于顺序图)描述对象之间的消息通信

4.4.5　分析模型评审

分析模型评审的主要项目如下。

1. 有关模型正确性的问题

(1) 对实体对象的分类,用户是否能够理解?

(2) 抽象类是否对应到用户层的定义?

(3) 是否所有的描述均符合用户的定义?

(4) 是否所有的实体对象和边界对象都使用了有实际含义的名词短语进行了命名?

(5) 是否所有的用例和控制对象都使用了有意义的动词短语进行了命名?

(6) 是否所有的错误用例都已经描述和处理?

2. 有关模型完备性的问题

(1) 每一个对象是否有用例用到它?创建、修改或删除该对象的用例是哪些?

(2) 每一个属性的类型是什么?它应进行修饰吗?

(3) 每一个关联何时被用到？其重复性的选择原则是什么？该关联使用哪一种连接？
(4) 每一个控制对象是否具有必要的关联，以连接到用例中相关的其他对象？

3. 有关模型一致性的问题

(1) 是否有多个类或多个用例同名？
(2) 名字相近的实体（如类、对象、属性）能够相互区别吗？
(3) 在同一泛化层次是否存在相似属性和关联的对象？

4. 有关模型可实现性的问题

(1) 在该系统中性能需求和可靠性需求是否满足？
(2) 在选定硬件上运行原型是否可以确定需求？

4.5 原型化方法

传统软件生存周期范型的典型代表是"瀑布模型"。这种模型的核心是将软件生存周期划分为阶段,根据不同阶段工作的特点,运用不同的方法、技术和工具来完成该阶段的任务。软件开发人员遵循严格的规范,在每一阶段工作结束时都要进行严格的阶段评审和确认,以得到该阶段一致、完整、正确和无歧义的文档资料,把这些文档资料作为阶段结束的标志"冻结"起来,并以它们作为下一阶段工作的基础,从而保证软件的质量。

传统开发方法之所以强调开发初期要有良好的软件需求规格说明,主要是源于过去软件开发的经验教训,即在开发的后期或运行维护期间来修改不完善的规格说明需付出巨大的代价。但是,要想得到一个完整准确的规格说明不是一件容易的事。特别是对于一些大型的软件项目,在开发的早期用户往往对系统只有一个模糊的想法,很难完全准确地表达对系统的全面要求；软件开发人员对于所要解决的应用问题认识更是模糊不清,很难期望他们编写出的规格说明能将系统的各个方面都描述得完整、准确、一致,并与实际环境相符。特别是想根据规格说明在逻辑上推断出（不是在实际运行中判断评价）系统运行的效果,更是难上加难。随着开发工作向前推进,用户可能会产生新的要求；或因环境变化,要求系统也能随之变化；开发人员又可能在设计与实现的过程中遇到一些没有预料到的实际困难,需要以改变需求来解脱困境。因此,规格说明难以完善、需求的变更,以及通信中的模糊和误解,都会成为软件开发顺利推进的障碍。

为了解决这些问题,逐渐形成了软件系统的快速原型的概念。

4.5.1 软件原型的分类

通常,原型是指模拟某种产品的原始模型。在软件开发中,原型是软件的一个早期可运行的版本,它反映最终系统的部分重要特性。如果在获得一组基本需求说明后,通过快速分析构造出一个小型的软件系统,满足用户的基本要求,使得用户可在试用原型系统的过程中得到亲身感受和受到启发,做出反应和评价,然后开发者根据用户的意见对原型加以改进。随着不断试验、纠错、使用、评价和修改,获得新的原型版本,如此周而复始,逐步减少分析和沟通中的误解,弥补不足之处,进一步确定各种需求细节,适应需求的变更,从而提高了最终产品的质量。

由于软件项目的特点和运行原型的目的不同,原型有三种不同的作用类型。

(1) 探索型(Exploratory prototyping)：这种原型的目的是要弄清目标系统的要求，确定所希望的特性，并探讨多种方案的可行性。它主要针对开发目标模糊，用户和开发者对项目都缺乏经验的情况。

(2) 实验型(Experimental prototyping)：这种原型用于大规模开发和实现之前，考核方案是否合适，规格说明是否可靠。

(3) 进化型(Evolutionary prototyping)：这种原型的目的不在于改进规格说明，而是将系统建造得易于变化，在改进原型的过程中，逐步将原型进化成最终系统。它将原型方法的思想扩展到软件开发的全过程，以适应需求的变动。

由于运用原型的目的和方式不同，在使用原型时可采取以下两种不同的策略：

(1) 废弃(Throw away)策略：先构造一个功能简单而且质量要求不高的模型系统，针对这个模型系统反复进行分析修改，形成比较好的设计思想，据此设计出更加完整、准确、一致、可靠的最终系统。系统构造完成后，原来的模型系统就被废弃不用。探索型和实验型的原型一般属于这种策略。

(2) 追加(Add on)策略：先构造一个功能简单而且质量要求不高的模型系统，作为最终系统的核心，然后通过不断地扩充修改，逐步追加新要求，最后发展成为最终系统。它对应于进化型的原型。

采用什么形式、什么策略主要取决于软件项目的特点和支持原型开发的工具和技术。

原型系统不同于最终系统，它需要快速实现并投入运行。因此，必须注意功能和性能上的取舍。可以忽略一切暂时不必关心的部分，力求原型的快速实现。但要能充分地体现原型的作用，满足评价原型的需求。构造出来的原型可能是一个忽略了某些细节或功能的整体系统结构，也可以仅仅是一个局部，如用户界面、部分功能算法程序或数据库模式等。总之，在使用原型化方法时，必须明确使用原型的目的，从而决定分析与构造内容的取舍。

建立快速原型进行系统的分析和构造有以下的好处：

(1) 原型法强调活动的物理模型，原型无论是外观、感觉还是行为，都像真正的系统。

(2) 原型法具有非常好的直观性和可解释性。

(3) 维护性能指标、优化访问策略和完善功能这些负担在原型法里都不存在。

(4) 便于展示有关数据、功能和用户界面的问题。

(5) 用户通常会比较满意，因为他们最后拿到的是他们见过的东西。

(6) 很多设计上的注意事项得到重视，设计的高度灵活性很明显。

(7) 信息需求确认很方便。

(8) 能够预期变更和错误更正，很多情况下可立刻开始实施。

(9) 需求中不明确和不一致的地方很容易就可以发现并修正。

(10) 可以快速消除无用的功能和需求。

原型法的缺点在于它受到软件工具和开发环境的限制。同时，在原型法中忽略了多数对异常情况的处理，这在进化型原型演变成最终系统时要格外当心，否则会后患无穷。

4.5.2 快速原型开发模型

由于原型开发的形式与策略直接影响软件开发的模型，因此，首先讨论原型的开发和使用过程。这个过程叫作原型生存周期。图 4.50(a)是原型生存周期的模型，图 4.50(b)是模型的细化。

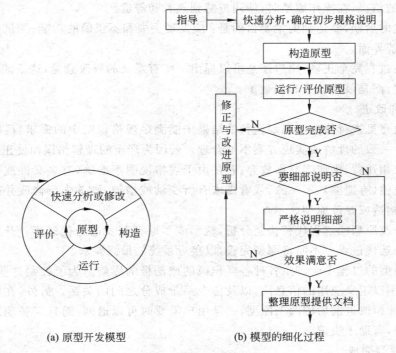

(a) 原型开发模型　　　　(b) 模型的细化过程

图 4.50　原型生存周期

1．快速分析

在分析员和用户的紧密配合下，快速确定软件系统的基本要求。根据原型所要体现的特性（或界面形式、或处理功能、或总体结构、或模拟性能等），描述基本规格说明，以满足开发原型的需要。

2．构造原型

在快速分析的基础上，根据基本规格说明，尽快实现一个可运行的系统。可忽略最终系统在某些细节上的要求，例如安全性、健壮性、异常处理等，主要考虑原型系统应充分反映待评价的特性，暂时忽略一切次要的内容。例如，如果构造原型的目的是确定系统输入界面的形式，可以利用输入界面自动生成工具，由界面形式的描述和数据域的定义立即生成简单的输入界面，而暂不考虑参数检查等工作，从而尽快地把原型提供给用户使用。

提交一个初始原型所需要的时间根据问题的规模、复杂性、完整程度的不同而不同。3～6 周提交一个系统的初始原型应是可能的。

3．运行和评价原型

用户要在开发者的指导下试用原型，在试用的过程中考核评价原型的特性，分析其运行结果是否满足规格说明的要求，以及规格说明的描述是否满足用户要求。纠正过去交互中的误解和分析中的错误，增补新的要求，并为满足因环境变化或用户的新设想而引起系统需求的变动而提出全面的修改意见。

为了鼓励用户来评价原型，应当充分地解释原型的合理性，但不要为它辩护，以求能广泛征求用户的意见，在交互中逐步达到完善。

在演示/评价/修改的迭代初期,要达到的主要目的是:原型通过用户进行验收;总体检查,找出隐含的错误;在操作原型时,使用户感到熟悉和舒适。

而在迭代的后期,要达到的主要目的是:应发现丢失和不正确的功能;测试思路和提出建议;改善系统界面。

即使开发过程完全正确,用户还是可以提出一些有意义的修改意见,这不能看做是对开发人员的批评,而是鼓励改进和创造。

4. 修正和改进

根据修改意见进行修改。原型运行的结果未能满足规格说明中的需求,反映出对规格说明存在着不一致的理解或实现方案不够合理。若因为严重的理解错误而使正常操作的原型与用户要求相违背,则应当立即放弃;若是由于规格说明不准确(有多义性或者未反映用户要求)、不完整(有遗漏)、不一致,或者需求有所变动或增加,则首先要修改并确定规格说明,然后重新构造或修改原型。

如果用修改原型的过程代替快速分析,就形成了原型开发的迭代过程。开发人员和用户在一次次的迭代过程中不断将原型完善,以接近系统的最终要求。

在修改原型的过程中会产生各种各样积极的或消极的影响。为了控制这些影响,应当有一个词典,用以定义应用的信息流,以及各个系统成分之间的关系。另外,在用户积极参与的情况下,保留改进前后的两个原型,一旦用户需要时可以退回,而且交替地演示两个可供选择的对象,有助于决策。

5. 判定原型完成

经过修改或改进的原型,获得参与者一致认可时,则原型开发的迭代过程可以结束。为此,应判断有关应用的实质是否已经掌握,迭代周期是否可以结束等。

判定的结果有两个不同的转向,一是继续迭代验证,一是进行详细说明。

6. 判断原型细部是否说明

判断组成原型的细部是否需要严格地加以说明。原型化方法允许对系统的必要成分进行严格的详细说明。例如将需求转化为报表,给出统计数字等,这些不能通过模型进行说明的成分,如果有必要,需提供说明,并利用屏幕进行讨论和确定。

7. 原型细部的说明

对于那些不能通过原型说明的所有细目,仍需通过文档加以说明。例如,系统输入、系统输出、系统移交、系统逻辑功能、数据库组织、系统可靠性等。原型化对完成严格的规格说明是有帮助的。如输入、输出记录都可以通过屏幕进行统计和讨论。

严格说明的成分要作为原型化方法的模型编入词典,以得到一个统一、连贯的规格说明提供给开发过程。

8. 判定原型效果

考察用户新加入的需求信息和细部说明信息,看其对模型效果有什么影响。如是否会影响模块的有效性?如果模型效果受到影响,甚至导致模型失效,则要进行修正和改进。

9. 整理原型和提供文档

整理原型,为进一步开发提供依据。原型的初期需求模型就是一个自动的文档。

总之,利用原型化技术,可为软件的开发提供一种完整、灵活、近似动态的规格说明方法。

4.5.3 原型开发技术

通常用于构造原型的一些技术包括可执行规格说明、基于场景的设计、自动程序设计、专用语言、可复用的软件和简化假设等。其中前三种还适用于用户界面的设计。

1. 可执行规格说明

可执行规格说明是用于需求规格说明的一种自动化技术。可执行规格说明语言可描述系统要"做什么",但它并不描述系统要"怎样做"。使用这种方法,人们可以直接观察用语言规定的任何系统性行为。可执行规格说明包括代数规格说明、有限状态模型和可执行的数据流图。

(1) 代数规格说明。代数规格说明使用集合、定义于这些集合上的函数和定义于这些函数上的方程来描述对象。规格说明的操作语义用这些方程表示。例如,一个无界的栈及其操作可以定义为:

NEW_STACK：→Stack
PUSH：Stack,Element→Stack
POP：Stack→(Element|Undefined)
POP(NEW_STACK())=Undefined
POP(PUSH(Stack,elem))=elem

其中,前三行定义了操作的语法,后两行把它们的语义定义为一些方程。

(2) 有限状态模型。有限状态模型或推移图是最初由 Parnas 提出的、使用最广泛的一种可执行规格说明形式。从一个初始状态开始接收输入,到产生输出,状态在推移变化。施加在状态元素上的约束确定了有效状态的推移。图 4.51 是一个建立用户/程序对话的例子。

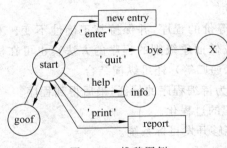

图 4.51　推移图例

系统从初始状态 start 开始,首先显示一个屏幕菜单。如果输入字符串'quit',则从 start 转移到状态 bye,执行相关动作并显示与状态 bye 有关的信息;如果输入字符串'help',则执行与状态 info 有关的动作,然后从 info 转回到状态 start;如果输入字符串'enter',则由另一个推移图表示的子转换 new entry 被唤醒;如果输入一个未定义的字符串,将由一条路径到达状态 goof。一旦模型包含了足够的操作细节,就成为一个可解释执行的设计。这样可以用它来显示设计中系统的粗略行为,供用户和设计者分析。

这种方法的优点是能够验证形式规格说明的正确性和一致性。由于支持工具可直接对图进行解释,用户就能看到产生的动作,软件开发人员也能观察各种要求是否有冲突。如果有问题,可以立即修改行为并重新执行规格说明。

(3) 可执行的数据流图。数据流图广泛用于信息处理系统。用一种可执行的语言程序代替定义处理逻辑的结构化语言,数据流图就成为由可执行语言程序模块组成的网络,在一定环境或工具的支持下就可成为一个可以执行的原型系统。

在这种数据流图中,可用模块定义数据加工,用信息包定义数据加工之间的数据流,用数据库定义数据存储,用对数据库的存取操作定义数据加工与数据存储之间的数据流。数据流图中的数据源和数据潭是系统的边界,数据源通过终端或其他方式接受外界的输入,数据潭把系统的处理结果输出给外界。因此可以把数据源与数据潭看成特殊的加工,数据源把来自输入设备的数据流加工成为系统的输入数据流,数据潭则把系统的输出数据流加工成输出到输出设备的数据流。

2. 基于场景的设计

基于场景的设计是要建造用户界面的原型。一个场景模拟在系统运行期间用户经历的事件,它定义了"输入—处理—输出"的屏幕格式和相关对话的模型。因此,软件开发人员能够通过用户界面的原型将一个逼真的系统视图显示在用户面前,让用户据此判断该系统视图所标示的所有功能是否符合他的意图。

开发场景设计的较好方法是使用一套通用的可复用软件构件,每一构件可用来表达某一方面的要求。原型设计师可以提出一个软件构件的配置方案来建造该原型系统。

另一种开发场景设计的方法是使用一种原型语言来描述原型系统。在原型开发过程中可以使用这种语言来定义屏幕、数据项及其相关的操作。从系统的外部描述开始,开发与系统的外部视图一致的一些细节,例如,与数据库的接口、错误处理和恢复过程等。

3. 自动程序设计

自动程序设计是可执行规格说明的替身,主要是指在程序自动生成环境的支持下,利用计算机实现软件的开发。它可以自动地或半自动地把用户的非过程式问题规格说明转换为某种高级语言程序,主要手段有以下 4 种:

(1) 演绎综合手段:基于数学推理的构造式证明。

(2) 程序变换手段:将一程序转换成另一功能等价的程序,并保持其正确性不变。变换可在纵向进行(如将某一抽象级别的程序转换成较低抽象级别的程序的方法),也可在横向进行(如在相同级别上的变化,如简化表达式、消除递归等),还可纵横结合。

(3) 实例推广手段:从实例特征出发,将它推广为待编程序的特征,最后得到程序。

(4) 过程化手段:研究甚高级语言的编译和知识的过程化。

自动程序设计不仅适合于原型系统的开发,还能够开发目标系统。

4. 专用语言

专用语言是应用领域的建模语言。在原型开发中使用专用语言,可方便用户和软件开发人员交流计划实现的系统特性。已开发的一种模型化语言是信息流语言。

5. 软件复用技术

可复用的软件与快速构造原型关系很密切。一堆可复用的软件构件单独看可能是无用的,但快速构造的原型系统就是靠把它们连接起来而得到的。为了快速地构造原型,这些软件构件首先必须有简单而清晰的界面;其次它们应当有很高的自包含性,即尽量不依赖其他的软件构件或数据结构;第三,它们应具有一些通用的功能。当然,还应有好的文档,所有软件构件的接口、功能和错误条件描述应遵守一定的规范。

6. 简化假设

简化假设是在开发过程中使设计者迅速得到一个简化的系统所做的假设。尽管这些假设可能实际上并不能成立,但它们在原型开发过程中可以使开发者的注意力集中在一些主要的方面。例如,在修改一个文件时,可以假设这个文件确实存在;在存取文件时,假设待存取的记录总是存在。一旦计划中的系统满足用户所有的要求,就可以撤销这些假设,并追加一些细节。为了支持简化假设的使用,环境应支持假设的选择和记录。

4.6 需求规格说明

4.6.1 软件需求规格说明的目标

软件需求规格说明是描述需求的重要文档,是软件需求分析工作的主要成果。它应着重反映软件的功能需求、性能需求、外部接口、数据流程等多个方面。不仅在软件开发过程中,而且在包括软件运行和维护过程的整个生存周期当中,它都起着重要的作用。

软件需求规格说明的目标如下。

1. 在软件产品方面,为在软件开发人员与客户之间达成共同协议建立基础。它全面描述了要实现的软件功能,有助于客户确定软件的需求规格是否符合需要,如有偏差又可帮助软件开发人员确定如何修改才能适合客户的需要。

2. 提高开发效率。编制软件需求规格说明的过程可让客户在软件设计开始之前能周密地思考全部需求,从而减少事后重新设计、重新编码和重新测试的返工活动。通过对软件需求规格说明中的各种需求仔细地评审,还可以在开发早期发现可能的遗漏、误解和不一致,以便及时加以纠正。

3. 为成本估算和编制进度计划提供基础。软件需求规格说明提供的对于开发软件的描述成为软件产品成本估算的基础。软件需求规格说明对软件的清晰描述还可以帮助估算必需的各种资源,成为编制进度计划的依据。

4. 为确认和验证提供一个基准。作为开发合同的一个部分,软件需求规格说明可以提供一个可度量和可遵循的基准。

5. 便于移植。有了软件需求规格说明,可帮助开发人员把软件移植到新的操作环境,以适应客户新的需要。

6. 成为软件不断改进的基础。由于软件需求规格说明所涉及的只是软件产品的外部视图(软件能做什么),而不涉及软件产品的内部设计(软件如何做)。因此,软件需求规格说明成为软件产品改进的基础。

4.6.2 软件需求规格说明编制的原则

软件需求可以通过不同的方法进行描述,产生用图形和文字描述的书面软件需求规格说明。而用快速原型方法还能产生可执行的规格说明。不论我们得到什么样的规格说明,都希望以一种能最终导致软件成功实现的方式来描述和表达需求。为此,1979年由Balzer和Goldman提出了做出良好规格说明的8条原则。

原则1:从现实中分离功能,即描述要"做什么"而不是"怎样实现"。

软件需求规格说明可采取两种完全不同的形式。第一种形式是形式化的方式,例如,数学函数的形式:给出一组输入,产生一组特定的输出。在这样的规格说明中,是以"做什么"而不是"如何做"的形式表示要得到的结果,它不受周围环境的影响。

原则2:要求使用面向处理的规格说明语言(或称系统定义语言)。

第二种形式是非形式化的方式。环境是动态的,它的变化必然影响与此环境交互的某些实体的行为(如在一个嵌入式系统中)。这种行为不能用一个输入的数学函数来表达,而必须使用面向处理的描述,讨论来自环境的各种刺激可能导致系统做出什么样的功能性反应,来定义一个行为模型,从而得到"做什么"的规格说明。

原则3:如果被开发软件是一个大系统中的一个元素,那么整个大系统也包括在规格说明的描述之中。

一个系统是由一些相互作用的系统元素构成的,只有在整个系统的环境中和在这些系统元素的相互作用中,才能定义某一特定元素的行为。

原则4:规格说明必须包括系统运行的环境。

类似地,必须定义系统运行的环境和系统与环境的交互。定义了环境的规格说明之后,就可以像定义系统规格说明一样定义系统"接口"的规格说明。

原则5:系统规格说明必须是一个认识的模型。

系统规格说明必须是认识的模型而不是设计或实现的模型。它所描述的系统必须是一个能为用户理解的系统,它所描述的对象必须对应于用户领域的真实对象,它所执行的动作必须模型化成为在该领域中实际所发生的动作。进一步地,还必须把该领域中操作对象的处理规则包括到规格说明中来。

原则6:规格说明必须是可操作的。

规格说明的内容必须保证它完全遵循规范的要求,以便能够利用它决定对于任意给定的测试用例,已提出的实现方案都能满足规格说明。换句话说,应能使用规格说明,用某些任意给定的数据来证实实现方案得出的结果是否正确。这意味着规格说明充当了一个可能行为(它们应在实现方案中)的生成器。因此,从广义上讲,规格说明必须是可操作的。

原则7:规格说明必须容许不完备性并允许扩充。

规格说明是一些实际(或想象)情况的模型(抽象),不能充分反映周围环境的种种复杂因素,因而它是不完备的。且上面所要求的可操作性不必以完备性为条件。另外,当它被模型化后,将存在许多细节层,为了能扩充规格说明,以容纳可接受的新的行为,要保留若干可变的层次。

原则8:规格说明必须是局部化和松散耦合的。

必须认识到,虽然一个规格说明的主要目的是要成为系统设计和实现的基础,但它并不是一个预构的静态对象,而是一个要承受大量修改的动态对象。这样的修改发生在三个主要的活动中:

(1) 表达——当一个模型被建立起来后,必须多次修改以准确地表达其各种细节;

(2) 研制——保证设计与实现质量,必须通过迭代不断完善系统规格说明;

(3) 维护——为反映和适应环境的变化或追加功能需求,也需要相应修改规格说明。

为便于规格说明的修改,可将该规格说明中所包括的信息局部化,使得在修改信息时,只需要修改某个单个的段落。同时,规格说明应被松散地构造(松耦合),以便能够很容易地加入和删去一些段落。

尽管Balzer和Goldman提出的这8条原则主要用于基于形式化规格说明语言之上的需求定义的完备性,但这些原则对于其他各种形式的规格说明都适用。当然,要结合实际来应用上述原则。

4.6.3 软件需求规格说明模板

国家标准 GB/T 9385—1988《计算机软件需求说明编制指南》指出,由于"客户通常对软件设计和开发过程了解较少,不可能写出可用的软件需求规格说明;而开发者通常对于客户的问题和意图了解较少,也不可能写出一个令人满意的系统需求",因此,"应由双方联合起草"。GB/T 9385—1988《计算机软件需求说明编制指南》还指出,可用"输入/输出说明、典型例子和模型"来表达需求。

按照 GB/T 8567—2006《计算机软件文档编制规范》,涉及软件需求规格说明的文档有软件需求规格说明和数据需求说明等,下面择要加以说明。

1. 软件需求规格说明(SRS)

SRS 描述了计算机软件配置项的需求以及为确保需求得到满足所使用的方法。

从系统工程角度来看,软件系统只是计算机系统的一个系统元素,它将作为配置项置于配置管理机制之下。SRS 的主要内容有:

1 引言	3.3.3 描述约定(符号与度量单位)
1.1 标识(标识、标题、版本号)	3.4 软件配置项能力需求
1.2 系统概述(用途、特性,开发运行维护的历史,项目相关方,运行现场,有关文档等)	3.4.x 每一软件配置项能力的需求
	a. 说明(目标、功能意图、采用技术)
1.3 文档概述(用途、内容、预期读者,与使用有关的保密性和私密性要求)	b. 输入(功能的输入数据、接口说明)
	c. 处理(定义处理操作)
1.4 基线(编写本需求说明所依据的基线)	d. 输出(功能的输出数据、接口说明)
2 引用文档	3.5 软件配置项的外部接口需求(包括用户接口、硬件接口、软件接口、通信接口需求)
3 需求	
3.1 软件配置项的运行状态和运行方式	3.5.1 接口标识和接口图
3.2 需求概述	3.5.x 每一接口的需求
3.2.1 目标	a. 接口的优先级别
a. 软件开发意图、目标和范围	b. 接口类型
b. 主要功能、处理流程、数据流程	c. 接口传送单个数据元素的特性
c. 外部接口和数据流的高层次说明	d. 接口传送数据元素集合的特性
3.2.2 运行环境	e. 接口使用通信方法的特性
3.2.3 用户的类型与特点	f. 接口使用协议的特性
3.2.4 关键功能、关键技术与算法	g. 接口实体的物理兼容性等
3.2.5 约束条件(费用、时间、方法)	3.6 软件配置项的内部接口需求(如果有)
3.3 需求规格	3.7 软件配置项的内部数据需求
3.3.1 软件系统总体功能/对象结构(包括结构图、流程图或对象图)	3.8 适应性需求(安装数据和运行参数需求)
3.3.2 软件子系统总体功能/对象结构(包括结构图、流程图或对象图)	3.9 安全性需求(防止潜在危险的需求)

3.10	保密性和私密性需求(保密性和私密性环境、类型和程度、风险、安全措施等)	
3.11	软件配置项的运行环境需求	
3.12	计算机资源需求	
	3.12.1	计算机硬件设备需求
	3.12.2	计算机硬件资源利用(能力)需求
	3.12.3	计算机(支持)软件需求
	3.12.4	计算机通信需求
3.13	软件质量(定量)需求	
3.14	设计和实现的约束	
	a. 特殊软件体系结构和部件的使用需求	
	b. 特殊设计和实现标准的使用需求	
	c. 为支持预期增长和变更必需的灵活性和可扩展性	
3.15	数据(处理量、数据量)	
3.16	操作(常规、特殊、初始化、恢复操作)	
3.17	故障处理	
	a. 说明属于软件系统的问题	
	b. 发生错误时的错误信息	
	c. 发生错误时可以采取的补救措施	
3.18	算法说明	
	a. 每一个主要算法的概况	
	b. 每一个算法的详细公式	
3.19	有关人员的需求(包括人员数量、专业技术水平、投入时间、培训需求等)	
3.20	有关培训的需求	
3.21	有关后勤的需求(系统维护、支持,系统运输、供应方式,对现有设施的影响等)	
3.22	其他需求	
3.23	包装需求	
3.24	需求的优先顺序和关键程度	
4	(检查)合格性规定(的方法)	
	a. 演示(运行软件配置项可见的功能操作)	
	b. 测试(运行软件配置项采集数据供分析)	
	c. 分析(对已得测试数据进行解释和推断)	
	d. 审查(对软件配置项代码和文档做检查)	
	e. 特殊的合格性方法	
5	需求可追踪性	
6	尚未解决的问题	
7	注解	
附录		

2. 数据需求说明(DRD)

DRD 描述了在整个开发过程中所需处理的数据,以及采集数据的要求等。该文档的主要内容包括:

1	引言	
	1.1	标识(软件系统的完整标识)
	1.2	系统概述(软件的用途和一般性质,开发运行维护的历史,项目相关方,运行现场,有关文档等)
	1.3	文档概述(本文档用途与内容,预期读者,与使用有关的保密性和私密性要求)
2	引用文档	
3	数据的逻辑描述(给出每一数据元素的名称、定义度量单位、值域、格式、类型等)	
	3.1	静态数据(用于控制和参考)
	3.2	动态输入数据(在运行中要变化)
	3.3	动态输出数据(在运行中要变化)
	3.4	内部生成数据
	3.5	数据约定(包括容量,文件、记录和数据元素个数的最大值)
4	数据的采集	
	4.1	要求和范围
		a. 输入数据的来源
		b. 输入数据所用的媒体和硬设备
		c. 输出数据的接收者

d. 输出数据的形式和硬设备	4.3 预处理(对数据采集和预处理的要求,包括适用数据格式、预定数据通信媒体和对输入时间的要求等)
e. 数据值的范围(合法值的范围)	
f. 量纲(对于数字,给出度量单位;对于非数字,给出其形式和含义)	4.4 影响(这些数据要求对设备、软件、用户、开发单位可能造成的影响)
g. 更新和处理的频度(如果输入数据是随机的,应给出更新处理的频度的平均值)	5 注解
4.2 输入的承担者	附录

4.6.4 SRS 和 DRD 的质量要求

要编制一份好的 SRS 和 DRD,必须使其具有完整性、无歧义性、一致性、可验证性、可修改性、可追踪性等特性。

1. 完整性

不能遗漏任何必要的需求信息。如果知道缺少某项信息,用"待定"作为标准标识来标明这项缺漏。在开始设计和实现之前,必须解决需求中所有的"待定"项。GB/T 9385—1988《计算机软件需求说明编制指南》指出"软件需求规格说明的基本点是它必须说明由软件获得的结果,而不是获得这些结果的手段"。

SRS 和 DRD 必须描述的有意义的需求包括:

(1) 功能:待开发的软件要做什么;

(2) 性能:软件功能执行时应有的表现,主要是指响应时间、处理时间、各种软件功能的恢复时间、吞吐能力、计算精度、数据流通量等;

(3) 强加于实现的设计限制:主要是指实现语言的处理能力、数据库的完整性要求、可用时间/空间/路由资源限制、操作环境等;

(4) 质量属性:包括用户直接感受到的正确性、可使用性、安全保密性、效率等质量要求和用户将来可能需求的灵活性、可扩展性、可移植性、可维护性等质量要求;

(5) 外部接口:与操作员、计算机硬件、其他相关软件和硬设备的交互。

在 SRS 和 DRD 中,必须针对所有可能出现的输入数据,定义相应的响应。特别是对于所有合法的和不合法的输入值,都要规定合理的响应措施。

对于所有"待定"项,应当首先描述造成"待定"情况的条件,再描述必须做哪些事才能解决问题。否则应当拒绝那些仍然保留"待定"项的章节。

2. 无歧义性

要做到 SRS 和 DRD 具有无歧义性,必须保证该 SRS 或 DRD 对其每一个需求只有一种解释。为此,要求最终产品的每一个特性都使用某一确定的术语描述。如果某一术语在某一特殊的文字中使用时具有多种含义,那么对该术语的每种含义都要做出解释并指出其适用场合。如果软件需求规格说明是使用自然语言编写的,那么必须特别注意消除其需求描述上可能发生的歧义。因为自然语言很容易产生歧义,所以提倡使用形式化需求说明语言,以避免在语法和语义上的歧义性。

特别在使用某种记号形式时要注意对记号做出语义上的限制且在用法上要保持一致。

例如图 4.52 中的记号至少可有 3 种(甚至有 5~8 种)不同解释,是一种典型的、混乱的、有歧义的记号。这种记号,无论是图形的,还是符号的,都会降低理解程度和助长错误的产生。

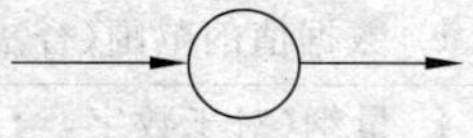

图 4.52 一个多义性的符号

3. 一致性

为了做到 SRS 和 DRD 的一致性,必须保证在 SRS 和 DRD 中描述的每一个软件需求的定义不能与其他软件需求或高层(系统,业务)需求相互矛盾。在设计和实现之前必须解决所有需求之间的不一致部分。

为了保持需求的一致性,必须反复检查在不同视图的需求模型中的需求描述,一旦发现不一致,要寻找发生不一致的原因,与相关用户沟通,做出权衡,以消除不一致之处。

4. 可验证性

验证的手段就是采用在 SRS 中描述的合格性检查的方法。对于每一个需求,需指定所使用的方法,以确保需求得到满足。这些合格性检查方法有 5 种:

(1) 演示:运行软件系统的功能进行检查,不使用测试工具或进行事后分析;

(2) 测试:使用测试工具来测试软件系统,以便采集实测数据供事后分析使用;

(3) 分析:处理从其他合格性检查方法获得的数据,例如,对测试结果数据进行归纳、解释或推断;

(4) 审查:对软件系统的代码、文档进行可视化的正式或非正式的检查;

(5) 特殊的合格性检查方法:其他任何可应用到软件系统的特殊的合格性检查方法,例如,专用工具、技术、过程、设施、验收限制等。

5. 可修改性

如果一个软件需求规格说明的结构和风格在需求发生变化时能够很方便地实现变更,并仍能保持自身的完整性和一致性,则称该软件需求规格说明具有可修改性。为了具有可修改性,要求软件需求规格说明具有以下条件:

(1) 在内容组织上,软件需求规格说明应有目录表、索引和相互参照表,各个章节尽可能独立,以减少修改的波及面,使得修改局部化。

(2) 尽可能减少冗余,每项需求只应在软件需求规格说明中出现一次。这样修改时易于保持一致性。如果必须保持冗余(这在提高可理解性方面有时是必要的),必须在相互参照表中明确记载下来,以便在修改时检查不致出现遗漏。

6. 可追踪性

如果每一个需求的来源和使用是清晰的,那么,在后续生成新的文档和变更已有文档时,可以很方便地引证每一个需求,这就是一个软件需求规格说明的可追踪性。

有两种类型的可追踪性:

(1) 向后追踪(即向产生软件需求规格说明的前一阶段追踪)是"根据以前的文档或本文档编制时所依据的每一个需求进行追踪"。例如,业务需求和用户需求等。

(2) 向前追踪(即向由软件需求规格说明所派生的所有后续文档追踪)是"根据软件需求规格说明中具有唯一名字和参照号的每一个需求对后续文档进行追踪。"

在对设计和编码文档进行审查时,需要追踪每一个程序模块与需求的对应,以查实是否每一个设计都能对应到一个需求,或每一个需求都得到设计和实现;同样,在需求变更时可以知道哪些设计受到了影响。此外,当用户需求变更时,也可以立刻知道,哪些软件需求必须随之变更,这又会影响到哪些程序模块或数据结构。

4.7 软件需求评审

作为需求开发的工作成果,软件需求规格说明等文档都必须通过需求确认,对它们的质量进行评估。软件需求确认的目的是确保软件需求在需求规格说明及相关的文档的无歧义性、一致性、完备性和正确性,同时所有与需求有关的描述文档都应符合软件过程和软件产品的标准,尽量不把问题遗留到后续阶段。

软件需求规格说明在通过了需求确认后,它们就成为基线配置项(或里程碑)被"冻结"起来,并成为客户与开发方的一种"约定"(当做合同的一部分)。虽然以后还会有需求的变更,但这都是对软件范围的扩展。

4.7.1 正式的需求评审

对软件需求的评审是要检查需求规格说明对用户需求的描述的解释是否完整、准确。根据对需求规格说明的质量要求,对于需求所进行的审查有如下内容。

1. 用例:用例的目标是否明确?用例规格说明中是否不包含设计和实现的细节?用例规格说明中是否包含了所有备选事件流和异常事件流?用例规格说明是否清楚、无歧义性和完整地记录了每个场景的交互?用例规格说明中的每个动作和步骤是否都与执行的任务有关?用例规格说明中定义的每个场景是否都可行并且都可验证?

2. 功能:是否清楚、明确地描述了所有的功能?所有已描述的功能是否是必须的?是否能满足用户需要或系统目标的要求?功能需求是否覆盖了所有非正常情况的处理?

3. 性能:是否精确地描述了所有的性能需求和可容忍的性能降低程度?是否指定了期望处理时间、数据传输速率、系统吞吐量?在不同负载情况下系统的效率如何?在不同的情况下系统的响应时间如何?

4. 接口:是否清楚地定义了所有的外部接口?是否清楚地定义了所有的内部接口?所有接口是否必需?各接口之间的关系是否一致、正确?

5. 数据:是否定义了系统的所有输入/输出并清楚地标明了输入的来源?是否说明了系统输入/输出的类型以及系统输入/输出的值域、单位、格式和精度?是否说明了如何进行系统输入的合法性检查?对异常数据产生的结果是否做了精确的描述?

6. 硬件:是否指定了最小内存需求和最小存储空间需求?是否指定了最大内存需求和最大存储空间需求?

7. 软件:是否指定了需要的软件环境/操作系统?是否指定了需要的所有软件设施?

8. 通信:是否指定了目标网络和必须的网络协议?是否指定了网络能力和网络吞吐量?是否指定了网络连接数量和最小/最大网络性能需求?

9. 正确性:需求规格是否满足标准的要求?算法和规则是否做过测试?是否定义了针对各种故障模式和错误类型所必需的反应?对设计和实现的限制是否都做了论证?

10. 完整性:需求规格说明是否包含了有关文档(指质量手册、质量计划以及其他有关文档)中规定的需求规格应包含的所有内容?需求规格说明是否包含了有关功能、性能、限制、目标、质量等方面的所有需求?是否识别和定义了在将来可能会变化的需求?是否充分定义了关于人机界面的需求？是否按完成时间、重要性对系统功能、外部接口、性能进行了优先排序？是否包括了每个需求的实现优先级？

11．可行性：需求规格说明是否使软件的设计、实现、操作和维护都可行？所有规定的模式、数值方法和算法是否适用于需要解决的问题？是否能够在相应的限制条件下实现？是否对需求规格进行了可行性分析？相关资料是否已归档？是否对影响需求实现的因素进行了调查？调查结果是否已归档？是否评估了本项目对用户、其他系统、环境的影响特性？

12．一致性：各个需求之间是否一致？是否有冲突和矛盾？所规定的模型、算法和数值方法是否相容？是否使用了标准术语和定义形式？需求是否与其软硬件操作环境相容？是否说明了软件对其系统和环境的影响？是否说明了环境对软件的影响？所有对其他需求的内部交叉引用是否正确？所有需求的编写在细节上是否都一致或者合适？

13．兼容性：接口需求是否使软硬件系统具有兼容性？需求规格说明文档是否满足项目文档编写标准？在出现矛盾时是否有用以解决矛盾的可依据的标准？

14．清晰性/无歧义性：所有定义、实现方法是否清楚、准确地表达了用户的需求？在功能实现过程、方法和技术要求的描述上是否背离了功能的实际要求？是否有不能理解或造成误解的描述？

15．安全性：是否所有与需求相关的安全特性都被包含了？是否详细描述了有关硬件、软件、操作人员、操作过程等方面的安全性？

16．健壮性：是否有容错的需求？是否已对各种操作模式（如正常、非正常、有干扰等）下的环境条件（硬件、软件、数据库、通信）都做出了规定？

17．可理解性：最终产品的每个特性是否始终用同一个术语描述？是否每一个需求都只有一种解释？是否使用了形式化或半形式化的语言？语言是否有歧义性？需求规格说明是否只包含了必要的实现规则？需求规格说明是否足够清楚和明确使其已能够作为设计规格说明和功能测试数据设计的基础？是否有术语定义一览表？

18．可修改性：需求规格说明的描述是否容易修改？例如是否采用良好的结构和交叉引用表等？是否有冗余的信息？是否有被多次定义的需求？

19．可测试性和可验证性：需求是否可以验证（即是否可以检验软件是否满足了需求）？是否对每一个需求都指定了验证过程？数学函数的定义是否使用了精确定义的语法和语法符号？

20．可维护性：是否所有与需求相关的维护特性都被包含了？需求规格说明中各个部分是否是松耦合的（即能否保证在对某部分修改后产生最小的连锁效应）？是否所有与需求相关的外部接口都被包含了？是否所有与需求相关的安装特性都被包含了？

21．可跟踪性：是否每个需求都具有唯一性并且可以正确地识别它？是否可以从上一阶段的文档查找到需求规格说明中的相应内容？需求规格说明是否明确地表明上一阶段提出的有关需求的设计限制都已被覆盖？需求规格说明是否便于后续开发阶段查找信息？

22．可靠性：是否为每个需求指定了软件失效的结果？是否指定了特定失效的保护信息？是否指定了特定的错误检测策略？是否指定了错误纠正策略？系统对软件、硬件或电源故障必须做什么样的反应？

23．其他：是否所有的需求都是名副其实的需求而不是设计或实现方案？是否明确标识出了对时间要求很高的功能并且定义了它们的时间标准？

4.7.2 需求评审中的常见风险

在需求评审的实施过程中可能会遇到的风险包括以下几点。

1. 需求评审的参与者选取不当。缺乏客户参与的需求评审不能真正代表用户的需要，最终会导致实现的产品不满足客户要求；而缺乏相关开发人员和项目管理人员参与的评审会导致相关人员无法及时了解需求变更的情况，造成很多工作需要返工。

2. 评审规模过大。评审一份几百页的软件需求规格说明是非常困难的，即使是一份中型的软件需求规格说明也是如此。所以必须在需求开发的每一小的阶段，采取非正式的、渐增式的评审方式(如走查)，在需求规格说明形成的不同时期让评审人员进行检查。只在需要把软件需求规格说明作为基线时才进行规模比较大的正式评审。如果有足够的审查人员，可以把他们分成几个评审小组分别审查需求文档的不同部分。建议每次需求评审的规模大约是 10~30 页。

3. 评审组规模过大。软件需求涉及系统开发的各个阶段，这可能导致参加需求评审的人员过多。评审组人员太多，很难安排会议，而且在评审会上经常引发题外话，在许多问题上也难以达成一致意见。一个合理的评审组规模应当控制在 3~7 人之间。

4. 评审时间过长。评审会议的时间不能太长，评审组织者需要适当地控制评审时间和评审秩序，一个合理的评审会议时间应当控制在 2 个小时以内。

4.8 软件需求管理

4.8.1 需求管理的概念

需求管理可定义为：一种获取、组织并记录系统需求的系统化方案，以及一个使客户与项目团队对不断变更的系统需求达成并保持一致的过程。

需求工程包括需求获取、分析、规格说明、评审(确认)和管理软件需求，而"需求管理"则是对所有相关活动的规划和控制。通常，人们把软件需求工程划分为需求开发和需求管理两部分，如图 4.53 所示。

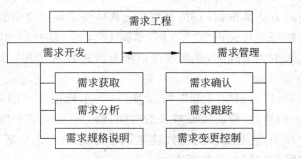

图 4.53 需求关系图

需求开发包括软件需求的获取、分析、规格说明。典型需求开发的结果应该有项目视图和范围文档、用例文档、软件需求规格说明及相关分析模型。经评审批准，这些文档就定义了开发工作的需求基线。这个基线在客户和开发人员之间构筑了待开发软件产品的功能需求和非功能需求的一个约定。这种需求约定,是需求开发和需求管理之间的桥梁。需求管理则包括在工程进展过程中维持需求约定的集成性和精确性的所有活动,如图 4.54 所示。

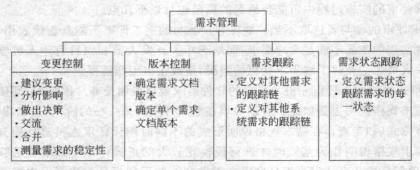

图 4.54 需求管理的主要活动

需求管理的目的是在客户与开发方之间建立对需求的共同理解,维护需求与其他工作成果的一致性,并控制需求的变更。需求管理强调:

- 控制对需求基线的变动。
- 保持项目计划与需求一致。
- 控制单个需求和需求文档的版本情况。
- 管理需求和跟踪链之间的联系或管理单个需求和其他项目可交付物之间的依赖关系。
- 跟踪基线中需求的状态。

4.8.2 需求规格说明的版本控制

版本控制是为了管理软件需求规格说明文档。它主要的活动是统一标识需求规格说明文档的每一个版本,并让每一个开发组的成员能够获得和使用他所需要的任一版本。同时,把每一个需求变更记入文档,并及时通知到开发组相关人员。

需求规格说明文档的每一版本应保存相应历史信息,包括版本号、变更日期、变更人员、变更原因和变更内容。每当需求发生变更,就应产生需求规格说明文档的一个新版本。

版本控制最简单的方法是根据约定,手工标记软件需求规格说明的每一次修改。

一个新文档的最初版本可标记为"1.0 版(草案 1)",下一稿标记为"1.0 版(草案 2)",在文档通过评审被正式采纳为基线前,草案数可以随着改进逐次增加。而当文档被正式采纳后就可以标记为"1.0 正式版"。

对于较小的修改,可以按照"1.1 版"、"1.2 版"……来标记变更的需求规格说明文档的版本号;但如果有较大的修改,修改需要较长的时间,就必须脱机进行变更活动,当修改完成并通过评审后再合并回去,这时必须为文档建立版本分支——"2.0 版"、"3.0 版"……这种方式清楚地区分了草稿和定稿的文档版本。

如果采用软件配置管理工具中的版本控制工具来管理需求规格说明文档,可以自动建立文档的版本树,标识文档的演化情况。这种工具能根据开发人员的存取权限,把文档的任一版本提供给开发人员使用,同时可提供一个日志记录。

4.8.3 需求跟踪

在软件开发过程中,需求跟踪可以确保所有需求都被实现。同时,使用跟踪能力信息,可以确保在变更需求时不遗漏每个受到影响的系统元素。这些系统元素包括其他需求、体系结构、其他设计元素、源代码模块、测试用例、帮助文件、文档等。

保持跟踪能力信息,可以使得变更影响分析变得十分方便,有助于对提交的需求变更请求进行评估和确认。

1. 需求跟踪链

通过需求跟踪链,可以在整个软件生存周期中跟踪一个需求的使用和更新情况。良好的需求跟踪能力是优良需求规格说明的一个特征。为了实现可跟踪的能力,必须统一地标识出每一个需求,以便能明确地进行查询。Jarke 提出了 4 类需求跟踪能力链,如图 4.55 所示。

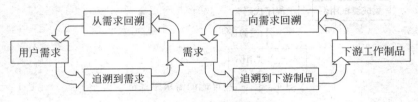

图 4.55 需求跟踪能力链

第一个链是从用户需求向前正向追溯到软件需求,这样就能区分出开发过程中或开发结束后由于用户需求变更受到影响的软件需求,也确保了软件需求规格说明中包含了所有的用户需求。第二个链是从软件需求反向回溯到相应的用户需求,确认每个软件需求的源头。如果以用例的形式来描述用户需求,从软件需求直接就能回溯到某一个用例。

在开发过程中,软件需求逐步转变为设计、程序编码等下游工作制品,所以第三个链是通过定义每个需求和特定的工作制品之间的联系实现从需求向前正向追溯,从而可以了解每个需求对应的下游制品,确保下游制品满足每个需求。第四个链是从下游制品反向回溯到需求,告诉人们每个下游制品之所以存在的原因。如果不能把设计元素、程序代码或测试反向回溯到一个需求,说明可能出现了"画蛇添足"的程序;反过来,如果这些下游制品所实现的某些功能确属必要而需求规格说明没有描述,则说明需求规格说明漏掉了某些需求。

跟踪链记录了每个需求的前后的互连和依赖关系。当某个需求发生变更(删除或修改)后,这种信息能够确保正确的变更传递,并将相应的任务做出正确的调整。图 4.56 说明了在软件系统开发过程中能够定义的一些跟踪链。一个项目不必拥有所有种类的跟踪链,要根据具体的情况调整。

2. 需求跟踪矩阵

表示需求和其他工作任务与工作制品之间联系的跟踪链的最常用方式是使用需求跟踪矩阵。表 4.7 展示了这种矩阵,它表明了每个功能需求向后连接一个特定的用例,向前连接一个或多个设计元素、代码段和测试用例。设计元素可以是数据流图、关系数据模型中的表单、对象类;代码段可以是对象类中的方法、源代码文件名、过程或函数。

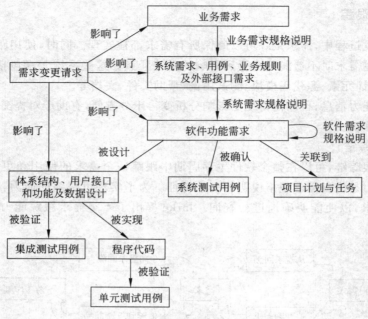

图 4.56 一些可能的需求跟踪链

表 4.7 一种需求跟踪能力矩阵

用例	功能需求	设计元素	实现代码段	测试用例
UC-28	catalog.sort	Catalog class	catalog.sort()	UC-28Test-7
UC-29	catalog.query	Catalog class	catalog.Query.import	UC-29Test-8

跟踪链可以定义各种系统元素类型之间的一对一、一对多、多对多关系。表 4.7 允许在一个表单元中填入几个元素来实现这些特征。下面是一些可能的分类。

- 一对一：例如，一个代码模块应用于一个设计元素。
- 一对多：例如，一个功能需求使用多个测试用例验证。
- 多对多：例如，每个用例具有多个功能需求，而某些功能需求又具有几个用例。

随着软件设计、构造、测试开发的进展，矩阵应不断更新。例如，在实现某一功能需求后，可立即更新它在矩阵中的设计和代码单元，将需求状态设置为"已完成"。

需求跟踪矩阵还能够表示需求之间可能的不同联系，包括一类需求与另一类需求之间的联系、同类中不同需求之间的联系和一类需求与测试用例之间的联系。联系的类型可以是"指定/被指定"、"依赖于"、"衍生为"以及"限制/被限制"等。

表 4.8 所示的需求跟踪能力矩阵给出了用例与功能需求的联系。每个矩阵元素表明对应行与列之间的联系，使用不同的符号明确表示"追溯到"（正向向前）和"从⋯回溯"（反向向后）或其他联系。表 4.8 使用了一个箭头"⇦"表示一个功能需求是从一个用例追溯来的。

跟踪链定义来自某些知识源，即不同类型的源对象和目标对象，它们可以是提供每种跟踪能力信息的角色或个人。表 4.9 定义了一些典型的知识源。

表 4.8 反映用例与功能需求之间联系的需求跟踪能力矩阵

功能需求	用 例			
	UC-1	UC-2	UC-3	UC-4
FR-1	⇐			
FR-2	⇐			
FR-3			⇐	
FR-4		⇐		⇐
FR-5			⇐	
FR-6			⇐	

表 4.9 跟踪链可能的信息源

链的源对象	链的目标对象	链的源对象	链的目标对象
系统需求	系统需求分析员	功能需求的实现策略	其他设计元素的设计师
用例的功能需求	系统需求分析员	详细设计的逻辑	程序员
功能需求	软件需求分析员	功能需求测试用例	测试工程师
功能需求的层次结构	软件架构师		

3. 需求跟踪能力管理过程

利用需求跟踪能力来管理软件生存周期的变更,可以参照下列过程活动:
(1) 决定定义哪几种需求跟踪链。可以参考图 4.57 所示的核对表。

- 基线中是否有需求与变更请求相冲突?
- 是否有待解决的需求变更与变更请求相冲突?
- 不采纳变更会有什么业务或技术上的后果?
- 实施变更请求会有什么样的负面效应或风险?
- 需求的变更是否会不利于需求的实现或其他质量属性?
- 从技术条件和员工技能的角度看该变更是否可行?
- 若执行变更是否会在开发、测试和许多其他环境方面提出不合理要求?
- 实现或测试变更是否有额外的工具要求?
- 在项目计划中,变更请求如何影响任务的执行顺序、依赖关系、工作量或进度?
- 评审变更是否要求原型法或别的用户提供意见?
- 采纳变更请求后浪费了多少以前曾做的工作?
- 变更请求是否导致产品单元成本增加? 例如增加了第三方产品使用许可证的费用。
- 变更是否影响任何市场营销、制造、培训或用户支持计划?

图 4.57 变更请求涉及的问题核对表

(2) 选择使用的需求跟踪矩阵的种类,是表 4.7 还是表 4.8?
(3) 确定对产品的哪些部分维护跟踪能力信息。可以从关键的核心功能、高风险部分或将来维护量大的部分开始做起。
(4) 根据图 4.58 所示的核对表提示开发人员在需求完成或需求变更时更新跟踪链。
(5) 制定规范以统一标识所有的系统元素,达到可以相互联系的目的。

- 确认任何用户接口要求的变更、添加或删除。
- 确认报告、数据库或文件中任何要求的变更、添加或删除。
- 确认必须创建、修改或删除的设计部件。
- 确认源代码文件中任何要求的变更。
- 确认文件或过程中任何要求的变更。
- 确认必须修改或删除的已有的单元、集成或系统测试用例。
- 评估要求的新单元、综合和系统测试实例个数。
- 确认任何必须创建或修改的帮助文件、培训素材或用户文档。
- 确认变更影响的应用、库或硬件部件。
- 确认须购买的第三方软件。
- 确认在软件项目管理计划、质量保证计划和配置管理计划等中变更将产生的影响。
- 确认在修改后必须再次检查的工作产品。

图 4.58 变更影响的软件元素核对表

（6）确定提供每类跟踪能力链信息的个人。

（7）培训开发组成员，使其接受需求跟踪能力的概念和了解重要性、跟踪能力数据存储位置以及定义联系链的技术。

（8）一旦有人完成某项任务就要马上更新跟踪能力数据，即立刻通知相关人员更新需求跟踪能力链上的联系。

（9）在开发过程中周期性地更新数据，以使跟踪信息与实际相符。要是发现跟踪能力数据没完成或不正确，那就说明没有达到效果。

4. 变更影响分析过程

在进行变更控制过程中，通常有专人负责对提出的需求变更申请进行影响分析。如图 4.57 所示的问题核对表可以帮助变更影响分析人员考查一个建议变更的影响。

4.8.4 需求变更请求的管理

为了使开发机构能够严格控制软件开发进程，应确保以下事项：

- 应仔细评估已建议的变更。
- 挑选合适的人选对变更做出决定。
- 变更应及时通知所有相关的人员。
- 开发组要按一定的程序来实施需求变更。

对于很多软件项目来说，需求变更是合理的，而且是不可避免的。业务过程、市场机会、产品竞争以及软件技术在系统开发期间都是变化的，管理层也会在项目开发过程中对项目做出一些调整。因此，必须在项目进度表中对必要的需求变更留有余地。

但是，如果对需求的变更不加控制，持续不断地返工，持续不断地调整资源、进度或质量目标，这会导致项目范围的扩展，开发过程的混乱，开发成本的上升和开发进度的延误，同时导致产品质量的下降。所以，必须严格控制需求的变更。

1. 变更控制的策略

变更控制的策略描述了如何处理需求变更。下述需求变更的策略是有用的。

（1）所有需求的变更必须遵循一个变更控制的过程，如果一个变更请求未被批准，则其后续过程不再予以考虑。

(2) 对于未获批准的变更,除可行性论证之外,不应再做其他设计和实现工作。

(3) 提交一个变更请求不能保证该变更一定能实现,要由项目变更控制委员会决定实现哪些变更。

(4) 项目风险承担者应该能够了解变更数据库的内容。

(5) 绝不能从数据库中删除或修改变更请求的原始文档。

(6) 每一个集成的需求变更必须能跟踪到一个经核准的变更请求。

当然,大的变更会对项目造成显著的影响,而小的变更就可能不会有影响。原则上,应该通过变更控制过程来处理所有的变更,但实践中,可以将一些具体的需求决定权交给开发人员来决定。但只要变更涉及两个人或两个人以上都应该通过控制过程来处理。

2. 变更控制委员会

变更控制委员会(Change Control Board,CCB)可以由一个小组担任,也可由多个不同的组担任。该委员会负责做出决策,批准和实施已提交的需求变更请求。如果项目已经有负责变更决策的人员,则变更控制委员会可以帮助他们在评估变更的影响、制定变更步骤方面更有效地工作。

在软件配置管理活动中,变更控制委员会对项目中任何基线工作产品的变更都可做出决定,需求变更文档仅是其中之一。变更控制委员会的主要工作是:

(1) 制定决策。对每个变更权衡利弊后做出决定。

(2) 交流情况。一旦变更控制委员会做出决策时,应及时更新变更数据库中请求的状态,通过电子邮件通知所有相关人员,以保证他们能充分处理变更。

(3) 重新协商约定。变更是要付出代价的。向一个软件工程项目中增加很多功能,又要求在原先确定的进度计划、人员安排、资金预算和质量要求限制内完成整个项目是不现实的。当软件开发组接受了重要的需求变更时,要与管理部门和客户重新协商约定。协商内容包括推迟"交货"时间、要求增加人手、推迟实现尚未实现的较低优先级的需求,或者在质量上进行折中。要是不能获得一些约定的调整,应该把面临的威胁写进风险管理计划中。

3. 变更控制的步骤

图 4.59 给出一个描述变更控制步骤的模板,它能够应用于需求变更和其他项目变更。

a. 引言:主要说明变更控制的目的,步骤应用的范围。如果步骤仅适合特定产品中的变更,在引言中应明确表述。

b. 角色和责任:按照角色列出参与变更控制活动的开发组成员并且描述他们的责任。对于一些小项目,也可能所有角色均由一个人担任。

c. 变更请求状态:一个变更请求有一个生存周期,相应地有不同的状态。可以使用状态转换图来表示这些状态的变化,如图 4.60 所示。

d. 开始条件:变更控制的开始条件是通过合适的渠道接受一个合法的变更请求。

a. 引言
  a.1 目的
  a.2 范围
  a.3 定义
b. 角色和责任
c. 变更请求状态
d. 开始条件
e. 任务
  e.1 产生变更请求
  e.2 评估变更请求
  e.3 做出决策
  e.4 通知变更人员
f. 评审
g. 结束条件
h. 变更控制状态报告
附录. 存储的数据项

图 4.59 变更控制步骤模板

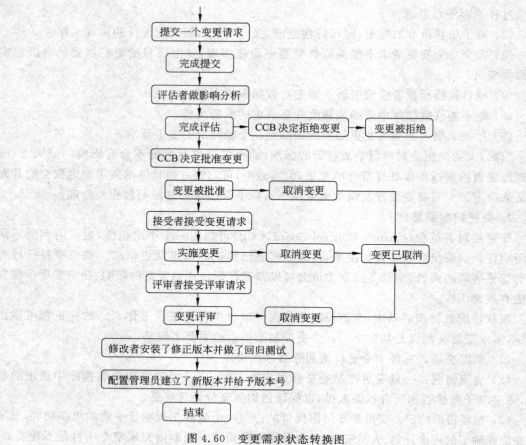

图 4.60 变更需求状态转换图

e. 任务：接受一个新的变更请求后评估该变更的技术可行性、代价、业务需求和资源限制。CCB 要求评估者做系统的影响分析、风险分析和危害分析，了解变更可能带来的潜在影响，根据评估结果决定是批准变更请求还是拒绝变更请求。CCB 给每一个批准的变更需求设定一个优先级或变更实现日期，并通过更新请求状态和通知所有相关的小组成员来传达变更决定。变更人员着手更新相关的工作制品。

f. 评审：通过评审确保更新后的软件需求规格说明、用例、分析模型都正确地反映变更的各个方面。使用跟踪能力信息找出受变更影响的系统的各个部分，确认它们也实现了变更。变更人员安装更新后的部分工作产品并通过调试使之能与其他部分协调地工作。

g. 结束条件：为了完成变更控制执行过程，下列退出条件应该得到满足：
- 变更请求的最终状态应为"被拒绝"、"结束"或"已取消"。
- 所有修改后的工作产品安装至合适的位置。
- 变更请求的提交者、CCB 主席、项目经理和其他相关的项目参与者都已经注意到了变更的细节和当前的状态。
- 为已完成修改并成功安装的工作制品建立了新版本并给予了版本号。
- 已经更新需求跟踪能力矩阵。

h. 变更控制状态报告：用报告、图表来总结变更数据库的内容和按状态分类的变更请求数量。项目经理通常使用这些报告来跟踪项目状态。

第 5 章 软件设计工程

对于任何工程项目来说,在施工之前,总要先完成设计工作,就如同在建高楼大厦之前,要完成设计图纸一样。没有设计图纸,工程就不能开工。对于软件工程来说,也是一样的,软件设计工程是软件开发中的一项核心的工程活动。在软件开发过程中,软件设计处于需求分析阶段及软件构造(或编码)阶段的中间位置。需求分析的主要任务是明确做什么,在完成了需求分析之后,就进入了软件设计阶段。软件设计工程包括一系列原理、概念和实践,可以指导高质量的软件系统或软件产品开发。

5.1 软件设计的目标与准则

明确软件设计目标是软件设计的第一步。软件设计目标明确了最终的软件系统应该具有的质量属性。许多设计目标可以从非功能性需求或应用域中推导出来,而有些设计目标则需要从用户那里得到。将这些设计目标清楚地描述出来是有必要的,这样可以遵照同一准则,前后一致地做出每一个重要的设计决策。

软件设计的目标涉及性能、可靠性、成本及维护等多个方面。一般来说,可以从需求规格说明书中选择重要的质量属性作为设计目标,如性能目标、可靠性目标等。而成本及维护方面往往需要从客户和供应商那里得到。

表 5.1~表 5.5 列出了一些可能的设计准则。这些设计准则可被分成 5 组:性能准则、可靠性准则、成本准则、维护准则和最终用户准则。

5.1.1 性能准则

性能准则包括对系统速度和空间的需求。系统应该是能够发现请求并及时响应这些请求,还是应该尽可能多地完成其他任务?是采用有足够的内存空间来优化速度,还是有限度地使用内存?性能准则如表 5.1 所示。

表 5.1 性能准则

设计标准	定 义
响应时间	用户的需求被提交之后,多久可以得到系统的认可
吞吐量	在一段固定时间内,系统能够完成多少任务
内存	系统运行需要多少空间

5.1.2 可靠性准则

可靠性准则决定了对减少系统崩溃及随后所造成危害所做的努力程度。系统多长时间会发生一次崩溃?系统对用户的可用性如何?系统可以容错或规避失败吗?安全风险与系统环境有关吗?安全性问题与系统崩溃有关吗?可靠性准则如表 5.2 所示。

表 5.2 可靠性准则

设计标准	定义
健壮性	能够经受非法用户侵入系统的能力
可靠性	指定的行为与观察到的行为之间的差别
可用性	系统用来完成正常任务的时间占总运行时间的百分比
容错性	在出错条件下系统的操作能力
保密性	系统承受恶意攻击的能力
安全性	即便在出现错误或故障时,避免系统造成重大财产损失和人员伤亡的能力

5.1.3 成本准则

成本准则包括开发、配置和管理系统的成本。成本准则不仅包括设计上的考虑,还包括管理上的考虑。当新系统取代旧系统时,应该考虑确保向后兼容,或减少新系统移植的开销。同时需要考虑在多种不同的成本之间做出权衡,如开发成本、移植成本、维护成本、用户培训成本等。成本准则如表 5.3 所示。

表 5.3 成本准则

设计标准	定义
开发成本	开发初始系统的成本
部署成本	安装系统并培训用户的成本
升级成本	从原有的系统中导出数据的成本。这个准则导致了向后的兼容性需求
维护成本	需要进行修复错误和增强系统的成本
管理成本	需要对系统进行管理的成本

5.1.4 维护准则

维护准则确定在完成开发后再次改变系统的困难程度。增加新的功能有多困难?对现有功能进行修改有多困难?如果需要将系统移植到另一个平台上,需要多少成本?这些准则很难进行优化和事先规划,因为很少能够清晰地给出项目成功的程度和系统可操作的时间周期。维护准则如表 5.4 所示。

表 5.4 维护准则

设计标准	定义
可扩展性	向系统中添加功能或新类的难易度如何
可修改性	更改系统的难易度如何
可适应性	将系统发布到不同的应用领域的难易度如何
可移植性	将系统移植到不同的平台的难易度如何
可读性	通过阅读源代码来理解系统的难易度如何
需求的可追踪性	将代码映射到特定的需求的难易度如何

5.1.5 最终用户准则

最终用户准则包括从用户视点出发所需的属性,但并没有覆盖性能准则和可靠性准则。软件使用和学习起来是否有困难?用户是否能够在系统上完成所需的功能?最终用户准则如表 5.5 所示。

表 5.5 最终用户准则

设计标准	定 义	设计标准	定 义
效用	系统支持用户的工作有多好	易用性	用户使用系统的难易度如何

在定义设计目标时,希望开发一个既安全可靠,又廉价的系统是不现实的,因此开发人员应当对所有可能的设计目标进行权衡,对必需的设计目标赋予优先级别。表 5.6 给出了一些权衡的示例。

表 5.6 设计目标的某些权衡

权 衡	基 本 原 则
空间与速度	如果软件的响应时间或吞吐量不满足需求,则可以使用更多的存储空间来加快软件的执行速度。如果软件太大,则可以牺牲一定的速度对数据进行压缩处理
交付时间与功能	如果开发进度滞后于计划,则按时交付的功能可以少于预定交付的功能,或推迟交付所有功能。契约软件通常更强调功能,而商业外购软件则更强调交付日期
交付时间与质量	如果测试滞后于计划,则可以按时交付带有错误的软件,或推迟交付带有少量错误的软件
交付时间与人员配置	如果开发进度滞后于计划,可以在项目中增加资源以提高生产率。在多数情况下,这种选择只适用于早期项目。新的人员要经过培训方可使用。中途增加资源通常会降低生产率,还会增加软件开发的成本

5.2 软件设计工程的任务

软件设计的任务是基于需求分析的结果建立各种设计模型,给出问题解决的方案。因此,软件设计在软件开发过程中起着重要的作用。它是将用户需求准确地转化成为最终的软件产品的唯一途径,在需求到实现之间起到了桥梁作用。

在软件设计阶段,需要在多种设计方案之中进行决策和折中,并使用选定的方案进行后续的开发活动。设计决策将最终影响软件实现的成败,同时也将影响到软件维护。这使得软件设计成为开发阶段的重要步骤,也是软件开发中质量得以保证的关键步骤。另外,设计提供了软件的表示,使得软件的质量评价成为可能。

5.2.1 软件设计的概念

M. A. Jackson 曾经说过:"软件工程师的智慧源于认识到使程序工作和使程序正确之间的差异。"而基础的软件设计概念则为"使程序正确"提供了必要的框架。

软件设计包括一套原理、概念和实践,可以指导高质量的系统或产品开发。设计原理建立了最重要的原则,用以指导软件设计师的工作。在运用设计实践的技术和方法之前,必须先理解设计概念,然后通过设计实践,产生各种软件设计表达,用于指导后续的编码工作。

设计是一项核心的工程活动。在 20 世纪 90 年代早期,Lotus 1-2-3 的发明人 Mitch Kapor 在 Dr. Dobbs 杂志上发表了"软件设计宣言",指出:"什么是设计?设计就是你站在两个世界——技术世界和人类的目标世界——并尝试将这两个世界结合在一起……"。罗马建筑批评家 Vitruvius 提出了这样一个观念:"设计良好的建筑应该展示出坚固、适用和令人赏心悦目。"对好的软件来说也同样如此。所谓坚固,是指程序应该不含任何功能上的缺陷;适用是要程序符合开发的目标;赏心悦目则是要求使用程序的体验应是愉快的。

设计工程的目标是创作出坚固、适用和赏心悦目的模型或设计表达。为此,设计师的做法必须是先实现多样化再进行聚合。Belady 指出"多样化是指要获取多种方案和设计的原始资料,包括目录、教科书和头脑中的构件、构件方案和知识"。在各种信息会聚在一起之后,设计师应从其中挑选那些能够满足需求工程和分析模型所定义的需求元素。此时,设计工程师在经过取舍后,进行汇聚,使之成为构件的某种特定的配置,于是便得到最终的产品。

5.2.2 软件设计的阶段与任务

从工程管理的角度,可以将软件设计分为两个阶段:概要设计阶段和详细设计阶段。从技术的角度,采用的方法不同设计的种类会有所不同。传统的结构化方法将软件设计划分为体系结构设计、数据设计、接口设计及过程设计四部分;而面向对象方法则将软件设计划分为体系结构设计、类设计/数据设计、接口设计、构件级设计四部分。

在传统的结构化方法中,概要设计阶段将软件需求转化为数据结构和软件的系统结构。概要设计阶段要完成体系结构设计、数据设计及接口设计。详细设计阶段要完成过程设计,因此有时详细设计也称为过程设计。详细设计的任务是通过对结构表示进行细化,得到软件详细的数据结构和算法。

在面向对象的方法中,概要设计阶段要完成体系结构设计、初步的类设计/数据设计、接口设计。详细设计是在概要设计的基础上完成构件级设计。

从管理和技术两个不同的角度对设计的认识,可以用图 5.1 表示。

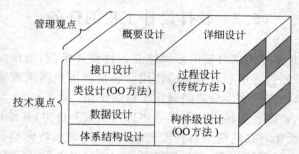

图 5.1 从技术和管理的角度看设计的关系

1. 体系结构设计:体系结构设计定义软件的主要结构元素及其之间的关系。体系结构设计的表示可以从系统规格说明、分析模型(如分析类或数据流图)及体系结构的风格导出。

2. 类设计:类设计对分析阶段所建立的分析类模型进行细化,转化为设计类的实现及软件实现所要求的数据结构。

3. 数据设计:传统方法主要根据需求阶段所建立的实体—关系图(E-R 图)来确定软件涉及的文件系统的结构及数据库的表结构;面向对象方法根据类设计导出数据设计。

4. 接口设计:接口设计有两种。外部接口描述用户界面,以及与其他硬件设备、其他软件系统交互的接口;内部接口描述系统内部各种构件之间交互的接口。

5. 构件级设计:构件级设计将软件体系结构的结构元素变换为对软件构件的过程性描述。从基于类的模型、数据流模型及行为模型获得的信息可以作为构件设计的基础。

6. 过程设计:过程设计的主要工作是确定软件各个组成部分内的算法及内部数据结构,并选定某种过程的表达形式来描述各种算法。

5.2.3 软件设计的过程

软件设计过程中所有基本技术活动的经典设计过程流程如图 5.2 所示。

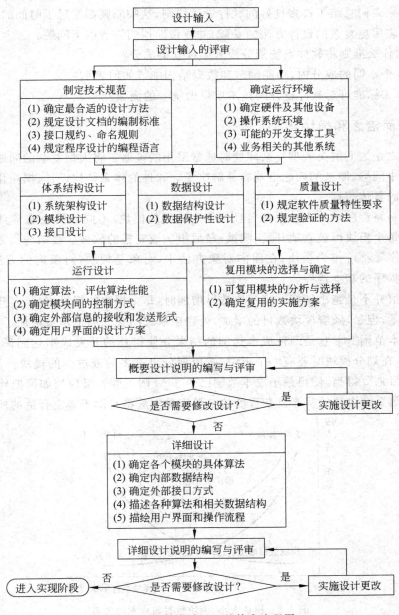

图 5.2 软件设计过程的技术流程图

从宏观上来讲,软件设计的目的是通过设计的结果和设计后续阶段的活动,生成高质量的软件产品。软件设计过程的主要产品,即软件设计说明书应完全体现软件需求规格说明的全部技术要求,同时实现这些要求的解决方案是可行的、有效的,这是最主要的技术目标。其次,软件设计过程应是在满足规定的约束下进行和完成的,这些约束来自于时间、人员、资金和环境,这是软件设计的管理目标。

5.3 创建良好设计的原则

几十年来人们总结了许多良好的软件设计原则,这些原则都经过了时间的考验,成为软件设计人员应用更复杂的设计方法的基础,并能帮助他们弄清以下问题。
- 凭据什么准则将软件系统划分成若干独立的成分?
- 在各个不同的成分内,功能细节和数据结构细节如何表示?
- 用什么标准可对软件设计的技术质量做统一的衡量?

5.3.1 分而治之和模块化

分而治之是人们解决大型复杂问题时通常采用的策略。将大型复杂的问题分解为许多容易解决的小问题,原来的问题也就容易解决了。软件的体系结构设计、模块化设计都是分而治之策略的具体表现。

模块化是将程序划分成独立命名且可独立访问的模块,不同的模块通常具有不同的功能或职责。每个模块可独立地开发、测试,最后组装成完整的软件。在结构化方法中,过程、函数和子程序等都可作为模块;在面向对象方法中,对象是模块,对象内的方法也是模块。模块是构成程序的基本构件。

模块分解并不是越小越好。当模块数目增加时,每个模块的规模将减小,开发单个模块的成本减少了;但是,随着模块数目的增加,处理模块之间交互的工作量增加了。因此,存在一个最小成本范围 M,它是两种成本迭加的结果并使得总的开发成本达到最小,如图 5.3 所示。因此,在划分模块时要有一个折中,避免划分出过多的或过少的模块。但是,如何才知道模块数目划分得当,使得最小成本范围已落在 M 附近呢?又应当如何把软件划分成模块呢?本书第 7 章讲述的程序复杂程度的定量度量方法将有助于确定合适的模块数目。

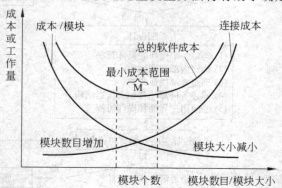

图 5.3 模块大小、模块数目与成本的关系

5.3.2 模块独立性

模块的独立性是指软件系统中每个模块只涉及软件要求的具体的子功能,而和软件系统中其他模块的接口是简单的。例如,若一个模块只具有单一的功能且与其他模块没有太多的联系,那么,我们则称此模块具有模块独立性。

一般采用两个准则度量模块独立性,即模块之间的耦合和模块的内聚。

耦合是模块之间互相连接的紧密程度的度量。模块之间的连接越紧密,联系越多,耦合性就越高,其模块独立性就越弱。内聚是模块内部各个元素彼此结合的紧密程度的度量。一个模块内部各个元素之间的联系越紧密,则它的内聚性就越高,相对地,它与其他模块之间的耦合性就会降低,模块独立性就越强。因此,模块独立性好的模块应是高内聚、低耦合的模块。

5.3.3 尽量降低耦合性

各个模块之间耦合是紧密还是松散,取决于相关模块之间接口的复杂程度、调用模块的方式以及哪些信息通过接口。1978 年 Myers 提出了模块之间耦合的 7 种类型,按照耦合性从紧密到松散的程度不同,区分为内容耦合、公共耦合、外部耦合、控制耦合、标记耦合、数据耦合、非直接耦合。2001 年 Lethbridge 和 Laganière 综合传统的和面向对象的开发方法,提出了 9 种耦合类型,按照耦合性从紧密到松散的程度自左向右排列,如图 5.4 所示。

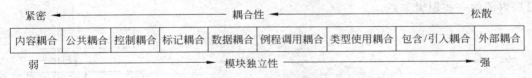

图 5.4　耦合类型及与模块独立性之间的关系

1. 内容耦合(Content Coupling)

如果发生下列情形,两个模块之间就发生了内容耦合。参看图 5.5。

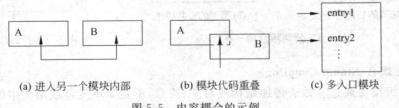

(a) 进入另一个模块内部　　(b) 模块代码重叠　　(c) 多入口模块

图 5.5　内容耦合的示例

(1) 一个模块(或构件的操作)直接访问另一个模块(或构件)的内部数据;

(2) 一个模块不通过正常入口转到另一模块内部;

(3) 两个模块有一部分程序代码重叠(只可能出现在汇编语言中);

(4) 一个模块有多个入口。

在内容耦合的情形,被访问模块的任何变更,或者用不同的编译器对它再编译,都会造成程序出错。好在大多数高级程序设计语言已经设计成不允许出现内容耦合。它一般出现在汇编语言程序中。这种耦合是模块独立性最弱的耦合。

2. 公共耦合（Common Coupling）

若一组模块都访问同一个公共数据环境，则它们之间的耦合就称为公共耦合。公共数据环境可以是全局变量、全局数据结构、共享的通信区、内存的公共覆盖区等。这种耦合会引起下列问题：

（1）所有公共耦合模块都与某一个公共数据环境内部各项的物理安排有关，若某个数据的大小被修改，将会影响到所有的模块。

（2）无法控制各个模块对公共数据的存取，严重影响软件模块的可靠性和适应性。

（3）公共数据名的使用，明显降低了程序的可读性。

公共耦合的复杂程度随耦合模块的个数增加而显著增加。若只是两个模块之间有公共数据环境，则公共耦合有两种情况。若一个模块只往公共数据环境里传送数据，而另一个模块只从公共数据环境中取数据，则这种公共耦合叫做松散公共耦合，如图 5.6(a)所示；若两个模块都从公共数据环境中取数据，又都向公共数据环境里送数据，则这种公共耦合叫做紧密公共耦合，如图 5.6(b)所示。只有在模块之间共享的数据很多，且通过参数表传递不方便时，才使用公共耦合。否则，还是使用模块独立性比较高的数据耦合好些。

3. 控制耦合（Control Coupling）

一个过程通过标志、开关或命令显式地控制另一个过程的动作，就产生控制耦合，如图 5.7 所示。这种耦合的实质是在单一接口上选择多功能模块中的某项功能。因此，对被控制模块的任何修改，都会影响控制模块。另外，控制耦合也意味着控制模块必须知道被控制模块内部的一些逻辑关系。

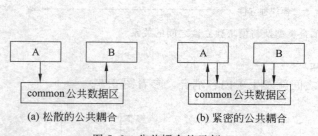

图 5.6 公共耦合的示例

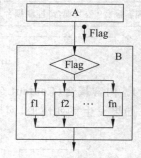

图 5.7 控制耦合的示例

4. 标记耦合（Stamp Coupling）

如果一组模块通过参数表传递结构或对象（注意，不是简单变量或结构中的某一分量），就是标记耦合。事实上，这组模块共享了这个结构或对象，这要求这些模块都必须清楚该结构或对象的内部细节，并按结构要求对此结构或对象进行操作。在设计中如果能直接用简单变量作为参数，应尽量避免直接传递结构或对象参数。

5. 数据耦合（Data Coupling）

如果一个模块访问另一个模块时，彼此之间是通过数据参数（不是控制参数、结构或对象参数、公共数据结构）来交换输入、输出信息的，则称这种耦合为数据耦合。由于限制了只通过参数表传递数据，按数据耦合开发的程序界面简单、安全可靠。因此，数据耦合是松散的耦合，模块之间的独立性比较强。在软件程序结构中应该确保有这类耦合。

6. 例程调用耦合（Routine Call Coupling）

一个程序（或对象的操作）调用另一个程序（或另一个对象的操作），就产生例程调用耦合。如果几个程序之间出现例程调用耦合，就意味着它们必须依赖对方的行为，而且调用者依赖被调用者的接口。在所有的系统中都存在这种类型的耦合。

7. 类型使用耦合（Type Use Coupling）

当一个模块使用另一个模块定义的数据类型时，就产生了类型使用耦合。例如，在面向对象方法中，一个类把另一个类的实例声明为自己的数据成员（或称实例变量）时就产生了类型（嵌套）使用耦合。典型的事例如在定义一个"几何图形"类时用到了"点"类的实例。类型使用耦合的问题是：当类型定义改变时，该类型的使用者也必须改变。

8. 包含/引入耦合（Inclusion/Import Coupling）

在 C 或 C++ 中，当一个构件包含（Include）另一个构件时，或在 Java 中，一个构件引入（Import）一个包时就产生包含/引入耦合。包含/引入耦合是必需的，因为它允许你使用库或其他子系统的功能。但要注意可能带来的副作用。例如，如果包含/引入进来的类或包中有一个操作与你自己程序中的一个操作同名，可能会导致系统突然瘫痪。所以使用者必须知道要包含/引入进来的类或包的所有细节。

9. 外部耦合（External Coupling）

模块对外部系统，如操作系统、共享库或硬件有依赖关系时就产生外部耦合。可通过信息隐蔽减少这种依赖关系。

以上列出的 9 种耦合类型，只是从耦合的机制上所做的分类。但它给设计者在设计模块结构时提供了一个决策准则。实际上，两个模块之间的耦合不只是一种类型，而是多种类型的混合。这就要求设计者按照降低耦合性的原则进行比较和分析，逐步加以改进。

原则上讲，模块化设计的最终目标是希望建立模块之间耦合程度尽可能松散的系统。在这样的系统中，对某一模块进行设计、编码、测试和维护时，不需要对系统中其他模块有很多的了解。此外，由于模块间联系简单，发生在某一处的错误传播到整个系统的可能性很小。因此，模块间的耦合情况在很大程度上会影响到系统的可维护性。

那么，在系统的模块化设计时，如何降低模块间的耦合度呢？以下几点可供参考。

（1）根据问题的特点选择适当的耦合类型

在模块间传递的信息有两种：一种是数据信息，一种是控制信息。传送数据的模块，其耦合程度比传送控制信息的模块耦合程度要低。

在模块调用时，传送的控制信息有两种：一种是传送地址，即调用模块直接转向被调用模块内部的某一地址；另一种是传送判定参数，被调用模块通过判定参数决定如何执行。在这两种情况下，模块间的耦合程度也很高，所以应当尽量减少和避免传送控制信息。

（2）降低模块接口的复杂性

模块接口的复杂性包括三个因素：一是传送信息的数量，即有关的公共数据与调用参数的数量；二是联系方式；三是传送信息的结构。

一般情况，在模块的调用序列中若出现大量的参数，就表明被调用模块要执行许多任务。通过把这个被调用模块分解成更小的模块，就可以减少模块接口的参数个数，降低模块接口的复杂性，从而降低模块间的耦合程度。

模块的联系方式（即调用方式）尽量采用标准调用方式，避免按地址直接或间接调用。

使用前者,模块间接口清晰,耦合程度低。而后者是一个模块直接访问另一个模块内部的数据或指令,模块间的耦合程度高。在参数类型上,尽量少使用指针、过程等类型的参数。因为若以非直接的、嵌套的方式提供输入,则传递的信息结构比较复杂。

(3) 把模块的通信信息放在缓冲区中

由于可以将缓冲区看做是一个先进先出的队列,它保持了通信流中元素的顺序。沿着通信路径而操作的缓冲区将减少模块间互相等待的时间。在模块化设计时,如果能够把缓冲区作为每次通信流的媒介,那么一个模块执行的速度、频率等问题一般不影响其他模块的设计。

5.3.4 尽量提高内聚性

1978 年 Myers 提出了模块内聚的 7 种类型,按照内聚性从高到低排列,分为功能内聚、信息内聚、通信内聚、过程内聚、时间内聚、逻辑内聚、巧合内聚。1990 年 Schach 鉴于抽象数据类型的重要性,把信息内聚和功能内聚的顺序颠倒了过来。2001 年 Lethbridge 和 Laganière 则综合传统的和面向对象的开发方法,提出了改进的模块内聚的 7 种类型,按照内聚性从高到低排列,如图 5.8 所示。通常,位于高端的几种内聚类型最好,位于低端的内聚类型比较差。因此,我们在设计应用系统的模块结构时应注意使模块的内聚类型向高端靠。模块的内聚在系统的模块化设计中是一个关键的因素。

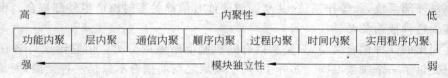

图 5.8 内聚类型及与模块独立性之间的关系

内聚和耦合是相互关联的。在程序结构中各模块的内聚性越高,模块间的耦合性就越低。软件设计的目标是力求增加模块的内聚,尽量减少模块间的耦合,但增加内聚比减少耦合更重要,应当把更多的注意力集中到提高模块的内聚性上来。

下面分别对这几种内聚类型加以说明。

1. 功能内聚(Functional Cohesion)

一个模块或构件只执行单一功能并返回结果且没有副作用,就是功能内聚。这种模块中各个部分都是完成某一具体功能必不可少的组成部分,或者说该模块中所有部分都是为了完成一项具体功能而协同工作,紧密联系,不可分割的。功能内聚模块的优点是它们容易修改和维护,因为它们的功能是明确的,模块间的耦合是简单的,而且可复用性好。

但是,如果一个模块更新了数据库或创建了一个新文件,这种模块就不是功能内聚的,因为它改变了数据库或文件系统,具有副作用。此外,与用户交互的模块也不算功能内聚模块,因为它可能会有多种计算,产生的输出可能不是计算返回的结果。

2. 层内聚(Layer Cohesion)

把向用户或高层提供相关服务的功能放在一起,形成的功能层次就达到了层内聚。形成层内聚的构件实现(软件体系结构的)层次结构的某一层的功能,它可以访问低层服务,并可以向它的上层提供服务。图 5.9 描述了层之间的关系和在系统结构中使用层的例子。

在层内聚的构件中包含的服务可以有计算服务、消息和数据传输服务、数据存储服务、

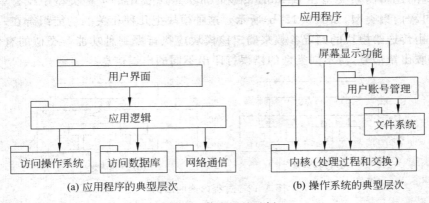

(a) 应用程序的典型层次　　　　(b) 操作系统的典型层次

图 5.9　使用层的示例

管理安全服务、用户交互服务、访问操作系统服务、硬件交互服务等。层内聚构件提供服务的操作通常称为应用编程接口(Application Programming Interface，API)。API 的规格说明必须定义高层用以访问服务的协议，还要描述每个服务的语义和副作用。层内聚的优点是替换高层，对低层没有影响，低层服务可以用等价的层替换。

3. 通信内聚（Communicational Cohesion）

把访问或操作同一数据结构的操作放在一个模块中，其他无关操作排除在外，就形成了通信内聚。这种内聚类型与 Myers 提出的信息内聚类型的含义相同：在这种模块内的所有操作都作用在同一数据结构，它们可以互相通信，但对外必须通过接口，典型的例子如一个对象类的设计，如图 5.10 所示。

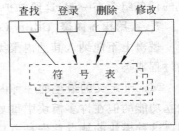

通信内聚的优点是体现了抽象数据类型：当修改数据时，所有与这个数据有关的操作都在同一模块中。

通信内聚的模块可以内嵌到层中。就是说，某一层中的部分 API 可以操作该层的特定的数据对象。

图 5.10　通信内聚的示例

4. 顺序内聚（Sequential Cohesion）

存在一系列操作，其中一个操作向另一个操作提供输入，这些操作放在一起，形成顺序内聚，如图 5.11 所示。例如，在面向对象的方法中一个消息序列，就是典型的顺序内聚：一个对象的操作向另一个对象的操作发送消息，让它提供某种服务，同时向其提供输入。

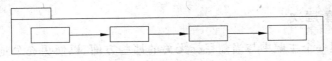

图 5.11　顺序内聚的示例

5. 过程内聚（Procedural Cohesion）

如果一个模块内的几个操作是相关的，而且必须以特定次序执行，则称这个模块为过程内聚模块。但在这种模块内，一个操作的输出不一定是下一个操作的输入，如图 5.12(a)所示，因此，它比顺序内聚要弱。

Myers 的逻辑内聚类型在 Lethbridge 和 Laganière 提出的 7 种类型中没有单独列出，它应归于过程内聚类型，如图 5.12(b)所示。这种模块把几种相关的功能组合在一起，每次被调用时，由传送给模块的判定参数来确定该模块应执行哪一种功能。类似的有错误处理模块，它接收出错信号，对不同类型的错误打印出不同的出错信息。

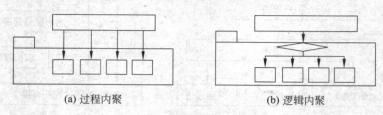

(a) 过程内聚   (b) 逻辑内聚

图 5.12　过程内聚的示例

6. 时间内聚（Classical Cohesion）

时间内聚又称为经典内聚。这种模块大多为多功能模块，但模块的各个功能的执行与时间有关，通常要求所有功能必须在同一时间段内执行。例如初始化模块和终止模块。初始化模块要为所有变量赋初值，对所有介质上的文件置初态，初始化寄存器和栈等，因此要求在程序开始执行的最初一段时间内，模块中所有功能全部执行一遍。

在一般情形下，时间内聚模块中所有各部分在同一时间段内可以以任意的顺序执行，所以它的内部逻辑更简单，存在的开关（或判定）转移更少。但是，时间内聚模块把很多功能独立的任务组合在一起，这给维护与修改造成了困难。

7. 实用程序内聚（Utility Cohesion）

逻辑上不能纳入其他内聚类型的相关实用程序放在一起，形成实用程序内聚，如可复用的过程或类。

Myers 定义的最差的一种内聚类型是巧合内聚（Coincidental Cohesion），它把那些没有独立功能的但在许多模块中重复多次的语句抽取出来，组成一个新模块，目的是节省存储空间。这种模块的缺点首先是不易修改和维护，例如，如果一个模块要求改动该模块的某些语句，但其他模块还要用原来的语句，这样可能会陷入困境。其次是这种模块的内容不易理解，很难描述它所完成的功能，增加了程序的模糊性。另外，可能会把一个完整的程序段分割到许多模块内，在程序运行过程中将会频繁地互相调用和访问数据。因此，在通常情况下应避免构造这种模块，除非系统受到存储空间的高度限制。但由于这种处理可以归属于程序设计风格和程序优化问题，所以没有单独算作一种内聚类型。

5.3.5　提高抽象层次

抽象是指忽视一个主题中与当前目标无关的那些方面，以便更充分地注意与当前目标有关的方面。当我们进行软件设计时，最初应从软件的最高抽象层次着手，按抽象级别从高到低进行分层的软件体系结构设计，按自顶向下方式，对各个层次的过程细节和数据细节逐层细化，直到用程序设计语言的语句能够实现为止。

在设计实践中，最初设计者得到的只是一个概括的功能说明（或信息说明），描述了系统的功能或信息，但并未涉及有关功能的内部实现机制或有关信息的内部结构信息，这是最高的抽象层次。设计者对这个初始的说明仔细推敲，进行功能细化或信息细化，划分出若干成分,使抽象层次降低。然后,设计者再对这些成分进行同样的细化工作。随着细化工作的逐步展开,设计者就能得到越来越多的实现细节,达到最低的抽象层次。

这就是我们常说的从抽象到具体的自顶向下、逐步细化的设计过程。

在最高的抽象层次上,我们可以使用问题所处环境的语言概括地描述问题的解决方案;在较低的抽象层次上,采用更过程化的方法,将面向问题的术语和面向实现的术语结合起来描述问题的解法;在最低的抽象层次,则用某种程序设计语言来描述问题的解法。

过程抽象和数据抽象是两种常用的抽象手段。

5.3.6 复用性设计

复用是指同一事物不做修改或稍加修改就可以多次重复使用。将复用的思想用于软件开发,称为软件复用。就是说,在构造新的软件系统时不必从零做起,可以直接使用已有的可复用的软构件,用以组装(或加以合理修改)成新的系统。面向对象开发人员常说的一句话就是"请不要再发明相同的车轮了"。

由于软构件是经过反复使用验证的,自身具有较高的质量。因此,由软构件组成的新系统也具有较高的质量。目前,软件复用和构件技术已经成为提高软件质量及生产率的重要方法,而且软件复用已不再局限于程序代码的复用,复用的范围已经扩展到软件开发的各个阶段,包括需求模型和规格说明、设计模型、文档、测试用例等的复用。

在软件设计的过程中,可以在算法、类、过程、体系结构和完整应用程序的级别上实现设计的可复用性。可复用性设计有两方面的含义:一是尽量使用已有的构件(包括开发环境提供的及以往开发类似系统时创建的);二是在设计时就应该考虑将来的重复利用问题,有意识地按照可复用构件的要求建立自己的设计。复用构件的机制包括过程调用和继承父类。

在软件设计中引入可复用性的方法有:

(1) 使设计尽可能通用。例如,数据类型参数化,所有数据自包含。

(2) 提高构件的独立性和抽象性。例如,提高内聚、降低耦合、提高抽象性。

(3) 设计系统时要包含"钩子"。例如,建立一些表格或链接,在纳入新功能时尽量少改程序或不改程序。

(4) 尽量简化设计。例如,只做简单事情,易于与其他构件配合,输入/输出单一。

5.3.7 灵活性设计

保证软件灵活性设计的关键是抽象。面向对象系统中类的层次结构类似一座金字塔,越接近金字塔的顶端,抽象程度就越高。"抽象"的反义词是"具体"。软件的灵活性会随抽象程度的提高而提高。但在实际的项目中,并不意味着抽象程度越高越好。软件设计究竟抽象到什么程度最好,往往需要根据现有开发人员的水平来确定。抽象程度太高,超出了开发人员所能理解的程度,结果会导致开发工作难以顺利进行。

目前,越来越多的语言、平台构建在面向对象开发方法的基础之上,这充分说明了面向对象的优势所在。最近几年,软件体系结构、基于面向对象的设计模式等越来越受到人们的关注。所有这些,其实都是为了实现更高抽象层次的编程,以保证软件的灵活性。

在软件设计中引入灵活性的方法有:

（1）降低耦合并提高内聚（易于提高替换能力）；
（2）建立抽象（创建有多态操作的接口和父类）；
（3）不要将代码写死（消除代码中的常数）；
（4）抛出异常（由操作的调用者处理异常）；
（5）使用并创建可复用的代码。

5.3.8 预防过期

在软件设计时，应积极预测将来可能在技术和运行环境上的变化，并为此采取相应的预防措施。在设计中应遵循的预防过期的规则有：
（1）避免使用早期发布的技术；
（2）避免使用针对特定环境的软件库；
（3）避免使用软件库中文档不全或很少使用的功能；
（4）避免使用小公司或可能不提供长期支持的公司提供的可复用构件或特殊硬件；
（5）使用众多厂商支持的标准语言和技术。

5.3.9 可移植性设计

软件的可移植性指的是软件不经修改或稍加修改就可以运行于不同软硬件环境（CPU、OS 和编译器）的能力。可移植性是软件的质量要素之一。良好的可移植性可以延长软件的生存周期，拓展软件的应用环境。关于软件可移植性的研究主要集中在程序设计语言、编译器、操作系统和计算机体系结构等不同层面上探讨可移植性设计与实现的策略。

实现可移植性的规则有：

（1）避免使用特定环境的专有功能。不论是桌面应用领域还是嵌入式应用领域，大多数应用系统都是基于操作系统构建的。但由于操作系统的基础架构不一致，直接导致了构建在操作系统之上的应用系统的不一致性。如果应用系统需要构建在多种平台之上，就产生了"移植"问题。为了将一个特定领域的应用系统从一种平台移植到另一种平台，应该尽可能地将平台不一致性的部分提取、抽象出来，提供应用程序的可移植性。

（2）使用不依赖特定平台的程序设计语言。软件的可移植性主要体现为代码的可移植性。所以，直接与编程语言有关。编程语言的级别越低，用它编写的程序越难移植。例如，Java 被称为跨平台的编程语言，可以"一次编译，到处运行"，具有 100% 的可移植性；而汇编语言编写的程序就必须依赖某一特定的硬件平台。

（3）小心使用可能依赖某一平台的类库。

（4）了解编程语言可能依赖特殊硬件结构的功能。例如，为了提高 Java 程序的性能，最新的 Java 标准允许人们使用一些与平台相关的优化技术，这样优化后的 Java 程序就做不到"一次编译，到处运行"，但仍然能够"一次编程，到处编译"。软件设计时应该将"设备相关程序"与"设备无关程序"分开，将"功能模块"与"用户界面"分开，这样可以提高可移植性。

5.3.10 可测试性设计

为了使软件测试更加高效和可行，在做软件设计时，需要对软件的可测试性进行周密设计。软件的可测试性是指在一定的时间和成本前提下，进行测试用例设计、测试用例执行，以此来发现软件的问题及故障,并隔离、定位其故障的能力特性。简单地说,软件的可测试性就是一个计算机程序能够被测试的难易程度。

需要考虑的可测试性设计的规则如下:

(1) 坚持测试驱动设计(测试先行)的方法。即提倡优先编写测试代码。当然不是测试代码全部编写完成后再做设计和实现,而是采取循序渐进的办法。一般先编写验收测试代码,再编写单元测试代码,让测试代码编写和设计与实现交替进行。

(2) 函数小型化。尽量做到一个函数对应一个操作,使函数小型化。

(3) 数据的显示与控制分离。将处理代码与 GUI 分离,这样,各种 GUI 动作就变成了模型上的简单方法调用。对 GUI 测试者来说,通过方法调用测试功能比间接地测试功能容易得多。另一个好处是它使修改程序功能而不影响视图变得更容易。

需要注意的是,考虑可测试性设计时必须保证不能对软件系统的任何功能有影响,不能产生附加的活动或者附加的测试。

5.3.11 防御性设计

防御性设计是指在软件设计时就考虑自动检错、报错和纠错功能。这种防御性功能可以是周期性地对整个软件系统进行校验和考核,搜索和发现异常情况。检查的项目通常有:输入数据类型、属性和范围,操作人员输入数据的性质和顺序,栈的溢出,循环变量,选择变量,表达式中的零分母,输出数据格式等。

另外,常采用前置条件、后置条件和不变式检查操作可能的缺陷,主要思路为:

(1) 前置条件(Precondition):被调用操作如正常执行必须满足的先决条件称为前置条件。在调用一个操作时要确保该操作的前置条件成立。例如,当栈非空时才能正常退栈。

(2) 后置条件(Postcondition):被调用操作正常执行所得到的结果必须满足的条件称为后置条件。在被调用操作返回时要确保该操作的后置条件成立。例如,正常退栈的结果应返回一个栈中保存元素的值;成功进行动态存储分配的结果是记录被分配空间首地址的指针不为空。

(3) 不变式(Invariant):被调用操作在执行时一直保持成立的条件称为不变式。例如,当电子游戏软件正常运行时要求参加游戏的选手人数始终保持大于 0。

前置条件、后置条件和不变式都是布尔表达式,其计算结果为假,表示有错误发生。可以使用断言机制,在重要构件的边界应始终保留严格的断言检测。

5.4 传统的面向过程的设计方法

传统的面向过程的设计方法又称为结构化设计方法,它是在模块化、自顶向下、逐步细化及结构化程序设计技术基础之上发展起来的。该方法是根据系统的数据流图进行设计,即根据系统的处理过程进行设计,故亦称为过程驱动的设计。

结构化设计工作与软件需求分析阶段的结构化分析方法相衔接,可以很方便地将用数据流图表示的信息转换成程序结构的设计描述,这一方法还能和编码阶段的"结构化程序设计方法"相适应,成为传统的常用设计方法。

5.4.1 结构化设计与结构化分析的关系

软件设计必须依据对软件的需求来进行,结构化分析的结果为结构化设计提供了最基本的输入信息。结构化设计与结构化分析的关系如图 5.13 所示。图的左边是用结构化分析方法所建立的分析模型,右边是用结构化设计方法需要建立的设计模型。

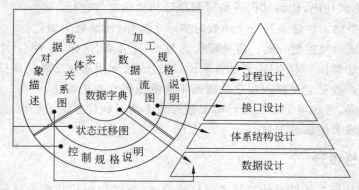

图 5.13 结构化设计与结构化分析的关系

结构化设计方法的实施要点是:

(1) 首先研究、分析和审查数据流图。根据穿越系统边界的信息流初步确定系统与外部的接口。从软件的需求规格说明中弄清数据流加工的过程,对于发现的问题及时解决。

(2) 根据数据流图决定问题的类型。数据处理问题通常有两种类型:变换流型和事务流型。针对两种不同的类型分别进行分析处理。

(3) 由数据流图推导出系统的初始结构图。

(4) 利用一些启发式原则来改进系统的初始结构图,直到得到符合要求的结构图为止。

(5) 根据分析模型中的实体关系图和数据字典进行数据设计,包括数据库设计或数据文件的设计。

(6) 在上面设计的基础上,依据分析模型中的加工规格说明、状态迁移图及控制规格说明进行过程设计。

(7) 制定集成测试计划。

5.4.2 软件结构及表示工具

用结构化设计方法进行设计,得到的软件结构有两类:一类是软件的模块结构,另一类是软件的数据结构。一般通过功能划分过程来完成软件的模块结构设计。功能划分过程从需求分析确立的目标系统模型出发,对整个问题进行分割,使其每一部分用一个或几个软件模块加以解决,整个问题就解决了。这个过程可以形象地用图 5.14 表示。该图表明了从软件需求分析到软件设计的过渡。

进一步,需要确定模块间的关系,并把得到的模块和模块间的关系称为模块结构。模块结

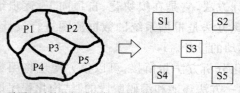

图 5.14 软件模块的划分

构表明了程序各个部件(模块)的组织情况,它通常是树状结构或网状结构,并蕴含了在程序控制上的层次关系。

1. 模块的树状结构和网状结构

在模块的树状结构中,位于最上层的根是程序的主模块。与其联系的有若干下属模块,各下属模块还可以进一步引出更下一层的下属模块,如图 5.15(a)所示。从树状结构可以明显地看出模块的层次关系。模块 A 是主模块,如果算作第 0 层,则其下属模块 B 和 C 为第 1 层,模块 D、E 和 F 是第 2 层……。树状结构的特点是:整个结构只有一个主模块,上层模块调用下层模块,同一层模块之间互不调用。因此,在软件模块设计时,通常建议采用树状结构。例外情况是,在最底层可能存在一些公共模块(大多为数据操作模块),使得实际软件的模块结构不是严格意义上的树状结构,这属于正常情况。

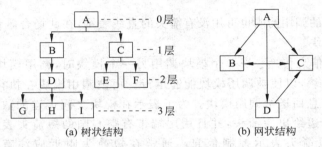

图 5.15 模块的树状结构和网状结构

在模块的网状结构中,任意两个模块之间都可以有调用关系。由于不存在上级模块和下属模块的关系,也就分不出层次来。任何两个模块都是平等的,没有从属关系。图 5.15(b)给出了网状结构的例子。形式上模块 A 处在较高的位置上,B、C 和 D 是其下属模块。但在图上又可看出,C 是 B 的下属模块,而 B 又是 C 的下属模块,因此不构成层次关系。

分析两种结构的特点后可以看出,对于不加限制的网状结构,由于模块之间相互关系的任意性,使得整个结构十分复杂,处理起来势必引起许多麻烦。所以,在软件开发的实践中,人们通常采用树状结构,而不采用网状结构。

2. 结构图

结构图(Structure Chart,SC)是精确表达模块结构的图形表示工具。它作为软件文档的一部分,清楚地反映出软件模块之间的层次调用关系和联系。它不仅严格地定义了各个模块的名字、功能和接口,而且还集中地反映了设计思想。它以特定的符号表示模块、模块间的调用关系和模块间信息的传递。结构图的主要成分包括:

(1) 模块:在结构图中,模块用矩形框表示,并用模块的名字标记它。模块的名字应当能够表明该模块的功能。对于现成的模块,则以双纵边矩形框表示(见图 5.16)。

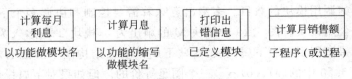

图 5.16 模块的表示

（2）模块的调用关系和接口：在结构图中，两个模块之间用单向箭头连接。箭头从调用模块指向被调用模块，表示调用模块调用了被调用模块。但其中隐含了一层意思，就是被调用模块执行完成之后，控制又返回到调用模块。图 5.17(a)表示模块 A 调用了模块 B。

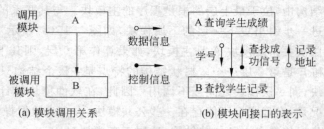

图 5.17　模块间的调用关系和接口表示

有时模块之间的调用箭头也可用没有箭头的直线表示，在此场合默认位于上面的模块调用位于下面的模块。

（3）模块间的信息传递：当一个模块调用另一个模块时，调用模块把数据或控制信息传送给被调用模块，以使被调用模块能够运行。而被调用模块在执行过程中又把它产生的数据或控制信息回送给调用模块。为了表示在模块之间传递的数据或控制信息，在连接模块的箭头旁边给出短箭头，并且用尾端带有空心圆的短箭头表示数据信息，用尾端带有实心圆的短箭头表示控制信息。通常在短箭头附近应注有信息的名字。如图 5.17(b)所示，在学校教务管理中，查询学生成绩的模块 A 调用按学生学号查找学生记录的模块 B，此时模块 A 需要把要查询学生的学号作为数据信息传送给模块 B，在模块 B 查询结束后，要回送一个是否查找成功的控制信息和一个查找成功时检索出学生记录地址的数据信息。

有的结构图对这两种信息不加以区别，一律用注有信息名的短箭头"→"来表示。

（4）重复调用和选择调用的符号：当模块 A 有条件地调用另一个模块 B 时，在模块 A 的箭头尾部标以一个菱形符号；当一个模块 A 反复地调用模块 C 和模块 D 时，在调用箭头尾部则标以一个弧形符号，请参看图 5.18。在结构图中这种条件调用所依赖的条件和循环调用所依赖的循环控制条件通常都无需注明。

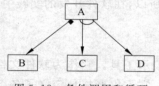

图 5.18　条件调用和循环调用的表示

（5）结构图的形态特征：图 5.19 是一个结构图的示例，它是一个软件系统的分层模块结构图。在图中，上级模块调用下级模块，它们之间存在主从关系，即自上而下是"主宰"关系，自下而上是"从属"关系。而同一层的模块之间并没有这种主从关系。

在模块结构中，一个模块的扇出为该模块直接调用的下属模块的数目，扇入则定义为调用一个给定模块的调用模块的数目。多扇出意味着需要控制和协调多个下属模块，而多扇入的模块通常是公用模块。图 5.19 中模块 M 的扇出为 3，模块 T 的扇入为 4。

一个模块如果调用了多个下属模块，这些下属模块在结构图中所处的左右位置是无关紧要的，例如，图 5.20 中的(a)、(b)、(c)三个图是等价的。但如果对下属模块的调用次序不是任意的，例如，必须按 A、B、C 的次序调用下属模块，那么，最好是采用图 5.20(a)的形式，因为人们习惯于从左向右读图。

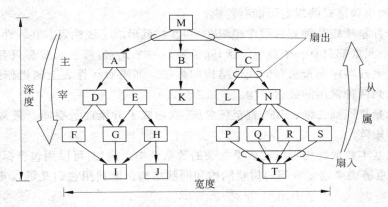

图 5.19　结构图示例

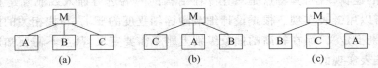

图 5.20　同一结构图的几种画法

3. 数据结构

数据结构是数据的各个元素之间逻辑关系的一种表示。数据与程序是密切相关的,学习过数据结构的人都不难明白,实现相同的功能,如果采用的数据结构不同,则底层的处理算法也不相同。所以在软件结构的设计中,数据结构与模块结构同等重要。

数据结构设计应确定数据的组织、存取方式、相关程度以及信息的不同处理方法。已有专门的书籍对这些课题进行讨论。全面的讨论超出了本书的范围,但了解一些组织信息的典型方法和信息分层的基本概念还是很必要的。

数据结构的组织方法和复杂程度可以灵活多样,但典型的数据结构种类是有限的,它们是构成一些更复杂结构的基本构件块。图 5.21 给出了典型的数据结构。

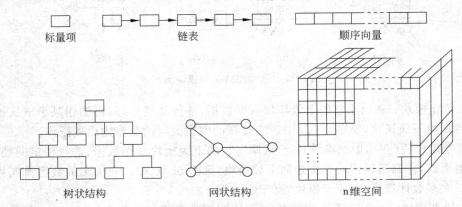

图 5.21　典型的数据结构

标量是所有数据结构中最简单的一种。所谓标量项就是单个的数据元素,例如一个布尔量、整数、实数或一个字符串。可以通过名字对它们进行存取。在不同的程序设计语言中,对标量的大小和格式的规定可能有差别。

若将多个标量项按某种先后顺序组织在一起时,就形成了线性表。在线性表中,除了第一个元素,每个元素都只有一个前驱元素;除了最后一个元素,每个元素都只有一个后继元素。可以用链表或顺序向量来存储线性结构的数据。如果对线性表上的操作进行限制,又形成了栈和队列两种常用的数据结构。

把顺序向量扩展到二维、三维,直至任意维,就形成了n维向量空间。最常见的n维向量空间是二维矩阵。

组合上述基本数据结构可以构成更复杂的数据结构。例如,可以用包含标量项、向量或n维空间的多重链表来建立分层的树状结构和网状结构。而利用它们又可以实现多种集合的存储。

值得注意的是,数据结构和程序结构一样,可以在不同的抽象层次上表示。例如,栈是一种线性结构的逻辑模型,其特点是只允许在结构的一端进行插入或删除运算。它可以用向量实现,也可以用链表实现。根据设计细节的详细程度的要求,与栈相关的操作细节只在最低的抽象级别上定义,而在较高的抽象级别上则不需要定义,甚至不需要知道是用向量实现的,还是用链表实现的。

5.4.3 典型的数据流类型和系统结构

面向数据流的设计方法将数据流映射成软件的模块结构,数据流的类型决定了映射的方法。典型的数据流类型有变换流型和事务流型。数据流类型不同,映射成的系统模块结构也不同。

1. 在结构图中的模块

一般地,在结构图中有4种类型的模块。

(1) 传入模块:它调用下属模块取得输入数据,进行某些处理,再将其作为上级模块的输入传送给它的上级模块,见图5.22(a)。它传送的数据流叫做逻辑输入数据流。

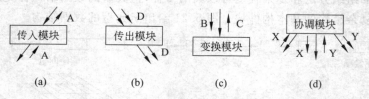

图 5.22 结构图的 4 种模块类型

(2) 传出模块:从调用它的上级模块获得数据,进行某些处理,再调用某个下属模块并将数据传送给下属模块,见图5.22(b)。它传送的数据流叫做逻辑输出数据流。

(3) 变换模块(亦称加工模块):它从调用它的上级模块获得数据,进行特定的处理,转换成其他形式,在调用返回时再传送回上级模块,见图5.21(c)。它加工的数据流叫做变换数据流。大多数计算模块(原子模块)属于这一类。

(4) 协调模块:对所有下属模块进行协调和管理的模块,见图5.22(d)。在系统的输入/输出部分或数据加工部分可以找到这样的模块。在一个好的系统结构图中,协调模块应在较高层出现。

在实际系统中,有些模块属于上述某一类型,还有一些模块是上述各种类型的组合。

2. 变换流型结构图

变换流型数据处理问题的工作过程大致分为三步,即取得数据、变换数据和给出数据,参看图 5.23。这三步反映了变换流型问题的基本思想,也是这类问题的数据流图概括和抽象的模式。其中,变换数据是数据处理过程的核心工作,而取得数据只不过是为变换数据做准备,给出数据则是对变换后的数据进行后处理工作。

图 5.23 变换流型数据流图

变换流型的结构图如图 5.24 所示,相应于取得数据、变换数据、给出数据,系统的结构图由输入、变换中心和输出等三部分组成。

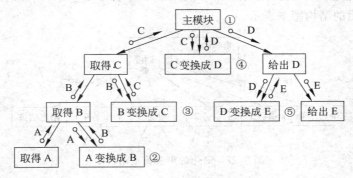

图 5.24 变换流型的结构图

在图 5.24 中,顶层模块(图中的①)首先得到控制,沿着结构图的左支依次调用其下属模块,直至底层读入数据 A。然后,对 A 进行预加工(图中的②),转换成 B 向上回送。再继续对 B 进行加工(图中的③),转换成逻辑输入 C 回送给主模块。主模块得到数据 C 之后,控制变换中心模块(图中的④),将 C 加工成 D。在调用传出模块输出 D 时,由传出模块调用后处理模块(图中的⑤),将 D 加工成适于输出的形式 E,最后输出结果 E。

由图可知,变换模块和真正的物理输入/输出模块都在树状结构的叶结点位置。

3. 事务流型结构图

事务流型数据处理问题的工作流程也分为三步。首先它接受一项事务请求,然后根据事务请求的特点和性质,选择并分派执行某一个适当的处理单元,最后给出结果。我们把完成选择和分派任务的部分叫做事务中心或分派部件。这种事务流型数据处理问题的数据流图可参看图 5.25。其中,输入数据流在事务中心 T 处做出选择,激活某一种事务处理单元。D1~D4 是并列的供选择的事务处理单元,它们可能是变换流型的数据处理,也可能是事务流型的数据处理。

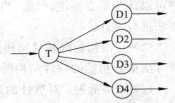

图 5.25 事务流型数据流图

事务流型数据流图所对应的结构图就是事务流型结构图,如图 5.26 所示。在事务流型结构图中,事务中心模块按所接受的事务请求类型,选择某一个事务处理单元执行。各个事务处理模块是并列的,依赖于一定的选择条件,分别完成不同的事务处理工作。

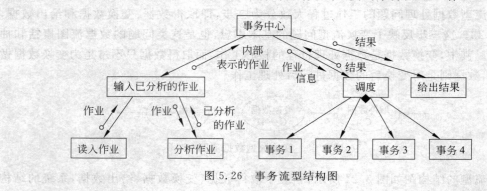

图 5.26 事务流型结构图

图 5.26 的简化形式是把分析作业和调度都归入事务中心模块,这样的系统结构图可以用如图 5.27 所示的结构图来表示。

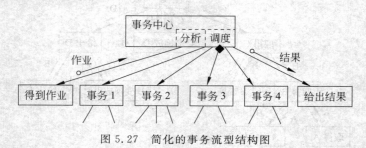

图 5.27 简化的事务流型结构图

事务流型结构图在数据处理中经常遇到,但是更多的是变换流型与事务流型结构图的结合。例如,变换流型系统结构中的某个变换模块本身又具有事务流型的特点,或者事务流型系统结构中的某个事务处理单元本身是变换流型的结构。

4. 应用结构化方法的设计过程

使用结构化方法进行软件系统设计的过程如图 5.28 所示。

(1) 复查并改造数据流图:对需求分析阶段得出的数据流图认真复查,并在必要时进行改造。不仅要确保数据流图给出了目标系统正确的逻辑模型,而且应该使数据流图中每个处理都代表一个规模适中、相对独立的子功能。

(2) 确定数据流图具有变换流特性还是事务流特性:通常,一个系统中的所有数据流都可以认为是变换流,但是,当遇到有明显事务流特性的数据流时,建议采用事务流型映射方法进行设计。

(3) 导出初始的软件结构图:根据数据流类型,应用变换流型映射方法或事务流型映射方法得到初始的软件结构图。

(4) 逐级分解:对软件的结构图进行逐级分解,一般需要进行一级分解和二级分解,如果需要,也可以进行更多级的分解。

(5) 改进软件结构:使用设计度量和启发式规则对得到的软件结构进一步改进。

(6) 导出接口描述和全局数据结构:对每一个模块,给出进、出该模块的信息,即该模块的接口描述。此外,还需要对所使用的全局数据结构给出描述。

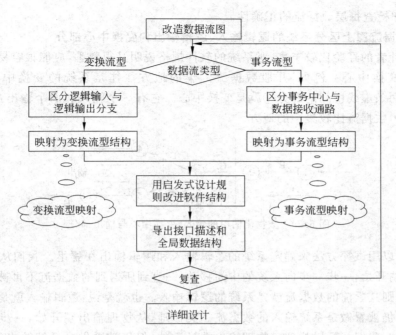

图 5.28 使用结构化方法进行软件系统设计的过程

5.4.4 变换流映射

变换流映射是一系列设计步骤的总称,经过这些步骤,将具有变换流特点的数据流图按预先确定的模式映射成软件结构。一般情况下,先运用变换流映射建立起初始的变换流型系统结构图,然后对它做进一步的改进,最后得到系统的最终结构图。

变换流映射由以下 4 步组成:
- 重画数据流图;
- 区分有效(逻辑)输入、有效(逻辑)输出和中心变换部分;
- 进行一级分解,设计上层模块;
- 进行二级分解,设计输入、输出和中心变换部分的中、下层模块。

下面分步讨论。

1. 重画数据流图

为了设计的需要,我们把需求阶段得到的数据流图平铺开来:即让物理输入端在左,物理输出端在右,把整个数据流图舒展开来。如果某个外部实体既是物理输入又是物理输出,则在两端都要画上它。因此,重画数据流图应注意以下几个要点:

(1) 以需求阶段得到的数据流图为基础重画数据流图时,可以从物理输入到物理输出,或者相反。

(2) 在图上不要出现判定、循环等控制逻辑。

(3) 省略每个加工的简单例外处理。

(4) 当数据流进入和离开一个加工框时,要仔细地标记它们,不要重名。

(5) 如有必要,可以使用逻辑运算符 *(表示逻辑与)和 ⊕(表示异或)。

(6) 仔细检查每层数据流的正确性。

2. 在数据流图上区分系统的逻辑输入、逻辑输出和变换中心部分

如果设计者的经验比较丰富,对系统的软件规格说明又很熟悉,应能很容易确定哪些加工是系统的变换中心。例如,几股数据流汇集的地方往往是系统的变换中心部分。在图 5.29 中,两条虚线中间的部分③就是变换中心。它有一个输入和两个输出,是数据流图内所有加工中数据流比较集中的地方。

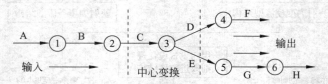

图 5.29　数据流图中的输入、变换中心与输出部分

另外,可以用试探方法来确定系统的逻辑输入和逻辑输出在哪里。我们从数据流图上的物理输入端开始,一步一步向系统的中间移动,一直到所遇到的数据流不再被看做是系统的输入为止,则其紧前的数据流就是系统的逻辑输入。也就是说,逻辑输入就是离物理输入端最远的,但仍被看做是系统输入的数据流。类似地,从物理输出端开始,一步一步地向系统的中间移动,我们就可以找到离物理输出端最远的,但仍被看做是系统输出的数据流,它就是系统的逻辑输出。

从物理输入端到逻辑输入,构成系统的输入部分;从物理输出端到逻辑输出,构成系统的输出部分;夹在输入和输出部分中间的部分就是变换中心部分。变换中心部分是系统的主要加工部分。例如,从输入设备获得的物理输入数据一般要经过编辑、数制转换、合法性检查等一系列预处理,最后才变成逻辑输入传送给变换中心。同样,从变换中心产生的是逻辑输出,它要经过格式转换、形成图表等一系列后处理,才成为物理输出。

当然,也有只有输入部分和输出部分,没有变换中心部分的系统。

3. 进行一级分解,设计系统模块结构的顶层和第一层

首先,我们设计一个主模块,并用程序的名字为它命名;然后将它画在数据流图中与变换中心部分相对应的位置上。作为系统的顶层模块,它的功能是调用第一层模块,完成系统所要做的各项工作。

主模块设计好之后,下面的第一层模块按照输入、变换中心和输出等分支来设计:为每个逻辑输入设计一个输入模块,它的功能是为主模块提供数据;为每个逻辑输出设计一个输出模块,它的功能是将主模块提供的数据输出;为变换中心设计一个变换模块,它的功能是将逻辑输入转换成逻辑输出。第一层模块与主模块之间传送的数据应与数据流图相对应,参看图 5.30。在图中,主模块控制与协调第一层的输入模块、变换模块和输出模块的工作。一般说来,它要根据一些逻辑(条件或循环)来控制对这些模块的调用。

4. 进行二级分解,设计中、下层模块

这一步工作是自顶向下,逐层细化,为每个输入模块、输出模块、变换模块设计它们的从属模块。

设计下层模块的顺序是任意的,但一般是先设计输入模块的下层模块。

输入模块的功能是向调用它的上级模块提供数据,所以它必须有一个数据来源,因而它

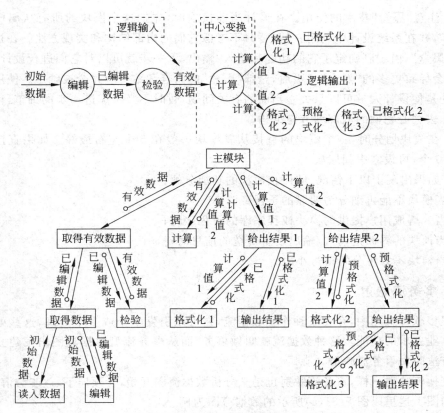

图 5.30 变换型问题的数据流图导出结构图

必须有两个从属模块：一个模块是接收数据，另一个模块是把这些数据变换成它的上级模块所需的数据。但如果输入模块已经是原子模块，即物理输入端，则细化工作停止。

同样，输出模块是从调用它的上级模块接收数据，用以输出，因而也应当有两个从属模块：一个模块是将上级模块提供的数据变换成适合输出的形式；另一个模块是将它们输出。因此，对于每个逻辑输出，在数据流图上向物理输出端方向正向推移，只要还有加工框，就在相应输出模块下面建立一个子变换模块和一个子输出模块。

设计变换中心模块的下层模块没有通用的方法，一般应参照数据流图的变换中心部分和功能分解的原则来考虑如何对变换中心模块进行分解。

图 5.30 是进行变换流映射的例子。其中的"计算"是系统的核心数据处理部分，即变换中心。变换中心左边的"编辑"和"检验"是为"计算"做准备的预变换。预变换以后，送入主模块的数据流就是系统的逻辑输入。变换中心送出的数据流就是系统的逻辑输出。变换中心右边的"格式化 1"和"格式化 2"都是对计算值做格式化处理的后变换。

运用变换流映射方法建立系统的结构图时应当注意以下几点：

(1) 在选择模块设计的次序时，不一定要沿一条分支路径向下，直到该分支的最底层模块设计完成后，才开始对另一条分支路径的下层模块进行设计。但是，必须对一个模块全部的直接从属模块都设计完成之后，才能转向另一个模块的从属模块的设计。

(2) 在设计从属模块时，应尽量考虑模块的耦合和内聚，以提高初始结构图的质量。

(3) 注意"黑盒"技术的使用。在设计当前模块时,先把这个模块的所有从属模块定义成"黑盒",并在系统设计中利用它们,暂时不考虑它们的内部结构和实现方法。在这一步定义好的"黑盒",由于已确定了它的功能和输入/输出,下一步就可以对它们进行设计和加工。这样,又会导致更多的"黑盒"。最后,全部"黑盒"的内容和结构应完全被确定。使用黑盒技术的好处是使设计人员可以只关心当前的有关问题,暂时不必考虑进一步的细节,待进一步分解时才去关心它们的内部细节与结构。

(4) 在模块划分时,一个模块的直接从属模块一般在 5 个左右最好。如果直接从属模块超过 10 个,可设立中间层次。

(5) 如果出现了以下情况,就停止模块的功能分解:
- 当模块不能再细分为明显的子任务时;
- 当分解成用户提供的模块或程序库的子程序时;
- 当模块的界面是输入/输出设备传送的信息时;
- 当模块不宜再分解得过小时。

5.4.5 事务流映射

在很多软件应用中,存在某种作业数据流,它可以引发一个或多个处理,这些处理能够完成该作业要求的功能。这种数据流就叫做事务,而从事务流型数据流图出发建立软件结构图的方法叫做事务流映射。

与变换流映射一样,事务流映射也是从分析数据流图开始,自顶向下,逐步分解,建立系统的结构图。这里以图 5.31(a)所示的数据流图为例。

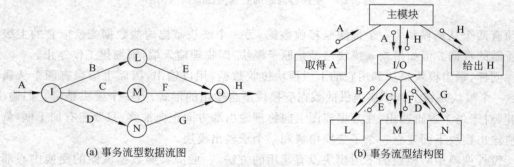

(a) 事务流型数据流图　　　　　　　　(b) 事务流型结构图

图 5.31　事务型问题导出的系统结构图

假定图 5.31(a)所示的数据流图是具有事务流型特征的数据流图。也就是说,数据流 A 是一个带有"请求"性质的信息,即为事务源。而加工 I 则具有"事务中心"的功能,它后继的三个加工 L、M、N 是并列的,在加工 I 的选择控制下完成不同功能的处理。最后,经过加工 O 将某一加工处理的结果整理输出。

使用事务流映射,首先建立一个主模块用以代表整个加工。然后考虑第一层模块。第一层模块只有 3 个:取得事务、事务中心和给出结果。在图 5.31(b)中,依次并列的 3 个模块,分别是取得 A(事务请求)、I/O(事务中心)、给出 H(输出结果)。I/O 模块是选择与分派模块,以菱形引出对它的下层 3 个事务模块 L、M、N 的选择。

为了继续细化 L、M、N,必须对数据流图的 3 个加工 L、M、N 内部的细节加以分析,从而导出 L、M、N 下层的细节模块,直至完成整个结构图。

从上面的例子可以得到事务流映射的主要步骤如下:

1. 识别事务源

利用数据流图和数据字典,确定事务中心和每一种要处理的事务,以及数据接收通路。通常,数据接收通路是数据源;事务中心位于各种要处理事务的输入数据的起点,控制和协调各个事务处理的分派和汇总工作;每个事务处理模块可以是变换流型的,也可以是事务流型的。

2. 将事务流型数据流图映射成高层的系统结构

高层的系统结构包括顶层和第一层模块。顶层模块就是主模块,它的功能就是系统的功能。第一层模块包括接收模块(输入事务请求)、分派模块(调度各个事务处理)、输出模块(输出处理结果)。

3. 进一步分解

识别各种事务处理,根据它们内部的处理特性,使用变换流映射或事务流映射,建立它们的结构图。

通过软件开发实践可知,许多较大的系统是变换流型结构和事务流型结构的混合结构。大多数情况下,是以变换流型结构为主框架,内部某些加工设计成事务流型结构。但是,也可能在事务流型结构中的某些事务处理又采用变换流型结构。所以,必须对需求阶段得到的数据流图仔细分析,识别每一部分数据处理流的特性,分别采取不同的映射方法进行设计,建立合理的软件模块结构图。

5.4.6 软件模块结构改进的方法

为了改进系统的初始模块结构图,人们经过长期软件开发的实践,得到了一些启发式规则,利用它们,可以帮助设计人员改进软件设计,提高设计的质量。

1. 模块功能的完善化

一个完整的功能模块,不仅能够完成指定的功能,而且应当能够告诉使用者完成任务的状态,以及不能完成的原因。也就是说,一个完整的模块应当有以下几部分:

(1) 执行规定的功能部分。

(2) 出错处理部分。当模块不能完成规定的功能时,必须回送出错标志,向它的调用者报告出现这种例外情况的原因。

(3) 如果需要返回一系列数据给它的调用者,在完成数据加工或结束时,应当给它的调用者返回模块是否执行正常的"状态码"。

所有上述部分,都应当看做是一个模块的有机组成部分,不应分离到其他模块中去,否则将会增大模块间的耦合程度。

2. 消除重复功能,改善软件结构

在系统的初始结构图得出之后,应当审查分析这个结构图。如果发现几个模块的功能有相似之处,可以加以改进。

(1) 完全相似:在结构上完全相似,可能只是在数据类型上不一致。此时可以采取完全合并的方法,只需把数据类型当做参数就可以了。

(2) 局部相似:如图 5.32(a)所示,虚线框部分是相似的。此时,不可以把两者合二为一,如图 5.32(b)所示,因为这样在合并后的模块内部必须设置许多查询开关,如图 5.32(f)

所示,提高了模块间的耦合性,降低了模块的内聚性。一般处理办法是分析 R1 和 R2,找出其相同部分,从 R1 和 R2 中分离出去,重新定义成一个独立的下层模块。R1 和 R2 剩余的部分根据情况还可以与它的上级模块合并,以减少控制的传递、全局数据的引用和接口的复杂性,这样就形成了图 5.32(c)、(d)、(e)所示的各种方案。这些方案无论在减少模块间的耦合性方面,还是在提高模块的内聚性方面,都收到了较好的效果。

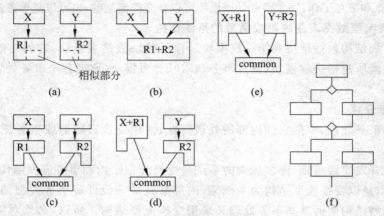

图 5.32 相似模块的各种合并方案

3. 模块的作用范围应在控制范围之内

模块的控制范围包括它本身及其所有的从属模块。如图 5.33(a)所示,模块 A 的控制范围为模块 A、B、C、D、E、F、G。模块 C 的控制范围为模块 C、F、G。模块的作用范围是指模块内一个判定的作用范围,凡是受这个判定影响的所有模块都属于这个判定的作用范围。如果一个判定的作用范围包含在这个判定所在模块的控制范围之内,则这种结构是简单的,否则,它的结构就不是简单的。

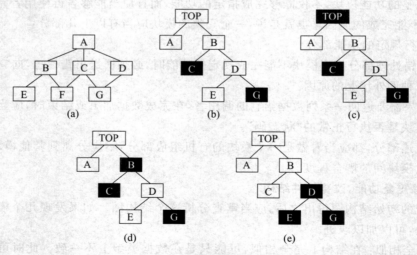

图 5.33 几种不同的作用范围/控制范围的实例

下面给出几种不同的作用范围/控制范围的实例,并讨论模块间的关系。

图 5.33(b)表明作用范围不在控制范围之内。模块 G 做出一个判定之后,若需要模块

C 工作,则必须把信号回送给模块 D,再由 D 把信号回送给模块 B。这样就增加了数据的传送量和模块间的耦合,使模块之间出现了控制耦合,这显然不是一个好的设计。图中黑色的框表示判定的作用范围。图 5.33(c)虽然表明模块的作用范围是在控制范围之内,可是判定所在模块 TOP 所处层次太高,这样也需要经过不必要的信号传送,增加了数据的传送量。虽然可以用,但不是较好的结构。图 5.33(d)表明作用范围在控制范围之内,只有一个判定分支有一个不必要的穿越,是一个较好的结构。图 5.33(e)是一个比较理想的结构。

从以上的比较可知,在一个设计得很好的系统模块结构图中,所有受一个判定影响的模块应该都从属于该判定所在的模块,最好局限于做出判定的那个模块本身及它的直接下属模块,如图 5.33(e)那样。

如果在设计过程中,发现作用范围不在控制范围内,可采用如下办法把作用范围移到控制范围之内:

(1) 将判定所在模块合并到父模块中,使判定处于较高层次。
(2) 将受判定影响的模块下移到控制范围内。
(3) 将判定上移到层次中较高的位置。

上述方法实现起来并不容易,而且会受到其他因素的影响。因此,在改进模块的结构时,应当根据具体情况,通盘考虑。既要使软件结构最好地体现问题的原来结构,又要考虑在实现上的可行性。

4. 尽可能减少高扇出结构,随着控制层次深度的增大增加扇入

模块的扇出数是指模块调用子模块的个数。如果一个模块的扇出数过大,就意味着该模块过分复杂。一般说来,出现这种情况是由于缺乏中间层次。所以应当适当增加中间层次的模块。如图 5.34(a)所示,模块 P 的扇出数为 10,通过增加两个中间层次的模块 P1 和 P2,可将模块 P 改造成如图 5.34(b)所示的模块结构。比较适当的扇出数为 2～5,最多不要超过 9。模块的扇出数过小也不好,这样将使得结构图的深度大大增加,不但增大了模块接口的复杂性,而且增加了调用和返回的时间,降低了工作效率。

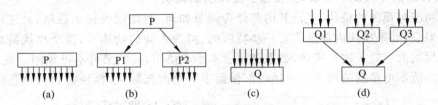

图 5.34 高扇入和高扇出的分解

一个模块的扇入数越大,则共享该模块的上级模块数目越多。如果一个模块的扇入数太大,例如超过 8,而它又不是公用模块,说明该模块可能具有多个功能。在这种情况下应当对它进一步分析并将其功能分解。例如,图 5.34(c)所示模块 Q 的扇入数为 9,它又不是公用模块,通过分析得知它是 3 功能的模块。我们对它进行分解,增加三个中间控制模块 Q1、Q2 和 Q3,而把真正公用的部分提取出来留在 Q 中,使它成为这三个中间模块的公用模块,使各模块的功能单一化,从而改善了模块结构。经验证明,一个设计得很好的软件模块结构,通常上层扇出比较高,中层扇出较少,底层公用模块的扇入较高。

5. 避免或减少使用病态连接

应限制使用如下三种病态连接：

（1）直接病态连接。即模块 A 直接从模块 B 内部取出某些数据，或者把某些数据直接送到模块 B 内部，如图 5.35(a) 所示。

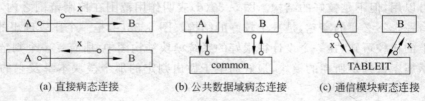

(a) 直接病态连接　　(b) 公共数据域病态连接　　(c) 通信模块病态连接

图 5.35　限制使用的病态连接

（2）公共数据域病态连接。模块 A 和模块 B 通过公共数据域，直接传送或接收数据，而不是通过它们的上级模块。这种方式将使得模块间的耦合程度剧增。它不仅影响模块 A 和模块 B，而且影响与公共数据域有关联的所有模块，如图 5.35(b) 所示。

（3）通信模块病态连接。即模块 A 和模块 B 通过通信模块 TABLEIT 传送数据，如图 5.35(c) 所示。从表面看，这不是病态连接，因为模块 A 和模块 B 都未涉及通信模块 TABLEIT 的内部。然而，它们之间的通信（即数据传送）没有通过它们的上级模块。从这个意义上讲，这种连接是病态的。因此，上级模块的修改、排错和维护都必须考虑对模块 A 和模块 B 之间数据传送的影响。

6. 模块的大小要适中

模块的大小，可以用模块中所含语句的数量的多少来衡量。有人认为限制模块的大小也是减少复杂性的手段之一，因而要求把模块的大小限制在一定的范围之内。通常规定其语句行数在 50～100 左右，保持在一页纸之内，最多不超过 500 行。这对于提高程序的可理解性是有好处的。

7. 设计功能可预测的模块，避免过分受限制的模块

一个功能可预测的模块，不论其内部处理细节如何，对相同的输入数据，总能产生同样的结果。但是，如果模块内部蕴藏有一些特殊的、鲜为人知的功能时，这个模块的功能就可能是不可预测的。对于这种模块，如果调用者不小心使用，其结果将不可预测。图 5.36(a) 就是一个功能不可预测的例子。模块内部保留了一个内部标记，模块在运行过程中由这个

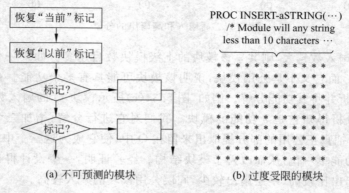

(a) 不可预测的模块　　(b) 过度受限的模块

图 5.36　不可预测的模块和过度受限的模块

内部标记确定做什么处理。由于这个内部标记对于调用者来说是隐藏的,因而调用者将无法控制这个模块的执行,或者不能预知将会引起什么后果,最终会造成混乱。

一个仅处理单一功能的模块,由于具有高度的内聚性,而受到了设计人员的重视。但是,如果一个模块的局部数据结构的大小、控制流的选择或者与外界(人、硬/软件)的接口模式被限制死了,则很难适应用户新的要求或环境的变更,给将来的软件维护造成了很大的困难,使得人们不得不花费更大的代价来消除这些限制。

为了能够适应将来的变更,软件模块中局部数据结构的大小应当是可控制的,调用者可以通过模块接口上的参数表或一些预定义外部参数来规定或改变局部数据结构的大小。另外,控制流的选择对于调用者来说,应当是可预测的。而与外界的接口应当是灵活的,也可以用改变某些参数的值来调整接口的信息,以适应未来的变更。

8. 软件包应满足设计约束和可移植性

为了使软件包在某些特定的环境下能够安装和运行,用户会对软件包提出一些设计约束和可移植的要求。例如,设计约束有时要求一个程序段在存储器中覆盖自身。当这种情况出现时,设计出来的软件程序结构不得不根据重复程度、访问频率、调用间隔等特性,重新加以组织,将模块分组。此外,可选择的或一次性的模块可从结构中分离出来,以使它们能够有效地被覆盖。

5.4.7 接口设计

接口设计的主要依据是数据流图中的系统边界。系统边界将数据流图中的处理划分成手工处理部分和系统处理部分。在系统边界之外的是手工处理部分,在系统边界之内的是系统处理部分。数据流可以在系统内部、系统外部或穿越系统边界,穿过系统边界的数据流代表了系统的输入和输出。也就是说,系统的接口设计(包括用户界面设计及与其他系统的接口设计)是由穿越边界的数据流定义的。在最终的系统中,数据流将成为用户界面中的表单、报表或与其他系统进行交互的文件或消息。

接口设计主要包括三个方面:模块或软件构件之间的接口设计;软件与其他软/硬件系统之间的接口设计;软件与人(用户)之间的交互设计。

5.5 面向对象的系统设计

随着面向对象技术的日益成熟,面向对象方法已经成为软件开发的主流方法。目前普遍认为,面向对象方法在解决大型复杂的问题时显示出更大的优越性。传统的面向过程方法中的模块通常是函数、过程及子程序等,而面向对象方法中的模块则是类、对象、接口、构件等。在面向过程的方法中,数据及在数据上的处理是分离的;而在面向对象方法中,数据及其上的处理是封装在一起的,具有更好的独立性,也能够更好地支持复用。前面所讲的分而治之及模块独立性等原则同样适用于面向对象设计。

面向对象设计的主要任务是在面向对象分析的基础上完成体系结构设计、接口设计(或人机交互设计)、数据设计、类设计及构件设计。由于在类中封装了属性和方法,因此在类设计中已经包含了传统方法中的过程设计。另外,与传统方法中的数据设计不同的是,面向对象设计中的数据设计并不是独立进行的,面向对象设计中的类图相当于数据的逻辑模型,可以很容易地转换成数据的物理模型。

5.5.1 子系统分解

面向对象系统设计的主要活动是进行子系统分解,并在此基础上定义子系统/构件之间的接口。为此,首先根据子系统可提供的服务来定义子系统,然后对子系统细化,建立层次结构。要求对子系统的分解尽可能做到高内聚、低耦合。

1. 子系统和类

在应用领域,为降低其复杂性,用类进行标识。在设计和实现时,为降低其复杂性,将系统分解为多个子系统,这些子系统又由若干个类构成。

对于大型和复杂的软件系统,首先根据需求的功能模型(用例模型),将系统分解成若干个部分,每一部分又可分解为若干子系统或类,每个子系统还可以由更小的子系统或类组成,如图 5.37 所示。各个子系统相对独立,子系统之间具有尽量简单、明确的接口。子系统划分完成后,就可以相对独立地设计每个子系统。这样可以降低设计的难度,有利于分工协作,降低系统的复杂程度。

2. 服务和子系统接口

一个服务是一组有公共目的的相关操作。而一个子系统则通过提供给其他子系统的服务来发挥自己的能力。与类不同的是,子系统不要求其他子系统为它提供服务。

供其他子系统调用的某个子系统的操作集合就是子系统的接口。子系统的接口包括操作名、操作参数类型及返回值。面向对象的系统设计主要关注每个子系统提供服务的定义,即枚举所有的操作、操作参数和行为。因此,当编写子系统接口的文档时,应不涉及子系统实现的细节,其目的是减少子系统之间的依赖性,希望一旦需要修改子系统实现时,可降低由于子系统变更而造成的影响。

3. 子系统分层和划分

子系统分层的目的是建立系统的层次结构。每一层仅依赖于它下一层提供的服务,而对它的上一层可以一无所知。图 5.38 给出了一个三层的系统结构的示例。在这个子系统的层次结构中,子系统 A、B、E 构成了一个称之为垂直切片的系统分解集。而 D、G 则不能。

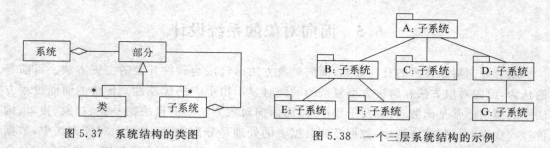

图 5.37 系统结构的类图　　　图 5.38 一个三层系统结构的示例

如果在一个系统的层次结构中,每一层只能访问与其相邻的下一层,则称之为封闭体系结构;如果每一层还可访问非相邻的更低的层次,则称之为开放体系结构。

典型的封闭体系结构的例子就是开放系统互连参考模型(OSI 模型),如图 5.39 所示。它由 7 层构成,每一层负责执行一个已预先定义好的协议功能。每一层都为其上一层提供服务,使用其低层的服务。封闭体系结构的子系统之间满足低耦合,但产生速度和存储管理的问题,会导致某些非功能属性难以满足。

开放体系结构的一个例子是 Java 的 Swing 用户接口包。它允许人们绕过高层直接访问低层接口以克服性能瓶颈,如图 5.40 所示。

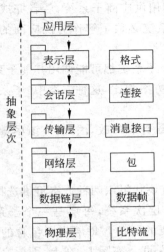

图 5.39 封闭体系结构示例

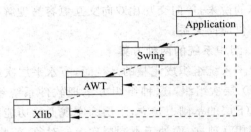

图 5.40 开放体系结构的示例

划分是将系统分解为独立的子系统,每个子系统负责某一类服务。例如,一个车辆管理所的管理信息系统可分为车管所组织机构管理、车辆管理、车主管理和法定事件管理 4 个子系统。每个子系统对其他子系统的依赖度很低。

分解子系统时,首先进行划分,将一个系统分成几个高层的子系统,每个子系统负责一种功能,或运行在某特定的硬件结点上。再将各子系统分层处理,分解成层次更低的小子系统。过度分解会导致子系统之间接口的复杂化。

4. Coad & Yourdon 的面向对象设计模型

Coad & Yourdon 基于 MVC 模型,在逻辑上将系统划分为 4 个部分,分别是问题域部分、人机交互部分、任务管理部分及数据管理部分,每一部分又可分为若干子系统。在不同的软件系统中,这 4 个部分的重要程度和规模可能相差很大,在设计过程中可以将规模过大的子系统进一步划分为更小的子系统,规模过小的则可以合并到其他的子系统中。

Coad 与 Yourdon 在设计阶段中继续采用了分析阶段中提到的 5 个层次,用于建立系统的 4 个组成成分。每个子系统都由主题、类-&-对象、结构、属性和服务 5 个层次组成。这 5 个层次可以被当做整个模型的水平切片。典型的面向对象设计模型如图 5.41 所示。

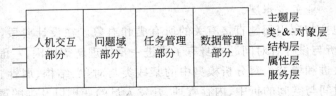

图 5.41 典型的面向对象设计模型

下面从 5.5.2 小节到 5.5.5 小节将对此模型进行深入讨论。

5. 子系统之间的两种交互方式

在软件系统中,我们将提供服务的一端称为服务器端,而将使用服务的一端称为客户端。子系统之间的交互方式有两种,分别是客户—供应商关系和平等伙伴关系。

(1) 客户—供应商关系:在这种关系中,客户子系统调用供应商子系统,后者完成某些服务工作并返回结果。使用这种交互方案,作为客户的子系统必须了解作为供应商的子系统的接口,而后者却无需了解前者的接口。

(2) 平等伙伴(Peer to Peer)关系:在这种关系中,每个子系统都可能调用其他子系统,因此每个子系统都必须了解其他子系统的接口。与第一种方案相比,这种方案中,子系统间的交互更加复杂。

总的说来,单向交互比双向交互更容易理解,也更容易设计和修改,因此,应该尽量使用客户—供应商关系。

6. 组织系统的两种方案

把子系统组织成完整的系统时,有水平层次组织和垂直块状组织两种方案可供选择。

(1) 层次组织:这种组织方案把软件系统组织成一个层次系统,每层是一个子系统。上层在下层的基础上建立,下层为实现上层功能而提供必要的服务。每层内所包含的对象彼此间相互独立,而处于不同层次上的对象,彼此间往往有关联。实际上,在上、下层之间存在客户—供应商关系。低层子系统提供服务,相当于服务器,上层子系统使用下层提供的服务,相当于客户。典型的面向对象系统的分层结构一般由三层组成,即数据库层、业务逻辑层及用户界面层。

(2) 块状组织:这种组织方案把软件系统垂直地分解成若干个相对独立的、弱耦合的子系统,一个子系统相当于一块,每块提供一种类型的服务。

混合使用层次组织和块状组织,可以成功地由多个子系统组成一个完整的软件系统。当混合使用层次组织和块状组织时,同一层次可以由若干块组成,而同一块也可以分为若干层。

5.5.2 问题域部分的设计

典型的面向对象系统一般由三层组成,即数据库层、业务逻辑层及用户界面层。那么,在这三层中,首先从哪一层开始设计呢?

实际上,面向对象的设计也是以面向对象分析的模型为基础的。面向对象的分析模型包括用例图、类图、顺序图和包图,主要是对问题域进行描述,基本上不考虑技术实现,当然也不考虑数据库层和用户界面层。然而,面向对象分析所得到的问题域模型可以直接应用于系统的问题域部分的设计。所以,面向对象设计应该从问题域部分的设计开始,也就是三层结构的中间层——业务逻辑层。

问题域部分包括与应用问题直接有关的所有类和对象。在设计阶段,可能需求发生了变化,也可能是分析与设计者对问题本身有了更进一步的理解等原因,一般需要对在分析中得到的结果进行改进和增补。对分析模型中的某些类与对象、结构、属性、操作进行组合与分解。要考虑对时间与空间的折中、内存管理、开发人员的变更以及类的调整等。在面向对象设计过程中,可能要对面向对象分析所得出的问题域模型做以下 7 个方面的补充或调整。

1. 调整需求

有两种情况会导致修改通过面向对象分析所确定的系统需求:一是用户需求或外部环

境发生变化;二是分析员对问题理解不透彻,导致分析模型不能完整、准确地反映用户的真实需求。无论出现上述何种情况,都需要修改面向对象分析结果,然后把这些修改反映到问题域部分的设计中。

2. 复用已有的类

复用已有类的典型过程如下:

(1) 从类库选择已有的类,从供应商那里购买商业外购构件,从网络、组织、小组或个人那里搜集适用的遗留软构件,把它们增加到问题域部分的设计中去。尽量复用那些能使无用的属性和服务降低到最低程度的类。已有的类可能是用面向对象语言编写的,也可能是用某种非面向对象语言编写的可复用的软件。在后一种情况下,可以将软件封装在一个特意设计的、基于服务的接口中,改造成类的形式,并去掉现成类中任何不用的属性和服务。

(2) 在被复用的已有类和问题域类之间添加泛化(一般化/特殊化)关系,继承被复用类或构件属性和方法。

(3) 标出在问题域类中因继承被复用的类或构件而多余的属性和服务。

(4) 修改与问题域类相关的关联。

若没有合适的类可以复用而需要创建新类时,必须考虑到将来的复用性。

3. 把问题域类组合在一起

在进行面向对象设计时,通常需要先引入一个类,以便将问题域专用的类组合在一起,它起到"根"类的作用,将全部下层的类组合在一起。当没有一种更满意的组合机制可用时,可以从类库中引进一个根类,作为包容类,把所有与问题领域有关的类关联到一起,建立类的层次,这实际上就是一种将类库中的某些类组织在一起的方法。之后,将同一问题领域的一些类集合起来,存于类库中。

4. 增添泛化类以建立类间的协议

有时某些问题域的类要求一组类似的服务(以及相应的属性)。此时,以这些问题域的类作为特化的类,定义一个泛化类。该泛化类定义了为所有这些特化类共用的一组服务名,作为公共的协议,用来与数据管理或其他外部系统部件通信。这些服务都是虚函数。在各个特化类中定义其实现。

5. 调整继承的支持级别

如果在分析模型中,一个泛化关系中的特化类继承了多个类的属性或服务,就产生了多继承关系,如图 5.42 所示。在使用一种只有单继承或无继承的编程语言时,就需要对分析模型的结果做一些修改。

(1) 针对单继承语言的调整。对于只支持单继承关系的编程语言,可以使用两种方法将多继承结构转换为单继承结构。

- 把特化类看做是泛化类所扮演的角色,如图 5.43(a) 和图 5.43(b) 所示。对于扮演多个角色的人,分别用相应的特化类来描述。各种角色通过一个关联关系连接到人。

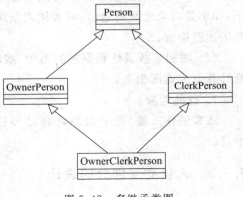

图 5.42 多继承类图

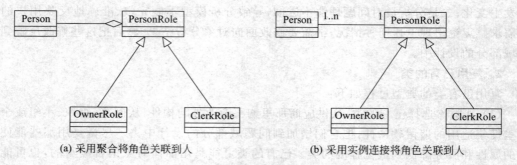

(a) 采用聚合将角色关联到人　　　　　(b) 采用实例连接将角色关联到人

图 5.43　分解多继承关系为单继承关系

- 把多继承的层次结构平铺为单继承的层次结构,如图 5.44 所示。这意味着该泛化关系在设计中就不再那么清晰了。同时某些属性和服务在特化类中重复出现,造成冗余。

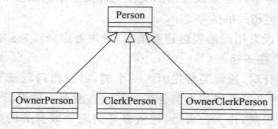

图 5.44　把多继承展平为单继承

（2）针对无继承语言的调整。编程语言中的继承属性提供了表达问题域的一般化/特殊化语义的语法,它明确地表示了公共属性和服务,还为通过可扩展性而达到可复用性提供了基础。然而,由于开发组织方面的原因,有些项目最终选择了不支持继承性的编程语言。对于一个不支持继承的编程语言来说,只能将每一个泛化关系的层次展开,成为一组类及对象,之后再使用命名惯例将它们组合在一起。

6. 改进性能

提高执行效率是系统设计的目标之一。为了提高效率有时必须改变问题域的结构。

（1）如果类之间经常需要传送大量消息,可合并相关的类,使得通信成为对象内的通信,而不是对象之间的通信;或者使用全局数据作用域,打破封装的原则,以减少消息传递引起的速度损失。

（2）增加某些属性到原来的类中,或增加低层的类,以保存暂时结果,避免每次都要重复计算造成速度损失。

7. 存储对象

通常的作法是,每个对象将自己传送给数据管理部分,让数据管理部分来存储对象本身。

5.5.3　人机交互部分的设计

用户界面（即人机交互界面）是人机交互的主要方式,用户界面的质量直接影响到用户对软件的使用,对用户的情绪和工作效率也会产生重要影响,也直接影响用户对软件产品的评价,从而影响软件产品的竞争力和寿命。在设计阶段必须根据需求把交互细节加入到用户界面设计中,包括人机交互所必需的实际显示和输入。

人机交互界面是给用户使用的,为了设计好人机交互界面,设计者需要了解用户界面应具有的特性,除此之外,还应该认真研究使用软件的用户,包括用户是什么人？用户怎样学习与新的计算机系统进行交互？用户需要完成哪些工作？等等。

1. 用户界面应具备的特性

(1) 可使用性：用户界面的可使用性是用户界面设计最重要的目标。它包括使用简单、界面一致、拥有帮助(Help)功能、快速的系统响应和低的系统成本、具有容错能力等。

(2) 灵活性：考虑到用户的特点、能力、知识水平,用户界面应能满足不同用户的要求。因此,应为不同的用户提供不同的界面形式,但不同的界面形式不应影响任务的完成。

(3) 可靠性：用户界面的可靠性是指无故障使用的时间长短。用户界面应能保证用户正确、可靠地使用系统,保证有关程序和数据的安全性。

2. 用户分类

为了搞清使用系统的主体,必须了解用户。通常,用户可以分为4种类型。

(1) 外行型：以前从未使用过计算机系统的用户。他们不熟悉计算机的操作,对系统很少或者毫无认识。

(2) 初学型：尽管对新的系统不熟悉,但对计算机还有一些经验的用户。由于他们对系统的认识不足或者经验很少,因此需要相当多的支持。

(3) 熟练型：对一个系统有相当多的经验,能够熟练操作的用户。经常使用系统的用户随着时间的推移就逐渐变得熟练。他们需要比初学者较少支持的、更直接迅速进入运行的、更经济的界面。但是,熟练型的用户不了解系统的内部结构,因此,他们不能纠正意外的错误,不能扩充系统的能力,但他们擅长操作一个或多个任务。

(4) 专家型：这一类用户与熟练型用户相比,他们了解系统内部的构造,有关于系统工作机制的专业知识,具有维护和修改基本系统的能力。专家型需要为他们提供能够修改和扩充系统能力的复杂界面。

以上的分类可以为分析提供依据。但是,用户的类型并不是一成不变的。在一个用户群体中,可能存在熟练型用户和初学者用户共存的情况。而且各人的情况也会随时间而发生变化,初学者可以成为熟练型用户,而专家型用户可能会因转换工作,几个月不使用系统,因而忘掉了原来的知识,退化成为初学型。因此,要做用户特性调查,以帮助设计者选择适合于大多数用户使用的界面类型和支持级别。

3. 描述用户

应仔细了解将来使用系统的每类用户的情况,并获得每类用户的各项信息,包括用户的类型,使用系统欲达到的目的,特征(年龄、性格、受教育程度、限制因素等),关键的成功因素(需求、爱好、习惯等),技能水平,完成本职工作的场景。

为了了解用户工作的场景,需要通过参观和访谈,搞清用户是怎样工作的,然后用数据流图或UML的用例图/活动图等描述用户任务的网络,这是建立人机交互界面的基础。

4. 界面设计类型

常见的界面设计类型如图5.45所示。

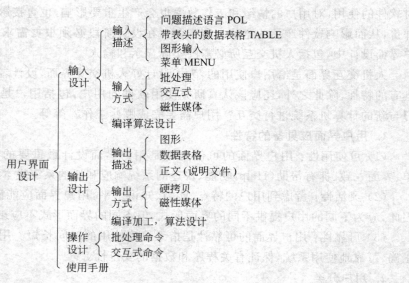

图 5.45　界面设计的类型

从图中可知,用户界面设计的类型主要有问题描述语言、数据表格、图形与图标、菜单、对话以及窗口等。每一种类型都有不同的特点和性能。因此在选用界面形式的时候,应当考虑每种类型的优点和限制。可以从以下几个方面来考察,进行选择。

(1) 使用的难易程度:对于没有经验的用户,该界面使用的难度有多大。

(2) 学习的难易程度:学习该界面的命令和功能的难度有多大。

(3) 操作速度:在完成一个指定操作时,该界面在操作步骤、击键和反应时间等方面效率有多高。

(4) 复杂程度:该界面提供了什么功能、能否用新的方式组合这些功能以增强界面的功能。

(5) 控制:人机交互时,是由计算机还是由人发起和控制对话。

(6) 开发的难易程度:该界面设计是否有难度、开发工作量有多大。

通常,一个界面的设计会使用一种以上的设计类型,每种类型与一个或一组任务相匹配。

5. 设计详细的交互

人机交互的设计有若干准则,包括:

(1) 一致性。采用一致的术语、一致的步骤和一致的活动。

(2) 操作步骤少。使击键或单击鼠标的次数减到最少,甚至要减少做某些事所需的下拉菜单的距离。

(3) 不要"哑播放"。每当用户要等待系统完成一个动作时,要给出一些反馈信息,说明工作正在进展及取得了多少进展。

(4) 提供 Undo 功能。用户的操作错误很难免,对于基本的操作应提供恢复功能,或至少是部分恢复。

(5) 共享剪贴板,减少人脑的记忆负担。不应该要求人从一个窗口中记住某些信息,然后在另一个窗口中使用。

(6) 提高学习效率。不要期望用户去读很厚的文档资料。为高级特性提供联机帮助,以便用户在需要时容易找到。

6. 建造人机交互界面原型

每个组织和用户都有其文化背景,可能不仅仅意味着语言、传统和习惯。由于所建立的系统面对的是用户,因此,其界面必须与用户的文化背景相一致。一种适应用户文化背景的有效方法是"可视化表示",即建立可供演示的人机交互界面的原型,目的是让系统的人机交互界面适应用户。对于这样的用户界面,学习和掌握它非常简单和容易。

7. 设计人机交互的类

窗口需要进一步细化,通常包括类窗口、条件窗口、检查窗口、文档窗口、画图窗口、过滤器窗口、模型控制窗口、运行策略窗口、模板窗口等。

设计人机交互的类,首先从组织窗口和部件的用户界面的设计开始,每个类包括窗口的菜单条、下拉菜单、弹出菜单的定义。还要定义用于创建菜单、加亮选择项、引用相应的响应的操作。每个类负责窗口的实际显示,所有有关物理对话的处理都封装在类的内部。必要时,还要增加在窗口中画图形图符的类、窗口中选择项目的类、字体控制类、支持剪切和粘贴的类等。与机器有关的操作实现应隐蔽在这些类中。

5.5.4 任务管理部分的设计

任务是进程的别称,是执行一系列活动的一段程序。当系统中有许多并发行为时,需要依照各个行为的协调和通信关系,划分各种任务,以简化并发行为的设计和编码。

任务管理主要包括任务的选择和调整。常见的任务有事件驱动型任务、时钟驱动型任务、优先任务、关键任务和协调任务等。设计任务管理子系统时,需要确定各类任务,并将任务分配给适当的硬件或软件去执行。

1. 识别事件驱动任务

有些任务是事件驱动的,这些任务可能是负责与设备、其他处理机或其他系统通信的。这类任务可以设计成由一个事件来触发,该事件常常针对一些数据的到达发出信号。数据可能来自数据行或者来自另一个任务写入的数据缓冲区。

当系统运行时,这类任务的工作过程如下:任务处于睡眠状态,等待来自数据行或其他数据源的中断;一旦接收到中断就唤醒该任务,接收数据并将数据放入内存缓冲区或其他目的地,通知需要知道这件事的对象,然后该任务又回到睡眠状态。

2. 识别时钟驱动任务

某些人机界面、子系统、任务、处理机或其他系统可能需要周期性的通信。这种以固定的时间间隔激发,以执行某些处理的事件就是时钟驱动任务。

当系统运行时,这类任务的工作过程如下:任务设置了唤醒时间后进入睡眠状态,等待来自系统的一个时钟中断,一旦接收到这种中断,任务就被唤醒,并做它的工作,通知有关的对象,然后该任务又回到睡眠状态。

3. 识别优先任务

根据处理的优先级别来安排各个任务。优先任务可以满足高优先级或低优先级的处理需求。

(1) 高优先级:某些服务具有很高的优先级,为了在严格限定的时间内完成这种服务,可能需要把这类服务分离成独立的任务。

(2) 低优先级：与高优先级相反，有些服务是低优先级的，属于低优先级处理（通常称为后台处理）。设计时可能用额外的任务把这样的处理分离出来。

4. 识别关键任务

关键任务是有关系统成败的关键处理，这类处理通常都有严格的可靠性要求。在设计过程中可能用额外的任务把这样的关键处理分离出来，以满足高可靠性处理的要求。对高可靠性处理应该精心设计和编码，并且应该严格测试。

5. 识别协调任务

当有3个或更多的任务时，可考虑另外增加一个任务，这个任务起协调者的作用，将不同任务之间的协调控制封装在协调任务中。可以用状态转换矩阵来描述协调任务的行为。

6. 审查每个任务

要使任务数保持到最少。对每个任务要进行审查，确保它能满足一个或多个选择任务的工程标准——事件驱动、时钟驱动、优先任务/关键任务或协调者。

7. 定义每个任务

(1) 它是什么任务。首先要为任务命名，并对任务做简要描述，即为面向对象设计部分的每个服务增加一个新的约束——任务名。如果一个服务被分裂，交叉在多个任务中，则要修改服务名及其描述，使每个服务能映射到一个任务。

(2) 如何协调任务。定义各个任务如何协调工作，指明它是事件驱动的，还是时钟驱动的。对于事件驱动的任务，描述触发该任务的事件；对时钟驱动的任务，描述在触发之前所经过的时间间隔，同时指出它是一次性的，还是重复的时间间隔。

(3) 如何通信。定义每个任务如何通信，任务从哪里取数据及往哪里送数据。

5.5.5 数据管理部分的设计

数据管理子系统是软件系统中的重要组成部分，在设计阶段必须对要存储的数据及其结构进行设计。目前，大多数设计者都会采用成熟的关系数据库管理系统（DBMS）来存储和管理数据，由于关系数据库已经相当成熟，如果应用开发中选择关系数据库，这样在数据存储和管理方面可以省去很大的开发工作量。虽然如此，在不多的情况下，选择文件保存方式仍有其优越性。

1. 文件设计

以下几种情况适合于选择文件存储：
- 数据量较大的非结构化数据，如多媒体信息。
- 数据量大，信息松散，如历史记录、档案文件等。
- 非关系层次化数据，如系统配置文件。
- 对数据的存取速度要求极高的情况。
- 临时存放的数据。

文件设计的主要工作就是根据使用要求、处理方式、存储的信息量、数据的活动性，以及所能提供的设备条件等，来确定文件类别，选择文件媒体，决定文件组织方法，设计文件记录格式，并估算文件的容量。

一般要根据文件的特性，来确定文件的组织方式。

(1) 顺序文件。这类文件分两种：一种是连续文件，即文件的全部记录顺序地存放在外存的一片连续的区域中。这种文件组织的优点是存取速度快,处理简单,存储利用率高,缺点是事先要定义该区域的大小,且不能扩充。另一种是串联文件,即文件记录成块地存放于外存中,在每一块中记录顺序地连续存放,但块与块之间可以不邻接,通过一个块链指针将它们顺序地链接起来。这种文件组织的优点是文件可以按需要扩充,存储利用率高,缺点是影响了存取和修改的效率。顺序文件记录的逻辑顺序与物理顺序相同,它适合于所有的文件存储媒体。通常顺序文件组织最适合于顺序(批)处理,处理速度很快,但记录的插入和删除很不方便。因此,在磁带上、打印机上、只读光盘上的文件都采用顺序文件形式。

(2) 直接存取文件。直接存取文件记录的逻辑顺序与物理顺序不一定相同,但记录的键值直接指定了该记录的地址。可根据记录的键值,通过一个哈希函数的计算,直接映射到记录的存放地址。

(3) 索引顺序文件。文件中的基本数据记录按顺序文件组织,记录排列顺序必须按键值升序或降序安排,且具有索引部分,也按同一键进行索引。在查找记录时,可先在索引中按该记录的键值查找有关的索引项,待找到后,从该索引项取到记录的存储地址,再按该地址检索记录。

(4) 分区文件。这类文件主要用于存放程序。它由若干称为成员的、顺序组织的记录组和索引组成。每一个成员就是一个程序。由于各个程序的长度不同,所以各个成员的大小也不同,需要利用索引给出各个成员的程序名、开始存放位置和长度。只要给出一个程序名,就可以在索引中查找到该程序的存放地址和程序的长度,从而取出该程序。

(5) 虚拟存储文件。这是基于操作系统的请求页式存储管理功能而建立的索引顺序文件。它的建立可使得用户能够统一处理整个内存和外存空间,从而方便了用户的使用。

此外,还有适合于候选属性查找的倒排文件等。

2. 数据库设计

根据数据库的组织,可以将数据库分为网状数据库、层次数据库、关系数据库、面向对象数据库、文档数据库、多维数据库等。在这些类型的数据库中,关系数据库最成熟,应用也最广泛。一般情况下,大多数设计者都会选择关系数据库,但也需要知道关系数据库不是万能的,重要的是根据实际应用的需要选择合适的数据库。

由于面向对象设计和关系数据库的广泛应用,如何将面向对象的设计映射到关系数据库中也就成了一个核心问题。

在传统的结构化设计方法中,很容易将实体—关系图映射到关系数据库中。而在面向对象设计中,我们可以将 UML 类图看做是数据库的概念模型,但在 UML 类图中除了类之间的关联关系外,还有继承关系。在映射时可以按下面的规则进行:

(1) 一个普通的类可以映射为一个表或多个表,当分解为多个表时,可以采用横切和竖切的方法。竖切常用于实例较少而属性很多的对象,一般是现实中的事物。将不同分类的属性映射成不同的表,通常将经常使用的属性放在主表中,而将其他一些次要的属性放到其他表中。横切常常用于记录与时间相关的对象,如成绩记录、运行记录等。由于一段时间后,这些对象很少被查看,所以往往在主表中只记录最近的对象,而将以前的记录转到对应的历史表中。

(2) 关联关系的映射。

- 一对一关联的映射:对于一对一关联,可以在两个表中都引入外键,这样两个表之间可以进行双向导航。也可以根据具体情况,将类组合成一张单独的表。
- 一对多关联的映射:可以将关联中的"一"端毫无变化地映射到一张表,将关联中表示"多"的端上的类映射到带有外键的另一张表,使外键满足关系引用的完整性。
- 多对多关联的映射:由于记录的一个外键最多只能引用另一条记录的一个主键值,因此关系数据库模型不能在表之间直接维护一个多对多联系。为了表示多对多关联,关系模型必须引入一个关联表,将两个类之间的多对多关联转换成表上的两个一对多关联。

(3) 继承关系的映射。通常使用以下两种方法来映射继承关系:
- 将基类映射到一张表,每个子类映射到一张表。在基类对应的表中定义主键,而在子类定义的表中定义外键。
- 将每个子类映射到一张表,没有基类表。在每个子类的表中包括基类的所有属性。这种方法适用于子类的个数不多,基类属性比较少的情况。

5.6 对象设计

对象设计以问题领域的对象设计为核心,其结果是一个详细的对象模型。经过多次反复的分析和概要设计之后,设计者通常会发现有些内容没有考虑到。这些没有考虑到的内容,会在对象设计的过程中被发现。这个设计过程包括标识新的解决方案对象、调整购买到的商业化构件、对每一个子系统接口的精确说明和类的详细说明。

对象设计过程包括使用模式设计对象、接口规格说明、对象模型重构、对象模型优化4组活动。

(1) 使用模式设计对象:设计者可以选择合适的设计模式,复用已有的解决方案,以提高系统的灵活性,并确保特定类不会在系统开发过程中因要求的变化而被修改。

(2) 接口规格说明:在系统设计中所标识的子系统功能,都需要在类接口中详细说明,包括操作、参数、类型规格说明和异常情况等。在这个过程中,我们标识了进行数据交换的子系统的传递操作及对象。服务功能的规格说明对每个子系统接口进行完整说明,通常将子系统的功能说明称为子系统 API。

(3) 对象模型重构:重构的目的是改进对象设计模型,提高该模型的可读性和扩展性。如将两个相似的类归并为一个类,将没有明显活动特征的类转为属性,将复杂的类分解为简单的类,重新组合类和操作来增进封装性和继承性等。

(4) 对象模型优化:优化活动是为了改进对象设计模型,以实现系统模型中的性能要求。包括选择更好的算法、提高系统执行的速度、更好地使用存储系统、为增加效率而增加额外的连接、改变执行的顺序等。

对象设计过程并不是顺序进行的。虽然每一种活动都解决了一种特定的对象设计问题,但这些活动通常是并发进行的。

5.6.1 使用模式设计对象

在面向对象设计过程中,设计模式是开发者通过很长时间的实践而得到的重复出现问题的模板化解决方案。一个设计模式包括4个要素：

（1）名字：用来将一个设计模式与其他设计模式区分开。

（2）问题描述：用来描述该设计模式适用于何种情况。通常设计模式所解决的问题是对可更改性、可扩展性设计目标以及非功能性需求的实现。

（3）解决方案：描述解决该问题所需要的、结合在一起的类和接口的集合。

（4）结果：描述将要解决设计目标的协议和可供选择的办法。

设计模式的具体内容见第 6 章，本节主要介绍设计模式中的继承和授权的概念，以及如何选择设计模式。

1．设计模式中的继承

在对象设计中，继承的核心是为了减少冗余和增加扩展性。通过将一些相似的类定义为子类，它们中的共有属性和操作集中放到继承结构的父类中，就能减少由于引入变化而引起的不一致。尽管继承能够让一个对象模型更加容易理解和修改，并具有更好的扩展性，但有些时候使用继承也会带来一些副作用，特别是增加了类间的耦合性。因此，并不是什么情况都适合使用继承。很多时候，继承是如此难以把握，以至于很多新手所写出的代码比不用继承的代码还要混乱。

举例来说明，假设 Java 没有提供对集合的操作，现在编写一个 MySet 类来实现这些操作。如果选择想继承 java.util.Hashtable 类，那么，在 MySet 类中插入一个新元素首先需要检查在表中是否存在一个表项，它的键值等于元素的键值，如果查找失败，新元素就可以插入到表中。使用继承机制实现 MySet 类的类图如图 5.46 所示。

使用继承机制实现 MySet 的代码如下：

```
class MySet extends Hashtable {
    /*忽略构造方法*/
    MySet() {
    }
    void put(Object element) {
        if (!containsKey(element)) {
            put(element, this);
        }
    }
    boolean containsValue(Object element){
        return containsKey(element);
    }
    /*忽略其他方法*/
}
```

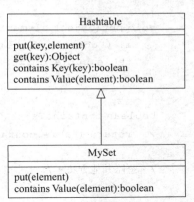

图 5.46　使用继承机制实现 MySet 类

使用这种方式，让人们可以通过复用代码来实现所需的功能，但同样会提供一些他们并不需要的功能。如 Hashtable 类中实现了操作 containsKey()，依据表项和指定对象的键值检查指定的对象是否已经存在于 Hashtable 中。MySet 继承了操作 containsKey()，并重写操作 containsValue()。因此，在使用我们实现的 MySet 时，调用一个对象中的 containsValue()操作会和调用 containsKey()操作产生相同的活动，这是不合理的。更糟的是，可能会有开发者既使用containsKey()操作，又使用containsValue()操作，这会使将来很难改变MySet的内部表示。又如，如果决定用链表而不是哈希表来实现MySet，那么所有对containsKey()操作的调用都会变得不合法。为了解决这个问题，必须重写所有从Hashtable继承的，但在MySet中用不到的方法，而且这些方法还需要能够进行异常处理，这将使MySet类变得难以理解和很难复用。

2. 授权

授权是实现复用的另一种方法。A类授权B类，是指A类为了完成一个操作需要向B类发一个消息。可以使用两个类之间的关联关系实现授权机制，在A类中增加一个类型为B的属性。图5.47就是使用授权机制的类图。这里唯一明显的变化就是MySet中多了一个私有属性表（Table），在构造方法MySet()中有对表（Table）的初始化操作。

使用授权机制实现MySet的代码如下：

```
class MySet {
    private Hashtable table;
    MySet() {
        table=Hashtable();
    }
    void put(Object element) {
        if (!containsKey(element)) {
        table.put(element, this);
        }
    }
    boolean containsValue(Object element) {
        return (table.containsKey(element));
    }
    /*忽略其他方法*/
}
```

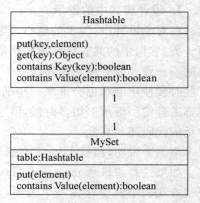

图5.47 使用授权机制实现MySet类

使用授权机制解决了我们在前面讨论的问题：

（1）扩展性：图5.47中的MySet类没有包含containsKey()操作，并且属性table是私有的。这样，如果MySet的内部实现使用的是链表而不是哈希表，也不会影响任何使用MySet类的地方。

（2）子类型化：MySet类不是从Hashtable类继承来的，因此程序中的MySet对象不能被替换为Hashtable对象。以前使用Hashtable类的程序也不用改变。

有时并不能很清楚地判别出什么时候使用授权，什么时候使用继承，这主要取决于开发者的判断和实践经验。在很多情况下，将继承和授权结合起来使用，能够解决很多问题，如减弱抽象接口的耦合度，将从父类继承的代码封装起来，减弱说明服务类和提供服务机制类之间的耦合度等。

对于上面所讨论的问题，可以定义一个新类MySet，让MySet类遵从一个已存在的Set接口，并复用Hashtable类所提供的活动功能。适配器（Adapter）设计模式就是解决这些问题的一个模板化方案。使用适配器设计模式解决 MySet 问题的方法如图 5.48 所示。

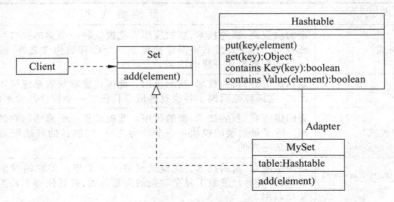

图 5.48　使用适配器(Adapter)设计模式解决 MySet 问题

适配器(Adapter)设计模式既使用了继承也使用了授权。当我们学习设计模式时,会发现很多模式都混合使用了继承和授权。由于设计模式需要大量的知识及经验积累,设计模式可能不是开发者一开始就能想到的解决方案。

3. 如何选择设计模式

下面讨论如何使用设计模式来解决一系列常见的对象设计问题。

在软件的系统设计和对象设计中,存在着相互矛盾的设计目标。一方面,在系统设计中,应尽可能地降低子系统之间的耦合度,这样可以通过将系统分成更小的模块来解决复杂度高的问题。另一方面,在对象设计中,希望软件易于更改及扩展,这样就能够将以后可能出现变化所带来的代价尽可能降低。这些目标相互之间是有冲突的:系统定义一个稳定的体系结构来处理复杂的问题,但同时为了解决未来开发过程中可能出现的变化,又希望这个结构具有较高的灵活性。这种冲突的目标可以采用通过预先估计未来可能出现的变化,并针对这种变化情况进行设计来解决。可以考虑以下几个方面的变化。

(1) 新的软件供应商或者是新的技术:在系统的构建中,使用的商业外购构件经常会被其他供应商提供的同类构件所代替。这种情况很普遍,也很难处理。软件市场处于不断变化之中,而且,有可能在你的系统完成之前,你的软件供应商就已经破产了。

(2) 新的实现方法:当将子系统集成到一起并开始测试时,系统响应时间通常比所要求的长。系统性能是很难预估的,往往会在系统集成之后再进行优化。

(3) 新视图:让真正的用户来测试软件,会发现很多可用性方面的问题。这往往需要在同样的数据上面增加新视图来解决。

(4) 新的功能及新的复杂度:在系统的开发过程中,会对系统有更深入和全面的了解,由此会增加新的功能及新的复杂度。

(5) 新的需求错误:当真正的用户开始使用系统时,还会发现很多新的需求错误。

用抽象类将授权和继承联合起来使用,会降低一个子系统的接口与它实际实现中的应用耦合度高这一问题。本节讲述一些挑选出来的、可以处理上述变化类型设计模式的例子,如表 5.7 所示。

表 5.7 设计模式及其能够处理的每一种变化

设计模式	预期的变化
桥接(Bridge)模式	新的供应商、新的技术、新的应用。此模式将一个类的接口与它的具体实现分离。除了开发者不需要拘泥于一个已有的构件之外,桥接模式提供了与适配器模式一样的功能
适配器(Adapter)模式	新的供应商、新的技术、新的应用。此模式能够封装系统所不需要的继承代码,它同样也限制了替换这些继承代码对一个构件所带来的影响
策略(Strategy)模式	新的供应商、新的技术、新的应用。此模式将一个算法与它的具体实现分离。除了被封装的模块是一个行为之外,它的目的与适配器模式及桥接模式是一样的
抽象工厂(Abstract Factory)模式	新的供应商、新的技术。此模式封装了一个相互关联的对象族的构造过程,从而对客户屏蔽了复杂对象的构造过程,并且使得不匹配的对象不能互相调用
命令(Command)模式	新的功能。此模式将执行命令的对象与命令本身分离,使得对象不会因为引入新的功能而改变
合成(Composite)模式	新应用域的复杂度。此模式通过为聚合类和叶子结点提供一个共同的超类封装结构层次;新的叶子类型能够在不修改现有代码的情况下被加入

由于设计模式的目录很大,而且种类很多,为一个给定问题选择正确的设计模式是很难的,除非你已经对使用设计模式有了一定的经验。由于设计模式能够实现一个特殊的设计目标,或者是达到一个特殊的非功能需求,因此,需要一种技术来指导选取与系统需求相符合的设计模式,在这里通过使用需求分析文档和系统设计文档中的关键短语,选择候选的模式。表 5.8 中给出了一些选择设计模式的启发式准则。

表 5.8 选择设计模式的启发式准则

短语	设计模式
制造厂商的独立性	抽象工厂(Abstract Factory)
平台独立性	
必须与现有的接口一致	适配器(Adapter)
必须复用现有的可继承构件	
必须支持未来的协议	桥梁(Bridge)
所有的命令都可以被撤销	命令(Command)
所有的事务都应该被记录	
必须支持组合式结构	合成(Composite)
必须支持不同深度和广度的层次	
协议和机制的耦合度要尽可能低	策略(Strategy)
必须允许在运行时交换不同的算法	

5.6.2 接口规格说明设计

在对象设计过程中,要标识和求精解对象,以实现在概要设计期间定义的子系统。对象设计的重点在于标识对象之间的界限。这个时期依然存在向设计中引入错误的可能性。接口规格说明的目标是能够清晰地描述每个对象的接口，这样开发者就能够独立地实现这些对象，以满足最小集成的需求；同时，由于系统底层的细节迅速增加，开发者也有必要依据接口规格说明相互进行沟通。

接口规格说明包括以下活动。

（1）确定遗漏的属性和操作：在这个活动中，将检查每个子系统提供的服务及每个分析对象，标识出被遗漏的操作和属性。需要对当前的对象设计模型求精，同时也对这些操作所用到的参数进行求精。

（2）描述可见性和签名：在这个过程中，将决定哪些操作对其他对象和子系统是可用的，哪些操作仅仅适用于本子系统，并说明操作的签名（包括操作名及参数表）。这个活动的目标是减少子系统之间的耦合度，并提供一个较小且简单的接口，这个接口可被独立的开发者理解。

（3）描述契约：描述每个对象操作应该遵守的约束条件。契约包括不变式、前置条件和后置条件3种类型的约束。

下面主要讨论与接口规格说明有关的概念，包括对开发者的分类及契约。

1．开发者角色的分类

到目前为止，我们对所有开发者都是一视同仁的。在进一步研究对象设计和实现的细节时，则需要区分不同的开发者。当所有开发者都利用接口规格说明进行通信时，就需要从各自不同的观点去看待规格说明，如图5.49所示。

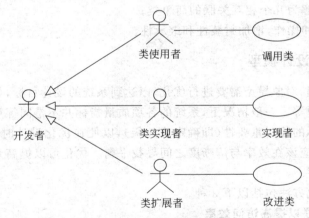

图5.49 开发者角色的分类

类使用者：在其他类的实现过程中，调用那些类所提供的操作。因此，类使用者也称为客户类。对类使用者来说，接口规格说明根据类提供的服务和对客户类所做的假设，揭示了类的边界。

类实现者：类实现者设计内部的数据结构，并为每个发布的操作编写实现代码。对类实现者来说，接口规格说明是分配的任务之一。

类扩展者：开发待实现类的特定扩展。与类实现者一样，类扩展者也可以调用其感兴趣的类所提供的操作，类扩展者关注同一个服务的特定版本。对他们来说，接口规格说明既说明了当前的类行为，又说明了特定类提供服务的所有约束。

2. 契约

契约就是在一个类上定义的,确保有关该类的类实现者、类使用者、类扩展者都要遵守的假定条件。一个契约说明了类使用者在使用该类之前必须遵守的约束,这一约束也是类实现者和类扩展者在使用时必须遵守的约束。契约包括 3 种类型的约束。

(1) 不变式:不变式是一个对该类的所有实例而言都为真的谓词。不变式是和类或接口有关的约束,通常用来说明类属性之间的一致性约束。

(2) 前置条件:前置条件是在调用一个操作之前,必须为真的谓词。前置条件和某个特定操作有关,用来说明类使用者在调用一个操作之前必须满足的约束。

(3) 后置条件:后置条件是在调用一个操作之后必须为真的谓词。后置条件与某个特定操作有关,用来说明类实现者和类扩展者在调用一个操作之后必须满足的约束。

5.6.3 重构对象设计模型

重构是对源代码的转换,在不影响系统行为的前提下,提高源代码的可读性和可修改性。重构通过考虑类的属性和方法,达到改进系统设计的目的。为了确保不影响系统行为,重构可在小范围内进行,每一步均包含测试,且避免更改类的接口。

典型的重构活动的例子包括:
- 将一个 N 元关联转换成一组二元关联;
- 将两个不同子系统中相似的类合并为一个通用的类;
- 将没有明显活动特征的类转换为属性;
- 将复杂类分解为几个相互关联的简单类;
- 重新组合类和操作,增加封装性和继承性。

5.6.4 优化对象设计模型

在对象设计期间,对象模型需要进行优化,以达到系统的设计目标,如最小化响应时间、执行时间或内存资源等。一般情况下,系统的各项质量指标并不是同等重要的,设计人员必须确定各项质量指标的相对重要性(即确定优先级),以便在优化设计时制定折中方案。在进行优化时,设计者应该在效率与清晰度之间寻找平衡。优化可以提高系统的效率,但同时会增加系统的复杂度。

几种常用的优化方法包括以下 3 种。

1. 增加冗余关联以提高访问效率

在面向对象设计过程中,当考虑用户的访问模式及不同类型的访问彼此间的依赖关系时,就会发现分析阶段确定的关联可能并没有构成效率最高的访问路径。

下面用设计公司雇员技能数据库的例子,说明分析访问路径及提高访问效率的方法。公司、雇员及技能之间的关联链如图 5.50 所示。

公司类中服务 find_skill 返回具有指定技能的雇员集合。例如,用户可能询问公司中会讲日语的雇员有哪些人。

假设某公司共有 2000 名雇员,平均每名雇员会 10 种技能,则简单的嵌套查询将遍历雇员对象 2000 次,针对每名雇员平均再遍历技能对象 10 次。如果全公司仅有 5 名雇员精通日语,则查询命中率仅有 1/4000。在这种情况下,更有效的提高查询效率的改进方法是给那些需要经常查询的对象建立索引。

针对上面的例子,可以增加一个额外的限定关联"精通语言",用来联系公司与雇员这两类对象,如图5.51所示。利用冗余关联,可以立即查到精通某种具体语言的雇员,当然,索引也必然带来多余的内存开销。

图5.50　公司、雇员及技能之间的关联链　　　图5.51　为雇员技能数据建立索引

2. 调整查询次序

改进了对象模型的结构,接下来就应该优化算法了。优化算法的一个途径是尽量缩小查找范围。例如,假设用户在使用上述的雇员技能数据库的过程中,希望找出既会讲日语,又会讲法语的所有雇员。如果某公司只有5位雇员会讲日语,会讲法语的雇员却有200人,则应该先查找会讲日语的雇员,然后再从这些会讲日语的雇员中查找同时会讲法语的人。

3. 保留派生属性

可以把通过某种运算而从其他数据派生出来的这类冗余数据作为派生属性保存起来。

5.7　处理过程设计

概要设计完成了软件系统的总体设计,规定了各个模块的功能及模块之间的联系,进一步就要考虑实现各个模块规定的功能。从软件开发的工程化观点来看,在使用程序设计语言编制程序以前,需要对所采用算法的逻辑关系进行分析,设计出全部必要的过程细节,并给予清晰的表达,使之成为编码的依据。这就是处理过程设计的任务。

在处理过程设计阶段,要决定各个模块的实现算法,并精确地表达这些算法。前者涉及目标系统的具体要求、对每个模块规定的功能以及算法的设计和评价,这不属于本书讨论的范围;后者需要给出适当的算法描述,为此应提供过程设计的表达工具。在理想情况下,算法过程描述应当采用自然语言来表达,这样不熟悉软件的人要理解这些规格说明就比较容易,不需要重新学习。但是,自然语言在语法上和语义上往往具有多义性,常常要依赖上下文才能把问题交代清楚。因此,必须使用约束性更强的方式来表达过程细节。

表达处理过程规格说明的工具称为处理过程设计工具,它可以分为以下3类:

1. 图形工具——把处理过程的细节用图形方式描述出来。
2. 表格工具——用一张表来表达处理过程的细节。这张表列出了各种可能的操作及其相应的条件,即描述了输入、处理和输出信息。
3. 语言工具——用类高级语言(叫做伪码)来描述处理过程的细节。

5.7.1　结构化程序设计

结构化程序设计方法是经过长期实践和围绕GOTO语句的争论,于20世纪70年代形成的,它融合了多位计算机专家,如Dijkstra、Bohm、Jacopini和Wirth的主张,目的是要提高软件生产率和软件质量,降低软件维护的成本。

结构化程序设计的主要原则有两条：
1. 使用语言中的顺序、选择、重复等有限的基本控制结构表示程序逻辑。
2. 按照自顶向下、逐步求精的原则，从程序的整体框架入手，逐步引入实现逻辑。

此外，还有一些补充原则，包括：
1. 选用的控制结构只准许有一个入口和一个出口。
2. 程序语句组成容易识别的块(Block)，每块只有一个入口和一个出口。
3. 复杂结构应该用基本控制结构进行组合嵌套来实现。
4. 语言中没有的控制结构，可用一段等价的程序段模拟，但要求该程序段在整个系统中应前后一致。
5. 严格控制 GOTO 语句，仅在下列情形才可使用：
（1）用非结构化的程序设计语言去实现结构化的构造。
（2）若不使用 GOTO 语句就会使程序功能模糊。
（3）在某种可以改善而不是损害程序可读性的情况下。例如，在查找结束时，文件访问结束时，出现错误情况要从循环中转出时，使用布尔变量和条件结构来实现就不如用 GOTO 语句来得简洁易懂。

5.7.2 程序流程图

程序流程图也称为程序框图，是软件开发者最熟悉的一种算法表达工具。它独立于任何一种程序设计语言，比较直观、清晰，易于学习掌握。因此，至今仍是软件开发者最普遍采用的一种工具。人们在需要了解别人开发软件的具体实现方法时，常常需要借助流程图来理解其思路及处理方法。

但是，流程图也存在一些严重的缺点。例如流程图所使用的符号不够规范，常常使用一些习惯性用法。特别是表示程序控制流程的箭头，使用的灵活性极大，程序员可以不受任何约束，随意转移控制。这些问题常常会使程序质量受到很大的影响，这些现象显然是与软件工程化的要求相背离的。为了消除这些缺点，应对流程图所使用的符号做出严格的定义，不允许人们随心所欲地画出各种不规范的流程图。

首先，为使用流程图描述结构化程序，必须限制流程图只能使用图 5.52 所给出的 5 种

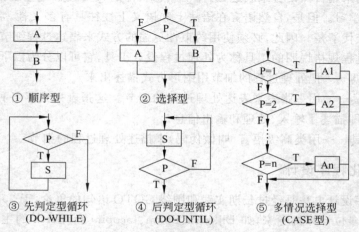

图 5.52 流程图的基本控制结构

基本控制结构(图中菱形表示判断,且用 T 标明取真值的出口,用 F 标明取假值的出口)。这 5 种基本的控制结构是:

1. 顺序型:由几个连续的加工步骤依次排列构成;
2. 选择型:由某个逻辑判断式的取值决定选择两个加工中的一个;
3. 先判定(While)型循环:在循环控制条件成立时,重复执行特定的加工;
4. 后判定(Until)型循环:重复执行某些特定的加工,直至控制条件成立;
5. 多情况(Case)型选择:列举多种加工情况,根据控制变量的取值,选择执行其一。

任何复杂的程序流程图都应由这 5 种基本控制结构组合或嵌套而成。作为上述 5 种控制结构相互组合和嵌套的实例,图 5.53 给出一个程序的流程图。图中增加了一些虚线构成的框,目的是便于理解控制结构的嵌套关系。显然,这个流程图所描述的程序是结构化的。

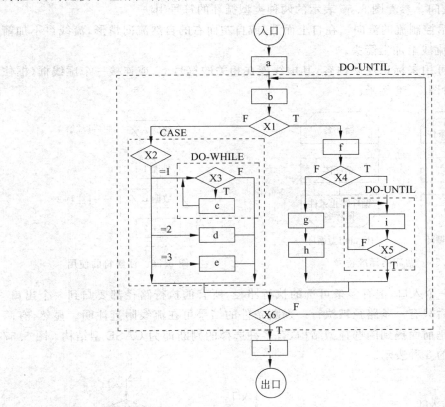

图 5.53 经过嵌套组合构成的流程图示例

其次,需要对流程图所使用的符号做出确切的规定。除按规定使用定义的符号之外,流程图中不允许出现任何其他符号。图 5.54 给出国际标准化组织提出,并已为我国国家技术监督局批准的一些程序流程图标准符号,其中多数规定的使用方法与普通的使用习惯用法一致。

需要说明的几点是:

(1) 循环的界限设有一对特殊的符号。循环开始符是削去上面两个直角的矩形,循环结束符是削去下面两个直角的矩形,其中应当注明循环名和进入循环的条件(对于 while 型循环)或循环终止的条件(对于 until 型循环)。通常这两个符号应在同一条纵线上,上下对

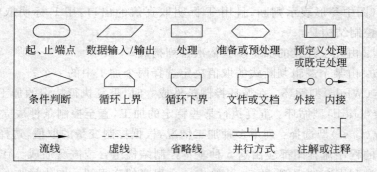

图 5.54　标准程序流程图的规定符号

应，循环体夹在其间。参看图 5.55 表示的两种类型循环的符号用法。

(2) 流线表示控制流的流向。在自上而下，或自左而右的自然流向情形，流线可不加箭头。否则必须在流线上加上箭头。

(3) 注解符可用来标识注解内容，其虚线连在相关的符号上，或连接一个虚线框（框住一组符号）。参看图 5.56 例子。

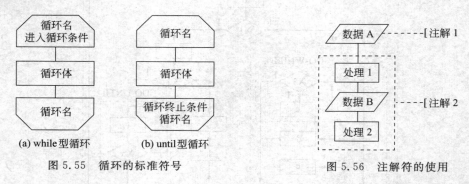

图 5.55　循环的标准符号　　　　　　图 5.56　注解符的使用

(4) 判断有一个入口，但有多条可选的执行路径，所有的执行路径都要归到一个出口。在判断条件取值后只有一条路径被执行。判断条件的结果可在流线附近注明。显然，有两种选择的判断就是前面提到的选择型结构，有多种选择的判断即为 CASE 型结构。图 5.57 给出多选择判断的 3 种表示。

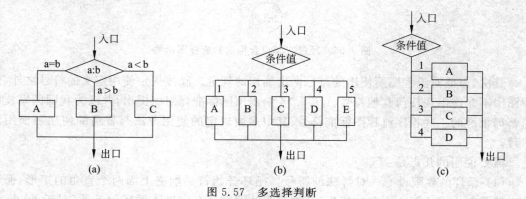

图 5.57　多选择判断

(5) 虚线表示两个或多个符号间的选择关系（例如，虚线连接了两个符号，则表示这两个符号中只选用其中的一个）。另外，虚线也可配合注解使用，参看图 5.56。

(6) 外接符及内接符表示流线在另外一个地方接续，或者表示转向外部环境或从外部环境转入。

5.7.3 N-S 图

Nassi 和 Shneiderman 提出了一种符合结构化程序设计原则的图形描述工具，叫做盒图（Box-Diagram），也叫做 N-S 图。在 N-S 图中，为了表示 5 种基本控制结构，规定了 5 种图形构件，参看图 5.58。图 5.58(a) 表示按顺序先执行处理 A，再执行处理 B；图 5.58(b) 表示若条件 P 取真值，则执行 T 下面框 A 的内容，取假值时，执行 F 下面框 B 的内容，若 B 是空操作，则拉下一个箭头"↓"；图 5.58(c) 和图 5.58(d) 表示两种类型的循环，P 是循环条件，S 是循环体，图 5.58(c) 是先判断 P 的取值，再执行 S，图 5.58(d) 是先执行 S，再判断 P 的取值；图 5.58(e) 给出了多出口判断的图形表示，P 为控制条件，根据 P 的取值，相应地执行其值下面各框的内容。

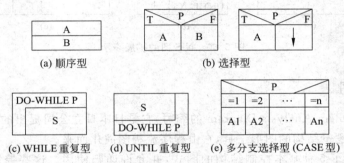

图 5.58 N-S 图的 5 种基本控制结构

为了说明 N-S 图的使用，仍沿用图 5.53 给出的实例，将它们用 N-S 图表示，如图 5.59 所示。

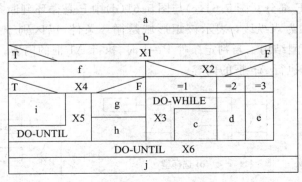

图 5.59 N-S 图的示例

N-S 图有以下几个特点：

(1) 图中每个矩形框（除 CASE 构造中表示条件取值的矩形框外）都是明确定义了的功能域（即一个特定控制结构的作用域），以图形表示，清晰可见。

(2) 它的控制转移不能任意规定,必须遵守结构化程序设计的要求。

(3) 很容易确定局部数据和(或)全局数据的作用域。

(4) 很容易表现嵌套关系,也可以表示模块的层次结构。

如前所述,任何一个 N-S 图,都是前面介绍的 5 种基本控制结构相互组合与嵌套的结果。当问题很复杂时,N-S 图可能很大,在一张纸上画不下,这时,可给这个图中一些部分取个名字,在图中相应位置用名字(用椭圆形框住它)而不是用细节去表现这些部分。然后在另外的纸上再把这些命名的部分进一步展开。例如,图 5.60(a)中判断 X1 取值为 T 部分和取值为 F 部分,用矩形框界定的功能域中画有椭圆形标记 k 和 l,表明了它们的功能进一步展开在另外的 N-S 图,即图 5.60(b)与图 5.60(c)中。

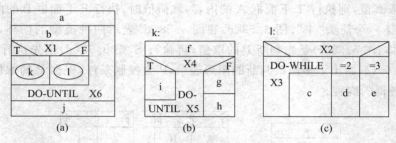

图 5.60 N-S 图的扩展表示

5.7.4 PAD 图

PAD 是 Problem Analysis Diagram 的缩写,它是日本日立公司提出的用结构化程序设计思想表现程序逻辑结构的图形工具,它由程序流程图演化而来。

PAD 也设置了 5 种基本控制结构的图式,并允许递归使用。这些控制结构的图式如图 5.61 所示。其中,图 5.61(a)表示按顺序先执行 A,再执行 B。图 5.61(b)给出了判断条件为 P 的选择型结构,当 P 为真值时执行上面的 A 框,P 取假值时执行下面的 B 框中的内容。如果这种选择型结构只有 A 框,没有 B 框,表示该选择结构中只有 THEN 后面有可执行语句 A,没有 ELSE 部分。图 5.61(c)与图 5.61(d)中 P 是循环判断条件,S 是循环体。循环判断条件框的右端为双纵线,表示该矩形域是循环条件,以区别于一般的矩形功能域。图 5.61(e)是 CASE 型结构。当判定条件 P=1 时,执行 A1 框的内容,P=2 时,执行 A2 框的内容……P=n 时,执行 An 框的内容。

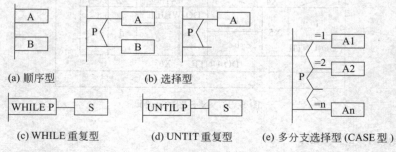

图 5.61 PAD 的基本控制结构

作为 PAD 应用的示例,图 5.62 给出了图 5.53 程序的 PAD 表示。

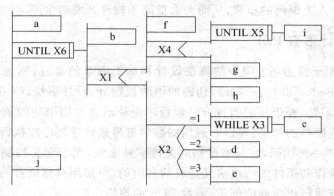

图 5.62　PAD 示例

为了反映增量型循环结构,在 PAD 中增加了对应于

```
for i:=n1 to n2 step n3 do
```

的循环控制结构,如图 5.63(a)所示。其中,n1 是循环初值,n2 是循环终值,n3 是循环增量。另外,PAD 所描述程序的层次关系表现在纵线上,每条纵线表示了一个层次。把 PAD 图从左到右展开,随着程序层次的增加,PAD 逐渐向右展开,有可能会超过一页纸,这时,PAD 增加了一种如图 5.63(b)所示的扩充形式。图中用实例说明,当一个模块 A 在一页纸上画不下时,可在图中该模块相应位置矩形框中简记一个 NAME A,再在另一页纸上详细画出 A 的内容,用 def 及双下划线来定义 A 的 PAD。这种方式可使在一张纸上画不下的图,分在几张纸上画出,还可以用它来定义子程序。

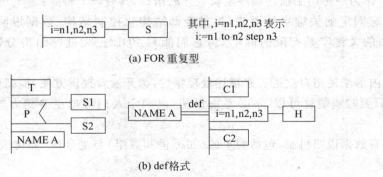

图 5.63　PAD 的扩充控制结构

　　PAD 所表达的程序,结构清晰且结构化程度高。作为一种详细设计的图形工具,PAD 比流程图更容易读。图中最左侧的纵线是程序的主干线,即程序的第一层结构。其后每增加一个层次,图形向右扩展一条纵线。因此,程序中含有的层次数即为 PAD 中的纵线数。

　　PAD 的执行顺序从最左主干线的上端的结点开始,自上而下依次执行。每遇到判断或循环,就自左而右进入下一层,从表示下一层的纵线上端开始执行,直到该纵线下端,再返回上一层的纵线的转入处。如此继续,直到执行到主干线的下端为止。

　　由于 PAD 的树形特点,使它比流程图更容易在计算机上处理。例如,在开发 PAD 向高级语言程序的转换程序之后,便可从终端输入 PAD 的图形,并自动转换成高级语言程序。因此可以省去人工编码的步骤,从而大大提高了软件开发的生产率。

5.7.5 程序设计语言 PDL

PDL 是一种用于描述功能模块的算法设计和加工细节的语言,称为设计程序用语言。它是一种伪码(Pseudocode)。一般地,伪码的语法规则分为"外语法(Outer Syntax)"和"内语法(Inner Syntax)"。外语法应当符合一般程序设计语言常用语句的语法规则,而内语法可以用英语中一些简单的句子、短语和通用的数学符号来描述程序应执行的功能。

PDL 就是这样一种伪码,它具有严格的关键字外语法,用于定义控制结构和数据结构,同时它表示实际操作和条件的内语法又是灵活自由的,可使用自然语言的词汇。

下面举一个查找错拼单词的例子,来看 PDL 的使用。

```
PROCEDURE spellcheck IS                              查找错拼的单词
BEGIN
    split document into single words                 把整个文档分离成单词
    lood up words in dictionary                      在字典中查这些单词
    display words which are not in dictionary        显示字典中查不到的单词
    create a new dictionary                          创建一新字典
END spellcheck
```

从以上例子可知,PDL 语言具有正文格式,很像高级语言。人们可以很方便地使用计算机完成 PDL 的书写和编辑工作。从其来源看,PDL 可能是某种高级语言(例如 Pascal)稍加变化后的产物,例如在算法描述时常用的类 Pascal 语言、类 C 语言等。

PDL 作为一种用于描述程序逻辑设计的语言,具有以下特点:

(1) 有固定的关键字外语法,提供全部结构化控制结构、数据说明和模块特征。属于外语法的关键字是有限的词汇集,它们能对 PDL 正文进行结构分割,使之变得易于理解。

(2) 内语法使用自然语言来描述处理特性,为开发者提供方便,提高可读性。内语法比较灵活,只要写清楚就可以,不必考虑语法,以利于人们可把主要精力放在描述算法的逻辑上。

(3) 有数据说明机制,包括简单的(如标量和数组)与复杂的(如链表和层次结构)的数据结构。

(4) 有子程序定义与调用机制,用以表达各种方式的接口说明。

使用 PDL 语言,可以做到逐步求精:从比较概括和抽象的 PDL 程序起,逐步写出更详细、更精确的描述。

5.7.6 判定表

当算法中包含多重嵌套的条件选择时,用程序流程图、N-S 图或 PAD 都不易清楚地描述。然而,判定表却能清晰地表达复杂的条件组合与应做动作之间的对应关系。仍然使用图 5.53 的例子,为了能适应判定表条件取值只能是 T 和 F 的情形,对原图稍微做了些改动,把多分支判断改为两分支判断,但整个图逻辑没有改变,见图 5.64。

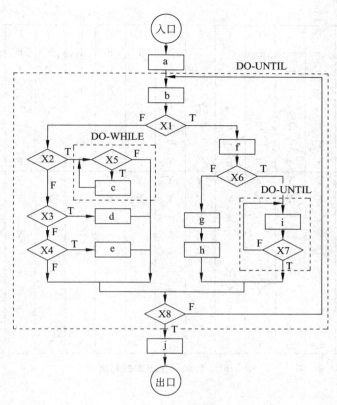

图 5.64 不包含多分支结构的流程图实例

判定表由 4 部分组成。左上半部列出所有条件判断,左下半部列出所有的处理语句块;右上半部是表示各种条件取值的组合,右下半部是和每组条件取值组合相对应的所执行的语句序列。判定表右半部的每一列实质上是一条规则,规定了针对特定的条件判断所经过的执行路径。

与图 5.64 表示的流程图对应的判定表如图 5.65 所示。在表的右上半部分中,T 表示该条件取值为真,F 表示该条件取值为假,空白表示这个条件无论取何值对动作的选择不产生影响。在判定表右下半部分中,Y 表示要做这个动作,空白表示不做这个动作。在图 5.65 中判定表有 14 列,表示该程序共有 14 种情况,即共有 14 条规则。

建立判定表的步骤如下:
(1) 列出与一个具体过程(或模块)有关的所有处理。
(2) 列出过程执行期间的所有条件(或所有判断)。
(3) 将特定条件取值组合与特定的处理相匹配,消去不可能发生的条件取值组合。
(4) 将右部每一纵列规定为一个处理规则,即对于某一条件取值组合将有什么动作。

判定表的优点是能够简洁、无二义性地描述所有的处理规则。但判定表表示的是静态逻辑,是在某种条件取值组合情况下可能的结果,它不能表达加工的顺序,也不能表达循环结构,因此判定表不能成为一种通用的设计工具。

	1	2	3	4	5	6	7	8	9	10	11	12	13	14
X1	T	T	T	T	T	F	F	F	F	F	F	F	F	F
X2	—	—	—	—	—	T	T	T	F	F	F	F	F	F
X3	—	—	—	—	—	—	—	F	F	F	T	T	F	F
X4	—	—	—	—	—	—	F	F	—	—	—	—	—	T
X5	—	—	—	—	T	F	F	—	—	—	—	—	—	—
X6	T	T	T	F	F	—	—	—	—	—	—	—	—	—
X7	T	T	F	—	—	—	—	—	—	—	—	—	—	—
X8	T	F	—	T	F	T	F	T	F	F	T	T	T	F
a	Y	Y	Y	Y	Y	Y	Y	Y	Y	Y	Y	Y	Y	Y
b	Y	Y	Y	Y	Y	Y	Y	Y	Y	Y	Y	Y	Y	Y
c	—	—	—	—	—	—	—	—	—	—	—	—	—	—
d	—	—	—	—	—	—	—	—	—	—	—	Y	—	—
e	—	—	—	—	—	—	—	—	—	—	—	—	Y	Y
f	Y	Y	Y	Y	Y	—	—	—	—	—	—	—	—	—
g	—	—	—	—	—	Y	—	—	—	—	—	—	—	—
h	—	—	—	—	—	—	Y	—	—	—	—	—	—	—
i	—	Y	Y	Y	—	—	—	—	—	—	—	—	—	—
j	Y	—	—	—	Y	—	—	Y	—	Y	Y	—	Y	—

图 5.65　反映程序逻辑的判定表

5.7.7　HIPO

HIPO 在 2.5.2 小节已经做了介绍,它是一种比较有名的软件设计手段。通过层次图(H 图)可以描述程序结构,通过 IPO 图可以描述程序的输入—处理—输出。

5.8　软件设计规格说明

GB/T 8567—2006《计算机软件文档编制规范》中有关软件设计的文档有 3 种,即《软件设计说明(SDD)》《数据库设计说明(DBDD)》和《接口设计说明(IDD)》。

软件设计说明描述了软件系统的设计方案,包括系统级的设计决策、体系结构设计(概要设计)和实现该软件系统所需的详细设计;数据库设计说明描述了数据库设计和存取与操纵数据库的软件系统;接口设计说明描述了系统、硬件、软件、人工操作以及其他系统部件的接口特性。这几个文档互相补充,向用户提供了可视的设计方案,并为软件开发和维护提供了所需的信息。

5.8.1　软件(结构)设计说明(SDD)

软件设计说明和数据库设计说明是分成两个文档,还是合并在一个文档内,要视软件的规模和复杂性而定。其主要内容如下:

1 引言	d. 标识每个软件配置项的开发状态/类型
1.1 标识(软件的标识号、标题、版本号)	e. 描述计划使用的硬件资源
1.2 系统概述(用途、性质、历史、项目相关者、运行现场、其他有关文档)	f. 指明每个软件配置项在哪个程序实现
1.3 文档概述(用途、内容、保密性要求)	4.4 执行概念(软件配置项间的执行概念,即运行期间的动态行为)
1.4 基线(依据的设计基线)	4.5 接口设计
2 引用文档	4.5.1 接口标识和接口图
3 软件级的设计决策	4.5.x 每个接口的描述
a. 输入和输出的设计决策;与其他系统、硬件、软件和用户的接口	a. 分配给接口的优先级
	b. 要实现的接口的类型
b. 响应输入和条件的软件行为的设计决策	c. 接口传输的单个数据元素的特性
c. 有关数据库和数据文件如何呈现给用户的设计决策	d. 接口传输的数据元素集合体的特性
d. 为满足安全性、保密性、私密性需求而选择的方法	e. 接口使用的通信方法的特性
	f. 接口使用的协议的特性
e. 对应需求的其他软件级设计决策,如为提供灵活性、可用性、可维护性而选择的方法	g. 其他特性
4 软件体系结构设计	5 软件详细设计
4.1 体系结构	5.x 每个配置项的细节设计
4.1.1 程序(模块)划分	a. 配置项的设计决策,如算法
4.1.2 程序(模块)的层次结构关系	b. 配置项的设计约束及非常规的特性
4.2 全局数据结构说明	c. 说明选择编程语言的理由
4.2.1 常量(位置、功能、具体说明)	d. 对使用到的过程性命令做出解释
4.2.2 变量(位置、功能、具体说明)	e. 说明输入、输出和其他数据元素以及数据元素集合体
4.2.3 数据结构(功能、具体说明)	f. 给出程序逻辑
4.3 软件部件	6 需求的可跟踪性
a. 标识构成软件的所有软件配置项	a. 从每个配置项到需求的可跟踪性
b. 给出软件配置项的静态结构	b. 从每个需求到配置项的可跟踪性
c. 陈述每个软件配置项的用途、对应的需求与软件级设计决策	7 注解(背景、词汇表、原理)
	附录

5.8.2 数据库(顶层)设计说明(DBDD)

数据库设计说明和软件设计说明是分成两个文档,还是合并在一个文档内,要视软件的规模和复杂性而定。其主要内容如下:

1 引言	4 数据库的详细设计
1.1 标识(数据库的标识号、标题、版本号)	4.x 每个数据库设计级别的细节
1.2 数据库概述(用途、性质、历史、项目相关者、运行现场、其他有关文档)	a. 数据库设计中的单个数据元素的特性
	b. 数据库设计中的数据元素集合体的特性
1.3 文档概述(用途、内容、保密性要求)	5 用于数据库访问或操纵的软件配置项的详细设计
1.4 基线(依据的设计基线)	5.x 每个软件配置项的细节设计
2 引用文档	a. 配置项的设计决策,如算法
3 数据库级的设计决策	b. 配置项的设计约束及非常规的特性
a. 查询、输入和输出的设计决策;与其他系统、硬件、软件和用户的接口	c. 说明选择编程语言的理由
b. 响应查询或输入的数据库行为的设计决策	d. 对使用到的过程性命令做出解释
c. 有关数据库和数据文件如何呈现给用户的设计决策	e. 说明输入、输出和其他数据元素以及数据元素集合体
d. 使用什么 DBMS 的设计决策,引入数据库内部的灵活性类型的设计决策	f. 给出程序逻辑
	6 需求的可跟踪性
e. 为满足可用性、保密性、私密性和运行连续性的层次与类型的设计决策	a. 从每个数据库或其他软件配置项到系统或软件需求的可跟踪性
f. 有关数据库的分布、主数据库文件更新与维护的设计决策	b. 从每个系统或软件需求到数据库或软件配置项的可跟踪性
g. 有关备份与恢复的设计决策	7 注解(背景、词汇表、原理)
h. 有关重组、排序、索引、同步与一致性的设计决策	附录

5.8.3 接口设计说明(IDD)

接口设计说明与接口需求规格说明(参看第 2 章)配合,用于沟通和控制接口的设计决策。其主要内容如下:

1 引言	b. 外部接口(与硬件、相关软件的接口)
1.1 标识(软件的标识号、标题、版本号)	c. 内部接口(软件内部各部分、各子系统或模块间的接口)等
1.2 系统概述(用途、性质、历史、项目相关者、运行现场、其他有关文档)	3.1 接口标识和接口图
1.3 文档概述(用途、内容、保密性要求)	3.x 每个接口的接口特性
	a. 分配给接口的优先级别
1.4 基线(依据的设计基线)	b. 要实现接口的类型(实时数据传输、数据存储和检索等)
2 引用文档	c. 必须提供、存储、发送、访问、接收的单个数据元素的特性(数据类型、格式、单位、范围、准确度或精度、优先级别、时序、频率、容量、保密性和私密性约束、数据的来源或去向)
3 接口设计	
接口类型应包括:	
a. 用户界面(数据输入、显示及控制界面)	

d. 必须提供、存储、发送、访问、接收的数据元素集合体的特性（数据结构、媒体和媒体上的数据组织、显示和其他视听特性、数据元素集合体之间的关系、优先级别、时序、频率、容量、保密性和私密性约束、数据的来源或去向）	f. 接口使用协议的特性（协议优先级别/层次、分组（即分段和重组）/路由/寻址、合法性检查、错误控制和恢复、同步、状态/标识、任何其他报告特征）
	4 需求的可跟踪性
	a. 从每个接口到接口设计所涉及的系统或软件需求的可跟踪性
e. 接口使用通信方法的特性（通信链接/带宽/频率/媒体及其特性、消息格式、流控制、数据传送速率、周期性/非周期性、传输间隔、路由/寻址/命名约定、传输服务、安全性/保密性/私密性考虑）	b. 从每个系统或软件需求到接口的可跟踪性
	5 注解（背景、词汇表、原理）
	附录

5.9 软件设计评审

一旦所有模块的设计文档完成以后，就可以对软件设计进行评审。在评审中应着重评审软件需求是否得到满足，以及软件结构的质量、接口说明、数据结构说明、实现和测试的可行性和可维护性等。此外还应确认该设计是否覆盖了所有已确定的软件需求，软件每一成分是否可追溯到某一项需求，即满足需求的可跟踪性。

5.9.1 概要设计评审的检查内容

概要设计评审的检查内容如下。

1. 系统概述：是否准确且充分阐述了被设计的系统在项目软件中的地位和作用？它与同级和上级系统的关系是否已清楚地描述？

2. 系统描述和可跟踪性：需求规格概述是否与需求规格说明书一致？每一部分的设计是否都可以追溯到需求规格、接口需求规格或其他产品文档？

3. 对需求分析中不完整、易变动、潜在的需求进行相应的设计分析：模块的规格是否和软件需求文档中的功能需求和软件接口规格要求保持一致？设计和算法是否能满足模块的所有需求？是否阐述了设计中的风险和对风险的评估？

4. 总体设计：设计目标是否明确、清晰地进行了定义？是否阐述了设计所依赖的运行环境？与需求中运行环境是否一致？是否全面、准确地解释了设计中使用到的一些基本概念？设计中的逻辑是否正确和完备？是否全面考虑了各种设计约束？是否有不同的设计方案的比较？是否有选择方案的结论？是否清楚阐述了方案选择的理由？是否合理地划分了模块并阐述了模块之间的关系？系统结构和处理流程能否正确地实现全部的功能需求？

5. 接口设计：用户界面设计是否正确且全面？是否有硬件接口设计？硬件接口设计是否正确且全面？是否有软件接口设计？软件接口设计是否正确且全面？是否有通信接口设计？通信接口设计是否正确且全面？内部接口设计是否正确且全面？是否描述了接口的功能特征？接口是否便于查错？接口相互之间、接口和其他模块、接口和需求规格说明及接口需求规格说明是否保持一致？是否所有的接口都需要类型、数量、质量的信息？

6. 属性设计：是否有可靠性的设计，设计是否具体、合理、有效？是否有安全性的设计，设计是否具体、合理、有效？是否有可维护性的设计，设计是否具体、合理、有效？是否有可移植性的设计，设计是否具体、合理、有效？是否有可测试性的设计，设计是否具体、合理、有效？是否明确规定了测试信息的输出格式？

7. 数据结构：是否准确定义了主要的常量？全局变量的定义是否准确？定义的全局变量的必要性是否充分？主要的数据结构是否都有定义？是否说明了数据结构存储要求及一致性约束条件？是否对所有的数据成员、参数、对象进行了描述？是否所有需要的数据结构都进行了定义，或者定义了不需要的数据结构？是否对所有的数据成员都进行了足够详细的描述？数据成员的有效值区间是否已定义？共享和存储数据的使用是否描述清楚？

8. 运行设计：对系统运行时的顺序、控制、过程及时间的说明是否全面、准确？

9. 出错处理：是否列出了主要的错误类别？每一错误类别是否都有对应的出错处理？设计是否考虑了检错和恢复措施？出错处理是否正确、合理？

10. 运行环境：硬件平台、工具的选择是否合理？软件平台、工具的选择是否合理？

11. 清晰性：程序结构，包括数据流、控制流和接口的描述是否清楚？

12. 一致性：程序、模块、函数、数据成员的名称是否保持一致？设计是否反映了真正的操作环境、硬件环境、软件环境？对系统设计的多种可能的描述之间是否保持一致？（例如，静态结构的描述和动态描述）

13. 可行性：设计在计划、预算、技术上是否可行？

14. 详细程度：是否估计了每个子模块的规模（代码的行数）？是否可信？程序执行过程中的关键路径是否都被标明和经过分析？是否考虑了足够数量及代表性的系统状态？详细程度是否足够进行下一步的详细设计？

15. 可维护性：是否是模块化设计？模块是否为高内聚、低耦合？是否进行了性能分析？是否保留了论证过程的性能数据和规格？是否描述了所有的性能参数？（例如，实时性能约束、存储空间、速度要求、磁盘 I/O 空间）

5.9.2 详细设计评审的检查内容

详细设计评审的检查内容如下。

1. 清晰性：是否所有的程序单元和处理的设计目的都已文档化？单元设计，包括数据流、控制流、接口描述是否清楚？单元的整体功能是否描述清楚？

2. 完整性：是否提供了所有程序单元的规格说明？是否描述了所采用的设计标准？是否确定了单元应用的算法？是否列出了程序单元的所有调用？是否记录了设计的历史和已知的风险？

3. 规范性：文档是否遵从了公司的标准？单元设计是否使用了要求的方法和工具？

4. 一致性：在单元和单元的接口中数据成员的名称是否保持一致？所有接口之间，接口和接口设计说明之间是否保持一致？详细设计和概要设计文档是否能够完全描述"正在构建"的系统？

5. 正确性：是否有逻辑错误？需要使用常量名的地方是否有错误？是否所有的条件判断都能够按照预定的设计决策正确处理？分支所处的状态是否正确？

6. 数据：是否所有声明的数据块都已经使用？定位于单元的数据结构是否已经描述？如果有对共享数据、文件的修改，对数据的访问是否按照正确的共享协议进行？是否所有的逻辑单元、事件标记、同步标记都已经定义和初始化？是否所有的变量、指针、常量都已经定义并初始化？

7. 功能性：设计是否使用了指定的算法？设计是否能够满足需求和目标？

8. 接口：参数表是否在数量、类型和顺序上保持一致？是否所有的输入/输出都已经正确定义并检查过？所传递参数的顺序是否描述清楚？参数传递的机制是否确定？通过接口传递的常量和变量是否与单元设计的相同？传入、传出函数的参数、控制标记是否都已经描述清楚？是否以度量单位描述了参数的值区间、准确性和精度？过程对共享数据的理解是否一致？

9. 详细程度：代码和文档间的展开率是否小于 10：1？对模块的所有需求是否都已经定义？详细程度是否足够开发和维护代码？

10. 可维护性：单元是否是高内聚和低外部耦合？设计复杂度是否最小？开始部分的描述是否符合组织的要求？

11. 性能：处理是否有时间窗？是否所有的时间和空间的限制都已明确？

12. 可靠性：初始化时是否使用了默认值，是否正确？访问内存时是否进行了边界检查，以保证地址正确？对输入、输出、接口和结果是否进行了错误检查？对所有错误情况是否都安排了有意义的消息反馈？特殊情况下的返回码是否和文档中定义的全局返回码一致？是否考虑了异常情况？

13. 可测试性：是否每个单元都可以被测试、演示、分析或检查，以确认满足需求？设计中是否包括辅助测试的检查点（如条件编译代码、断言等）？是否所有的逻辑都是可测试的？是否描述了本单元的测试驱动模块、测试用例集、测试结果？

14. 可跟踪性：是否每一部分的设计都可以追溯到需求？是否每一个设计决策都可以追溯到成本/效益分析？是否描述了每个单元的详细需求？单元需求是否能够追溯到软件设计说明？软件设计说明是否能够跟踪到单元需求？

第 6 章 体系结构设计与设计模式

体系结构一词在英文里就是"建筑"的意思。当我们谈论某些建筑物的体系结构时,首先映入脑海的就是建筑物的整体外观形状及其特点。实际上,体系结构包括更多的方面。它是使各种建筑构件集成为一个有机整体的方式,是将砖石、管道、电气线路和门窗结合在一起创建外部门面和内部环境的方式,也是与其所处的环境相协调的方式。我们通常将软件系统比做一幢建筑,从整体上讲,软件系统也有基础、主体和装饰,即操作系统之上的基础设施软件,实现计算逻辑的应用程序,以及方便用户使用的图形用户界面。

软件系统被分成许多模块,模块之间相互作用,组合起来就有了整体的属性,也就具有了体系结构。随着软件规模和软件复杂程度的不断增加,对总体的系统结构设计和规格说明比对计算的算法和数据结构的选择重要得多。

在建筑行业里已经形成了很多种建筑风格,如我们所知道的欧洲建筑风格、俄罗斯建筑风格、北京四合院建筑风格等。当进行建筑设计时,最首要的问题就是选择建筑风格。同样,优秀的软件设计师也常常会使用一些体系结构设计模式(或设计风格)作为软件体系结构的设计策略。

6.1 软件体系结构的概念

Shaw 和 Garlan 在他们的著作中以如下方式讨论了软件的体系结构:

"从第一个程序被划分成模块开始,软件系统就有了体系结构。同时,程序员已经开始负责模块间的交互和模块装配的全局属性。从历史的观点看,体系结构隐含了很多内容——实现的偶然事件或先前遗留的系统。好的软件开发人员经常采用一个或多个体系结构模式作为系统组织策略,但是他们只是非正式地使用这些模式,在最终的系统中并没有将这些模式清楚地体现出来。"

目前,有效的软件体系结构的设计和描述已经成为软件工程领域中的重要主体。

6.1.1 什么是体系结构

目前还没有一个公认的关于软件体系结构的定义,许多专家学者从不同角度对软件体系结构进行了描述。Bass、Clements 和 Kazman 给出了如下定义:"一个程序或计算机系统的软件体系结构是指系统的一个或者多个结构。结构中包括软件的构件、构件的外部可见属性以及它们之间的相互关系。外部可见属性则是指软件构件提供的服务、性能、使用特性、错误处理、共享资源使用等。"

这一定义强调在任意体系结构表述中"软件构件"的角色。

Dewayne Perry 和 Alexander Wolf 曾这样定义:"软件体系结构是具有一定形式的结构化元素,即构件的集合,包括处理构件、数据构件和连接构件。处理构件负责对数据进行加工,数据构件是被加工的信息,连接构件把体系结构的不同部分组合连接起来。"

这一定义注重区分处理构件、数据构件和连接构件。

在体系结构设计的环境中,软件构件可以简单到程序模块或者面向对象的类,也可以扩充到包含数据库和能够完成客户与服务器网络配置的"中间件"。

体系结构并非可运行软件。确切地说,它是一种表达,使软件工程师能够:

(1) 分析设计在满足规定的需求方面的有效性;
(2) 在设计变更相对容易的阶段,考虑体系结构可能的选择方案;
(3) 降低与软件构造相关的风险。

6.1.2 体系结构的重要作用

体系结构的重要作用体现在以下几个方面:

(1) 体系结构的表示有助于风险承担者(项目干系人)相互交流。软件体系结构代表了系统公共的高层次抽象。这样,与系统相关的人员便可以把它作为建立一个互相理解的基础,形成统一认识,互相交流。

体系结构提供了一种共同语言来表达各种关注和协商,进而便于对大型复杂系统进行理智的管理。这对项目最终的质量和使用有极大的影响。

(2) 体系结构突出了早期设计决策。早期的设计决策对随后的所有软件工程工作都具有深远的影响,对最终软件的质量和整个系统的成功都具有重要作用。

(3) 软件体系结构是可传递和可复用的模型。体系结构构建了一个小的、易于理解的模型,该模型描述了系统如何构成及其构件如何一起工作。软件体系结构设计模型及包含在其中的体系结构设计模式都是可以传递的,也就是说,体系结构的风格和模式可以在需求相似的其他系统中进行复用。由于体系结构级的复用粒度比代码级的复用粒度更大,由此带来的益处也就更大。

6.1.3 构件的定义与构件之间的关系

软件构件的概念几乎与软件工程同时产生,基于构件的软件开发被认为是解决软件危机的重要途径,也是软件产业化的必由之路。

传统工业及计算机硬件产业的发展模式均是基于符合标准的零部件(或构件)生产以及基于标准构件的产品生产,其中,构件是核心和基础。这种生产模式也将是软件产业发展的方向。我们期望将来的软件生产不再是基于代码的编写,而是基于构件的开发和构件的组装。于是如何开发可以复用的构件就成为了未来软件业发展的焦点。

在不同的软件工程环境中,对构件的定义和理解会有所不同。

在传统的软件工程环境中,一个构件就是程序的一个功能要素,程序由处理逻辑和实现处理逻辑所需的内部数据结构以及能够保证构件被调用和实现数据传递的接口构成。传统的构件也被称为模块,是软件体系结构的一部分,它承担如下 3 个重要角色之一。

(1) 控制构件:协调问题域中所有其他构件的调用;
(2) 问题域构件:完成部分或全部用户的需求;
(3) 基础设施构件:负责完成问题域中所需相关处理的功能。

在面向对象的软件工程环境中,面向对象技术已达到了类级复用,这样的复用粒度还太小。构件级复用则是比类级复用更高一级的复用,它是对一组类的组合进行封装(当然,在某些情况下,一个构件可能只包含一个单独的类),并代表完成一个或多个功能的特定服务,也为用户提供了多个接口。整个构件隐藏了具体的实现,只用接口对外提供服务。除了复用粒度不同之外,面向对象方法和面向构件方法所关注的方面也有所不同。面向对象方法重视设计和开发,关注设计时系统中实体之间的关系;面向构件方法重视部署,将系统中实体之间的关系扩展到系统生命周期的其他阶段,特别是产品阶段和部署阶段。因此,在面向对象的环境中,一个构件可以是一个编译的类,可以是一组编译的类,也可以是其他独立的部署单元,如一个文本文件、一个图片、一个数据文件、一个脚本等。

从软件复用的角度,构件是指在软件开发过程中可以重复使用的软件元素,这些软件元素包括程序代码、测试用例、设计文档、设计过程、需求分析文档甚至领域知识。可复用的软件元素越大,我们称复用的粒度就越大。

为了能够支持复用,软件构件应具有以下特性。

(1) 独立部署单元:一个构件是独立部署的,意味着它必须能与它所在的环境及其他构件完全分离。因此,构件必须封装自己的全部内部特征,并且,构件作为一个部署单元,具有原子性,是不可拆分的。

(2) 作为第三方的组装单元:如果第三方厂商能够将一个构件和其他构件组装在一起,这个构件必须具备很好的内聚性,还必须将自己的依赖条件和所提供的服务描述清楚。也就是说,构件必须封装它的实现,并且只通过良好定义的接口与外部环境进行交互。

(3) 一个构件不能有任何(外部的)可见状态:这要求构件不能与自己的拷贝有区别。因此,谈论某个构件的可用拷贝的数量是没有什么意义的。

在目前的很多系统中,构件被实现为大粒度的单元,系统中的构件只能有一个实例。例如,一个数据库服务器可以作为一个构件,而它所管理的数据库(可以是一个,也可以是多个)并不是构件,而是数据库"对象"实例。

根据上述特性可以得出以下的定义:

"软件构件是一种组装单元,它具有规范的接口规格说明和显式的语境依赖。软件构件可以被独立部署,并由第三方任意地组装。"

这个定义是在 1996 年的面向对象程序设计欧洲会议上,由面向构件程序设计组提出的。

OMG UML 规范中将构件定义为"系统中某一定型化的、可配置的和可替换的部件,该部件封装了实现并暴露一系列接口"。

上面的两个定义中都提到接口的概念,构件之间是通过接口相互连接的。接口是可被客户访问的具名操作的集合,每个操作有规定的语义。

构件图表示构件之间的依赖关系,如图 6.1 所示。每个构件实现(支持)一些接口,并使用另一些接口。

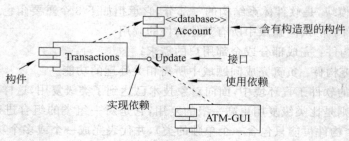

图 6.1 构件之间的依赖关系

6.2 体系结构设计与风格

体系结构设计描述了建立计算机系统所需的数据结构和程序构件。在系统结构设计中,首先要考虑系统所采用的体系结构风格,这也是体系结构设计的核心问题。另外,还要考虑系统组成构件的结构、性质,以及所有体系结构构件之间的相互关系。

6.2.1 体系结构设计的过程

体系结构设计一般遵循以下过程:

(1) 建立软件的环境模型。在体系结构设计开始的时候,必须将软件放在所处的环境下进行设计,也就是说,首先应该定义与软件进行交互的外部实体(其他系统、设备、人)和交互的特性。一般在分析建模阶段可以获得这些信息,并使用系统环境图对环境进行建模,描述系统的出入信息流、用户界面和相关的支持处理。在体系结构设计层,系统架构师用体系结构环境图 ACD(Architectural Context Diagram)对软件与外部实体交互的方式进行建模。具体见 6.2.2 小节。

(2) 定义体系结构的原始模型。一旦建立了体系结构环境图,并且描述出所有的外部软件接口,就可以进行体系结构原始模型的设计了。

体系结构原始模型的设计可以自底向上进行,如将关系紧密的对象组织成子系统或层;也可以自顶向下进行,尤其是使用设计模式或遗产系统时,会从子系统的划分入手。具体选择哪一种方式,需要根据具体的情况来确定。当没有类似的体系结构参考时,往往会使用自底向上的方式进行体系结构设计。但对于大多数情况,使用自顶向下的方式进行体系结构设计会更合适。在这种方式下,首先要根据客户的需求选择体系结构风格,之后对可选的体系结构风格或模式进行分析,以导出最适合客户需求和质量属性的结构。

(3) 体系结构的求精与完善。一旦确定了体系结构的原始模型,设计师就可以通过定义和求精体系结构的构件来描述系统的结构。这个过程不停地迭代,直到获得一个完善的体系结构。

6.2.2 系统环境表示

在体系结构设计层,软件架构师用体系结构环境图对软件与外部实体交互方式进行建模。图 6.2 中给出了体系结构环境图中一般的结构。

根据图中所示,与目标系统交互的系统可以表示为:

- 上级系统(Superordinate Systems)——这些系统把目标系统作为某些高层处理方案的一部分。
- 下级系统(Subordinate Systems)——这些系统被目标系统使用,并为了完成目标系统的功能提供必要的数据和处理。
- 同级系统(Peer-Level Systems)——这些系统在对等的基础上相互作用(例如,信息要么由目标系统和对等系统产生,要么被目标系统和对等系统消耗)。
- 参与者(Actors)——是指那些通过产生和消耗处理所需信息,实现与目标系统交互的实体(人、设备)。

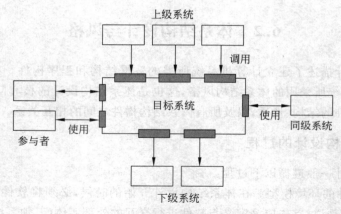

图 6.2 体系结构环境图

每个外部实体都通过某一接口(带阴影的小矩形)与目标系统进行通信。

6.2.3 体系结构的结构风格

建筑师通常使用体系结构风格作为描述手段将一种风格的建筑与其他风格的建筑区分开来。当使用某种体系结构风格来描述建筑时,熟悉这种风格的人就能够对建筑的整体画面有所了解。

为计算机系统建造的软件也展示了众多体系结构风格中的一种。每种风格描述一种系统范畴,该范畴包括:

(1) 一组构件(比如:数据库、计算模块),完成系统需要的某种功能。

(2) 一组连接子,它们能使构件间实现"通信"、"合作"和"协调"。

(3) 约束,定义构件如何集成为一个系统。

(4) 语义模型,它能使设计者通过分析系统的构成成分的性质来理解系统的整体性质。

体系结构风格定义了一个系统家族,即一个体系结构定义一个词汇表和一组约束。词汇表中包含一些构件和连接件类型,而这组约束指出系统是如何将这些构件和连接件组合起来的。体系结构风格反映了领域中众多系统所共有的结构和语义特性,并指导如何将各个模块和子系统有效地组织成一个完整的系统。

对体系结构风格的研究和实践为大粒度的软件复用提供了可能。体系结构的不变部分使不同的系统可以共享相同的实现代码。只要系统是使用常用的、规范的方法来组织,就可以使其他设计者很容易理解系统的体系结构。例如,如果某人将系统描述为客户机/服务器风格,则不必给出设计细节,我们立刻就会明白系统是如何组织和工作的。

典型的体系结构风格有数据流风格、调用—返回风格和仓库风格等。

1. 数据流风格

管道/过滤器、批处理序列都属于数据流风格。

当输入数据经过一系列的计算和操作构件的变换形成输出数据时,可以应用这种体系结构。管道和过滤器结构(如图 6.3 所示)拥有一组被称为过滤器(Filter)的构件,这些构件通过管道(Pipe)连接,管道将数据从一个构件传送到下一个构件。每个过滤器独立于其上游和下游的构件而工作。过滤器的设计要针对某种形式的数据输入,并且产生某种特定形式的数据输出。然而,过滤器没有必要了解相邻过滤器的工作。

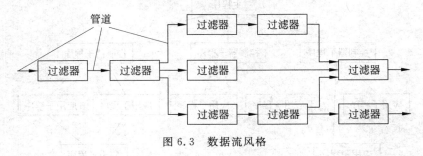

图 6.3 数据流风格

如果数据流退化成为单线的变换,则称为批处理序列(Batch Sequential)。这种结构接收一批数据,然后应用一系列连续的构件(过滤器)变换它。

管道/过滤器风格具有以下优点:
- 使得软构件具有良好的隐蔽性和高内聚、低耦合的特点。
- 允许设计者将整个系统的输入/输出行为看成是多个过滤器行为的简单合成。
- 支持软件复用。只要提供适合在两个过滤器之间传送的数据,任何两个过滤器都可被连接起来。
- 系统维护和系统性能增强比较简单。新的过滤器可以添加到现有系统中来;旧的可以被改进的过滤器替换掉。
- 允许对一些如吞吐量、死锁等属性的分析。
- 支持并行执行。每个过滤器作为一个单独的任务完成,因此可与其他任务并行执行。

其主要缺点如下:
- 通常导致进程成为批处理的结构。这是因为虽然过滤器可增量式地处理数据,但它们是独立的,所以设计者必须将每个过滤器看成一个完整的从输入到输出的转换。
- 不适合处理交互的应用。当需要增量地显示改变时,这个问题尤为严重。
- 因为在数据传输上没有通用的标准,每个过滤器都增加了解析和合成数据的工作,这样就导致了系统性能下降,并增加了编写过滤器的复杂性。

2. 调用—返回风格

该体系结构风格能够让软件设计师设计出比较易于修改和扩展的程序结构。在此类体系结构中,存在 3 种子风格。

(1) 主程序/子程序体系结构

这种传统的程序结构将功能分解为一个控制的层次结构,其中主程序调用一组程序构件,这些程序构件又去调用别的程序构件。图 6.4 描述了该种系统结构。这种结构总体上为树状结构,可以在底层存在公共模块。

当主程序/子程序体系结构的构件被分布在网络上的多个计算机上时,我们称主程序对子程序的调用为远程过程调用。这种系统的目标是要通过将运算分布到多台计算机上来充分利用多台处理器,最终达到提高系统性能的目的。

主程序/子程序体系结构的优点是:
- 可以使用自顶向下、逐步分解的方法得到体系结构图,典型的拓扑结构为树状结构。

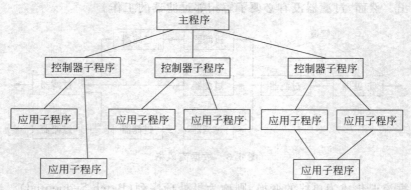

图 6.4 主程序/子程序体系结构

基于定义—使用关系对子程序进行分解,使用过程调用作为程序之间的交互机制。
- 采用程序设计语言支持的单线程控制。

其主要缺点是:
- 子程序的正确性难以判断。需要运用层次推理来判断子程序的正确性,因为子程序的正确性还取决于它调用的子程序的正确性。
- 子系统的结构不清晰。通常可以将多个子程序合成为模块。

(2) 面向对象风格

系统的构件封装了数据和必须应用到该数据上的操作,构件间通过消息传递进行通信与合作。与主程序/子程序的体系结构相比,面向对象风格中的对象交互会复杂一些。

面向对象风格与网络应用的需求在分布性、自治性、协作性、演化性等方面具有内在的一致性。

OMA(Object Management Architecture)是 OMG 在 1990 年提出来的,它定义了分布式软件系统参考模型。OMA 包括对象模型和参考模型两部分。OMA 对象模型定义了如何描述异质环境中的分布式对象,OMA 参考模型描述对象之间的交互。

CORBA(Common Object Request Broker Architecture)公共对象请求代理体系结构是 OMG(Object Management Group)所提出的一个标准。它以对象管理体系结构为基础。

面向对象风格具有以下优点:
- 因为对象对其他对象隐藏它的表示,所以可以改变一个对象的表示,而不影响其他对象。
- 设计者可将一些数据存取操作的问题分解成一些交互的代理程序的集合。

其缺点如下:
- 为了使一个对象和另一个对象通过过程调用等进行交互,必须知道对象的标识。只要一个对象的标识改变了,就必须修改所有其他明确调用它的对象。
- 在修改所有显式调用它的其他对象的调用方式时,可能由此带来一些副作用。例如,如果 A 使用了对象 B,C 也使用了对象 B,那么,C 对 B 的使用所造成的对 A 的影响可能是料想不到的。

(3) 层次结构

层次结构的基本结构如图 6.5 所示。在这种体系结构中,整个系统被组织成一个层次结构,每一层为上层提供服务,并作为下一层的客户。在一些层次系统中,除了一些精心挑选的输出函数外,内部的层只对相邻的层可见。从外层到内层,每层的操作逐渐接近机器的指令集。在最外层,构件完成界面层的操作;在最内层,构件完成与操作系统的连接;中间层提供各种实用程序和应用软件功能。

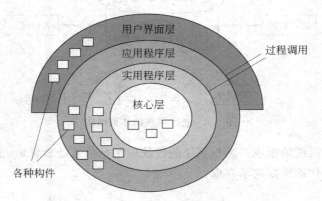

图 6.5　层次结构

这种风格支持基于可增加抽象层的设计,允许将复杂问题分解成一个增量步骤序列的实现。由于每一层最多只影响两层,同时只要给相邻层提供相同的接口,允许每层用不同的方法实现,同样为软件复用提供了强大的支持。

层次结构具有以下优点:

- 支持基于抽象程度递增的系统设计,使设计者可以把一个复杂系统按递增的步骤进行分解。
- 支持功能增强。因为每一层至多和相邻的上下层交互,因此功能的改变最多影响相邻的内外层。
- 支持复用。只要提供的服务接口定义不变,同一层的不同实现可以交换使用。这样,就可以定义一组标准的接口,从而允许各种不同的实现方法。

层次结构的缺点如下:

- 并不是每个系统都可以很容易地划分为分层的模式,甚至即使一个系统的逻辑结构是层次化的,出于对系统性能的考虑,系统设计师也不得不把一些低级或高级的功能综合起来。
- 很难找到一个合适的、正确的层次抽象方法。

3. 仓库风格

数据库系统、超文本系统和黑板系统都属于仓库风格。在这种风格中,数据仓库(如文件或数据库)位于这种体系结构的中心,其他构件会经常访问该数据仓库,并对仓库中的数据进行增加、修改或删除操作。图 6.6 描述了一个典型的仓库风格的体系结构。

其中客户软件访问中心仓库,在某些情况下仓库是被动的,也就是说,客户软件独立于数据的任何变化或其他客户软件的动作而访问数据。这种方式相当于传统型数据库系统。

该方式的一个变种是将中心存储库变换成"黑板",黑板构件负责协调信息在客户间的传递,当用户感兴趣的数据发生变化时,它将通知客户软件。

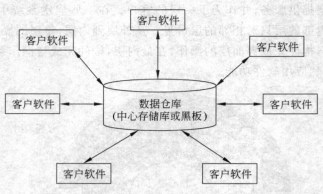

图 6.6 仓库风格的体系结构

图 6.7 是黑板系统的组成。黑板系统的传统应用是信号处理领域,如语音和模式识别。另一应用是松耦合代理数据共享存取。

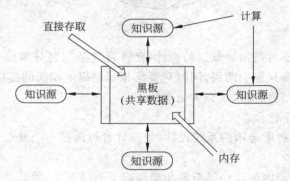

图 6.7 黑板系统的组成

从图 6.7 中看出,黑板系统由以下 3 部分组成。

(1) 知识源。知识源中包含独立的、与应用程序相关的知识,知识源之间不直接进行通信,它们之间的交互只通过黑板来完成。

(2) 黑板数据结构。黑板数据是按照与应用程序相关的层次来组织的,知识源通过不断地改变黑板数据来解决问题。

(3) 控制。控制完全由黑板的状态驱动,黑板状态的改变决定使用的特定知识。

黑板系统具有以下优点:

- 对可更改性和可维护性的支持。由于控制算法和中心存储库严格分离,所以黑板系统支持可更改性和可维护性。
- 可复用的知识源。知识源是某类任务的独立专家,黑板体系结构有助于使它们可复用。复用的先决条件是知识源和所基于的黑板系统理解相同的协议和数据,或者在这方面相当接近而不排斥协议或数据的自适应程序。
- 支持容错性和健壮性。在黑板体系结构中,所有的结果都只是假设,只有那些被数据和其他假设强烈支持的才能生存,从而提供了对噪声数据和不确定结论的容忍。

黑板系统具有以下缺点:

- 测试困难。由于黑板系统的计算没有依据确定的算法,所以其结果常常不可再现。

此外,错误假设也是求解过程的一部分。
- 不能保证有好的求解方案。黑板系统往往只能正确解决所给任务的某一百分比。
- 难以建立好的控制策略。控制策略不能以一种直接方式设计,而需要一种实验的方法。
- 低效。黑板系统在拒绝错误假设中要承受多余的计算开销。
- 昂贵的开发工作。绝大多数黑板系统要花几年时间来进化,其主要原因是病态结构问题领域和定义词汇、控制策略和知识源时粗放的试错编程方法。
- 缺少对并行机制的支持。黑板体系结构不可避免地采用了知识源潜在并行机制的控制策略。但是它不提供它们的并行执行。对黑板上中心数据的并发访问也必须是同步的。

6.2.4 体系结构的控制模型

体系结构风格关心的是如何将一个系统分解成若干个子系统。作为一个整体,子系统必须得到控制,以便它们的服务能在正确的时间传送到正确的地方。体系结构设计人员需要对子系统的控制模型进行设计,使子系统能够围绕控制模型来工作。在体系结构层次之上的控制模型关心的是子系统之间的控制流。对控制建模有两种基本的模型:集中控制模型与事件驱动控制模型。

1. 集中控制模型

在集中控制模型中,一个子系统被指定作为系统控制器来负责管理其他系统的执行。它也可能将控制交给另一个子系统,但是在控制完成后,控制权仍要归还给它。根据子系统是顺序执行的还是并发执行的,可以将集中控制模型分为调用—返回模型和管理者模型两类。

(1) 调用—返回模型

这种类型的模型就是我们所熟知的自上而下的子过程模型,位于最顶层的主程序就是控制程序。在子程序的调用过程中,控制逐步传递到更低的层次中。子程序模型只适用于顺序执行的系统。调用—返回模型如图 6.8 所示。主程序能调用程序 1 和程序 2,程序 1 能调用程序 1.1 及程序 1.2,程序 2 能调用程序 2.1 和程序 2.2。

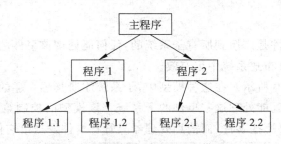

图 6.8 控制的调用—返回模型

这种模型存在于 Pascal 和 C 语言程序中。在程序的层次结构中,高层程序模块调用低层程序模块的同时,把控制交给被调用的低层程序模块;当低层程序模块执行结束时,控制又返回到调用它的高层程序模块。这个模型也可以用在模块层次上控制功能或对象。在许多面向对象的系统中,对象中的方法被实现为程序或函数,当一个对象请求另外一个对象上的服务时,就调用一个相应的方法。

这种模型的优点是容易分析控制流,比较容易确定对特别的输入,系统将会做出什么响应;其缺点是对标准操作的异常处理不够灵活。

(2) 管理者模型

这是一种适用于并发系统的模型。一个系统组件被指定为系统管理者,它控制其他系统过程的启动、终止和协调。一个过程就是一个能和其他过程并发执行的子系统或模块。这种形式的模型可以用于顺序执行的系统中,管理程序根据状态变量来决定调用哪个子系统。

图 6.9 是一个并发系统的集中控制模型的例子。中央的控制器进程管理一组进程的执行,这些进程管理传感器和传动装置。系统控制器进程根据系统状态变量决定什么时候启动或停止进程。它检查是否有其他进程有数据需要处理或者有数据要求该子系统处理。控制器进程总是不停地循环检测传感器和其他进程的事件或状态的变化。由于这个原因,有时将这个模型称为事件—轮询模型。

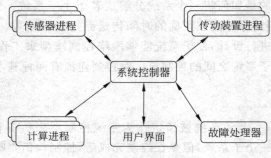

图 6.9 管理者模型

2. 事件驱动控制模型

在集中控制模型中,控制决断通常取决于一些系统状态变量,而事件驱动的控制模型是通过外部产生的事件来驱动系统的。有很多系统都是基于事件驱动的,如在电子表格系统中,改变一个单元的值会引起其他单元值的改变。在人工智能中使用的基于规则的产生式系统,当一个条件变为真时,相应的动作被触发。本节讨论两种事件驱动的控制模型:广播模型和中断驱动模型。

(1) 广播模型

在这种模型中,事件是广播到所有子系统的,任何能处理该事件的子系统都会响应。这种模型在基于网络的分布式系统中很有效。

广播模型如图 6.10 所示。在这种模型中,子系统注册其感兴趣的特别事件。当这些事件发生时,控制被转移到能处理这些事件的子系统。该模型的控制策略不在事件和处理器内部。子系统决定需要哪些事件,而消息处理器只管将事件发送给它们。

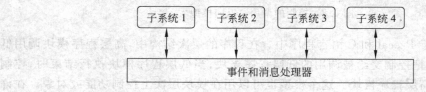

图 6.10 基于选择广播的控制模型

（2）中断驱动模型

该模型专门用于实时系统中，由中断处理器对来自外部的中断进行检测，然后在其他组件中处理这些中断。这种模型在对定时有严格要求的实时系统中广泛采用。

中断驱动控制模型如图 6.11 所示。这里只有有限的几种中断类型，每一类型的中断与一个内存地址相连，该内存地址存放的是与中断类型相应的事件处理器的地址。当接收到特别类型的中断时，硬件开关将控制立即转移到相应的事件处理器。这个中断处理器对事件的响应是启动或终止其他进程。

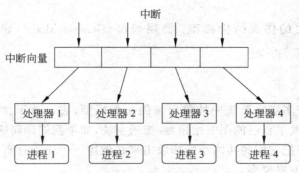

图 6.11　中断驱动控制模型

这种控制模型的优点是能够对事件给出非常迅速的响应；缺点是编程复杂且不容易验证有效性。不大可能在系统测试过程中给出中断仿真。当中断数受到硬件限制的时候，对适用该模型开发的系统进行变更是很困难的。一旦达到这个界限，其他类型的事件就不能再处理了。这个限制又是可以通过将多个类型的事件映射到单一事件上的方法来解决，将对具体哪个事件发生的辨认工作留给事件处理器去做。但这种方法对于需要对事件做出及时响应的情形是不可行的。

6.2.5　体系结构的模块分解

一旦选定了体系结构风格并设计了结构化体系结构之后，下一个阶段就是将子系统分解为模块。在系统分解和模块分解之间并没有严格的区别。不过，模块级组件通常比子系统小，这就允许使用其他可能的分解模型。

在将子系统分解为模块时，可供使用的模型有数据流模型和面向对象模型两种。

1. 数据流模型

在这种模型中，系统被分解成一些功能模块，这些功能模块接收输入数据并转换它们，有时还输出数据，因此它被称为管道方法。模型中的数据从一个处理单元流入到另一个处理单元，每经过一个单元就做一次变换。输入数据流经过这些变换直到转换为输出，这个转换可能顺序执行，也可能并行执行。

当转换作为一个单独的过程时，这个模型有时被称为管道或过滤器；当对数据的转换是顺序地进行时，这个体系结构模型也称为批处理模型。

2. 面向对象模型

在这种模型中，将系统分解为一组相互通信的对象。这些对象都有良好定义的接口。面向对象分解的焦点是对象类、对象属性及对象操作。由于对象通常是对应真实世界中的实体,所以系统的结构是非常容易理解的,复用性也更好。

6.3 特定领域的软件体系结构

前面所讲的体系结构模型是通用的模型,可以应用于许多不同类型的系统。除了这些通用的模型以外,对于特别的应用还需要特别的体系结构模型。虽然这些系统实例的细节会有所不同,但共同的体系结构在开发新系统时是能够复用的。这些体系结构模型称为领域相关的体系结构。

有两种领域相关的体系结构模型:类属模型(Generic Model)和参考模型(Reference Model)。

6.3.1 类属模型

类属模型是从许多实际系统中抽象出来的一般模型,它封装了这些系统的主要特征。例如,许多图书馆开发了自己的图书馆馆藏/流通系统,如果我们调研这些系统,会发现它们的业务大同小异。若把它们的共同功能抽取出来并创建一个让所有图书馆都认可的系统体系结构模型,这就是类属模型。

类属模型的一个最著名的例子是编译器模型,由这个模型已开发出了数以千计的编译器。编译器一般包括以下模块:

(1) 词法分析器:将输入的语言符号转换成相应的内部形式。
(2) 符号表:由词法分析器建立,保留程序中出现的名字及其类型信息。
(3) 语法分析器:检查正被编译的语言的语法。它使用该语言定义的文法来建立一棵语法树。
(4) 语法树:是正被编译的程序在机器内部的结构表示。
(5) 语义分析器:使用来自语法树和符号表的信息检查这个输入程序的语义正确性。
(6) 代码生成器:遍历语法树并生成机器代码。

构成一个编译器的组件可以依照不同的体系结构模型来组织。如 Garlan 和 Shaw 指出的那样,编译器能使用一个组合模型来实现。总体上可采用数据流风格,并将符号表作为容器来共享数据。词法分析、语法分析和语义分析各阶段的顺序组织如图 6.12 所示。

图 6.12 编译器的数据流模型

这个模型现在仍然被广泛使用。在程序被编译并且没有用户交互的批处理环境中,这种模型是有效的。但当编译器要与其他语言处理工具,如结构化的编辑系统、交互式调试器、高质量打印机等集成时效率就不会太好了。在这种情形下,一般系统组件可以使用基于容器(仓库)的模型来组织,如图 6.13 所示。

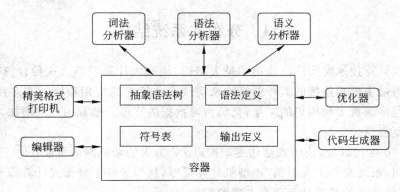

图 6.13 语言处理系统的容器模型

在这种模型中,符号表和语法树构成了一个中央信息容器。工具或工具的一部分通过它进行通信。其他信息如程序文法定义和输出格式定义等已经从工具中抽取出来放在容器中了。

6.3.2 参考模型

参考模型源于对应用领域的研究,它描述了一个包含了系统应具有的所有特征的理想化软件体系结构。它更抽象,而且是描述一大类系统的模型,并且也是对设计者有关某类系统的一般结构的指导,如 Rockwell 和 Gera 所提出的软件工厂的参考模型。

典型的例子是 OSI 参考模型,它描述了开放系统互连的标准。如果一个系统遵从这个标准,就可以与其他遵从该标准的系统互连。

OSI 模型是七层的开放系统互连模型,如图 6.14 所示。其中,较低层实现物理连接,中间层实现数据传输,而较高层实现具有语义应用层信息传输。每一层只依赖于其下面的层。

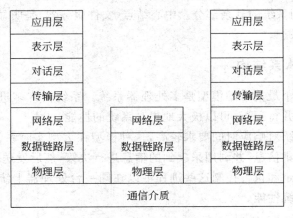

图 6.14 OSI 的参考模型

这些不同类型的模型之间并不存在严格的区别。也可以将类属模型视为参考模型。两者的区别之一是类属模型可以直接在设计中复用,而参考模型一般是用于领域概念间的交流和对可能的体系结构做出比较。另外,类属模型通常是对已有系统"自下而上"的抽象,而参考模型是"由上到下"产生的。它们都是抽象系统表示法。

6.4 分布式系统结构

在集中式计算技术时代广泛使用的是大型机/小型机计算模型。这种计算模型是通过一台物理上与宿主机相连接的非智能终端来实现宿主机上的应用程序。在多用户环境中，宿主机应用程序既负责与用户的交互，又负责对数据的管理。随着用户的增加，对宿主机能力的要求不断提高。

20世纪80年代以后，集中式结构逐渐被以PC为主的微机网络所取代。个人计算机和工作站的采用，永远改变了大型机/小型机计算模型，从而导致了分布式计算模型的产生。

目前，硬件技术的发展具有两个主要的趋势：

（1）带有多CPU的计算机系统逐渐进入小型办公场所，尤其是运行诸如IBM的OS/2 Warp、微软的Windows NT或UNIX等操作系统的多处理系统。

（2）在局域网内连接成百上千台不同种类的计算机已经变得很平常。

分布式计算模型主要具有以下优点：

- 资源共享。分布式系统允许硬件、软件等资源共享使用。
- 经济性。将PC与工作站连接起来的计算机网络，其性能/价格比要高于大型机。
- 性能与可扩展性。根据Sun公司的理念——"网络即计算机"，分布式应用程序能够利用网络上可获得的资源。通过使用联合起来的多个网络结点的计算能力，可以获得性能方面的极大提升。另外，至少在理论上，多处理器和网络是易于扩展的。
- 固有分布性。有些应用程序是固有分布式的，如遵循客户机/服务器模型的数据库应用程序。
- 健壮性。在大多数情况下，网络上的一台机器或多处理器系统中的一个CPU的崩溃不会影响到系统的其余部分。中心结点（文件服务器）是明显的例外，但可以采用备份系统来保护。

6.4.1 多处理器体系结构

分布式系统的一个最简单的模型是多处理器系统。系统由许多进程组成，这些进程可以在不同的处理器上并行运行，可以极大地提高系统的性能。

由于大型实时系统对响应时间要求较高，这种模型在大型实时系统中比较常见。大型实时系统需要实时采集信息，并利用采集到的信息进行决策，然后发送信号给执行机构。虽然，信息采集、决策制定和执行控制这些进程可以在同一台处理器上统一调度执行，但使用多处理器能够提高系统性能。

6.4.2 客户机/服务器体系结构

客户机/服务器(Client/Server, C/S)体系结构是基于资源不对等，且为实现共享而提出来的，是20世纪90年代成熟起来的技术。C/S体系结构定义了工作站如何与服务器相连，以将数据和应用分布到多个处理机上。

C/S体系结构有3个主要组成部分：

(1) 服务器：负责给其他子系统提供服务。如，数据库服务器提供数据存储和管理服务，文件服务器提供文件管理服务，打印服务器提供打印服务等。

(2) 客户机：向服务器请求服务。客户机通常都是独立的子系统。在某段时间内，可能有多个客户机程序在并发运行。

(3) 网络：连接客户机和服务器。虽然客户机程序和服务器程序可以在一台机器上运行，但在实际应用中，通常将它们放在不同的机器上运行。

在 C/S 体系结构中，客户机可以通过远程调用来获取服务器提供的服务，因此客户机必须知道可用的服务器的名字及它们所提供的服务，而服务器不需要知道客户机的身份，也不需要知道有多少台服务器在运行。

C/S 系统的设计应该考虑应用系统的逻辑结构。在逻辑上，通常将应用系统划分为三层，即数据管理层、应用逻辑层和表示层。数据管理层关注数据存储及管理操作，通常选择成熟的关系数据库管理系统来承担这项任务；应用逻辑层关注与业务相关的处理逻辑；表示层关注用户界面及与用户的交互。在集中式的系统中，不需要将这些清楚地分开，但在设计分布式系统时，由于需要将不同的层分布到不同的机器上，就必须给出清晰的界限。

传统的 C/S 体系结构为两层的 C/S 体系结构。在这种体系结构中，一个应用系统被划分为客户机和服务器两部分。典型的两层 C/S 体系结构如图 6.15 所示。

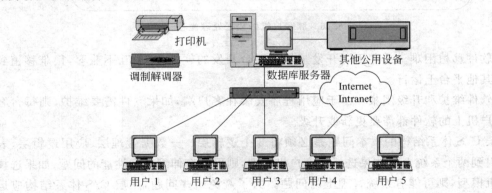

图 6.15 C/S 体系结构

两层 C/S 体系结构可以有两种形态：

(1) 瘦客户机模型。在瘦客户机模型中，数据管理部分和应用逻辑都在服务器上执行，客户机只负责表示部分。瘦客户机模型的主要缺点是它将繁重的处理负荷都放在了服务器和网络上。服务器负责所有的计算，将增加客户机和服务器之间的网络流量。目前个人计算机所具有的处理能力在瘦客户机模型中根本用不上。

(2) 胖客户机模型。在这种模型中，服务器只负责对数据的管理。客户机上的软件实现应用逻辑和与系统用户的交互。胖客户机模型的数据处理流程如图 6.16 所示。

胖客户机模型能够利用客户机的处理能力，比瘦客户机模型在分布处理上更有效。但另一方面，随着企业规模的日益扩大，软件的复杂程度不断提高，胖客户机模型逐渐暴露出了以下缺点：

- 开发成本较高。C/S 体系结构对客户端软硬件配置要求较高，尤其是软件的不断升级，对硬件要求不断提高，增加了整个系统的成本，且客户端变得越来越臃肿。
- 用户界面风格不一，使用繁杂，不利于推广使用。

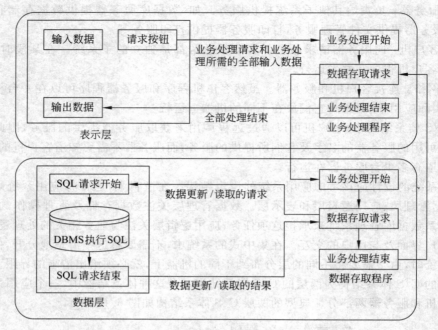

图 6.16 胖客户机的数据处理流程

- 软件移植困难。采用不同开发工具或平台开发的软件,一般互不兼容,很难移植到其他平台上运行。
- 软件维护和升级困难。由于应用程序安装在客户端,如果软件需要维护,则每台客户机上的软件都需要更新或升级。

两层 C/S 体系结构的根本问题是必须将 3 个逻辑层——数据管理层、应用逻辑层、表示层映射到两个系统上。如果选择瘦客户机模型,则可能有伸缩性和性能的问题;如果选择胖客户机模型,则可能有系统管理上的问题。为了避免这些问题,三层 C/S 体系结构应运而生,其结构图如图 6.17 所示。与两层 C/S 体系结构相比,三层 C/S 体系结构中增加了一个应用服务器。可以将整个应用逻辑驻留在应用服务器上,而只有表示层存在于客户机上。

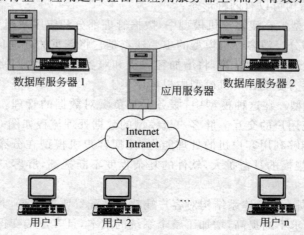

图 6.17 三层 C/S 体系结构

三层 C/S 体系结构将整个系统分成表示层、应用逻辑层和数据层 3 个部分，其数据处理流程如图 6.18 所示。

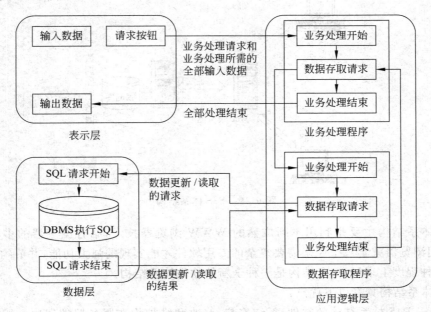

图 6.18　三层 C/S 结构的一般处理流程

（1）表示层：表示层是应用程序的用户界面部分，担负着用户与应用程序之间的对话功能。它用于检查用户从键盘等输入的数据，显示应用程序输出的数据，一般采用图形用户界面 GUI(Graphic User Interface)。

（2）应用逻辑层：应用逻辑层为应用的主体部分，包含具体的业务处理逻辑。通常在应用层中包含有确认用户对应用和数据库存取权限的功能以及记录系统处理日志的功能。

（3）数据层：数据层主要包括数据的存储及对数据的存取操作，一般选择关系型数据库管理系统(RDBMS)。

三层 C/S 结构具有以下优点：

- 允许合理地划分三层结构的功能，使之在逻辑上保持相对的独立性，能提高系统和软件的可维护性和可扩展性。
- 允许更灵活、有效地选用相应的平台和硬件系统，使之在处理负荷能力上与处理特性上分别适应于结构清晰的三层，并且这些平台和各个组成部分可以具有良好的可升级性和开放性。
- 应用的各层可以并行开发，可以选择各自最适合的开发语言。
- 利用应用层有效地隔离开表示层与数据层，未授权的用户难以绕过应用层而利用数据库工具或黑客手段去非法地访问数据层，为严格的安全管理奠定了坚实的基础。

需要注意的是，三层 C/S 结构各层间的通信效率若不高，即使分配给各层的硬件能力很强，其作为整体来说也达不到所要求的性能。此外，设计时必须慎重考虑三层间的通信方法、通信频度及数据量，这和提高各层的独立性一样是三层 C/S 结构的关键问题。

浏览器/服务器(Browser/Server，B/S)风格就是上述三层应用结构的一种实现方式。

其具体结构为浏览器/Web 服务器/数据库服务器。B/S 体系结构如图 6.19 所示。

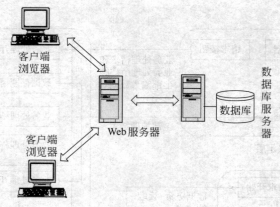

图 6.19　B/S 体系结构

B/S 体系结构主要是利用不断成熟的 WWW 浏览器技术,结合浏览器的多种脚本语言,用通用浏览器就实现了原来需要复杂的专用软件才能实现的强大功能,并节约了开发成本。从某种程度上来说,B/S 结构是一种全新的软件体系结构。

B/S 体系结构具有以下优点:
- 基于 B/S 体系结构的软件,系统安装、修改和维护均在服务器端解决。用户在使用系统时,仅仅需要一个浏览器就可运行全部的模块,真正实现了"零客户端"的功能,很容易在运行时自动升级。
- B/S 体系结构还提供了异种机、异种网、异种应用服务的联机、联网、统一服务的最现实的开放性基础。

与 C/S 体系结构相比,B/S 体系结构也有许多不足之处。
- B/S 体系结构缺乏对动态页面的支持能力,没有集成有效的数据库处理功能。
- B/S 体系结构的系统扩展能力差,安全性难以控制。
- 采用 B/S 体系结构的应用系统,在数据查询等响应速度上,要远远低于 C/S 体系结构。
- B/S 体系结构的数据提交一般以页面为单位,数据的动态交互性不强,不利于在线事务处理(OLTP)应用。

6.4.3　分布式对象体系结构

在客户机/服务器模型中,客户机和服务器的地位是不同的。客户机必须要知道服务器的存在及其所提供的服务,而服务器则不需要知道客户机的存在。在设计这种体系结构时,设计者必须决定服务在哪里提供,而且还得规划系统的伸缩性,当有较多的客户机增加到系统中时,就需要考虑如何将服务器上的负载分布开来。

分布式系统设计的更通用方法是去掉客户机与服务器之间的差别,用分布式对象体系结构来设计系统。

分布式对象的实质是在分布式异构环境下建立应用系统框架和对象构件,它将应用服务分割成具有完整逻辑含义的独立子模块(称之为构件),各个子模块可放在同一台服务器或分布在多台服务器上运行。模块之间需要进行通信时,传统的方式往往通过一种集中管理式的固定的服务接口,或进行能力有限的远程过程调用,这种方式不仅开销大,也难于开发,要进行成功的软件系统集成也存在很多障碍。更好的方式是模块之间通过中间件相互通信,就如同硬件总线允许不同的卡插于其上以支持硬件设备之间的通信一样,通常将这个中间件称为软件总线或对象请求代理,它的作用是在对象之间提供一个无缝接口。分布式对象体系结构如图 6.20 所示。

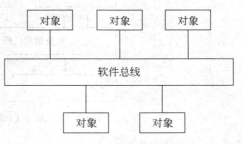

图 6.20　分布式对象体系结构

分布式对象技术的应用目的是为了降低主服务器的负荷、共享网络资源、平衡网络中计算机业务处理的分配,提高计算机系统协同处理的能力,从而使应用的实现更为灵活。分布式对象技术的基础是构件。构件是一些独立的代码封装体,在分布计算的环境下可以是一个简单的对象,但大多数情况下是一组相关的对象组合体,提供一定的服务。分布式环境下,构件是一些灵活的软件模块,它们可以位置透明、语言独立和平台独立地互相发送消息,实现请求服务。构件之间并不存在客户机与服务器的界限,接受服务者扮演客户机的角色,提供服务者就是服务器。

当前主流的分布式对象技术规范有 OMG 的 CORBA、Microsoft 的 .NET 和 Sun 公司的 J2EE。它们都支持服务端构件的开发,都有其各自的特点。

(1) CORBA(通用对象请求代理体系结构):CORBA 是对象管理组织 OMG 制定的工业标准。主要目标是提供一种机制,使对象可以透明地发出请求和获得应答,从而建立起一个异质的分布式应用环境。它是一个开放的、独立于供应商的设计规范,支持网络环境下的应用程序,适用于各种体系结构和平台,可方便客户通过网络访问各种对象。

(2) .NET:.NET 几乎继承了 COM/DCOM(分布式组件对象模型)的全部功能,它不仅包括了 COM 的组件技术,更注重于分布式网络应用程序的设计与实现。.NET 紧密地同操作系统相结合,通过系统服务为应用程序提供全面的支持。

(3) J2EE:J2EE 则利用 Java 2 平台简化企业级解决方案的规划和开发,是管理相关复杂问题的体系结构。它集成了 CORBA 技术,具有方便存取数据库的功能,对 EJB、Java Servlets API、JSP 及 XML 提供全面支持。

6.4.4　代理

代理可以用于构建带有隔离组件的分布式软件系统,该软件通过远程服务调用进行交互。代理者负责协调通信,诸如转发请求以及传递结果和异常等。

1991 年,OMG 基于面向对象技术,给出了以对象请求代理(ORB)为中心的分布式应用体系结构,如图 6.21 所示。

在 OMG 的对象管理结构中,ORB 是一个关键的通信机制,它以实现互操作性为主要目标,处理对象之间的消息分布。

在 ORB 之上有 4 个对象接口:

(1) 对象服务:定义加入 ORB 的系统级服务,如安全性、命名和事务处理,它们是与应

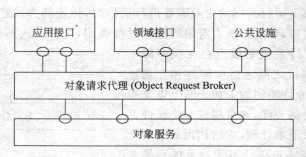

图 6.21 基于 CORBA 的分布式应用体系结构

用领域无关的。

(2) 公共设施：水平级的服务，定义应用程序级服务。

(3) 领域接口：面向特定的领域，在 OMA 中所处的位置与对象服务及公共设施相似。

(4) 应用接口：面向指定的现实世界应用。是指供应商或用户借助于 ORB、公共对象服务及公共设施而开发的特定产品，它不在 CORBA 体系结构中标准化。

6.4.5 聚合和联邦体系

如果企业要在内部部署大规模分布式业务系统，那么只有 3 种基本的选择：

(1) 通过软件提供商购买具有全部所需功能的整个系统；

(2) 定制构建整个系统；

(3) 根据最佳搭配的选择目标，通过多个提供商购买一组系统，然后进行集成并使不同系统之间能够进行互操作，或请系统集成商进行集成。

由于任何一家软件提供商都不可能满足所有的需求，定制构建整个应用系统的成本很高，周期也很长，目前第三种选择正在成为唯一现实的方法，也就是说，多家软件提供商需要结成合作伙伴，把相互之间的多个系统集成起来，以实现一种所需的解决方案，由此产生了聚合和联邦体系。

1. 聚合。聚合（Aggregate）是把多个相同或相容的结点连接起来，如图 6.22 所示。从结构上看，由任何一个结点出发，都可以到达聚合中的其他结点。作为企业级的软件系统，聚合的结点通过共同的通信协议分享共有的视图或其他消息。

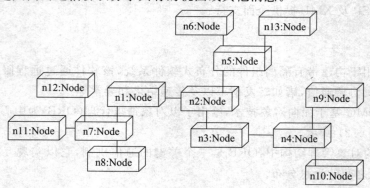

图 6.22 聚合体系结构

2. 联邦。联邦是指一组独立开发和部署的自治或准自治系统，它们相互协同以向用户提供更广泛的功能。联邦体系结构的例子如图 6.23 所示。

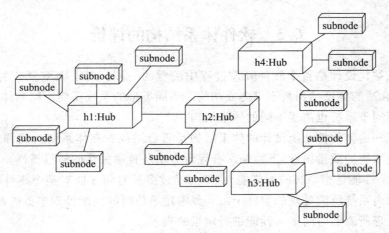

图 6.23 联邦体系结构

根据联邦的特征，可以将联邦分为"定制联邦"和"经过体系结构设计的联邦"。

(1) "定制联邦"是一组松散连接起来的系统。由于这些系统的构建者没有很好地预见这些系统的互操作，系统的互操作常常以点到点的方式实现。通常定制联邦没有一个作为整体描述联邦的模型，联邦的各个部件独立地进化。联邦的成功取决于采用的架构及经过设计的单个系统，使得系统不仅开放，而且还在不可预见的协同模式背景下具有弹性。

(2) "经过体系结构设计的联邦"是一种系统级组件的联邦，联邦的体系结构经过精心设计，并作为一个整体开发。将联邦作为一个整体进行建模和体系结构设计的理论和实践都还很不成熟。虽然有一些经验、技术和工具可以解决两个或多个系统之间的互操作问题，但将联邦作为一个整体进行体系结构设计、管理和进化是相当复杂的任务。基于组件的开发和业务组件方法是目前处理这种复杂性的最好方法。

也可以将联邦分为企业内联邦、企业外联邦和企业间联邦。

(1) 企业内联邦：一组系统构成联邦，以满足企业的内部需要。这些系统通常运行在企业内网上，由企业本地的系统级组件构成。

(2) 企业外联邦：用来满足虚拟企业需要的联邦。这种系统通常运行在可以看做是虚拟企业内部的网络上（外联网），由企业本地和企业远程系统级组件组成。

(3) 企业间联邦：满足电子商务联邦的需要。在这种电子商务联邦中，与给定企业没有特别伙伴关系的任何其他企业都可以参与某种业务交换。

聚合和联邦体系结构的优点是：
- 反复运用一些小的结点，就可以组合成庞大的软件系统。各个结点共享整个系统的一个共同视图，而系统结点则分布于各地。
- 每个结点都比较简单，并且通过少数界面与其他结点通信。
- 体系结构非常灵活，没有中央集权，各结点或枢纽在本地有很强的控制力。

缺点如下：
- 聚合不一定是最好的网络结构，消息传播要经过多个结点，速度受到限制。

- 聚合容易由于某一点联络中断,而引起大面积网络通信失灵。
- 如果各结点不完全相同,而数目又很多,维护的工作量就很大。

6.5 软件体系结构的评价

软件体系结构设计是整个软件开发过程中关键的一步。对于大型复杂的软件系统来说,没有一个合适的体系结构是不可能成功的。不同类型的系统需要不同的体系结构,甚至一个系统的不同子系统也需要不同的体系结构。

怎样才能知道为软件系统设计的体系结构是否合适呢?在体系结构的评价过程中,人们所关注的是系统的质量属性,下面是所有评价方法所普遍关注的质量属性。

(1) 性能:性能是指系统的响应能力,即要经过多长时间才能对某个事件做出响应,或者在某段时间内系统所能处理的事件个数。经常用单位时间内所处理事务的数量或系统完成某个事务处理所需的时间来对性能进行定量的表示。

性能测试经常要使用基准测试程序(用以测量性能指标的特定事务集或工作量环境)。

(2) 可靠性:软件可靠性是在特定环境和特定时间内,计算机程序无故障运行的概率。例如,程序 X 在 8 小时处理占用时间中的可靠性估计为 0.96;也就是说,如果程序 X 执行 100 次,每次运行 8 小时的处理占用时间(执行时间),则 100 次中正确运行(不失败)的次数可能是 96。

可靠性通常用"平均失效间隔时间"(Mean Time Between Failure,MTBF)来衡量。

$$MTBF = MTTF + MTTR$$

MTTF(Mean Time To Failure)和 MTTR(Mean Time To Repair)分别是"平均失效时间"和"平均修复时间"。

可靠性可以分为两个方面:

① 容错性。其目的是在错误发生时确保系统可以正常运行,并进行内部"修复"。

② 健壮性。这里说的是保护应用程序不受错误使用和错误输入的影响,在遇到意外错误事件时确保应用系统处于已经定义好的状态。

和容错性相比,健壮性并不是说在错误发生时,软件可以继续运行,它只能保证软件按照某种已经定义好的方式终止执行。

(3) 可用性:可用性是系统能够正常运行的时间比例。其定义为:

$$可用性 = MTTF/(MTTF + MTTR) \times 100\%$$

可用性度量在某种程度上对 MTTR 较为敏感,MTTR 是软件可维护性的间接度量。

(4) 安全性:安全性是指系统在向合法用户提供服务的同时能够阻止非授权用户使用的企图或拒绝向非授权用户提供服务的能力。安全性是根据系统可能受到的安全威胁的类型来分类的。

安全性又可划分为机密性、完整性、不可否认性及可控性等特性。

(5) 可修改性:可修改性是指能够快速地以较高的性能价格比对系统进行变更的能力。通常以某些具体的变更为基准,通过考察这些变更的代价衡量可修改性。可修改性包含 4 个方面:

① 可修复性。即在错误发生后"修复"软件系统的难易程度的度量。

② 可扩展性。即使用新特性来扩展软件系统,或使用改进版本来替换构件,并删除不需要或不必要的特性和构件的难易程度的度量。

③ 结构重组。即重新组织软件系统的构件及构件间关系的能力的度量。

④ 可移植性。即使得软件系统能适用于多种硬件平台、用户界面、操作系统、编程语言或编译器的难易程度的度量。

(6) 功能性:功能性是系统所能完成所期望工作的能力。一项任务的完成需要系统中许多或大多数构件的相互协作。

(7) 可变更性:可变更性是指体系结构经扩充或变更而成为新体系结构的能力。这种新体系结构应该符合预先定义的规则,在某些具体方面不同于原有的体系结构。当要将某个体系结构作为一系列相关产品(例如,软件产品线)的基础时,可变更性有重要的作用。

(8) 可集成性:可集成性是指系统能与其他系统协作的程度。

(9) 互操作性:作为系统组成部分的软件不是独立存在的,经常与其他系统或自身环境相互作用。为了支持互操作性,软件体系结构必须为外部可视的功能特性和数据结构提供精心设计的软件入口。程序和用其他编程语言编写的软件系统的交互作用就是互操作性的问题,这种互操作性也影响应用系统的软件体系结构。

6.6 体系结构描述语言

体系结构描述语言 ADL(Architecture Description Language)是参照传统程序设计语言的设计和开发经验,重新设计、开发和使用针对软件体系结构特点的、专门的软件体系结构描述语言。由于 ADL 是在吸收了传统程序设计中的语义严格、精确特点的基础上,针对软件体系结构的整体性和抽象性特点,定义和确定适合于软件体系结构表达与描述的有关抽象元素,因此,ADL 是当前软件开发和设计方法学中一种发展很快的软件体系结构描述方法。目前,已经有几十种常见的 ADL。

ADL 是在底层语义模型的支持下,为软件系统的概念体系结构建模提供了具体语法和概念框架。基于底层语义的工具为体系结构的表示、分析、演化、细化、设计过程等提供支持。其 3 个基本元素是:构件、连接件、体系结构配置。

主要的体系结构描述语言有 Aesop、MetaH、C2、Rapide、SADL、Unicon 和 Wright 等,尽管它们都描述软件体系结构,却有不同的特点:

- Aesop 支持体系结构风格的应用;
- MetaH 为设计者提供了关于实时电子控制系统软件的设计指导;
- C2 支持基于消息传递风格的用户界面系统的描述;
- Rapide 支持体系结构设计的模拟,并提供了分析模拟结果的工具;
- SADL 提供了关于体系结构加细的形式化基础;
- Unicon 支持异构的构件和连接类型,并提供了关于体系结构的高层编译器;
- Wright 支持体系结构之间交互的说明和分析。

这些 ADL 强调了体系结构的不同侧面,对体系结构的研究和应用起到了重要的作用,但也有负面的影响。每一种 ADL 都以独立的形式存在,描述语法不同且互不兼容,同时又有许多共同的特征,这使设计人员很难选择一种合适的 ADL,若设计特定领域的软件体系结构,则需要从头开始描述。

1. ADL 与其他语言的比较

(1) 构造能力:ADL 能够使用较小的独立体系结构元素来建造大型软件系统。

(2) 抽象能力:ADL 使得软件体系结构中的构件和连接件描述可以只关注它们的抽象特性,而不管其具体的实现细节。

(3) 复用能力:ADL 使得组成软件系统的构件、连接件甚至是软件体系结构都成为软件系统开发和设计的可复用部件。

(4) 组合能力:ADL 使得其描述的每一系统元素都有其自己的局部结构,这种描述局部结构的特点使得 ADL 支持软件系统的动态变化组合。

(5) 异构能力:ADL 允许多个不同的体系结构描述关联存在。

(6) 分析和推理能力:ADL 允许对其描述的体系结构进行多种不同的性能和功能上的多种推理分析。

2. ADL 的构成元素

(1) 构件:构件是一个计算单元或数据存储,可以包含多种属性,如接口、类型、语义、约束、演化和非功能属性等。接口是构件与外部世界的一组交互点,ADL 中的构件接口说明了构件提供了哪些服务。

(2) 连接件:是用来建立构件间的交互以及支配这些交互规则的体系结构构造模块。与构件不同,连接件可以不与实现系统中的编译单元对应。

连接件可以是共享变量、表入口、缓冲区、对连接器的指令、动态数据结构等。连接件同样也有接口。连接件的接口由一组角色组成,连接件的每一种角色定义了该连接件表示的交互参与者。二元连接有两个角色,如消息传递连接件的角色是发送者和接收者。

(3) 体系结构配置:体系结构配置或拓扑是描述体系结构的构件与连接件的连接图。体系结构配置提供信息来确定构件是否正确连接、接口是否匹配、连接件构成的通信是否正确,并说明实现要求行为的组合语义。

6.7　设　计　模　式

设计模式最早是由建筑师 Christopher Alexander 提出来的。Christopher Alexander 在其著作中谈到:"每一个模式描述了一个在我们周围不断重复发生的问题,以及该问题的解决方案的核心。这样,你就能一次又一次地使用该方案而不必做重复劳动。"Alexander 认为优雅的设计都是有章可循的;提炼并复用前人的设计原则,可以很容易地实现优美的设计。

Alexander 试图找到一种结构化、可复用的方法,以在图纸上捕捉到建筑物的基本要素,使不需要太多专业知识和经验的人也可以使用建筑学。他们标识有效结构之间的相似性,确定共同原则,作为常见设计问题的方案,并将其命名为建筑学中的方案"模式"。

建筑模式对其他工程学科产生了巨大的影响。显然,每个成熟的工程学科都应建立常见问题的解决方案,软件工程也不例外,可以用模式成功地描述常见软件问题的解决方案。在编写程序时,很多情况下代码都不是从头编写,而是模仿已有的代码,并对已有的代码进行修改以适应当前情况。设计模式可以视为这种模仿的一种抽象。也就是说，设计模式包含一组规则，描述了如何在软件开发领域中完成一定的任务。从这个意义上讲，所有的算法都属于编程领域的设计模式。

一些问题及其解决方案变换面孔重复出现，但在这些不同的面孔后面有着共同的本质，这些共同的本质就是模式。

面向对象设计模式最初出现于 20 世纪 70 年代末至 80 年代初。1987 年，Ward Cunningham 和 Kent Beck 使用 Smalltalk 设计用户界面，他们决定引入 Alexander 的模式概念，并开发出一种小的模式语言来指导 Smalltalk 的初学者。Erich Gamma 的博士论文对设计模式的发展起到了重要作用。1992 年 Erich Gamma 在其博士论文中做了一些开创性的工作，总结和归纳了一些现有的设计模式，并应用到图形用户界面应用程序框架 ET++ 之中，进一步推动了设计模式的发展。由 Erich Gamma 等 4 人合著的《Design Patterns: Elements of Reusable Object-Oriented Software》被认为是设计模式方面的经典著作。

目前，设计模式已经被广泛应用于多种领域的软件设计和构造中，许多当代的先进软件中已大量采用了软件设计模式的概念。

6.7.1 什么是设计模式

所谓设计模式，简单地理解，是一些设计面向对象的软件开发的经验总结。一个设计模式事实上是系统地命名、解释和评价某一个重要的可重现的面向对象的设计方案。

受到普遍认可的设计模式的定义是由 Dirk Riehle 和 Heinz Zullighoven 在 "Understanding and Using Patterns in Software Development"中给出的：模式是指从某个具体的形式中得到的一种抽象，在特殊的非任意的环境中，该形式不断地重复出现。

为了理解设计模式，让我们用面向对象方法中的类和对象做个比较。类的设计包括了两部分：属性和操作。对于类的每一个对象（即类的实例），可用的操作都一样，但属性值各不相同。通过类和对象的划分，把运行时不会变化的部分（类）和会变化的部分（对象）分开，并且通过给可以变化的部分（对象的属性值）赋值，使对象可以工作在更多的环境中。类的另一个特点是封装，即把类的功能的声明与实现分开。设计模式也是这样，通过把声明（抽象父类）和实现（具体子类）分离，提供了类似的灵活性。就是说，一个灵活的设计应把随环境、状态变化的部分和不变化的部分尽可能分离，使得设计可以适应一组类似的问题。

这是类的设计给出的启示，设计模式基本也是遵从这样的方式实现的。

一般来说，一个模式有以下 4 个基本的要素。

(1) 模式名称：用于描述模式的名字，说明模式的问题、解决方案和效果。模式名称由一到两个词组成。通常，在更高的抽象层次上进行设计时是通过模式名称来使用该设计模式的，因此，寻找好的模式名称是一个很重要的工作。

(2) 问题：说明在何种场合使用模式。要描述使用模式的先决条件和特定设计问题。例如，把一个算法表示为一个对象就是一个特殊的设计问题。在应用这个模式之前，也许还要给出一些该模式的适用条件。

(3) 解决方案：描述设计的组成成分、它们之间的相互关系、各自的职责和合作方式。由于模式就像一个模板，可应用于多种不同的场合，所以解决方案并不描述一个特定而具体的设计或实现，而是提供设计问题的抽象描述和怎样用一个具有一般意义的元素组合（类或对象的组合)来解决这个问题。

(4) 效果:描述了模式使用的效果及使用模式应当权衡的问题。模式使用的效果对于评价设计选择和理解使用模式的代价及好处具有重要意义。软件效果大多关注:
- 对时间和空间的衡量。
- 对系统的灵活性、可扩充性或可移植性的影响。

一个设计模式抽象、命名、确定了一个通用设计结构,这些设计结构能被用来构造可复用的面向对象设计。设计模式确定了所包含的类和实例,它们的角色、协作方式及责任分配。

6.7.2 设计模式分类

对设计模式进行分类,有助于对设计模式的理解和学习,且对发现新的模式也有指导作用。Erich Gamma 在他的博士论文中总结了一系列的设计模式,用分类目录的形式将设计模式记载下来,为后来他及其同事提出的 23 种设计模式奠定了基础。

可根据两条准则对模式进行分类,如表 6.1 所示。

表 6.1 设计模式的分类

		目 的		
		创 建 型	结 构 型	行 为 型
范围	类	Factory Method(工厂方法)	Adapter(适配器)	Interpreter(解释器) Template Method(模板方法)
	对象	Abstract Factory(抽象工厂) Builder(生成器) Prototype(原型) Singleton(单件)	Adapter(适配器) Bridge(桥接) Composite(组合) Decorator(装饰) Facade(外观) Flyweight(享元) Proxy(代理)	Chain of Responsibility(职责链) Command(命令) Iterator(遍历器) Mediator(中介者) Memento(备忘录) Observer(观察者) State(状态) Strategy(策略) Visitor(访问者)

(1) 目的准则:即模式是用来干什么事的。模式依据其目的可分为创建型(Creational)、结构型(Structural)、行为型(Behavioral)3 种。创建型模式与对象的创建有关;结构型模式创建类或对象的组合,将一组对象组合成一个大的结构,例如复杂的用户界面;行为型模式描述类或对象的交互和职责分配,定义对象间的通信和复杂程序中的流程控制。

(2) 范围准则:指定模式主要是用于类还是用于对象。类模式处理类和子类之间的关系,这些关系通过继承建立,是静态的,在编译时便确定下来了。对象模式处理对象之间的关系,这些关系在运行时是可以变化的,更具动态性。从某种意义上来说,几乎所有模式都使用继承机制,所以"类模式"只指那些集中于处理类间关系的模式,而大部分模式都属于对象模式的范畴。

6.7.3 创建型设计模式

创建型模式描述怎样创建一个对象。它隐藏对象创建的具体细节,使得用户程序可不依赖具体的对象,因此,当增加一个新对象时几乎不需要修改代码。这就是所谓"抽象了的实例化过程"、"使系统独立于如何创建、组合和表示它的那些对象"。类创建型模式将对象的部分创建工作交给子类去做,对象创建型模式将它交给另一个对象去做。

随着系统的演化,系统越来越依赖于对象的组合,而不是类的继承。在这种情况下,创建型模式变得更为重要。这时重点从定义一个固定的行为集合转向了定义一个较小的基本行为集合。这些小的行为集合可以组合成任意数目的、更复杂的行为。这样,创建有特定行为的对象比简单地实例化一个类的要求更高了。

创建型设计模式的两个特点是:

(1) 封装了系统中使用的类的具体信息。

(2) 隐藏了这些类的实例如何创建、如何放在一起的(机制),系统关于这些对象所知道的只有由抽象类定义的接口。

因此,这些创建型模式使人们在创建什么、如何创建及何时创建上有了更大的灵活性。它们使得可以用结构和功能差别很大的"产品"对象配置一个系统。配置既可以是静态的(在编译时),也可以是动态的(在运行时)。有时这些模式是相互排斥的,有时则是相互补充的。

1. 抽象工厂模式(Abstract Factory)——对象创建型模式

(1) 目的:提供一个接口用以创建一个相联系或相依赖的对象族,而无需指定它们的具体类。

(2) 思路:例如,在创建可支持多种 GUI 标准(如 Motif 和 Persentation Manager)的绘图用户界面工具包时,因为不同的 GUI 标准会定义出不同外观及行为的"用户界面组件"(Widget),如滚动条、按钮、视窗等。为了能够囊括各种 GUI 标准,应用程序不能把组件写死,不能限制到特定 GUI 风格的组件类,否则日后很难换成其他 GUI 风格的组件。

解决方法是:先定义一个抽象类 WidgetFactory(用斜体字区分抽象类),这个类声明了创建各种基本组件的接口,再逐一为各种基本组件定义相对应的抽象类,如 ScrollBar、Window 等,让它们的具体子类来真正实现特定的 GUI 标准,参看图 6.24。

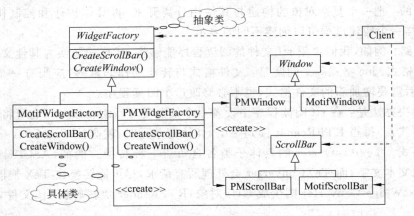

图 6.24 可支持多种 GUI 标准的绘图用户界面工具包的结构图

在 WidgetFactory 的接口中,可以通过一些操作传递回各种抽象组件类旗下具体创建的对象个体,用户程序可以据此得到组件个体,但它不知道到底涉及了哪些具体类。这样使得用户程序与底层 GUI 系统之间保持了一种安全距离。

(3) 结构：抽象工厂模式的结构如图 6.25 所示。

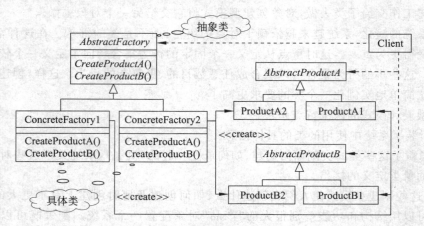

图 6.25　抽象工厂模式的结构图

(4) 参与者职责

a) 抽象工厂类(AbstractFactory)：声明创建抽象产品对象操作的接口。

b) 具体工厂类(ConcreteFactory)：实现产生具体产品对象的操作。

c) 抽象产品类(AbstractProduct)：声明一种产品对象的接口。

d) 具体产品类(ConcreteProduct)：定义将被相应的具体工厂类产生的产品对象，并实现抽象产品类接口。

e) 客户(Client)：仅使用由抽象工厂类和抽象产品类声明的接口。

(5) 协作：在执行时，AbstractFactory 将产品交给 ConcreteFactory 创建。ConcreteFactory 类的实例只有一个，专门针对某种特定的实现标准，建立具体可用的产品对象。如果想要建立其他标准的产品对象，客户程序就得改用另一种 ConcreteFactory。

2. 生成器模式(Builder)——对象创建型模式

(1) 目的：把一个复杂对象的构建与其使用分离开来，将具体构建和控制构建工作分离，使得同样一个构建过程可以创建不同的表示。

(2) 思路：例如，我们希望 rtf 文件的阅读程序能够将 rtf 格式转换为其他文件格式，如纯文本 txt 格式、doc 格式等。问题是：文件格式与转换动作非常多，应当有一个灵活的办法，即使日后需要增加新的文件格式，也不必修改这个阅读程序。

一种解决办法是：在 rtf 阅读程序中设置一个抽象类 TextConverter(它可将 rtf 转换为其他文件格式)。每当 RTFReader 读到一个 rtf 语汇单元时，就会让 TextConverter 将其转换为特定格式。TextConverter 的具体子类各自负责一种转换。例如，ASCIIConverter 只负责转换成文本文字；而 TeXConverter 会处理所有请求，尽可能转换成 TeX 能够表示的文件格式；TextWidgetConverter 则生成 GUI 对象；RTFReader 负责解析 rtf 文件，如图 6.26 所示。

Builder 模式统筹处理以上的关系。在模式中称每个转换器为 Builder，称阅读程序为 Director。模式将"解释文件格式的运算"与"生成和表示转换后的格式"分离开来。将新的 TextConverter 类当做 RTFReader 的子类，即可增加新的转换。

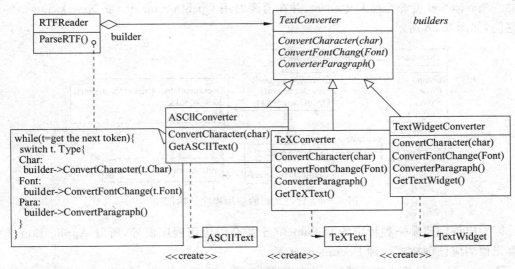

图 6.26　rtf 阅读程序的结构图

（3）结构：生成器模式的结构如图 6.27 所示。

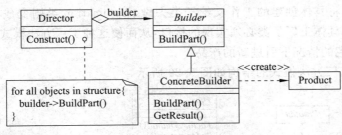

图 6.27　生成器模式的结构图

（4）参与者职责

a）生成器类（Builder）：指明产生产品对象的各部分的抽象接口。

b）具体生成器类（ConcreteBuilder）：实现 Builder 的接口，构造、集成产品对象的各部分；定义、跟踪它生成的表示；提供回溯产品的接口。

c）指挥者类（Director）：用 Builder 的接口构造一个对象。

d）产品类（Product）：表示构造的复杂对象。ConcreteBuilder 给出产品的内部表示，定义集成产品的过程。产品类包括定义组成部分的类，并将其集成到最后结果中的接口。

（5）协作：客户程序首先创建 Director 对象，并配置想要的 Builder 对象；Director 会在需要建立 Product 的各种部件时通知 Builder；Builder 处理 Director 的命令，将部件一一加到 Product 中去；最后客户程序从 Builder 那里取得 Product。

3．工厂方法模式（Factory Method）——类创建型模式

（1）目的：定义一个用于创建对象的接口，但让子类决定实现哪一个类的对象。此模式让一个类将创建对象的过程交给子类来处理。

（2）思路：假设有一个应用程序框架，可以显示多个文档。该框架有应用类 Application 和文档类 Document 两个关键角色，两者都是抽象类，客户程序必须根据自己的需求派生出子类。Application 负责管理 Document，并在需要时用 OpenDocument()或 NewDocument()创建它们，如图 6.28 所示。

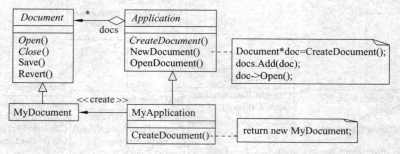

图 6.28　管理文档的应用程序结构图

因为应该创建哪一种特定的 Document 子类会因应用程序而异，所以 Application 类无法事先预测应该创建哪一种 Document 子类。

Factory Method 模式的处理是：将"应该创建哪一种 Document 子类"的知识封装起来，并与该框架分离。由 Application 的子类具体实现 Application 的抽象操作 CreateDocument()，让它传回创建出的 Document 对象。这个"制造"对象的 CreateDocument()称为工厂方法。在工厂方法模式中，将具体创建的工作交给子类去做，Application 类则变成了一个抽象工厂角色，仅负责给出具体工厂子类必须实现的接口，从而使这种工厂方法模式可允许系统在不修改具体工厂角色的情况下引进新的产品。

（3）结构：工厂方法模式的结构如图 6.29 所示。

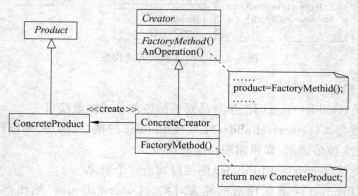

图 6.29　工厂方法模式的结构图

（4）参与者职责

a）产品（Product）：定义工厂方法生成对象的接口。

b）具体产品（ConcreteProduct）：Product 类接口的实现。

c）创建者（Creator）：声明工厂方法，返回一个 Product 类型的对象。也可以调用工厂方法生成一个 Product 对象。

d）具体创建者（ConcreteCreator）：覆盖工厂方法，并返回一个 ConcreteProduct 实例。

（5）协作：Creator 的子类必须定义 Factory Method()的实现，以传回需要的 ConcreteProduct 对象。

4. 单件模式（Singleton）——对象创建型模式

（1）目的：一个类只有一个实例并提供一个访问它的全局访问点。该实例应在系统生存期中都存在。

（2）思路：例如，通常情况下，用户可以对应用系统进行配置，并将配置信息保存在配置文件中，应用系统在启动时首先将配置文件加载到内存中，这些内存配置信息应该有且仅有一份。应用单件模式可以保证 Configure 类只能有一个实例，这样，Configure 类的使用者无法定义该类的多个实例，否则会产生编译错误。

为了保证类只有一个实例，而且存取方便，可以采用创建静态对象，以实现全局存取的方式，如图 6.30 所示。单件模式让类自己负责、自己管理这唯一的实例，确保不会生出第二个实例，还可以提供方便的手段来存取这个实例。

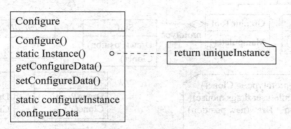

图 6.30　配置文件的结构图

（3）结构：单件模式的结构如图 6.31 所示。

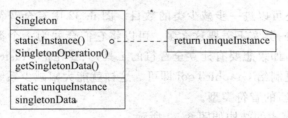

图 6.31　配置文件的结构图

（4）参与者职责

单件（Singleton）：能够创建它唯一的实例，同时定义了一个 Instance 操作，允许外部存取它唯一的实例。Instance 是一个静态成员函数。

（5）协作：客户只能通过 Singleton 的 Instance() 存取这唯一的实例。

5. 原型模式（Prototype）——对象创建型模式

（1）目的：指定可使用原型实例生成的对象类型，只要复制这些原型实例就可创建新的对象。

（2）思路：例如，想要编写一个乐谱编辑器时，可以先找一个通用的图形编辑器框架，对它进行修改，增加一些新的代表音符、休止符、五线谱等图形的音乐对象。这个编辑器有一个工具面板，这些音乐对象都出现在复选菜单栏里。当你写乐谱时，可以从工具面板选取、移动、操纵这些音乐对象。例如，只要选中"4 分音符"对象，就可以把 4 分音符移动并放置到乐谱上；如果是五线谱，也可以使用移动工具把音符上下移动来改变音高。

Prototype 模式的思路是用一个抽象类 Graphics 代表各种音乐符号（MusicalNote）的

图形组件(如音符和五线谱),它的子类负责创建各种音乐符号对象;再用一个抽象类 Tool 代表工具面板里的工具,用它的子类 GraphicTool 负责创建各种音乐符号对象并将它们加入到文档中。为避免给每一种音乐符号对象创建一个 GraphicTool 子类而造成大量的子类,可以让 GraphicTool 通过克隆(Clone)一个 Graphic 子类的实例来创建新的音乐符号对象,我们称被克隆的这个实例为一个原型。我们让 GraphicTool 复制它,并把它添加到乐谱中。如果 Graphic 的每一个子类都有 Clone 操作,那么 GraphicTool 就可以复制任何一种 Graphic,如图 6.32 所示。

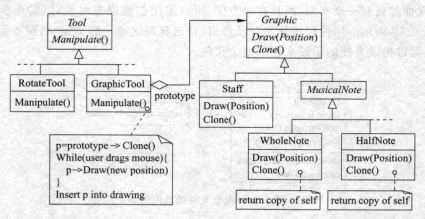

图 6.32 改造图形编辑器添加音符的设计图

Prototype 模式还可以进一步减少类的数目。图 6.32 中有全音符类 WholeNote,有二分音符类 HalfNote 等,其实不需要这么多。可以将它们合并为一个类,用属性来区分不同的图像和时延。例如,如果想要有建立全音符的工具,只要先把 MusicalNote 设置为全音符属性,再把这个原型复制给 GraphicTool 即可。这样就能大幅减少系统中类的数目,也容易在乐谱编辑器中增加新的音符类型。

(3) 结构:原型模式的结构如图 6.33 所示。

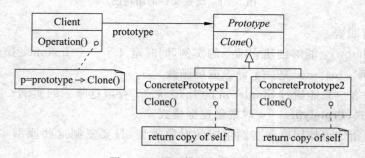

图 6.33 原型模式的结构图

(4) 参与者职责

a) 原型 Prototype(Graphic):声明一个复制自身的接口。

b) 具体原型 ConcretePrototype(Staff,WholeNote,HalfNote):实现一个复制自身的操作。

c) 客户 Client(GraphicTool):让原型复制一份自身从而创建一个新的对象。

(5) 协作：客户请求原型复制一份自身。

6.7.4 结构型设计模式

结构型模式处理类或对象的组合，即描述类和对象之间怎样组织起来形成大的结构，从而实现新的功能。类结构型模式采用继承机制来组合外部接口和内部实现，如 Adapter；对象结构型模式则描述了对象的组装方式。

1. 适配器模式（Adapter）——类/对象结构型模式

（1）目的：适配器模式将一个类的接口转换为客户期望的另一种接口，使得原本不匹配的接口而无法合作的类可以一起工作。

（2）思路：有时要将两个没有关系的类组合在一起使用，一种解决方案是修改各自类的接口，另一种办法是使用 Adapter 模式，在两种接口之间创建一个混合接口。

例如，设有一个图形编辑器，可画直线、多边形、输入文本等。它的接口定义成抽象类 Shape，它的子类负责画各种图形。此外，还有一个外购的 GUI 软件包 TextView，用于显示，但它没有 Shape 功能。如何让 TextView 的接口转换成为 Shape 的接口，有两种方法：

- 让 TextShape 同时继承 Shape 的接口和 TextView 的服务（多重继承）；
- 在 TextShape 中建立 TextView 的实例，再通过 TextView 给出 TextShape 的接口。

前者是适配器的类模式，后者是对象模式。图 6.34 就是适配器的对象模式。其中，Shape 的操作 BoundingBox() 通过 TextView 实例 text 的操作 getExtent() 得到结果。由于 TextShape 将 TextView 提供的服务转换成 Shape 的接口，所以尽管 TextView 类具有不直接相关的接口，仍然可以供图形编辑器使用。

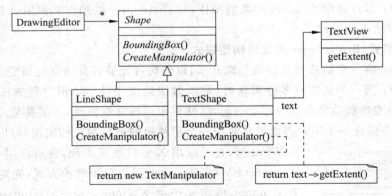

图 6.34 图形编辑器的适配接口

通常，适配器不仅是转换接口，还能提供别的功能。比如，如果想把图形"拖拽"到新的位置，而 TextView 没有考虑到这一点，不过可以在 TextShape 中操作 Shape 的 CreateManipulator()，以传回对应的 Manipulator 子类的实例。

（3）结构：适配器模式有类适配器模式和对象适配器模式。类适配器可以通过多继承方式实现不同接口之间的相容和转换，如图 6.35 所示。而一个对象适配器则依赖对象组合的技术实现接口的相容和转换，如图 6.36 所示。从这两个图可以看出，Target 类并没有提供 SpecificRequest() 方法，而客户端则需要这个方法。为使客户端能够使用 Adaptee 类，可提供一个中间环节，即类 Adapter，将 Adaptee 的 API 与 Target 类的 API 衔接起来。

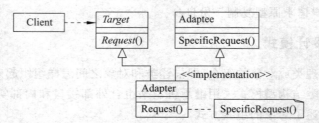

图 6.35 利用继承方式实现类适配器模式

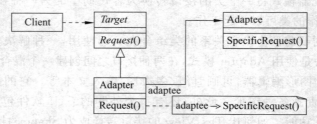

图 6.36 利用组合方式实现对象适配器模式

(4) 参与者职责

a) 目标(Target)：定义客户使用的与应用领域相关的接口。
b) 客户(Client)：与具有 Target 接口的对象合作。
c) 被匹配者(Adaptee)：需要被转换匹配的一个已存在接口。
d) 适配器(Adapter)：将 Adaptee 的接口与 Target 接口匹配。

(5) 协作：客户调用 Adapter 对象的操作，然后 Adapter 的操作又调用 Adaptee 对象中负责处理相应请求的操作。

2. 桥接模式(Bridge)——对象结构型模式

(1) 目的：将一个抽象与其实现分离开来，以便两者能够各自独立地演变。

(2) 思路：当一个抽象有多种实现时，常规做法是使用继承。但这种方法并不总是可行的。继承将实现和抽象永远绑在了一起，这使得很难独立地修改、扩展及复用抽象和它的实现。例如，考虑在一个用户界面工具箱中一个可移植的窗口抽象的实现，可以定义一个窗口 Window，它可以用 X 窗口系统实现，也可以用 Presentation Manager(PM)实现。为此可以采用继承方式，先定义一个抽象类 Window，再定义子类 XWindow 及 PMWindow，如图 6.37 所示。

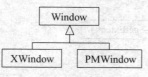

图 6.37 通过继承实现抽象

Bridge 模式的做法是：将 Window 的抽象和实现拆成两个独立的类层次，一个类层次负责各种窗口的显示界面，如 Window、IconWindow、TransientWindow；另一个类层次则处理与特定窗口实现相关的事务，这个类层次以 WindowImp 为根类，它的子类 XWindowImp 则提供 XWindow 窗口系统的实现代码，如图 6.38 所示。

Window 所有子类的操作，都交由 WindowImp 界面所提供的抽象操作来实现，这就把窗口的抽象层与各种依赖于平台的实现分离开来。Window 与 WindowImp 之间的关系即为 Bridge，因为它在抽象类与它的实现之间起到了桥梁作用，使它们可以独立地变化。

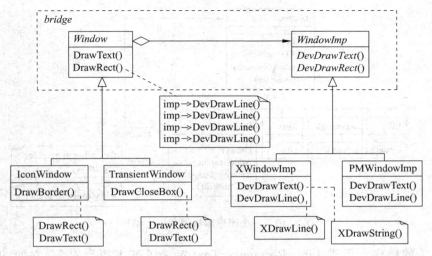

图 6.38 将抽象及实现分开的层次结构

(3) 结构：桥接模式的结构如图 6.39 所示。

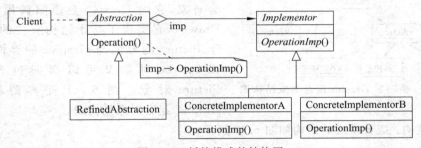

图 6.39 桥接模式的结构图

(4) 参与者职责

a) 抽象(Abstraction)：定义抽象的接口；维护一个类型实现对象的引用。

b) 细化的抽象(RefinedAbstraction)：扩展 Abstraction 定义的接口。

c) 实现(Implementor)：定义实现类的接口。这个接口不必完全与 Abstraction 的接口对应，实际上两个接口可以完全不同。典型情况下，Implementor 接口只提供原始的操作，Abstraction 在其基础上定义高级操作。

d) 具体实现(ConcreteImplementor)：实现 Implementor 接口，定义具体实现。

(5) 协作：Abstraction 将 Client 的请求传给它的 Implementor 对象。

3. 组合模式(Composite)——对象结构型模式

(1) 目的：将对象组织成树形结构以表示"部分－整体"关系。它允许客户统一地处理单个的对象和它们的组合。

(2) 思路：例如，一个图形编辑器常常包含许多基本图形，如 Line、Rectangle、Text、Picture 等，它们可以组合拼装成复杂的图形。把这些图形当做基本图形，还可以拼装成更复杂的图形。这种情况可以使用 Composite 模式方便地描述，如图 6.40 所示。

用抽象类 Graphic 同时代表基本图形和图形容器。Graphic 声明了 Draw()等与基

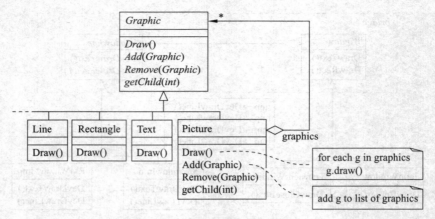

图 6.40 一个图形编辑器的组合结构

本图形相关的操作。子类 Line、Rectangle、Text 定义了基本图形对象,它们的 Draw() 会分别画出直线、矩形、文字。由于基本图形没有子结构,所有与子结构有关的操作都没有实现。子类 Picture 定义出 Graphic 的组合对象,它的 Draw() 会递归调用子结构的 Draw(),它实现了与子结构有关的操作。由于 Picture 的界面与 Graphic 的界面一致,所以 Picture 对象又可以递归包含其他的 Picture 对象。图 6.41 是典型的递归的 Graphic 组合对象结构图。

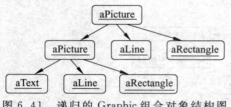

图 6.41 递归的 Graphic 组合对象结构图

(3) 结构:组合模式的结构如图 6.42 所示。

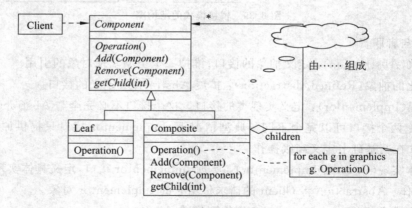

图 6.42 组合模式的结构图

(4) 参与者职责

a) 部件(Component):声明组合体中所包含对象的接口;为所有类的公共操作定义合适的默认行为;声明访问和管理子部件的接口;定义访问其父部件的接口,如合适则实现它(可有可无)。

b) 叶子(Leaf):代表组合结构中的叶子对象,它没有子部件;定义基本对象的行为。

c) 组合(Composite)：定义有子部件的部件的行为；保存子部件；实现 Component 中与子部件有关的接口。

d) 客户：通过 Component 接口操纵组合体中的对象。

（5）协作：客户用 Component 类的接口与组合结构中的对象交互。如果对象是 Leaf，则直接处理；如果对象是 Composite，就把信息传递给子部件去处理。

4. 装饰模式(Decorator)——对象结构型模式

（1）目的：动态地给一个对象附加额外的职责，不必通过子类就能灵活地增加功能。

（2）思路：有时我们希望把额外的职责附加到个别对象上，而不是加到整个类上。例如，一个图形用户界面工具包应当能把额外的属性(如边框、滚动条)或行为(如窗口滚动)单独添加到任何一个用户界面组件中。

一种做法是使用继承机制从另外一个类中把"边框"继承过来，就可以让它的所有子类的对象都能带有"边框"。但这种方法不够灵活。另一种灵活的做法是在组件的外围覆上另一个有能力添加边框的对象。这个外覆的对象就叫做装饰(Decorator)。这个装饰与它所装饰的组件的接口一致，因此它对使用该组件的客户是透明的。装饰者将客户的请求转发给该组件，并且可能在转发前后执行一些额外的动作，如在四周画一个边框。由于有了透明性，使得可以递归地嵌套多个装饰，从而可以添加更多的职责。

例如，假设有一个对象 TextView，它可以在窗口中显示正文。因为人们不一定每次都要滚动文字，所以默认情况下 TextView 没有滚动条；如果有需要，可以用 ScrollDecorator 添加滚动条；如果还想在 TextView 周围添加一个粗黑边框，可以使用 BorderDecorator 添加这个框。只要简单地把这些装饰附加到 TextView 身上，就能够得到想要的结果。

图 6.43 给出了一个对象图，它展示了如何用 BorderDecorator 和 ScrollDecorator 对象让一个 TextView 对象产生具有边框和滚动条的文本显示窗口。

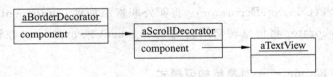

图 6.43 显示边框和滚动条的文本显示窗口

类 ScrollDecorator 和 BorderDecorator 都是抽象类 Decorator 的子类。类 Decorator 本身也是一个图形组件，用于装饰其他图形组件，如图 6.44 所示。

抽象类 VisualComponent 定义了绘图和事件处理的接口。Decorator 类把绘图信息交给它的内含组件(通过聚合关系)去处理，它的子类负责绘制不同的图形。Decorator 模式的关键在于它使得 Decorator 可以显示在 VisualComponent 出现的任何地方，而且使外界分不出到底有没有 Decorator 夹在中间，也就不会与它有依赖关系。

（3）结构：装饰模式的结构如图 6.45 所示。

（4）参与者职责

a) 组件(Component)：制定可由 Decorator 动态添加职责的对象接口。

b) 具体组件(ConcreteComponent)：定义可由 Decorator 动态添加职责的对象。

c) 装饰者(Decorator)：保持对 Component 的引用，并制定与 Component 一致的接口。

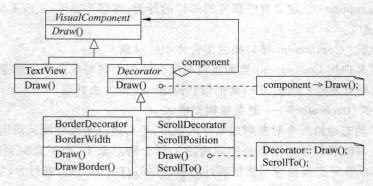

图 6.44 装饰文本显示窗口的类结构图

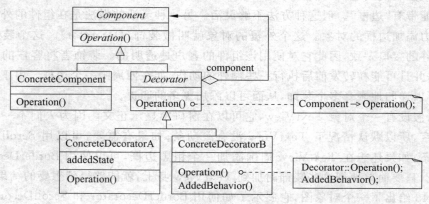

图 6.45 装饰模式的结构

d) 具体装饰者(ConcreteDecorator)：将额外职责添加到 Component 上。

（5）协作：Decorator 将信息转交给它的 Component 来处理，不过在转交前后要做一些额外的事情。

5. 外观模式(Facade)——对象结构型模式

（1）目的：给子系统中的一组接口提供一套统一的高层界面，使得子系统更容易使用。

（2）思路：将系统划分为若干子系统，虽然可以降低整体的复杂性，但还须设法降低子系统之间的通信和相互的依赖性。一种方法就是引进一个外观(Facade)对象，为子系统内各种设施提供一个简单的单一界面，如图 6.46 所示。

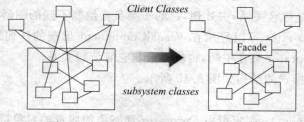

图 6.46 用 Facade 提供统一的高层界面

以程序开发环境为例，整个环境由一组编译器子系统构成，子系统有 Scanner、Parser、

ProgramNode、ByteCodeStream、ProgramNodeBuilder 等类。某些特殊的程序需要直接访问这些类,但绝大多数使用编译器的程序不需要了解编译实现的细节,它们只需要编译出运行程序。对它们来说,考虑这些子系统的低层接口会把问题复杂化。为了把这些接口隐藏起来,让外界使用高层界面,编译器系统提供了一个 Compiler 类作为统一对外的编译器功能界面。这个 Compiler 类就相当于 Facade——把编译器内部的类凝聚起来,提供给外界一个简单的单一窗口,让绝大多数用户程序能够轻松使用完整的功能,如图 6.47 所示。

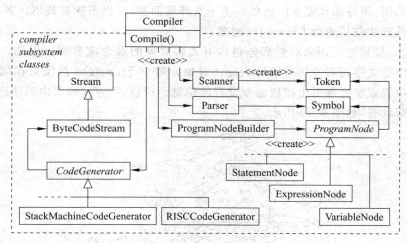

图 6.47　编译器子系统的统一高层界面——外观(Facade)

(3) 结构:外观模式的结构如图 6.48 所示。

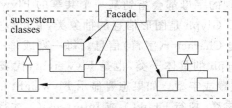

图 6.48　外观模式的结构图

(4) 参与者职责

a) 外观(Facade):知道子系统中哪个类负责处理哪种信息,并负责把外界输入的信息转交给适当的子系统对象。

b) 子系统中的类(Subsystem Classes):实现子系统的功能,处理 Facade 对象分派的工作;如果不受 Facade 的控制,也不会有返回 Facade 的引用存在。

(5) 协作:使用 Facade 的客户不用直接访问子系统对象。外界想与子系统交互时,把信息传送给 Facade,Facade 再把这些信息转交给适当的子系统对象。虽然实际处理工作是子系统对象在做,但 Facade 会居中做接口转换工作。

6. 享元模式(Flyweight)——对象结构型模式

(1) 目的:运用共享机制有效地支持大批小对象。

(2) 思路:有的应用若处理不好会出现大量的小对象。例如,文档编辑器用对象来表示文本、表格、图形等内嵌的元素。如一篇论文的正文分为两栏时，正文对象内嵌左列对象和右列对象，每个列对象内嵌多个行对象，每个行对象内嵌多个文字对象和图表对象，表格对象又可内嵌……尽管用对象来表示文本中的每个文字会极大地提高应用程序的灵活性，但对象个数太多了。Flyweight 模式就是要探讨如何共享这些小对象。

Flyweight 是一个可同时在多种上下文环境（Context）中共享的对象。Flyweight 不能对它所处的上下文环境做任何假设，这里引入两个概念：内部状态（Intrinsic）和外部状态（Extrinsic）。内部状态存储于 Flyweight 内，包含了独立于 Flyweight 上下文环境的信息，所以可以被共用；而外部状态会随所处的上下文环境而变，所以不能被共用。客户程序负责在必要时将外部状态传递给 Flyweight 对象。

Flyweight 模式专门用来对付那些包含有太多对象的观念或事物。例如，文档编辑器可以为每一个英文字母设立一个 Flyweight 对象。每个 Flyweight 对象只存储字符代码，不存储坐标位置或字型等可由排版命令设置的信息。所以，字符代码是内部状态，而其他的信息则是外部状态，如图 6.49 所示。

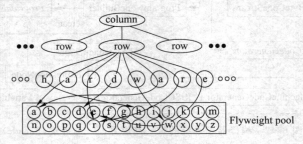

图 6.49 Flyweight pool 的作用

文章中每一个重复出现的字母都会指到某一个共享的 Flyweight 对象。图 6.50 给出了这些对象的类层次结构。Glyph 是图形信息的抽象类，它可以是 Column（列）信息，可以是 Row（行）信息，也可以是 Character（字符）信息。每一列或每一行又包含多个 Glyph（图形信息）。Character 是 Glyph 的具体子类，也是 Flyweight，代表字母 a 的 Flyweight 只存字母 a 的字符代码，不存位置或字型。如果想要显示 Flyweight 的内容时，必须把位置和字型等上下文环境信息作为参数，执行 Draw() 或 Intersects() 才行。

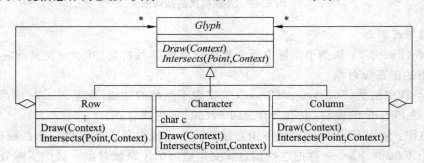

图 6.50 文档编辑器中的 Flyweight

由于不同字符的对象个数远远少于文章中总的字符数，所以使用 Flyweight 会大幅降低对象总数。

(3) 结构：享元模式的类结构如图 6.51 所示，显示 Flyweight 对象的共用情况的对象图如图 6.52 所示。

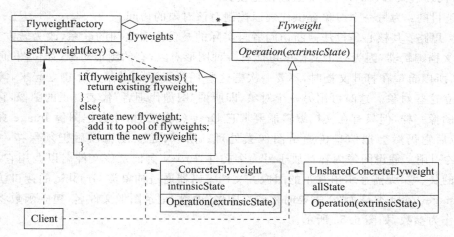

图 6.51 享元模式的结构图

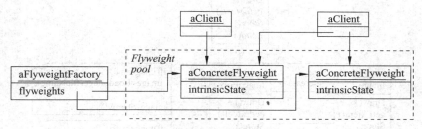

图 6.52 显示享元共享情况的对象图

(4) 参与者职责

a) 享元(Flyweight)：描述一个接口，Flyweight 通过这个接口接收外部状态，使得 Flyweight 的操作得以执行。

b) 具体享元(ConcreteFlyweight)：实现 Flyweight 接口，并为内部状态（如果有的话）分配存储空间。ConcreteFlyweight 对象必须是可共用的。它所存储的状态必须是内部状态，也就是说，与 ConcreteFlyweight 的上下文环境无关。

c) 未共享的具体享元(UnsharedConcreteFlyweight)：并非所有的 Flyweight 子类都得共享。Flyweight 接口使共享成为可能，但它并不强制共享。在 Flyweight 对象结构的某些层次，如 Row 和 Column 类层次，常会利用 UnsharedConcreteFlyweight 对象聚合其他的 ConcreteFlyweight 对象。

d) 享元工厂（FlyweightFactory）：创建并管理 Flyweight 对象；确保合理地共享 Flyweight 对象。

e) 客户(Client)：保持享元的引用；计算或存储 Flyweight 的外部状态。

(5) 协作：Flyweight 运行所需要的状态分为内部状态和外部状态。内部状态直接存于对象 ConcreteFlyweight 中；而外部状态则由 Client 对象存储或计算。当 Client 调用 Flyweight 对象的操作时，将该状态传递给它。用户不应直接对 ConcreteFlyweight 类进行实例化,而只能从 FlyweightFactory 得到 ConcreteFlyweight 对象,确保能被共享。

7. 代理模式(Proxy)——对象结构型模式

(1) 目的:为另一个对象提供代理以控制对该对象的访问。

(2) 思路:其核心是设法截断访问者与实际的被访问者之间的联系,改为转发。例如,有一个文档编辑器,因为一个文档中可能有各种图形对象,有的图形对象(如位图)可能很耗费资源,所以希望在打开文档时,不要一次把这些耗费资源的对象全都建立起来,等到需要时才建立这些对象。这时可用另一个对象,即所谓"图像代理者"代表真正的图像,它表现得与真的图像一样,但只有在文档编辑器要求它 Draw() 自己时,才会把图像 Image 真正建立起来,以后它仍然会把信息传递给图像去处理。所以,建立图像以后仍须保持一个指向 Image 的引用。假设图像内容存放于另一个文件,Proxy 会记录该文件名以调用它,同时记录图像的长、宽,无需显示出真正的图像。文档编辑器通过抽象类 Graphic 的接口访问内部图像,ImageProxy 类是为"在需要时才建立图像"而设,记录图像文件名,建立函数将以图像文件名作为参数,如图 6.53 所示。

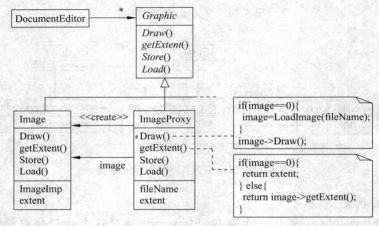

图 6.53 图像代理器的结构图

(3) 结构:代理模式的结构如图 6.54 所示。

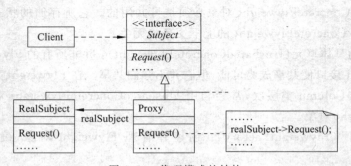

图 6.54 代理模式的结构

(4) 参与者职责

a) 代理(Proxy):

- 具有一个对 RealSubject 的引用,以便访问 RealSubject。如果 RealSubject 与

Subject 的接口完全一样，Proxy 也可以直接对 Subject 引用。
- 提供一个与 Subject 相同的接口，这样 Proxy 便可以替代 Subject。
- 控制对 RealSubject 的访问，还可能会负责生成和删除 RealSubject。

b) 主题(Subject)：定义 RealSubject 和 Proxy 共同遵循的接口，从而使 Proxy 可以用在 RealSubject 出现的任何地方。

c) 真正的主题(RealSubject)：定义 Proxy 所代表的真正对象。

(5) 协作：Proxy 根据其类型，在适当的时机将信息转交给 RealSubject。

代理可用于所有需要更多样化和精细的引用，而无法用于简单地用指向对象的一个指针来解决问题的场合。以下是几种常见的应用类型：

a) Remote Proxy(远程代理)：用来代理位于不同定址空间的其他对象。

b) Virtual Proxy(虚拟代理)：会在需要时才建立耗费资源的对象。

c) Protection Proxy(保护代理)：控制原始对象的存取权限，可对同一对象设置各种不同的存取权限。

d) Smart Reference(智能引导)：在访问对象时执行一些附加动作，例如：
- 累计对实际对象的引用数。如果该对象引用计数为 0，可自动释放它。
- 当持久对象被第一次引用时，将它装入内存。
- 在访问一个实际对象时检查是否锁定了它，确保不会被其他对象改变。

6.7.5 行为型设计模式

行为模式主要解决算法和对象之间责任的分配问题。行为模式描绘对象或类的模式，以及它们之间的通信模式。这些模式刻画了在运行时难以跟踪的复杂控制流，但这类模式把人们的注意力从控制流转移到了对象间的相互联系。类行为模式使用继承机制在类间分派行为，对象行为模式使用对象组合而不是继承，描述对象如何协同完成预定任务。

1. 职责链模式(Chain of Responsibility)——对象行为模式

(1) 目的：通过一条隐式的对象消息链传递处理请求。该请求沿着这条链传递，直到有一个对象处理它为止。其核心是避免将请求的发送者直接耦合到它的接受者。

(2) 思路：以 GUI 系统的联机帮助系统为例，用户可以在软件运行过程的任一时刻按下 F1 键，软件就可以根据该信息和当前上下文环境弹出适当的说明。

在链中第一个对象收到信息后，可能自己处理它，也可能传递给后继者处理。最初发出信息的对象并不知道会被谁处理。如果用户在 PrintDialog 对话框里"打印"按钮上按下了 F1 键，帮助信息的顺序图如图 6.55 所示。

在图 6.55 中，aPrintButton 和 aPrintDialog 都不处理此信息，它一直传送到 aPrintApplication 才停。为了沿途传递信息，链上每一个对象都有一致的接口来处理信息和访问链上的后继者。此外，联机帮助系统定义了一个抽象类 HelpHandler 和抽象操作 HandleHelp()，所有想处理信息的类都可以继承该类。HelpHandler 的 HandleHelp() 操作的内定做法是把信息传递给后继者去处理，由各个子

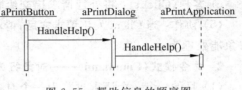

图 6.55 帮助信息的顺序图

类分别来实现具体的打印功能,如图 6.56 所示。

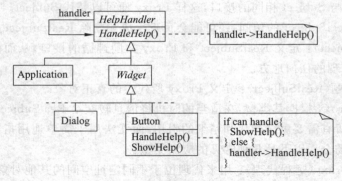

图 6.56　联机帮助系统的职责链模式

(3) 结构：责任链模式的结构如图 6.57 所示,典型的对象结构如图 6.58 所示。

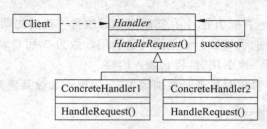

图 6.57　责任链模式的结构

图 6.58　职责链中对象之间的关系

(4) 参与者职责

a) 处理者(Handler)：定义处理请求的接口;实现对后继者的链接(可选)。

b) 具体处理者(ConcreteHandler)：处理它所负责的请求;可访问它的后继;如果它能够处理请求,就处理该请求,否则将请求传送给后继者。

c) 客户(Client)：将处理请求提交给职责链中的 ConcreteHandler 对象。

(5) 协作：当 Client 发出请求之后,请求会在责任链中传递,直到有一个 ConcreteHandler 对象能处理为止。

2. 命令模式(Command)——对象行为模式

(1) 目的：将一个请求封装为一个对象,从而可用不同的请求对客户进行参数化;对请求排队或记录请求日志,以及支持可撤销的操作。

(2) 思路：有时必须向某对象提交请求,但并不知道有关被请求的操作或请求的接受者的任何信息。例如,用户接口工具包包括按钮、菜单之类的对象,它们可回应用户的输入。但工具包不能规定死在按钮和菜单中的操作序列,因为应用程序想让什么对象做什么事情每次都会变的,工具包的设计者无法知道下次请求的接受者是谁,要执行哪个操作。

Command 模式把请求本身变成一个 Application 对象,这个对象和正常的对象一样,可以存储起来,也可以当做参数传递。此模式的关键是抽象类 Command,它定义了一个执行操作的接口,包括抽象操作 Execute()。Command 的具体子类则把接受者存到实例变量中,调用具体实现的 Execute()操作。接受者具有执行一个请求所需的具体信息。

如图 6.59 所示,一个 Application 类可以有多个菜单,一个菜单有多个菜单项,每个菜单项可能执行多个命令。同时,Application 还记载了那些已打开的 Document 对象。

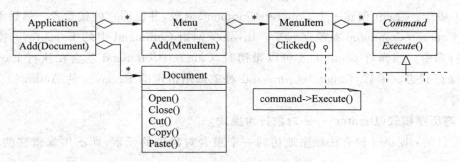

图 6.59　一个用户接口工具包的菜单命令结构

Application 为每个 MenuItem 对象配置一个 Command 的具体子类的实例。当用户选取了一个 MenuItem 时,MenuItem 会调用相应 Command 的 Execute()操作,而 Execute()负责执行相应操作。Command 的子类会记忆谁是请求的接受者。

例如,PasteCommand 可将文字从剪贴板粘贴到一个 Document 中。该 Document 是程序在创建 PasteCommand 的实例时指定为接受者的。PasteCommand 的 Execute()将会调用此 Document 的 Paste()操作,如图 6.60 所示。

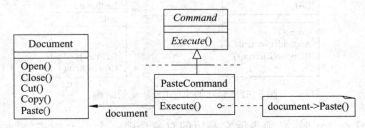

图 6.60　PasteCommand 的执行机制

(3)结构:命令模式的结构如图 6.61 所示。

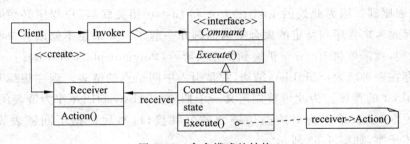

图 6.61　命令模式的结构

(4) 参与者职责

a) 命令(Command)：声明执行操作的接口。

b) 具体命令(ConcreteCommand)：定义接受者对象和动作之间的绑定关系；调用接受者相应的操作来实现 Execute()。

c) 客户(Client)：创建一个 ConcreteCommand 对象，并设置它的接受者。

d) 请求者(Invoker)：要求 Command 执行命令。

e) 接受者(Receiver)：了解如何执行与请求相联系的操作。

(5) 协作：Client 创建一个 ConcreteCommand 对象，并说明它的接受者。然后 Invoker 对象将 ConcreteCommand 对象存起来。Invoker 调用 Command 中的 Execute() 操作，要求它执行命令。当允许 Command 可以撤销时，ConcreteCommand 就会在执行 Execute() 之前先保存状态。最后，ConcreteCommand 对象调用指定的 Receiver 的 Action() 操作来执行命令。

3. 遍历器模式(Iterator)——对象行为模式

(1) 目的：提供一种方法顺序地访问一个聚合对象中的元素，而不用暴露它的内部实现细节。

(2) 思路：希望即使对一个聚合对象(如链表 List)的内部结构一点也不了解，仍可存取其内部元素；还希望能采用不同的遍历方式，但不希望因此将各种可能的遍历动作全部放到 List 中。Iterator 的关键是将外界可用的遍历和存取操作从 List 对象中分离出来，设置对应的 Iterator 对象来负责相关任务。在 Iterator 界面提供 List 元素的遍历和存取接口，在 Iterator 对象中还记录了当前遍历指针所在位置，供跟踪用。

例如，为 List 类配置的 ListIterator 类的关系如图 6.62 所示。

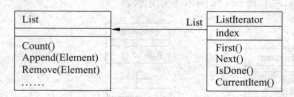

图 6.62 List 与 ListIterator 的结构

在实现 ListIterator 时，必须告诉它遍历的对象是哪一个 List 对象，然后就可以利用此 ListIterator 顺序访问 List 对象的元素。CurrentItem() 能传回当前刚访问过的元素(当前位置)；First() 将当前位置置于链表首部；Next() 将当前位置进到下一个；IsDone() 判断是否遍历到链表尾部。因为此处的 ListIterator 和 List 互相关联，客户程序必须知道遍历对象是 List，因此客户程序和特定的聚合结构捆绑在一起了。如果想不修改客户程序就能改变遍历对象类，就需要将 Iterator 扩展到多态遍历器(Polymor-phicIterator)。

例如，存在一种跳表(SkipList)结构，它是引入中间结点的链表。现在想编写一个处理 List 和 SkipList 的程序。为此可首先定义一个抽象类 AbstractList 作为链表的公共接口，再定义抽象类 Iterator 作为对应遍历链表的公共接口，然后根据不同链表设计对应的 Iterator 具体子类，如图 6.63 所示。

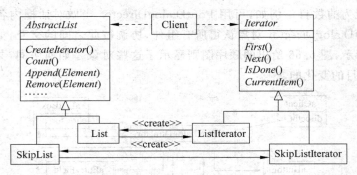

图 6.63　多态遍历器结构

（3）结构：遍历器模式的结构如图 6.64 所示。

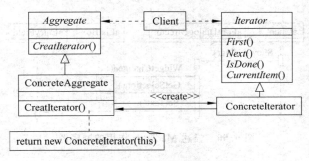

图 6.64　Iterator 模式的结构图

（4）参与者职责

a）遍历器（Iterator）：定义访问和遍历元素的接口。

b）具体遍历器（ConcreteIterator）：具体实现 Iterator 的接口；对该聚合结构遍历时记忆当前位置。

c）聚合（Aggregate）：定义创建相应遍历器对象的接口。

d）具体聚合（ConcreteAggregate）：具体实现创建相应遍历器的接口，传回刚才建立的 ConcreteIterator 对象。

（5）协作：ConcreteIterator 记忆已遍历到聚合结构的哪一个元素，并可顺序遍历下一个元素。

4. 中介者模式（Mediator）——对象行为模式

（1）目的：用一个中介对象来封装一系列复杂对象的交互情景。中介者通过阻止各个对象显式地相互引用来降低它们之间的耦合，使得人们可以独立地改变它们之间的交互。

（2）思路：以 GUI 系统的对话框为例，对话框中会布置许多窗口组件，如按钮、菜单、文字输入栏等。对话框中各窗口组件之间往往相互牵连。比如，若文字输入栏没有信息，则按钮被禁用。若在列表栏的一系列选项中选中了一个项目，则文字输入栏的内容也随之改变；反过来，若文字输入栏键入信息，则可能列表栏的对应项目会自动被选取，按钮也会被激活，使用户可对键入的信息做些事情，如改变或删除所指定的事物。

为此，可以将这些窗口组件的集体行为封装成一个中介者（Mediator）对象。中介者负责居中指挥协调一组对象之间的交互行为，避免互相直接引用。这些对象只认得中介者，因而可降低交互行为的数目。例如,可用 FontDialogDirector 当做对话框内各窗口组件之间的中介者。FontDialogDirector 对象认得所有组件,协调彼此之间的交互,如同一个通信枢纽,如图 6.65 所示,图 6.66 给出的顺序图则显示了这些对象是如何协同,共同处理下面列表(List Box)项目的变化的。

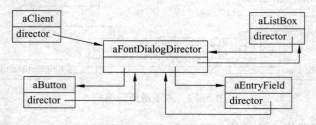

图 6.65　在字体选择(Font Chooser)对话框中 Mediator 的角色

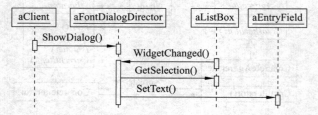

图 6.66　描述 Mediator 作用的顺序图

当 aClient 选中了列表栏(List Box)的一个项目后,下列事件将改变文字输入栏:
a) aListBox 通知 aFontDialogDirector 状态有变;
b) aFontDialogDirector 从 aListBox 取得选取项目的信息;
c) aFontDialogDirector 将取得的信息传送给文字输入栏 aEntryField;
d) 因文字输入栏显示出这些信息,aFontDialogDirector 就将按钮激活。

因为窗口组件只能通过中介者 aFontDialogDirector 来间接交互,它们只认得中介者。而且,系统行为全都集中在一个类身上,只要扩充或换掉它,就能改变系统行为。

图 6.67 显示了加入 FontDialogDirector 后的类结构。抽象类 DialogDirector 负责定义对话框的整体行为,客户调用 ShowDialog() 操作可将对话框显示在屏幕上,DialogDirector 的抽象操作 CreateWidgets( ) 可在对话框内建立窗口组件,另一个抽象操作 WidgetChanged()由窗口组件调用,用以通知它的 director 说它们的状态已变化了。

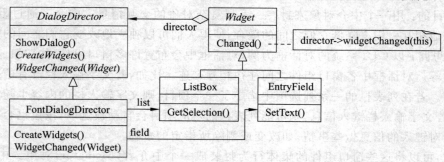

图 6.67　加入对话框指挥者后的类结构

DialogDirector 的具体子类 FontDialogDirector 重定义的 CreateWidgets() 操作可创建正确的窗口组件,而重定义的 WidgetChanged() 操作可处理其状态变化。

(3) 结构:图 6.68(a)给出了中介者的类结构,图 6.68(b)给出了典型的对象结构。

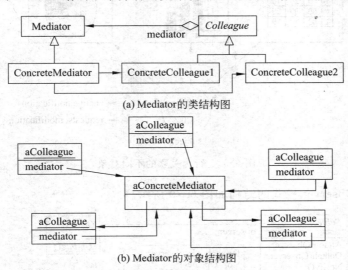

图 6.68 中介者模式的结构图

(4) 参与者职责

a) 中介者(Mediator):定义与各个同事(Colleague)对象通信的接口。

b) 具体中介者(ConcreteMediator):协调各个同事对象,实现协作行为;了解并维护各个同事对象。

c) 同事类(Colleague Classes):这些同事类的对象都了解中介者;一个同事对象与另一个同事对象之间的通信都需要通过中介者来间接实现。

(5) 协作:同事向中介者对象发送或接收请求,中介者则将请求传送给适当的同事对象(一个或多个),协调整体行为。

5. 观察者模式(Observer)——对象行为模式

(1) 目的:定义对象间的一种一对多的依赖关系,当一个对象的状态发生改变时,所有依赖于它的对象都得到通知,并被自动更新。

(2) 思路:例如,许多 GUI 软件包都将数据显示部分与应用程序底层的数据表示分开,以利于分别复用。但这些类也能合作,如图 6.69 所示的计算表和直方图都是针对同一数据对象的两种不同表示方式。计算表和直方图互相不知道彼此,但它们表现出的行为却是相关的,只要计算表中数据变化,直方图马上就会随之改变。这说明:计算表和直方图都依赖于数据对象,因此数据一有变化,就应通知它们。Observer 模式就是描述如何建立这种关系。

Observer 模式中关键的对象分主题(Subject)和观察者(Observer)两种。一个主题可以有多个依赖它的观察者。一旦主题的状态发生变化,所有相关的观察者都会得到通知。作为对这个通知的响应,每个观察者都将查询主题,以使其状态与主题的状态同步。这种交互叫做"发布—订阅"。主题是通知的发布者,它发出通知时无需知道谁是它的观察者。可以有多个观察者订阅并接收通知。事件机制就是一种典型的"发布—订阅"模式。

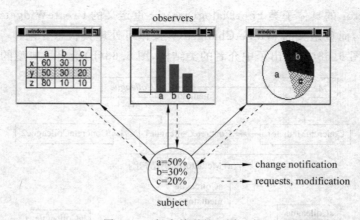

图 6.69 行为关联的不同对象

(3) 结构：Observer 模式的结构如图 6.70 所示。

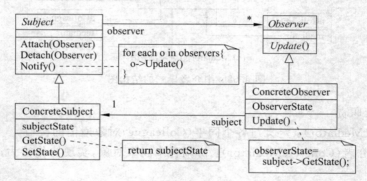

图 6.70 Observer 模式的结构图

(4) 参与者职责

a) 主题(Subject)：认得它的观察者。任意数目的观察者对象均可订阅一个主题。另外，提供一个连接观察者对象和解除连接的接口。

b) 观察者(Observer)：定义了一个自我更新的接口。一旦发现主题有变时借助接口通知自己随之改变。

c) 具体主题(ConcreteSubject)：存储具体观察者对象关心的状态；当状态改变时向它的观察者发送通知。

d) 具体观察者(ConcreteObserver)：维持一个对具体主题对象的引用；存储要与主题一致的状态；实现观察者的自我更新接口，确保自己的状态与主题的状态一致。

(5) 协作：当具体主题发生会导致观察者的状态不一致时，就会主动通知所有该通知的观察者。当具体观察者收到通知后，向主题询问，根据所得信息使自己的状态与主题的状态保持一致。图 6.71 给出了一个主题和两个观察者对象之间的交互情况。

6. 状态模式(State)——对象行为模式

(1) 目的：允许对象的行为随内部状态的变化而改变，好像连类也改变了。

(2) 思路：考虑一个表示网络连接的 TCPConnection 类。一个 TCPConnection 对象可以有以下 3 种状态：Established(连接已建立)、Listening(正等待连接)、Closed(连接已断

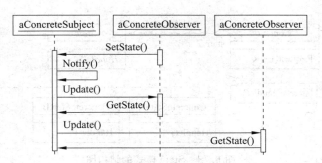

图 6.71 描述主题与观察者之间交互的顺序图

开)。当一个 TCPConnection 对象收到外界的请求时,会根据自身当前的状态做出不同的反应。例如,一个 Open 请求的结果依赖于该连接是处于"连接已建立"状态还是其他状态。State 模式描述了 TCPConnection 如何在每一种状态下表现出不同的行为。此模式的关键是引入了一个称为 TCPState 的抽象类来表示网络的连接状态。

TCPState 的表示不同操作状态的各个子类都会遵循 TCPState 的接口,并各自实现与特定状态相关的行为。例如,TCPEstablished 和 TCPClosed 类分别实现了特定于 TCPConnection 的"连接已建立"状态和"连接已断开"状态的行为。

如图 6.72 所示,TCPConnection 关联到一个状态对象(TCPState 子类的实例)记忆 TCP 连接当前的状态。TCPConnection 类将所有与状态相关的请求委托(Delegate)给这个状态对象,这个 TCPState 子类的实例则会执行该状态特定的操作。

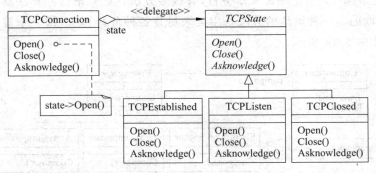

图 6.72 TCPConnection 的状态

一旦连接状态改变,TCPConnection 对象就会切换它所关联的状态对象。例如,当连接从"连接已建立"状态转为"连接已断开"状态时,TCPConnection 会用一个 TCPClosed 的实例来代替原来的 TCPEstablished 的实例。

(3) 结构:State 模式的结构如图 6.73 所示。

(4) 参与者职责

a) 上下文环境(Context):定义外界关心的接口;关联到一个 ConcreteState 子类的实例,该实例应代表当前的状态。

b) 状态(State):定义一个接口,负责封装当 Context 处于特定状态时的行为。

c) 具体状态子类(ConcreteState Subclasses):每一个子类针对某一种 Context 状态实现该表现的行为。

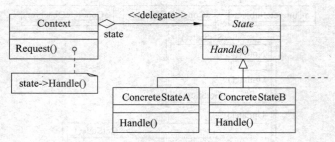

图 6.73 State 模式的结构图

(5) 协作

a) Context 将与状态相关的请求委托给相应的 ConcreteState 对象处理；

b) Context 可将自身作为一个参数传递给处理该请求的状态对象，这使得状态对象在必要时可访问到自己；

c) Context 是对外的主要接口，客户程序可用状态对象来配置一个 Context，一旦一个 Context 配置完毕，客户程序就不再需要直接与状态对象打交道了；

d) Context 或 ConcreteState 子类都可决定在什么情况下该切换成什么状态。

7. 策略模式（Strategy）——对象行为模式

(1) 目的：定义一系列的算法，把它们一个一个地封装起来，并使它们可以相互替换。策略模式使算法能够独立于使用它的客户而变化。

(2) 思路：例如，如何把一篇文章分行，有很多方法。如果把这些算法都写到使用它们的类中是不可取的。一种灵活的方法是用类来封装各种分行算法，每一个被封装的算法称为一个策略，如图 6.74 所示。

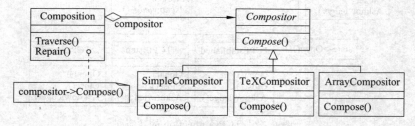

图 6.74 文本浏览程序的换行策略

设有一个类 Composition 负责维护和更新文章的正文换行。换行策略不是由 Composition 实现的，而是另外由抽象类 Compositor 的各个具体子类分别独立实现的。每一个子类实现不同的换行策略。SimpleCompositor 的策略很简单，每次只决定一个换行位置；TexCompositor 实现一个查找换行位置的 TeX 算法，从全局出发确定最佳换行位置，每次处理一个段落；ArrayCompositor 的策略是固定每一行所包含的元素的数目，可将一大堆大小相同的图案排列得整整齐齐。

Composition 保持一个对 Compositor 对象的引用，将排版工作转交给 Compositor 对象去全权处理。Composition 的客户指定应该让 Composition 关联到哪几种 Compositor 对象。

(3) 结构：策略模式的结构如图 6.75 所示。

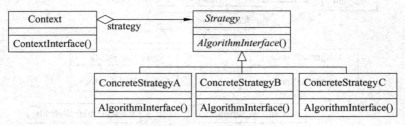

图 6.75 策略模式的结构图

(4) 参与者职责

a) 策略(Strategy)：定义所有支持算法的公共接口。Context 使用这个接口来调用某 ConcreteStrategy 定义的算法。

b) 具体策略(ConcreteStrategy)：根据 Strategy 的接口具体实现算法。

c) 上下文环境(Context)：用一个 ConcreteStrategy 对象来配置；维持对一个 Strategy 对象的引用；可以定义一个接口以便 Strategy 能存取自身的数据。

(5) 协作

a) Strategy 和 Context 能够协议确定该采用的算法版本。Context 可能会传送给 Strategy 一些算法需要的数据，但 Context 也有可能把自己当做参数传送给 Strategy，让 Strategy 自己来查找需要的数据。

b) Context 将客户的请求转发给 Strategy 对象。客户程序首先创建一个 ConcreteStrategy 对象并传给 Context。这样，客户程序仅与 Context 交互。通常有一大批 ConcreteStrategy 可供客户从中选择。

8. 访问者模式(Visitor)——对象行为模式

(1) 目的：定义一个能逐一施行于对象结构中各个元素的新操作，而不必改变类的接口。

(2) 思路：以编译器为例，该编译器可将程序转换为抽象语法树，然后再作静态语义分析，最后生成机器代码。编译器还要执行类型检验、数据流分析、代码优化、变量交叉引用分析等。此外，抽象语法树还能进行美化打印、度量等工作。

如果对不同任务的语句分类，把所有赋值语句归于一类结点，变量存取语句归于另一类结点，就可以在程序中建立多个结点。Visitor 模式的做法是：把各个 Node 类的操作都抽取出来，放到名为 Visitor 的对象中。当遍历抽象语法树时，调用树中结点的 Accept() 操作，且以 Visitor 作为其参数，就能够进一步调用 Visitor 对象。

例如，代表赋值语句的结点会调用 Visitor 的 VisitAssignment()；代表变量存取的结点会调用 Visitor 的 VisitVariableReference()。

在 Visitor 模式中定义了两个类层次，如图 6.76 所示。

一个类层次对应于接受操作的对象(Node 类层次)，一个类层次对应于定义相应对象真正做事的操作的 Visitor(NodeVisitor 类层次)。只要程序设计语言的语法不变，就不用定义新的 Node 子类。想添加新的操作，只需在 NodeVisitor 类层次中增设新的子类即可。

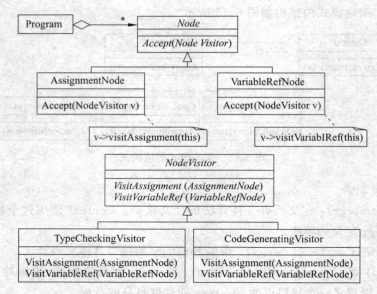

图 6.76 适用于抽象语法树的 Visitor 模式

（3）结构：Visitor 模式的结构如图 6.77 所示。

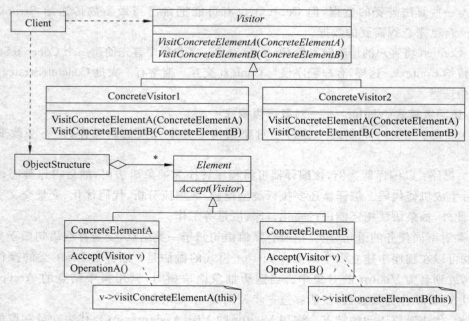

图 6.77 Visitor 模式的结构

（4）参与者职责

a) 访问者（Visitor）：对对象结构中的每个 ConcreteElement 类都声明一个 Visit 操作。

b) 具体访问者（ConcreteVisitor）：实现 Visitor 声明的每个操作。

c) 元素（Element）：定义一个 Accept 操作，将 Visitor 作为参数。

d) 具体元素(ConcreteElement)：实现 Accept 操作。

e) 对象结构(ObjectStructure)：可以枚举它的元素；可以提供一个高层接口，允许访问者访问它的元素；可以是一个组合或是一个集合。

(5) 协作：使用 Visitor 模式的客户程序必须先创建一个 ConcreteVisitor 对象，然后在遍历对象结构的过程中，把这个 Visitor 对象传递给每一个遇到的元素。当遍历到一个 Element 时，将调用 Visitor 的对应操作。如有必要，还会把自己列入该操作的参数传递给过去，让 Visitor 借此访问自己的内容。图 6.78 表示对象结构、一个 Visitor 对象、两个 Element 对象之间的协作方式。

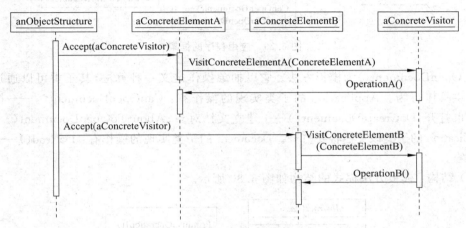

图 6.78 Visitor 模式中的协作方式

9. 模板方法模式(Template Method)——类行为模式

(1) 目的：定义操作中一个算法的大体框架，将某些步骤分为子类。模板方法使子类可以不改变算法的结构而重定义其中的某些步骤。

(2) 思路：假设在应用程序中有两个角色：Application 类负责打开外部的文档，Document 对象代表文档打开后的内容。我们可以从 Application 和 Document 派生出子类来用，以满足特殊的要求。

例如，绘图软件可以定义 MyApplication 和 MyDocument 子类，如图 6.79 所示。在抽象类 Application 中的操作 OpenDocument() 负责定义打开文档的算法如下：

```cpp
void Application::OpenDocument(const char* name) {
    if(!CanOpenDocument(name)) {            //name 是文档名
        return;                             //打不开这个文档,返回
    }
    Document* doc=DoCreateDocument();       //建立文档对象
    if(doc){                                //建立成功
        docs->AddDocument(doc);             //加入到文档列表
        AboutToOpenDocument(doc);           //通知子类
        doc->Open();                        //打开文档
        doc->DoRead();                      //读入文档内容
    }
}
```

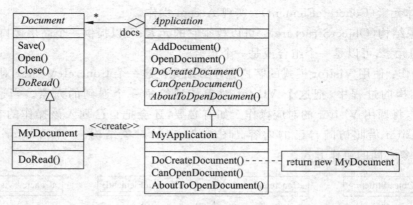

图 6.79 应用程序的框架

称 OpenDocument() 为模板方法。它以抽象操作定义一种算法，其子类可以通过重定义来提供具体行为。Application 的子类实现的操作有：CanOpenDocument()——检查文档是否可打开；DoCreateDocument()——建立文档对象；AboutToOpenDocument()——通知 Application 的子类该文档将要打开。Document 的子类实现的操作有：DoRead()——读入文档内容。

（3）结构：模板方法模式的结构如图 6.80 所示。

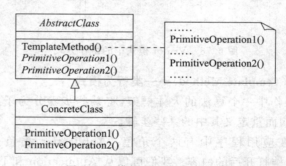

图 6.80 模板方法模式的结构

（4）参与者职责

a) 抽象类（AbstractClass）：定义抽象的原语操作和模板方法，原语操作的实现放到它的具体子类中去做；模板方法使用原语操作来定义算法的框架。

b) 具体类（ConcreteClass）：实现原语操作以完成与特定子类有关的算法步骤。

（5）协作：ConcreteClass 依靠 AbstractClass 实现算法中不变的步骤。

6.7.6 设计模式如何解决设计问题

设计模式采用多种方法解决面向对象设计者经常碰到的问题。本节给出在软件设计中经常遇到的问题以及如何使用设计模式来解决。

1. 寻找合适的对象

面向对象设计最困难的部分是如何将系统分解为对象集合。因为在分解的时候需要考虑很多因素，包括封装、粒度、依赖关系、灵活性、性能、演化及复用等。这些因素都会影响系统分解，并且这些因素通常还是互相冲突的。

设计模型中的很多对象来源于现实世界的分析模型，但是，设计结果所得到的类通常在现实世界中并不存在。例如 Composite 模式引入了统一对待现实世界中并不存在的对象的抽象方法。根据严格反映当前现实世界的模型，并不能构建也能反映将来世界的系统。设计中的抽象对于产生灵活的设计是至关重要的。

使用设计模式有助于确定并不明显的抽象和描述这些抽象的对象。例如，现实中并不存在描述过程和算法的对象，但却是设计的关键部分。Strategy 模式描述了怎样实现可互换的算法族；State 模式将实体的每个状态描述为一个对象。这些对象在分析阶段，甚至在设计阶段的早期都还不存在，后来为使设计更灵活、复用性更好才将它们发掘出来。

2. 决定对象的粒度

对象在粒度和数目上变化极大，它们能表示从底层硬件到顶层的整个应用系统的任何事物。那么，应该如何决定对象的粒度才合理呢？

设计模式已经很好地解决了这个问题。Facade 模式描述了怎样用对象来表示完整的子系统，Flyweight 模式描述了如何支持大量的最小粒度的对象，其他一些设计模式描述了将一个对象分解成许多小对象的特定方法。Abstract Factory 和 Builder 产生那些专门负责生成其他对象的对象。Visitor 和 Command 生成的对象专门负责实现对其他对象或对象组的请求。

3. 指定对象接口

为对象声明的每个方法（操作）指定方法名、作为参数的对象和返回值，这就是所谓的方法的签名（Signature）。对象所定义的所有方法签名的集合被称为该对象的接口（Interface）。对象接口描述了该对象所能接受的全部请求的集合，任何与对象接口中的方法签名相匹配的请求都可以发送给该对象。

在面向对象系统中，接口是基本的组成部分。对象只有通过它们的接口才能与外部交流，不通过对象的接口就无法知道对象的任何事情，也无法请求对象做任何事情。对象接口与其实现是分离的，不同对象可以对请求做不同的实现，也就是说，两个有相同接口的对象可以有完全不同的实现。

当给对象发送请求时，所引起的具体操作既与请求本身有关，又与接受对象有关。支持相同请求的不同对象可能对请求激发的操作有不同的实现。发送给对象的请求和它的相应操作在运行时的连接称为动态绑定。动态绑定允许在运行时彼此替换有相同接口的对象，这种可替换性就称为多态。多态简化了客户的定义，使得对象间彼此独立，并可以在运行时动态改变它们的相互关系。

设计模式通过确定接口的主要组成成分及经接口发送的数据类型，来帮助定义接口。Memento 是一个很好的例子，它描述了怎样封装和保存对象内部的状态，以便一段时间后对象能恢复到这一状态。它规定了 Memento 对象必须定义两个接口：一个允许客户保持和复制 Memento 的限制接口和一个只有原对象才能使用的、用来存储和提取 Memento 中状态的特权接口。

4. 针对接口编程，而不是针对实现编程

不将变量声明为某个特定的具体类的实例对象，而是让它遵从抽象类所定义的接口，这是设计模式的一个常见主题。

当不得不在系统的某个地方实例化具体的类时,可以使用创建型模式,如 Abstract Factory、Builder、Factory Method、Prototype 及 Singleton。通过抽象对象的创建过程,这些模式可提供不同方式以在实例化时建立接口和实现透明连接。

5. 使用复用机制

(1) 继承(Inheritance)和组合(Composition)的比较

面向对象系统中功能复用的两种最常用技术是类继承和对象组合。类继承允许根据其他类的实现来定义一个类的实现,这种通过生成子类的复用通常称为白盒复用(White-Box Reuse)。术语"白盒"是相对可视性而言的:在继承方式中,父类的内部细节对子类可见。

对象组合是类继承之外的另一种复用选择。新的更复杂的功能可以通过组装或组合对象来获得。对象组合要求被组合的对象具有良好定义的接口,这种复用风格被称为黑盒复用(Black-Box Reuse),因为对象的内部细节是不可见的,对象只以"黑盒"的形式出现。

继承和组合各有优缺点。类继承是在编译时静态定义的,且可直接使用,因为程序设计语言直接支持类继承。通过对所继承的操作进行重定义,类继承可以较方便地改变被复用的实现。但是,类继承也有一些不足之处。首先,继承在编译时就定义了,无法在运行时改变从父类继承的实现。其次,继承揭示了其父类的实现细节,所以继承常被认为"破坏了封装性"。最后,子类中的实现与它的父类有如此紧密的依赖关系,以至于父类实现中的任何变化必然会导致子类发生变化。

当使用继承时,如果继承下来的实现不适合解决新的问题,则必须重写从父类继承的方法。这种依赖关系限制了灵活性,并最终限制了复用性。一个可用的解决方法就是只继承抽象类,因为抽象类通常提供较少的实现。

对象组合是通过获得其他对象的引用而在运行时动态定义的。组合要求对象遵守彼此的接口约定,进而要求更仔细地定义接口,而这些接口并不妨碍你将一个对象和其他对象一起使用。由于对象只能通过接口访问,所以并不破坏封装性。另外,由于对象的实现是基于接口编写的,所以实现上存在较少的依赖关系。

对象组合对系统设计还有另一个作用,即优先使用对象组合有助于保持每个类被封装,并被集中在单个任务上,这样类和类继承层次会保持较小规模。另一方面,基于对象组合的设计会有更多的对象和较少的类,且系统的行为将依赖于对象间的关系,而不是被定义在某个类中。

因此,在进行面向对象设计时,应优先使用对象组合,而不是类继承。

(2) 委托(Delegation)

委托是一种组合方法,它使组合具有与继承同样的复用能力。在委托方式下,有两个对象参与处理一个请求,接受请求的对象将操作委托给它的代理者。这类似于子类将请求交给它的父类处理。使用继承时,被继承的操作总能引用接受请求的对象,如 Java 中通过 this 的引用。委托方式为了得到同样的效果,接受请求的对象将自己传给被委托者(代理人),使被委托的操作可以引用接受请求的对象。

委托的主要优点在于它便于运行时组合对象操作,以及改变这些操作的组合方式。委托可以获得软件的灵活性,但也有不足之处:动态的、高度参数化的软件比静态软件更难于理解;另外,还有运行低效的问题。只有当委托使设计比较简单而不是更复杂时,它才是好的选择。

有些模式使用了委托,如 State、Strategy 和 Visitor。在 State 模式中,一个对象将请求委托给一个描述当前状态的 State 对象来处理;在 Strategy 模式中,一个对象将一个特定的请求委托给一个描述请求执行策略的对象。一个对象只会有一个状态,但它对不同的请求可以有许多策略。这两个模式的目的都是通过改变委托对象来改变委托对象的行为。在 Visitor 模式中,对象结构的每个元素上的操作总是被委托到 Visitor 对象。

委托是对象组合的特例。它告诉你对象组合作为一个代码复用机制可以替代继承。

(3) 继承和参数化类型的比较

另一种功能复用的技术(并非严格的面向对象技术)是参数化类型(Parameterized Type),也就是类属或模板。它允许在定义类型时并不指定该类型所用到的其他所有类型,未经指定的类型在使用时以参数形式提供。例如,一个列表类能够以它所包含的元素的类型来进行参数化。如果想声明一个 Integer 列表,只须将 Integer 类型作为列表参数化类型的参数值;如果想声明一个 String 列表,只须提供 String 类型作为参数值。

6. 关联运行时和编译时的结构

一个面向对象程序在运行时的结构通常与它的代码结构相差较大。代码结构在编译时就被确定下来了,它由继承关系固定的类组成。而程序的运行时结构是由快速变化的通信对象网络组成的。事实上两个结构是彼此独立的,试图由一个去理解另一个就好像试图从静态的动、植物分类去理解活生生的生态系统的动态性,反之亦然。

聚合和关联是两种常用的关系。聚合意味着聚合对象和其所有者具有相同的生命周期;关联是一种比聚合要弱的关系,它只标识对象间较松散的耦合关系。聚合和关联的区别在编译时的结构中很难看出来,但区别还是很大的。聚合关系使用较少且比关联关系更持久;而关联关系则出现频率较高,但有时只存在于一个操作时期。关联也更具动态性,使得它在源代码中很难被辨别出来。系统的运行时结构更多地受到设计者的影响,而不是编程语言的影响。

许多设计模式显式地记述了编译时和运行时结构的差别。Composite 和 Decorator 对于构造复杂的运行时结构特别有用。Observer 也与运行时结构有关,但这些结构对于不了解该模式的人来说是很难理解的。Chain of Responsibility 也产生了继承无法实现的通信模式。

7. 设计应支持变更

为了使设计的系统适应未来需求的变更且具有健壮性,必须设想系统在它的生命周期内可能会发生什么变更,因为这些变更可能会导致重新定义和实现某些类。一个不考虑变更的设计将来有可能不得不重新设计,而重新设计会影响到系统的很多方面。

设计模式可以确保系统能以特定方式变更,从而避免重新设计系统。每一个设计模式允许系统结构的某部分的变更独立于其他部分,这样生成的系统对于某种特定变更将更健壮。下面是导致重新设计的一般原因,以及解决这些问题的设计模式。

(1) 通过显式地指定一个类来创建对象。在创建对象时指定类名将使你受特定实现的约束而不是特定接口的约束,这会使未来的变更更复杂。要避免这种情况,应该间接地创建对象。相关的设计模式有 Abstract Factory、Factory Method、Prototype。

(2) 对特殊操作的依赖。当为请求指定一个特殊的操作时,完成该请求的方式就固定下来了。为了避免将请求代码写死,可以在编译时或运行时很方便地改变响应请求的方法。

相关的设计模式有 Chain of Responsibility、Command。

(3) 对硬件和软件平台的依赖。外部的操作系统接口和应用编程接口(API)在不同的软硬件平台上是不同的。依赖于特定平台的软件将很难移植到其他平台上，所以在设计系统时考虑其平台相关性就很重要了。相关的设计模式有 Abstract Factory、Bridge。

(4) 对对象表示或实现的依赖。知道对象怎样表示、保存、定位或实现的客户在对象发生变化时可能也需要变化。对客户隐藏这些信息能阻止连锁变化。相关的设计模式有 Abstract Factory、Bridge、Memento、Proxy。

(5) 算法依赖。算法在开发和复用时常常被扩展、优化和替代。依赖于某个特定算法的对象在算法发生变化时不得不变化，因此有可能发生变化的算法应该被孤立起来。相关的设计模式有 Builder、Iterator、Strategy、Template Method、Visitor。

(6) 高耦合。高耦合的类很难独立地被复用，因为它们是互相依赖的。而低耦合提高了一个类本身被复用的可能性，并且系统更易于学习、移植、修改和扩展。设计模式使用抽象耦合和分层技术来降低系统的耦合度。相关的设计模式有 Abstract Factory、Command、Facade、Midiator、Observer、Chain of Responsibility。

(7) 通过生成子类来扩充功能。通常很难通过定义子类来定制对象。每个新类都有固定的实现开销，如初始化、终止处理等。一般的对象组合技术和具体的委托技术是组合对象行为的另一种灵活方法。新的功能可以通过以新的方式组合已有对象，而不是通过定义已存在类的子类的方式加到应用中去。另一方面，过多使用对象组合会使设计难于理解。在许多设计模式中，可以定义一个子类，且将它的实例和已存在实例进行组合来引入定制的功能。相关的设计模式有 Bridge、Chain of Responsibility、Composite、Decorator、Observer、Strategy。

(8) 不能方便地对类进行修改。有时不得不改变一个难以修改的类。也许需要源代码而又没有，或者可能对类的任何改变会要求修改许多已存在的其他子类。设计模式提供在这些情况下对类进行修改的方法。相关的设计模式有 Adapter、Decorator、Visitor。

这些例子反映了使用设计模式有助于增强软件的灵活性。这种灵活性所具有的重要程度取决于你要建造的软件系统。

6.7.7 如何使用设计模式

在整个软件设计中都可以使用设计模式。一旦开发了分析模型，设计人员可以检查详细的问题表示和该问题所带来的限制。在各种抽象级上检查问题说明，可以确定如下类型的设计模式中的一个或多个是否适合该问题。

1. 体系结构模式。这些模式定义了软件的整体结构，体现了子系统和软件构件之间的关系，并定义了说明体系结构元素(类、包、构件、子系统)之间关系的规则。

2. 设计模式。这些模式解决了设计中特有的元素，例如解决某些设计问题中的构件聚集、构件间的关联或是影响构件到构件之间通信的机制。

3. 习惯用语。有时被称为编码模式，这些编程语言所特有的模式通常实现了构件、特定的接口协议或构件之间通信机制的算法元素。这些模式类型的不同不仅在于每个模式都是在不同的抽象级上表示，还在于为软件过程中构建活动(这里是指编码)提供直接指导的抽象等级也不同。一旦选择了设计模式，如何使用呢？这里给出一个有效应用设计模式的循序渐进的方法。

（1）大致浏览一遍模式。特别注意其适用性部分和效果部分，确定它适合你的问题。

（2）研究结构部分、参与者部分和协作部分。确保理解这个模式的类和对象以及它们是怎样关联的。

（3）阅读代码示例部分，看看这个模式代码形式的具体例子。研究代码将有助于你实现模式。关于这部分内容，本书略过。

（4）选择模式参与者的名字，使它们在应用上下文中有意义。设计模式参与者的名字通常过于抽象，而不会直接出现在应用中。然而，将参与者的名字和应用中出现的名字合并起来是很有用的。这会帮助你在实现中更显式地体现出模式来。

（5）定义类。声明它们的接口，建立它们之间的继承关系，定义代表数据和对象引用的实例变量。识别模式会影响应用中存在的类，做出相应的修改。

（6）定义模式中专用于应用的操作名称。名字一般依赖于应用，使用与每个操作相关联的责任和协作作为指导。另外，名字约定要一致。例如，可以使用 Create 前缀统一标记 Factory 方法。

（7）实现执行模式中责任和协作的操作。实现部分提供线索来指导实现，代码示例部分的例子也能提供指导。

上面所讲述的方法对于使用模式的初学者会起到指导作用。值得注意的是，设计模式不能随意使用。通常，当通过引入额外的间接层次获得灵活性和可变性的同时，也使设计变得更复杂，或者失去了一定的性能。只有当一个设计模式所提供的灵活性是真正需要的时候，才有必要使用。

第 7 章 软 件 实 现

作为软件工程过程的一个阶段,软件实现是软件设计的继续。然而,在实现中所遇到的问题,例如,编程语言的特性和程序设计风格会深刻地影响软件的质量和可维护性。本章不是具体介绍如何编写程序,而是从软件工程这个更广泛的视角来讨论与编程语言及程序编码有关的问题。

7.1 软件实现的过程与任务

软件实现阶段也称为程序编码阶段,通常包括编程实现和单元测试。本章只讲编程实现。由于编程语言和相应工具发展很快,尤其是面向对象语言和数据库语言功能强大,以及类库、构件库和中间件的出现,不但使得编程效率大大提高,而且使得编程人员价值逐步上升。

软件实现是软件产品由概念到实体的一个关键过程,它将详细设计的结果翻译成用某种程序设计语言编写并且最终可以运行的程序代码。虽然软件的质量取决于软件设计,但是规范的程序设计风格将会对后期的软件维护带来不可忽视的影响。

软件实现的过程如图 7.1 所示,包括代码设计、代码审查、代码编写、代码编译、单元测试和代码调试等基本活动。首先,开发人员需要正确理解用户需求和软件设计模型,补充一些遗漏的详细设计,进一步设计程序代码的结构,并自行检查设计结果;其次,根据程序设计结果和编码规范等编写代码;在单元测试过程,检查和记录程序代码中可能的缺陷和错误,通过程序调试,对缺陷和错误定位和改正。

图 7.1 软件实现的过程

程序编码活动的依据是软件详细设计说明,它给出程序模块的实现逻辑和处理规则,还有为实现模块功能所需的算法和算法分析的结果,以及为配合算法实现所必需的局部数据结构。程序编码活动的工作制品是源程序、目标程序和用户指南。根据系统的类型,程序编码可采用不同范型的编程语言来实现。

软件实现与软件设计、软件测试密不可分。软件设计为软件实现提供输入,软件实现的输出是软件测试的输入。尽管软件设计和软件测试是独立的过程,但软件实现本身也涉及设计和测试工作,它们之间的界限视具体项目而定。软件实现还会产生大量的软件配置项,如源文件、测试用例等,因此软件实现过程还涉及配置管理。

按照现代软件开发过程的要求,软件需求分析、设计、实现、测试等活动贯穿于每一个软件开发周期,多个开发周期交叠实施,构成一个完整的开发过程。因此软件实现与其他软件工程活动交织在一起,不能完全孤立地执行。

在软件实现工作中,有几个问题需要注意。

1. 建立组织的软件开发资产库

软件开发财富库不止一种，主要职能是归档和管理新增函数的实现及函数库，新增存储过程的实现及存储过程库，新增类的实现及类库，新增构件的实现及构件库，新增中间件的实现及中间件库。

如果一个软件组织处在初创时期，函数库、类库、构件库都是空白，那么就只能利用编程语言自带的函数和基础类库，从头开始，一边对系统进行编程实现，一边在实践中积累函数、类和构件，逐步建立自己的函数库、类库和构件库，为日后的开发积累资产。

2. 构件的实现及构件库的管理

所谓构件，就是被标识且可被复用的软件制品。在程序编码阶段所关心的构件，通常是程序代码级的构件。这种构件在技术上的三个流派是 Sun 的 Java 平台、Microsoft 的 COM+平台、IBM 的 CORBA 平台。

构件具有接口标准、通信协议、同步和异步操作。可执行的构件独立于编程语言，具有版本兼容性。构件库是组织管理构件的仓库，它提供构件的入库、出库、查询功能。

构件有两种级别：可执行文件级和源代码级。可执行文件级别上的构件是已通过编译的构件，因而与语言无关。源代码级别上的构件实际上只是构件模板，可以用多种语言实现，当然与语言有关。构件还可以分成可见构件和非可见构件。可见构件是在屏幕上看得见、拖得动、可修改的控件，非可见构件是在系统内部运行的构件。在详细设计说明书中已对新增构件的功能和算法进行了详述，此处只要将详细设计翻译为源程序即可。

对于一个软件组织，新增构件的实现及构件库的管理是软件实现的重要内容。构件库管理系统用于构件存储、构件检索、构件浏览和构件管理。因此，构件库管理系统的主要功能是：构件的分类入库与存储，按用户需求在构件库中浏览或检索构件，对不再使用的构件予以删除，对构件使用情况进行统计与评价。

3. 中间件的实现及中间件的管理

中间件一般在网络上运行，完成批量数据的传递和通信工作。调用方式是通过一组事先约定的格式与参数进行的。常见的中间件为文件传输中间件，如 IBM 公司的消息队列中间件 MQ，在网络结点之间进行点对点的数据通信和传输。在详细设计说明书中已对新增中间件的功能和算法进行了详述，此处只要将详细设计翻译为源程序即可。

4. 程序设计风格与编程规范的管理

在一些人眼里，今天的软件编程似乎已成为简单的事情：已有了不少很好的编程工具和软件库，软件编程人员训练有素，都强烈渴望去编写最酷的软件。但是，作为一个团队，没有一套程序设计风格和编程规范是控制不了局势的。为了提高编程实现的质量，不仅需要有良好的程序设计风格，而且需要有大家一致遵守的编程规范。

上述 4 个方面的内容及管理规程都是软件组织需要做的工作。通过日积月累，这些管理规程和管理内容就会成为软件组织的巨大资产。

7.2 程序设计方法概述

为了保证程序编码的质量，程序员必须深刻地理解、熟练地掌握并正确地运用编程语言的特性。只有语法上没有错误的程序才能通过编译系统的语法检查。然而，软件工程项目对代码编写的要求,绝不仅仅是源程序语法上的正确性,也不只是源程序中没有各种错误,此外,还要求源程序具有良好的结构性和良好的程序设计风格。

7.2.1 结构化程序设计

结构化程序设计技术主要包括两个方面:
- 在程序设计过程中,尽量采用自顶向下和逐步细化的原则,一步步展开。
- 在编写程序时,强调使用几种基本控制结构,通过组合嵌套,形成程序的控制结构。尽可能避免使用会使程序质量受到影响的 GOTO 语句。

1. 以自顶向下、逐步求精的方式编写程序

关于逐步求精细化的方法,N. Wirth 说:"我们对付一个复杂问题的最重要的方法就是抽象。因此,对于一个复杂的问题,不要急于马上用计算机指令、数字和逻辑符号来表示它,而应当先用较自然的抽象的语句来表示,从而得到抽象的程序。抽象程序对抽象的数据类型进行某些特定的运算,并用一些合适的记号(可以是自然语言)来表示。下一步对抽象程序再做分解,进入下一个抽象的层次。这样的细化过程一直进行下去,直到程序能被计算机接受为止。此时的程序已经是用某种高级语言或机器指令书写的了。"

在程序实现上,采取自顶向下,逐步细化的方法,把一个模块的功能逐步分解,细化为一系列具体的步骤,进而翻译成一系列用某种编程语言写成的程序,就能够得到清晰的层次结构,使得程序容易阅读和理解。理想情况下,把程序分解成如图 7.2 所示的树形结构。同一层的结点相互间没有关系,它们的细化工作相互独立。在任何一步发生错误,一般只影响它下层的结点,同一层其他结点不受影响。而且,每一步工作仅在上层结点的基础上做不多的设计扩展,这样有利于编程、检查、测试、集成和修改。

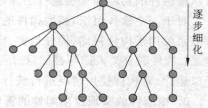

图 7.2 程序的树形结构

例如,要求用筛选法求 100 以内的素数。所谓的筛选法,就是从 2 到 100 中去掉 2,3,…,9,10 的倍数,剩下的就是 100 以内的素数。

为了解决这个问题,可先按程序功能写出一个框架。

```
main() {
    建立 2 到 100 的数组 A[],其中 A[i]=I;------------------------1
    建立 2 到 10 的素数表 B[],其中存放 2 到 10 以内的素数;-------------2
    若 A[i]=i 是 B[]中任一数的倍数,则剔除 A[i];--------------------3
    输出 A[]中所有没有被剔除的数;----------------------------4
}
```

上述框架中每一个加工语句都可进一步细化成一个循环语句。

```
main(){
/*建立 2 到 100 的数组 A[],其中 A[i]=i*/ -----------------------1
    for(i=2;i<=100;i++)A[i]=i;
    /*建立 2 到 10 的素数表 B[],其中存放 2 到 10 以内的素数*/ --------2
```

```
    B[1]=2;B[2]=3;B[3]=5;B[4]=7;
    /*若 A[i]=i 是 B[]中任一数的倍数,则剔除 A[i]*/    ---------------3
    for(j=1;j<=4;j++)
      检查 A[]所有的数能否被 B[j]整除并将能被整除的数从 A[]中剔除;------3.1
    /*输出 A[]中所有没有被剔除的数*/------------------------4
    for(i=2;i<=100;i++)
      /*若 A[i]没有被剔除,则输出之*/------------------------4.1
}
```

继续对 3.1 和 4.1 细化下去,直到最后每一个语句都能直接用编程语言来表示为止。

```
main(){
    /*建立 2 到 100 的数组 A[],其中 A[i]=i*/
    for(i=2;i<=100;i++)A[i]=i;
    /*建立 2 到 10 的素数表 B[],其中存放 2 到 10 以内的素数*/
    B[1]=2;B[2]=3;B[3]=5;B[4]=7;
    /*若 A[i]=i 是 B[]中任一数的倍数,则剔除 A[i]*/
    for(j=1;j<=4;j++)
    for(i=2;i<=100;i++)
        if(A[i]/B[j]*B[j]==A[i])A[i]=0;
    /*输出 A[]中所有没有被剔除的数*/
    for(i=2;i<=100;i++)
      /*若 A[i]没有被剔除,则输出之*/
      if(A[i]!=0)printf("A[%d]=%d\n",i,A[i]);
}
```

自顶向下,逐步求精方法符合人们解决复杂问题的普遍规律。用先全局后局部,先整体后细节,先抽象后具体的逐步求精的过程开发,成功率和生产率都很高。

2. 使用基本控制结构构造程序

结构化程序设计(Structured Programming)的主要原则有:

(1) 使用语言中的顺序、选择、重复等有限的基本控制结构表示程序逻辑。

(2) 选用的控制结构只准许有一个入口和一个出口。

(3) 程序语句组成容易识别的块(Block),每块只有一个入口和一个出口。

(4) 复杂结构应该用基本控制结构进行组合嵌套来实现。

(5) 语言中没有的控制结构,可用一段等价的程序段模拟,但要求该程序段在整个系统中应前后一致。

(6) 严格控制 GOTO 语句,仅在下列情形才可使用:

- 用一个非结构化的编程语言去实现一个结构化的构造。
- 可以改善而不是损害程序可读性。

图 7.3 是使用 FORTRAN Ⅳ语言编写的一个打印 A,B,C 三数中最小者的程序的流程图。其中出现了

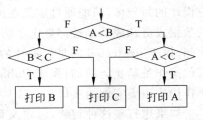

图 7.3 打印 A,B,C 三数中最小者

6个 GOTO 语句,一个向后跳转,5个向前跳转,程序可读性很差。

```
    if(A .LT. B)goto 120
    if(B .LT. C)goto 110
100 write(6,*)C
    goto 140
110 write(6,*)B
    goto 140
120 if(A .LT. C)goto 130
    goto 100
130 write(6,*)A
140     continue
```

如果使用在 FORTRAN 77 中提供的 if-then-else 结构化构造,则上述程序段可改成如下形式。

```
if(A .LT. B .AND. A .LT. C)then
    write(6,*)A
else if(A .GE. B .AND. B .LT. C)then
    write(6,*)B
    else
    write(6,*)C
    endif
endif
```

这种程序结构清晰,可读性好。

7.2.2　面向对象的程序设计方法

面向对象的程序设计方法属于面向对象范型。面向对象的程序设计与传统的结构化程序设计属于两种不同的编程文化。在传统的程序设计中把模块看成是黑箱,它接受给定的输入,进行需要的处理,最后产生规定的输出。这种模块是面向处理的,通常数据和处理是分开的,是用户习惯或者熟悉的方法。而在面向对象的程序设计中,数据和操作数据的算法不再分离,它们被封装在一起,即构成一个对象,其他的对象可以使用这个对象所提供的服务。面向对象程序设计方法的特点是封装、泛化、多态、协同和复用。

1. 封装

对象是构成面向对象软件系统的基本实体。按照抽象数据类型的要求,它是数据和相应操作的封装体,只能通过定义在接口上的操作访问。例如,用 C++ 定义的类的实例,所有的数据成员和成员函数都规定了访问权限。属于 Private 的是私有的,只有该类的实例才能访问;属于 Protected 的是保护性的,只有该类的实例和子类的实例才能访问,对于外界的其他操作是禁止访问的;属于 Public 的才是共有的,可供任何外界的操作访问,在其属下的操作构成该类实例的接口。

如果想打破这种封装,可定义该类的友元类和友元函数,直接使用该类的所有数据和操作。

2. 泛化

泛化关系给出了一种类之间的共享关系。子类可以共享父类的 Public 和 Protected 数据和操作。从另一个角度看,子类可以是父类的一种实现方式。例如,

```
class LinearList {                                    //线性表的抽象基类
public:
    LinearList();                                     //构造函数
    virtual int Search(int& x)const=0;                //在表中搜索给定值 x
    virtual int * getData(int i)const=0;              //取第 i 个表项的值
    virtual void setData(int i, int& x)=0;            //修改第 i 个表项的值为 x
    ...
};
```

线性表抽象基类只列出了外界可使用的操作,但没有给出这些操作的实现,它的实现放在子类中。抽象基类可以看做是某对象的使用接口,而对象的实现由其具体子类负责。例如,线性表有两种实现方式:顺序表和链表。因此,可以设计线性表的 SeqList 具体子类作为它的实现。

```
class SeqList: public LinearList {                    //顺序表
protected:
    int * data;                                       //存放数组
    int maxSize;                                      //最大可容纳表项的项数
    int n;                                            //当前已存表项的项数
public:
    SeqList(int sz=defaultSize);                      //构造函数
    SeqList(SeqList& L);                              //复制构造函数
    int Search(int& x)const;                          //搜索 x 在表中位置
    int * getData(int i)const                         //取第 i 个表项的值
        { return(i>0 && i<=n)? &data[i-1]: NULL; }
    void setData(int i, int& x)                       //用 x 修改第 i 个表项的值
        { if(i>0 && i<=n)data[i-1]=x; }
    ...
};
```

链表可以由链表结点类和链表类来表示,一种实现方式是采用继承方式,这是因为子类可以共享父类的特性,因此让链表类 List 的操作直接访问链表结点类 ListNode 的属性。

```
class LinkNode {                                      //链表结点类
protected:
    int data;
    LinkNode * link;
};
```

3. 多态

多态是面向对象程序设计的一个亮点。多态有几种不同形式,Cardelli 和 Wegner 把它

分为4类：一般的多态包括参数多态和包含多态，特殊的多态包括过载多态和强制多态。

参数多态是指把数据类型作为对象或函数的参数，比如T，对象和函数在使用时再代入适用的具体数据类型，并在所有的T处代换以真实的数据类型，在C++中称为模板。例如，定义一个顺序表的每一元素的数据类型为T，把它作为顺序表类 SeqList 的参数放在以关键字 class 为先导的一对尖括号中：

```
template<class T>                        //数据类型参数为 T
class SeqList: public LinearList<T> {
    …
};
```

在使用程序中，也用一对尖括号代入实际数据类型：

```
void main(){
    …
    SeqList<int>L;              //定义一个顺序表对象 L,其数据类型为 int
    …
};
```

包含多态是通过继承，让某个或某些类型成为一个类型的子类型。例如，一个多边形类型的子类型可以是三角形、四边形、六边形等。对于一个特定的多边形，比如四边形，系统可以自动寻找多边形的一个对应的子类型，并以该子类型的操作代替多边形的同名操作来工作。

过载多态也叫做重载多态，即一个操作针对不同的操作对象有不同的实现。例如，操作"++"可以是使整数加一，也可以是让指针值加一。但对于链表，必须通过 p＝p－＞next 让指针进到下一链表结点。我们可以定义一个链表的过载函数"++"实现这一功能。若设链表指针类型为 typedef ListNode * ListPtr,则有

```
void ListPtr::operator++(){
    this= this->next;
};
```

强制多态是通过强制类型转换来实现多态。

4. 协同

协同是指一组对象通过它们之间的协作来完成一个任务。这组对象间的协作包含了一个消息序列，亦称线程。在使用消息传递时需要仔细考虑每个消息中操作执行的前置条件和后置条件。例如，使用队列时，在进队列前要先保证队列非满，在出队列前要保证队列非空。但这样做，从概念上讲，你必须了解消息接收者对象的细节，有悖于实现与使用相分离的信息隐蔽原则。

5. 复用

利用现成类来实现类，有4种方式：选择、分解、配置和演变。这是面向对象程序设计技术的一个重要优点。许多类的实现都是基于现成类的复用。

(1) 选择：实现类最简单的方法是从现成构件中简单地选择合乎需要的构件。这也是

开发软件库的目的。一个 OO 开发环境应提供常用构件库。大多数语言环境都带有一个原始构件库(如整数、实数和字符),它是基础层。任一基本构件库(如"基本数据结构"构件)都应建立在这些原始层上。这些都是一般的和可复用的类。这个层还包括一组提供其他应用领域服务的一般类,如窗口系统和图形图元。表 7.1 显示了建立在这些层上面的特定领域的库。最低层的领域库包括了应用领域的基础概念并支持广泛的应用开发。特定项目和特定组的库包括一些领域库,它包含为相应层所定义的信息。

表 7.1 一个面向对象构件库的层次

构件的层次	来源
特定组的构件	一个小组为他们自己组内所有成员使用而开发
特定项目的构件	一个小组为某一个项目而开发
特定问题领域的构件	购自某一个特定领域的软件销售商
一般构件	购自专门提供构件的销售商
特定语言原操作	购自一个编译器的销售商

(2) 分解:最初标识的"类"常常是几个概念的组合。在设计时,可能会发现所标识的操作落在分散的几个概念中,或者会发现,数据属性被分开放到模型中因拆散概念而形成的几个组内。这样我们必须把一个类分成几个类,希望新标识的类容易实现,或者它们已经存在。

(3) 配置:在实现类时,可能会要求由现成类的实例提供类的某些特性,通过把相应类的实例声明为新类的属性来配置新类。例如,一种仿真服务器可能要求使用一个计时器来跟踪服务时间。设计者不必开发在这个行为中所需的数据和操作,而是应当找到计时器类,并在服务器类的定义中声明它。

(4) 演变:要开发的新类可能与一个现成类非常类似,但不完全相同。此时,不适宜采用"选择"操作,但可以从一个现成类演变成一个新类,可以利用泛化机制来表示一般—特殊的关系。特殊化处理有三种可能的方式。

a) 由现成类建立子类。例如,现要建立一个新类"起重车",它的许多属性和服务都在现成类"汽车"中,关系如图 7.4(a) 所示。新类是现成类的特殊情形。这时直接让"起重车"类作为"汽车"类的派生类即可,如图 7.4(b) 所示。

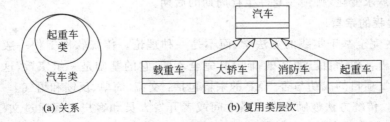

图 7.4 从已有的基类建立派生(子)类

b) 由现成类建立新类。假设已经有"汽车"类,现要增加一个新类"拖拉机"。它的属性与服务有的与"汽车"类相同,有的与"汽车"类不同,关系如图 7.5(a) 所示。这时,调整继承结构，建立一个新的抽象基类"车辆"，把"拖拉机"与"汽车"类的共性放到"车辆"类中，"拖拉机"与"汽车"类都成为"车辆"类的派生类，如图 7.5(b) 所示。"拖拉机"类相关的操作可调用"车辆"类定义的操作。由于"车辆"是抽象类，故系统可自动到"汽车"类去找。

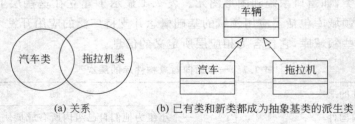

图 7.5　建立抽象基类继承部分现成类的特性

c) 建立现成类的父类。若想在现成类的基础上加入新类，使得新类成为现成类的一般类。例如，已经存在"三角形"类和"四边形"类，想加入一个"多边形"类，并使之成为"三角形"和"四边形"类的一般类，如图 7.6(a) 所示。继承结构如图 7.6(b) 所示。

图 7.6　建立一般类

后两种涉及现成类的修改。在这两种情况下，现成类中定义的操作或数据被移到新类中。如果遵循信息隐蔽和数据抽象的原则，这种移动应不影响已有使用这些类的应用。类的界面应保持一致，虽然某些操作是通过继承而不是通过类的定义延伸到这个类的。

7.2.3　极限编程

极限编程 XP（Extreme Programming）是一种原型程序设计方法，是一种开发纪律。XP 是以开发符合客户需要的软件为目标而产生的一种方法学，它使开发人员能够更有效地响应客户的需求变化，哪怕在软件生存周期的后期。

1. 极限编程的宗旨

XP 是一种完全基于实践的方法学，而不是一种理论。传统软件工程一般是以某种过程模型或建模语言作为自己的基础，而 XP 完全不同，它的基础是一组宗旨，这些宗旨决定这一个软件开发项目的成功与否。XP 的宗旨包括：交流、简单、反馈和勇气。

（1）交流。传统方法鼓励开发人员之间或者开发人员和客户之间通过文档进行交流。然而实践证明，即使用大量的文档作为保证，但由于双方对于文档的理解有差别，各种问题还是经常出现。极端的情况是，一份满是 UML 用例图的需求分析文档可能会让客户彻底丧失和你进行交流的信心，从而无法给你正确的反馈。

XP 认为没有什么比人与人之间直接进行面对面交流更好的了。文档只是交流的方式之一，而且是效率相当低下的一种方式。用交流代替大量的文档，能够简化开发人员的工作。在开发过程中随时和他人交流，在项目进展中随时和客户交流（直接交流而不是提交报告），有利于实现"快速反馈"。同样，XP所倡导的"结对编程"也是以"交流"为基础的。XP主张利用白板或者电话等来实现最直接的交流，而非通过文档。

（2）简单。XP的目标是要以最简单的方式达到成功。XP主张不要过分构建系统，不要过分为明天可能发生的需求而让今天的系统变得复杂，当这种额外的需求在明天真的出现的时候，可以再把新的特性添加进来。XP反对杞人忧天的做法，力求以最节省的方式达到今天的目标。毕竟，对于未来的担心并不一定会成为现实，只要今天的工作做的足够简单漂亮，今后也一定能够通过代码重构来进行改进。

"交流"和"简单"是互相支持的。通过充分的和客户、同事交流，能够更加明确哪些是需要的，哪些可以以后再说，从而保证了今天系统的尽量"简单"。反过来，系统越简单，需要进行的交流也就越少，交流也就会更全面。

（3）反馈。XP希望反馈要快速，越快越好，越早得到反馈，改正的代价就越小。XP要求"结对编程"，这样在设计和编码中的问题就会立刻得到同伴的反馈；XP要求"测试优先"，在编写代码之前首先编写测试代码，能够让你从问题的另一个角度给自己反馈；XP提倡"现场客户"，让真实的用户（代表）和开发人员尽可能多地呆在一起工作，这样他们能够随时对不明确的需求以及阶段的工作成果进行反馈，以避免开发偏离需求。

（4）勇气。在实践中采用XP需要很大的勇气。首先，XP在采纳的原则和对待软件工程中一些关键问题的方法（例如文档、模型等）都与传统方法很不相同，因此要坚持按照XP的原则进行开发，必然需要巨大的勇气来顶住来自各方的压力，尤其是在项目遇到挫折的时候。其次，XP要求开发团队有勇气拥抱变化。需求的变化，尤其是在项目演化晚期产生的需求变化，一直被认为是相当危险的情况，可能会带来成本的急剧上升和士气的下降。而XP不抵触用户需求的变化，并且积极的去迎合用户新的需求，即使这种新的需求出现在项目晚期。最后，XP要求开发人员有放弃的勇气。当一个部分的程序工作情况不理想或者设计上过于复杂的话，与其花费精力进行修修补补，不如遵从XP的建议——从头来过，编写清晰简单的代码。

2. 极限编程的重要原则

在宗旨的基础之上，XP提出了一系列的实践原则。

（1）轻装前进。这是XP最重要的一个原则。XP主张尽量抛弃不必要的包袱，例如只在必要的时候编写文档，采用轻量级的建模方法进行建模，随时抛弃临时的模型，以及保证设计的尽量简单等。采纳"轻装前进"原则是实践其他原则的重要前提。

（2）结对编程。简单地说，"结对编程"就是要求两个人用一台计算机编程。前面说过，"结对编程"能够在第一时间得到反馈（两个人的相互反馈）。"结对编程"对提高效率同样也很有帮助。Bruce Eckel说过：一个人写程序很容易陷入困境，而两个人则好得多，一个在思考问题的时候，另外一个可以进行编码；如果两个人同时陷入了困境，那么你们两个发呆的样子会引起工作室中其他人的注意。

虽然"结对编程"看起来似乎会导致进展缓慢，但是实践表明，两个人一起工作产生的代码质量更高，更容易产生简单清晰的结果，实际上反而获得了更快的速度。

（3）测试优先。XP主张在编写功能模块代码之前，首先编写测试代码。这样安排顺序能够帮助开发人员更好地完善设计工作。程序员不断地编写单元测试,在这些测试能够正确无误运行的情况下,开发才可以继续。客户编写测试来证明各功能已经完成(当然,客户一般不会亲自编写测试代码,可以让客户设计测试,由测试人员实现;或者开发人员可以提供可配置的测试工具,由用户提供测试数据并亲自运行测试程序)。

(4) 重构。重构是指程序员在不更改系统行为的前提下,重新构造现有系统,从而去除重复、改善沟通、简化或者提高代码的灵活性。

(5) 持续集成。每天多次集成和生成系统,每次都完成一项任务。

(6) 集体所有权。任何人在任何时候都可以在系统中的任何位置更改任何代码,尽管目前多数开发团队都采用版本管理工具来对协同开发进行管理。XP 提倡"集体所有权"是以"小增量迭代"和"持续集成"作为有力保证的。

(7) 小版本。将一个简单的系统迅速投产,然后以很短的周期发布新版本。

(8) 现场客户。在团队中加入一位真正的、起作用的用户,他将全职负责回答问题。客户的积极参与对于 XP 的实施有着极为重要的意义。

3. 极限编程的生存周期

极限编程是一种软件过程方法,因此存在生存周期。极限编程的生存周期可以分为"探索阶段"、"计划阶段"、"迭代到发布阶段"、"产品化阶段"和"维护阶段",如图 7.7 所示。虽然在这里使用"阶段"这个词汇,但是并不意味着每个"阶段"都是不能重复的。事实上,XP 生存周期中的每个阶段都有可能在必要的时候重复发生。划分为五个阶段,只是为了说明某一段时间内工作的重点是不同的。

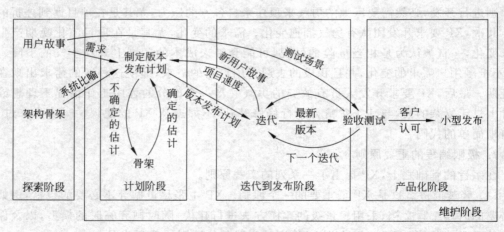

图 7.7 极限编程的生存周期

(1) 探索阶段。探索阶段包括架构骨架和初始用户故事的开发工作。用户故事(又称用户素材)是 XP 的一个术语,其含义与用例类似,但是用户故事远比用例要简单易懂,更适合客户来参与制作。初始的用户故事集合中应当包含尽可能多的信息,以保证项目的早期发布就能够具有较高的质量。用户故事是 XP 方法中的一个主要的驱动因素,它提供了对系统高层次的需求,是制定计划的主要依据。

(2) 计划阶段。计划阶段的目的是就最小和最有价值的用户故事实现的具体时间与客户达成一致,这体现了 XP 的"简单"的价值观和对"小增量迭代"原则的遵循。在计划阶段中,开发人员应当和客户一起工作,挑选出需要在下一个发布中包含的功能(即实现的用户故事)。此外,开发团队还必须对实现每个用户故事所需要的时间进行估计,估算出完成发布所需要进行的迭代次数和时间。

(3) 迭代到发布阶段。迭代到发布阶段包括了 XP 项目中的主要工作,包括建模、编码、测试和集成等。在每一次迭代中,可能会有新的用户故事被添加进来,同时,上一次迭代的遗留问题也会作为本次迭代的任务出现。在制定迭代计划时,应当根据上一次迭代的项目速度来调整进度和工作分配。一个 XP 迭代的生存周期如图 7.8 所示。

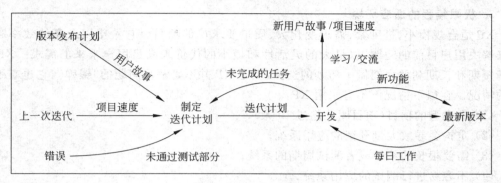

图 7.8　迭代的生存周期

(4) 产品化阶段。XP 的产品化阶段的中心是确定软件产品已经通过了大规模、高强度的测试,准备好进入产品化。在这个阶段中,会降低软件的演化速度。软件的演化过程并没有停止,只是对于某个功能是否应该被加入到下一个发布中需要慎重考虑。在开发形式上,产品化阶段和迭代开发阶段基本相同,只不过软件产品已经不仅仅是呆在开发的沙箱之中,而是已经投入到实际的生产之中去了。

由于软件产品需要投入生产,一些必要的文档在这一阶段可能必须要制作,包括:系统文档(系统的高层次总览)、操作文档、支持文档(培训)和用户文档等。

(5) 维护阶段。即使在项目进入了维护阶段,软件产品仍然处于演化之中。

4. 极限编程的特点

极限编程与传统意义上的软件工程不同,有如下特点:

(1) 采用原型法。

(2) 在软件设计中,强调简单性,就是坚决不制作用不到的通用功能。

(3) 不刻意避免重新编码,不害怕对整个软件推倒重做。

(4) 在专业分工中,提出在开发团队中要有全职的客户人员的参与,同时在软件团队中也要有自己的领域专家。

(5) 有专门的软件架构的设计师,首先进行软件整体架构的设计。

(6) 在软件开发的顺序上,和传统方法完全相反,XP 是按照交付客户、测试、编码、设计的顺序来开发。

(7) 在项目计划的实现上,每次的计划都是技术人员对客户提出时间表,由最后的开发人员对项目经理提出编码的时间表。这种计划都是从下而上的,不是从上到下的,更容易保证计划的按时完成。同时,多个迭代周期也使工期的估计越来越精确。

(8) 在分工上,强调角色轮换,项目的集体负责,分工的自愿性。

(9) 提出了结对编程的思路,就是每个模块的编码都是两个人一起干,共用一台计算机。

(10) 人员的分工上要灵活,要保证软件开发中的角色的齐全,但每个角色可以由几个人共同担任,也可以一个人担任几个角色,并且在项目的不同时期,不同角色的人员数量会不断变化。

(11) 每天或隔天,开一个站立会议(保证开会时间尽量短),来解决工作时间不一致和相互打扰的情况。在每个迭代周期也有一个计划和分工等的全体大会。

5. 极限编程的适应环境

XP 适合规模小、进度紧、需求变化大、质量要求严的项目。它希望以最高的效率和质量来解决用户目前的问题,以最大的灵活性和最小的代价来满足用户未来的需求。XP 在平衡短期和长期利益之间做了巧妙的选择,但是 XP 并不是解决问题的"银弹",它也有不适合的情况。在以下情况下不宜采用 XP:

(1) 中大型的项目(项目团队超过 10 人);

(2) 重构会导致大量开销的应用系统;

(3) 需要很长的编译或者测试周期的系统;

(4) 不容易进行测试的应用系统;

(5) 团队人员异地分布的项目;

(6) 不能接受 XP 文化的组织和团队。

7.3 编程风格与编码标准

程序设计风格或编程风格是指编程应遵循的原则。在软件生存周期中需要经常阅读程序,特别是在软件测试阶段和维护阶段,程序员和参与测试、维护的人员都要反复阅读程序。阅读程序是软件开发和维护过程的一个重要组成部分,往往阅读程序的时间比编写程序的时间还要多。因此,在编写程序时,应该使程序具有良好的风格。提高程序的可读性也就显得更为重要。20 世纪 70 年代以来,编码的目标从强调效率转变为强调清晰。人们逐步意识到,良好的编码风格能在一定程度上弥补语言存在的缺陷,而如果不注意编码风格就很难写出高质量的程序。尤其当多个程序员合作编写一个很大的程序时,更需要强调良好而一致的编码风格,以便相互沟通,减少因不协调而引起的问题。

现在有不少软件企业提出了编程规范,一些流行的编程语言也有了自己的编码标准,目的都是为了改进程序代码的编程风格,提高程序编写的质量。

7.3.1 源程序文档化

虽然编码的目的是产生程序,但是为了提高程序的可维护性,源代码也需要实现文档化,称之为内部文档编制。源程序文档化包括选择标识符(变量和标号)的名字、安排注释及程序的视觉组织等。

1. 符号名的命名

符号名即标识符,包括模块名、变量名、常量名、标号名、子程序名以及数据区名、缓冲区名等。这些名字应能反映它所代表的实际对象,应有一定实际意义,使其能够见名知意,并且进而有助于对程序功能的理解。例如，表示次数的量用 Times，表示总量的用 Total，表示平均值的用 Average，表示和的量用 Sum 等。为达此目的，就不应限制名字的长度。下面是三种不同的程序设计语言对同一变量的命名。

    New. Balance. Account. Payable   (Pascal)
    NBALAP   (FORTRAN)
    N   (BASIC)

  第一个是 Pascal 语言中的命名，它给变量赋予一个明确的意义，在读程序时对它的用途可一目了然。第二个是 FORTRAN 77 语言中的命名，由于许多 FORTRAN 语言的版本规定其编译器只能识别名字的前 6 个字符，所以把变量名进行了缩写。它虽然提供了较多的信息，但由于一个字符代替了一个词的意思，一旦程序员误操作，意思可能就完全变了。第三个是 BASIC 语言中的命名，由于变量名过于简单，使得该名字的含义不清。

  名字不是越长越好，过长的名字会增加工作量，给程序员或操作员造成不稳定的情绪，会使程序的逻辑流程变得模糊，给修改带来困难。所以应当选择精练、意义明确的名字，才能简化程序语句，改善对程序功能的理解。必要时可使用缩写名字，但这时要注意缩写规则要一致，并且要给每一个名字加注释。同时，在一个程序中，一个变量名只应用于一种用途，就是说，在同一个程序中一个变量名不能身兼几种工作。例如在一个程序中定义了一个变量 temp，它在程序的前半段代表"温度(Temperature)"，在程序的后半段则代表"临时变量(Temporary)"，这样就会给读者阅读程序造成混乱。

2. 程序的注释

  夹在程序中的注释是程序员与日后的程序读者之间通信的重要手段。正确的注释能够帮助读者理解程序，为后续阶段进行测试和维护提供明确的指导。因此注释决不是可有可无的，大多数编程语言允许使用自然语言来写注释，这就给阅读程序带来很大的方便。一些正规的程序文本中，注释行的数量占到整个源程序的 1/3 到 1/2，甚至更多。

  注释分为序言性注释和功能性注释。

  序言性注释通常置于每个程序模块的开头部分，它应当给出程序的整体说明，对于理解程序本身具有引导作用。有些软件开发部门对序言性注释做了明确而严格的规定，要求程序编制者逐项列出。有关项目包括：程序标题；有关本模块功能和目的的说明；主要算法；接口说明，包括调用形式、参数描述、子程序清单；有关数据描述，重要的变量及其用途，约束或限制条件，以及其他有关信息；模块位置在哪一个源文件中，或隶属于哪一个软件包；开发简历，包括模块设计者、复审者、复审日期、修改日期及有关说明等。

  功能性注释嵌在源程序体中，用以描述其后的语句或程序段是在做什么工作，也就是解释下面要"做什么"，或是执行了下面的语句会怎么样，而不要解释下面怎么做，因为解释怎么做常常是与程序本身重复的，并且对于阅读者理解程序没有什么帮助。例如，

```
/* Add Amount to Total */
Total=Amount+Total
```

这样的注释行仅仅重复了后面的语句，对于理解它的工作并没有什么作用。如果注明把月销售额计入年度总额，便使读者理解了下面语句的意图：

```
/* Add Monthly-sales to Annual-Total */
Total=Amount+Total
```

书写功能性注释,要注意以下几点:

(1) 用于描述一段程序,而不是每一个语句;

(2) 用缩进和空行,使程序与注释容易区别;

(3) 注释要正确。

有合适的、有助于记忆的标识符和恰当的注释,就能得到比较好的源程序内部的文档。有关设计的说明,也可作为注释,嵌入源程序体内。

3. 视觉组织

(1) 用空格区分程序词汇。一个程序如果写得密密麻麻,分不出层次来常常是很难看懂的。恰当地利用空格,可突出运算的优先级,避免发生运算的错误。例如,将表达式

```
(A<-17)ANDNOT(B<=49)ORC
```

写成

```
(A<-17) AND NOT(B<=49)OR C
```

就更清楚。

(2) 自然的程序段之间可用空行隔开。

(3) 利用移行突出程序的层次感。移行也叫做向右缩格,它是指程序的各行不必都在左端对齐,因为这样做使程序完全分不清层次关系。因此,对于选择语句和循环语句,把其中的程序段语句向右做阶梯式移行,这样可使程序的逻辑结构更加清晰,层次更加分明。例如,两重选择结构嵌套,写成下面的移行形式,层次就清楚得多。

```
if   (…)then
    if  (…)then
        …
    else
        …
    endif
    …
else
    …
endif
```

7.3.2 数据说明规范化

虽然在设计阶段,已经确定了数据结构的组织及其复杂性。在编写程序时,则需要注意数据说明的风格。为了使程序中数据说明更易于理解和维护,必须注意以下几点。

(1) 数据说明的次序应当规范化,使数据属性容易查找,有利于测试、排错和维护。

原则上,数据说明的次序与语法无关,其次序是任意的。但出于阅读、理解和维护的需要,最好使其规范化,使说明的先后次序固定。例如,可按如下顺序排列:

① 常量说明

② 简单变量类型说明

③ 数组说明

④ 公用数据块说明

⑤ 所有的文件说明

在各数据说明中还可进一步要求。例如,可按如下顺序排列变量的类型说明:

① 整型量说明

② 实型量说明

③ 字符量说明

④ 逻辑量说明

(2) 当多个变量名用一个语句说明时,应当对这些变量按字母的顺序排列。类似地,带标号的全程数据(例如 FORTRAN 的公用块)也应当按字母的顺序排列。例如,把

```
INTEGER size, length, width, cost, price
```

写成

```
INTEGER cost, length, price, size, width。
```

(3) 如果设计了一个复杂的数据结构,应当使用注释来说明在程序实现时这个数据结构的固有特点。例如对 C 的链表结构和用户自定义的数据类型,都应当在注释中做必要的补充说明。

7.3.3 程序代码结构化

在设计阶段确定了软件处理的逻辑流程,但构造语言程序则是编码阶段的任务。程序代码的构造力求简单、直接,不能为了片面追求效率而使语句复杂化。

(1) 尽量只采用三种基本的控制结构来编写程序。除顺序结构外,使用 if-then-else 控制结构来实现分支选择;使用 repeat-until 或 while-do 来实现循环。

(2) 在一行内只写一条语句,并且采取适当的移行格式,使程序的逻辑和功能变得更加明确。在一行内写多个语句,会使程序可读性变差,因而不可取。

(3) 程序编写首先应当考虑清晰性。不要刻意追求技巧性,使程序编写得过于紧凑。为了提高程序的可读性,减少出错的可能性,提高测试与维护的效率,要求把程序的清晰性放在首位。例如,有一个用 C 语句写出的程序段:

```
a[i]=a[i]+a[j];a[j]=a[i]-a[j];a[i]=a[i]-a[j];
```

阅读此段程序,读者可能不易看懂,有时还需用实际数据试验一下。如果我们给 a[i] 赋值 3,给 a[j] 赋值 5,在运算后发现 a[i] 中变成了 5,a[j] 中变成了 3。这段程序就是交换 a[i] 和 a[j] 中的内容,目的是为了节省一个工作单元。如果改为:

```
work=a[j];a[j]=a[i];a[i]=work;
```

就能让读者一目了然了。

(4) 程序编写要简单、清楚,直截了当地说明程序员的用意。例如,下面是由 C 语句组成的程序段:

```
int i,j;
for(i=0;i<=n-1;i=i+1)
    for(j=0;j<=n-1;j=j+1)
        a[i][j]=(i/j)*(j/i);
```

事实上,这是一个有双重循环的程序段,得到的结果是一个 n×n 的二维数组。在 C 语言中,除法运算(/)在除数和被除数都是整数时,其结果只取整数部分。因此,当 i<j 时,i/j 为 0;当 j<i 时,j/i 为 0。得到的数组元素 a[i][j]=(i/j)*(j/i) 当 i≠j 时为 0,当 i=j 时为 1。这样得到的矩阵 a 是一个单位矩阵。这个程序构思巧妙,但不易理解,读者可能要花很大的力气才能弄清程序编制者的真正意图,这无疑给软件的维护带来很大困难。如果我们写成以下形式,就能让读者直接了解程序编写者的意图了。

```
int i,j;
for(i=0;i<=n-1;i=i+1)
    for(j=0;j<=n-1;j=j+1)
        if(i==j)a[i][j]=1;
        else a[i][j]=0;
```

(5)除非对效率有特殊的要求,程序编写要做到清晰第一,效率第二。不要为了追求效率而丧失了清晰性。事实上,程序效率的提高主要应通过选择高效的算法来实现。例如,同样的布局算法,执行同样规模的集成电路芯片布局工作,有的算法要 33 个小时,有的算法只要 8 分钟。通过对程序代码的某些语句进行优化,有时可提高一些效率,但与选择好的算法来提高效率相比,在保持程序的清晰性的前提下,宁可选择后者。

(6)首先要保证程序正确,然后才要求提高速度。

(7)让编译程序做简单的优化。

(8)尽可能使用库函数。

(9)避免使用临时变量而使可读性下降。例如,有的程序员为了追求效率,往往喜欢把表达式 x=a[i]+1/a[i] 写成 a1=a[i]; x=a1+1/a1。因为他意识到简单变量的运算比下标变量的运算要快。这样做,虽然效率稍高一些,但引进了临时变量,把一个计算公式拆成了几行,增加了理解的难度。而且将来一些难以预料的修改有可能会更动这几行的顺序,或在其间插入语句,并顺带着(误)改变了这个临时变量的值,容易造成逻辑上的错误。不如在一个算式中表达较为安全、可靠。

(10)尽量用公共过程或子程序去代替重复的功能代码段。要注意,这段代码应具有一个独立的功能,不要只因代码形式一样便将其抽出组成一个公共过程或子程序。这样做的后果就形成了我们不愿见到的巧合内聚,是应避免的。

(11)用调用公共函数去代替重复使用的表达式。

(12)使用括号来清晰地表达算术表达式和逻辑表达式的运算顺序。例如,算术表达式 x=a*b/c*d,可能被人理解为 x=(a*b/c)*d,也可能被人理解为 x=(a*b)/(c*d)。所以最好添加括号,免得误解。

(13)避免不必要的转移。同时,如果能保持程序的可读性,则不必用 GOTO 语句。下面举一例说明。看图 7.9 给出的流程图。

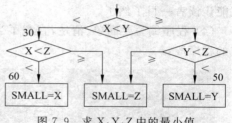

图 7.9 求 X,Y,Z 中的最小值

```
    if(X<Y) goto 30
    if(Y<Z) goto 50
    SMALL=Z
    goto 70
30  if(X<Z) goto 60
    SMALL=Z
    goto 70
50  SMALL=Y
    goto 70
60  SMALL=X
70  end
```

这个程序包含了 6 个 goto 语句，看起来很不好理解。仔细分析可知道它是想让 SMALL 取 X，Y，Z 中的最小值。这样做完全是不必要的。为求最小值，程序只需编写成：

```
SMALL=X
if(Y<SMALL)SMALL=Y
if(Z<SMALL)SMALL=Z
```

所以程序应当简单，不必过于深奥，避免使用 goto 语句绕来绕去。

（14）用逻辑表达式代替分支嵌套。例如，用

```
if(char>='0' and char<='9') …
```

来代替

```
if(char>='0')
    if(char<='9') …
```

（15）避免使用空的 else 语句和 if-then-if 语句。在早期使用 ALGOL 语言时就发现这种结构容易使读者产生误解。例如，写出了这样的 BASIC 语句：

```
if(char>='a')then
if(char<='z')then
print "This is a letter"
else
print "This is not a letter"
```

这里的 else 到底是否定的哪一个 if？语言处理程序约定，else 否定离它最近的那个未带 else 的 if，但是不同的读者可能会产生不同的理解，出现了二义性问题。

（16）避免使用 else goto 和 else return 结构。

（17）使与判定相联系的动作尽可能地紧跟着判定。

（18）避免采用过于复杂的条件测试。例如，广义表标志算法中有一个回溯循环，其循环条件测试表达式用 Pascal 语言描述为：

```
while((r<>nil)and(r↑.tag=0)or((r<>nil)and(r↑.tag=1)and
     (r↑.link2=nil))or((r<>nil)and(r↑.link2<>nil)and
     (r↑.link2↑.mark=1))do…
```

就显得过于复杂了。

(19) 尽量减少使用"否定"条件的条件语句。例如,如果在程序中出现

```
if not((char<'0')or(char>'9'))then …
```

改成

```
if(char>='0')and(char<='9')then…
```

会更直接,不要让读者绕弯子想。

(20) 避免过多的循环嵌套和条件嵌套。

(21) 避免循环的多个出口。看下面计算整数 n 的阶乘 n! 的例子(阶乘名为 factorial)。

```
factorial=1;
maxValue=1.0E+30;
for(int i=1;i<=n;i=i+1){                        //正常出口
    if(factorial>maxValue/i)break;              //非正常出口
    factorial=i*factorial;
}
…
```

这个循环有两个出口,一个是非正常出口:由于阶乘的数值增长非常快,当它超过事先规定的一个大数(maxValue)时就停止循环,否则会产生溢出导致停机;另一个是正常出口,当循环控制变量 i 超过 n 时退出循环。这种处理方式违反了结构化的原则,而且因编译处理的不同,循环控制变量 i 的值在正常退出后不可再引用。特别像 Pascal 这样的语言,在循环以外引用循环变量的值会出错。因此,如果为了可读性的缘故,继续使用这种结构时要特别小心可能会出的错误。一般情形下,可用 while 循环或 repeat-until 循环代替 for 循环,有可能消除循环多出口的问题。

(22) 使用数组,以避免重复的控制序列。

(23) 尽可能用通俗易懂的伪码来描述程序的流程,然后再翻译成必须使用的语言。

(24) 数据结构要有利于程序的简化。

(25) 对太大的程序,要分块编写、测试,然后再集成。

(26) 要模块化,并使模块功能尽可能单一化,模块间的耦合能够清晰可见。

(27) 利用信息隐蔽,确保每一个模块的独立性。

(28) 从数据出发去构造程序。

(29) 对递归定义的数据结构尽量使用递归过程。

(30) 在程序中应有出错处理功能,一旦出现故障时不要让机器进行干预,导致停工。

(31) 显式说明所有的变量,确保所有变量在使用前都被初始化。

(32) 经常反躬自省:"如果我不是编码的人,我能看懂它吗?"考虑它的可理解性达到什么程度。

7.3.4 输入/输出风格可视化

输入和输出信息是与用户的使用直接相关的。输入和输出的方式和格式应当尽可能方

便用户的使用。因此,在软件需求分析阶段和设计阶段,就应确定输入/输出的风格。系统能否被用户接受,有时就取决于输入/输出的风格。

输入/输出的风格随着人工干预程度的不同而有所不同。例如,对于批处理的输入和输出,总是希望它能按逻辑顺序组织输入数据,具有有效的输入/输出出错检查和出错恢复功能,并有合理的输出报告格式。而对于交互式的输入/输出来说,更需要的是简单而带提示的输入方式,完备的出错检查和出错恢复功能,以及通过人机对话指定输出格式和确保输入/输出格式的一致性。

此外,不论是批处理的输入/输出方式,还是交互式的输入/输出方式,在设计和程序编码时都应考虑下列原则:

(1) 对所有的输入数据都进行检验,从而识别错误的输入,以保证每个数据的有效性。
(2) 检查输入项的各种重要组合的合理性,必要时报告输入状态信息。
(3) 使得输入的步骤和操作尽可能简单,并保持简单的输入格式。
(4) 输入数据时,应允许使用自由格式输入。
(5) 应允许默认值。
(6) 输入一批数据时,最好使用输入结束标志,而不要由用户指定输入数据数目。
(7) 在以交互式输入方式进行输入时,要在屏幕上使用提示符明确提示交互输入的请求,指明可使用选择项的种类和取值范围。同时,在数据输入的过程中和输入结束时,也要在屏幕上给出状态信息。
(8) 当程序设计语言对输入/输出格式有严格要求时,应保持输入格式与输入语句要求的一致性。
(9) 给所有的输出加注解,并设计输出报表格式。

输入/输出风格还受到许多其他因素的影响。如输入/输出设备(例如终端的类型、图形设备、数字化转换设备等)、用户的熟练程度以及通信环境等。

Wasserman 为"用户软件工程及交互系统的设计"提供了一组指导性原则,可供软件设计和编程参考。

(1) 把计算机系统的内部特性隐蔽起来不让用户看到。
(2) 有完备的输入出错检查和出错恢复措施,使程序尽量排除由于用户的原因而造成程序出错的可能性。
(3) 如果用户的请求有了结果,应随时通知用户。
(4) 充分利用联机帮助手段,对不熟练的用户提供对话式服务,对熟练的用户,提供较高级的系统服务,改善输入/输出的能力。
(5) 使输入格式和操作要求与用户的技术水平相适应。对不熟练用户,充分利用菜单系统逐步引导用户操作;对熟练用户,允许绕过菜单直接使用命令方式进行操作。
(6) 按照输出设备的速度设计信息输出过程。
(7) 区别不同类型的用户,分别进行设计和编码。
(8) 保持始终如一的响应时间。
(9) 在出现错误时应尽量减少用户的额外工作。

在交互式系统中,这些要求应成为软件需求的一部分,并通过设计和编码,在用户和系统之间建立良好的通信接口。

总之,要从程序编码的实践中,积累编制程序的经验,培养和学习良好的程序设计风格,使编写出来的程序清晰易懂,易于测试和维护,在程序编码阶段改善和提高软件的质量。

7.3.5 编程规范

为了提高源程序的质量和可维护性,最终提高公司软件产品生产力,微软公司发布了编码规范,对公司软件产品的源程序的编写风格做出了统一的规范约束。规范的总则包括:版面、注释、标识符命名、可读性、变量使用、函数编写、代码可测性、程序效率、质量保证、代码编译、单元测试、程序版本与维护、宏等,本节节选一部分并做一介绍。

1. 版面

1-1 程序块要采用缩进风格编写,缩进的空格数为 4 个。但对于由开发工具自动生成的代码可以不作要求。

1-2 相对独立的程序块之间、变量说明之后必须加空行。

1-3 较长的语句(>80 字符)要分成多行书写。长表达式要在低优先级操作符处划分新行,操作符放在新行之首;划分出的新行要进行适当的缩进,使排版整齐,语句可读。

1-4 循环、判断等语句中的条件测试若有较长的表达式,则要进行适应的划分。长表达式要在低优先级操作符处划分新行,操作符放在新行之首。

1-5 若函数或过程中的参数较多,则要进行适当划分。

1-6 不允许把多个短语句写在一行中,即一行只写一条语句。

1-7 if、while、for、default、do 等语句自占一行。

1-8 只用空格键,不要使用 Tab 键。以免用不同的编辑器阅读程序时,因 Tab 键所设置的空格数目不同而造成程序布局不整齐。

1-9 函数或过程的开始,结构的定义及循环、判断等语句中的代码都要采用缩进风格,case 语句下的情况处理语句也要遵从语句缩进要求。

1-10 程序块的分界符(如 C/C++ 语言的大括号"{"、"}")应各独占一行并且位于同一列,同时与引用它们的语句左对齐。在函数体开始、类定义、结构定义、枚举定义以及 if、for、do、while、switch、case 语句中的程序都要采用如上的缩进方式。

1-11 在两个以上的变量、常量间进行判等操作时,操作符之前、之后或者前后要加空格;进行非判等操作时,如果是关系密切的操作符(如->、::),后面不应加空格。由于留空格所产生的清晰性是相对的,所以,在已非常清晰的语句中没有必要再留空格,如括号内侧(左括号后面和右括号前面)不要加空格,多重括号间不必加空格。

2. 注释

2-1 一般情况下,源程序有效注释量必须在 20% 以上。

2-2 说明性文件(如头文件.h、.inc 文件、编译说明文件.cfg 等)头部应进行注释,注释必须列出版权说明、版本、生成日期、作者、内容、功能、与其他文件的关系、修改日志等,头文件的注释中还应有函数功能的简要说明。

2-3 源文件头部应进行注释,列出版权说明、版本号、生成日期、作者、模块目的/功能、主要函数及其功能、修改日志等。

2-4 函数头部应进行注释,列出函数的目的/功能、输入参数、输出参数、返回值、调用关系(函数、表)等。

2-5 边写代码边注释,修改代码同时修改相应的注释,以保证注释与代码的一致性。不再有用的注释要删除。

2-6 注释的内容要清楚、明了、含义准确,防止注释的二义性。

2-7 避免在注释中使用缩写,特别是非常用缩写。如果必须用缩写,则在使用缩写时或之前,应对缩写进行必要说明。

2-8 注释应与其描述的代码临近,对代码的注释应放在其上方或右方(对单条语句的注释)的相邻位置,不可放在下方。

2-9 对于所有有物理含义的变量、常量,如果其命名不是充分自注释的,在声明时都必须加以注释,说明其物理含义。变量、常量、宏的注释放在其上方相邻位置或右方。

2-10 数据结构声明(包括数组、结构、类、枚举等),如果其命名不是充分自注释的,必须加以注释。对数据结构的注释应放在其上方相邻位置,不可放在下方;对结构中的每个域的注释放在此域的右方。

2-11 全局变量要有较详细的注释,包括对其功能、取值范围、哪些函数或过程存取它以及存取时的注意事项等说明。

2-12 注释与所描述内容进行同样的缩排,可使程序排版整齐,并方便注释的阅读与理解。

2-13 将注释与其上面的代码用空行隔开。

2-14 对变量的定义和分支语句(条件分支、循环语句等)必须编写注释。因为这些语句往往是程序实现某一特定功能的关键。对于维护人员来说,良好的注释帮助更好的理解程序,有时甚至优于看设计文档。

2-15 对于 switch 语句下的 case 语句,如果因为特殊情况需要处理完一个 case 后进入下一个 case 处理,必须在该 case 语句处理完、下一个 case 语句前加上明确的注释。这样比较清楚程序编写者的意图,可有效防止无故遗漏 break 语句。

3. 标识符命名

3-1 标识符的命名要清晰、明了,有明确含义,同时使用完整的单词或大家基本可以理解的缩写,避免使人产生误解。较短的单词可通过去掉"元音"形成缩写;较长的单词可取单词的头几个字母形成缩写。一些单词尽量使用大家公认的缩写。

3-2 命名中若使用特殊约定或缩写,则要有注释说明。

3-3 自己特有的命名风格,要自始至终保持一致,不可来回变化。

3-4 对于变量命名(如 i, j, k…)建议除了要有具体含义外,还能表明其变量类型、数据类型等,但 i, j, k 作局部循环变量是允许的。变量,尤其是局部变量,如果用单个字符表示,很容易敲错(如将 i 写成 j),而编译时又检查不出来,有可能为了这个小小的错误而花费大量的查错时间。

3-5 命名规范必须与所使用的系统风格保持一致,并在同一项目中统一。比如采用 UNIX 的全小写加下划线的风格或大小写混排(如 add_user 或 AddUser)的方式,不要使用大小写与下划线混排(如 Add_User)的方式。

4. 可读性

4-1 注意运算符的优先级,并用括号明确表达式的操作顺序,避免使用默认优先级。这是为了防止阅读程序时产生误解。

4-2 避免使用不易理解的数字,应用有意义的标识来替代。涉及物理状态或者含有物理意义的常量,不应直接使用数字,必须用有意义的枚举或宏来代替。

5. 变量使用

5-1 去掉没必要的公共变量,以降低模块间的耦合度。

5-2 仔细定义并明确公共变量的含义、作用、取值范围及公共变量间的关系。

5-3 明确公共变量与操作此公共变量的函数或过程的关系,如访问、修改及创建等。这将有利于程序的进一步优化、单元测试、系统联调以及代码维护等。这种关系的说明可在注释或文档中描述。

5-4 当向公共变量传递数据时,要十分小心,若有必要应进行合法性检查,防止赋予不合理的值或越界等现象发生。

5-5 防止局部变量与公共变量同名。

5-6 严禁使用未经初始化的变量。特别是在 C/C++ 中引用未经赋值的指针,经常会引起系统崩溃。

6. 函数编写

6-1 对所调用函数的错误返回码要仔细、全面地处理。

6-2 明确函数功能,精确(而不是近似)地实现函数设计。

6-3 编写可重入函数时,应注意局部变量的使用(如编写 C/C++ 语言的可重入函数时,应使用 auto 即默认态局部变量或寄存器变量),不应使用 static 局部变量,否则必须经过特殊处理,才能使函数具有可重入性。

6-4 编写可重入函数时,若使用全局变量,则应通过关中断、信号量(即 P、V 操作)等手段对其加以保护。若对所使用的全局变量不加以保护,则此函数就不具有可重入性,即当多个进程调用此函数时,很有可能使有关全局变量为不可知状态。

7. 可测试性

7-1 在同一项目组或产品组内,要有一套统一的、为集成测试与系统联调准备的调测开关及相应的打印函数,并且要有详细的说明。

7-2 在同一项目组或产品组内,调测打印出的信息串的格式要有统一的形式。信息串中至少要有所在模块名(或源文件名)和行号,以便于集成测试。

7-3 编程的同时要为单元测试选择恰当的测试点,并仔细构造测试代码、测试用例,同时给出明确的注释说明。测试代码部分应作为(模块中的)一个子模块,以方便测试代码在模块中的安装与拆卸(通过调测开关)。

7-4 在进行集成测试/系统联调之前,要构造好测试环境、测试项目及测试用例,同时仔细分析并优化测试用例,以提高测试效率。好的测试用例应尽可能模拟出程序所遇到的边界值、各种复杂环境及一些极端情况等。

7-5 使用断言来发现软件问题,提高代码可测性。

7-6 使用断言来检查程序正常运行时不应发生,而在调测时有可能发生的非法情况。

7-7 不能用断言来检查最终产品肯定会出现且必须处理的错误情况。

因为断言是用来处理不应该发生的错误情况的,对于可能会发生的且必须处理的情况要写防错性程序,而不是断言。如某模块收到其他模块或链路上的消息后,要对消息的合理性进行检查,此过程为正常的错误检查,不能用断言来实现。

7-8 对较复杂的断言加上明确的注释,这样可澄清断言含义并减少不必要的误用。

7-9 用断言确认函数的参数。

7-10 用断言保证没有定义的特性或功能不被使用。

7-11 用断言对程序开发环境(操作系统/编译器/硬件)的假设进行检查。

程序运行时所需的软硬件及配置要求,不能用断言来检查,而必须由一段专门代码处理。用断言仅可对程序开发环境中的假设及所配置的某版本硬件是否具有某种功能的假设进行检查。例如,某网卡是否在系统运行环境中配置了,应由程序中正式代码来检查;而此网卡是否具有某设想的功能,则可由断言来检查。

对编译器提供的功能及特性假设可用断言检查,原因是软件最终产品(即运行代码或机器码)与编译器已没有任何直接关系,即软件运行过程中(注意不是编译过程中)不会也不应该对编译器的功能提出任何需求。

7-12 正式软件产品中应把断言及其他调测代码去掉(即把有关调测开关关掉)以加快软件运行速度。

7-13 在软件系统中设置与取消有关测试手段,不能对软件实现的功能等产生影响。

7-14 用调测开关来切换软件的 DEBUG 版和正式版,而不要同时存在正式版本和 DEBUG 版本的不同源文件,以减少维护的难度。

7-15 软件的 DEBUG 版本和发行版本应该统一维护,不允许分家,并且要时刻注意保证两个版本在实现功能上的一致性。

8. 程序效率

8-1 编程时要经常注意代码的效率。代码效率分为全局效率、局部效率、时间效率及空间效率。全局效率是站在整个系统的角度上来看待系统的效率;局部效率是站在模块或函数的角度上来看待效率;时间效率是程序处理输入任务所需的时间长短;空间效率是程序所需内存空间,如机器代码空间大小、数据空间大小、栈空间大小等。

8-2 在保证软件的正确性、稳定性、可读性及可测试性的前提下提高代码效率。

8-3 局部效率应为全局效率服务,不能因为提高局部效率而对全局效率造成影响。

8-4 通过对系统数据结构的划分与改进,以及对程序算法的优化来提高空间效率。

8-5 让循环体内工作量最小化。程序中有循环时,特别是在多重循环时应仔细考虑循环体内的语句是否可以放在循环体之外,从而提高程序的时间效率。

9. 质量保证

9-1 在软件设计的过程中构筑软件产品的质量。

9-2 代码质量保证优先的原则:正确性、稳定性、安全性、可测试性、符合编码规范/可读性、系统整体效率、模块局部效率、个人表达方式/个人编程习惯。

9-3 只引用属于自己的存储空间。

9-4 防止引用已经释放的内存空间。

9-5 过程/函数中分配的内存,在过程/函数退出之前要释放。

9-6 过程/函数中申请的(为打开文件而使用的)文件句柄,在过程/函数退出要关闭。因为分配的内存不释放以及文件句柄不关闭这类错误,稍不注意就有可能发生。这类错误往往会引起很严重的后果且难以定位。

9-7 防止内存操作越界。所谓内存操作主要是指对数组、指针、内存地址等的操作。

内存操作越界是软件系统的主要错误之一,后果往往非常严重。

9-8　认真处理程序所遇到的各种出错情况。

9-9　系统运行之初要初始化有关变量及运行环境,防止使用未经初始化的变量。

9-10　系统运行之初要对加载到系统中的数据进行一致性检查。

9-11　严禁随便更改其他模块或系统的有关设置和配置。

9-12　不能随便改变与其他模块的接口。

9-13　充分了解系统的接口之后,再使用系统提供的功能。

9-14　编程时要防止差1错误。此类错误一般是由于把"<="误写成"<"或">="等造成的。由此引起的后果,很多情况正是很严重的,所以编程时,一定要在这些地方小心。当编完程序后,应对这些操作进行彻底检查。

9-15　要时刻留意那些容易混淆的操作符。当编完程序后,应从头至尾检查一遍这些操作符,以防止拼写错误。例如,如C++中的"="与"==",、"|"与"||"、"&"与"&&"等,若拼写错了,编译器不一定能够检查出来。

9-16　有可能的话,if语句尽量加上else分支。switch语句必须有default分支。

10. 代码编辑、编译、审查

10-1　打开编译器的所有告警开关对程序进行编译。

10-2　在产品软件(项目组)中要统一编译开关选项。

10-3　通过代码走查及审查方式对代码进行检查。

10-4　测试部门在验收产品之前,应对代码进行抽查及评审。

11. 代码测试、维护

11-1　单元测试要求至少达到语句覆盖的要求。

11-2　单元测试开始要跟踪每一语句,并观察数据流及变量的变化。

11-3　清理、整理或优化后的代码要经过审查及测试。

11-4　代码版本升级要经过严格测试。

11-5　使用工具软件对代码版本进行维护。

11-6　实施规范的版本管理,对软件的各代码版本都应有详细的文档记录。

12. 宏

12-1　使用宏来定义表达式时,要注意使用完备的括号。

12-2　将宏定义的多条表达式放在括号中。

12-3　使用宏时,不允许参数发生变化。

7.4　编程语言

软件实现阶段的任务是将软件的详细设计转换成用编程语言实现的程序代码,即把用PDL这样的伪码写成的程序,翻译成计算机能接受的诸如汇编、FORTRAN、C之类编程语言的程序。编程语言的性能和设计风格对于程序设计的效能和质量有着直接的关系,所以,有必要对编程语言进行讨论。

7.4.1 编程语言特性的比较

编程语言是人机对话的媒介。编写程序的过程(用编程语言和计算机对话)是一项人类特定的智力活动。因此,一种语言的心理特性对"对话"的质量会产生重要的影响。软件实现的过程也是软件过程中的一个步骤,语言的工程特性对软件开发项目的成功与否也有着重要的影响。此外,语言的技术特性会影响设计的质量,它既关系到人也关系到软件项目。

1. 软件心理学的观点

因为从设计到编码的转换基本上是人的活动,因此语言的性能对程序员的心理影响,将对转换产生重大影响。在维持现有机器的效率、容量和其他硬件限制条件的前提下,程序员总是希望选择简单易学、使用方便的语言,以减少程序出错率,提高软件可靠性,从而提高用户对软件质量的置信度。

从心理学的观点,影响程序员心理的语言特性有如下六种:

(1) 一致性。它表示一种语言是否把某种符号用到多种场合、是否允许自行修改某些约定以及是否允许对语法或语义有某种程度的破例。例如在 FORTRAN 语言中,括号"()"可用来做:

- 标明数组元素下标的界限符,如 A(I);
- 表达式中用以表示运算的优先次序,如 $(x*c)/(y*d)$;
- 标明 IF 语句中条件的界限符,如 IF(ch .LS. eps)GOTO 25;
- 标明子程序参数表的界限符,如 SIN(angle),等等。

同是一个符号,给予多种用途,会引起许多难以察觉的错误。

(2) 二义性。虽然语言的编译程序总是以一种机械的规则来解释语句,但读者则可能用不同的方式来理解语句。例如,一个逻辑表达式为:

$A \geqslant$ '0' and $A \leqslant$ '9'

Pascal 语言规定 $\geqslant$、$\leqslant$ 的运算优先级低于 and,但 FORTRAN 语言正好相反,$\geqslant$(用.GE.表示)、$\leqslant$(用.LE.表示)的运算优先级高于 and。因此,这个逻辑表达式有可能导致二义性。另一种容易引起混淆的是数据类型的默认说明和显式说明。例如,在 FORTRAN 语言中有个变量 K,按照默认数据说明它是整型,然而,如果经过显式类型说明 REAL K,K 就是实型的了。由于心理上的混淆就容易出错。

缺乏一致性和心理上的二义性往往同时存在。如果一个编程语言具有这些特性的消极方面,那么用这种语言编写出来的程序可读性就差,同时用这种语言编程也容易出错。

(3) 简洁性。编程语言的简洁性表明用该语言编写程序简单到什么程度。如果一个编程语言可支持"块"构造和结构化构造,保持最少的保留字,数据类型简单且支持数据类型的默认说明,能以少量算术运算符和逻辑运算符实现必须的运算且提供丰富的内建标准函数,就可以说该编程语言是简洁的。例如,BASIC 就是一种特别简洁的编程语言,它具有功能很强又很简洁的运算符,允许默认的数据类型,可以用相当少的编码完成含有大量算术运算和逻辑运算的过程。

(4) 局部性。该特性与模块化有关。如果一个编程语言支持模块构造,并允许用模块组装成系统,并在组装过程可实现模块结构的高内聚和低耦合,那么这种语言具有局部性。

早先的 ALGOL 60 语言和 Pascal 语言不具有局部性,编码、测试和修改都十分困难,很难实现大型软件的开发。FORTRAN 语言是模块化的语言,它的程序结构十分灵活,可以像搭积木一样很方便地搭建软件系统。C、C++、Java 都延续了这种特性,成为现代最流行的软件实现语言。

(5) 线性。因为人们总是习惯于按逻辑上的线性序列去理解程序,如果程序中运算的顺序是线性的,则很容易读懂。如果程序中存在大量的分支和循环,甚至通过 GOTO 语句天马行空似地在语句间跳转,就会破坏顺序状态,增加理解上的困难。一个编程语言如果能够直接实现结构化程序构造,就具备线性的特性,使用它可以编写出流畅、优美的程序来。

(6) 传统。人们学习一种新的编程语言的能力受到传统的影响。具有 FORTRAN 基础的程序设计人员在学习 C 或 Pascal 语言时不会感到困难,因为 Pascal 和 C 保持了 FORTRAN 所确立的传统语言特性,它们在结构上是类似的,形式上是兼容的,并保持了语言在感觉上的风格。但是要求同一个人去学习 APL 或者 LISP 这样一些具有另外风格的语言,传统就中断了,花在学习上的时间就会更长。

编程语言的心理特性对于学习、应用以及维护编程语言的能力有很大的影响。它影响程序员对编写程序的思考方法,从而内在地限制了程序员和计算机通信的方式。

2. 软件工程的观点

从软件工程观点看,编程语言的特性应着重考虑软件开发项目的需要。为此,对于程序编码,有如下一些工程上的性能要求。

(1) 详细设计应能直接、容易地翻译成代码程序。从理论上来讲,应当直接根据详细设计的规格说明来生成源代码。把设计变为程序的难易程度,反映了编程语言与设计说明相接近的程度。而所选择的编程语言是否具有结构化的构造、复杂的数据结构、专门的输入/输出能力、位运算和串处理的能力,直接影响到从详细设计变换到代码程序的难易程度,以及特定软件开发项目的可实现性。

(2) 源程序应具有可移植性。源程序的可移植性是编程语言的另一种特性。通常有三种解释:

a) 对源程序不做修改或少做修改就可以实现处理机上的移植或编译程序上的移植;

b) 即使程序的运行环境改变(例如,改用一个新版本的操作系统或从一个 HP 工作站移植到一个服务器),源程序也不用改变;

c) 源程序的许多模块可以不做修改或少做修改就能集成为功能性的各种软件包,以适应不同的需要。

改善软件的可移植性,主要是使编程语言标准化,以此促进程序之间的通信,延长软件生存期及扩大其使用范围。在设计方案发生变化时,有利于降低修改的费用。

然而许多编译器的设计者往往因为某种原因对语言的标准文本做了某些更动,因此,对于可移植性是关键要求的项目,恐怕还得注意这个问题。必要时应严格地遵守 ISO 或 ANSI、GB 标准,而不要去理会可用的非标准特性。

(3) 编译程序应具有较高的效率。

(4) 尽可能应用代码生成的自动工具。有效的软件开发工具是缩短编码时间、改善源代码质量的关键因素。许多语言都有与它相应的编译程序、连接程序、调试程序、源代码格式化程序、交叉编译程序、宏处理程序和标准子程序库等。使用带有各种有效自动化工具的

"软件开发环境",支持从设计到源代码的翻译等各项工作,可以保证软件开发获得成功。

(5) 可维护性。源程序的可维护性对复杂的软件开发项目尤其重要。把设计变换成为源程序,针对修改后的设计相应地修改源程序,都需要首先读懂源程序。因此,源程序的可读性与语言自身的文档化特性(涉及标识符的允许长度、标号命名、数据类型的丰富程度、控制结构的规定等)是影响可维护性的重要因素。

3. 编程语言的技术性能

在项目计划阶段,极少考虑编程语言的技术特性。但在选定资源时,要规划将来需要使用的支撑工具,这就要确定一个具体的编译器或者确定一个程序设计环境。如果软件开发小组的成员对所要使用的语言不熟悉,那么在成本及进度估算时必须把学习的工作量估算在内。

一旦确定了软件需求之后,待选用的编程语言的技术特性就显得非常重要了。如果需要复杂的数据结构,就要衡量有哪些语言能提供这些复杂的数据结构(如 C);如果首要的是高性能及实时处理的能力,就可选用适合于实时应用的语言(如 Ada)或效率高的语言(如汇编语言);如果有许多报告或文件处理,用 COBOL 或 SQL 就比较合适。最好是根据软件的要求,选定一种适合于该项工作的语言。但是如果所使用的计算机上只运行某一种语言或不多的几种语言,那么就没有多少挑选的余地了。

软件的设计质量与编程语言的技术性能无关(面向对象设计例外)。但在实现软件设计转化为程序代码时,转化的质量往往受语言性能的影响,因而也会影响到设计方法。

在介绍软件设计时曾经提到过,一个好的程序应具有模块化结构,系统应有较高的模块独立性,数据设计应按照抽象数据类型来处理。在把设计转换成程序时,编程语言的特性就影响到这些设计理念。下面举一些例子。

(1) 几乎所有现代的编程语言都支持模块化结构。

(2) 语言的特性可以加强或破坏模块的独立性。例如,C++ 和 Java 的类及 Ada 的程序包支持信息隐蔽的概念;而 FORTRAN 的全局量和公用区则会破坏模块的独立性。

(3) 语言的性能也会影响数据结构的设计。例如,Ada、Smalltalk、C++、Java 等支持抽象数据类型的概念;C 等允许用户自定义数据类型、提供链表及其他数据结构的实现;Java 支持单继承,C++ 支持多重继承,而 C 不支持继承。

(4) 在某些情况下只有语言有专门性能时才能满足设计要求。如 Modula-2 语言和并发 Pascal 语言支持并发执行。因此,只有这些语言才能适应并发的分布式处理的要求。

(5) 语言的技术性能对测试和维护的影响是多种多样的。例如,直接提供结构化构造的语言有利于减少循环带来的复杂性(即 McCabe 复杂性),使程序易读、易测试、易维护。像 FORTRAN 这样一种支持外部子程序或外部过程的语言,在组装测试中必定比 BASIC 这种只支持内部模块的语言错误少得多。另一方面,语言的某些技术特性却会妨碍测试。例如,在 C++ 或 Java 语言中的封装和继承机制,将使得传统测试方法不能很好地发挥效果。此外,只要语言程序的可读性强,而且可以减少程序的复杂性,这样的编程语言对于软件的维护就是有利的。

总之,通过仔细分析和比较,选择一种功能强而又适用的语言,对成功地实现从软件设计到编码的转换,提高软件质量,改善软件的可测试性和可维护性是至关重要的。

7.4.2 编程语言的分类

自从世界上第一台计算机诞生以来,人们一直在努力提高与计算机通信的能力,设计了许多种程序设计语言。到目前为止,世界上公布的程序设计语言已超过千种,但是其中只有很少一部分得到了比较广泛的应用。

程序设计语言一般可分为低级语言和高级语言两大类。"级"是指操作者与计算机对话的复杂程度。例如,查询语言属于第四代语言,程序员只要提出让计算机"做什么",而不必管计算机"怎样做"。在高级语言中,程序员必须编写详细说明"做什么"和"怎样做"的程序指令,不必关心数据在存储器中是如何存放的;而在低级语言中,程序员不但要详细编写出由计算机执行的每一步动作,而且还要安排数据在存储器中的存放。为了正确选择和使用这些编程语言,有必要对它们进行简单分类。

1. 从属于机器的语言——第一代语言

一有了计算机,就有了机器语言,它是由机器二进制代码组成的指令集合。对于不同的机器就有相应的一套机器语言。用这种语言编写的程序不需要翻译,可以直接被计算机识别和执行,因而用机器语言编写的程序占用内存少,执行效率高。但是,它的缺点也很明显:所有的地址分配都是以绝对地址的形式处理,存储空间的安排,寄存器、变址的使用都由程序员自己计划,编程工作量很大;使用机器语言编写的程序很不直观,在计算机内的运行效率很高但编写出的机器语言程序其出错率也高;当程序中出现错误时,查错与修改也很困难,当然也不利于维护。

2. 汇编语言——第二代语言

汇编语言比机器语言直观,它的每一条符号指令与相应的机器指令有对应关系,同时又增加了一些诸如宏、符号地址等功能。存储空间的安排可由机器解决,减少了程序员的工作量,也减少了出错率。不同指令集的处理器系统有自己相应的汇编语言。例如,在微机上目前最常用的是 Microsoft 的宏汇编语言 MASM,它支持 80386、80387 的所有指令和寻址模式,具有丰富的宏伪指令处理及其他多种功能,已经历了多个版本的更新换代,汇编速度和符号空间都有较大的提高,其性能还在继续扩充发展。

从软件工程的角度来看,汇编语言只是在高级语言无法满足设计要求时,或者不具备支持某种特定功能(例如特殊的输入/输出)的技术性能时,才被使用。

机器语言和汇编语言都是针对某个特定计算机的,所以又称为面向机器的语言,属于低级语言。

3. 高级编程语言——第三代语言

人类社会使用自然语言进行交流,语言是人类用来表达意思、交流想法的工具,人们也希望能用自然语言和数学公式来描述问题的解法。到 20 世纪 50 年代中期,就创造出人工的程序设计语言 ALGOL60、BASIC、COBOL、FORTRAN、PL/1 等,称为高级语言。

高级语言由编码、词汇和语法组成。编码是数字、字母和其他一些特定符号,如运算符、标点符号等;词汇有标识符、保留字、分界符和常数等;语法是词法和用词造句的规则,常用巴科斯范式(BNF)表示,这是一种表示语言的语言,称为元(Meta)语言。例如:

<字母>::=a|b|…|z|A|B|…|Z
<数字>::=0|1|…|9

按照解决问题的抽象观点不同，高级语言可分为过程型、函数型、逻辑型、面向对象型和面向因特网型。过程型将解题过程抽象为一串操作语句和数据。前期的高级语言大多数是过程型的，如 FORTRAN 语言。函数型把解题看成一个域到另一个域的函数映射或集合间的函数关系，如 LISP 语言。逻辑型解题是由已知事实及规则进行逻辑推理得到结论，如 Prolog 语言，它和 LISP 语言都用于人工智能领域，所以也称为人工智能语言。现在流行的对象型语言，把客观事物抽象成对象，解题过程是对象间的相互作用，表现为对象间的消息传递，如 Smalltalk、C++ 语言。近年来，随着因特网的飞速发展和广泛应用，面向网络的语言应运而生，如 Java、XML 等。

用高级语言编写的程序也不能直接被计算机识别和执行，必须将高级语言编写的程序通过语言处理程序翻译成计算机能识别的二进制机器指令，然后计算机才能执行。通常有两种翻译方式：一种为"编译"方式，另一种为"解释"方式。

(1) 面向过程的编程语言

面向过程语言是通过指明一系列可执行的运算及运算的次序来描述计算过程的语言，也称命令式语言或强制式语言。面向过程语言以冯·诺依曼式计算机体系结构为背景。ALGOL60、FORTRAN、Pascal、C 等高级语言是面向过程语言的主要代表。

a) FORTRAN 语言

FORTRAN 是公式翻译（Formula Translation）的缩略语，它是 20 世纪 50 年代中期由美国 IBM 公司 J. Backus 领导的小组为 IBM 704 计算机设计的。第一个 FORTRAN 语言标准称为 FORTRAN 66，在 20 世纪 70 年代修订为 FORTRAN 77。1991 年国际标准化组织又批准了新的 FORTRAN 标准，称为 FORTRAN 90。它是国际上第一个支持多字节字符集的语言标准。

FORTRAN 语言包括常数、变量、数组、算术表达式、逻辑表达式等，语句分成赋值语句、输入/输出语句、格式语句、控制语句、说明语句及子程序等。

FORTRAN 90 后来发展到了 FORTRAN 95 和 FORTRAN 2000，又作了许多扩充和改进，程序的书写更趋结构化、模块化，并提供向量和并行处理功能。

目前，对于数值处理的应用，FORTRAN 仍然是一种可选的语言。

b) Pascal 语言

Pascal 是 20 世纪 70 年代初期由 N. Wirth 教授设计出来的语言，它广泛用于程序设计教学和某些应用软件开发中。其主要特点如下。

- 具有丰富的数据结构和构造数据结构的方法。除了整型、实型、布尔型和字符型等基本类型外，还提供了数组、枚举、子域、记录、集合、文件、指针等结构类型。
- 具有简明灵活的控制结构。有复合语句、两分支选择 if-then-else 语句、多分支选择 case-do 语句、先判断循环 while-do 语句、后判断循环 repeat-until 语句、增量型循环 for 语句和处理记录变量分量的缩写形式，即 with 语句。

Pascal 是直接从 ALGOL 发展来的，它具有许多与 ALGOL 相同的特性，例如块结构、强数据类型、直接递归功能，并补充了一些其他特性。

Pascal 的不足之处是缺少模块的概念。随后在 Pascal 的基础上，20 世纪 80 年代初出现了 Modula-2 语言，它不仅支持信息隐蔽、抽象和强数据类型等设计特性的直接实现，而且提供了支持递归和并发的控制结构。

c) COBOL 语言

COBOL 是 Common Business Oriented Language(面向商业的公用语言)的缩写,经过多次扩充和更新已逐渐成熟,并成为商用数据处理应用中广泛使用的标准语言。

它具有极强的数据定义能力,程序说明与硬件环境说明分开,数据描述与算法描述分开,结构严谨,层次分明,自成文档性强;着重说明输入/输出文件的性质和结构,且大量采用英语词汇、句型和语法,可读性强。

随着 COBOL 语言的发展,其功能不断扩大,功能模块也不断增多。如有排序和制表功能的 COBOL 65,有数据通信能力的 COBOL 69,含有数据库功能的 COBOL 76,有结构程序设计功能的 COBOL 78 及 COBOL 85 等。COBOL 通用性强,容易移植,并提供了与事务处理有关的大范围的过程化技术,但是它缺乏简洁性。

d) C 语言

C 语言是由美国 Bell 实验室 D. Rithie 和 K. Thompson 于 1972 年在 B 语言上设计而成,首先在 DEC 的 PDP-11 机上实现。著名的 UNIX 操作系统就是用 C 书写的。

C 语言在很多方面继承和发扬了 20 世纪 60 年代出现的许多高级语言的成功经验和特色,C 语言支持复杂的数据结构,可广泛地使用指针,并有丰富的运算操作符和数据处理操作符,采用结构化的控制,函数参数传值,并支持分离编译等。此外,它还具有类似汇编语言的特性,使程序员能"最接近机器"。主要特点是语言与运行支撑环境分离,规模小,相对简单,表示方法简洁,程序运行效率高;大量使用指针,对运算时数据类型的一致性限制较少。

尽管 C 语言在精确性和严密性上还不如某些语言(如 Pascal),但由于它具有很强的功能,有高度的灵活性,尤其是可移植性好,深受广大计算机用户特别是软件工程技术人员的欢迎,并得到越来越广泛的应用。

e) Ada 语言

Ada 语言的最新版本是 Ada 95。在 20 世纪 70 年代初,美国国防部提出要设计一种统一的军用语言。经过调研,认为没有任何现存语言能满足其需求,所以采用了设计招标的方式。1979 年 4 月最后选定由法国 J. Ichbiab 教授领导的设计小组所设计的"绿色语言",并取名为 Ada 语言,以纪念世界上第一位有文字记载的女程序员 Augusta Ada Lovelace。

Ada 语言在结构和符号方面类似于 Pascal 语言,但它的功能更强也更复杂。Ada 提供一组丰富的实时特性,包括多任务处理、中断处理、任务间同步与通信,并且它还提供许多 Ada 程序包。此外,Ada 拥有丰富的语句结构,包含了数学计算、非标准的输入和输出、异常处理、数据抽象和并发等特征。根据文本,它还提供了程序模块化、可移植性、可扩充性、抽象、开发和维护的特征。Ada 语言经过了数以百计的政府部门、学术界和工业界的专家多次复审和评价,所以,它在国防系统以外的软件开发工程中也将会得到广泛的使用。Ada 语言的缺点是编译器运行效率太低,需要的学习时间太长。

(2) 面向对象的编程语言

所谓面向对象就是基于对象概念,以对象为中心,以类和继承为构造机制,认识、理解、刻画客观世界并构建相应的软件系统。对象是由数据属性和可用操作组成的封装体,与客观实体有直接的对应关系。把面向对象的思想运用于软件开发过程中,指导开发活动的系统方法,称为面向对象方法。面向对象程序设计(OOP)就是它的实现环节。

面向对象编程语言一方面借鉴了 20 世纪 50 年代的人工智能语言 LISP,引入了动态绑定和交互式开发环境的思想,另一方面又从 60 年代的离散事件模拟语言 SIMULA 67 引入了类和继承的概念。

第一个正式发表的面向对象编程语言是 20 世纪 70 年代的 Smalltalk。目前比较流行的面向对象编程语言有 Delphi、Visual Basic、Java、C++ 等。

Delphi 语言是在 1995 年由 Borland 公司推出的,它具有可视化开发环境,提供面向对象的编程方法。Delphi 语言提供了丰富的对象元件,程序语言简洁明了,易于使用,还有内置的数据库引擎以及优化的代码编译器。采用 Delphi 语言可以设计各种具有 Windows 风格的应用程序,也可以开发多媒体应用系统。

Visual Basic 简称 VB,这几年来被广泛应用。VB 是 Microsoft 公司为开发 Windows 应用程序而提供的开发环境与工具。它具有非常友好的图形用户界面,采用面向对象和事件驱动的新机制,把过程化编程和结构化编程集合在一起。VB 的界面设计是面向对象的,但应用程序的过程部分却是面向事件的。它的"面向对象"和"事件驱动"两大特性,为开发者们展现了一种全新的可视化的程序设计方法。

Java 语言是由 Sun 公司推出的,广泛应用于开发 Internet 应用软件的程序设计语言。它是一种面向对象的、不依赖于特定平台的程序设计语言。

C++ 语言最先由 Bell 实验室 B. Stroustrup 在 20 世纪 80 年代初设计并实现,它是以 C 语言为基础的、支持数据抽象和面向对象范型的通用程序设计语言,近几年来发展非常迅速。它保留了传统的结构化语言 C 语言的特征,同时又融合了面向对象的能力。在 C 语言的基础上,C++ 增加了数据抽象、继承、多态性等机制,从而使得它成为一种灵活、高效、可移植的面向对象语言。目前,C++ 已有许多不同的版本,如 MS C/C++、Borland C++、Borland C++ Builder、Visual C++、ANSI C++ 等。由于 C++ 既有数据抽象类型和面向对象能力,又比 Smalltalk 的运行性能高,加上 C 语言的普及、C 到 C++ 的过渡较为平滑以及 C++ 与 C 的兼容,使数量巨大的 C 程序能方便地在 C++ 环境中复用。这样使得 C++ 迅速流行,成为面向对象程序设计中的主流语言。

近年来又出现了 C# 等面向对象编程语言。

4. 面向因特网的语言

早期计算机应用多在数值计算方面,后来随着计算机应用范围的扩大,出现许多非数值应用,例如人工智能、出版编辑、电子表格、风险分析等,特别是因特网的出现和万维网的普及,需要面向因特网的语言。

(1) HTML 和 XML 语言

超文本置标语言 HTML 的出现是 Internet 和 Web 技术发展的一个重要推动力,它以简单易学、灵活通用的特性,使人们发布、检索、交流信息都变得简单,给人们的学习和生活带来了极大便利。

HTML 文档主要包括文档内容、文档标记和 HTML 超链接三部分。文档内容是在计算机屏幕上显示的所有信息,包括文本、图片等;标记是插在文档中的 HTML 编码,它规定了文档中每一部分的格式及在屏幕上的显示方式;HTML 超链接实际上是一些文本,它负责把当前文档链接到同一文档的另一位置、同一主机的其他文档或因特网上其他地方的文档。超链接使万维网不再局限为储存很多单独文档的电子存储设施,而是实现了将因特网中的各种文档彼此链接起来形成一个全球性的信息资源库。

基于HTML文档,文本内容和图像可通过Web服务器传送给用户。Web服务器简单地从磁盘中读取它们,并且基于HTTP协议在网络中进行传送。在客户端,浏览器接收传送到的信息流,将之转换成为能够显示的页面。不同的浏览器可以将同一个HTML文档以不同的形式显示出来。

HTML语言作为一种简单的置标语言有其自身的缺陷,它只能显示内容而无法表达数据,也不能描述矢量图形、数学公式、化学符号等特殊对象。更重要的是,HTML只是SGML(标准通用置标语言)的一个实例化的子集,可扩展性差,用户不能自定义有特定意义的标记供他人使用。在这种情况下,出现了XML(可扩展置标语言)。XML同样是SGML的一个简化子集,它将SGML的丰富功能与HTML的易用性结合到Web应用中,以一种开放的自我描述方式定义了数据结构,在描述数据内容的同时能突出对结构的描述,从而体现出数据之间的关系。这样组织的数据对于应用程序和用户都是友好的、可操作的。

XML允许各个组织和个人建立适合自己需要的标记集合,并且这些标记可以迅速地投入使用。另外,它的数据存储格式不受显示格式的制约。一般来说,文档包括三个要素,即数据、结构以及显示方式。XML把文档的三要素独立开来,分别处理。首先把显示格式从数据内容中独立出来,保存在样式单文件(Style Sheet)中,这样如果需要改变文档的显示方式,只要修改样式单就行了。

XML的自我描述性质能够很好地表现许多复杂的数据关系,使得基于XML的应用程序可以在XML文件中准确、高效地搜索相关的数据内容。

(2) Java语言

Java是Sun公司推出的一种编程语言,是通过解释方式来执行的,语法规则和C++类似,但是摈弃了C++中的一些弊大于利和很少用到的功能,如函数及其参数的const修饰、指针等。同时,Java还是一种跨平台的程序设计语言,用Java开发的程序可以在网络上传输,并运行于任何客户机上。Java语言具有简单、面向对象、分布式、安全、结构中立、可移植、多线程等特点,非常适合企业网络和Internet环境,现在已成为Internet中最受欢迎、最有影响的编程语言之一。

对于大多数高级语言而言,程序需要经过编译或解释后在计算机上运行,但是Java语言和那些需要编译或解释的语言比较起来有些不同。通过编译器,首先将程序翻译为一种称为Java字节码(Bytecodes)的中间语言,它是一种在Java平台上被解释器解释的平台独立代码。解释器用来解释计算机上的所有Java字节码指令。

一旦编译完成,那么在程序每次执行的时候,系统都会发生一次解释过程。Java字节码使得"一次编写,随处运行"的想法成为可能。一方面能够在任何一台运行有Java虚拟机的平台上将程序编译为字节码,另一方面字节码又能够运行在任何一种Java虚拟机上,这就意味着只要你的计算机上安装有Java虚拟机,不管是Windows 2000、Solaris还是MAC系统,同样的一个Java程序都可以在上面运行。

(3) C#语言

C#语言是在C和C++语言的基础上由微软公司设计的,使开发人员能够在微软.Net平台上快速建立广泛的应用。.Net为C#程序的构建和执行提供了重要服务。C#完全依赖于.Net,所以C#的许多功能和特点直接来自于.Net。C#语言的特点如下:

a) 简洁的语法。C#代码在.Net框架提供的可操控环境下运行,程序不能直接进行内存操作，没有了指针，去除了C++中的一些冗余语法。

b) 完全的面向对象。C♯是一种纯面向对象语言，每个类型都被看做一个对象。C♯只允许单继承，即一个类不会有多个基类，从而避免了类型定义的混乱。另外，C♯没有了全局函数、全局变量和全局常数，所有定义都必须封装在类中。

c) 与Web紧密结合。由于有了.Net中的Web服务框架的支持，网络服务看起来就是C♯的本地对象。C♯构件能够方便地为Web服务和通过Internet被运行在任何操作系统上的任何语言所调用。

d) 安全性与错误处理。C♯中的变量是类型安全的，不能使用未初始化的变量。对象的成员变量由编译器负责初始化，不支持不安全的引用，不能将整数指向引用类型。C♯还提供边界检查与溢出检查功能。

5. 第四代语言

纵观软件开发的历史，我们总是试图在越来越高的抽象层次上来编写计算机程序。第一代编程语言在机器指令级层次（最低抽象级）上编写程序。第二代和第三代编程语言分别将编程的抽象级别推进到一个新的高度，但它们仍然需要具体规定十分详细的算法过程。而第四代语言（4GL）的出现，将语言的抽象层次又提高到一个新的高度。

同其他人工语言一样，第四代语言也用不同的文法表示程序结构和数据结构，但是第四代语言是在更高一级抽象的层次上表示这些结构，它不再需要规定算法的细节。例如，使用SQL语句查询购买"海尔"品牌的"冰箱"的客户姓名和购买日期：

```
SELECT 姓名,日期
FROM 客户,销售
WHERE 客户.客户_id=销售.客户_id AND 商品_id IN(
SELECT 商品_id FROM 商品
WHERE 品牌='海尔' AND 商品名称='冰箱')
```

这是一个典型的4GL语句。4GL系统"懂得"如何去计算需要查询的数据存放位置，不需要人们为它编写相应的程序代码。

第四代语言兼有过程性和非过程性的两重特性。程序员规定条件和相应的动作这是过程性的部分；而指出想要的结果，这是非过程性部分。然后由4GL语言系统运用它的专门领域的知识来填充过程细节。

Martin把第四代语言分为以下几种类型。

(1) 查询语言。通常查询语言是为与数据库有关的应用而开发的。用户可以利用查询语言对预先定义在数据库中的信息进行较复杂的操作。一些查询语言需要复杂的文法，有一些目前可用的查询语言提供了自然语言接口。例如，允许用户给出以下说明："对东西两区域，使用最近几个月的实际销售额预测未来几个月的销售前景。"这种接口方式受到了绝大部分用户的欢迎。

(2) 程序生成器。程序生成器只需很少的语句就能生成完整的第三代语言程序，它不必依赖预先定义的数据库作为它的着手点。

(3) 其他4GL。除了查询语言和程序生成器以外，还有其他一些类型的4GL语言。例如，判定支持语言。借助它，非程序员也可以对从简单的二维表格模型到复杂的统计或运算模型系统,进行"如果……会如何……"的分析;原型语言,可以方便地生成用户界面和对话,并提供数据模型化的手段,从而帮助创建原型;形式化规格说明语言,当这种语言能够生成可执行的机器代码时,也是一种第四代语言。

7.4.3 编程语言的选择

在构造软件系统时,必须首先确定要使用哪种编程语言来实现这个系统。总的原则是选择的语言能使编码容易实现,减少测试的工作量,容易阅读和维护程序。由于软件系统的绝大部分成本用在测试和维护阶段,所以易于测试和易于维护是非常重要的。

为某个特定开发项目选择编程语言时,既要从技术角度、工程角度、心理学角度评价和比较各种语言的适用程度,又必须考虑现实可能性。软件开发人员在进行决策时经常面临的是矛盾的选择。例如,所有的技术人员都同意采用某种高级编程语言,但所选择的计算机却没有这种语言,因此选择就不切实际了,不得不做出某种合理的折中。

(1) 理想的标准

a) 所选用的高级语言应该有理想的模块化机制,以及可读性好的控制结构和数据结构,以使程序容易测试和维护,同时减少软件生存周期的总成本。

b) 所选用的高级语言应该使编译程序能够尽可能多地发现程序中的错误,以便于程序调试和提高软件的可靠性。

c) 所选用的高级语言应该有良好的独立编译机制,以降低软件开发和维护的成本。

(2) 实践标准

a) 编程语言自身的功能:从应用领域的角度考虑,各种编程语言都有自己的适用领域。要熟悉当前使用较为流行的语言的特点和功能,充分利用语言各自的功能优势,选择出最有利的语言工具。

b) 系统用户的要求:如果所开发的系统由用户自己负责维护,通常应该选择他们熟悉的语言来编写程序。

c) 编码和维护成本:选择合适的编程语言可大大降低程序的编码量及日常维护工作中的难度,从而使编码和维护成本降低。

d) 软件的兼容性:虽然高级语言的适应性很强,但不同机器上所配备的语言可能不同。另外,在一个软件开发系统中可能会出现各子系统之间或者主系统与子系统之间所采用的机器类型不同的情况。

e) 可以使用的软件工具:有些软件工具,如文本编辑、交叉引用表、编码控制系统及执行流分析等,在支持程序过程中将起着重要作用,这类工具对于所选用的具体的程序设计语言是否可用,决定了目标系统是否容易实现和测试。

f) 软件可移植性:如果系统的生存周期比较长,应选择一种标准化程度高、程序可移植性好的编程语言,以使所开发的软件将来能够移植到不同的硬件环境中运行。

g) 开发系统的规模:如果开发系统的规模很大,而现有的编程语言又不完全适用,那么就要设计一个能够实现这个系统的专用的编程语言。

h) 程序设计人员的水平:在选择语言时还要考虑程序设计人员的水平,即他们对语言掌握的熟练程度及实践经验。

由于目标系统的应用领域不同,需要采取的系统开发范型也不同,所以要考虑支持相应范型的编程语言。选择编程语言的切入点首先还是要从问题入手,确定它的要求是什么?这些要求的相对重要性如何?再根据这些要求和相对重要性来衡量能采用的语言。

从技术上要考虑的因素有:项目的应用范围,算法和计算复杂性,软件执行的环境,性能上的考虑与实现的条件,数据结构的复杂性,软件开发人员的知识水平和心理因素等。其中,项目的应用范围是最关键的因素。针对计算机的 4 个主要应用领域,为候选的语言做了粗略的分类。例如,在科学与工程计算领域内,FORTRAN,C,C++ 语言得到了广泛的应用;在商业数据处理领域中,通常采用 COBOL,Java 语言编写程序,当然也可选用 SQL 语言或其他专用语言;在系统程序设计和实时应用领域中,汇编语言或一些新的派生语言,如 Ada,C++ 等得到了广泛的应用;在人工智能领域以及问题求解、组合应用领域,主要采用 LISP 和 Prolog 语言。

新的更强有力的语言,虽然对于软件应用的开发有很强的吸引力,但是因为已有的编程语言已经积累了大量的久经使用的程序,具有完整的资料、支撑软件和软件开发工具,程序设计人员比较熟悉,而且有过类似项目的开发经验和成功的先例,由于心理因素,人们往往宁愿选用这些自己熟悉的编程语言。所以应当彻底地分析、评价、介绍新的语言,以便从原有语言过渡到新的语言。

7.5 程序效率与性能分析

程序的效率是指程序的执行速度及程序所需占用的存储空间。程序编码是最后提高运行速度和节省存储的机会,因此在此阶段不能不考虑程序的效率。让我们首先明确讨论程序效率的几条准则:

(1) 效率是一个性能要求,应当在需求分析阶段给出。软件效率以需求为准,不应以人力所及为准。

(2) 好的设计可以提高效率。

(3) 程序的效率与程序的简单性相关。

一般说来,任何对效率无重要改善,且对程序的简单性、可读性和正确性不利的程序设计方法都是不可取的。

7.5.1 算法对效率的影响

源程序的效率与详细设计阶段确定的算法的效率直接相关。在详细设计翻译转换成源程序代码后,算法效率反映为程序的执行速度和存储容量的要求。

转换过程中的指导原则是:

(1) 在编程序前,尽可能化简有关的算术表达式和逻辑表达式;

(2) 仔细检查算法中嵌套的循环,尽可能将某些语句或表达式移到循环外面;

(3) 尽量避免使用多维数组;

(4) 尽量避免使用指针和复杂的表;

(5) 采用"快速"的算术运算;

(6) 不要混淆数据类型,避免在表达式中出现类型混杂;

(7) 尽量采用整数算术表达式和布尔表达式;

(8) 选用等效的高效率算法。

许多编译程序具有"优化"功能,可以自动生成高效率的目标代码。它可剔除重复的表达式计算,采用循环求值法、快速的算术运算,以及采用一些能够提高目标代码运行效率的算法。对于效率至上的应用来说,这样的编译程序是很有效的。

7.5.2 影响存储器效率的因素

在目前的计算机系统中,存储限制不再是主要问题。在这种环境下,对内存采取基于操作系统的分页功能的虚拟存储管理,给软件提供了巨大的逻辑地址空间。这时,存储效率与操作系统的分页功能直接相关,并不是指要使所使用的存储空间达到最少。

采用结构化程序设计,将程序功能合理分块,使每个模块或一组密切相关模块的程序体积大小与每页的容量相匹配,可减少页面调度,减少内外存交换,提高存储效率。

提高存储器效率的关键是程序的简单性。

7.5.3 影响输入/输出的因素

输入/输出可分为两种类型:一种是面向操作人员的输入/输出,另一种是面向设备的输入/输出。如果操作人员能够十分方便、简单地录入输入数据,或者能够十分直观、一目了然地了解输出信息,则可以说面向操作人员的输入/输出是高效的。至于面向设备的输入/输出,分析起来比较复杂。从详细设计和程序编码的角度来说,可以提出一些提高输入/输出效率的指导原则:

(1) 输入/输出的请求应当最小化;
(2) 对于所有的输入/输出操作,安排适当的缓冲区,以减少频繁的信息交换;
(3) 对辅助存储(如磁盘),选择尽可能简单、可接受的存取方法;
(4) 对辅助存储的输入/输出,应当成块传送;
(5) 对终端或打印机的输入/输出,应考虑设备特性,尽可能改善输入/输出的质量和速度;
(6) 任何不易理解的、对改善输入/输出效果关系不大的措施都是不可取的;
(7) 不应该为追求所谓"超高效"的输入/输出而损害程序的可理解性;
(8) 好的输入/输出程序设计风格对提高输入/输出效率会有明显的效果。

7.6　程序复杂性

程序复杂性主要指模块内程序的复杂性。它直接关联到软件开发费用的多少、开发周期的长短和软件内部潜伏错误的多少。同时它也是软件可理解性的另一种度量。

减少程序复杂性,可提高软件的简单性和可理解性,并使软件开发费用减少,开发周期缩短,软件内部潜藏错误减少。

为了度量程序复杂性,要求复杂性度量满足以下假设:

- 它可以用来计算任何一个程序的复杂性;
- 对于不合理的程序,例如对于长度动态增长的程序,或者对于原则上无法排错的程序,不应当使用它进行复杂性计算;
- 如果增加程序中指令条数、附加存储量或计算时间,并不能降低程序的复杂性。

7.6.1 代码行度量法

度量程序的复杂性,最简单的方法就是统计程序源代码行数。此方法基于两个前提:
(1) 程序复杂性随着程序规模的增加不均衡地增长;
(2) 控制程序规模的方法最好是采用分而治之的办法,将一个大程序分解成若干个简单的可理解的程序段。

该度量的基本考虑是统计一个程序模块的源代码行数目,并以源代码行数作为程序复杂性的度量。

若设每行代码的出错率为每 100 行源程序中可能有的错误数目,例如每行代码的出错率为 1%,则是指每 100 行源程序中可能有一个错误。此时,源代码行数与每行代码的出错率之间的关系不太好估计。Thayer 曾指出,程序出错率的估算范围是从 0.04%~7%之间,即每 100 行源程序中可能存在 0.04~7 个错误。他还指出,每行代码的出错率与源程序行数之间不存在简单的线性关系。Lipow 进一步指出,对于小程序,每行代码的出错率为 1.3%~1.8%;对于大程序,每行代码的出错率增加到 2.7%~3.2%之间,但这只是考虑了程序的可执行部分,没有包括程序中的说明部分。

Lipow 及其他研究者得出一个结论:对于少于 100 个语句的小程序,源代码行数与出错率是线性相关的。随着程序的增大,出错率以非线性方式增长。所以,代码行度量法只是一个简单、估计得很粗糙的方法。

7.6.2 McCabe 度量法

McCabe 度量法是由 Thomas McCabe 提出的一种基于程序控制流的复杂性度量方法。McCabe 定义的程序复杂性度量值又称环路复杂度,它基于一个程序模块的控制流图中环路的个数,因此计算它先要画出控制流图。

控制流图是退化的程序流程图。也就是说,把程序流程图中每个处理符号都退化成一个结点,原来连接不同处理符号的流线变成连接不同结点的有向弧,这样得到的有向图就叫做控制流图。控制流图仅描述程序内部的控制流程,完全不表现对数据的具体操作以及分支和循环的具体条件。下面给出计算环路复杂性的方法。

根据图论,在一个强连通的有向图 G 中,环的个数由以下公式给出:

$$V(G) = m - n + p$$

其中,$V(G)$ 是有向图 G 中环路数,m 是图 G 中弧数,n 是图 G 中结点数,p 是图 G 中的强连通分量个数。

Myers 建议,对于复合判定应视为多个单个条件的组合。例如(A=0)and(C=D)or(X='A'),算作三个单个条件判定的嵌套结构。

在一个程序中,从控制流图的入口点总能到达图中任何一个结点,因此,程序总是连通的,但不是强连通的。为了使图成为强连通图,从图的入口点到出口点加一条用虚线表示的有向边,使图成为强连通图。这样就可以使用上式计算环路复杂性了。

以图 7.10 所给的例子示范,其中,结点数 $n=11$,弧数 $m=13$,$p=1$,则有

$$V(G) = m - n + p = 13 - 11 + 1 = 3$$

即 McCabe 环路复杂度度量值为 3。它也可以看做由程序图中的有向弧所封闭的区域个数。

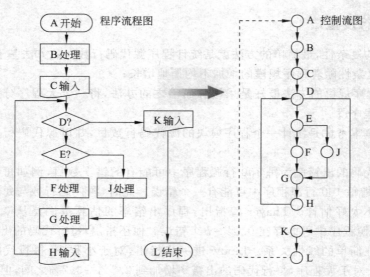

图 7.10 程序流程图和对应的控制流图示例

在第 10 章介绍基本路径测试时给出的计算 McCabe 复杂性的公式与现在给的公式在形式上有所不同。在那里假定模块是单入口单出口的程序,因此整个模块中只有一个程序,这时的 p=1。因此可以简化公式,不加从出口到入口的那条虚线而当做无向图处理:

$$V(G) = m - n + 2$$

当分支或循环的数目增加时,程序中的环路也随之增加,因此 McCabe 环路复杂度度量值实际上是为软件测试的难易程度提供了一个定量度量的方法,同时也间接地表示了软件的可靠性。实验表明,源程序中存在的错误数以及为了诊断和纠正这些错误所需的时间与 McCabe 环路复杂度度量值有明显的关系。

利用 McCabe 环路复杂度度量时,有几点说明。

(1) 环路复杂度取决于程序控制结构的复杂度。当程序的分支数目或循环数目增加时其复杂度也增加。环路复杂度与程序中覆盖的路径条数有关。

(2) 环路复杂度是可加的。例如,模块 A 的复杂度为 3,模块 B 的复杂度为 4,则模块 A 与模块 B 的复杂度是 7。

(3) McCabe 建议,对于复杂度超过 10 的程序,应分成几个小程序,以减少程序中的错误。Walsh 用实例证实了这个建议的正确性。他发现,在 276 个子程序中,有 23% 的子程序的复杂度大于 10,而这些子程序中发现的错误占总错误的 53%,而且复杂度大于 10 的子程序中,平均出错率比小于 10 的子程序高出 21%。这说明在 McCabe 复杂度为 10 的附近,存在出错率的间断跃变。

(4) McCabe 环路复杂度隐含的前提是:错误与程序的判定加上例行子程序的调用数目成正比。而加工复杂性、数据结构、录入的错误可以忽略不计。

(5) 这种度量的缺点是:对于不同种类的控制流的复杂性不能区分。

- 简单 if 语句与循环语句的复杂性同等看待;
- 嵌套 if 语句与简单 case 语句的复杂性是一样的;
- 模块间接口当成一个简单分支一样处理;
- 一个具有 1000 行的顺序程序与一行语句的复杂性相同。

尽管 McCabe 复杂度度量法有许多缺点，但它容易使用，而且在选择方案和估计排错费用等方面都是很有效的。

7.6.3　Henry-Kafura 的信息流度量

Henry-Kafura 提出过一个基于程序行数估计程序复杂度的信息流方法：
$$P = 长度 \times (输入数据个数 \times 输出数据个数)^2$$
其中，P 是程序的复杂度。

这个度量方法主要针对模块化程序。它认为作为功能单元的模块与其外部环境之间的信息流数目或通道数目有联系。此外，模块有一个内部复杂性，该复杂性的度量可基于模块规模（如代码行数 LOC）或环路复杂性进行。

当一个模块能影响另一个模块时，就定义它们之间有联系，这种联系或称为通道，或称为信息流。模块之间的信息流有两种：

(1) 局部流，当模块 A 传送一个参数给模块 B 时，称为直接局部流；当 A 返回一个值给模块 B 时，称为间接局部流。

(2) 全局流，这是指有一个公共数据结构 DS，模块 A 向 DS 写而模块 B 从 DS 读。

一个模块同其周围环境的联系是其扇入和扇出的函数。一个模块的扇入数 f_{in} 是进入此模块的局部流数与作为数据输入源的数据结构数之和。一个模块的扇出数 f_{out} 是从此模块发出的局部流数与作为数据输出目标的数据结构数之和。

Henry-Kafura 将信息流度量用于 UNIX 操作系统，并成功地找出一些问题。他们在信息流和程序修改数之间发现有高度相关(0.95)，并将它作为衡量出错的表征。信息流度量是少数经过实验考察的设计度量之一。

7.6.4　Thayer 复杂性度量

Thayer 认为程序复杂性可分为如下五种：
(1) 逻辑复杂性，同程序的分支和循环有关。
(2) 接口复杂性，涉及程序同其他应用程序和系统程序的关系。
(3) 计算复杂性，同程序中的赋值操作、所包含的操作数和操作符有关。
(4) I/O 复杂性，同程序中的输入/输出有关。
(5) 程序的可读性，同程序中的注释有关。
以下分别给出它们的度量公式。

1. 逻辑复杂性

令 L_{total} 表示每个分程序或模块的逻辑复杂性，可将 L_{total} 定义为：
$$L_{total} = LS/EX + L_{loop} + L_{if} + L_{branch}$$

其中，LS 是逻辑语句数，EX 是可执行语句数，L_{loop} 是循环语句复杂性度量，L_{if} 是条件语句复杂性度量，L_{branch} 是分支复杂性度量。

循环语句复杂性度量 L_{loop} 的计算公式为：
$$L_{loop} = \left(\sum_{i=1}^{\Omega} m_i W_i \right) \times 1000$$

$$W_i = 4^{i-1}\left(\frac{3}{4^\Omega - 1}\right), \quad \sum_{i=1}^{\Omega} W_i = 1$$

其中，m_i 是分程序在第 i 层嵌套中的循环次数；W_i 是权值，是对第 i 层的加权；Ω 是分程序中的最大嵌套层数；因子 1000 是按逻辑复杂性在 L_{total} 中的重要性而加的权值。

条件语句复杂性度量 L_{if} 的计算公式为

$$L_{if} = \left(\sum_{i=1}^{\Omega} n_i W_i\right) \times 1000$$

其中，n_i 是分程序在第 i 层嵌套中的条件语句数；因子 1000 是按条件语句复杂性在 L_{total} 中的重要性而加的权值，其他成分同上。分支复杂性度量 L_{branch} 的计算公式为：

$$L_{branch} = 0.001 N_{breach}$$

其中，N_{branch} 是分程序中的分支数；因子 0.001 是按分支复杂性在 L_{total} 中的重要性而加的权值。

2. 接口复杂性

令 $C_{interface}$ 表示每个分程序或模块的接口复杂性，则将 $C_{interface}$ 定义为：

$$C_{interface} = AP + 0.5 \times SYS$$

式中，AP 是分程序与应用程序的接口数；SYS 是分程序与系统程序的接口数；因子 0.5 是按分程序与系统程序的接口的重要性而加的权值。

3. 计算复杂性

令 CC 表示每个分程序或模块的计算复杂性，则将 CC 定义为：

$$CC = (CS/EX) \times (L_{system} / \sum CS) \times CS$$

$$L_{system} = \sum L_{total}$$

其中，CS 是一个分程序中的计算语句数；$\sum CS$ 是系统中各个分程序的计算语句数之和；L_{total} 是分程序或模块的逻辑复杂性；$L_{system} = \sum L_{total}$ 是系统中各个分程序或模块的逻辑复杂性之和。

4. I/O 复杂性

令 $C_{I/O}$ 表示每个分程序或模块的 I/O 复杂性，则将 $C_{I/O}$ 定义为：

$$C_{I/O} = (CS/EX) \times (L_{system} / \sum S_{I/O}) \times S_{I/O}$$

其中，$S_{I/O}$ 是一个分程序中的输入/输出语句数；$\sum S_{I/O}$ 是系统中各个分程序中的输入/输出语句数之和。

5. 程序可读性

令 U_{read} 表示程序的可读性，则将 U_{read} 定义为

$$U_{read} = COM/(TS + COM)$$

其中，COM 是注释语句数；TS 是一个分程序中可执行语句和非可执行语句数之和，但不包括注释语句。

6. 分程序的复杂性

令 C_{total} 表示分程序的复杂性，则将 C_{total} 定义为：

$$C_{total} = L_{total} + 0.1 \times C_{interface} + 0.2 \times CC + 0.4 \times C_{I/O} - 0.1 \times U_{read}$$

其中，在赋值语句右部出现的系数反映各项的相对重要性。最后一项说明可读性好，可降低程序的复杂性。

Thayer 假设软件错误与他定义的程序复杂性线性相关，并做过一些实验。

7.6.5 Halstead 的软件科学

Halstead 的软件科学理论"也许是最著名和研究得最深入的一种有关（程序）复杂性的综合度量方法"。软件科学为计算机程序提供了第一个利用解析式表示的"定律"。

Halstead 软件科学研究确定计算机软件开发中的一些定量规律，它采用以下一组基本的度量值，这些度量值通常在程序产生之后得出，或者在设计完成之后估算出。

1. 程序长度，即预测的 Halstead 长度

令 n_1 表示程序中不同运算符（包括保留字）的个数，令 n_2 表示程序中不同运算对象的个数，令 H 表示"程序长度"，则有 $H = n_1 \times \log_2 n_1 + n_2 \times \log_2 n_2$。

这里，H 是程序长度的预测值，它不等于程序中语句个数。在定义中，运算符包括：

  算术运算符 赋值符（＝或 :=） 数组操作符
  逻辑运算符 分界符（，或；或:） 子程序调用符
  关系运算符 括号运算符 循环操作符

特别地，成对的运算符，例如 begin-end, for-to, repeat-until, while-do, if-then-else, (…), {…} 等都当做单一运算符。

运算对象包括变量名和常数。

2. 实际的 Halstead 长度

设 N_1 为程序中实际出现的运算符总个数，N_2 为程序中实际出现的运算对象总个数，N 为实际的 Halstead 长度，则有 $N = N_1 + N_2$。

3. 程序的词汇表

Halstead 定义程序的词汇表为不同的运算符种类数和不同的运算对象种类数的总和。若令 n 为程序的词汇表，则有 $n = n_1 + n_2$。

图 7.11 是用 C 语言写出的交换排序的例子。

```
void sorting(int X[],int n)
{
  if(n< 2)return;
  int i,j;int temp;
    for(i=1;i<n;i++)
      for(j=0;j<n-i;j++)
        if(X[j+1]>X[j])
        {
          save=X[j];
          X[j]=X[j+1];
          X[j+1]=save;
        }
}
```

运算符	计数	运算对象	计数
数组下标[]	6	X	6
=	5	i	4
if()	2	j	9
for()	2	n	3
;	7	2	1
return	1	save	2
<	3	1	4
>	1	0	1
−	1	n2＝8	N2＝30
＋	7		
{}	1		
n1＝11	N1＝36		

图 7.11 用 C 语言写出的交换排序的例子

对于图 7.11 的例子，利用 n_1, N_1, n_2, N_2，可以计算得到
$$H = 11 \times \log_2 11 + 8 \times \log_2 8 = 63$$

$$N = 36 + 30 = 66$$

4. 程序量 V

$$V = N \times \log_2 n = (N_1 + N_2) \times \log_2(n_1 + n_2)$$

它表明了程序在"词汇上的复杂性"。其最小值为

$$V^* = (2 + n_2^*) \times \log_2(2 + n_2^*)V$$

这里,2 表明程序中至少有两个运算符:赋值符＝和函数调用符 func(),n_2^* 表示输入/输出变量个数。

对于图 7.11 的例子,可以计算得到 $V = 66 \times \log_2(11+8) = 280$,等效的汇编语言程序的 $V = 328$。这说明汇编语言比 FORTRAN 语言需要更多的信息量(以 bit 表示)。

5. 程序量比率(语言的抽象级别)

$$L = V^*/V \quad \text{或} \quad L = (2/n_1) \times (n_2/N_2)$$

这里,$N_2 = n_2 \times \log_2 n_2$,它表明了一个程序的最紧凑形式的程序量与实际程序量之比,反映了程序的效率。其倒数 $D = 1/L$ 表明了实现算法的困难程度。

有时,用 L 表达语言的抽象级别,即用 L 衡量在表达程序过程时的抽象程度。对于高级语言,它接近于 1,对于低级语言,它在 0～1 之间。

6. 程序员工作量

$$E = V/L \quad \text{或} \quad E = V^2/V^*$$

7. 程序的潜在错误

Halstead 度量可以用来预测程序中的错误。该度量认为程序中可能存在的差错应与程序的容量成正比。若设 B 为该程序的错误数,则出错数的预测公式为:

$$B = V/3000 = (N_1 + N_2) \times \log_2(n_1 + n_2)/3000$$

例如,一个程序对 75 个数据库项共访问 1300 次,对 150 个运算符共使用了 1200 次,那么预测该程序的错误数为:

$$B = (1300 + 1200) \times \log_2(75 + 150)/3000 = 6.5$$

即预测该程序中可能包含 6～7 个错误。

8. Halstead 的重要结论之一是:程序的实际 Halstead 长度 N 可以由词汇表 n 算出。即使程序还未编制完成,也能预先算出程序的实际 Halstead 长度 N,虽然它没有明确指出程序中到底有多少个语句。这个结论非常有用。经过多次验证,预测的 Halstead 长度与实际的 Halstead 长度是非常接近的。

Halstead 度量是目前最好的度量方法。但它也有缺点:

(1) 没有区别自己编的程序与别人编的程序。这是与实际经验相违背的。这时应将外部调用乘上一个大于 1 的常数 Kf(应在 1～5 之间,它与文档资料的清晰度有关)。

(2) 没有考虑非执行语句。补救办法:在统计 n_1, n_2, N_1, N_2 时,可以把非执行语句中出现的运算对象、运算符统计在内。

(3) 在允许混合运算的语言中,每种运算符必须与它的运算对象相关。如果一种语言有整型、实型、双精度型三种不同类型的运算对象,则任何一种基本算术运算符(＋、－、×、/)实际上代表了 $A_3^2 = 6$ 种运算符。如果语言中有 4 种不同类型的算术运算对象,那么每一种基本算术运算符实际上代表了 $A_4^2 = 12$ 种运算符。在计算时应考虑这种因数据类型而引起差异的情况。

（4）没有注意调用的深度。Halstead 公式应当对调用子程序的不同深度区别对待。在计算嵌套调用的运算符和运算对象时，应乘上一个调用深度因子，这样可以增大嵌套调用时的错误预测率。

（5）没有把不同类型的运算对象、运算符与不同的错误发生率联系起来，而是把它们同等看待。例如，对简单 IF 语句与 WHILE 语句就没有区别。实际上，WHILE 语句复杂得多，错误发生率也相应地高一些。

（6）忽视了嵌套结构（嵌套的循环语句、嵌套 IF 语句、括号结构等）。一般地，运算符的嵌套序列，总比具有相同数量的运算符和运算对象的非嵌套序列要复杂得多。解决的办法是对嵌套结果乘上一个嵌套因子。

7.6.6 软件复杂性的综合度量

在软件复杂性的综合度量时涉及以下几个概念。

1. 交付文档

交付文档是指按照合同或委托书的规定，在软件开发单位交付软件产品的同时，应当提交的文档。目前，交付文档应包括软件需求说明书、用户手册、程序清单、测试计划和测试报告等。

2. 软件的微观复杂性

软件的微观复杂性是指理解和处理单个过程或子程序内部结构与操作的难易程度。上述 McCabe 复杂性度量方法与 Halstead 复杂性度量方法都属于这一范畴。

3. 软件的宏观复杂性

软件的宏观复杂性是指理解和处理整个程序的结构与功能的难易程度。

由 Harrison 与 Cook 建议的一种软件复杂性综合度量叫做 MMC(Micro/Macro Complexity)方法。公式如下

$$\text{MMC} = \sum_{i=1}^{k} \{\text{SC}(i) + \text{MC}(i)\} \times (1 - \text{Docum})$$

其中，k 是指整个程序中所包含的子程序的个数；Docum 是指整个软件的文档指标，它由交付文档的数量和质量而定，通常可取 Docum$=0\sim0.60$；MC(i) 是指第 i 个子程序的微观复杂度，它可按 McCabe 环路复杂性度量方法，或按 Halstead 复杂性度量方法来度量；SC(i) 是指第 i 个子程序的宏观复杂度，即第 i 个子程序对整个程序的影响，它的计算方法如下：

$$\text{SC}(i) = \lceil \text{Glob}(i) \times (k-1) + \text{Local}(i) \rceil \times (1 - \text{Docum}(i))$$

式中，Glob(i) 表示第 i 个子程序中使用的全程变量的个数，可用该子程序的扇入数和扇出数进行度量。这里，扇入数是指由其他子程序送给该子程序的输入变量个数，扇出数是指由该子程序送给其他子程序的输出变量个数。由于很难确定 Glob(i) 要影响哪些模块，因而认为它除了影响它所在的那个子程序外，还可能潜在地影响另外的 $k-1$ 个模块。

Local(i) 表示第 i 个子程序中所用到的局部变量个数。

Docum(i) 表示第 i 个子程序的文档指标。可用该子程序中的注释数量和注释质量来确定。通常可取 Docum$(i)=0\sim0.40$。

第 8 章　软件测试工程

软件系统的开发体现了人们智力劳动的成果。在软件开发的过程中，尽管人们利用了许多旨在改进、保证软件质量的方法去分析、设计和实现软件，但难免会在工作中犯这样那样的错误。如在人们相互通信中产生误解，或在分析、设计的表达上不正确等。这样，在软件产品中就会隐藏许多缺陷。对于规模大、复杂性高的软件更是如此。在这些缺陷中，有些甚至是致命的缺陷，如果不排除，就会导致财产以至生命的重大损失。

举一个微软公司的例子。在 20 世纪 80 年代初期，微软公司的许多软件产品出现了隐错（Bug）。比如，在 1981 年与 IBM PC 机一起推出的 BASIC 软件，用户在用".1"（或者其他数字）除以 10 时就会出错。在 FORTRAN 软件中也存在破坏数据的隐错。由此激起了许多采用微软操作系统的 PC 厂商极大的不满，而且很多个人用户也纷纷投诉。又例如，在 1984 年推出 Mac 机的 Multiplan（电子表格软件）之前，微软曾特地请 Arthur Anderson 咨询公司进行测试。但是他们也没有做好全面的软件测试。结果，一种相当厉害的破坏数据的隐错迫使微软公司为它的两万多名用户免费提供更新版本，代价是每个复本 10 美元，一共花了 20 万美元，可谓损失惨重。

事实上，在软件业界还没有找到像"银弹"那样的东西万无一失地击破隐错的困扰。不论采用什么技术和什么方法，软件中仍然会有错。采用新的编程语言、先进的开发方式、完善的开发过程，可以减少缺陷的引入，但是不可能完全杜绝软件中的缺陷。这些引入的缺陷中大部分需要测试来找出，软件的失效密度也需要测试来进行估计。因此，软件测试是软件工程的重要部分。统计表明，在典型的软件开发项目中，软件测试工作量往往占软件开发总工作量的 40% 以上。而在软件开发的总成本中，用在测试上的开销要占 30%～50%。这种情况表明，人们必须认真计划，彻底地进行软件测试。

8.1　软件测试的任务

8.1.1　软件测试的目的和定义

什么是软件测试？这个概念的形成有其发展的过程。在 20 世纪 50 年代早期开发计算机程序过程时，程序开发人员往往将测试等同于"调试"，目的是纠正软件中已经知道的隐错（Bug）或故障（Fault）。直到 1957 年，程序测试才开始与调试区别开来。人们在潜意识里认为测试的目的就是"使自己确信产品能工作"，一直等到程序编写完成后才进行测试。测试常常被当做软件生存周期中最后执行的一种检验活动。

到了 20 世纪 70 年代，人们开始思考有关软件开发过程的问题。1973 年，软件测试领域的先驱 Bill Hetzel 博士首先给出了软件测试的定义："测试就是建立一种信心，确信程序能够按预期的设想运行。"1983 年他又将软件测试的定义修改为："评价一个程序和系统的特性或能力，并确定它是否达到预期的结果。软件测试就是以此为目的的任何行为。"

这一提法受到很多软件测试领域权威的质疑。代表人物是 Glenford J. Myers。他认为应该首先认定软件是有错误的,然后用测试去发现尽可能多的错误。他于1979年提出了对软件测试的定义:"测试是为发现错误而执行的一个程序或者系统的过程。"除此之外 Myers 还给出了与测试相关的三个重要观点,那就是:
- 测试是为了证明程序有错,而不是证明程序无错误;
- 一个好的测试用例是在于它能发现至今未发现的错误;
- 一个成功的测试是发现了至今未发现的错误的测试。

Myers 认为,一个成功的测试必须是发现程序错误的测试,不然就没有价值。这就如同一个病人(假定此人确有病),到医院做一项医疗检查,结果各项指标都正常,那说明该项医疗检查对于诊断该病人的病情是没有价值的,是失败的。Myers 提出的"测试的目的是证伪"这一概念,推翻了过去"为表明软件正确而进行测试"的片面理解,为软件测试的发展指出了方向,软件测试的理论、方法在之后得到了长足的发展。

1990年 IEEE 在其 IEEE 610.12 标准中给出的较正式的定义为:

(1) 在规定条件下运行系统或构件的过程:在此过程中观察和记录结果,并对系统或构件的某些方面给出评价。

(2) 分析软件项目的过程:检测现有状况和所需状况之间的不同(即 Bug),并评估软件项目的特性。

在上述定义中,评价系统或构件的某些方面,是看它是否满足规定的需求;评估项目的特性,是看期望的结果和实际的结果之间有无差别。

总之,软件测试的目的是:
- 想以最少的时间和人力,系统地找出软件中潜在的各种错误和缺陷。如果我们成功地实施了测试,我们就能够发现软件中的错误。
- 测试的另一收获是,它能够证明软件的功能和性能与需求说明相符合。

软件测试在软件生存周期中横跨两个阶段:通常在编写出每一个程序模块之后就对它做必要的测试(称为单元测试)。编码与单元测试属于软件生存周期中的同一个阶段。在这个阶段结束之后,对软件系统还要进行各种集成测试、系统测试和验收测试,这是软件生存周期的另一个独立的阶段,即测试阶段。

现在,软件开发机构将研制力量的40%以上投入到软件测试之中的事例越来越多。特殊情况下,对于性命攸关的软件,例如飞行控制、核反应堆监控软件等,其测试费用甚至高达所有其他软件工程阶段费用总和的3~5倍。

8.1.2 软件测试的原则

根据这样的测试目的,软件测试的原则应该是:

1. 应当把"尽早地和不断地进行软件测试"作为软件开发者的座右铭

由于原始问题的复杂性、软件本身的复杂性和抽象性、软件开发各个阶段工作的多样性,以及参加开发各种层次人员之间工作的配合关系等因素,使得开发的每个环节都可能产生错误。所以我们不应把软件测试仅仅看做是软件开发的一个独立阶段,而应当把它贯穿到软件开发的各个阶段中。在开发过程中尽早发现和预防错误,把出现的错误排除在早期,杜绝某些发生错误的隐患,减少开发费用,提高软件质量。

2. 测试用例应由测试输入数据、执行条件和对应的预期输出结果组成

测试以前应当根据测试的要求选择测试用例(Test Case),以在测试过程中使用。测试用例主要用来检验程序员编制的程序,因此不但需要测试的输入数据,还需要测试的执行条件,如对各种资源的要求、上下文环境等,以及针对这些输入数据的预期输出结果。如果对测试输入数据没有给出预期的程序输出结果,那么就缺少了检验实测结果的基准,就有可能把一个似是而非的错误结果当成正确结果。

3. 程序员应避免检查自己的程序

程序员应尽可能避免测试自己编写的程序,程序开发组也应尽可能避免测试本组开发的程序。如果条件允许,最好建立独立于开发组和客户的第三方测试组或测试机构。

但这并不是说程序员不能测试自己的程序。而是说由别人来测试可能会更客观、更有效,并更容易取得成功。要注意的是,这点不能与程序的调试(Debugging)相混淆。调试由程序员自己来做可能更有效。

4. 在设计测试用例时,应当包括合理的输入条件和不合理的输入条件

所谓合理的输入条件是指能验证程序正确的输入条件;而不合理的输入条件是指异常的、临界的输入条件。在测试程序时,人们常常倾向于过多地考虑合理的和期望的输入条件,以检查程序是否做了它应该做的事情。事实上,软件在投入运行以后,用户的使用往往不遵循事先的约定,使用了一些意外的输入。如果软件遇到这种情况时不能做出适当的反应,就容易产生故障,轻则给出错误的结果,重则导致软件失效。因此,用不合理的输入条件测试程序时,往往比用合理的输入条件进行测试能发现更多的错误。

5. 充分注意测试中的群集现象

测试时不要被一开始发现的若干错误所迷惑,以为找到了几个错误就以为问题已经解决,不需要继续测试了。经验表明,测试后程序中残存的错误数目与该程序中已发现的错误数目成正比,如图 8.1 所示。根据这个规律,应当对错误群集的程序段进行重点测试,以提高测试投资的效益。

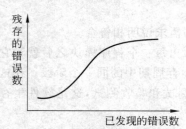

图 8.1 错误的群集现象

在被测程序段中,若发现错误数目多,则残存错误数目也比较多。这种错误群集性现象,已为许多程序的测试实践所证实。例如美国 IBM 公司的 OS/370 操作系统中,47%的错误仅与该系统的 4%的程序模块有关。这种现象对理解测试的规律很有用。如果发现某一程序模块似乎比其他程序模块有更多的错误倾向时,则应当花费较多的时间和代价测试这个程序模块。

6. 严格执行测试计划,排除测试的随意性

测试计划应包括:目的,背景;被测软件的功能,输入和输出;测试内容(测试内容名称,如模块功能测试、接口正确性测试、数据文件存取测试、运行时间测试等);各项测试的进度安排、资源要求、测试资料、测试工具、测试用例的选择、测试的控制方式和过程、系统组装方式、跟踪规程、调试规程以及回归测试的规定;评价标准。

对于测试计划,要认真制定,而后严格执行,不要随意解释。

7. 应当对每一个测试结果做全面检查

这是一条最明显的原则,但常常被忽视。有些错误的征兆在输出实测结果时已经明显地出现了,但是如果不仔细、全面地检查测试结果,就会使这些错误被遗漏掉。所以必须对预期的输出结果明确定义,对实测的结果仔细分析检查,抓住征候,揭露错误。

8. 妥善保存测试计划、测试用例、出错统计和最终分析报告,为维护提供方便。

8.1.3 软件测试的对象

软件测试并不等于程序测试。软件测试应贯穿于软件定义与开发的整个期间。因此,需求分析、概要设计、详细设计以及程序编码等各阶段所得到的文档资料,包括需求规格说明、设计规格说明以及源程序,都应成为软件测试的对象。软件测试不应仅局限在程序测试的狭小范围内,而置其他阶段的工作于不顾。

8.1.4 测试信息流

测试信息流如图 8.2 所示。

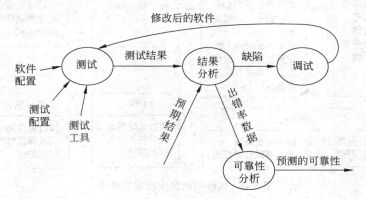

图 8.2 测试信息流

测试过程需要三类输入。

(1) 软件配置:包括软件需求规格说明、软件设计说明、源代码等。

(2) 测试配置:包括表明测试工作如何进行的测试计划、给出测试数据的测试用例、控制测试进行的测试程序等。实际上,从整个软件工程过程来看,测试配置是软件配置的一个子集。

(3) 测试工具:为提高软件测试效率,测试工作需要有测试工具的支持,它们的工作就是为测试的实施提供某种服务,以减少人们完成测试任务中的手工劳动。例如,测试数据自动生成程序、静态分析程序、动态分析程序、测试结果分析程序以及驱动测试的测试数据库等。

测试之后,要对所有测试结果进行分析,即将实测的结果与预期的结果进行比较。如果发现出错的数据,就意味着软件有缺陷,然后就需要进行调试,即对已经发现的缺陷进行缺陷定位和确定缺陷性质,并修正这些缺陷,同时修改相关的文档。修正后的文档一般都要经过再次测试,直到通过测试为止。

调试的过程是测试过程中最不可预知的部分,即使是一个与预期结果只相差 0.01% 的错误,也可能需要花上一个小时、一天、甚至一个月的时间去查找原因并改正错误。也正是因为调试中的这种固有的不确定性,使得我们很难定出准确的测试进度。

通过收集和分析测试结果数据，开始对软件建立可靠性模型。如果经常出现需要修改设计的严重错误，那么软件质量和可靠性就值得怀疑了。

最后，如果测试发现不了错误，那么几乎可以肯定，测试配置考虑得不够细致充分，错误仍然潜伏在软件中。这些错误最终不得不由用户在使用中发现，并在维护时由开发者去改正。但那时改正错误的费用将比在开发阶段改正错误的费用要高出40倍到60倍。

8.1.5 软件测试的生存周期模型

软件测试从直观上来讲是对测试对象进行检查、验证，似乎很简单，但实际不然，它是由许多处理环节构成的。根据测试目标、质量控制的要求，它被划分为如图8.3所示的一系列环节，并被设置了不同的准入、准出标准。

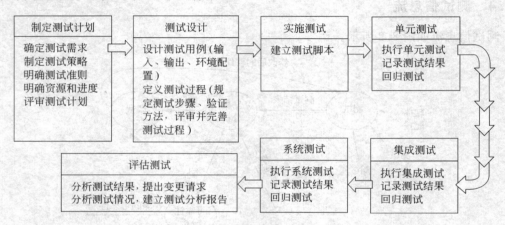

图 8.3　软件测试的生存周期模型

图8.3所给出的测试生存周期模型描述了软件测试的全过程。

当每一个程序单元编写出来之后，必须及时对其进行单元测试，检查该程序单元中的各种缺陷，并通过调试改正它们，然后进行回归测试，重复执行暴露了这些缺陷的测试，检查这些缺陷是否确实得到修正。这个过程可以在程序单元编写出来后立刻进行，所以它与程序编码归入生存周期的同一阶段。

集成测试是根据软件体系结构的设计，按照一定顺序将经过单元测试的程序单元逐步组装为子系统或系统。这一过程可以与单元测试穿插进行，每个程序单元，一旦完成单元测试，即可集成到系统中。在集成过程中如果发现了连接中的错误，在修改它们之后也要进行回归测试，确认是否真正改正了这些错误。

系统测试则是根据软件需求规格说明，在开发环境下对已集成的软件系统进行测试，确认各项规定的需求是否在系统中实现，各种质量要求在系统中是否达到预期的标准。同时，还要审查在合同或规范中规定交付的文档是否完成。这个阶段如果发现了各种缺陷，在修改它们之后，仍需要进行回归测试，以确定这些缺陷改正的效果。

对于已经确认的软件系统，还需要进行验收测试。在实际使用环境中与计算机系统的其他系统元素，如硬件、其他相关软件、数据库、使用系统的人集成在一起，进行一系列系统级的集成和系统测试。

最后，测试人员与开发人员、客户一起对测试结果进行评估，归纳发现的各种问题，提交问题报告(包括变更请求),并对测试数据进行分析,通过测试分析报告,估计软件质量水平。

8.1.6 软件的确认和验证

事实上,到程序的测试为止,软件开发工作经历了许多环节,每个环节都可能发生问题。为了把握各个环节的正确性,人们需要进行各种确认和验证工作。

所谓验证(Verification),是想证实在软件生存周期各个阶段,以及阶段间的逻辑协调性、完备性和正确性。所谓确认(Validation),是在生存周期各个阶段结束时检查系统的逻辑正确性,看是否满足客户的需要。Bohem 给出了关于两者的区别:

- 验证是要用数据证明我们是否在正确地制造产品。它强调的是过程的正确性。
- 确认是要用数据证明我们是否制造了正确的产品。它强调的是结果的正确性。

软件验证和确认采用审查、分析和测试等技术来确定一个软件系统及其中间产品是否符合需求。这些需求包括功能特性和质量特性。因此,从软件确认和验证的角度,软件测试的生存周期模型可以用图 8.4 所示的 V 模型描述。

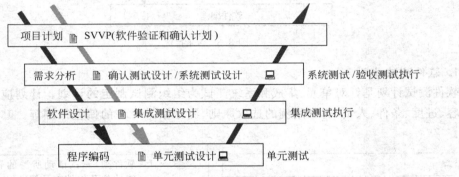

图 8.4 软件测试的 V 模型

左边每个开发活动都与右边的测试活动相对应,图中的箭头代表了时间方向。测试过程就是计划测试→设计测试→实现测试→执行测试 4 个阶段的迭代过程。

V 模型传递了如下信息:需求、功能、设计和编码的开发活动随时间而进行,而相应的测试活动即针对需求、功能、设计和编码的测试,其开展的次序则正好相反。换言之,代码最后被开发,而相应的单元测试首先被执行;系统需求则最早开发,但相应的验收测试到最后进行。

为了描述软件开发与测试之间的互动,产生了 V 模型的另一版本(简称 V 图),参看图 8.5。

可以根据 V 图来安排相应的工作;反过来,也可以用 V 图判断测试工作是否跟得上进度。在 V 图中,从左向右的箭头表明在开发期间软件测试应进行什么准备,这些准备工作的依据是什么。从右向左的箭头表明测试对开发文档和软件质量的反馈。通过这些反馈,软件本身及其开发文件的质量就可以不断提升。

8.1.7 软件测试文档

按照 GB/T 8567—2006《计算机软件文档编制规范》,软件测试文档主要包括软件测试计划和测试分析报告。

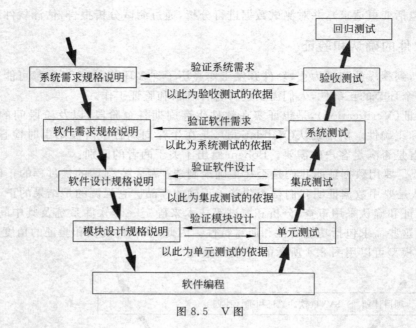

图 8.5 V图

1. 软件测试计划

软件测试计划是针对单元、集成和系统测试为组织测试制定的计划。计划应包括测试的内容、进度、条件、人员、测试用例的选取原则、测试结果允许的偏差范围等。其主要内容如下。

1. 引言		3.x.1	软件项(测试活动所需的软件项、系统软件及软件工具等)
1.1	标识(标识、标题、版本号)		
1.2	系统概述(用途、特性,开发运行维护的历史,项目相关方,运行现场,有关文档等)	3.x.2	硬件项(测试现场用于测试的硬件、接口设备、通信设备和各种仪器)
1.3	文档概述(用途,内容,预期读者,与使用有关的保密性和私密性要求)	3.x.3	其他材料(手册、软件清单等测试相关资料)
1.4	与其他计划的关系(说明与有关的项目管理计划间的关系)	3.x.4	所有权的种类、需方权力和许可证
		3.x.5	安装、测试和控制
1.5	基线(说明编制本文档的输入基线,如软件需求规格说明)	3.x.6	参与组织
		3.x.7	人员
2. 引用文档(列出要用到的参考资料)		3.x.8	必要的专项培训计划
a.	本项目经核准的计划任务书或合同、上级机关的批文	4. 计划	
		4.1	总体设计
b.	属于本项目的其他已发表的文档	4.1.1	测试级别(是软件配置项级别还是系统级别的测试)
c.	本文档中各处引用的文件资料,包括所要用到的软件开发标准。列出这些文档的标题、文档编号、发表日期和出版单位等	4.1.2	测试类别(指明是哪种测试,如模块功能测试、接口正确性测试、数据文件存取测试、运行时间测试、压力测试等)
3. 软件测试环境			
3.x	测试现场名称		

4.1.3 测试条件(本测试对资源的要求)
    a. 设备所用到的设备类型、数量和预定使用时间;
    b. 将被用来支持本测试过程而本身又并不是被测软件的组成部分的软件,如测试驱动程序、测试监控程序、桩模块等;
    c. 在测试期间预期可由用户和开发组提供的工作人员数、技术水平及有关预备知识

4.1.4 测试过程
    a. 本测试的控制方式,如输入是人工、半自动或自动引入、控制操作的顺序以及结果的记录方法
    b. 完成本测试的步骤和控制命令,包括测试准备、初始化、中间步聚和运行结束方式

4.1.5 数据记录、归纳和分析(测试后的数据处理)

4.2 计划执行的测试
    4.2.x 被测试项(第 x 个被测试的软件配置项的标识)
    4.2.x.y 测试项(x 中的第 y 测试对象的测试需求信息)

4.3 测试用例

5. 测试进度(给出对这项测试的进度安排,包括进行测试的日期和工作内容,如熟悉环境、培训、准备输入数据等)

6. 需求的可追溯性

7. 评价
   7.1 范围(说明所选择的测试用例能够检查的范围及其局限性)
   7.2 数据整理(陈述为了把测试数据加工成便于评价的适当形式,使得测试结果可以同已知结果进行比较而要用到的转换处理技术,如手工方式或自动方式。如果是用自动方式整理数据,还要说明为进行处理而要用到的硬件、软件资源)
   7.3 尺度(说明用来判断测试工作是否能通过的评价尺度,如合理的输出结果的类型、测试输出结果与预期输出之间的容许偏离范围、允许中断或停机的最大次数)

8. 注解

2. 测试分析报告

测试分析报告是在测试工作完成以后应提交的有关测试计划执行情况的说明。测试分析报告应对测试结果加以分析并提出测试的结论性意见。其主要内容如下。

1. 引言
   1.1 标识(标识、标题、版本号)
   1.2 系统概述(用途、特性,开发运行维护的历史,项目相关方,运行现场,有关文档等)
   1.3 文档概述(用途、内容、预期读者,与使用有关的保密性和私密性要求)

2. 引用文档(列出要用到的参考资料)
    a. 本项目经核准的计划任务书或合同、上级机关的批文
    b. 属于本项目的其他已发表的文档
    c. 本文档中各处引用的文件资料,包括所要用到的软件开发标准。列出这些文档的标题、文档编号、发表日期和出版单位等

3. 测试结果概述
   3.1 总体评估(根据测试结果对被测软件提出总体评估)
   3.2 测试环境的影响
   3.3 改进建议

4. 具体测试结果
   4.x 测试项标识(表明第 x 个测试项目)
     4.x.1 测试结果小结(综述该项测试的结果,例如以表格形式给出每个测试用例的完成情况及相关说明)
     4.x.2 测试中遇到的问题
     4.x.3 与测试用例或测试过程的偏差(说明偏差的情况和原因及对测试有效性的影响)

5. 测试记录

6. 评价

6.1 能力(陈述经测试证实了的本软件的能力。如果所进行的测试是为了验证一项或几项特定性能要求的实现,应提供这方面的测试结果与要求之间的比较,并确定测试环境与实际运行环境之间可能存在的差异对能力的测试所带来的影响)

6.2 缺陷和限制(陈述经测试证实的软件缺陷和限制,说明每项缺陷和限制对软件性能的影响,并说明全部测得的性能缺陷的累积影响和总影响)

6.3 建议(对每项缺陷提出改进建议)
  a. 各项修改可采用的修改方法
  b. 各项修改的紧迫程度
  c. 各项修改预计的工作量
  d. 各项修改的负责人

6.4 结论(说明该项软件的开发是否已达到预定目标,能否交付使用)

7. 总结
  7.1 人员、工作量的投入
  7.2 资源消耗(如机时、费用等)

8. 注解

8.2 软件错误

由于软件测试的目的是发现错误,并为排除错误提供必要的信息,所以有必要研究在什么地方容易出现错误,应当如何对错误归纳分类。

从不同的角度有不同的分类方法。同一个错误可能有多个征兆,因而它可以被归入不同的类。下面从3个不同角度对错误分类。

8.2.1 按错误的影响和后果分类

测试过程中发现的错误可能是各式各样的,若按其影响和后果,可以分为以下6类。

(1) 微小错误:一些小问题,对功能几乎没有影响,产品及属性仍可使用。如有个别错别字、文字排列不整齐等。

(2) 一般错误:软件缺陷虽然不影响系统的使用,但没有很好地实现功能,没有达到预期效果。如次要功能丧失、提示信息不太准确,或用户界面差、操作时间长等。

(3) 较严重错误:系统的行为因错误的干扰而出现明显不合情理的现象。比如开出了0.00元的支票,系统的输出完全不可信赖。

(4) 严重错误:系统运行不可跟踪,一时不能掌握其规律,时好时坏。

(5) 非常严重的错误:系统运行中突然停机,其原因不明,无法软启动。

(6) 最严重的错误:系统运行导致环境破坏,或是造成事故,引起生命、财产的损失。

以上只是列举了一些错误可能发生的现象,但我们可以通过这些现象来估计错误的严重程度,做到心中有数。

8.2.2 按错误的性质和范围分类

B.Beizer 从软件测试的观点出发,他把软件错误分为5类。

1. 功能错误

- 规格说明错误:规格说明未反映用户需求,不完全、有二义性或自身矛盾。
- 功能错误:程序实现的功能与规格说明及用户要求的不一致。
- 测试错误:软件测试的设计与实施发生错误。另外,如果测试者对系统缺乏了解,或对规格说明做了错误的解释,也会发生许多错误。
- 测试标准引起的错误:对软件测试的标准要选择适当,若测试标准太复杂,则导致测试过程出错的可能就大。

2. 系统错误

- 外部接口错误:外部接口协议有错或太复杂,致使在使用中出错。此外还包括对输入/输出格式的错误理解,对输入数据不合理的容错等。
- 内部接口错误:内部接口设计协议错、输入/输出格式错、数据保护不可靠、子程序访问错等。
- 硬件结构错误:与硬件结构有关的软件错误与误用硬件工作机制有关。
- 操作系统错误:与操作系统有关的软件错误与误用操作系统工作机制有关。
- 软件结构错误:由于软件结构不合理或不清晰而引起的错误。
- 控制与顺序错误:与事件时序、执行条件、处理优先级及步骤错误有关。
- 资源管理错误:由于不正确地使用资源而产生的错误。

3. 加工错误

- 算术与操作错误:在算术运算、函数求值和一般操作过程中发生的错误。
- 初始化错误:初始化工作区、寄存器和数据区有错,或数据初始化有错。
- 控制和次序错误:与执行路径、循环嵌套、返回和终止条件、处理步骤有关。
- 静态逻辑错误:语句和表达式中的逻辑不正确。

4. 数据错误

- 动态数据错误:动态数据是在程序执行过程中暂时存在的数据,它的生存周期非常短。各种不同类型的动态数据在程序执行期间将共享一个共同的存储区域,若程序启动时对这个区域未初始化,就会导致数据出错。
- 静态数据错误:静态数据在内容和格式上都是固定的,它们直接或间接地出现在程序或数据库中,由编译程序或其他专门程序对它们做预处理,但预处理也会出错。
- 数据内容、结构和属性错误:数据内容错误是由于内容被破坏或被错误地解释而造成的错误;数据结构错误是指结构说明错误及误用数据结构的错误;数据属性错误是指对数据属性不正确的解释而导致的错误。

5. 代码错误

代码错误主要包括:语法错误、打字错误、对语句或指令不正确的理解所产生的错误。

8.2.3 按软件生存周期阶段分类

按软件生存周期的不同阶段可把软件的逻辑错误分为以下 8 类。

(1) 需求错误:需求定义不合理或不正确,需求不完全,需求中含有逻辑错误,需求分析的文档有错误等。

(2) 功能与性能错误:功能或性能规定有错误,遗漏了某些功能,规定了某些冗余的功能,为用户提供的信息有错,信息不确切,对异常情况处理有错误等。

(3) 程序结构错误:程序控制流或控制顺序有错误,处理过程有错误等。

(4) 数据错误:数据定义或数据结构有错误,数据访问或数据操作有错误等。

(5) 实现和编码错误:编码时违反编码风格要求或编码标准,包括语法错误、数据名错误、局部变量与全局变量混淆,或程序逻辑错误等。

(6) 集成错误:程序的内部接口、外部接口有错误;程序各相关部分在时间配合、数据吞吐量等方面不协调。

(7) 系统结构错误:操作系统调用错误或使用错误,恢复错误,诊断错误,分割及覆盖错误,以及引用环境的错误等。

(8) 测试定义与测试执行错误。

8.2.4 错误统计

在软件测试过程中,对查找出来的所有错误应当进行统计和分类,为可靠性分析提供依据。B. Beizer 曾对一个有 126 000 个语句的程序做过一个错误统计表,该程序的错误总数是 2070 个,每 100 个语句的平均错误数是 1.63 个。

按 B. Beizer 的分类方法,其错误统计表如表 8.1 所示。由于错误中有一些可以归入这一类,也可以归入另一类,例如,在系统错误和功能错误这两类错误之间有许多错误就很难区分,所以表 8.1 所示的统计表内错误分类的数字并不是非常准确的。

表 8.1 B. Beizer 的错误统计表

功能错误	规格说明书	404		加工错误	算术	114	
	功能	147			初始化	15	
	测试	7			控制与次序	271	
	总计	558	26.96%		静态逻辑	13	
系统错误	内部接口	29			其他	120	
	硬件	63			总计	533	25.75%
	操作系统	2		数据错误	类型	36	
	软件结构	193			结构	34	
	控制与顺序	43			初始值	51	
	资源	8			其他	120	
	总计	338	16.33%		总计	241	11.64%
程序编写错误			78 3.77%	文档和其他错误		322	15.56%

8.3 人 工 测 试

早在 20 世纪 70 年代 Weinberg 在《计算机程序设计心理学》一书中就指出采用人工方法阅读程序的必要性。经验表明,人工测试能相当有效地查找缺陷,因此,为了有效的保证软件质量,在一个软件的开发过程中应至少使用一种或多种人工测试技术。

所谓人工测试,就是不用在计算机上动态执行的测试。有统计表明,在查找缺陷方面人工测试方法是非常有效的,它能够有效地发现 30% 到 70% 的逻辑设计和编码缺陷。

人工测试方法主要包括桌面检查、走查、代码检查和同行评审技术。

8.3.1 桌面检查

桌面检查(Desk Checking)由程序员自己检查自己编写的程序。程序员在程序通过编译之后,进行单元测试设计之前,对源程序代码进行分析,对照缺陷列表进行检查,对程序推演测试数据,并补充相关的文档,目的是发现程序中的缺陷。

1. 桌面检查的检查项目

程序员进行桌面检查的目的是进行程序代码检查,主要检查项目包括:

(1) 检查变量的交叉引用表——重点检查未说明的变量和违反了类型规定的变量;还要对照源程序,逐个检查变量的引用序列;临时变量在某条路径上的重写情况;局部变量、全局变量与特权变量的使用。

(2) 检查标号的交叉引用表——验证所有标号的正确性,包括所有标号的命名是否正确,转向指定位置的标号是否正确。

(3) 检查子程序、宏、函数——验证每次调用位置是否正确;确认被调用的子程序、宏、函数是否存在;检验调用序列中调用方式与参数顺序、个数、类型上的一致性。

(4) 等价性检查——检查全部等价变量(Union)类型的一致性。

(5) 常量检查——确认每个常量的取值和数制、数据类型;检查常量每次引用同它的取值、数制和类型的一致性。

(6) 标准检查——用编程标准、C++编程规范或Java编程规范等,检查程序或手工检查程序中违反标准的问题。

(7) 风格检查——检查在编程风格方面的问题,包括命名规则、变量说明、程序格式、注释的使用、结构化程序设计、基本控制结构的使用等。

(8) 比较控制流——比较由程序员设计的控制流图和由实际程序生成的控制流图,寻找和解释每个差异,修改文档和校正缺陷。

(9) 选择、激活路径——在程序员设计的控制流图上选择路径,再到实际的控制流图上激活这条路径。如果选择的路径在实际控制流图上不能激活,则源程序可能有错。用这种方法激活的路径集合应保证源程序的每行代码都被检查,即应至少完成语句覆盖。

(10) 对照程序的规格说明,详细阅读源代码——程序员对照程序的规格说明书、规定的算法和程序设计语言的语法规则,仔细地阅读源代码,逐字逐句进行分析和思考,比较实际的代码和期望的代码,从它们的差异中发现程序的问题和缺陷。

2. 补充文档

桌面检查的文档是一种过渡性的文档,不是公开的正式文档。通过编写文档,也是对程序的一种下意识的检查和测试,可以帮助程序员发现和抓住更多的缺陷。管理部门也可以通过审查桌面检查文档,了解模块的质量、完全性、测试方法和程序员的能力。

这种文档的主要内容有:

(1) 建立小型的数据字典,描述程序中出现的每一种数据结构、变量和寄存器的用法,建立相应的各种交叉引用表。

(2) 描述主要的路径和异常的路径,为覆盖准备条件。

(3) 当检查程序逻辑时,可通过判定表或布尔代数方法来确定逻辑覆盖情况。当检查程序状态时,可通过程序中的一组状态和状态迁移,来检查状态控制变量。

(4) 以纯粹的功能术语来描述输入与输出。

(5) 描述全部已知的限制和假定。

(6) 描述全部的接口和对接口的假定。

这种桌面检查,由于程序员熟悉自己的程序和自身的程序设计风格,可以节省很多的检查时间,但应避免主观片面性。

对于大多数人而言,桌面检查的效率相当低。其原因是,它是一个完全没有约束的过程。另一个重要的原因是它违反了软件测试的原则,即人们一般不能有效地测试自己编写的程序。因此桌面检查最好由其他人而非该程序的编写者来完成。

8.3.2 代码检查

所谓代码检查(Code Inspection),是以小组为单位阅读代码,应用一系列规程和缺陷检查技术,检查实际的产品,包括文档和程序代码,发现存在缺陷和缺陷的过程。

1. 代码检查小组的组织

代码检查小组的规模很小,由设计、开发、测试、质量保证等不同工作性质的相关人员组成,用户也可作为小组成员。规模小的代码检查小组的人数是3个人,一般代码检查小组的人数4~7人不等。规模大的代码检查小组主要检查文档,规模小的代码检查小组主要检查具体技术的实现。最佳组合的检查小组应当具有不同技术领域的经验,每个检查者都从他们自己的观点出发检查产品,发现很隐蔽的缺陷。

2. 代码检查的过程

一个代码检查小组通常有一个人担任协调人,他应该是个称职的程序员,但不是该程序的编写者,不需要对程序的细节了解得很清楚。协调人的职责包括:为代码检查分发材料、安排进程;主导代码检查过程;记录发现的缺陷;确保所有缺陷随后得到改正。代码检查小组中的第二个成员应是该程序的编程者,其他成员通常是程序的设计人员(如果设计人员不同于编程人员的话),以及一名测试专家。

在代码检查之前的几天,协调人将程序清单和设计规范分发给其他成员。所有成员应在检查之前熟悉这些材料。在检查进行时,主要进行两项活动:

(1)由程序编写者逐条语句讲述程序的逻辑结构。在讲述的过程当中,小组的其他成员应提出问题、判断是否存在缺陷。在讲述中,很可能是程序编写者本人而不是其他小组成员发现了大部分缺陷。

(2)对照常见编码缺陷列表分析程序。

协调人负责确保检查会议的讨论高效地进行,每个参与者都将注意力集中于查找缺陷而不是修正缺陷(缺陷的修正由程序员在检查会议之后完成)。

会议结束后,程序员会得到一份已发现缺陷的清单。如果发现的缺陷太多,或者某个缺陷涉及对程序做根本的改动,协调人可能会在缺陷修正后安排对程序再次检查。对这份缺陷清单也要进行分析、归纳,用以提炼缺陷列表,以提高今后代码检查的效率。

在代码检查的时间及地点的选择上,应避免外部干扰。代码检查会议的理想时间应在90~120分钟之间。由于开会是一项繁重的脑力劳动,会议时间越长效率越低。大多数的代码检查都是按每小时大约阅读150行代码的速度进行。因此,对大型软件的检查应安排多个代码检查会议同时进行,每个代码检查会议处理一个或几个模块或子程序。

除了可以发现缺陷这个主要作用之外,代码检查还有几个有益的附带成果。其一,程序员通常会得到编程风格、算法选择及编程技术等方面的反馈信息。其他参与者也可以通过接触其他程序员的缺陷和编程风格而同样受益匪浅。其二,代码检查还是早期发现程序中最易出错部分的方法之一,有助于在基于计算机的测试过程中将更多的注意力集中在这些地方。

3. 用于代码检查的缺陷列表

代码检查过程的一个重要部分就是对照一份缺陷列表,来检查程序是否存在常见缺陷。下面给出的缺陷列表在很大程度上是独立于编程语言的,带有一定普遍性。

(1) 数据引用缺陷——是否有引用的变量未赋值或未初始化？对于所有的数组引用,是否每一个下标的值都在相应维上下界规定的界限之内,是否每一个下标的值都是整数,是否存在"差一(Off-by-One)"的缺陷？当使用指针引用一个变量时,是否分配了它的内存单元,是否通过指针引用了已经被释放的局部变量,被引用变量或数据结构是否与预期的一致？如果同一个内存区域(如用 Union 定义)具有不同数据类型的别名,当通过别名进行引用时,内存区域中的数据值是否具有正确的数据类型？在使用的计算机上,当所分配的内存存储块小于可寻址的内存存储块的大小时,是否存在直接或间接的寻址缺陷？假如一个数据结构在多个函数过程或子程序中被引用,那么每个函数过程或子程序对该结构的定义是否都相同？如果检索字符串时,是否超越了这个字符串的界限？对于面向对象的语言,是否所有的继承需求都在实现类中得到了满足？

(2) 数据声明缺陷——是否所有的变量都作了显式的声明,如果某个变量在一个内部过程或程序块中没有给出显式声明,是否可以理解为该变量在这个程序块中被共用？如果变量所有的属性在声明中没有给出显式说明,那么是否可以理解为默认类型？如果变量在声明中被初始化了,那么它的初始化是否正确？是否每个变量都被赋予了正确的长度和数据类型？是否存在着名字相似的变量(如 VOLT 和 VOLTS)？

(3) 运算缺陷——是否对不一致的数据类型(如非算术类型)的变量进行了运算？是否有不同数据类型变量的混合运算？是否有相同数据类型、不同数据精度或数据长度的变量之间的运算？赋值语句左边的目标变量的数据类型是否与右边表达式的数据类型不同？在表达式的运算中是否存在表达式向上或向下溢出的情况？除法运算中的除数是否可能为0？在对浮点数变量做运算时是否考虑了计算误差？在特定场合,变量的值是否会超出对这个变量规定的有效范围？对包含一个以上运算符的表达式,计算次序和运算符的优先顺序假设是否正确？整数的运算是否有使用不当的情况,尤其是除法？

(4) 比较缺陷——是否对不同数据类型的变量做了比较？是否对不同精度的变量做了比较？比较运算符是否正确？每个布尔表达式所表达的内容是否都正确,布尔运算符的运算对象是否是布尔类型的,比较运算符和布尔运算符是否错误地混在了一起？是否存在浮点数之间的比较导致出错？对于包含多个布尔运算符的表达式,计算次序以及运算符的优先顺序是否正确？编译器计算布尔表达式的方式是否会对程序产生影响？

(5) 控制流程缺陷——如果程序包含多条分支路径,例如 FORTRAN 的计算 GOTO 语句、C 的 switch 语句,条件表达式计算的结果是否不同于可能的转移的标号？是否所有的循环最终都终止了？程序、模块或子程序是否最终都终止了？由于实际情况没有满足循环的入口条件,循环体是否有可能从未执行过？如果确实发生这种情况,这里是否是一个疏忽？对于一个由迭代和一个布尔条件所控制的循环(如一个搜索循环),如果循环越界了,后果会如何？是否存在迭代次数恰恰多一次或少一次的"差一"的缺陷？如果编程语言中有语句组或代码块的概念,如 Pascal 语言的 begin…end 或 C 语言的{…},是否每一组语句都有一个明确的 begin 语句,并且 end 语句也与其相应的语句组对应?或者是否每一个左括号都对应有一个右括号?是否存在不能穷尽的判断?举例来说,如果一个输入参数的预期值是 1,2 或 3,当参数值不为 1 或 2 时,在逻辑上是否假设了参数必定为 3?如果是这样的话,这种假设是否有效?

(6)接口缺陷——被调用模块形参的数目和顺序是否与调用模块发送的实参数目和顺序相同?每一个实参的属性(如数据类型和大小)是否与相对应的形参的属性相匹配?每一个实参所用的单位是否与对应形参的单位相匹配?如果调用了内建的标准函数,实参的数目、属性、顺序是否正确?如果某个模块或类有多个入口点,是否引用了与当前入口点无关的形参?子程序是否修改了某个仅作为输入值使用的形参?如果存在全局变量,在所有引用它们的模块中,它们的定义和属性是否相同?是否把常数当做实参传递给了子程序?

(7)输入/输出缺陷——如果对文件作了显式说明,文件的属性是否正确?OPEN 语句中的各个属性的设置是否正确?格式说明是否与 I/O 语句中的信息相吻合?内存中输入/输出缓冲区的大小是否与读写的文件块记录大小相适应?是否所有的文件在使用之前都打开了?是否所有的文件在使用之后都关闭了?对于文件结束条件的判断和处理是否正确?对输入/输出出错情况的处理是否正确?任何打印或显示的文本信息中是否存在拼写或语法缺陷?

(8)其他检查——如果编译器建立了一个标识符交叉引用表,那么对该表进行检查,查看是否有变量从未被引用过,或仅被引用过一次;如果编译器建立了一个属性表,那么应检查每一个变量的属性,确保没有把缺陷带到默认属性中。如果程序编译通过了,但计算机提供了一个或多个"警告"或"提示"信息,应对此逐一进行认真检查。"警告"信息指出编译器对程序某些操作的正确性有所怀疑。所有这些疑问都应进行检查。"提示"信息可能会罗列出没有声明的变量,或者是不利于代码优化的用法。程序或模块是否具有足够的容错性?即它是否对其输入的合法性进行了检查?程序是否遗漏了某个功能?

8.3.3 走查

走查(Walkthrough)与代码检查很相似,都是以小组为单位进行。走查的过程与代码检查大体相同,但是规程稍微有些不同,采用的缺陷检查技术也不一样。

走查的目的是要评价一个产品,通常针对用例场景和程序逻辑。走查一直以来都与代码检查联系在一起,其实走查也可以应用到产品的其他阶段的文档上。走查最主要的目标是要发现缺陷、遗漏和矛盾的地方,改进产品,以及考虑可替换的实现方法。走查还有其他一些目的,包括技术的交流、参与人员的技术培训、设计思想的介绍等。

就像代码检查一样,走查也是采用持续 1~2 个小时的不间断会议的形式。走查小组由 3~5 人组成,其中一个人担任协调人,一个人担任记录员(负责记录所有查出的缺陷),还有一个人担任测试员,此外还有一人是程序编写者。走查小组的每个成员需要在走查之前审查相关资料,在走查期间参与审查以保证目标被满足。

在走查的过程中,审查者对程序进行模拟,一步一步地展示程序如何处理由审查者提供的测试数据。这种模拟能够展示系统的不同构件如何相互作用,能够暴露出操作不便、存在冗余以及很多被忽略的细节。走查的步骤如下。

(1)计划走查会议。协调人应完成下面工作:选择一名或多名人员组成走查小组,指派一个记录员;安排走查会议的时间和地点;分发所有必需的材料给审查者,例如用于产品评审的标准、检查表及被审查的产品;协调人确定是否需要进行一次产品介绍,以便参与走查的人员对产品有一个大致了解。协调人应当允许参加审查的人员有足够的时间来审核材料。

(2) 评审产品。审查者评审产品并且准备在走查会议上讨论他们对产品做出的评价、建议、问题。同时,协调人指定一个测试组,为被审查程序准备一批有代表性的测试用例,提交给走查小组。这些测试用例的作用是提供启动走查和质疑程序员逻辑思路及其设想的手段。

(3) 执行走查。走查小组开会,集体扮演计算机角色,让事先准备好的测试用例沿程序的逻辑运行一遍,随时记录程序的踪迹,供分析和讨论用。每个测试用例都在人们脑中进行推演。程序的状态(如变量的值)记录在纸张或白板上以供监视。

人们借助于测试用例的媒介作用,对程序的逻辑和功能提出各种疑问,结合问题开展热烈的讨论和争议,能够发现更多的问题。

(4) 解决缺陷。程序员和评审员解决走查中发现的问题,无法解决的问题提交到项目领导那边寻求解决。

(5) 走查记录。至少需要记录评审者的名字、被评审的产品、走查的日期、缺陷、遗漏、矛盾和改进建议列表。

(6) 产品返工。根据走查的记录,程序开发人员更新产品,纠正所有缺陷、遗漏、效率问题并改进产品。

与代码检查相同,走查参与者所持的态度非常关键。提出的建议应针对程序本身,而不应针对程序员。换句话说,软件中存在的错误不应被视为编写程序的人员自身的弱点。相反,这些错误应被看做是伴随着软件开发的艰难性所固有的。

走查的优点在于,一旦发现错误,通常就能在代码中对其进行精确定位,这就降低了调试(修正缺陷)的成本。另外,这个过程通常可以发现成批的错误,这样错误就可以一同得到修正。而基于计算机的测试通常只能暴露出错误的某个症状(程序不能停止,或打印出了一个无意义的结果),错误通常是逐个地被发现并得到纠正的。

8.4 软件开发生存周期中的测试活动

软件开发生存周期由确认软件需求开始,到确认所开发软件满足需求结束。测试与软件开发生存周期的关系在 8.1.6 节介绍 V 模型时已有详细的介绍。

软件测试包含 3 个层次的测试活动:单元测试、集成测试、系统测试和验收测试。

单元测试是针对软件设计的最小单位——程序模块,以模块详细设计为依据,对输入、输出和处理进行测试,用以发现各模块可能存在(主要是逻辑设计上)的各种错误。

集成测试是在单元测试通过的基础上,以概要设计为依据,按照模块之间的调用关系将模块组装起来进行的测试,用以发现功能(主要在接口上)的各种错误。

系统测试和验收测试的对象是整个软件系统,以需求规格说明为依据,检查软件的功能、性能、接口及其可靠性是否与用户需求分析说明书的要求一致,以保证各组成部分不仅能单独地通过检验,而且在系统各部分协调工作的环境下也能正常工作。

按照 V 模型定义的测试过程,测试计划和测试设计应当在执行测试用例之前完成,也就是软件测试过程的活动与软件开发过程应并行进行形成了 W 模型。如图 8.6 所示。

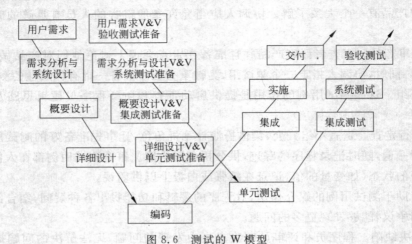

图 8.6　测试的 W 模型

8.4.1　软件需求分析阶段的测试活动

在软件需求分析阶段,与测试相关的工作是进行需求评审、制定主测试计划、制定系统测试计划。软件需求分析阶段的测试活动可以用图 8.7 表示。

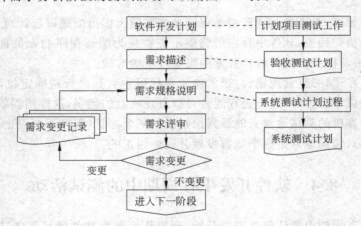

图 8.7　软件需求分析阶段的测试活动

1. 需求阶段测试的任务

在需求分析阶段,测试的对象是分析人员的构想,不是程序代码。测试者(即评审者)应包括营销人员、产品经理、设计人员和人类工程分析师。

评审者首先阅读需求文档和分析模型草稿,然后利用"产品对照评价方法"进行任务分析、收集数据。他们应从以下六个方面来评价需求规格说明和基于需求的功能定义:

(1) 这是"真正的"需求吗?描述的产品是否就是要开发的产品?

(2) 需求是否完备?第一个发布版本需要多少功能?列出的需求是否能减去一部分?

(3) 需求是否相互兼容?需求可能是在逻辑上不兼容或在心理上不兼容。有些特性来自同一产品的不同概念,用户理解其中的一点,可能无法理解其他的。

(4) 需求是否可实现？需求设想的硬件是否比实际运行得要快？它们要求的内存、I/O 设备是否太多？要求的输入或输出设备的分辨率是否过高？

(5) 需求是否合理？在开发进度、开发费用、产品性能、可靠性和内存使用之间存在着平衡关系,这些都考虑过吗？需求是否要求产品运行速度极快、零缺陷、仅占 6 个字节的存储单元、明天下午就得完成？这些要求单独拿出来都可能实现,但作为同一个产品,不可能同时实现。是否认识到应该安排一个优先级计划？

(6) 需求是否可测？将来设计能够满足需求的难度有多大？

2. 产品对照评价和任务分析

采用产品对照评价方法的评审者应该询问：待开发的新软件与市场上现有的其他类似产品不同的地方在哪里？竞争对手在哪些方面做得更好？那些类似产品中哪些特性在本产品中必须要实现？

评审者可以使用竞争产品的正式版本、演示版本或印刷宣传品,只要这些东西能收集到。在评审产品时,列举出它们的特性、长处和短处,以及它们受到人们关注的地方(受到赞扬或批评的),从中得出竞争产品在功能上的详细轮廓,根据这个轮廓,人们可为规划中的产品建立相似的轮廓。

最初,这种评价会导致需求文档和功能定义的规模膨胀。因此,必须进行裁剪,而不能全部变成需求。评审者可能会起草一份短很多的需求和功能清单,也可能提交完整清单以供审核。任务分析提供了大量的对清单进行裁剪的基本途径。

一个产品针对的是特定的市场。评审者需要了解用户群对产品会如何反应。评审者选择一些典型的用户代表组成一个能够代表市场的重点问题小组。评审者要求小组成员针对产品的一个或少数几个话题进行讨论,从总体上了解小组成员对此类产品的要求是什么？将会怎样使用它们？什么样的特性最重要？

软件产品所执行的任务可能很复杂。评审者应基于产品对照评价和征求相关人员的意见,进行任务分析,搞清楚每个任务的各个方面。评审者应了解：任务究竟是什么？在没有使用该软件时,现在人们是如何完成这项工作的？子任务是按什么顺序完成的？在何时需要何种信息,为什么？工作流程中的瓶颈是什么,为何还没能解决？

任务分析的结论往往会挑战已成文的产品需求,会促使分析人员简化、合并或取消产品的某些特性。

3. 系统测试计划的编制

需求规格说明初步完成后就可以开始制定系统测试计划了。在系统开发早期就制定测试计划有利于明确设计目标,保证设计正确。

需求评审工作结束以后,完成评审总结报告,并得到改正过的、被用户和开发人员双方共同接受的需求规格说明。这样,我们就为测试计划、设计等打下了良好的基础。通过参与需求评审,也使我们对产品有一定的认识,知道它是怎样工作的,可以将系统测试计划确定下来。

8.4.2 软件设计阶段的测试活动

软件设计阶段与测试有关的活动包括设计评审、系统测试设计、集成测试计划和设计以及单元测试计划。软件设计阶段的测试活动可以用图 8.8 表示。其中,各种测试计划过程可参看 8.4.3～8.4.5 小节,测试设计参看第 9 章。

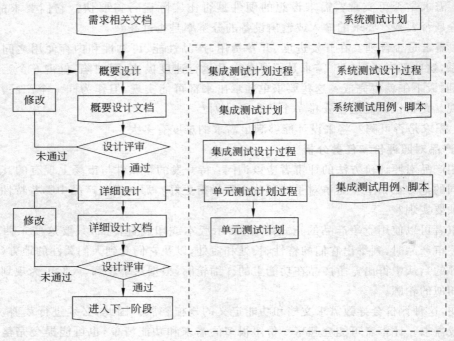

图 8.8　软件设计阶段的测试活动

软件设计阶段测试的对象还是构想。这些构想通过设计文档,包括外部设计(用户界面设计以及与其他系统元素,如硬件设备、相关软件、数据库、构件库的接口设计、系统构建部署设计)、内部设计(功能设计、系统体系结构设计、数据设计)、逻辑设计(模块算法与数据结构设计)的规格说明。

简单软件产品的体系结构设计可一步完成,但绝大多数的软件体系结构设计应分为多个步骤进行。第一步先设计系统的体系结构(例如子系统及其接口),后续设计再通过增加细节进行扩充,直到子系统可以开始编码。设计可以用很多形式表达,包括文本、图形描述、编码描述、伪代码表达或组合起来的方式等。

除了解决如何建立目标系统的问题外,设计者还应提出一些质量目标,包括:
- 在所有的设计层次跟踪需求,保证需求不多不少;
- 采用合理的数据设计和体系结构设计,使其符合系统目标和产品质量特性;
- 描述所有的硬件、操作和软件接口;
- 将设计人员应共同遵守的标准、惯例及约定编制成文档;
- 设计在全部集成时应当满足需求;
- 编制设计文档以便编码者和以后的产品维护者可以理解;
- 在设计中包括足够的信息可支持计划、设计和执行测试;
- 控制设计配置,保证所有的文档都是完整的和可发布的,特别是在使用混合媒体(如图表、文字说明)的情况下。

满足上述目标能够保证所有的需求在设计中得到体现,同时设计能够满足需求,并且是可测试的,能导致可测试的代码。设计评审的计划者的责任是为设计的产品(包括中间阶段的规格)选择评审任务,并确信在实际中已满足了这些目标。

通过检查设计文档,评审者应对下列问题进行检查:

(1) 设计是否良好?它能否最终导致高效、简洁、可测试、可维护的软件产品?

(2) 设计是否满足需求?如果需求文档是非正式的、可变更的和有歧义的,那么设计文档就将是对产品需求的第一份正式说明。管理人员和市场营销人员应当从这个角度来评审设计文档,而不应仅仅局限于设计本身。

(3) 设计是否完备?它是否规定了模块间的关系?模块如何传递数据?异常条件下会发生什么?每个模块应赋予什么样的初始状态?这些状态如何得到保证?

(4) 设计是否可行?计算机的速度能达到要求吗?有足够的内存吗?有适用的 I/O 设备吗?数据库的检索速度能达到要求吗?编程语言的当前版本能完成想做的事吗?

(5) 设计对错误的处理是否得当?尤其是进行自顶向下设计的时候,会很容易地将错误路径认为是"细节",留待"以后"处理。太多的情况是,当真正到了"以后",这些"细节"却早被抛到九霄云外了。因此,在检查设计中对所有似是而非的错误条件进行处理时,问一下给定的错误是否以合适的程度进行了处理。

设计阶段是软件生存周期中的一个阶段。在此阶段中,修改设计中的错误会大大减少后续程序编码阶段错误的发生率,降低软件生存周期中产品和项目的风险。设计评审,作为软件验证和确认的手段,也间接地提供了一个发现以前需求中未检查出错误的机会。

在软件设计工作的同时,将需求分析阶段建立的系统测试计划加以细化更新,进行系统测试设计。在概要设计阶段进行并完成集成测试计划,并且在详细设计阶段加以细化更新,进行集成测试设计。实际上,我们的集成测试设计中的一部分会影响设计。有时候只要有一些重新设计就能消除诸如难以使用或者根本不可能测试等问题。因此在编码之前提前进行测试设计有利于提高软件的可测试性。

对于软件模块,在详细设计阶段也要进行单元测试计划。如果不是非常重要的模块,单元测试计划不需要非常正规,只是简单解释程序员计划如何测试这个单元即可。对于管理程序员的底层经理来说,需要建立一个评审方针(或者至少指定一个高级程序员进行评审),评审每个程序员为每个模块所做的模块测试计划。

8.4.3 编程及单元测试阶段的测试活动

一般认为单元测试和编程属于软件工程的同一个阶段。在此阶段将系统测试设计、集成测试设计最终确定下来,同时,根据单元测试计划完成单元测试设计。编程及单元测试阶段的测试活动可以用图 8.9 表示。

编程阶段是软件生存周期中构造软件产品的阶段。在编程阶段,测试的任务应集中在程序代码和程序代码符合设计规格说明和编码标准的程度上。在这个阶段,测试的目标是确定程序代码的质量。

程序代码的质量由几个方面来确定。

- 由设计规格说明可跟踪到程序相应的代码,由程序代码可跟踪到设计需求。这些步骤的开展可确保没有需求要增加、修改或被遗漏。
- 分析程序接口并与接口文档相对照。
- 评估程序,看程序是否对设计说明做了正确翻译,是否与程序编码标准相符。

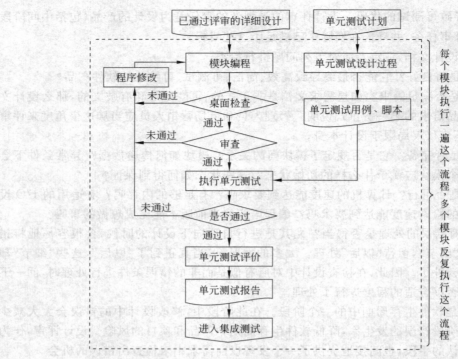

图 8.9 编码及单元测试阶段的测试活动

对于一般的模块,单元测试计划和设计不必正式进行,也不必形成正式的文档。单元测试主要是单个程序员的工作,不必强制执行任何严格的、正式的单元测试计划,只要有好的通用原则即可。程序员应以自己的语言和形式写出他将要进行的单元测试的步骤,而且应将其测试计划作为编码说明的一部分,使它便于检查。如果有必要的话,要对它进行调整,并按其实施计划进行测试。

在编写出源代码并通过了编译程序的语法检查以后,通常先进行代码评审。

完成代码的评审之后,就开始进行单元测试。单元测试的目的在于发现各模块内部的错误,以确保受测试模块内部的一致性与逻辑正确,并使排错工作易于进行。单元测试设计的过程包括测试的策略,测试的分析及人员,资源和进度的安排等。需要强调的是,单元测试是必须进行、不能省略的步骤。

受过专业训练的独立测试者能比程序员发现更多的错误,但由程序员进行单元测试比测试人员更有效,因为测试者需要更多的时间和精力去了解程序。一个独立的测试者可以为开发者提供合理的建议和辅助,以帮助他们计划、组织和执行高效、有效的单元测试。他还能够为多个程序员提供支持。

8.4.4 集成测试阶段的测试活动

在集成测试阶段,按照集成测试计划和设计,运行对应的测试用例,并对结果进行相应的处理,完成测试报告。集成测试阶段的测试活动可以用图 8.10 表示。

集成测试是要将那些已经完成单元测试,并且已经置于软件配置管理之下的软件模块集成为目标系统。在此过程中,一边集成,一边按照集成测试设计执行集成测试。

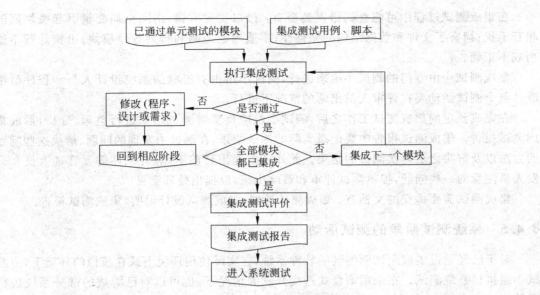

图 8.10　软件集成测试阶段的活动

子系统的集成测试特别称为部件测试,它所做的工作是要找出组装后的子系统与系统需求规格说明之间的不一致。

事实上,对于单个模块,在编码及单元测试结束之后就可以开始集成测试。因此,集成测试阶段与编码及单元测试阶段在时间上有一部分是重叠的,是并行的过程。

需要注意的是,重要的模块应该先测试并集成。如果缺乏前期的单元测试,必然会导致集成时间的加长,同时也会加重后期系统测试及问题处理的工作量。

集成测试是一个正规的测试过程,必须精心计划,并与单元测试的完成时间协调起来。在制定集成测试计划时,应考虑如下因素:

(1) 是采用何种系统组装方法来进行集成测试。
(2) 集成测试过程中连接各个模块的顺序。
(3) 模块代码编制和测试进度是否与集成测试的顺序一致。
(4) 测试过程中是否需要专门的硬件设备。

解决了上述问题之后,就可以列出各个模块的编制、测试计划表,标明每个模块单元测试完成的日期、首次集成测试的日期、集成测试全部完成的日期以及需要的测试用例和所期望的测试结果。

在缺少软件测试所需要的硬件设备时,应检查该硬件的交付日期是否与集成测试计划一致。例如,若测试需要数字化仪和绘图仪,则相应测试应安排在这些设备能够投入使用之时,并需要为硬件的安装和交付使用保留一段时间,以留下时间余量。此外,在测试计划中需要考虑测试所需软件(驱动模块、桩模块、测试用例生成程序等)的准备情况。

集成测试完成的标志是:

(1) 成功地执行了测试计划中规定的所有集成测试。
(2) 修正了所发现的错误。
(3) 测试结果通过了专门小组的评审。

在集成测试过程中可能查到错误类型有：接口实现有错；访问全局变量引起模块间的相互干扰；损害了文件和数据结构的完整性；不适当地控制和排列程序模块；出错处理不适当或不正确。

集成测试应由专门的测试小组来进行，测试小组由有经验的系统设计人员和程序员组成。整个测试活动要在评审人员出席的情况下进行。

在完成预定的集成测试工作之后，测试小组应负责对测试结果进行整理、分析，形成集成测试报告。集成测试报告中要记录实际的测试结果、在测试中发现的问题、解决这些问题的方法以及解决之后再次测试的结果。此外还应提出目前不能解决、还需要管理人员和开发人员注意的一些问题，提供测试评审和最终决策，以提出处理意见。

集成测试需要提交的文档有：集成测试计划、集成测试设计说明、集成测试报告。

8.4.5　系统测试阶段的测试活动

对于已经通过集成测试而得到的软件系统，在实际使用环境下或在模拟的环境下，由测试小组执行系统测试。在采用增量式迭代开发的情况下，也可以对已集成的部分系统进行系统测试，不必待全部集成后再开始系统测试。

系统测试的任务是确认已集成软件系统的有效性，即确认软件系统的功能、性能和其他质量属性是否与用户的要求一致。因为对软件的功能、性能和其他质量属性的需求，包括其验证标准在软件需求规格说明中已经明确规定，所以系统测试的依据就是软件需求规格说明，它包含的信息就是软件系统测试的基础。

系统测试阶段的测试活动可以用图 8.11 表示。

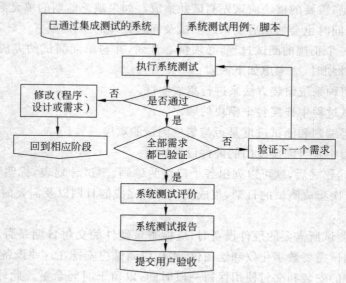

图 8.11　软件系统测试阶段的活动

8.4.6　验收测试

验收测试也叫用户验收测试，是系统测试的一个子集。验收测试是以客户为主的测试。软件开发人员和 QA（质量保证）人员也应参加。由客户参加设计测试用例，使用用户界面输入测试数据,并分析测试的输出结果。一般使用生产中的实际数据进行测试。在测试过程中,除了考虑软件的功能和性能外,还应对软件的可移植性、兼容性、可维护性、错误的恢复功能等进行确认。

如果软件系统是根据合同开发的,在交付时客户要进行验收测试。若系统规模比较小,测试可以是非正式的。但对于大多数系统,要根据事前就已经商定的日程,正式执行验收测试,在向客户交付系统前,确保程序能够通过测试。验收测试往往不会超过一天时间,它并不是全面的系统测试。

有些开发合同可能会要求以认证来代替验收测试。认证应是由第三方实施的。认证人员可以是客户的代理人,也可以是独立的测试机构。认证测试可以相对简短一点。在这种情况下,要求合同阐述清楚有关的测试或审查的级别,以及程序、开发过程或测试过程必须遵循的所有标准。

如果软件系统是根据市场需要开发的产品,它必须适应不同种类用户的需要。在这种情况下,让每个用户逐个执行正式的验收测试是不切实际的。很多软件产品生产者采用一种称之为 α 测试和 β 测试的测试方法,以发现可能只有最终用户才能发现的错误。

α 测试是由一个用户在开发环境下进行的测试,也可以是公司内部的用户在模拟实际操作环境下进行的测试。开发者坐在用户旁边,随时记下错误情况和使用中的问题。这是在受控制的环境下进行的测试。α 测试的目的是评价软件产品的 FURPS(即功能、可使用性、可靠性、性能和支持),尤其注重产品的界面和特色。α 测试可以从程序编码结束之时开始,或在模块(子系统)测试完成之后开始,也可以在系统测试过程中产品达到一定的稳定和可靠程度之后再开始。有关的手册(草稿)等应事先准备好。

β 测试是由软件的多个用户在一个或多个用户的实际使用环境下进行的测试。这些用户使用该产品并返回有关错位错误信息给开发者。与 α 测试不同的是,开发者通常不在测试现场。因而,β 测试是在开发者无法控制的环境下进行的软件现场应用。在 β 测试中,由用户记下遇到的所有问题,包括真实的以及主观认定的,定期向开发者报告,开发者在综合用户的报告之后,做出修改,最后将软件产品再交付给全体用户使用。β 测试主要衡量产品的 FURPS。着重于产品的支持性,包括文档、客户培训和支持产品生产能力。只有当 α 测试达到一定的可靠程度时,才能开始 β 测试。

8.4.7 运行和维护阶段的测试活动

运行和维护阶段是软件生存周期中最长的一段时间。在这段时间内,需要在运行环境中对软件产品进行性能监视,如果有必要,为了纠正错误或满足新的需求,还需要对软件产品进行修改。

在运行和维护阶段,可能需要同时使用和支持多个软件版本。每一个版本可能会出现在多个场地,每一个都有它自己特殊的安装参数、设备驱动程序或其他代码。不同安装可能会在不同的时间进行版本升级。对软件产品、应用以及用户其他考虑因素的高度依赖性可能会使运行和维护阶段更复杂。

正因为这些复杂性因素的影响,软件开发组织投入到软件产品上的钱大部分花在了软件完成并交付使用后对它的维护上。Martin & McClure 的统计表明:维护费用大约占整个软件费用的 67%。而在维护费用中,20% 花在了修改错误上;25% 花在了调整程序使之能与新的硬件或新的共存软件协同工作上;6% 花在了改正文档上;4% 花在了性能改进上;

42%花在了应顾客要求所做的变更(增强)上,还有3%用于其他开销。

在维护阶段的大部分测试与系统测试阶段相似。理想情况下,每次软件变更后都要执行回归测试。但维护变更很可能有副作用,必需对代码整体进行验证。

如果在开发阶段对交付的软件产品做过充分的测试,对维护工作就会有很多有利因素。因为一定存在完整、适用的文档,存在可以有效使用的审核和批准过程,存在可查的历史记录。即使当初开发软件的许多关键人员已经离开了,或者原来的开发组织不存在了,维护人员还是可以利用这些遗留下来的历史资料解决在维护过程中遇到的问题。

如果在维护之前对软件没有进行很好的测试,有用的历史资料可能不存在或者已经失效,对于维护人员来讲,可能就会面临许多问题。在运行和维护阶段中,很大一部分工作花费在准备和更新那些不合适的文档上。使用残缺或不合适的文档进行软件测试时,软件维护人员会感觉到测试工作的效力严重打折扣。如果要拓展新的开发或要彻底掌握现存系统,完善残缺的文档是非常有价值的。

8.4.8 回归测试

回归测试(Regression Testing)是在软件变更之后,对软件重新进行的测试。回归测试的目的是检验对软件进行的修改是否正确,保证(由于测试或者其他原因的)改动不会带来不可预料的行为或者另外的错误。这里的软件修改的正确性有两重含义:

(1) 所做的修改达到了预定目的,如错误得到改正,能够适应新的运行环境等;

(2) 不影响软件的其他功能的正确性。

在软件的整个生存周期中,应保存测试过程所用过的测试用例。这里的问题是如何使用以前发现了缺陷的测试用例。一个有用的方法是使用再测试矩阵。表 8.2 是一个再测试矩阵的例子。

表 8.2 再测试矩阵

测试功能	测试用例				
	1	2	3	4	5
业务功能					
订单处理					
创建新订单	√	√	√	√	
填写订单					
编辑订单					
删除订单	√			√	
客户处理					
创建新客户					
编辑客户					
删除客户		√			
财务处理					
收取客户付款		√	√		√
存储付款					

续表

测试功能	测试用例				
	1	2	3	4	5
付款给供应商					
开具一张支票	√	√	√	√	√
显示注册					
库存处理					
接受新供应商产品					
维护库存					
处理过去订单	√	√	√	√	√
审计库存					
调整产品价格					
报告					
创建订单报告					
创建账户可接受报告	√	√	√	√	√
创建账户可付款报告					
创建库存报告					

再测试矩阵(Retest Matrix)把测试用例和功能(或者程序单元)关联起来。在矩阵中，用符号"√"作为检查入口，表示为了增强或者更新功能而对软件修改之后需要做重新测试时使用的测试用例；用空白表示没有检查入口，说明测试不需要重新进行。

再测试矩阵可以在最初做测试时建立，但是需要在以后的测试和调试期间进行维护。当功能(或者程序单元)在开发过程中需要变更，在再测试矩阵中必须做出检查入口，使用已存在的测试用例或创建新的测试用例，为回归测试做准备。当经过长时间的测试，一些功能(或程序单元)可能趋于稳定，在一段时间内不会再变更，就应当考虑删除它们的检查入口。

8.5 面向对象的测试

8.5.1 面向对象软件测试的问题

封装、继承和多态是面向对象软件区别于传统的结构化软件的三个主要特点。然而这些特点都可能为测试带来困难。

1. 封装

在面向对象的软件中，封装包含两方面的含义，一是指信息隐蔽，二是指一组相关的变量和方法被封装在同一个类中。

(1) 信息隐蔽对测试执行的影响

信息隐蔽是面向对象的一个基本原则，它要求每个类应尽可能少地对外暴露信息。反映在程序代码中就是不允许直接访问类实例的属性和操作。因此,为了能够对每个类都进行充分的测试,需要精心构造复杂的驱动程序(比如为待测试类创建一个新的子类,并在其中增加辅助测试的操作)或者在充分理解待测试类的基础上通过其他操作调用需要使用的方法,有时甚至需要修改待测试类的部分代码。

(2) 实例状态与类的测试序列

面向对象软件的基本单位是类,一个类封装了多个属性和操作。在面向对象的软件中,类的操作通常需要依赖于属性。因此,操作的许多功能需要在不同的实例状态下才能展示出来,甚至有的操作需要在特定的实例状态下才能正常执行。所以,在测试面向对象软件时,不能简单地对每个类的各个操作进行测试,在调用任何一个操作之前必须保证相应的实例处于该操作的预期工作状态。从另一个角度看,由于一个测试用例不仅仅调用一个操作,故每个测试用例实际上是对整个类进行测试的一个操作调用序列。因此,在设计每个类的测试用例时,不仅仅要考虑调用各个操作,还需要考虑如何设计调用序列。

2. 继承

继承是面向对象的一个重要机制,它允许子类直接获得父类的元素,从而实现对父类的复用。在实际的编程中,子类可以在概念上是父类的特殊化,也可能仅仅在功能上对父类进行扩展,而不需要和父类保持相同或一致的规格。

(1) 继承对测试充分性的影响

在测试传统的结构化软件时,语句覆盖和分支覆盖等是常见的测试充分性准则。但在面向对象软件中,继承能够使这些准则不能完全适用。考虑一个简单的继承情况:类 B 继承类 A,类 B 没有任何子类,而类 A 也没有其他子类。假设类 A 有 2 个属性 u 和 v 以及 3 个操作 a、b 和 c;类 B 除了继承这些属性和操作外,又增加了两个属性 x 和 y 以及两个操作 d 和 e。如果我们已经对类 A 进行了严格的测试,就想当然地认为既然已经对类 A 的操作做了充分的测试,那么在测试类 B 时只要对类 B 自身定义的属性和操作进行测试就可以了。但这样测试往往是不够充分的。类 B 在语法上由 4 个属性 u、v、x 和 y 以及 5 个操作 a、b、c、d 和 e 组成,对类 B 的充分测试应该考虑所有这些属性和操作。

(2) 误用对测试的影响

继承的使用可能造成许多类的代码难以理解,例如在很深的继承上处于叶结点的类,可能本身的代码很少,但却可以通过继承拥有丰富的特征。这样很可能导致使用时发生误用。例如,类实例的初始化就是一个经常出现误用的地方。在C++中每个类都可以定义若干个构造函数,用于实例的初始化。在子类的构造函数中通常只初始化该类本身定义的属性,并通过调用父类的构造函数来初始化在其祖先类中定义的属性。在默认情况下,子类的构造函数会自动调用父类的某个构造函数。如果程序员不希望使用这个默认的父类的构造函数,就需要显式地指定需要调用的父类的构造函数。在选择使用哪个构造函数来初始化类的实例时,程序员常常可能会忽略该构造函数是否会最终正确地初始化定义在其各个祖先类中的属性。

3. 多态

多态是指对一个函数名可以有不同的实现,根据特定的对象类型与某个实现绑定。一般而言,绑定可以分为静态绑定和动态绑定。静态绑定是指在编译时刻就完成的绑定,而动态绑定是指在运行时刻完成的绑定。虽然某些多态也可以通过静态绑定实现,但在讨论面向对象时的多态时通常主要考虑动态绑定。

动态绑定对测试的影响首先体现在测试的充分性上。由于一个函数名可以绑定多个实现,而具体绑定哪个实现需要在运行时才能决定。这样一个函数名起到了一个 switch 语句的作用,根据不同的输入调用不同的实现。因此,从语句覆盖的角度看,仅仅覆盖了该函数名所在的语句并不一定覆盖整个 switch 语句,只有覆盖了该函数名调用各种实现的情况才覆盖了该 switch 语句。

在 C++语言对多态的实现中,只有虚函数才进行动态绑定,而普通函数不进行动态绑定。这样,一个类的实例在作为该类的实例和该类的父类的实例使用时,实际进行的绑定是不一样的。也就是说,把一个类的实例当做该类的父类的实例使用,表现出来的行为可能既不是该类的行为,也不是父类的行为。这相当于又定义了多个新的类。

4. 继承和多态复合

在面向对象的软件中,继承和多态结合在一起可以产生多种变化,这一方面可以帮助程序员设计出许多精巧的代码,也使得因使用不当而引起的错误难以被测试发现。

(1) 抽象类对测试执行的影响

由于继承和多态的复合使用,抽象类成为了面向对象软件开发的一个重要手段。在测试抽象类时,需要为抽象类构造一个子类,并实现所有抽象类没有实现的操作。这表明,构造抽象类的驱动程序显然比构造其他类的驱动程序更复杂。此外,正确地实现抽象类未实现的操作通常需要测试人员充分理解该抽象类。

(2) 误用对测试的影响

继承和多态的复合使用可以用一些看起来很简单的操作(通常仅包含几行代码)构造出非常复杂的逻辑,此时任何一个操作都可能会影响程序的许多部分。因此一旦开发人员考虑不够周全就可能使得某个操作出现错误。Taenzer 等人曾经指出了一个被称为 YO-YO 的问题,他们给出了一个 8 层的类树,其中的每个类都只有几个很简单的操作,结果对其中某一个操作的调用要导致 58 个操作被调用。试想,如果开发人员误以为其中某个操作不会被调用,而在其中写了一些不应该在此种情况下调用的代码,结果显然会导致错误。

5. 面向对象程序的结构

在面向对象程序的单元测试过程中,由于一个类的各个操作通常是互相依赖的,因此通常很难对一个类中的单个操作进行充分的单元测试。面向对象程序中的一个类甚至都不能作为可以被独立测试的单元,主要原因有两个:

(1) 由于继承的存在,一个类通常依赖于其父类和其他祖先类;

(2) 面向对象程序经常出现多个类相互依赖,从而导致每个类难以被独立地测试。

在面向对象程序的集成测试过程中,许多集成机制在传统的结构化程序中是很少见到的,甚至是不存在的,对于这些机制的测试难以直接应用传统的结构化程序的集成测试技术。对于一个类而言,其中的各个操作主要是通过类的属性集成在一起的,因而结构化程序的集成测试技术难以适用于对类的测试。类似地,对于由多个类组成的继承树的测试,传统的集成测试技术也难以适用。

8.5.2 面向对象软件测试的模型

为了能够尽早地发现面向对象软件中可能存在的错误,图 8.12 给出了一个贯穿面向对象软件开发全过程的测试模型。该模型是一个参考模型,它给出了面向对象软件开发过程中的主要测试活动及其之间的关系,它不特定于具体的测试技术。

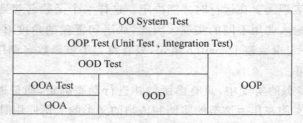

图8.12 面向对象软件的测试模型

该模型把面向对象软件的测试活动分为面向对象分析的测试(OOA Test)、面向对象设计的测试(OOD Test)、面向对象编程的测试(OOP Test)和面向对象软件的系统测试。而OOP Test 又可以细分为单元测试和集成测试。在图8.12 中,OOA Test 和 OOD Test 是对分析结果和设计结果的测试,主要针对分析设计产生的文档进行测试。通常这部分测试主要以文档审查的方式进行,如果分析设计文档的整体或部分可以模拟运行,这部分测试还可以建立在模拟运行的基础上。OOP Test 是对面向对象软件的代码进行测试,主要通过运行被测代码来完成,有时也需要对编程风格或代码中的坏味道进行测试,此时可能需要进一步进行代码分析和走查。系统测试是确认整个系统满足用户需求的测试。

8.5.3 面向对象分析的测试

面向对象分析的测试主要包括两个方面:
(1) 检查分析结果是否符合相应面向对象分析方法的要求;
(2) 检查分析结果是否可以满足软件需求。

目前已存在多种面向对象分析方法。在进行面向对象分析的测试时,通常需要针对相应方法的每个主要部分对分析结果进行审查。例如,对于 UML 用例模型,首先确定每个用例图中的参与者,根据它们的职责审查各个用例和它们的规格说明,检查在功能上是否已经覆盖了所有需求以及其他不符合之处。对于 UML 结构模型,针对类图中的类、关系、包、属性、操作等,检查在数据对象上不符合之处,还需要利用走查等方法,审查 UML 的由活动图、状态图、顺序图等组成的行为模型,检查在系统服务方面的不符合之处,以及是否能够保证各个用例的顺利完成。

8.5.4 面向对象设计的测试

在面向对象的软件开发中,OOD 与 OOA 之间没有明显的界限,针对不同的面向对象软件开发方法,设计结果可能是分析结果的扩展或细化。测试主要考虑以下三个方面:
(1) 设计结果本身的审查;
(2) 设计结果与分析结果一致性的审查;
(3) 设计结果对编程的支持。

对于设计结果本身的审查也是主要针对相应方法的每个主要部分进行,对于不符合该方法要求的内容也需要特别注意,确认的错误需要改正;不能确认的需要进行标记。

面向对象的软件开发通常要求分析和设计保持一致，因此在 OOD Test 中需要特别检查设计结果是否与分析结果一致。一般而言，不一致意味着分析结果或设计结果存在错误，此时需要对错误进行改正。

在面向对象的软件开发中，OOD 与 OOA 的一个主要区别是在 OOD 中需要考虑与实现相关的内容，而 OOA 中不需要。在 OOD Test 中，需要测试设计结果对编程的支持。首先，需要检查设计结果对编程时将要使用的类库的支持；其次，对于提供足够实现细节的部分，需要考虑进行走查或模拟运行，检查是否符合预期结果。

8.5.5 面向对象编程的测试

对于面向对象编程的测试主要包括两个方面：
(1) 执行程序代码进行测试；
(2) 检查程序代码的风格。

对于有一定规模的程序而言，将整个程序放在一起进行充分的测试非常困难，常见的策略是把程序的各个组成部分分别进行测试。由于程序的不同组成部分间存在依赖关系，在测试一个需要依赖其他部分的组成部分时，实际上需要把多个部分集成在一起进行测试，此时的重点通常也主要在于测试各部分之间的交互。

在测试中，人们通常把对于可单独执行的实体的测试称为单元测试，而把多个实体集成在一起进行的测试称为集成测试。在软件交付使用前还需要对整个软件系统进行全面的测试，确认软件达到了用户需求，这种测试称为系统测试。面向对象程序的测试也包含这三个方面。对于程序代码风格的检查，首先需要检查程序代码的书写风格是否符合相应的要求；其次需要检查程序代码中是否存在坏味道，这些坏味道通常是代码中的隐患，可能会影响以后的开发和维护。

8.5.6 面向对象程序的单元测试

由于面向对象程序中可独立被测试的单元通常是一个类簇或一个独立的类，面向对象程序的单元测试主要考虑类或类簇的测试。此时的单元测试又可细分为两个层次：
(1) 方法（即操作）层次的测试；
(2) 类和类簇层次的测试。

对于面向对象程序的单元测试还存在另一种观点，此观点是把各个类中的各个方法的测试看做是单元测试，把针对类的测试看做是针对类的所有方法的集成测试，针对类簇的测试看做是对类簇中所有类的集成测试，而对系统和子系统的测试则是基于类簇的集成测试。这种观点的好处是使得面向对象程序的测试与结构化程序的测试在组织阶段上可以更好地一一对应，但在实施时单元测试难以充分进行，而且对类和类簇的测试难以应用结构化程序的集成测试技术。实际上，这两种观点的区别主要在于对单元测试和集成测试的划分上。无论采用哪种观点，都需要对类中的每个成员方法、类、类簇、子系统以及系统进行测试，而且测试中可以应用的策略和技术也基本相同。

8.5.7 面向对象程序的集成测试

集成测试的目的是在单元测试的基础上测试系统的各个组成部分组装在一起是否能够

协同工作。在集成测试中,除了需要考虑测试用例生成、测试用例执行、测试结果分析等问题外,选择哪些实体进行集成也是一个需要考虑的问题,这就是所谓的集成测试策略问题。在传统软件测试中,主要有 4 种常见的集成测试策略:1. 整体拼装;2. 自底向上集成;3. 自顶向下集成;4. 层次集成。除此之外,还有一些针对面向对象程序或常用于面向对象程序的集成测试策略,如协作集成、基干集成、高频集成等。另外,由于面向对象程序中类间的连接方式与结构化软件中函数间的连接方式存在不同,在集成测试时需要对其有针对性地进行处理。

8.5.8 面向对象软件的系统测试

系统测试是从用户的角度出发,确认用户是否能够接受该软件。因此,系统测试有时又被称为确认测试。为了准确反映用户的使用情况,系统测试应当尽可能建立在用户实际使用环境上。一般而言,软件的正常运转需要一定的软硬件环境支持,系统测试时需要按照实际情况搭建相应的软硬件环境。以一部手机软件为例,单元测试和集成测试通常是在普通计算机上完成的,甚至都有可能不使用模拟的手机环境,但系统测试则需要在实际的手机上完成。因此,系统测试实际上不仅仅是测试所开发的软件,而是把所开发的软件与其支持环境当做一个完整的系统进行测试。

在进行系统测试时,通常不关心软件的各个实体的实现细节以及实体间的连接细节。因此,系统测试主要是黑盒测试。单元测试和集成测试通常要考虑这些细节,主要是白盒测试。

8.6 单元测试

单元测试是在模块源程序代码编写完成之后进行的测试,是集成测试的基础。因为只有通过了单元测试的模块,才可以把它们集成到一起进行集成测试,否则,即使集成测试通过了,投入使用的软件也会像地基不牢的摩天大楼一样暗藏着很多不安全因素。

由于在软件开发后期可能会因为需求变更或功能完善等原因对某个程序单元的代码做某些改动,所以可以把单元测试看成是从详细设计开始一直到系统构造完成贯穿于整个时期的一种活动。

8.6.1 单元测试的定义和目标

对于传统的结构化程序而言,程序单元是指程序中定义的函数或子程序,单元测试就是对函数或子程序进行的测试,但有时也可以把紧密相关的一组函数或过程看做一个单元。例如,如果函数 A 只调用另一个函数 B,那么在执行单元测试时,可以将 A 和 B 合并为一个单元进行测试。对于面向对象的程序而言,程序单元是指特定的一个具体的类或相关的多个类,单元测试是对类的测试;但有时候,在一个类特别复杂时,就会把方法作为一个单元进行测试。

单元测试是针对软件设计的最小单位——程序模块,进行正确性检验的测试工作,其目的在于验证代码是与设计相符合的;跟踪需求和设计的实现;发现设计和需求中存在的缺陷;发现在编码过程中引入的错误。

在单元测试活动中,软件的每个单元应在与程序的其他部分相隔离的情况下进行测试。如图 8.13 所示,测试的主要工作分为两个步骤:人工检查和动态执行跟踪。前者主要是保证代码算法的逻辑正确性(尽量通过人工检查发现代码的逻辑错误)、清晰性、规范性、一致性、算法高效性,并尽可能地发现程序中没有发现的错误;后者就是通过设计测试用例,执行待测程序来跟踪和比较实际结果与预期结果来发现错误。

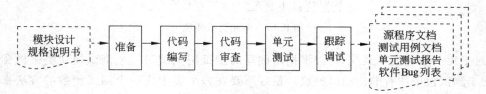

图 8.13　单元测试活动模型

经验表明,使用人工静态检查法能够有效地发现 30%~70% 的逻辑设计和编码错误。但是代码中仍会有大量的隐蔽的错误无法通过视觉检查发现,必须通过跟踪调试法细心分析才能够捕捉到。所以,动态跟踪调试方法也成了单元测试的重点与难点。

单元测试的分工大致如下:一般在开发组组长监督下,使用合适的测试技术,根据单元测试计划和测试设计文档中制定的要求,执行充分的测试;由编写该单元的开发组成员设计所需要的测试用例,测试该单元并修改缺陷。其中,测试包括设计、执行测试脚本和测试用例,并且要记录测试结果和单元测试日志。另外在进行单元测试时,最好要有一个专人负责监控测试过程,见证各个测试用例的运行结果。当然,可以从开发组中选取一人担任,也可以由质量保证代表担任。

8.6.2　单元测试环境

单元测试的环境并不是系统投入使用后所需的真实环境。我们应该建立一个满足单元测试要求的环境,才能顺利地做好测试工作。

由于一个模块或一个方法(操作)并不是一个独立的程序,在考虑测试它时要同时考虑它和外界的联系,因此要用到一些辅助模块,来模拟与被测模块相联系的其他模块。一般把这些辅助模块分为两种:

(1) 驱动模块(Driver):相当于被测模块的控制程序。它接受测试数据,把这些数据传送给被测模块,被测模块执行它本身的功能,然后输出实际测试结果。

(2) 桩模块(Stub):用于代替被测模块调用的子模块。桩模块可以进行少量的数据操作,不需要实现子模块的所有功能,但要根据需要来实现或代替子模块的部分功能。

这样,被测模块和与它相关的驱动模块及桩模块共同构成了一个"测试环境",如图 8.14 所示。为了能够正确地测试软件,驱动模块和桩模块的编写,特别是桩模块的编写可能需要模拟实际子模块的功能,因此桩模块的开发并不是很轻松的事。

驱动模块和桩模块是测试使用的辅助部分,不属于应交付软件产品的一部分,但它需要一定的开发费用。若驱动模块和桩模块比较简单,实际开销相对低些。提高模块的内聚性可以简化单元测试,如果每个模块只完成一个功能,则所需测试用例数目将显著减少,模块中的错误也更容易发现。

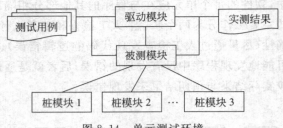

图 8.14 单元测试环境

对于每一个包或子系统,可以根据所编写的测试用例编写一个测试模块类来做驱动模块,用于测试包中所有的待测试模块。最好不要在每个类中用一个测试函数的方法来测试跟踪类中所有的方法。

在建立单元测试环境时,除了需要一些桩模块和驱动模块以便使被测对象能够运行起来之外,最好还要考虑对测试过程的支持。比如,测试结果的统计、分析和保留,测试覆盖率的记录等。另外,测试人员在构建单元测试环境时可借助很多测试工具。如在对使用 Java 语言开发的程序进行单元测试时可以借助 Junit。

8.6.3 单元测试策略

为了提高单元测试的质量,还要选择合适的测试策略。在选择测试策略时,主要考虑如下 4 种方式。

1. 自顶向下的单元测试策略

(1) 从最顶层的单元开始,把顶层调用的单元用桩模块代替,对顶层模块做单元测试。

(2) 对下一层单元进行测试时,使用上面已测试的单元做驱动模块,并为被测模块编写新的桩模块。

(3) 以次类推,直到全部单元测试结束。

这种测试策略的优点是:可以在集成测试之前为系统提供早期的集成途径。由于详细设计一般都是自顶向下进行设计的,这样自顶向下的单元测试策略在顺序上与详细设计一致,因此,测试工作可以与详细设计和编码工作重叠进行。缺点是:单元测试被桩模块控制,随着单元测试的不断进行,测试过程也会变得越来越复杂,测试难度以及开发和维护的成本都不断增加。

总而言之,自顶向下的单元测试策略的成本要高于孤立的单元测试成本,因此从测试成本方面来考虑,并不是最佳的单元测试策略。

2. 自底向上的单元测试策略

(1) 先对调用图的最底层单元进行测试,使用驱动模块来代替调用它的上层单元。

(2) 对上一层单元进行测试时,用已经被测试过的模块做桩模块,并为被测单元编写新的驱动模块。

(3) 以次类推,直到全部单元测试结束。

这种策略的优点是:不需要单独设计桩模块;无须依赖结构设计,可以直接从功能设计中获取测试用例;可以为系统提供早期的集成途径;在详细设计文档中缺少结构细节时可以使用该测试策略。缺点是:自底向上的单元测试也不能和详细设计、编码同步进行。

总而言之,该测试策略比较合理,尤其是需要考虑对象或复用时。

3. 孤立测试

这种测试的策略不需要考虑每个模块与其他模块之间的关系,分别为每个模块单独设计桩模块和驱动模块,逐一完成所有单元模块的测试。

该测试策略的优点是:方法简单、容易操作,能够达到高的覆盖率。因为一次测试只需要测试一个单元,其驱动模块比自底向上的驱动模块设计简单,而其桩模块的设计也比自顶向下策略中使用的桩模块简单。另外,各模块之间不存在依赖性,所以单元测试可以并行进行。缺点是:不能为集成测试提供早期的集成途径;依赖结构设计信息,需要设计多个桩模块和驱动模块,增加了额外的测试成本。

总而言之,这种测试策略是比较理想的单元测试策略。

4. 综合测试

在单元测试过程中,桩模块的工作量是相当大的。为了有效地减少开发桩模块的工作量,可以考虑综合自底向上测试策略和孤立测试策略。例如,下面一个小程序:

```
void funcA (int a, int b) {
    if(max(a, b)<0) {
        printf ( "All input values are negative numbers! \n");
    }
    else {
        printf("At least one of the input values is a zero or a natural number!\n");
    }
};
int max(int a, int b) {
    if(a>=b)return a;
    else return b;
};
```

为了减轻桩模块工作量,我们首先采用由底向上的测试策略对 max 函数进行单元测试,然后借鉴孤立测试策略,直接使用 max 做桩来测试 funcA 函数。在设计用例时不关注 max 本身怎么执行,而只关注该桩要返回一个小于零和大于等于零的值,以验证 funcA 能否在这两种情况下输出需要的信息。

8.6.4 单元测试分析

单元测试分析的目的是要根据可能的各种情况,确定测试内容并确认这段代码是否在任何情况下都和期望的一致。因此,在进行单元测试时,测试人员要依据详细设计说明书和源程序清单,了解模块的 I/O 条件和模块的逻辑结构。从以下 5 个方面进行考虑,如图 8.15 所示。

1. 模块接口。如果数据在模块接口处出错,不能正确地输入和输出,就好像丢掉了进入大门的钥匙,无法进行下一步的工作。只有在数据能正确输入、输出的前提下,其他测试才有意义。测试接口正确与否应该考虑下列因素:

(1) 参数表——调用被测模块时传送的实参与模块的形参在个数、顺序、属性和单位上是否匹配;被测模块调用子模块(或桩模块)时传送的实参与子模块(或桩模块)的形参在个

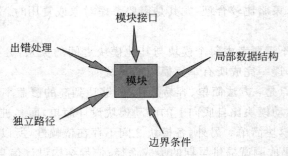

图 8.15 单元测试的 5 个方面

数、顺序、属性和单位上是否匹配；调用预定义的标准函数时，传送给该函数的参数的个数、顺序、属性和单位是否正确；是否修改了只读型参数（传值或常量参数）；是否把某些约束作为参数传递。

（2）全局变量——对全局变量的定义各模块是否一致。

（3）文件——文件属性是否正确；OPEN/CLOSE 语句是否正确；格式说明与输入/输出语句是否匹配；缓冲区大小与记录长度是否匹配；文件在使用前是否已经打开；是否处理了文件尾；是否处理了输入/输出错误；输出信息中是否有文字性错误。

2. 局部数据结构。局部数据结构往往是错误的根源，对其检查主要是为了保证临时存储在模块内的数据在程序执行过程中完整、正确，因此应仔细设计测试用例，力求发现下面几类错误：被测模块中是否存在不合适或不一致的数据类型说明；是否使用了未赋值或未初始化的变量；是否存在错误的初始值或错误的默认值；是否有不正确的变量名（拼写错或不正确的截断）；是否会出现上溢、下溢和地址异常。

除了局部数据结构外，如果可能，单元测试时还应该查清全局数据（例如 FORTRAN 的公用区）对模块的影响。

3. 独立路径。在模块中应该对每一条独立执行路径进行测试，通常会发现大量的错误。单元测试的基本任务是保证模块中每条语句至少执行一次。此时设计测试用例是为了发现因计算错误、比较不正确和控制流不适当而造成的错误。发现这些错误的最常用且最有效的测试技术就是基本路径测试和循环测试。

4. 出错处理。一个好的设计应能预见各种出错条件，并进行适当的出错处理，即预设各种出错处理通路。出错处理是模块功能的一部分，这种带有预见性的机制保证了在程序出错时，对出错部分及时修补，保证其逻辑上的正确性。因此出错处理通路同样需要认真测试。出错处理功能的测试应考虑的情况有：显示的出错信息是否难以理解；出错信息的描述是否提供了足够的出错定位信息；显示的错误是否与实际遇到的错误相符；对异常的处理是否得当；在程序进行出错处理前，错误条件是否已经引发系统的干预。

5. 边界条件。边界条件是指程序中判定操作或循环的操作界限的边缘条件。程序经常在边界上失误导致执行失效。针对边界值及其内、外侧设计测试用例，很有可能发现新的错误。

有人把边界值测试归纳为 7 种情形：实际数值是否和预期的一致；实际数值是否像预期的那样有序或者无序；实际值是否位于合理的最小值和最大值之内；代码是否引用了一些不在代码本身控制范围之内的外部资源；实际数值是否非 null、非 0、在一个集合中；是否恰好有足够的值;所有事情的发生是否有序？是否是在正确的时刻？是否恰好、及时？

8.6.5 面向对象程序的单元测试

传统的单元测试是针对程序的函数、过程或完成某一特定功能的程序块所进行的测试。面向对象的单元测试则是针对面向对象程序的基本单元——类。为此需要分两步走：测试与类相关的操作和测试类。

1. 操作级的测试

设计测试时，可基于以下两个假设：

(1) 如果操作(或方法)对某一类输入中的一个数据正确执行，对同类中的其他输入也能正确执行。

(2) 如果操作(或方法)对某一复杂度的输入能够正确执行，则对更高复杂度的输入也应能正确执行。例如，需要选择字符串作为输入时，基于本假设，就无须计较字符串的长度，除非字符串的长度是固定的，如IP地址字符串。

在面向对象程序中，类的操作通常都很小且功能单一，操作之间调用频繁，容易出现一些不易发现的错误。例如：

- 按程序的设计考虑，想使用操作 strchr() 查找最后的匹配字符，但程序中误写成了函数 strchr()，使程序功能实现时查找的是第一个匹配字符。
- 程序将 **if**(strncmp(str1, str2, strlen(str1))) 误写成 **if**(strncmp(str1, str2, strlen(str2)))，如果测试用例中使用的数据 str1 和 str2 长度相同，就无法检测出。

因此，在设计测试用例时，应对以函数返回值作为条件判断等情形，以及字符串操作等情况特别注意。

面向对象编程的特性使得对成员函数的测试，又不完全等同于传统的函数或过程测试，尤其是继承特性和多态特性。Brian Marick 提出了两点：

(1) 继承的操作可能需要重新测试

对父类中已经测试过的操作，有两种情况需要在子类中重新测试，即继承的成员函数在子类中做了改动，或成员函数调用了改动过的成员函数。

例如，若父类 Bass 有两个操作 Inherited() 和 Redefined()。子类 Derived 对 Redefined() 做了改动，则 Derived::Redefined() 必需重新测试。但如果 Derived::Inherited() 包含有调用 Redefined() 的语句(如 x＝x/Redefined())，就需要重新测试；反之，则不必重新测试。

(2) 父类的测试用例不能照搬到子类

根据以上的假设，Base::Redefined() 和 Derived::Redefined() 是不同的成员函数，它们有不同的说明和实现。对此，应该对 Derived::Redefined() 重新设计测试用例。

由于面向对象的继承性，使得两个函数还是有相似之处，故只需在 Base::Redefined() 的测试用例基础上添加对 Derived::Redefined() 的新测试用例。例如：

Base::Redefined()含有如下语句

```
if(value<0)message("less");
else if(value==0)message("equal");
    else message("more");
```

Derived::Redefined() 中定义为

```
if(value<0)message("less");
else if(value==0)message("It is equal");
    else{message("more");
        if(value==88)message("luck");
        }
```

在原有的测试上,对 Derived::Redefined() 的测试只需做如下改动:改动 value==0 的预期测试结果,并增加 value==88 的测试。

多态有几种不同的形式,如参数多态、包含多态等。包含多态在面向对象语言程序中通常体现在子类与父类的继承关系上,对这种多态的测试可参照对父类的操作继承的情况处理。

2. 类级的测试

在测试对象时,完全的覆盖测试应当包括:

(1) 隔离对象中所有操作,进行独立测试。

(2) 测试对象中所有属性的设置和访问。

(3) 测试对象的所有可能的状态转换。所有可能引起状态改变的事件都要模拟到。

类,作为在语法上独立的构件,应当允许在不同应用中使用。每个类都应是可靠的且不需了解任何实现细节就能复用。因此,类应尽可能孤立地进行测试。

3. 设计操作的测试用例时的要点

- 首先定义测试各个类的操作的测试用例。
- 对于每个单独的操作,可通过该操作的前置条件选择测试用例,产生输出,让测试者能够判断后置条件是否能够得到满足。
- 各个操作的测试与传统对函数过程的测试基本相同。
- 再把测试用例组扩充,针对被测操作调用类中其他操作的情况,设计操作序列的测试用例组。
- 测试应能覆盖每个操作的输入域。但这不够,还必须测试这些输入域的组合,才能认为测试是充分的。
- 各个操作之间的相互作用包括类内通信和类间通信。

4. 针对类的规格说明设计测试用例的要点

- 把类当做一个黑盒子,确认类的实现是否遵照它的定义。例如,对于"栈"的测试应当确保 LIFO(后进先出)原则得以实施。
- 对于类,主要检查在类声明的 public 域中的那些操作。
- 对于子类,要检查继承父类的 public 域和 protected 域的那些操作。
- 检查所有 public 域、protected 域及 private 域中的操作以完全检查类中定义的操作。
- 等价划分的思想也可用到类上。将使用类的相同属性的测试归入同一个等价划分集合中。这样可以建立对类属性进行初始化、访问、更新等的等价划分。

5. 针对类的行为设计测试用例的要点

- 基于类的状态图进行测试时,首先要识别需要测试的状态的变迁序列,并定义事件序列来强制执行这些变迁。

- 原则上应当测试每一个状态变迁序列,当然这样做测试成本很高。
- 完全的单元测试应保证类的执行必须覆盖它的一个有代表性的状态集合。
- 构造函数和消息序列(线索)的参数值的选择应当满足上述3个规则。

8.7 集成测试

集成测试是介于单元测试和系统测试之间的过渡阶段,与软件概要设计阶段相对应,是单元测试的扩展和延伸。也就是说,在做集成测试之前,单元测试已经完成,并且集成测试所使用的对象应当是已经通过单元测试的单元。

8.7.1 集成测试的定义和目标

通常定义集成测试为根据实际情况对程序模块采用适当的集成测试策略组装起来,对系统的接口以及集成后的功能进行正确性检验的测试工作。这时需要考虑的问题是:

(1) 在把各个模块连接起来的时候,穿越模块接口的数据是否会丢失;
(2) 一个模块的功能是否会对另一个模块的功能产生不利的影响;
(3) 各个子功能组合起来,能否获得预期的父功能;
(4) 全局数据结构是否有问题;
(5) 单个模块的误差累积起来,是否会放大,从而达到不能接受的程度。

一般来讲,软件集成测试是依据概要设计说明和集成测试计划进行的。最简单的集成测试形式就是把两个单元集成或者说组装到一起,然后对它们之间的接口进行测试。当然实际的集成测试过程并不是这么简单,通常要根据具体情况采取不同的集成测试策略将多个模块组装成为子系统或系统,测试构成被测应用程序的各个模块能否以正确、稳定、一致的方式交互,即验证其是否符合软件开发过程中的概要设计规格说明的要求。

对于传统软件来说,按集成程度不同,可以把集成测试分为3个层次,即模块内集成测试、子系统内集成测试、子系统间集成测试。对于面向对象的应用系统来说,按集成程度不同,可以把集成测试分为2个层次,即类内集成测试、类间集成测试。

8.7.2 集成测试环境

集成测试环境的搭建比单元测试的环境要复杂得多(在单机环境中运行的软件除外)。随着各种软件构件技术(如Microsoft公司的COM、OMG的CORBA、Sun公司的J2EE等)的不断发展,以及软件复用技术思想的不断成熟和完善,可以使用不同技术基于不同平台开发现成构件集成一个应用软件系统,这使得软件复杂性也随之增加。因此在做集成测试的过程中,我们可能需要利用一些专业的测试工具来搭建集成测试环境(如测试Java类和服务器交互的工具HttpUnit、测试网页链接的工具LinkBot Pro等)。必要的时候,还要开发一些专门的接口模拟工具。

在搭建集成测试环境时,可以从以下几个方面进行考虑:

(1) 硬件环境。在集成测试时,应尽可能考虑实际的使用环境。如果实际使用环境不可用,才考虑可替代的环境或在模拟环境下进行。并且如在模拟环境下使用,还需要分析模拟环境与实际使用环境之间可能存在的差异。

(2) 操作系统环境。同一个软件在不同的操作系统环境中运行的表现可能会有很大差别,因此在对软件进行集成测试时不但要考虑不同机型,而且要考虑到实际环境中安装的各种具体的操作系统环境。

(3) 数据库环境。除了在单机上运行的应用软件或某些实时(工程)软件外,几乎所有的应用都会使用大型关系数据库产品。用户可能会根据各自的喜好和熟悉程度来选择实际环境中使用哪个数据库产品。因此,在搭建集成测试所使用的数据库环境时要从性能、版本、容量等多方面考虑,至少要针对常见的几种数据库产品进行测试。

(4) 网络环境。网络环境也是千差万别,但一般用户所使用的网络环境都是以太网。可以利用开发组织的内部网络环境作为集成测试的网络环境。当然,特殊环境要求除外(如有的软件运行需要无线设备)。

(5) 测试工具运行环境。在系统还没有开发完成时,有些集成测试必须借助测试工具才能够完成,因此也需要搭建一个测试工具能够运行的环境。

(6) 其他环境。除了上面提到的集成测试环境外,还要考虑到一些其他环境,如 Web 应用所需要的 Web 服务器环境、浏览器环境等。这就要求测试人员根据具体要求进行搭建。

8.7.3 集成测试策略

软件集成有很多种方式,每一种方式有其自身的优缺点,因此要根据软件系统的实际特点来选择合适的集成测试策略。但要明确一点,在实际集成测试的过程中,并不是只能采取一种集成测试策略。可以根据软件系统的体系结构的层次特点,将多种集成测试的策略结合起来,完成对被测软件的集成测试。

1. 基于分解的集成方式

根据组织测试的方式不同,基于分解的集成策略可分为非增长式集成和增长式集成两大类。

(1) 一次性集成方式。一次性集成方式也称为大突击(Big Bang)测试,是一种非增长式集成策略。这种集成的方式是先对每个单元分别进行单元测试,然后再把所有单元组装在一起进行测试,最终得到要求的软件系统,如图 8.16(c)所示。图 8.16(a)给出了一个软件系统的模块结构,其单元测试和组装顺序如图 8.16(b)所示。

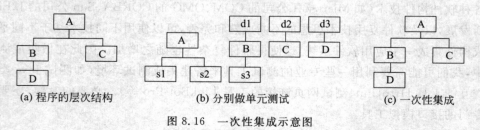

图 8.16 一次性集成示意图

在图 8.16 中,模块 d1、d2、d3 是为单元测试建立的驱动模块,s1、s2、s3 是为单元测试建立的桩模块。各个模块的测试顺序的示意图如图 8.17 所示。

一次性集成方式的优点是在有利的情况下，可以迅速完成集成测试；它需要的测试用例最少；这种方法比较简单；多个测试人员可以并行工作，对人力、物力资源利用率较高。缺点是这种集成方式试图将所有被测单元一次性连接起来进行测试，但是由于程序中不可避免地存在单元之间接口、全局数据结构等方面的问题，所以一次试运行成功的可能性并不是很大；在发现错误时，其问题定位和修改都比较困难；即使被测系统能够被一次性集成，但还是会有许多接口错误很容易躲过测试而进入到系统测试范围内。

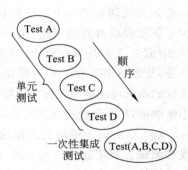

图 8.17　一次性集成各模块的测试顺序

（2）自顶向下的增长式集成。这种集成方式采用了与设计一致的顺序，沿系统结构的控制层次自顶向下逐步组装各个单元。它在第一时间内对系统的控制接口进行验证。采用自顶向下的增长式集成的测试策略，首先测试活动集中于顶层的构件，然后逐层向下，测试处于低层的构件。

自顶向下的集成方式可以采用深度优先策略和广度优先策略，如图 8.18 所示，自顶向下的增长式集成的步骤如下：

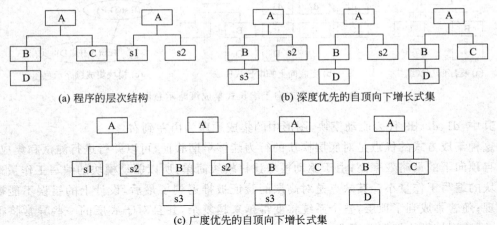

图 8.18　增长式集成策略示意图

① 以主模块为被测模块，所有直接下属模块全部用桩模块替换，测试主模块。
② 采用深度优先或广度优先的策略，用实际模块替换相应桩模块，再用新的桩模块代替它们的直接下属模块，与已测试的模块或子系统组装成新的子系统。前者如图 8.18(b) 所示，后者如图 8.18(c) 所示。
③ 测试已构成的子系统，发现及排除新加入模块与原子系统间隐藏的缺陷和错误。
④ 判断是否所有的模块都已集成到系统中。如果是则集成完成，否则继续集成。

其中，s1、s2、s3 代表桩模块，图中的集成顺序为自左到右，由上到下。

这种集成方式的优点是在增长式集成的过程中较早地验证了主要的控制和判断点，如果主要控制有问题，尽早发现它能够减少以后的返工；如果选用按深度方向组装的方式，可以首先实现和验证一个完整的软件功能;最多只需要一个驱动模块(顶层构件的驱动器),减少了驱动模块开发的费用;由于和设计顺序的一致性,可以和设计并行进行;支持故障隔离,例如,假设 A 模块执行正确,但是加入 B 模块后,测试执行失败,那么可以确定,要么 B 模块有问题,要么 A 和 B 的接口有错误。其缺点是建立桩模块的成本较高;底层构件中的一个无法预计的需求可能会导致许多顶层构件的修改;底层构件行为的验证被推迟了;随着底层模块的不断增加,整个系统越来越复杂,导致底层模块的测试不充分,尤其是那些被复用的模块。

(3) 自底向上的增长式集成。这种集成方式是从程序模块结构的最底层的模块开始集成和测试。采用这种集成方式,对于一个给定层次的模块,它的子模块(包括子模块的所有下属模块)已经集成并测试完成,所以不再需要桩模块。在模块的测试过程中想要从子模块得到信息可以通过直接运行子模块得到。自底向上的增长式集成的步骤如下。

① 从模块结构的底层模块开始测试,并为其建立驱动模块;

② 用实际模块代替驱动模块,与它已测试的直接下属子模块组装成为一个更大的模块组进行测试;

③ 重复上面的工作直到系统的最顶层模块被加入到已测的系统中。

以图 8.19(a)所示程序结构为例,其集成策略和集成顺序如图 8.19(b)、(c)所示。

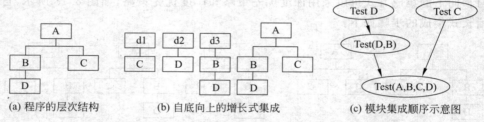

图 8.19 自底向上增长式集成策略示意图

其中,d1、d2、d3 代表驱动模块,图形中的集成顺序为由左到右。

这种集成方式的优点是对底层模块的行为能够早期验证;可以并行进行测试和集成,比使用自顶向下的策略效率高;由于驱动模块比桩模块简单,所以驱动模块的编写工作量远比桩模块的编写工作量小。其缺点是对高层的验证被推迟到了最后,设计上的错误不能被及时发现;随着集成到了顶层,整个系统将变得越来越复杂,并且对于底层的一些异常将很难覆盖,而使用桩模块将简单得多。

(4) 混合的增长式(三明治)集成。自顶向下的集成策略和自底向上的集成策略都有优点和缺点,因此自然而然地想到集中这两者优点的混合测试策略。三明治集成(Sandwich Integration)就是这样一种方法,它把系统划分成三层,中间一层为目标层。测试的时候,对目标层上面的一层使用自顶向下的集成策略,对目标层下面的一层使用自底向上的集成策略,最后测试在目标层会合。

以图 8.20(a)所示的程序结构为例,其中的目标层为 B、C、D。目标层上面一层是 A,目标层下面一层是 E、F、G。使用三明治集成的具体步骤如图 8.20(b)所示。

① 对目标层上面一层使用自顶向下集成策略,测试 A,用桩模块代替 B、C、D;

② 再用实际模块 B、C、D 替换桩模块,用自顶向下集成策略与目标层上面的模块 A 集成,测试(A,B,C,D),用桩模块代替 B 的下属模块 E、F 和 D 的下属模块 G;

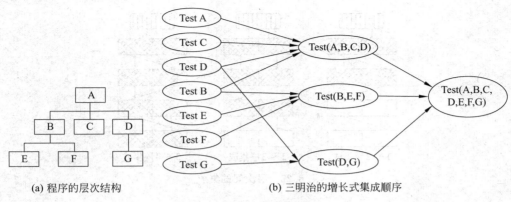

(a) 程序的层次结构　　　　　　　(b) 三明治的增长式集成顺序

图 8.20　三明治测试策略

③ 对目标层下面的模块使用自底向上的集成策略,测试 E、F、G,使用驱动模块代替 B、D;

④ 采用自底向上集成策略把目标层下面的模块与目标层集成,测试(B,E,F)和(D,G),用驱动模块代替 A;

⑤ 把三层集成到一起,测试(A,B,C,D,E,F)。

这种集成方式的优点是集合了自顶向下和自底向上的两种集成策略的优点,且对中间层能够尽早进行比较充分的测试;该策略的并行度比较高。缺点是中间层如果选取不恰当,可能会有比较大的驱动模块和桩模块的工作量。

2. 基于层次的集成

分层集成(Layers Integration)是针对具有层次式体系结构的应用软件使用的一种集成策略。分层集成的具体步骤如下。

(1) 划分系统的层次;

(2) 确定每个层次内部的集成策略,该策略可以使用一次性集成、自顶向下集成、自底向上集成和三明治集成中的任何一种策略;

(3) 确定层次间的集成策略,该策略可以使用一次性集成、自顶向下集成、自底向上集成和三明治集成中的任何一种策略。

图 8.21 和图 8.22 给出了一个分层集成的示意图。图中各层之间采用了自顶向下的集成策略。

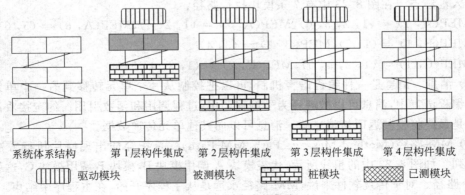

图 8.21　层次内的集成

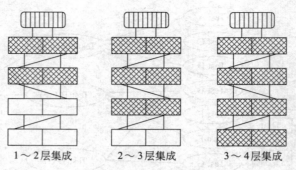

图 8.22　层次间的集成

这种集成策略的优点和缺点与其使用的层次间集成测试策略类似。

3. 基于路径的集成

首先介绍几个与基于路径的集成相关的术语。

(1) 源结点。是指程序开始执行的语句,以及从其他单元控制转移回到本单元后重新向下执行的语句。例如,图 8.23 中的源结点有模块 A 的 1、5 结点,模块 B 的 1、3 结点,模块 C 的 1 结点。

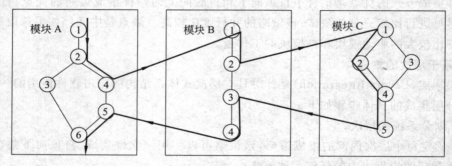

图 8.23　跨越 3 个单元的 MM-路径

(2) 汇结点。汇结点是程序执行结束处的语句,以及转移控制到其他单元的语句。例如,在图 8.23 中的汇结点有模块 A 的 4、6 结点,模块 B 的 2、4 结点,模块 C 的 5 结点。

(3) 模块执行路径。模块执行路径是以源结点开始、以汇结点结束的一系列语句,中间没有插入汇结点。在图 8.23 中有 7 条模块执行路径:

MEP(A, 1) = (1, 2, 3, 6), MEP(A, 2) = (1, 2, 4), MEP(A, 3) = (5, 6)

MEP(B, 1) = (1, 2), MEP(B, 2) = (3, 4)

MEP(C, 1) = (1, 2, 4, 5), MEP(C, 2) = (1, 3, 4, 5)

(4) 消息。消息是一种编程语言机制,可以把控制从一个单元转移到另一个单元。在不同的编程语言中,消息可以被解释为子例程调用、过程调用和函数引用。约定接收消息的单元总是最终将控制返回给消息源。消息可以向其他单元传递数据。

(5) MM-路径(Method Message Path,MM-Path)。是指穿插出现模块执行方法和消息的序列。如图 8.23 中的粗线所示,代表模块 A 调用模块 B,模块 B 调用模块 C,这就是一个 MM-路径。对于传统软件来说,MM-路径永远是从主程序开始,在主程序中结束。

MM-路径的基本思想是要描述在独立单元之间控制转移的模块执行路径序列。这种转移是通过消息完成的,因此,MM-路径要跨越单元边界。

图 8.24 给出的是由图 8.23 中导出的 MM-路径图,其中的结点表示模块执行路径,实线箭头的边表示消息,相应的返回用虚线箭头的边表示。MM-路径的末端结点不再发送消息,则称之为发生消息静止,如图 8.23 中的模块 C。

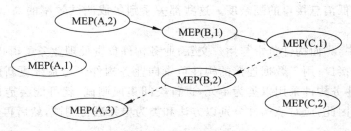

图 8.24 从图 8.23 中导出的 MM-路径图

在进行集成测试时,选择的 MM-路径集合应该覆盖单元集合中所有从源到汇结点的路径。如果存在循环,则要进行压缩,产生有向无环图,因此可解决无限多路径问题。

MM-路径是功能测试和结构测试的一种混合。在表达输入和输出行为上,MM-路径是功能性的,因此可以使用所有功能性测试技术。而在标识方式上,特别是 MM-路径图的标识方式上是结构性的。因此,基于路径的集成测试把功能测试和结构测试的方法很好地结合到了一起。但是,基于路径集成的测试需要投入标识 MM-路径的时间。

8.7.4 集成测试分析

集成测试工作的好坏在整个测试过程中起着至关重要的作用,它负责查找各个模块集成前在单元测试时遗漏的以及无法发现的缺陷,而且要为系统测试的进行打基础。那么,如何才能做好集成测试呢?关键是要做好集成测试的分析工作。

1. 体系结构分析

体系结构的分析需要从两个角度出发。首先从需求的跟踪实现出发,划分出系统实现上的结构层次图;其次需要描述系统构件之间的依赖关系,通过结构层次图的分析,确定集成测试的粒度,即基础模块的大小。

(1) 跟踪需求分析,对要实现的系统划分出结构层次图。

如图 8.25 所示,如果设计人员在做需求分析时使用了 UML 建模工具,可以直接利用工具生成的视图进行体系结构分析。这些图形会在测试人员需要确定集成测试的层次和模块集成的顺序,以及决定是否开发桩模块或驱动模块时提供重要的参考。

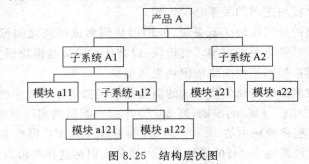

图 8.25 结构层次图

一个子系统主要通过 4 类构件来实现：界面构件、业务构件、用于数据传递的构件和访问数据库构件。

（2）对系统各个构件之间的依赖关系进行分析，然后据此确定集成测试的模块的大小。

集成模块的划分除了要确定模块的大小之外，还要考虑是否需要桩模块和驱动模块，是否能够有效地降低消息接口的复杂度。这些都关系到集成测试效率的高低，间接地影响测试的时间和成本。

在图 8.26 中，界面构件负责与用户交互；业务构件负责处理业务逻辑；访问数据库构件提供与数据库的接口；用于数据连接的构件负责向业务构件传递系统更新的数据。在测试过程中，如果对业务构件采用以类为单元，进行类间集成测试，就可能会造成难以对缺陷进行定位的麻烦。因此，应对该构件分别以方法和类为单元进行测试，然后再进行类内集成和类间集成测试。

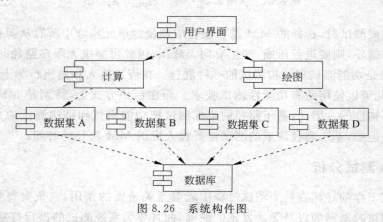

图 8.26　系统构件图

2. 模块分析

模块分析可以看做是在体系结构分析工作基础之上的细化。一般模块划分可以从下面几个角度出发进行考虑：

（1）本次测试主要希望测试哪个模块；

（2）这个模块与哪几个模块有最密切的关系，可以按照密切程度对这些模块排队；

（3）把该模块与关系最密切的模块首先集成在一起，然后依次集成其他模块；

（4）在该过程中需要考虑这些模块与已经集成的模块之间的消息流是否容易模拟，是否易于控制。

一个合理的集成模块划分应该满足以下几点：

- 被集成的几个模块之间的关系必须密切。
- 隔离集成模块的外围模块。就是说，外围模块同集成模块之间没有过多、过于频繁的调用关系。尽量避免考虑编写桩模块，以替代被隔离的模块所实现的功能。
- 能够简便地模拟外围模块向集成模块发送消息。
- 外围模块向被测试的集成模块发送的消息能够模拟实际环境中的大多数情况。

软件测试有一条"错误群集"的原则，即 20/80 原则。测试的实践发现，测试中发现的错误 80% 很可能起源于程序模块中的 20%。例如，在 IBM OS/370 操作系统中，用户发现的全部错误的 47% 只与该系统中 4% 的模块有关。通常人们称这样的模块为易错模块或高危模块。系统中的模块可划分为 3 个等级：高危模块（这是集成测试需要关注的关键模块）、一般模块和低危模块（如果时间不允许，往往会减少或忽略这部分模块的集成，同时可能会对这类模块直接采用一次性集成策略）。所以，划分集成测试模块时，首先应该判断系统中哪些是关键的模块。

一个关键模块具有一个或多个下列特性：

- 和多个软件需求有关，或与关键功能相关；
- 处于程序控制结构的顶层；
- 本身是复杂的或者是容易出错的；
- 含有确定的性能需求；
- 被频繁使用的模块（这些模块不一定会出错，但可能会是性能的瓶颈，并且这类模块一旦出错，影响会比较大）。

3. 接口分析

集成测试的重点是测试接口的功能性、可靠性、安全性、完整性、稳定性等多个方面。这就要求人们必须对被测对象的接口进行周密细致的分析，对接口进行分类，分析并找出通过接口传递的数据。

（1）接口的划分。接口的划分是以概要设计为基础的，其方法与相关的结构设计技术类似。可以通过下面几个步骤来完成：确定系统的边界、子系统的边界和模块的边界→确定模块内部的接口→确定子系统内模块之间的接口→确定子系统之间的接口→确定系统与操作系统之间的接口→确定系统与硬件之间的接口→确定系统与第三方软件的接口。

（2）接口的分类。在实际环境中，可以定义以下两大类接口：即系统的内部接口和外部接口。

系统内部接口就是系统内部各模块交互的接口，这是集成测试的重点，主要包括：

a) 函数或方法接口：通过分析函数或方法的调用和被调用关系来确定。

b) 消息接口：通过确定对象或包之间的接口协议来确定。

c) 类接口：根据基于线程的集成和基于使用的集成策略来分析类间的继承、参数类、不同类方法调用等来确定。

d) 其他接口：包括全局变量、配置表、注册信息、中断等。这类接口具有一定的隐蔽性，测试人员往往会忽略这部分接口。

系统外部接口就是外部系统（包括人、硬件和软件）与系统交互的接口，这类测试一般会延续到系统测试阶段来完成。

（3）接口数据分析。它是指对穿越接口的数据进行分析。从这些数据的分析过程中可以直接产生测试用例。接口类型的不同，在数据分析上略有不同。

a) 函数接口分析：关注穿越函数接口的参数个数、参数属性（参数的数据类型，是输入还是输出）、参数的前后顺序、参数的边界情况等。必要时还要考虑它们的组合。

b) 消息接口分析：分析消息的类型、消息的域、域的顺序、域的属性、域的取值范围、可能的异常值等。必要时要考虑它们的组合情况。

c) 类接口和交互方式分析：在面向对象应用程序中，重点是对类接口和交互方式进行详细分析。类接口和交互方式大致可以分为如下几类：

- 在普通函数中使用一个或多个类名作为形参的类型。

- 在普通函数中使用一个或多个类名作为返回值的类型。
- 类的声明中使用另一个类的实例作为它的组成部分。
- 类的声明中引用了某个全局实例(好的设计人员会尽量减少全局变量的使用)。

d) 对于其他类接口的分析:重点分析其读写属性、并发性、等价类和边界值。

4. 集成测试策略的分析

集成测试策略分析的主要任务是根据被测对象选择合适的集成策略。一般来说,一个好的集成测试策略应该具有以下特点:

(1) 能够对被测对象进行比较充分的测试,尤其是对关键模块;

(2) 能够使模块与接口的划分清晰明了,尽可能地减小后继操作难度,同时使辅助工作量(如开发桩模块和驱动模块)最小;

(3) 相对于整体工作量来说,需要投入的集成测试资源大致合理,参加测试的各种资源(如人力、环境、时间等)能够得到充分利用。

在集成测试的过程中,要注意考虑软件开发成本、进度和质量这3个方面的平衡。不能顾此失彼,也就是说要重点突出(在有限的时间内进行穷尽的测试是不可能的)。首先要保证对所有重点的接口以及重要的功能进行充分的测试,然后在时间允许的前提下做其他测试。另外,在测试的过程中要注意吸取教训和积累经验,这样在今后的测试工作中就可以少走弯路。用例设计要充分考虑到可回归性以及是否便于自动化测试的执行,因为借助测试工具来运行测试用例,对测试结果进行分析,在一定程度上可以提高测试效率,节省有限的时间和人力资源。

8.7.5 面向对象程序的集成测试

当开发面向对象的系统时,集成的层次并不明显。而当一组类通过组合行为提供一组服务时,则需将它们一起测试,这就是类簇测试。此时不存在自底向上和自顶向下的集成问题。面向对象程序相互调用的功能是散布在程序的不同类中,类的实例通过消息相互作用申请和提供服务。类实例的行为与它的状态密切相关。状态不仅仅是体现在类实例的属性的值,也许还包括其他类的实例中的状态信息。

对象的集成测试又称交互测试,目的是确保对象的消息传递能够正确进行。

面向对象系统的集成测试有3种可用的方法。

1. 用例或基于场景的测试

用例或场景描述了对系统的使用模式。测试可以根据场景描述和对象簇来制定。这种测试着眼于系统结构。首先测试几乎不使用服务器类的独立类,再测试那些使用了独立类的下一层次的(依赖)类。这样一层一层地持续下去,直到整个系统构造完成。

2. 基于线索的测试

它把为响应某一系统输入或事件所需的一组类的实例集成在一起。每一条线索将分别集成和测试。因为面向对象系统通常是事件驱动的,因此这是一个特别合适的测试形式。

3. 对象交互测试

这个方法提出了集成测试的中间层概念。中间层给出叫做"方法-消息"路径的对象交互序列。输入事件+"方法-消息"路径+输出事件="原子"系统功能。

集成测试能够检测出相对独立的单元测试无法检测出的那些类相互作用时才会产生的

错误,它关注的是系统的结构和内部的相互作用。面向对象的集成测试可以分成两步进行:先进行静态测试,再进行动态测试。

(1) 静态测试。静态测试主要针对程序的结构进行,检查程序结构是否符合设计要求。现在流行的一些测试软件都能提供一种称为"逆向工程"的功能,即通过源程序得到类关系图和函数功能调用关系图。如 International Software Automation 公司的 Panorama-2 for Windows 95、Rational 公司的 Rose C++ Analyzer 等。将"逆向工程"得到的结果与面向对象设计的结果相比较,检查程序的结构和实现上是否有缺陷。就是说,通过这种方法检查面向对象程序是否达到了设计要求。

(2) 动态测试。动态测试在设计测试用例时,通常需要参考功能调用结构图、类关系图或实体关系图,确定不需要被重复测试的部分,从而优化测试用例,减少测试工作量,使得进行的测试能够达到一定覆盖标准。

测试所要达到的覆盖标准可以是:
- 达到类所有的服务要求或服务提供的一定覆盖率;
- 依据类间传递的消息,达到对所有执行线程的一定覆盖率;
- 达到类的所有状态的一定覆盖率等;
- 考虑使用现有的一些测试工具来得到程序代码执行的覆盖率。

8.8 系统测试

在测试的 3 个级别中,系统测试是最后一个测试。系统测试的主要目标不再是找出缺陷,而是确认被测系统的功能和性能。除了要证明被测系统的功能和结构的稳定性外,还要有一些非功能测试,比如:性能测试、压力测试、可靠性测试等。最终目的是为了确保软件产品能够被用户或操作者接受。

8.8.1 系统测试的定义与目标

由于软件只是计算机系统中的一个组成部分,软件开发完成后,还要与系统中的其他部分(如计算机硬件及相关的外围设备、数据收集和传输机构、操作系统、Web 服务器、数据库服务器等)结合起来才能运行。所以在整个系统投入运行之前,要进行系统测试,在各个部分都能够正常运行的前提下,确保在实际运行的软、硬件环境下也能够相互配合,正常工作。

所谓系统测试,就是对被测系统中的各个组成部分进行的综合检验。虽然系统测试的类型有很多,而且每一种测试都有特定的目标,但所有的测试工作都是为了验证已经集成的系统中的每个部分可以正确地完成指定的功能。

系统测试属于黑盒测试范畴,不再对软件的源代码进行分析和测试。

系统测试的目标在于通过与系统的需求规格说明进行比较,检查软件是否存在与系统规格不符合或与之矛盾的地方,以验证软件系统的功能和性能等满足规格说明所指定的要求。因此,测试设计人员应该主要根据需求规格说明来设计系统测试的测试用例。

8.8.2 系统测试环境

系统测试环境构建得是否合理、稳定和具有代表性,将直接影响到系统测试结果的真实性、可靠性和正确性，部署合理的测试环境是达到测试目标的前提条件。另一方面，不同（版本）的操作系统、不同（版本）的数据库，不同（版本）的网络服务器、应用服务器，再加上不同的系统架构等的组合，使得要构建的系统测试环境多种多样；而且，由于软件运行环境的多样性、配置各种相关参数工作量的浩大和测试软件的兼容性等方面的原因，使得构建系统测试环境的工作变得更为复杂和频繁。

测试人员可以通过构建系统测试环境库的方式来实现系统测试环境的复用，节省宝贵的测试时间。系统测试环境库要存放在单独的硬盘分区上，不要和其他经常需要读写的文件放在一起，并尽量不要对系统测试环境库所在的硬盘分区进行磁盘整理，以免对镜像文件造成破坏。此外，系统测试环境库存放在网络文件服务器上安全性太低，最好将它们制作成可自启动的光盘，由专人进行统一管理；一旦需要搭建测试环境时，就可通过网络、自启动的光盘或硬盘等方式，由专人负责将镜像文件恢复到指定的目录中去。

8.8.3 系统测试策略

系统测试的策略极多，下面介绍一些常见的系统测试策略。

1. 功能测试（Functional Test）

功能测试属于黑盒测试技术范畴，它不考虑软件内部的具体实现过程，主要是根据系统的需求规格说明和系统测试设计说明，验证产品是否符合产品的功能需求规格。

功能测试主要是为了发现以下几类错误：

（1）是否有不正确或遗漏了的功能？
（2）功能实现是否满足用户需求和系统设计的隐式需求？
（3）能否正确地接受输入？能否正确地输出结果？

功能测试要求测试人员对被测系统的需求规格说明、业务功能都非常熟悉，同时掌握一定的测试用例设计方法。除此之外，测试人员要了解相关的业务知识，还要对测试过程中的细节问题有所理解。只有达到了这样的要求，测试人员才能够设计出好的测试方案和测试用例，高效地进行功能测试。

表 8.3 列出有关"用户界面"的常用的功能测试项目。

表 8.3　用户界面的功能测试项目

检查项目	功能测试要求
页面链接	每一个链接是否都有对应的页面，并且页面之间的切换正确
相关性	删除/增加一项会不会对其他项产生影响？如果产生影响，这些影响是否都正确
按钮功能	检查如 update,cancel,delete,save 等功能是否正确
字符串长度	输入超出需求规格要求的字符串长度的内容，看系统是否检查串长度，会不会出错
字符类型	在应输入指定类型的内容的地方输入其他类型的内容。例如，在应该输入整型的地方输入字符类型，看系统是否检查字符类型，是否报错
标点符号	输入各种标点符号，特别是空格、各种引号、换行符，看系统处理是否正确
中文字符	在可以输入中文的系统输入中文，看是否会出现乱码或出错
带出信息的完整性	在查看信息和 update 信息时，查看所填写的信息是不是全部带出，带出信息和所添加的信息是否一致

续表

检查项目	功能测试要求
信息重复	在一些命名应该唯一的信息中输入重复名字,看系统是否报错。重名情况还要考虑是否区分大小写、在输入内容的前后输入的空格是否滤掉等,并检查系统是否正确处理
删除功能	在一些可以一次删除多个信息的地方,不选择任何信息,单击 delete 按钮,看系统如何处理,是否出错;然后选择一个和多个信息,进行删除,看是否正确处理
添加和修改是否一致	检查添加和修改信息的要求是否一致,例如添加按规定必填的项,修改也应该必填;添加规定为整型的项,修改也必须为整型
修改重名	修改时把不能重名的项改为已有项的名字,看是否处理并报错。同时,也要注意报错信息是否正确
重复提交表单	一条已经成功提交的记录,后退(Back)后再提交,看系统是否做了处理,以及处理是否正确
多次使用后退(Back)键	在可以后退的地方,选择后退,回到原来页面,再后退,重复多次,看是否会出错
查询	在有 search 功能的地方输入系统存在和不存在的内容,看查询结果是否正确。如果可以输入多个查询条件,可以同时添加合理和不合理的条件,看系统处理是否正确
输入信息位置	注意在光标停留的地方输入信息时,光标和所输入的信息是否跳到别的地方
上 传/下 载文件	上传/下载文件的功能是否实现,上传文件是否能打开,对上传文件的格式有何规定,系统是否有解释信息,并检查系统是否能够做到
必填项	应该填写的项没有填写时系统是否都做了处理,对必填项是否有提示信息,如在必填项前加"*"
快捷键	是否支持常用快捷键,如 Ctrl+C、Ctrl+V、Backspace 等。对一些不允许输入信息的字段,对快捷方式是否也做了限制
回车键	在输入结束后直接按回车键,看系统处理如何,是否报错

2. 协议一致性测试(Protocol Conformance Testing)

这类测试检查在分布式系统中为了使得计算机之间能够相互交换信息,需要遵循的通信协议的实现情况。通常对协议一致性所做的测试包括如下几种类型。

(1) 协议一致性测试:检查实现的系统与标准协议符合的程度。

(2) 协议性能测试:检查协议实体或系统的各种性能指标(如数据传输率、连接时间、执行速度)。

(3) 协议互操作性测试:检查同一协议在不同实现版本间的互通能力和互操作能力。

(4) 协议健壮性测试:检查协议实体或系统在外界因素影响下运行的能力,例如通信中止、断电或人为注入干扰信息等。

3. 性能测试(Performance Test)

在实时系统和嵌入式系统中,功能需求与性能需求必需同时考虑,性能要求不同,即使功能需求相同,软件的实现大不相同。性能测试就是用来测试软件在集成系统中的运行性能的。其目标是量度系统的性能与预先定义目标有多大差距。为此,必须比较在需求规格中规定的性能水平与实际的性能水平,并把其中的差距文档化。

一个有用的性能测试是压力测试,它使用极大数量的用户和用户请求,来测量操作系统的应对能力。压力测试用于测试如缓冲区、队列、表和端口等方面的资源极限。

性能测试经常和压力测试一起进行,而且常常需要硬件和软件测试设备。就是说,在一种苛刻的环境中衡量资源的使用(如处理器周期)常常是必要的。

人们关注最多的性能信息包括 CPU 使用情况;I/O 使用情况;每个指令的 I/O 数量;信道使用情况;内存使用情况;外存使用情况;每个模块执行时间的百分比;一个模块等待 I/O 完成的百分比时间;模块在主存中使用的时间百分比;指令随时间的跟踪路径;控制从一个模块到另一个模块的次数;遇到每一组指令等待的次数;每一组指令页换入/换出的次数;系统反应时间;系统吞吐量,即每个时间单元的处理数量;所有主要指令的单位执行时间。

4. 压力测试(Stress Testing)

压力测试又称强度测试,是在各种资源超负荷情况下观察系统的运行情况的测试。从本质上说,进行压力测试的人应该这样问:"我们能够将系统折腾到什么程度而又不会出错?"在压力测试过程中,测试人员主要关注的是在有非正常资源占用的情况下系统的处理时间。这类测试在一种要求反常数量、频率或资源的方式下执行系统。例如:

- 对平均每秒出现 1 到 2 个中断的情形,应按每秒出现 10 个中断的情形来进行测试;
- 把输入数据的量提高一个数量级来测试输入功能会如何响应;
- 应当执行需要最大的内存或其他资源的测试实例;
- 使用一个虚拟的操作系统中会引起颠簸的测试实例;
- 可能会引起大量的驻留磁盘数据的测试实例。

压力测试是边界测试。例如,既要针对需求规定的最大活动终端数量进行测试,还要针对比需求规定的数量更多的终端进行测试。在压力测试中所涉及的资源包括:缓冲区、控制器、显示终端、中断处理、内存、网络、打印机、辅助存储设备、事务队列、事务程序、系统用户等,测试时可让这些资源达到满负荷以检查被测系统的承受能力。

压力测试研究系统在一个短时间内活动处在峰值时的反应。它通常容易同容量测试混淆,在容量测试中,其目标是检测系统处理大容量数据方面的能力。

5. 容量测试(Volume Testing)

容量测试是在系统正常运行的范围内测试并确定系统能够处理的数据容量。常见的容量测试的例子包括:

- 当处理数据敏感操作时进行的相关数据比较;
- 使用编译器编译一个极其庞大的源程序;
- 使用一个链接编辑器编辑一个包含成千上万个模块的程序;
- 一个电路模拟器模拟包含成千上万个模块的电路;
- 一个操作系统的任务队列被充满;
- 庞大的 E-mail 信息和文件充满了 Internet。

6. 安全性测试(Security Testing)

对那些涉及敏感信息以及容易对个人造成伤害的信息系统应当实施必要的安全防范措施。安全性测试就是要验证系统内的保护机制能否抵御入侵者的攻击。

安全性测试的测试人员需要在测试活动中,模拟不同的入侵方式来突破系统的安全机制,想尽一切办法来获取系统内的保密信息。通常需要模拟的活动有:

- 通过外部的手段来获取系统的密码;

- 使用极有可能突破系统防线的客户软件来攻击系统；
- 独占整个系统资源，使得别人无法访问；
- 有目的地引发系统错误，期望在系统恢复过程中侵入系统；
- 通过浏览非保密的数据，从中找到进入系统的钥匙等。

只要有足够的时间和资源，好的安全测试就一定能够侵入一个系统。通常，人们最关注的安全性信息包括下列项目：

- 系统的安全控制特性（口令、存取权限、组设置等）是否能起作用？
- 系统是否能辨别有效口令和无效口令，有效口令能否被系统接纳，能否拒绝接受无效口令并做出相应的处理？
- 对于同一个无效口令出现多次，系统能否做出反应，并做出适当的保护？
- 系统能否检测无效的或者有较大出入的参数，并做出适当处理？
- 系统能否检测无效的或者超出范围的指令，并对其做出恰当处理？
- 能否对错误和文件访问进行适当的记录？
- 系统变更过程中是否对其安全性措施进行了详细记录？
- 系统配置数据是否可以正确地导出，并在其他计算机上做了备份。
- 系统配置数据能否正确地保存。如果系统出现故障，数据能否恢复？
- 系统配置数据是否可以正确地导入，导入后能否正常使用？
- 系统配置数据在保存时是否做了加密？
- 系统初始的权限功能设置是否正确？各级用户的所属权限是否合理？低级别的用户和高级别的用户之间是否可以越权操作？
- 用户生存期是否受限？如果用户超时，系统能否提供相应措施保护用户所有信息？
- 用户是否会自动超时退出？超时的时间是否设置合理？用户数据是否会丢失？
- 用户能否直接修改其他不属于自己的数据信息？
- 系统在远程操作或最大用户数量操作情况下能否正常执行？
- 系统对于远程操作是否有安全方面的特性设置？
- 防火墙是否能被激活和取消激活？
- 防火墙功能激活后是否对系统正常功能操作产生限制？
- 防火墙功能激活后是否会引起其他问题？

7. 恢复性测试（Recovery Testing）

恢复测试的目标就是验证系统从软件或者硬件失效中恢复的能力。它要验证系统能否在应用处理过程中 Roll Back（回滚）的能力，即定时保存处理中的数据和运行状态，一旦系统失效，能够恢复最近时间保存的数据和运行状态。

恢复测试采取各种人工干预方式使软件出错，造成人为的系统失效，进而检验系统的恢复能力。如果这一恢复需要人为干预，则应考虑平均修复时间是否在限定的范围以内。

在设计恢复性测试用例时，需要考虑下面这些关键问题：

(1) 是否存在潜在的系统失效？它们能否造成很大的损失？能否定义灾难场景？
(2) 保护和恢复过程能否为应对故障提供足够的反应？
(3) 当真正需要时，恢复过程能否正确工作？恢复操作后系统性能是否会下降？

一些恢复性测试的例子包括：全部恢复在最近的保存点备份的文件；恢复部分文件以

回到最近的保存点;恢复程序的执行;有选择地恢复文件和数据;恢复由于供电出现问题时做出的备份;验证手工恢复的过程;通过切换到一个并行系统来完成恢复工作;通过系统性能降级来完成恢复工作;执行恢复期间的安全性过程;验证恢复处理日志方面的能力。

8. 备份测试（Backup Testing）

备份测试是恢复性测试的一个补充,并且应当是恢复性测试的一个部分。备份测试的目的是验证系统在软件或者硬件失效的事件中备份其数据的能力。

备份测试需要从以下几个角度来进行设计:

(1) 备份文件(同时比较备份文件与初始文件的差异);
(2) 存储文件和数据;
(3) 完整的系统备份过程;
(4) 定时在恢复点备份;
(5) 备份引起系统性能的降级;
(6) 手工执行备份工作的有效性;
(7) 系统备份"触发器"的检测;
(8) 备份期间的安全性过程;
(9) 备份过程期间维护处理日志的完整性。

9. GUI测试（Graphic User Interface Testing）

GUI即图形用户接口,相当于产品外观。GUI的好坏将直接影响用户使用软件时的效率及心情,也直接影响用户对所使用的系统的印象。为了让软件能够更好地服务于用户,进行GUI测试就变得非常重要了。

GUI是一个分层的图形化的软件前端,通过特定的事件集中接受由用户或者系统产生的事件,生成相应的图形输出。一个GUI包含许多图形对象(如菜单、按钮、对话框、列表框等),每个图形对象有一个固定的属性集合。属性在程序执行过程中会被赋予不同的值,不同的值的集合构成了GUI的状态。

GUI测试分为两个部分,一方面是确认界面实现是否与界面设计的情况相符合;另一方面是要确认界面是否能够正确处理事件。前者指的是界面的外观是否与设计者的意图相一致;后者所说的界面处理则是当界面元素由于系统或用户产生的事件被触发后,是否可以按照规定的流程显示出正确的内容。例如,当我们要打开一个文件,单击"打开"选项时,系统应产生一个"打开文件"的对话框,而不是一个"保存文件"的对话框。

10. 健壮性测试（Robustness Testing）

健壮性测试又称为容错测试（Fault Tolerance Testing）。主要用于测试系统在出现故障时,是否能够自动恢复或者忽略故障继续运行。为了使系统具有良好的健壮性,要求设计人员在做系统设计时必须周密细致,尤其要注意妥善地进行系统异常的处理。

一个好的软件系统必须经过健壮性测试之后才能最终交付给用户。

11. 兼容性测试（Compatibility Testing）

有时系统的异常是由于它与其他系统不兼容而引起的。兼容性测试的目的就是检验被测的应用系统对其他系统的兼容性。兼容性的一个例子是当两个系统在某一段时期内需要共享同一个数据或同一个数据文件或内存时,被测系统可以单独工作并满足系统需求,但在一个共享环境中不能与另一个系统协同工作,也不能与其他系统正常地交互。现实情况是,这种测试往往不受人们的关注,常常在测试过程中被测试人员省略,而这方面的错误通常很微妙且难以发现。

一般来说,考虑兼容性测试时需要关注以下问题:
- 当前系统可能运行在哪些不同的操作系统环境下?
- 当前系统可能与哪些不同类型的数据库进行数据交换?
- 当前系统可能在哪些不同的硬件配置的环境中运行?
- 当前系统可能需要与哪些软件系统协同工作?这些软件系统可能的版本有哪些?
- 上面的这些情况是否需要综合测试?

12. 可使用性测试(Usability Testing)

可使用性测试是为了检测用户在理解和使用系统方面是否方便,它是面向用户的系统测试,包括对被测试系统的系统功能、系统发布、帮助文本和过程的测试等。如果所开发的系统不能被用户很好地使用,那么就要对系统重新设计,涉及大量的修改,这是软件开发最忌讳的事情。

进行可使用性测试时,测试人员应该关注的问题有:
- 系统中是否存在过分复杂的功能或指令?
- 安装过程是否复杂?
- 错误信息提示内容是否详细,能否对错误定位?
- GUI 接口是否标准?登录是否方便?
- 是否需要用户记住太多的信息内容?
- 帮助文本是否详细?是否能够独立说清问题?
- 页面风格是否一致?是否会造成理解上的歧义?
- 执行的操作是否与预期的功能相符?
- 和其他系统之间的连接是否太弱?
- 默认信息是否清晰,让使用者都能了解?
- 接口是否太简单或者太复杂?语法、格式与定义是否一致?是否给用户提供了所有有关输入的清晰的知识?

13. 安装测试(Installation Testing)

安装测试的目的就是要验证系统成功地被安装的能力。安装测试,尤其是手工进行安装测试,可能是非常麻烦的事情。Christopher Agmss 从以下几个方面来考虑进行自动化安装测试。

(1)确认安装程序自动化测试的内置级别。可以通过安装程序使用的脚本来设计自动化安装测试用例。这些用例在安装的过程中被自动执行。

(2)控制机器的基本状态。在安装测试的过程中,首先建立一个机器状态基线。利用磁盘映像程序(如 GHOST 等)把机器硬盘恢复到一个基本状态。但是,可能需要一组机器的基本状态映像,这与想要测试多少配置有关。可以对每个操作系统和硬盘文件格式的每一个组合保留一个映像。

(3)使用一个测试工具来驱动安装程序。

(4)使用活动图来设计自动化安装测试流程,如图 8.27 所示。该流程图描述的步骤比较简单,在实际测试当中,可能还需要考虑更多的情况。

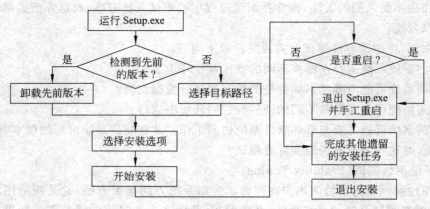

图 8.27 一般安装程序流程图

(5) 使用多台机器来运行安装测试。
(6) 自动验证安装程序是否把期望的文件安装到了期望的位置上。
(7) 安装时要检查硬盘空间。
(8) 自动化测试卸载程序。

总之,没有正确的安装就根本谈不上正确的执行,所以对于安装的测试就显得尤为重要。

对于安装测试,还需要注意的问题有以下几点:

- 通过自动安装或手工配置安装,测试各种不同的安装组合,并验证各种不同组合的正确性,最终目标是所有组合都能安装成功。
- 安装退出之后,确认应用程序可以正确启动、运行。
- 在安装之前先备份注册表,安装之后查看注册表中是否有多余的垃圾信息。
- 卸载测试和安装测试同样重要,如果系统提供自动卸载工具,那么卸载之后需检验系统是否把所有的文件全部删除,注册表中有关的注册信息是否也被删除。
- 至少要在一台笔记本电脑上进行安装测试,因为有很多产品在笔记本电脑中会出现问题,尤其是系统级的产品。
- 安装完成之后,可以在简单使用之后再执行卸载操作,有的系统在使用之后会发生变化,变得不可卸载。
- 对于客户机/服务器模式的应用系统,可以先安装客户端,然后安装服务器端,测试是否会出现问题。
- 考察安装该系统是否对其他的应用程序造成影响,特别是 Windows 操作系统,经常会出现此类的问题。

14. 文档测试(Documentation Testing)

文档测试不同于一般的检查和审查工作,主要是针对系统提交给用户的文档进行验证。文档测试的目标是验证用户文档是正确的并且保证操作手册所描述的过程能够正确工作。

文档测试中需要测试人员和用户换位思考。测试人员完全站在客户的角度考虑和评价被测系统,他要按照文档中的说明进行操作,进而发现问题并做好记录。

测试人员需要做到以下几点:

- 首先对整个文档进行一般的评审,然后一个一个地进行详细的评审;
- 所使用的文档可以被多个测试用例作为依据;
- 严格地按照文档中记述的内容使用系统;
- 测试每一个所涉及的提示和意见;
- 测试在系统中出现的所有在线帮助文档及其链接,并保证所有可能检索到的条目有相应的文档说明;
- 客观地测试每一条语句,不要想当然;
- 保证文档覆盖所有关键用户功能;
- 验证所有的错误信息以及文档中涉及的每个样例;
- 保证用户文档的可读性,尽量避免使用专业性过强的专业术语;
- 针对系统中相对薄弱的区域对其进行详细说明;把系统中的缺陷并入缺陷跟踪库。

15. 在线帮助测试(Online Help Testing)

在线帮助测试给用户提供一种实时的咨询服务。一个完善的系统应该具备在线帮助的功能。在线帮助测试主要用于验证系统的实时在线帮助的可操作性和准确性。

在进行在线帮助测试时,测试人员需要关注下面这些问题:

- 帮助文档的索引是否准确无误?
- 帮助文档的内容是否正确?
- 系统运行过程中帮助文档是否能被正常地激活?
- 所激活的帮助内容是否与当前操作内容相关联?
- 是否在系统的不同位置都能激活帮助内容?
- 帮助文档的内容是否足够详细并能解决需要被解决的问题?

16. 数据转换测试(Data Conversion Testing)

在实际应用中,常常会遇到环境升级的问题,同时又要保证以前的数据不能丢失,就是说要在新系统中继续使用这些数据。那么,在新系统中使用这些旧数据是否会出现问题呢?尤其当新系统采用了不同于老系统的数据格式时,这个问题尤其突出。这就需要进行数据转换测试。该测试的目标在于验证已存在数据的转换是否有效。

在设计数据转换测试时,需要考虑的一些关键因素包括:

(1) 审计能力。需要有一个规程来进行转换数据前后的比较和分析,以保证转换的成功。保证审计能力的技术包括文件报告、比较程序和回归测试。回归测试检查验证转换过的数据不改变业务需求或引起系统出现不同的行为。

(2) 数据库验证。在把数据转换到数据库之前,需要对转换后的数据库的变化预作评审,以确保转换方案的设计是合理的、能够满足业务需求的。同时要保证支持人员和数据管理人员已经培训过。

(3) 数据整理。在数据转换到新系统之前,需要检查老的数据,以消除不正确的数据和矛盾的数据。

(4) 恢复计划。需要准备好回退步骤把系统恢复到以前的状态并且撤销转换操作。

(5) 同步。必须保证转换过程不会和正常的操作混杂在一起。

8.8.4 系统测试分析

在系统测试的各个环节当中,比较关键的是系统测试用例设计阶段。测试人员在做系统测试分析时,可从用户层、应用层、功能层、子系统层、协议/指标层等几个层次入手。

1. 用户层

因为用户层面向的是产品最终的使用者——用户,因此用户层的测试主要围绕着诸如用户界面的规范性、友好性、可操作性、系统对用户的支持,以及数据的安全性等方面展开。测试的对象应该有:用户手册、使用帮助,以及支持客户的其他产品技术手册,检查其是否正确、是否易于理解、是否人性化。另外,在确保用户界面能够通过测试对象控件或入口能够得到相应访问的情况下,还应该测试用户界面的风格是否满足用户要求。例如:界面是否美观、直观、友好,是否更加人性化。

对于用户层的测试还应该注意可维护性测试和安全性测试。可维护性是指实施系统软、硬件维护的容易性,减少维护工作对系统正常运行带来的影响。安全性主要包括两个方面:数据安全性和操作安全性。系统可以访问的数据必须符合规定;系统可以执行的操作权限也必须符合规定。

2. 应用层

应用层的测试主要是针对产品工程应用或行业应用的测试。从系统应用的角度出发,模拟实际应用环境,对系统的兼容性、可靠性、性能等进行测试。针对整个系统的应用层测试,包含并发性能测试、负载测试、压力测试、强度测试、破坏性测试。

并发性能测试是评估系统在其业务不断增加的情况下有效处理瓶颈和接收业务的性能的好坏;强度测试是评测系统在资源缺乏的情况下为找出因资源不足或资源争用而产生的错误所应具备的能力;破坏性测试重点关注超出系统正常负荷 N 倍的情况下,错误出现状态和出现比率以及错误的恢复能力。对系统的可靠性、稳定性测试就是考验被测系统长期在一定负荷的使用环境下是否能够正常运行。对系统的兼容性测试就是测试软件与各种硬件设备的兼容性、与操作系统的兼容性和与其他相关软件的兼容性。此外,还包括在组网环境下,系统软件对接入设备的支持情况,以及功能实现和群集性能评估的组网测试。安装测试就是测试该软件在正常和异常情况下(如磁盘空间不足、缺少目录创建权限等)是否能够进行安装,能否按预期目标进行升级,安装后是否能够立即正常运行。对安装手册、安装脚本等也需要关注。

3. 功能层

功能层的测试是要检测系统是否已经实现需求规格说明中定义的功能,以及系统功能之间是否存在类似共享资源访问冲突的情况。

4. 子系统层

子系统层的测试是针对产品内部结构的性能的测试。它关注子系统内部的性能,以及子系统之间接口的瓶颈。如果只有一个单一的子系统,就要关注整个系统内各种软、硬件,接口协同工作的情况下的整体性能。

5. 协议/指标层

针对系统所支持的协议,进行协议一致性测试和协议互通测试。

8.9 程序调试

程序调试(debugging)是在进行了成功的测试之后才开始的工作。它与软件测试不同,软件测试的目的是尽可能多地发现软件中的错误,但进一步诊断和改正程序中潜在的错误,则是程序调试的任务。程序调试活动由两部分组成:

(1) 确定程序中可疑错误的确切性质和位置。
(2) 对程序(设计、编码)进行修改,排除错误。

通常,调试工作是一个具有很强技巧性的工作。一个软件工程人员在分析测试结果的时候会发现,软件运行失效或出现问题,往往只是潜在错误的外部表现,而外部表现与内在原因之间常常没有明显的联系。如果要找出真正的原因,排除潜在的错误,不是一件容易的事。因此可以说,调试是通过现象找出原因的一个思维分析的过程。

8.9.1 程序调试的步骤

调试不是测试,但是,它是作为测试的后继工作而出现的。

调试的执行步骤如图 8.28 所示。

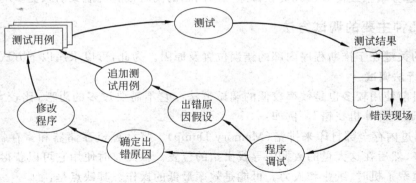

图 8.28 调试的活动

(1) 从错误的外部表现形式入手,确定程序中出错的位置。
(2) 研究有关部分的程序,找出错误的内在原因。有两种可能:
- 错误原因不能肯定,可先做某种假设,再设计测试用例来证实这个假设;
- 找到错误原因,分析相关程序和数据结构,界定修改范围。

(3) 修改设计和代码,以排除这个错误。
(4) 重复进行暴露了这个错误的原始测试或某些有关测试(即回归测试),以确认:
- 该错误是否被排除;
- 是否引进了新的错误。

(5) 如果所做的修正无效,则撤销这次修改,重复上述过程,直到找到一个有效的解决办法为止。

调试之所以困难,是由于人的心理因素以及技术方面的原因所致。从心理因素方面来看,调试的能力因人而异,有人很善于调试,有人则完全不行,虽然也有经验造成的差别,但是,对于有同样教育背景与经验的程序员,他们的调试能力差别也很大。由于在调试过程中会遇到困扰,会导致产生新的问题,极易使人丧失信心。另外,程序员不愿意别人对自己编制的程序说三道四,不会积极配合查错,这就增加了调试的难度。当然,一旦成功地排除了一个顽固潜藏的错误,人们会十分欢悦。

此外,从技术角度来看,查找错误的难度在于:

(1) 现象与原因所处的位置可能相距甚远。就是说,现象可能出现在程序的一个部位,而原因可能在离此很远的另一个位置。高耦合的程序结构中这种情况更为明显。

(2) 当其他错误得到纠正时,这一错误所表现出的现象可能会暂时消失,但并未实际排除。

(3) 现象实际上是由一些非错误原因(例如,舍入不精确)引起的。

(4) 现象可能是由于一些不容易发现的人为错误引起的。

(5) 错误是由于时序问题引起的,与处理过程无关。

(6) 现象是由于难于精确再现的输入状态(例如,实时应用中输入顺序不确定)引起。

(7) 现象可能是周期出现的。这一现象在软、硬件结合的嵌入式系统中常常遇到。

(8) 错误是由于把任务分布在若干台不同处理机上运行而造成的。

在程序调试的过程中,可能遇到各种各样的问题。随着问题的增多,调试人员的压力也随之增大,过分紧张致使调试人员在排除一个问题的同时很有可能又引入更多的新问题。

8.9.2 几种主要的调试方法

调试的关键在于推断程序内部的错误位置及原因。为此,可以采用以下方法。

1. 强行法调试

这是目前使用较多也是效率较低的调试方法。它不需要过多的思考,比较省脑筋。主要思想是"通过计算机找错"。例如:

(1) 通过内存全部打印来排错(Memory Dump)。将计算机存储器和寄存器的全部内容打印出来,然后在这大量的数据中寻找出错的位置。虽然有时使用它可以获得成功,但是更多的是浪费了机时、纸张和人力。可能是效率最低的操作。其缺点是:

- 建立内存地址与源程序变量之间的对应关系很困难,仅汇编和手编程序才有可能。
- 人们将面对大量(八进制或十六进制)的数据,其中大多数与所查错误无关。
- 一个内存全部内容打印清单只显示了源程序在某一瞬间的状态,即所谓静态映像;但为了发现错误,需要的是程序随时间变化的动态过程。
- 一个内存的全部内容打印清单不能反映在出错位置处程序的状态。程序在出错时刻与打印信息时刻之间的时间间隔内所做的事情可能会掩盖所需要的线索。
- 缺乏从分析全部内存打印信息来找到错误原因的算法。

(2) 在程序特定部位设置打印语句。把打印语句插装在出错的源程序的各个关键变量改变部位、重要分支部位、子程序调用部位,跟踪程序的执行,监视重要变量的变化。这种操作能显示出程序的动态过程,允许人们检查与源程序有关的信息。因此,比全部打印内存信息优越,但是它也有缺点:

- 可能输出大量需要分析的信息,大型程序或系统更是如此,造成费用过大。
- 必须修改源程序以插入打印语句,这种修改可能会掩盖错误,改变关键的时间关系或把新的错误引入程序。

这种方法凭借大量的现场信息,从中找到出错的线索,虽然最终也能成功,但难免要耗费大量的时间和精力。

(3) 使用自动调试工具。利用某些编程语言的调试功能或专门的交互式调试工具,分析程序的动态过程,而不必修改程序。自动调试工具的功能是:设置断点,当程序执行到某个特定的语句或某个特定的变量值改变时,程序暂停执行。程序员可在终端上观察程序此时的状态。

目前,调试编译器、动态调试器("追踪器")、测试用例自动生成器、存储器映像及交叉访问视图等一系列工具已广为使用。然而,无论什么工具也替代不了一个开发人员在对完整的设计文档和清晰的源代码进行认真审阅和推敲之后所起的作用。此外,不应荒废调试过程中最有价值的一个资源,那就是开发小组中其他成员的评价和忠告,正所谓"当事者迷,旁观者清"。

2. 回溯法调试

这是在小程序中常用的一种有效的调试方法。其思路为:一旦发现了错误,人们先分析错误征兆,确定最先发现"症状"的位置。然后,人工沿程序的控制流程,向回追踪源程序代码,直到找到错误根源或确定错误产生的范围。

例如,程序中发现错误的地方是某个打印语句。通过输出值可推断出程序在这一点上变量的值。再从这一点出发,回溯程序的执行过程,反复考虑:"如果程序在这一点上的状态(变量的值)是这样,那么程序在上一点的状态一定是这样……",直到找到错误的位置,即在其状态是预期的点与第一个状态不是预期的点之间的程序位置。

回溯法对于小程序很有效,往往能把错误范围缩小到程序中的一小段代码,仔细分析这段代码不难确定出错的准确位置。但对于大程序,特别是异地开发的程序,由于回溯的路径数目较多,回溯会变得很困难。

3. 归纳法调试

归纳法是一种从特殊推断到一般的系统化思考方法。归纳法调试的基本思想是:从一些线索(错误征兆)着手,通过分析它们之间的关系来找出错误。

归纳法排错步骤大致分为以下4步:

(1) 收集有关的数据。列出所有已知的测试用例和程序执行结果,看哪些输入数据的运行结果是正确的,哪些输入数据的运行结果有错误存在。

(2) 组织数据。由于归纳法是从特殊到一般的推断过程,所以需要组织整理数据,以便发现规律。常用的构造线索的技术是"分类法"。一般用图 8.29 中所示的 3W1H 形式来组织可用的数据:

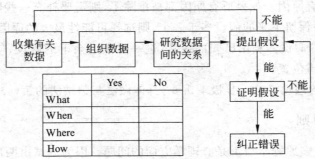

图 8.29 归纳法调试的步骤

- "What" 列出一般现象。
- "When" 列出现象发生时所有已知情况。
- "Where"说明发现现象的地点。
- "How" 说明现象的范围和量级。
- 在"Yes"和"No"这两列中,"Yes"描述了出现错误现场的3W1H,"No"作为比较,描述了假如不出错,现场的3W1H应是什么情况。通过分析,找出矛盾来。

(3) 提出假设。分析线索之间的关系,利用在线索结构中观察到的矛盾现象,设计一个或多个关于出错原因的假设。如果一个假设也提不出来,归纳过程就需要收集更多的数据。此时,应当再设计与执行一些测试用例,以获得更多的数据。

如果提出了许多假设,则首先选用最有可能成为出错原因的假设。

(4) 证明假设。把假设与原始线索或数据进行比较,若它能完全解释一切现象,则假设得到证明;否则,就认为假设不合理,或不完全,或是存在多个错误,以致只能消除部分错误。

有人想越过这一步,立刻就去改正错误。这样,假设是否合理,是否完全,是否同时存在多个错误都不甚清楚,因此就不能有效地消除多个错误。

4. 演绎法调试

演绎法是一种从一般原理或前提出发,经过排除和细化的过程来推导出结论的思考方法。演绎法排错是测试人员首先根据已有的测试用例,设想及枚举出所有可能出错的原因作为假设;然后再用原始测试数据或新的测试数据,从中逐个排除不可能正确的假设;最后,再用测试数据验证余下的假设确是出错的原因。

如图8.30所示,演绎法主要有以下4个步骤:

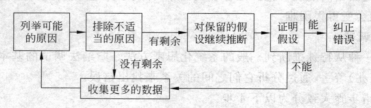

图8.30 演绎法调试的步骤

(1) 列举所有可能出错原因的假设。把所有可能的错误原因列成表。它们不需要完全的解释,而仅仅是一些可能因素的假设。通过它们,可以组织、分析现有数据。

(2) 利用已有的测试数据,排除不正确的假设。仔细分析已有的数据,寻找矛盾,力求排除前一步列出所有原因。如果所有原因都被排除了,则需要补充一些数据(测试用例),以建立新的假设;如果保留下来的假设多于一个,则选择可能性最大的原因作为基本的假设。

(3) 改进余下的假设。利用已知的线索,进一步改进余下的假设,使之更具体化,以便可以精确地确定出错位置。

(4) 证明余下的假设。这一步极端重要,具体做法与归纳法的第(4)步相同。

8.9.3 调试的原则

在调试方面,许多原则本质上是心理学方面的问题。因为调试由两部分组成,所以调试原则也分成两组。

1. 确定错误的性质和位置的原则

（1）用头脑去分析、思考与错误征兆有关的信息。最有效的调试操作是用头脑分析与错误征兆有关的信息。一个能干的调试员应能做到不使用计算机就能够确定大部分错误。

（2）避开死胡同。如果程序调试员走进了死胡同，或者陷入了绝境，最好暂时把问题抛开，留到第二天再去考虑，或者向其他人讲解这个问题。事实上常有这种情形：向一个好的听众简单地描述这个问题时，并不需要听讲者的任何提示，你自己会突然发现问题的所在。

（3）只把调试工具当做辅助手段来使用。利用调试工具，可以帮助思考，但不能代替思考。因为调试工具给你的是一种无规律的调试操作。经验证明，即使是对一个不熟悉的程序进行调试时，不用工具的人往往比使用工具的人更容易成功。

（4）避免用试探法，最多只能把它当做最后手段。初学调试的人最常犯的一个错误是想试试修改程序来解决问题。但这是一种碰运气的盲目动作，它的成功机会很小，而且还常把新的错误带进来。

2. 修改错误的原则

（1）在出现错误的地方，很可能还有别的错误。经验证明，错误有群集现象，即当在某一程序段发现有错误时，在该程序段中还存在别的错误的概率也很高。因此，在修改一个错误时，还要查一下它的近邻，看是否还有别的错误。

（2）修改错误的一个常见失误是只修改了这个错误的征兆或这个错误的表现，而没有修改错误的本身。如果提出的修改不能解释与这个错误有关的全部线索，那就表明只修改了错误的一部分。

（3）当心修正一个错误的同时有可能会引入新的错误。人们不仅需要注意不正确的修改，而且还要注意看起来是正确的修改可能会带来的副作用，即引进新的错误。因此在修改了错误之后，必须进行回归测试，以确认是否引进了新的错误。

（4）修改错误的过程将迫使人们暂时回到程序设计阶段。修改错误也是程序设计的一种形式。一般说来，在程序设计阶段所使用的任何技术都可以应用到错误修正的过程中来。

（5）修改源代码程序，不要改变目标代码。在对一个大的系统，特别是对一个使用汇编语言编写的系统进行调试时，有时有一种倾向，即试图通过直接改变目标代码来修改错误，并打算以后再改变源程序（"当我有时间时"）。这种方式有两个问题：第一，因目标代码与源代码不同步，当程序重新编译或汇编时，错误很容易再现；第二，这是一种盲目的实验调试操作。因此，这是一种草率的、不妥当的做法。

因为修改可能会造成混乱，改一个错误又引发多个新错误，结果必定是程序越改越乱，但若能做到每次调试之前都问自己 3 个问题，情况将大有好转：

（1）导致这个错误的原因在程序其他部分还可能存在吗？

（2）本次修改可能对程序中相关的逻辑和数据造成什么影响？引起什么问题？

（3）上次遇到的类似问题是如何排除的？

第 9 章　软件测试用例设计

软件质量的好坏很大程度上取决于测试用例的数量和质量。不论程序员的编程水平、软件设计水平有多高,软件过程执行得如何好,如果没有通过合适数量和质量的测试用例进行测试,其最终的软件质量都是难以保证的。所以从这个意义上来说,测试用例设计是软件测试的最核心和最重要的内容之一。

9.1　测试用例设计概述

测试用例是为了特定目的(如考查特定程序路径或验证是否符合特定的需求)而设计的测试数据及与之相关的测试规程的一个特定的集合,或称为有效地发现软件缺陷的最小测试执行单元。测试用例在测试中具有重要的作用,测试用例拥有特定的编写标准,在设计测试用例时需要考虑一系列的因素,并遵循一些基本的原则。

9.1.1　测试用例的重要性

在软件测试过程中需要使用测试用例。那么,为什么要测试用例?它们的重要性到底是什么?下面列出几条,说明在测试过程中使用测试用例的作用。

1. 测试用例是测试人员测试过程中的重要参考依据。不同的测试人员使用相同的测试用例测试同一程序所得到的测试结果应该是一致的,对于准确的测试用例的设计、执行和跟踪是测试的有效性的有力证明。

2. 良好的测试用例具有可复用的功能,这种复用可使得测试过程事半功倍。设计良好的测试用例将大大节约时间,提高测试效率。

3. 即使是很小的项目,也可能会有几千甚至更多的测试用例,测试用例可能在数月甚至几年的测试过程中被创建和使用。正确的测试计划会很好地组织这些测试用例并提供给测试人员或者其他项目的人参考和有效使用。

4. 从测试的管理角度来看,测试用例的通过率是检验程序代码质量的例证。经常说程序代码的质量不高或者程序代码的质量很好,衡量的标准应该是测试用例的通过率和软件隐错(Bug)的数目。

5. 测试用例的执行结果也可以作为检验测试人员进度、工作量以及跟踪/管理测试人员的工作效率的因素,尤其适用于对新测试人员的考核,从而更加合理地做出测试安排和计划。

测试用例不是每个人都可以编写的,它需要撰写者对用户场景、功能规格说明、产品的设计以及程序/模块的结构都有比较透彻的了解。测试人员一开始只能执行别人写好的测试用例,随着项目的进度以及测试人员的成熟,测试人员很快能自己编写测试用例,并可以提供给别人使用。

从测试驱动开发的思想来看,测试用例设计对开发人员提出了挑战,不懂测试用例设计就不算懂开发。试想一个开发人员如果连自己写的程序有哪些地方是要测试的都不确定，又怎么能保证他写出的程序质量？

9.1.2 测试用例数和软件规模的关系

一组设计良好的测试用例其数量和程序源代码的规模有一定的比例关系，不过对软件质量要求不同的软件对这个比例的要求不同。比如航天软件的测试用例数量和程序源代码行数的比例就应该比普通民用软件高出很多。规模比较大的软件和规模小的软件相比，如果要达到相同的软件质量，规模大的软件的测试用例数量和程序代码行数的比例应该比小规模软件更高些。

从理论上来讲，要达到相同的软件质量，测试用例数量和软件规模应该是如图 9.1 所示的一种曲线关系，即软件规模越大，测试用例数占的比例越大。

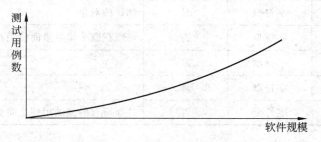

图 9.1 测试用例数量和软件规模的关系

不仅测试用例的数量与软件规模具有图 9.1 所示的曲线关系，就是测试用例的设计难度也和软件规模有很大关系：软件规模越大，测试用例的设计难度就越大。对于单元测试来说，软件规模的大小和测试用例的数量基本上是成比例的，但集成测试和系统测试的用例数量和软件规模就不是简单的正比关系了，规模越大的软件，模块间的关系越复杂，组合的情况就越多，测试用例的数量也就越大。

9.1.3 测试用例设计说明的书写规范

在编写测试用例过程中，需要参考和规范一些基本的测试用例编写标准，在 ANSI/IEEE829—1983 标准中列出了和测试设计相关的测试用例编写规范和模板。标准模板中主要元素如下：

- 标识符：每个测试用例应该有一个唯一的标识，作为所有和测试用例相关的文档/表格引用的基本元素，这些文档/表格包括软件设计说明、测试日志表、测试报告等。
- 测试项：测试用例应该准确地描述被测试项及其特征。例如，做 Windows 应用程序的窗口测试，测试对象是整个的应用程序用户界面，这样测试项就应该是应用程序的界面的特性要求，如窗口缩放、界面布局、菜单等。
- 测试环境要求：用来表明执行该测试用例需要的测试环境。一般来说，应根据被测模块对测试环境的特殊需求来描述测试用例的测试环境。
- 输入数据：用来执行测试用例的输入数据。这些输入可能包括数据、文件或者操作（例如鼠标的单击、键盘的按键处理等）。

- 对应输出数据：表示按照指定的环境和输入标准期望得到的输出结果。
- 测试用例之间的关联：用来标识该测试用例与其他的测试（或其他测试用例）之间的依赖关系。在测试实际的过程中，很多的测试用例并不是单独存在的，它们之间可能有某种依赖关系，例如，用例 A 需要在用例 B 的测试结果正确的基础上才能正常执行，此时需要在 A 的测试用例中表明对 B 的依赖性，从而保证测试用例的严谨性。

综上所述，如果使用一个表格来表征测试用例的话，它应该有表 9.1 所示的格式。这样的结构，可以在以后组织和跟踪测试用例时使用。

表 9.1 测试用例的组成

字段名称	类型	是否必选	注释
标识符	整型	是	唯一标识该测试用例的值
测试项	字符型	是	测试的对象
测试环境要求	字符型	否	可能在整个模块里面使用相同的测试环境需求
输入数据	字符型	是	
对应输出数据	字符型	是	
测试用例间的关联	字符型	否	并非所有的测试用例之间都需要关联

下面的例子是一个常见的 Web 登录页面，如图 9.2 所示。通过这个例子来阐述从功能规格说明书到具体的测试用例编写的整个过程。

图 9.2 用户登录界面的示例

用户登录的功能设计规格说明书(摘选)如下：

1. 用户登录
   1.1 满足基本页面布局图示（登录界面图如图 9.2 所示）。
   1.2 当用户没有输入用户名和密码时，在页面上使用红色字体来提示。
   1.3 用户密码使用掩码符号（*）来显示。
2. 登录出现错误
   当出现错误时，在页面的顶部会出现相应的错误提示。错误提示的内容见 3。
3. 错误信息描述
   3.1 用户名输入为空且想要登录，显示"错误：请输入用户名"。
   3.2 密码为空且未出现 3.1 情形，显示"错误：请输入密码"。

设计测试用例时既要考虑正确的输入，又要考虑错误的或者异常的输入，还要分析怎样使得这样的错误或者异常能够发生。根据这个原则,测试用例的设计如表9.2所示。

表9.2 用户登录功能测试用例

字段名称	描述
标识符	1100
测试项	站点用户登录功能测试
测试环境要求	略
输入数据	(1) 输入正确的用户名和密码,单击"登录"按钮 (2) 输入错误的用户名和密码,单击"登录"按钮 (3) 不输入用户名和密码,单击"登录"按钮 (4) 输入正确的用户并不输入密码,单击"登录"按钮 (5) 三次输入无效的用户名和密码尝试登录 (6) 第一次登录成功后,重新打开浏览器登录,输入上次成功登录的用户名的第一个字符
对应输出数据	(1) 数据库中存在的用户将能正确登录 (2) 错误的或者无效用户登录失败,并在页面的顶部出现红色字体"错误:用户名或密码输入错误" (3) 用户名为空时,页面顶部出现红色字体提示:"请输入用户名" (4) 密码为空且用户名不为空时,页面顶部出现红色字体提示:"请输入密码" (5) 三次无效登录后,第四次尝试登录会出现提示信息"您已经三次尝试登录失败,请重新打开浏览器进行登录",此后的登录过程将被禁止 (6) 所有的密码均以"*"方式输出
测试用例之间的关联	1101(有效密码测试)

9.2 软件测试用例设计方法

在系统开发的不同阶段,应采用不同的测试方法。在编码前的各个阶段,由于程序还没有编写,主要采用检查、分析、评审等人工测试的方法;在编码阶段及编码后的阶段,针对程序和相关文档,采用动态测试和静态测试,即机器执行和人工检查相结合的方式进行软件测试。关于静态测试,在8.3节有简单介绍,本节仅涉及动态测试。动态测试方法可分为白盒测试和黑盒测试。

9.2.1 黑盒测试方法(Black-Box Testing)

黑盒测试主要是根据产品的外部功能来规划测试,检查程序各个功能是否实现,主要的质量属性是否达到要求,其中有无错误。所以人们又称黑盒测试为功能测试、数据驱动测试或基于规格说明的测试。它是一种从用户观点出发的测试。

采用黑盒测试方法就意味着测试要在软件的接口处进行。也就是说,这种方法是把测试对象看做一个黑盒子,测试人员完全不考虑程序内部的逻辑结构和内部特性,只依据程序的需求规格说明,检查程序的功能是否符合它的功能说明。

黑盒测试方法主要是为了发现以下几类错误:

- 是否有不正确或遗漏了的功能？
- 在接口上，输入能否正确地被接受？能否输出正确的结果？
- 是否有数据结构错误或外部信息（例如数据文件）访问错误？
- 性能以及需求规格说明所规定的其他质量属性是否能够满足要求？
- 是否有初始化或终止性错误？

所以，用黑盒测试发现程序中的错误，必须在所有可能的输入条件和输出条件中确定测试数据，来检查程序是否都能产生正确的输出。

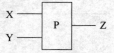

图 9.3　视程序为黑盒子

现在假设一个程序 P 有输入量 X 和 Y 及输出量 Z，参看图 9.3。在字长为 32 位的计算机上运行。如果 X、Y 只取整数，考虑把所有的 X、Y 值都作为测试数据，按黑盒方法进行穷举测试，力图全面、无遗漏地"挖掘"出程序中的所有错误。

这样做可能采用的测试数据组（X_i，Y_i）的最大可能数目为

$$2^{32} \times 2^{32} = 2^{64}$$

如果程序 P 测试一组（X_i，Y_i）数据需要 1 毫秒，而且假定一天工作 24 小时，一年工作 365 天，要完成 2^{64} 组测试，需要 5 亿年。

如此简单的一个小程序，全部测试数据组的数量竟达到天文数字。因此，想把所有可能的输入数据都测试一遍是不可能的。

黑盒测试是一种传统的测试方法，有严格的规定和系统的方式可供参考。应该说黑盒测试不仅能够找到大多数其他测试方法无法找到的错误，而且一些外购软件、参数化软件包以及某些生成的软件，由于无法得到源程序，也只能采用黑盒测试方法进行检查。

因为黑盒测试的测试数据是根据需求规格说明决定的，但实际上，规格说明本身也不见得完全正确，如在需求规格说明中规定了多余的功能或是遗漏掉了某些功能，这些问题对于黑盒测试来说是查不出来的。

9.2.2　白盒测试方法（White-Box Testing）

白盒测试基于产品的内部结构来规划测试，检查程序内部操作是否按规定运行，各部分代码是否被充分覆盖。

白盒测试把测试对象看做一个透明的盒子，它允许测试人员利用程序内部的逻辑结构及有关信息，设计或选择测试用例，对程序进行测试。通过在不同点检查程序的状态，确定实际的状态是否与预期的状态一致。因此白盒测试又称为结构测试或逻辑驱动测试。

软件人员使用白盒测试方法，主要想对程序模块进行如下的检查：
- 对程序模块的独立的执行路径尽可能多地执行测试；
- 对所有的逻辑判定，取"真"与取"假"的两种情况尽可能多地执行测试；
- 在循环的边界和运行界限内执行循环体检查循环的执行状态；
- 测试内部数据结构的有效性，等等。

但是对一个具有多重选择和循环嵌套的程序，不同的路径数目可能是天文数字。而且即使精确地实现了白盒测试，也不能断言测试过的程序完全正确。举例来说，现在给出一个如图 9.4 所示的小程序的流程图，它对应了一个有 100 行源代码的 Pascal 语言程序，其中包

括了一个执行达 20 次的循环。那么它所包含的不同执行路径数高达 5^{20}（$=10^{13}$）条,若要对它进行穷举测试,即要设计测试用例,覆盖所有的路径。假使有这么一个测试程序,对每一条路径进行测试需要 1 毫秒,同样假定一天工作 24 小时,一年工作 365 天,那么要想把如图 9.4 所示的小程序的所有路径测试完,则需要 3024 年。

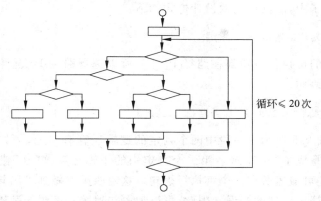

图 9.4 白盒测试中的穷举测试

因此,白盒测试的全部测试数据的数量也会达到天文数字。

以上两种情况的分析表明,软件测试有一个致命的缺陷,即测试的不完全、不彻底性。由于任何程序只能进行少量(相对于穷举的巨大数量的测试数据而言)的有限的测试,在发现错误时能说明程序有问题;但在未发现错误时,不能说明程序中没有错误,不能说明程序中没有问题。为了提高测试效率,就必须精心设计测试用例,就是要从大量的可用测试用例中精心地挑选少量高效的测试数据,尽可能多地把隐藏的错误揭露出来。

9.3 白盒测试用例设计方法

9.3.1 逻辑覆盖

逻辑覆盖即为逻辑结构的覆盖测试,它是以程序内部的逻辑结构为基础的设计测试用例的技术。它属白盒测试,要求测试者对程序的逻辑结构有清楚的了解。由于覆盖率的要求不同,逻辑覆盖又可分为:语句覆盖、判定覆盖、判定/条件覆盖、条件组合覆盖及路径覆盖。在下面介绍这几种逻辑覆盖的概念时,均以图 9.5 所示的程序段为例。其中有两个判定,每个判定都包含复合条件的逻辑表达式,并用符号"∧"表示"与"运算,"∨"表示"或"运算。图 9.5 给出的程序段有 4 条不同的路径。为易于识别,对第一个判定的取假分支、取真分支分别命名为 b、c,对第二个判定的取假分支、取真分支分别命名为 d、e。这样所有 4 条路径可表示为:P_1(a→c→e)、P_2(a→b→d)、P_3(a→b→e) 和 P_4(a→c→

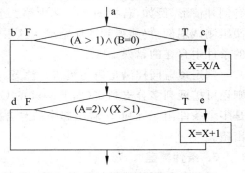

图 9.5 测试用例设计的参考例

d),或简写为 ace、abd、abe 及 acd。

1. 语句覆盖

所谓语句覆盖就是设计若干个测试用例,运行被测程序,使得每一可执行语句至少执行一次。这里的"若干个",意味着使用测试用例越少越好。

在图 9.5 的例子中,测试用例的设计格式如下:

【输入(A,B,X),对应的输出(A,B,X)】

因为正好所有的可执行语句都在路径 P_1 上,所以选择路径 P_1 设计测试用例,就可以覆盖所有的可执行语句。

TEST 1:【(2,0,4),(2,0,3)】 覆盖路径 ace【P_1】

注意,假设在图 9.5 所示程序段中两个判定的逻辑运算有问题,例如,第一个判定中的逻辑运算符"∧"错写成了"∨",或者第二个判定中的逻辑运算符"∨"错写成了"∧",利用上面的测试用例,仍可覆盖所有 4 个可执行语句。这说明虽然做到了语句覆盖,但可能发现不了判定中逻辑运算中出现的错误。因此,可以说语句覆盖是最弱的逻辑覆盖准则。

2. 判定覆盖

所谓判定覆盖就是设计若干个测试用例,运行被测程序,使得程序中每个判定的取真分支和取假分支至少执行一次。判定覆盖又称为分支覆盖。

对于图 9.5 所给出的例子,如果选择路径 P_1 和 P_2,就可得满足要求的测试用例:

序号	测试用例	通过路径	覆盖分支
TEST 1:	【(2,0,4),(2,0,3)】	ace【P_1】	ce
TEST 2:	【(1,1,1),(1,1,1)】	abd【P_2】	bd

如果选择路径 P_3 和 P_4,还可得另一组可用的测试用例:

序号	测试用例	通过路径	覆盖分支
TEST 1:	【(2,1,1),(2,1,2)】	abe【P_3】	be
TEST 2:	【(3,0,3),(3,1,1)】	acd【P_4】	cd

显然上述两组测试用例都满足判定覆盖的要求。所以,测试用例的取法不唯一。注意有例外情形,例如,若把图 9.5 例中第二个判定中的条件 X>1 错写成 X<1,那么利用上面两组测试用例,仍能得到同样结果。这表明,只是判定覆盖,还不能保证一定能查出在判定的条件中存在的错误。

判定覆盖同样满足语句覆盖。注意,并不是所有的判定条件都是两分支的,判定覆盖准则还可扩展到多分支判定(如 Pascal 的 CASE 语句和 C 的 switch 语句)。特别当判定条件是多个条件用 and 和 or 联结起来的复合条件表达式的时候,极易出现漏判情形,导致代码出错。

3. 条件覆盖

所谓条件覆盖就是设计若干个测试用例,运行被测程序,使得程序中每个判定的每个条件的可能取值至少取得一次。

在图 9.5 的例子中,我们事先可对所有条件的取值加以标记。例如,
对于第一个判定:条件 A>1 取真值为 T_1,取假值为 F_1
　　　　　　　条件 B=0 取真值为 T_2,取假值为 F_2
对于第二个判定:条件 A=2 取真值为 T_3,取假值为 F_3
　　　　　　　条件 X>1 取真值为 T_4,取假值为 F_4
则可选取测试用例如下:

序 号	测试用例	通过路径	条件取值	覆盖分支
TEST 1:	【(2, 0, 4), (2, 0, 3)】	ace (P_1)	T_1, T_2, T_3, T_4	c, e
TEST 2:	【(1, 1, 1), (1, 1, 1)】	abd (P_2)	F_1, F_2, F_3, F_4	b, d

这一组测试用例覆盖了所有判定中所有条件的可能取值,也覆盖了所有判定的取真和取假分支。但是是否满足条件覆盖就一定满足判定覆盖呢?答案是不一定,请看下面的一组测试用例:

序 号	测试用例	通过路径	条件取值	覆盖分支
TEST 1:	【(1, 0, 3), (1, 0, 4)】	abe (P_3)	F_1, T_2, F_3, T_4	b, e
TEST 2:	【(2, 1, 1), (2, 1, 2)】	abe (P_3)	T_1, F_2, T_3, F_4	b, e

从结果来看,这一组测试用例覆盖了所有条件的取值,但没有覆盖所有的分支。为解决这一矛盾,需要对条件和分支兼顾,有必要考虑下面的条件/判定覆盖。

4. 条件/判定覆盖

所谓条件/判定覆盖就是设计足够的测试用例,使得判定语句中每个条件的所有可能取值至少取得一次,同时每个判定语句本身的所有可能分支也至少经历一次。

在图 9.5 中的例子中,若 T_1、T_2、T_3、T_4 及 F_1、F_2、F_3、F_4 的含义如前所述,则下面的一组测试用例便可覆盖图 9.5 的 8 个条件取值以及 4 个判定分支。

序 号	测试用例	通过路径	条件取值	覆盖分支
TEST 1:	【(2, 0, 4), (2, 0, 3)】	ace (P_1)	T_1, T_2, T_3, T_4	c, e
TEST 2:	【(1, 0, 3), (1, 0, 4)】	abe (P_3)	F_1, T_2, F_3, T_4	b, e
TEST 3:	【(3, 1, 1), (3, 1, 1)】	abd (P_2)	T_1, F_2, T_3, F_4	b, d

条件/判定覆盖是一个比判定覆盖和条件覆盖更强的覆盖。该覆盖准则特别注意到这样一种情况:在有的编程语言中处理 X and Y 时,当 X 为 False 时,X and Y 的结果即为 False,不再执行 Y 的判断;只有当 X 为 True 时,才去判断 Y,以确定 X and Y 的值。同样,在处理 X or Y 时,当 X 为 True 时,X or Y 的结果即为 True,不再执行 Y 的判断;只有当 X 的值为 False 时,才去判断 Y,以确定 X or Y 的值。其执行过程如图 9.6 所示。

在处理测试条件 X and Y 的场合,如果单个条件 Y 有错,当 X 为 False 时,Y 未执行,这个错误就没有得到检测而遗漏掉了。同样,在处理测试条件 X or Y 场合,如果单个条件

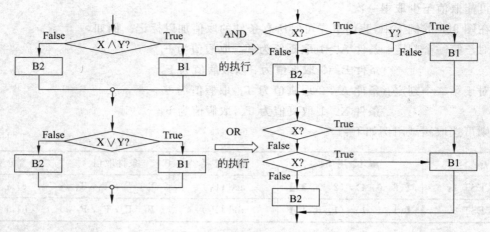

图 9.6 复合条件表达式的执行流程

Y 有错,当 X 为 True 时,Y 未执行,这个错误也会遗漏掉。所以必须把这种复合测试条件的判定结构改成单一测试条件的判定的嵌套结构,对所有路径选择可执行的测试用例,才能彻底检测各个条件的取值。

将具有复合测试条件的图 9.7(a) 改成如图 9.7(b) 所示的等效的只有单个测试条件的判定结构。从图中可以看出,图 9.7(a) 的每个判定在图 9.7(b) 中对应有 3 条可执行路径,这样至少需要 3 个测试用例才能覆盖两个串联起来的判定的所有可执行路径。

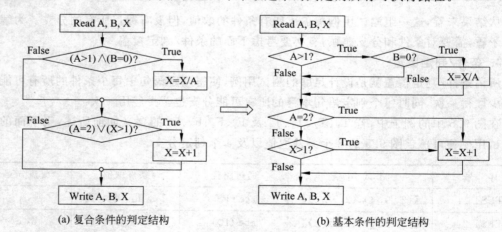

(a) 复合条件的判定结构　　　　　　　　(b) 基本条件的判定结构

图 9.7　分解为基本判定的例子

针对图 9.7(b) 的例子,可以设计如下一组测试用例,以覆盖其所有路径:

序　号	测试用例	条件取值	覆盖分支	执行条件
TEST 1:	【(2, 0, 4), (2, 0, 3)】	T_1, T_2, T_3, T_4	c, e	T_1, T_2, T_3
TEST 2:	【(1, 0, 3), (1, 0, 4)】	F_1, T_2, F_3, T_4	b, e	F_1, F_3, T_4
TEST 3:	【(3, 1, 1), (3, 1, 1)】	T_1, F_2, F_3, F_4	b, d	T_1, F_2, F_3, F_4

5．条件组合覆盖

所谓条件组合覆盖就是设计足够的测试用例，运行被测程序，使得每个判定的所有可能的条件取值组合至少执行一次。

现在我们仍来考查图 9.5 所给出的例子，先对各个判定的条件取值组合加以标记：

记　① （A>1）∧（B=0）作 T_1,T_2，属第一个判定的取真分支；
　　② （A>1）∧（B≠0）作 T_1,F_2，属第一个判定的取假分支；
　　③ （A≯1）∧（B=0）作 F_1,T_2，属第一个判定的取假分支；
　　④ （A≯1）∧（B≠0）作 F_1,F_2，属第一个判定的取假分支；
　　⑤ （A=2）∨（X>1）作 T_3,T_4，属第二个判定的取真分支；
　　⑥ （A=2）∨（X≯1）作 T_3,F_4，属第二个判定的取真分支；
　　⑦ （A≠2）∨（X>1）作 F_3,T_4，属第二个判定的取真分支；
　　⑧ （A≠2）∨（X≯1）作 F_3,F_4，属第二个判定的取假分支。

对于每个判定，要求所有可能的条件取值的组合都必须取到。在图 9.5 中每个判定各有 2 个条件，所以各有 4 个条件取值的组合。我们取 4 个测试用例，就可用以覆盖上面 8 种条件取值的组合。必须明确，这里并未要求第一个判定的 4 个组合与第二个判定的 4 个组合再进行组合。要是那样的话，就需要 $4^2=16$ 个测试用例了。

序　号	测 试 用 例	通过路径	覆盖条件	覆盖组合号
TEST 1：	【(2,0,4),(2,0,3)】	ace(P_1)	T_1,T_2,T_3,T_4	①,⑤
TEST 2：	【(2,1,1),(2,1,2)】	abe(P_3)	T_1,F_2,T_3,F_4	②,⑥
TEST 3：	【(1,0,3),(1,0,4)】	abe(P_3)	F_1,T_2,F_3,T_4	③,⑦
TEST 4：	【(1,1,1),(1,1,1)】	abd(P_2)	F_1,F_2,F_3,F_4	④,⑧

这组测试用例覆盖了所有条件的可能取值的组合，覆盖了所有判定的可取分支，但路径漏掉了 P_4，测试还不完全。能够执行程序中所有路径的测试是最强的覆盖测试了。

6．路径覆盖

路径覆盖就是设计足够的测试用例，执行程序中所有可能的路径。

还是以图 9.5 为例，可以选择如下的一组测试用例来覆盖该程序的全部 4 条路径。

序　号	测 试 用 例	通过路径	覆盖条件	覆盖分支
TEST 1：	【(2,0,4),(2,0,3)】	ace(P_1)	T_1,T_2,T_3,T_4	c, e
TEST 2：	【(1,1,1),(1,1,1)】	abd(P_2)	F_1,F_2,F_3,F_4	b, d
TEST 3：	【(1,1,2),(1,1,3)】	abe(P_3)	F_1,F_2,F_3,T_4	b, e
TEST 4：	【(3,0,3),(3,0,1)】	acd(P_4)	T_1,T_2,F_3,F_4	c, d

尽管路径覆盖的覆盖程度比判定/条件覆盖更强，但是路径覆盖并不一定能包含判定或条件覆盖。

在实际应用中，有许多种逻辑结构覆盖的例子。虽然，逻辑结构覆盖率可以作为测试完整性的一个度量，但是，即使达到了 100% 的覆盖率，还是无法保证程序的正确性。

9.3.2 判定和循环结构测试

判定和循环结构测试是白盒测试最为典型的问题。如果程序中出现多个判定和多次循环，可能的路径数目将会急剧增长，达到天文数字，真正做到完全覆盖是很困难的。

1. 判定结构的路径问题

当程序中判定多于一个时，形成的判定结构可以分为两类：嵌套型分支结构和连锁型分支结构，如图9.8所示。

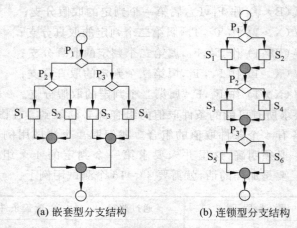

(a) 嵌套型分支结构　　(b) 连锁型分支结构

图9.8　分支的两种类型

对于嵌套型分支结构，若有 n 个判定语句，则存在 $n+1$ 条不同的路径，需要 $n+1$ 个测试用例覆盖它的每一条路径；但对于连锁型分支结构，若有 n 个判定语句，则有 2^n 条路径，因此，需要有 2^n 个测试用例覆盖它的每一条路径。当 n 较大时，不同路径数将达天文数字，无法完成测试。

2. 循环结构的路径问题

循环分为4种不同类型：单重循环、连锁循环、嵌套循环和非结构循环，见图9.9。对于每一种循环类型，可以做一组特殊的测试。这些测试主要是想发现循环的初始化错误、下标或增量错误以及循环边界上的错误等。

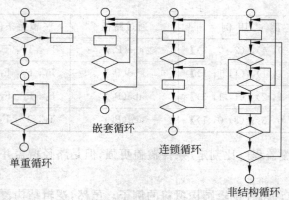

单重循环　　嵌套循环　　连锁循环　　非结构循环

图9.9　循环的分类

(1) 单重循环

对于此类循环,测试应包括以下几种。其中的 n 表示循环允许的最大次数。

- 0 次循环:从循环入口直接跳到循环出口。
- 1 次循环:查找循环初始值方面的错误。
- 2 次循环:检查在多次循环时才能暴露的错误。
- m 次循环:此时的 $m<n$,也是检查在多次循环时才能暴露的错误。
- 最大次数循环、比最大次数多一次的循环、比最大次数少一次的循环。

举一个针对单重循环设计测试用例的例子。在数组 $A[0\cdots n-1]$ 中从第 i 个元素到第 $n-1$ 个元素的序列中选取具有最小值的元素,通过下标 k 得到该元素的位置。

```
int minValue(int A[],int n,int i){
    int k=i;
    for (int j=i+1;j<=n;j++)
        if (A[j]<A[k])k=j;
    return k;
}
```

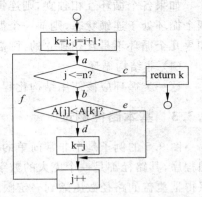

图 9.10 求最小值程序的程序流程图

该程序的程序流程图如图 9.10 所示。

现在对此程序执行简单循环,限定循环次数为 0 次、1 次和 2 次。输入数据为 $i,n,A[]$,对应的输出数据为 k。此外,为了识别每次循环走过的路径,在流程图上为各个分支用字母 $a,b,\cdots$,作了标识。

表 9.3 给出了测试用例的选择。对于判断 $A[j]<A[k]$,在测试用例设计中,只给出了 $<$、$>$ 两种比较。实际上,还应该补充 $=$ 的比较,这是边界情况,也是最容易出问题的地方。

表 9.3 简单循环的测试用例设计

循环次数	输入数据					对应的输出	
	i	n	$A[i]$	$A[i+1]$	$A[i+2]$	k	执行路径
0	1	1				i	a c
1	1	2	1	2		i	a b e f c
			2	1		$i+1$	a b d f c
2	1	3	1	2	3	i	a b e f b e f c
			1	2	3	$i+2$	a b e f b d f c
			2	1	3	$i+1$	a b d f b e f c
			3	2	1	$i+2$	a b d f b d f c

(2) 嵌套循环

如果将单重循环的测试方法扩大到嵌套循环,可能的测试数目将随嵌套层次的增加呈几何倍数增长,这可能导致测试数据组的数量达到天文数字。下面给出一种有助于减少测试数目的测试方法。

- 除最内层循环外,从次内层循环开始,置所有其他层的循环为最小值。
- 最内层循环做单重循环的全部测试。测试时保持所有外层循环的循环变量为最小值。另外,对越界值和非法值做类似的测试。
- 逐步外推,对其外面一层循环进行单重循环的测试。测试时保持所有外层循环的循环变量取最小值,所有其他嵌套内层循环的循环变量取"典型"值。
- 反复进行,直到所有各层循环测试完毕。
- 对全部各层循环同时取最小循环次数,或者同时取最大循环次数。对于后一种测试,由于测试量太大,需人为指定最大循环次数。

(3) 连锁循环

如果各个循环互相独立,则连锁循环可以用与单重循环相同的方法进行测试。例如,有两个循环处于连锁状态,则前一个循环的循环变量的值就可以作为后一个循环的初值。但如果几个循环不是互相独立的,则需要使用测试嵌套循环的办法来处理。

(4) 非结构循环

这一类循环应该使用结构化程序设计方法重新设计测试用例。

9.3.3 基本路径测试

图 9.5 的例子是个非常简单的程序段,只有 4 条路径。但在实际问题中,一个不太复杂的程序,其路径都是一个庞大的数字,要在测试中覆盖这样多的路径是无法实现的。为此,只得把覆盖的路径数压缩到一定限度内。例如,让程序中的循环体只执行零次和一次。基本路径测试就是这样一种测试方法,它是在程序控制流图的基础上,通过分析控制构造的环路复杂性,导出基本可执行路径集合,从而设计测试用例的方法。设计出的测试用例要保证在测试中,程序的每一个可执行语句至少要执行一次。

1. 程序的控制流图

控制流图是描述程序的控制流的一种图示方法。其中,基本的控制构造对应的图形符号如图 9.11 所示。

顺序结构　　if　　while-do　　do-while　　switch
　　　　两分支选择结构　先判断重复结构　后判断重复结构　多分支选择结构

图 9.11 控制流图的各种图形符号

在图 9.11 中,符号○称为控制流图的一个结点,它表示一个或多个无分支的 PDL 语句或源程序语句。例如,图 9.12(a) 是一个程序的程序流程图,这个流程图可以映射成如图 9.12(b) 所示的控制流图。这里我们假定在流程图中用菱形框表示的判定内没有复合的条件。一组顺序处理框可以映射为一个单一的结点。控制流图中的箭头称为边,它表示了控制流的方向,类似于流程图中的流线。一条边必须终止于一个结点,但在选择或多分支结构中分支的汇聚处,即使没有执行语句也应该有一个汇聚结点。边和结点圈定的区域叫做区域,当对区域计数时,图形外的区域也应记为一个区域。

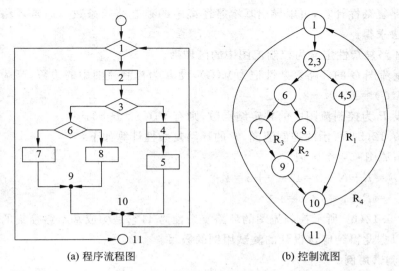

(a) 程序流程图   (b) 控制流图

图 9.12 程序流程图与对应的控制流图

如果判定中的条件表达式是复合条件的时候,即条件表达式是由一个或多个逻辑运算符(or,and,nand,nor)连接的逻辑表达式,则需要改复合条件的判定为一系列只有单个条件的嵌套的判定。如图 9.13 所示,条件语句 if (a or b) 中条件 a 和条件 b 各有一个只有单个条件的判定结点。

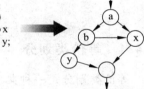

图 9.13 复合逻辑下的控制流图

2. 程序环路复杂性

程序的环路复杂性是对程序逻辑结构的一种定量的度量。在进行程序的基本路径测试时,程序的环路复杂性给出了程序基本路径集合中的独立路径条数,这是确保程序中每个可执行语句至少执行一次所必需的测试用例数目的上界。

所谓独立路径,是指包括一组以前没有处理的语句或条件的一条路径。从控制流图来看,一条独立路径是至少包含有一条在其他独立路径中从未有过的边的路径。例如,在图 9.12(b)所示的控制流图中,一组独立的路径是:

```
path1:1-11
path2:1-2-3-4-5-10-1-11
path3:1-2-3-6-8-9-10-1-11
path4:1-2-3-6-7-9-10-1-11
```

其中,path1 是零次循环的情形,其他路径可以包含 path1,但都至少应包含一条其他路径没有的边。1-2-3-4-5-10-1-2-3-6-8-9-10-1-11 不能作为一条独立路径,因为它只是前面已经说明了的路径的一个重新组合,没有通过新的边。

上面说明的路径 path1,path2,path3,path4 组成了图 9.12(b)所示控制流图的一个基本路径集。只要设计出的测试用例能够确保这些基本路径的执行,就可以使得程序中的每个可执行语句至少执行一次,每个条件的取真和取假分支也能得到测试。基本路径集不是唯一的,对于给定的控制流图,可以得到不同的基本路径集。

利用环路复杂性计算,可以导出基本路径集中的独立路径条数。通常环路复杂性可用以下三种方法求得。

(1) 将环路复杂性定义为控制流图中的区域数。

(2) 控制流图 G 的环路复杂性记为 $V(G)$,设 E 为控制流图中的边数,N 为图中的结点数,则定义 $V(G)=E-N+2$。

(3) 若设 P 为控制流图中的判定结点数,则有 $V(G)=P+1$。

对于图 9.12(b) 所示的控制流图,它的环路复杂性计算如下:

(1) 控制流图有 4 个区域。

(2) $V(G)=E-N+2=11-9+2=4$。

(3) $V(G)=P+1=3+1=4$。

因此,图 9.12(b) 所示控制流图的环路复杂性为 4,它是构成基本路径集的独立路径数的上界。可以据此得到应该设计的测试用例的数目。

3. 导出测试用例

根据判断结点给出的条件,应用逻辑覆盖的方法选择适当的数据以保证某一条路径可以被测试到。

9.4 黑盒测试用例设计方法

9.4.1 等价类划分

等价类划分是一种典型的黑盒测试方法,也是一种非常实用的重要测试方法。使用这一方法时,完全不考虑程序的内部结构,只依据程序的规格说明来设计测试用例。

等价类划分是把所有可能的输入数据,即程序的输入域划分成若干子集,然后从每一个等价类中选取少数有代表性的数据作为测试用例。

使用这一方法设计测试用例要经历划分等价类(列出等价类表)和选取测试用例两步。以下分别加以说明,然后给出实例。

1. 划分等价类

首先把数目极多的输入数据(有效的和无效的)划分为若干等价类。所谓等价类是指某个输入域的子集,在该子集合中,各个输入数据对于揭露程序中的错误都是等效的。测试某等价类的代表值就等价于对这一类其他值的测试。或者说,如果某个等价类中的一个输入条件作为测试数据进行测试查出了错误,那么使用这一等价类中的其他输入条件进行测试也会查出同样的错误;反之,若使用某个等价类中的一个输入条件作为测试数据进行测试没有查出错误,则使用这个等价类中的其他输入条件也同样查不出错误。

因此,我们可以把全部输入数据合理划分为若干等价类,在每一个等价类中取一个数据作为测试的输入条件,就可以用少量代表性测试数据,取得较好的测试效果。反之,如果我们从某一等价类中选取许多测试数据,由于它们发现错误的能力一样,就会造成人力、机时和金钱上的浪费。

等价类的划分有两种不同的情况。

(1) 有效等价类:是指对于程序的规格说明来说,是合理的、有意义的输入数据构成的集合。利用它,可以检验程序是否实现了规格说明预先规定的功能和性能。

(2) 无效等价类:是指对于程序的规格说明来说,是不合理的、无意义的输入数据构成的集合。程序员主要利用这一类测试用例检查程序中功能和性能的实现是否有不符合规格说明要求的地方。

在设计测试用例时,要同时考虑有效等价类和无效等价类的设计。软件不能都只接收合理的数据,还要经受意外的考验,接受无效的或不合理的数据,这样获得的软件才能具有较高的可靠性。

如何划分等价类,这是使用等价类划分的一个重要问题。以下结合具体实例给出几条确定等价类的原则。

(1) 如果输入条件规定了取值范围,或值的个数,则可以确立一个有效等价类和两个无效等价类。例如,在程序的规格说明中,对输入条件有一句话:

"…… 项数可以从 1 到 999 ……"

则有效等价类是"1≤项数≤999",两个无效等价类是"项数<1"和"项数>999"。在数轴上表示如图 9.14 所示。

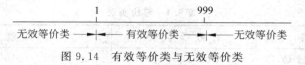

图 9.14 有效等价类与无效等价类

(2) 如果输入条件规定了输入值的集合,或者是规定了"必须如何"的条件,这时可确立一个有效等价类和一个无效等价类。例如,在 Pascal 语言中对变量标识符规定为"以字母打头的……串"。那么所有以字母打头的构成有效等价类,而不在此集合内(不以字母打头)的归于无效等价类。

(3) 如果输入条件是一个布尔量,则可以确定一个有效等价类和一个无效等价类。

(4) 如果规定了输入数据的一组值,而且程序要对每个输入值分别进行处理,这时可为每一个输入值确立一个有效等价类,此外针对这组值确立一个无效等价类,它是所有不允许的输入值的集合。例如,在教师聘任方案中规定对教授、副教授、讲师和助教分别计算分数,做相应的处理。因此可以确定 4 个有效等价类为教授、副教授、讲师和助教,以及一个无效等价类,它是所有不符合以上身份的人员的输入值的集合。

(5) 如果规定了输入数据必须遵守的规则,则可以确立一个有效等价类(符合规则)和若干个无效等价类(从不同角度违反规则)。例如,Pascal 语言处理时规定"一个语句必须以分号';'结束"。这时,可以确定一个有效等价类"以';'结束",若干个无效等价类"以':'结束"、"以','结束"、"以' '结束"、"以 LF 结束"等。

(6) 如果我们确知,已划分的等价类中各元素在程序中的处理方式不同,则应将此等价类进一步划分成更小的等价类。

2. 确立测试用例

在确立了等价类之后,建立等价类表,列出所有划分出的等价类,如图 9.15 所示。

再从划分出的等价类中按以下原则选择测试用例:

输入条件	有效等价类	无效等价类
……	……	……
……	……	……

图 9.15 等价类表

（1）为每一个等价类规定一个唯一的编号；

（2）设计一个新的测试用例，使其尽可能多地覆盖尚未被覆盖的有效等价类，重复这一步，直到所有的有效等价类都被覆盖为止；

（3）设计一个新的测试用例，使其仅覆盖一个尚未被覆盖的无效等价类，重复这一步，直到所有的无效等价类都被覆盖为止。

之所以要这样做，是因为某些程序中对某一输入错误的检查往往会屏蔽对其他输入错误的检查。

3．用等价类划分法设计测试用例的实例

在某一 Pascal 语言版本中规定："标识符是由字母开头，后跟字母或数字的任意组合构成。编译器能够区分的有效字符数为 8 个，最大字符数为 80 个。"并且规定："标识符必须先说明，再使用。""在同一说明语句中，标识符至少必须有一个。"

遵循前述的等价类划分原则，分析上述规格说明所规定的要求，建立输入等价类表如表 9.4 所示。根据这个表，选取了 9 个测试用例，其中第 1 个覆盖了所有的有效等价类，其他覆盖了 8 个无效等价类。

表 9.4　等价类表

输 入 条 件	有 效 等 价 类	无 效 等 价 类
说明语句中标识符个数	1 个(1)，多个(2)	0 个(3)
标识符中字符数	1～8 个(4)	0 个(5)，>8 个(6)，>80 个(7)
标识符组成	字母(8)，数字(9)	非字母数字字符(10)，保留字(11)
标识符第一个字符	字母(12)	非字母(13)
标识符使用	先说明后使用(14)	未说明就使用(15)

① **VAR** x，T1234567：REAL；　　　　}覆盖等价类(1)，(2)，(4)，(8)，(9)，(12)，(14)
　　BEGIN x：＝3.414；T1234567：＝2.732；……

② **VAR**：REAL；　　　　　　　　　　}0 个标识符，覆盖(3)等价类

③ **VAR** x，：REAL；　　　　　　　　}标识符 0 个字符，覆盖等价类(5)

④ **VAR** T12345678，T12345679：REAL；}标识符多于 8 个字符，覆盖等价类(6)

⑤ **VAR** T12345……：REAL；　　　　}标识符多于 80 个字符，覆盖等价类(7)

⑥ **VAR** T $：CHAR；　　　　　　　　}标识符有非法字符，覆盖等价类(10)

⑦ **VAR** GOTO：INTEGER；　　　　　}标识符为保留字，覆盖等价类(11)

⑧ **VAR** 2T：REAL；　　　　　　　　}标识符以非字母开头，覆盖等价类(13)

⑨ **VAR** PAR：REAL；　　　　　　　}标识符未说明就使用，覆盖等价类(15)
　　BEGIN ……
　　　　PAP：＝ SIN(3.14 * 0.8)/6；

4．等价类的类型

实际上，缺陷的可能情况非常多，我们划分的输入域的子集可能对某一种缺陷是等价的，但对另一种缺陷又是不等价的，所以需要考虑几种等价类的类型。最简单的分类是把等价类分为弱等价类、强等价类和理想等价类这 3 种类型。

(1) 弱等价类——是指从各个等价类中选取值时只考虑等价类自身,查出的缺陷属于"单缺陷",即单一因素造成的缺陷。

(2) 强等价类——是指从等价类中选取的测试数据可以查出的缺陷属于多种因素造成的"多缺陷"。设计测试用例时需要考虑等价类之间的相互作用。

(3) 理想等价类——这种等价类是严格按照等价类的定义来划分的,即划分出的每一个等价类中的测试数据对于揭示可能的缺陷是等价的。

例如,一个经典测试用例设计的例子就是三角形问题。问题的提法是:程序接受 3 个整数 a、b 和 c,作为三角形的边输入。整数 a、b 和 c 必须满足以下条件:

$C_1. 1 \leqslant a \leqslant 200$ $C_2. 1 \leqslant b \leqslant 200$ $C_3. 1 \leqslant c \leqslant 200$

$C_4. a < b + c$ $C_5. b < a + c$ $C_6. c < a + b$

程序的输出是由这三条边确定的三角形类型:等边三角形、等腰三角形、不等边三角形或非三角形。

根据问题描述,首先 a、b、c 的输入值必须满足 C_1、C_2 和 C_3,然后做如下判断:

- 如果 C_4、C_5 和 C_6 中有一个条件不满足,则程序输出的是非三角形。
- 如果三条边相等,则程序的输出是等边三角形。
- 如果恰好有两条边相等,则程序的输出是等腰三角形。
- 如果没有两条边相等,则程序输出的是不等边三角形。

我们可以使用这些判断,标识如下所示的输出(值域)等价类:

$R_1 = \{<a, b, c>: 三条边 a、b 和 c 不构成三角形\}$;

$R_2 = \{<a, b, c>: 有三条边 a、b 和 c 的等边三角形\}$;

$R_3 = \{<a, b, c>: 有三条边 a、b 和 c 的等腰三角形\}$;

$R_4 = \{<a, b, c>: 有三条边 a、b 和 c 的不等边三角形\}$;

4 个弱等价类测试用例是:

测试用例	a	b	c	预期输出
TEST 1	4	1	2	非三角形
TEST 2	5	5	5	等边三角形
TEST 3	2	2	3	等腰三角形
TEST 4	3	4	5	不等边三角形

由于变量 a、b 和 c 的取值已经考虑了输入数据的组合问题,则强等价类测试用例与弱等价类测试用例相同。

考虑到 a、b 和 c 的无效值,可以追加如下的弱等价类测试用例:

测试用例	a	b	c	预期输出
TEST 5	−1	5	5	a 取值不在所允许的取值值域内
TEST 6	5	−1	5	b 取值不在所允许的取值值域内
TEST 7	5	5	−1	c 取值不在所允许的取值值域内

续表

测试用例	a	b	c	预期输出
TEST 8	201	5	5	a 取值不在所允许的取值值域内
TEST 9	5	201	5	b 取值不在所允许的取值值域内
TEST 10	5	5	201	c 取值不在所允许的取值值域内

再考虑追加强等价类的测试用例,考虑各等价类之间的组合情况:

测试用例	a	b	c	预期输出
TEST 11	−1	−1	5	a、b 取值不在所允许的取值值域内
TEST 12	5	−1	−1	b、c 取值不在所允许的取值值域内
TEST 13	−1	5	−1	a、c 取值不在所允许的取值值域内
TEST 14	−1	−1	−1	a、b、c 取值不在所允许的取值值域内

9.4.2 边界值分析

1. 边界值分析方法的考虑

边界值分析也是一种黑盒测试方法,是对等价类划分方法的补充。它从缺陷反向构造测试数据,进而设计测试用例。

人们从长期的测试工作经验得知,大量的错误是发生在输入范围的边界上,而不是在输入范围的内部。因此针对各种边界情况设计测试用例,可以查出更多的错误。

比如,在做三角形计算时,要输入三角形的三个边长:a、b 和 c。我们应注意到这三个数值应当满足 $a>0$、$b>0$、$c>0$、$a+b>c$、$a+c>b$、$b+c>a$,才能构成三角形。但如果把六个不等式中的任何一个大于号">"错写成大于等于号"≥",那就不能构成三角形。问题恰出现在容易被疏忽的边界附近。这里所说的边界是指,相当于输入等价类而言,稍高于其边界值及稍低于其边界值的一些特定情况。

使用边界值分析方法设计测试用例,首先应确定边界情况。通常应当针对输入等价类的边界,选取正好等于、刚刚大于,或刚刚小于边界的值作为测试数据,而不是选取等价类中的典型值或任意值作为测试数据。

2. 识别等价类边界和选择测试用例的原则

软件中所用的数据绝大部分可以分解为整数数值和字符串两种类型。只要了解了这两种数据类型的边界情况,就可以解决大部分的边界问题。

(1) 整数边界

整数的边界主要包括大小范围边界、极限边界和位边界。

a) 大小范围边界:如果输入条件规定了值的大小或数量范围,则应取刚达到这个范围的边界的值,以及刚刚超越这个范围边界的值作为测试输入数据。例如,若输入值的范围是"−10~10",则可选取"−10","10","−11","11"作为测试输入数据。

由于很多情况下会出现缓冲区溢出的错误,只选刚刚超出边界的值不能暴露这样的错误,所以还得选远大于和远小于边界的值作为测试用例,如"−1000"和"1000"。

b) 极限边界：如果给出的整数范围是无限制的情况，它的边界范围就是该整数能达到的最大值和最小值。表 9.5 给出了在 C/C++ 中的一些常见整数类型的极限值。

为极限边界设计测试用例时，可选择极限值，以及刚刚大于最大极限值和刚刚小于最小极限值的数作为测试用例。对于程序中可能出现溢出的运算都需要做极限边界的测试。例如，整数相加、相乘的运算，求阶乘或计算多项式的值等运算都可能产生溢出。

表 9.5 一些常见整数类型的极限值

整数类型	位　数	最小极限值	最大极限值
无符号整数	8 位	0	255
	16 位	0	65535
	32 位	0	4294967295
有符号整数	8 位	−128	127
	16 位	−32768	32767
	32 位	−2147483648	2147483647

c) 位边界：在有位操作时，位边界要进行测试。主要考虑位顺序和移位两种情况。
- 位顺序：不同计算机厂家的 CPU 的字节顺序有所不同。比如，Intel 的 CPU 是低位在前、高位在后；而 Motorola 的 CPU 是低位在后、高位在前；网络传输数据的字节顺序也是低位在后、高位在前的方式。如果 Intel CPU 上运行的程序向网络传送数据时，可能由于程序没有对某些数据进行字节顺序转换而导致程序出现错误。
- 移位：当有移位操作时，要检测移位是否会导致整数溢出、移位的数据是否会有"差一"的错误、移位的方向是否正确等。

(2) 字符串边界

字符串的运算很容易出错，字符串的边界条件较多，测试也比较复杂。下面是几种常见的字符串边界类型。

a) 前后边界：在字符串的前后增加空格、Tab、回车符等特殊字符作为测试用例，看程序能否正确处理。

b) 长度边界：字符串的长度可以为零（空串），也可以很大。设计超长的字符串作为测试用例，看程序有无保护措施以避免字符串的缓冲区溢出。

c) 结束边界：C/C++ 中字符串以"\0"结束，设计在字符串最后漏写"\0"的测试用例和通过运算覆盖了结果字符串最后的"\0"的测试用例，检查可能造成的问题。

d) 取值范围边界：字符串的取值是有要求的，比如有的编程语言规定标识符的组成只能是数字和字母，可以选择超出取值边界的非字母或非数字字符作为测试用例进行测试。

e) 相似边界：选择与合法字符串相似的字符串作为测试用例。所谓"相似"，可以是大小写相似、相邻相似、类似、重复性相似、分隔相似和字符相似等。

f) 数值边界：检查当把字符串作为数值（整数、浮点数等）时的边界是否合法。以字符串转换为整数为例，数值边界包括有：字符串的长度超过整数的长度；字符串的数值超过整数的最大值；字符串中含有非数字字符；含有负数等。

g) 显示边界：在字符串中加入不能显示的字符以测试字符串的内容是否能正常显示。

3. 应用边界值分析方法设计测试用例的实例

还是以三角形问题为例。假设三个输入整数 a、b、c 为 16 位的无符号整数,按照构成三角形的条件 C_1、C_2 和 C_3,整数 a、b、c 的边界值为 1 和 65535,稍超出边界的值为 0 和 65536。其他 3 个条件 C_4、C_5 和 C_6 的边界值分别是 $b+c=a+1$、$a+c=b+1$ 和 $a+b=c+1$。可取的测试用例如表 9.6 所示。

表 9.6 按照边界值分析选择的三角形问题的测试用例

测试目的	测试数据			测试目的	测试数据		
	a	b	c		a	b	c
a,b,c 达到最小边界	1	1	1	$b+c=a+1$,到达边界	4	2	3
a,b,c 达到最大边界	65535	65535	65535	$a+c=b+1$,到达边界	2	4	3
a 超出最小边界	0	1	1	$a+b=c+1$,到达边界	2	3	4
b 超出最小边界	1	0	1	$b+c=a$,小于边界	3	1	2
c 超出最小边界	1	1	0	$a+c=b$,小于边界	1	3	2
a 超出最大边界	65536	1	1	$a+b=c$,小于边界	1	2	3
b 超出最大边界	1	65536	1				
c 超出最大边界	1	1	65536				

到达边界的值是合理的输入,只要最少的测试数据就可以。超出边界的值是不合理的输入,必须逐个检测,在检查某一个数据时让其他的数据为边界或边界内合理的值。

9.4.3 判定表法

自从 20 世纪 60 年代初以来,判定表一直被用来表示和分析复杂逻辑关系。判定表最适合描述在多个逻辑条件取值的组合所构成的复杂情况下,分别要执行哪些不同的动作。表 9.7 给出了一个用于三角形问题的判定表的例子。

表 9.7 三角形问题判定表

规则	1	2	3	4	5	6	7	8	9
c_1: a、b、c 构成三角形?	F	T	T	T	T	T	T	T	T
c_2: $a=b$?	—	T	T	T	T	F	F	F	F
c_3: $a=c$?	—	T	T	F	F	T	T	F	F
c_4: $b=c$?	—	T	F	T	F	T	F	T	F
a_1: 非三角形	Y								
a_2: 不等边三角形									Y
a_3: 等腰三角形					Y		Y	Y	
a_4: 等边三角形		Y							
a_5: 不可能			Y	Y		Y			

在判定表中，c_i 是条件，a_i 是判定结果，由 (c_i, a_i) 构成的规则就可解释为测试用例。在某些判定表的条件中，出现了"—"，表示这个条件在相应规则中被忽略。例如在表 9.7 中的规则 1，如果整数 a、b 和 c 不构成三角形，下面的相等关系就不考虑了。

还可以把三角形问题的条件细化，把表 9.7 中的条件 "c_1：a、b、c 构成三角形？" 扩充为三角形特性的三个不等式的详细表示，参看表 9.8。如果有一个不等式不成立，则三个整数就不能构成三角形。当一条边等于或小于另两条边的和，则可判断不等式不成立。

表 9.8　经过修改的三角形问题判定表

规　则	1	2	3	4	5	6	7	8	9	10	11
c_1：$a<b+c$？	F	T	T	T	T	T	T	T	T	T	T
c_2：$b<a+c$？	—	F	T	T	T	T	T	T	T	T	T
c_3：$c<a+b$？	—	—	F	T	T	T	T	T	T	T	T
c_4：$a=b$？	—	—	—	T	T	T	T	F	F	F	F
c_5：$a=c$？	—	—	—	T	T	F	F	T	T	F	F
c_6：$b=c$？	—	—	—	T	F	T	F	T	F	T	F
a_1：非三角形	Y	Y	Y								
a_2：不等边三角形											Y
a_3：等腰三角形							Y		Y	Y	
a_4：等边三角形				Y							
a_5：不可能					Y	Y		Y			

使用表 9.8 给出的判定表，可得到 8 个测试用例，如表 9.9 所示。其中规则 5、规则 6 和规则 8 不能作为测试用例。如果扩充判定表以显示两种违反三角形性质的方式，可以再选 3 个测试用例：一条边正好等于另外两条边的和，如表 9.10 所示。

表 9.9　三角形问题的测试用例

序　号	用例 ID	a	b	c	预期输出	备　注	
1	TEST 1	4	1	2	非三角形	规则 1	$b+c<a$
2	TEST 2	1	4	2	非三角形	规则 2	$a+c<b$
3	TEST 3	1	2	4	非三角形	规则 3	$a+b<c$
4	TEST 4	5	5	5	等边三角形	规则 4	$a=b=c$
5	TEST 5	2	2	3	等腰三角形	规则 7	$a=b\neq c$
6	TEST 6	2	3	2	等腰三角形	规则 9	$a=c\neq b$
7	TEST 7	3	2	2	等腰三角形	规则 10	$b=c\neq a$
8	TEST 8	3	4	5	不等边三角形	规则 11	$a\neq b\neq c$

表 9.10 三角形问题的追加测试用例

序号	用例 ID	a	b	c	预期输出	备注
1	TEST 9	2	1	1	非三角形	规则 12 $a=b+c$
2	TEST 10	1	2	1	非三角形	规则 13 $b=a+c$
3	TEST 11	1	1	2	非三角形	规则 14 $c=a+b$

9.4.4 因果图法

1. 因果图的概念

因果图是描述事物的结果与其相关的原因之间的关系的图示。当使用等价类划分方法和边界值分析方法时,都是着重考虑输入条件,但未考虑输入条件之间组合的关系。如果在测试时必须考虑输入条件的各种组合,最合适的方法就是采用因果图方法,它最终生成的就是判定表。它最适合于检查程序输入条件的各种组合情况。

2. 用因果图生成测试用例的基本步骤

(1) 分析软件规格说明描述中,哪些是原因(即输入条件或输入条件的等价类),哪些是结果(即输出条件),并给每个原因和结果赋予一个标识符。

(2) 分析软件规格说明描述中的语义,找出原因与结果之间对应的关系,根据这些关系,画出因果图。

(3) 由于语法或环境限制,有些原因与原因之间,结果与结果之间的组合情况不可能出现。为表明这些特殊情况,在因果图上用一些记号标明约束或限制条件。

(4) 把因果图转换成判定表。

(5) 把判定表的每一列拿出来作为依据,设计测试用例。

3. 在因果图中出现的基本符号

通常在因果图中用 C_i 表示原因,用 E_i 表示结果,其基本符号如图 9.16 所示。各结点表示状态,可取值"0"或"1"。"0"表示某状态不出现,"1"表示某状态出现。

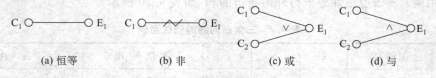

图 9.16 因果图的图形符号

(1) 恒等:表示原因与结果之间一对一的对应关系。若原因出现,则结果出现;若原因不出现,则结果也不出现,即为 if(C_i==1) then E_i=1 else E_i=0。

(2) 非:表示原因与结果之间的一种否定关系。若原因出现,则结果不出现;若原因不出现,结果反而出现,即为 if(C_i==1) then E_i=0 else E_i=1。

(3) 或(用 ∨ 表示):表示若几个原因中有一个出现,则结果出现;只有当这几个原因都不出现时,结果才不出现,即为 if(C_1==1 or C_2==1) then E_1=1 else E_1=0。

(4) 与(图中用 ∧ 表示):表示若几个原因都出现,结果才出现;若几个原因中有一个不出现,结果就不出现,即为 if(C_1==1 and C_2==1) then E_1=1 else E_1=0。

4. 表示约束条件的符号

为了表示原因与原因之间,结果与结果之间可能存在的约束条件,在因果图中可以附加一些表示约束条件的符号。若从输入(原因)考虑,有以下四种约束,参看图 9.17。

(1) E(互斥):它表示 a,b 两个原因不会同时成立,两个中最多有一个可能成立。

(2) I(包含):它表示 a,b,c 三个原因中至少有一个必须成立。

(3) O(唯一):它表示 a 和 b 当中必须有一个,且仅有一个成立。

(4) R(要求):它表示当 a 出现时,b 必须也出现,即不可能 a 出现,b 不出现。

若从输出(结果)考虑,还有一种约束:

(5) M(屏蔽):它表示当 a 是 1 时,b 必须是 0;而当 a 为 0 时,b 的值不定。

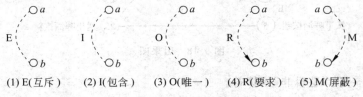

图 9.17 因果图的约束符号

5. 利用因果图设计测试用例的实例

例如,为一个自动饮料售货机的软件设计测试用例。为简化问题,假设售货机的所有饮料的价格都是 5 角钱。其规格说明如下:若投入 5 角钱或 1 元钱的硬币,按下"橙汁"或"啤酒"的按钮,则相应的饮料就送出来。然而,如果售货机没有零钱找,则一个显示"零钱找完"的红灯亮,这时再投入 1 元硬币并按下饮料按钮后,饮料不送出来而且 1 元硬币也退出来;若有零钱找,则显示"零钱找完"的红灯灭,在送出饮料的同时退还 5 角硬币。下面给出测试用例设计的过程。

(1) 分析这一段说明,列出所有的原因和结果。

原因: 1. 售货机有零钱找   结果: 21. 售货机"零钱找完"灯亮
        2. 投入 1 元硬币   22. 退还 1 元硬币
        3. 投入 5 角硬币   23. 退还 5 角硬币
        4. 按下"橙汁"按钮   24. 送出橙汁饮料
        5. 按下"啤酒"按钮   25. 送出啤酒饮料

(2) 画出因果图,如图 9.18 所示。所有原因结点列在左边,所有结果结点列在右边。图中建立 4 个中间结点,表示处理的中间状态。

中间结点: 11. 投入 1 元硬币且按下饮料按钮
                 12. 按下"橙汁"或"啤酒"的按钮
                 13. 应当找 5 角零钱并且售货机有零钱找
                 14. 钱已付清

引入中间结点的目的是简化到达结果结点的关系的复杂性,为将因果图转换为判定表提供方便。例如,结果结点"22"是退还 1 元硬币,按照规格说明的描述,是由于售货机没有零钱找,同时投入了 1 元硬币并按下了"橙汁"或"啤酒"按钮。逻辑关系为"~① ∧ ② ∧ (④ ∨ ⑤)"。这样复杂的关系加在一个结点上,使得从后向前,逆向倒推,生成判定表的算法

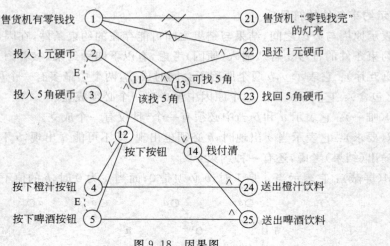

图 9.18 因果图

变得很复杂。"~"为"逻辑非"运算符。

（3）由于 2 与 3，4 与 5 不能同时发生，在图中分别加上约束条件 E。

（4）根据因果图画出判定表，如图 9.19 所示。

		1	2	3	4	5	6	7	8	9	10	11	12	13	14	15	16	17	18
条件	1	1	1	1	1	1	1	1	1	0	0	0	0	0	0	0	0	0
	2	1	1	1	0	0	0	0	0	0	1	1	1	0	0	0	0	0	0
	3	0	0	0	1	1	1	0	0	0	0	0	0	1	1	1	0	0	0
	4	1	0	0	1	0	0	1	0	0	1	0	0	1	0	0	1	0	0
	5	0	1	0	0	1	0	0	1	0	0	1	0	0	1	0	0	1	0
中间条件	11	1	1	1	0	0	0	0	0	0	1	1	1	0	0	0	0	0	0
	12	1	1	0	1	1	0	1	1	0	1	1	0	1	1	0	1	1	0
	13	1	1	0	0	0	0	0	0	0	1	1	0	0	0	0	0	0	0
	14	1	1	0	1	1	0	1	1	0	1	1	0	1	1	0	1	1	0
结果	21	0	0	0	0	0	0	0	0	0	1	1	1	1	1	1	1	1	1
	22	0	0	0	0	0	0	0	0	0	1	1	1	0	0	0	0	0	0
	23	1	1	0	0	0	0	0	0	0	0	0	0	0	0	0	0	0	0
	24	1	0	0	1	0	0	0	0	0	0	0	0	0	0	0	0	0	0
	25	0	1	0	0	1	0	0	0	0	0	1	0	0	1	0	0	0	0
测试用例		✓	✓	✓	✓	✓	✓	✓	✓		✓	✓	✓	✓	✓	✓	✓	✓	

图 9.19 由因果图得到的判定表

（5）根据判定表选取测试用例。

把判定表中什么动作也没做的规则删去。最后可根据剩下的 16 列作为确定测试用例的依据。

9.4.5 其他黑盒测试用例设计方法

在单元测试和集成测试中,还用到了一些黑盒测试用例设计的方法,这里列举了几个,并加以简单介绍。

1. 规范(规格)导出法

规范导出法是根据相关的规格说明描述来设计测试用例的。每一个测试用例用来测试一个或多个规格说明的陈述语句。规范导出法就是根据陈述规范所用语句的顺序来相应地为被测单元设计测试用例。

例如,考虑一个计算平方根的函数的规格说明:

(1) 输入:实数(浮点数)。

(2) 输出:实数(浮点数)。

(3) 规格:当输入一个 0 或者比 0 大的数时,返回其正的平方根;当输入一个小于 0 的数时,显示错误信息"平方根非法——输入值小于 0",并返回 0;库函数 Print_Line 可以用来输出错误信息。

在这个规格说明中有 3 个陈述,可以用两个测试用例来对应:

(1) 测试用例 1:输入 4,输出 2。对应规格中的第一句陈述(当输入一个 0 或比 0 大的数时,返回其正的平方根)。

(2) 测试用例 2:输入-1,输出 0。对应规格中的第二、第三句陈述(当输入一个小于 0 的数时,显示错误信息"平方根非法——输入值小于 0",并返回 0;库函数 Print_Line 可以用来输出错误信息)。

规格说明在测试用例和规格说明陈述之间做到了很好的对应,加强了规格说明的可读性和可维护性。但它是一种正向的测试用例设计技术,所以需要逆向的测试技术对测试用例进行补充,以达到更充分的测试。规格说明导出测试的变化形式可以应用到保密分析、安全分析、软件故障分析或其他对单元规格说明做出补充的文件上去。

2. 内部边界值测试法

在许多情况下,可以从单元的功能规格说明中导出等价类和边界值测试。但一个单元也可能有内部边界,它们只能从单元的结构化规格说明中找到。例如,考虑用伪代码描述的用连续迭代法求平方根函数的一个片段:

```
Calculate first approximation
LOOP
    Calculate error
    EXIT_LOOP WHEN error<desired accuracy
    Adjust approximation
END_LOOP
RETURN my_answer
```

计算误差要么小于期望精度,要么大于等于期望精度,二者必居其一,这单从单元的功能规格说明中是不能体现出来的。对该内部边界值的分析包括 3 个需要测试的条件:

(1) 测试用例 1:误差恰好大于期望精度。

（2）测试用例 2：误差等于期望精度。
（3）测试用例 3：误差恰好小于期望精度。

内部边界值测试可以用来发现一些内部错误。如误把"＜"写作"＜＝"。但内部边界值测试应作为一种补充方法，在其他方法的最后使用。

3. 错误猜测法

错误猜测是基于经验和其他一些测试技术（如边界值测试）的。在经验的基础上，测试设计者猜测错误的类型及在特定的软件中错误发生的位置，并设计测试用例去发现它们。例如，如果所有的资源都需要动态申请，最容易出错的地方就是资源释放的语句。检查是否所有的资源都被正确地释放了，或者在软件执行过程中丢失了？

对于一个有经验的工程师，错误猜测可能是一个用来发现问题的最有效的设计测试用例方法。一个好的错误猜测很可能会发现其他测试方法容易遗漏的错误。但反过来，错误猜测也可能是白白浪费时间。

为了最大限度地利用有效的经验并逐步丰富测试用例设计技术，可以建立一个错误类型的列表（常见错误检查表）。这个列表是总结了早期的单元测试的经验而建立的，可以帮助猜测单元中的错误会在哪里。这个列表应通过不断维护来提高错误猜测的有效性。

4. 基于接口的测试

基于接口的测试根据模块和它们相互关系的特性选择测试数据。

（1）输入域测试——在极限测试（Extremal Testing）中，选择测试数据的目的是想要覆盖输入域的极端情况。与此对应，中间范围测试（Midrange Testing）则选择域内部的数据进行测试。输入域测试的目标是选用输入域的代表值，从它们的执行中得到整个输入域的测试结果。对于一个结构的输入域，应该选择各个成员的极端数据的组合作为测试用例。这样做的结果会产生大量的测试数据，通过分析输入域之间的内部联系，可以减少测试用例的数量，但有限。

（2）特殊值测试——基于计算功能的特性来选择测试用例的方法称为特殊值测试（Special Value Testing）。这个方法尤其适合于数学计算。例如，基于 sin 函数的周期性，可以选择使用不同于 2π 的任意倍数的测试数据。从计算功能的特性出发，选择测试数据来证实计算方案的正确性或发现使计算不正常的特例。

（3）输出域测试——考虑输出等价类，每个输出等价类都有一个相关的输出域。通过选择能够使得每个输出域会达到极端值的输入数据作为测试用例来执行测试，就是输出域测试。也可能还需要计算输出域测试的覆盖率，这是为了保证最大和最小的输出条件都能得到检查。一般来说，构造这种测试数据需要对计算功能很了解，因此常常是应用领域内的专家才能胜任。此外，类似输入域测试，输出域测试也可以结合边界值分析的方法。

9.4.6　选择测试方法的综合策略及工作步骤

1. 测试方法选择的综合策略

Myers 曾经做了一个试验：由 59 位专家测试一个 70 行的 PL/1 程序。已知程序中至少有 15 个缺陷。专家平均工龄 11 年。测试分为三组：白盒测试组、黑盒测试组和人工评审组。经过一段时间的测试，测试结果为：每位专家平均发现 5.1 个缺陷，最好的发现 9 个缺陷，最差的发现 1 个缺陷。三组情形大致相当。因此，Myers 得出以下结论：

- 运用目前的测试手段,其效果是很有限的;
- 白盒法、黑盒法、评审法的效果是相近的。

并由此,Myers 提出了使用各种测试方法的综合策略:

(1) 在任何情况下都必须使用边界值分析方法。经验表明用这种方法设计出测试用例发现程序缺陷的能力最强。

(2) 必要时用等价类划分方法补充一些测试用例。

(3) 对照程序逻辑,检查已设计出的测试用例的逻辑覆盖程度。如果没有达到要求的覆盖标准,应当再补充足够的测试用例。

(4) 如果程序的功能说明中含有输入条件的组合情况,则一开始就可选用因果图法。

2. 软件测试的工作步骤

通常软件测试工作依照以下的步骤顺序进行。

(1) 构造测试对象的执行环境;

(2) 选择或构造测试用例;

(3) 利用测试用例实际执行程序,记录运行状态并收集运行结果;

(4) 分析运行状态和结果,发现测试对象在功能和性能方面的缺陷。

特别地,对于白盒测试,测试步骤应当是:

(1) 在程序中加标号,据此画出程序的控制流程图。

(2) 确定基本路径。

(3) 根据覆盖要求,选取欲测试的完整路径(即从程序入口点到出口点的路径)。

(4) 对于每条选取的路径:

a) 求路径上各判断结点条件的组合表达式;

b) 选取适当的测试输入数据以保证能让测试覆盖此路径;

c) 确定预期的输出结果;

d) 用测试输入数据来执行程序;

e) 比较程序的实际执行结果与预期的结果是否一致;

f) 统计测试的覆盖率。

9.5 单元测试用例设计

9.5.1 单元测试用例设计的步骤

单元测试用例设计的根据是详细设计说明。对于单元测试,测试用例用来证明一个独立的单元是否实现了设计规范中的要求。一个完整的单元测试不仅仅要进行正向测试,即测试被测单元是否做了它应该做的事情(满足设计规范的要求),同时还应该做逆向测试,即被测单元有没有做并不希望它做的事情(即设计规范以外的事情)。下面是 6 个通用步骤,用来指导完成测试用例的设计。

1. 为系统运行设计用例——单元测试设计中的第一个测试用例最有可能是用最简单的方法执行被测单元。当第一个测试用例可以正常执行,至少知道测试环境和被测试单元是可用的,可以增强人的自信心。如果运行失败,最好选择一个更简单的输入对被测单元进行测试/调试。可用的测试方法有：规范导出法、等价类划分等。

2. 为正向测试设计用例——正向测试的测试用例用于验证被测单元的功能和性能指标是否能够兑现。测试用例的设计者应该通读相关的详细设计说明。每一个测试用例，都是针对详细设计说明中的一项或多项内容来设计的。可用的测试方法有：规范导出法、等价类划分、状态图法等。

3. 为逆向测试设计用例——逆向测试的测试用例用来验证被测软件单元有没有做它不应该做的事情。它主要依赖边界值分析或状态迁移等方法来构造测试用例，需要依靠测试设计者的经验和判断。可用的测试方法有：错误猜测法、边界值分析、内部边界值测试、状态图法等。

4. 为满足特殊需求设计用例——从系统的性能、安全性、保密性的角度来设计测试用例。尤其对于安全及保密要求较高的系统，在测试设计说明中应该特别标明用来进行安全及保密的测试用例。可用的测试方法为规范导出法。

5. 为代码覆盖设计用例——设计好的测试用例可以保证较高的代码测试覆盖率。在单元测试方案中，为了达到特定的测试覆盖目标，可能还需要补充足够的测试用例。当为测试覆盖率而补充的测试用例设计好后，测试设计说明基本完成，就可以具体执行测试用例了。可用的测试方法有：判定表法、条件测试、数据流测试、状态图法等。

6. 为覆盖率指标完成设计用例——测试过程中的动态分析可以产生代码覆盖率测量值，以指示是否已经达到了覆盖目标。因此需要在测试设计说明中增加一个完善代码覆盖率的步骤。

在被测试的代码中可能包含有复杂的判断条件、循环以及分支语句，因此在执行测试用例的过程中，覆盖率的目标有可能无法达到。当这种情况发生时，有必要分析为什么会导致覆盖率目标没有达到。一般的原因可能有：不可能的路径或条件；不可到达的或冗余的代码；测试用例不足等。可用的测试方法有：判定表法、条件测试、数据流测试（数据定义/使用测试）、状态图法等。

9.5.2 单元测试用例设计方法

在单元测试过程中，测试用例的设计应与代码检查以及审查工作相结合，根据设计信息选取测试数据。单元测试用例的设计既可以使用白盒测试也可以使用黑盒测试，但以白盒测试为主。

在常规的白盒测试方面可使用语句覆盖、判定覆盖、条件覆盖、判定/条件覆盖、路径覆盖等技术。白盒测试最低应该达到的覆盖率目标是：语句覆盖率达到100%，分支覆盖率达到100%，覆盖程序中的主要路径，即覆盖完成需求和设计功能的代码所在的路径和程序异常处理执行到的路径。

测试人员在实际工作中要根据不同的覆盖要求来设计面向代码的单元测试用例。运行测试用例后至少应该实现如下几个覆盖需求：

（1）对程序模块的所有独立的执行路径至少覆盖一次。
（2）对所有的逻辑判定，真、假两个分支都至少覆盖一次。
（3）在循环的边界和运行界限内执行循环体。
（4）测试内部数据结构的有效性等。

在黑盒测试方面可使用功能覆盖率、接口覆盖（即入口点覆盖）等。测试人员在实际工作中至少应该设计能够覆盖如下需求的、基于功能的单元测试用例：

(1) 测试程序单元的功能是否实现。

(2) 测试程序单元性能是否满足要求（可选）。

(3) 是否有可选的其他测试特性，如边界、余量、安全性、可靠性、强度测试、人机交互界面测试等。

面向对象程序的单元测试的被测单元通常是一个类或一个孤立的类操作。

1. 操作级的测试用例

在面向对象程序中，每一个操作都作用在它所在类的属性上并通过参数表实现数据的输入/输出。如果一个操作的内聚性很高，而且提供的功能又比较复杂，可以考虑对其孤立地进行测试。但如果操作与属性的关联很强，必须考虑几个与该属性有关的操作之间的相互作用。对单个操作孤立地测试类似于在传统的结构化程序中对单个函数的测试，许多相关的测试技术都可以使用，下面仅列出 4 种常用的技术。

(1) 等价类划分法——首先标识该操作的功能；然后识别该操作的输入和输出；接下来把每个输入数据的取值范围划分为若干个等价类，在每个等价类中选取一个内部值再加上若干边界值；针对操作中采用的算法或模型，排除各个输入数据和变量之间取值的冲突；再通过枚举产生各个输入数据和变量的所有取值的组合，排除有冲突的组合，剩余的每个组合作为一个测试数据组；最后，针对每个测试数据组给出预期的输出结果。

(2) 判定表法——针对那些依据输入参数和属性值的不同取值组合而选择不同动作的操作。为此设计一个判定表，在条件部分列出了与输入相关的一些布尔条件的取值，动作部分给出了在相应取值下该操作应该选择的动作。

(3) 递归函数测试——一个递归操作有一个或多个分支代表平凡情况，即可以直接处理的情况。在每个平凡情况下，该操作只作简单计算并返回处理结果。如果不属于平凡情况，该操作用一个新的输入来调用自己，并把这次调用自己的结果经过计算处理得到返回结果。由于递归操作的特殊性，在面向对象程序的单元测试中，通常需要对递归操作单独进行测试。对于递归操作的测试首先需要达到分支覆盖，即保证每个分支都被测试到了；其次，由于递归函数中的许多常见错误能够逃脱一个达到分支覆盖的测试用例集的检测，所以还需要测试以下情况：

a) 零次递归；

b) 一次递归；

c) 多次递归（有时需要测试最大次数递归，特别是对消耗资源较多的递归操作）；

d) 试图破坏平凡情况的前置条件；

e) 试图破坏一次调用自己的前置条件；

f) 试图破坏一次调用自己的后置条件。

(4) 多态消息测试——在面向对象程序的单元测试中，如果一个操作（假设为 A）引用了需要动态绑定的操作（假设为 B），在单独对 A 操作进行测试时，需要覆盖 B 操作可能绑定的所有实现。这里通常有两种情况：

a) 用来调用 B 操作的对象是 A 操作的输入参数或类成员变量（或从这些参数或变量获得），此时需要测试该参数或变量的其他可能取值；

b) 用来调用 B 操作的对象是在 A 操作中根据输入参数或变量创建的,此时需要测试能够创建出的各个类的对象。

2. 类级测试

在面向对象程序的测试中,很难对单个操作进行充分的测试,这是因为多个操作会通过属性产生相互依赖关系。合理的测试是将这些相互依赖的操作放在一起进行测试,这就是所谓的类级测试。

(1) 不变式边界测试——类级测试的一个主要困难是属性的某些状态可能不会出现。不变式边界测试首先准确定义类的不变式,其次寻找违反类不变式的操作调用序列,将其作为测试用例,然后再寻找满足不变式状态的操作调用序列作为测试用例。有两种从满足不变式的状态迁移到不满足不变式的状态的情况需要特别注意:

a) 在不变式的边界上出现不满足的状态。例如,在一个顺序栈 Stack 类的声明中定义了一个退栈操作 Pop(),其类不变式为 Stack.top$\geq$0,其中 top 为栈顶指针。不变式的边界为 Stack.top=0,违反不变式的状态为 Stack.top=-1,即空栈状态。如果在空栈时调用操作 Pop(),就是违反不变式的调用序列。

b) 如果不变式是几种状态的析取,则需要考虑每个状态从满足转换到不满足时,其他状态是否会发生相应的转换。例如,不变式为($a\geq 0 \| b\geq 0$),可以考虑当 b 小于零时,a 的值从大于或等于零变化到小于零时,b 的值能否变化到大于零。类似地,还应该考虑 a 小于零且 b 大于或等于零的情况。

(2) 模态类测试——所谓模态类,就是指该类对所接受的操作调用序列给出了一定的限制,即类在处于特定的状态下时,只能接受对某些特定操作的调用。此时,通常要对类的状态进行建模,确定类的不同状态、每个状态下可接受的操作调用以及状态间的转换关系,从而获得类的状态图。基于状态图,生成调用序列来覆盖状态图上的边和路径。其中每个调用序列可以作为该类的一个测试用例。例如,一个顺序栈 Stack 就是模态类,在其生存周期内有栈空、栈非空非满、栈满 3 个状态。在栈空状态,Stack 类只接受进栈操作 Push(),在栈满状态,Stack 类只接受退栈操作 Pop()。我们要针对这些限制来构建相应的状态图,据此设计测试用例。

(3) 非模态类测试——非模态类就是指该类对所接受的操作调用序列没有任何限制。例如,把一个计算 sin 的算法定义为一个类,这就是非模态类。它没有特定的状态,所以不能用状态图来指导开发测试用例。

3. 类树级的测试

由于集成和多态的使用,对于子类的测试通常不能限定在子类中定义的属性和操作上,还需要考虑父类对子类的影响。

(1) 多态服务测试——一般而言,子类对父类中多态操作的覆盖应该遵循父类对该操作的规格说明。多态服务测试就是为了测试子类中多态操作的实现是否遵循了父类对该操作的规格说明。假设已存在父类的一个测试用例集,在对子类进行测试时,可以选取其中涉及相关多态操作的测试用例,并把子类的实例当做父类的实例,用这些选出来的测试用例执行。

(2) 展平测试——在最复杂的情况下,对于子类的测试可能只能采用展平测试的策略。所谓展平测试,就是将子类自身定义的操作和属性以及从父类和祖先类继承来的操作和属性全部放在一起组成一个新类(如果操作间存在覆盖关系,还需要确定哪些操作是子类真正拥有的),并对其进行测试。

9.5.3 构建类声明的测试用例

本节以事例讨论如何构建类的测试用例。我们讨论怎样从类声明(用 OCL 表示)中确定测试用例;接着,讨论如何根据状态转换图来构建测试用例。

从类的声明中确定测试用例是非常常见的,但类的声明在实现时可能会发生解释错误的情况。为了避免影响到测试,可以先根据类声明开发测试用例,然后再追加测试用例来测试类的边界值。假如要测试的类的声明不存在,那么就要通过"逆向工程"产生一个声明,并在开始测试之前让开发人员对其进行检查。

下面以顺序表 seqList 类的测试为例,介绍测试用例的设计。一个顺序表栈以一维向量作为它的存储,图 9.20 给出它的类图,其中的属性和操作假定都未考虑封装。

```
SeqList                              //顺序表
    T * data;                        //表元素存放数组
    int n;                           //表中当前元素个数
    int maxSize;                     //表最大容量
    seqList (int sz=50);             //构造函数
    ~seqList();                      //析构函数
    Length():int;                    //计算表长度
    Insert(T x,int i):bool;          //插入新元素 x 到表中第 i 个位置
    Remove(T& x,int i):bool;         //删除第 i 个元素,通过 x 返回该元素
    Search(T x):int;                 //查找元素 x,返回其在表中位置
    isEmpty():bool;                  //判断表空否
    isFull():bool;                   //判断表满否
```

图 9.20 栈的类声明

依据保护性程序设计的原则,类的每个操作都需要考虑其前置条件和后置条件,我们可以据此来确定测试用例。其总体思想是:首先确定既可满足前置条件,又可达到后置条件的测试用例需求;然后创建测试用例来表达这些需求,包括针对特殊输入值的测试用例;最后,再增加违反前置条件的测试用例。

为了从前置条件和后置条件中确定测试用例需求,我们先研究所有可能的前置条件和后置条件的逻辑关系,列出对应的测试用例。表 9.11 列出了在前置条件的影响下由于逻辑表达式的不同所产生的不同的测试用例需求。

表 9.11 前置条件对测试用例的影响

前置条件	影响	注释
true	(true,Post)	可以不显式给出前置条件
A	(A,Post)	正向表达前置条件
	(not A,Exception)	★ 反向表达前置条件
not A	(not A,Post)	
	(A,Exception)	★

续表

前置条件	影响	注释
A and B	(A and B, Post)	
	(not A and B, Exception)	★
	(A and not B, Exception)	★
	(not A and not B, Exception)	★
A or B	(A, Post)	
	(B, Post)	
	(A and B, Post)	
	(not A and not B, Exception)	★
A xor B	(A and not B, Post)	
	(not A and B, Post)	
	(A and B, Exception)	★
	(not A and not B, Exception)	★
A implies B	(not A, Post)	
	(B, Post)	
	(not A and B, Post)	
	(A and not B, Exception)	★
if (A) then B else C	(A and do B, Post)	此时 B、C 表示处理块
	(not A and do C, Post)	
	(A and not do B, Exception)	★
	(not A and not do C, Exception)	★

在表中，A、B、C 是逻辑条件表达式的值；Pre 表示前置条件，Post 表示后置条件，Exception 表示异常情况；★ 表示该测试用例需求因为结果异常必须明确给出。

表 9.12 列出了在后置条件的影响下由于逻辑表达式的不同所产生的不同的测试用例需求。

表 9.12 后置条件对测试用例的影响

后置条件	影响	注释
A	(Pre, A)	
A and B	(Pre, A and B)	
A or B	(Pre, A)	
	(Pre, B)	
	(Pre, A and B)	
A xor B	(Pre, A and not B)	
	(Pre, not A and B)	

续表

后置条件	影 响	注 释
A implies B	(Pre,not A or B)	
if (A) then B else C	(Pre and A,B) (Pre and not A,C)	

由以上的两个表,可得到测试用例的前置条件和后置条件的各种组合情况。据此可确定所需的最少测试用例需求。其步骤如下:

(1) 针对类声明中每一操作,从表 9.11 查找与之匹配的前置条件形式,确定影响。
(2) 针对类声明中每一操作,从表 9.12 查找与之匹配的后置条件形式,确定影响。
(3) 根据影响,确定每一操作前置条件与后置条件的组合,构成测试用例的需求。
(4) 排除不一致或无意义的组合。比如,前置条件(color=red) or (color=blue)将产生一个测试用例需求,但(color=red) and (color=blue)则是一个不可能的条件。

如果前置条件和后置条件比表中所列的情况更复杂,譬如涉及更多的复合逻辑运算,那么就必须多次执行步骤(1)～步骤(4)所描述的过程,就是说,把复合逻辑运算划分层次以分解为多个较小的部分,并将规则应用于这些较小的部分。事实上,大多数前置条件和后置条件都很简单。

下面给出 seqList 类声明中各个操作的前置条件和后置条件:

```
SeqList::SeqList(int sz)
    pre:     sz>0;
    post:    {n=-1}and{maxSize=sz}and{data=new T[maxSize]};
SeqList::~SeqList()
    pre:     true
    post:    delete[]data;
SeqList::Length():int
    pre:     n>=0;
    post:    result=n;                              //函数返回 result 的值
SeqList::Insert(T x,int i):bool
    pre:     (n<=maxSize)and(i>=0)and(i<=n);
    post:    {data[n]=data[i]}and{data[i]=x}and{n++}and{result=true};
SeqList::Remove(T&x,int i):bool
    pre:     (n>0)and(i>=0)and(i<n);
    post:    {x=data[i]}and{data[i]=data[n-1]}and{n--}and{result=true};
SeqList::Search(T x):int
    pre:     (n>0)and(x∈data[]);
    post:    result=x 在 data[]中的位置;
SeqList::isEmpty():bool
    pre:     not(n>0);
    post:    result=true;
SeqList::isFull():bool
    pre:     n==maxSize;
    post:    result=true;
```

按照表 9.11 和表 9.12,考察 seqList 类中 Remove 操作的例子。它的前置条件是(n>0) and(i≥0)and(i<n),后置条件是{x=data[i]}and{data[i]=data[n-1]}and{n--}and {result=true}。若用 A 代表 n>0,用 B 代表 i≥0,用 C 代表 i<n,用 D 代表 x=data[i],用

E 代表 data[i]=data[n−1],用 F 代表 n−−,用 G 代表 result=true,则形式为 A、B 和 C 的前置条件与形式为 D、E、F、G 的后置条件的组合,得到该操作的测试用例需求。由此,产生如表 9.13 所示的测试用例。

表 9.13 seqList 类操作 Remove() 的测试用例需求

序号	条件	测试用例需求
1	A and B and C, D and E and F and G	【(n>0)and(i>=0)and(i<n),{x=data[i]}and{data[i]=data[n−1]}and{n−−}and{result=true}】
2	not A and B and C, Exception★	【(n<=0)and(i>=0)and(i<n),Exception】
3	A and not B and C, Exception★	【(n>0)and(i<0)and(i<n),Exception】
4	A and B and not C, Exception★	【(n>0)and(i>=0)and(i>=n),Exception】
5	A and not B and not C, Exception★	【(n>0)and(i<0)and(i>=n),Exception】
6	not A and B and not C, Exception★	【(n<=0)and(i>=0)and(i>=n),Exception】
7	not A and not B and C, Exception★	【(n<=0)and(i<0)and(i<n),Exception】
8	not A and not B and not C, Exception★	【(n<=0)and(i<0)and(i>=n),Exception】

其中,★ 的含义与表 9.11 一样。在表 9.13 中可以看到,第 2、第 5 和第 8 个测试用例需求应删去,因为前置条件中对 i 的取值有矛盾。然后对 n 和 i 具体赋值,就可得到需要的测试用例了,如表 9.14 所示。表中对各变量的取值可不同,只要满足要求即可。

表 9.14 seqList 类操作 Remove() 的测试用例

测试用例需求	测试用例
【(n>0)and(i>=0)and(i<n),{x=data[i]}and{data[i]=data[n−1]}and{n−−}and{result=true}】	【{(n=2)and(i=0)and(data[0]=5,data[1]=6)},{x=5,data[0]=6,n=1,result=true}】
【(n>0)and(i<0)and(i<n),Exception】	【{(n=1)and(i=−1)},{Exception}】
【(n>0)and(i>=0)and(i>=n),Exception】	【{(n=1)and(i=1)},{Exception}】
【(n<=0)and(i>=0)and(i>=n),Exception】	【{(n=0)and(i=0)},{Exception}】
【(n<=0)and(i<0)and(i<n),Exception】	【{(n=0)and (i=−1)},{Exception}】

9.5.4 根据状态图构建测试用例

通常,类的属性和许多内部操作都被封装在类的内部,外界只能通过该类的访问函数来存取这些类实例的属性值和使用内部的操作,这给将来的维护带来许多好处,但给测试带来了不便,因为测试者不能直接检查类内部的数据结构和操作的程序结构。

为了避开这个问题,可以从测试类的行为入手,检查类实例是否正常。而状态图以图示的方式描述了在一个类实例的生存周期内该实例的行为,是一种很好的测试目标。

下面讨论如何根据状态图来构建测试用例。例如，一个顺序表的初始状态是空表，经过不断插入元素，如果表内所有空间被充满，则转换到表满状态。反之，又可通过删除或置空操作转换其状态，如图9.21所示。它们可以补充类的更多的语义。

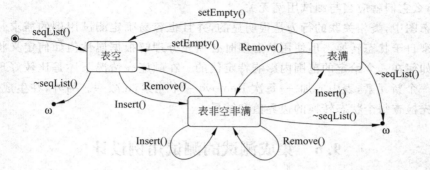

图 9.21 seqList 类的状态图

状态图中的每一个转换都描述了一个或多个测试用例需求。图9.21的状态图中有8个状态转换，还有1个表示构造的转换和3个表示析构的转换——总共是12个。因此，这里就有12个测试用例需求，可以通过在转换的每一端选择有代表性的值和边界值来满足这些需求。假如转换是受保护的，那么你也应该为这个保护条件选择边界值。

状态的边界值取决于状态相关的属性值的范围。可以根据属性值来定义每一个状态。在 seqList 中，表空状态对应于属性值 n==0，表满状态对应于属性值 n==maxSize，而非空非满状态则对应于属性值 0<n<maxSize。

我们可以将测试用例定义为一系列的输入/输出对，输入是特定状态下的测试对象（叫做 OUT），以及指定的对象的属性值；发送给 OUT 的消息即为事件，消息的参数可以是其他对象。输出包括 OUT 的结果状态，与 OUT 相关的对象的结果状态，从输入传送的最后一条消息处返回所得的结果，作为消息参数传送的那些对象的结果状态。

表9.15描述了所选择的测试用例。表中左边的状态和事件表示输入，右边的状态和事件表示输出。输入或输出又分成若干子列，如状态子列和发送给 OUT 的事件子列。事件子列使用了编程语言符号。事件包括消息和对象的创建。

表 9.15 测试用例描述

状 态	事 件	状 态	事 件
OUT:seqList[sz=2]	OUT=seqList(sz)	OUT.maxSize=sz and OUT.data=new seqList and OUT.n=0 and	none
OUT:seqList[n=0]	OUT.Insert(45,n)	OUT.n=1 and OUT.data[0]=45	none
OUT:seqList[n=1]	OUT.Insert(25,n)	OUT.n=2 and OUT.data[1]=25	none
OUT:seqList[n=2]	OUT.Remove(x,n-1)	OUT.x=25 and OUT.n=1	none
OUT:seqList[n=1]	OUT.Remove(x,n-1)	OUT.x=45 and OUT.n=0	none

表中的第一个测试用例是测试类的构造函数的,第二个是测试 Insert() 操作的,第四个是测试 Remove() 操作的。通常,用名称 OUT 来指定处于测试状态下的对象。符号 OUT：seqList[sz=100] 表明 OUT 是 seqList 的一个实例,特定的属性值在方括号中,如果属性值未指定,那么它们就应当与测试用例无关。

在状态图中,类相关联的行为是很明显的,并且也容易确定测试用例的需求,因为它们可以直接来自于状态转换。但使用状态图时必须充分理解根据属性值如何定义状态的,以及事件是如何在一个给定的范围内影响特定值的。在顺序表情况下还是比较好理解的,每次 Insert 一个新元素,表中 n 加一；每次 Remove 一个元素,n 减一。另外,在生成测试用例时一定要先检查每个状态转换的边界值和结果。

9.6　集成测试的测试用例设计

集成测试是介于白盒测试和黑盒测试之间的灰盒测试,因此,该测试的用例设计方法中一般综合使用了两类测试中的测试分析方法。经过集成测试分析之后,测试用例的大致轮廓已经确定,集成测试用例设计的基本要求就是要充分保证其正确性,保证其能无误地完成测试项既定的测试目标,以满足相应的测试覆盖率要求。

9.6.1　集成测试用例设计的步骤

1. 为系统运行设计测试用例

单元测试具有不彻底性,对于模块之间的接口信息内容的正确性,相互调用关系是否符合设计规格无法检查,必须依靠集成测试来保证。集成测试所关注的主要内容就是各个模块的接口是否能用,因为接口的正确与否关系到后续集成测试能否顺利进行。因此,首要的集成测试工作就是设计一些起码能够保证系统运行的测试用例,也就是验证最基本功能的测试用例。认识到这一点,就可以根据测试目标来设计相应的测试用例。可用的测试方法有：等价类划分、边界值分析、判定表法等。

2. 为正向测试设计测试用例

假设在严格的软件质量控制的监控下,软件各个模块的接口设计和模块功能设计完全正确无误并且满足需求,那么作为正向集成测试的一个重点就是验证这些集成后的模块是否按照设计实现了预期的功能。基于这样的测试目标,可以直接根据概要设计文档导出相关的用例。可用的测试方法有：输入域测试、输出域测试、等价类划分、状态图法、规范导出法等。

3. 为逆向测试设计测试用例

集成测试中的逆向测试包括分析被测接口是否实现了需求规格说明描述的功能,检查规格说明中可能出现的接口遗漏,或者判断接口定义是否有错误以及可能出现的接口异常错误,包括接口数据本身的错误、接口数据顺序错误等。

有时,穿越接口的数据量相当庞大。例如,在电信软件中,一些协议消息,动辄就包括了几十、上百个 IE(Information Element)。考虑所有 IE 的异常情况,甚至异常组合几乎是不可能的。因此在这一点上还需要基于一定的条件约束,包括分析一些关键的 IE、不可能的组合情况、需要考虑的组合等。在这样的情况下就需要基于一定的约束条件(如根据风险等级的大小、排除不可能的组合情况）进行测试。

对于面向对象应用程序和 GUI 程序进行测试有时还需要考虑可能出现的状态异常，包括：是否遗漏或出现了不正确的状态转换；是否遗漏了有用的消息；是否会出现不可预测的行为；是否有非法的状态转换（如从一个页面可以非法进入某些只有登录以后或经过身份验证才可以访问的页面）；是否有一个可能的潜行路径；是否可能会有一个不期望的消息而引起失效；是否会接受一个没有定义的消息等。可用的测试方法有：错误猜测法、边界值分析、特殊值测试、状态图法等。

4. 为满足特殊要求设计测试用例

在早期的软件测试过程中，安全性测试、性能测试、可靠性测试等主要在系统测试阶段才开始进行，但是在现在的软件测试过程中，已经不断对这些满足特殊需求的测试过程加以细化。在大部分软件产品的开发过程中，模块设计文档就已经明确地指出了接口要达到的安全性指标、性能指标等，此时我们应该在对模块进行单元测试和集成测试阶段就开展满足特殊需求的测试，为整个系统是否能够满足这些特殊需求把关。可用的测试方法为规范导出法。

5. 为高覆盖率设计测试用例

与单元测试所关注的覆盖重点不同，在集成测试阶段人们关注的主要覆盖是功能覆盖和接口覆盖（而不是单元测试所关注的路径覆盖、条件覆盖等），通过对集成后的模块进行分析，判断哪些功能以及哪些接口（如对消息的测试，既应该覆盖到正常消息也应该覆盖到异常消息）没有被覆盖到来设计测试用例。可用的测试方法有：功能覆盖分析、接口覆盖分析等。

6. 测试用例补充

在软件开发的过程中，难免会因为需求变更等原因，会有功能增加、特性修改等情况发生，因此我们不可能在测试工作的一开始就 100% 完成所有的集成测试用例的设计，这就需要在集成测试阶段能够及时跟踪项目变化，按照需求增加和补充集成测试用例，保证进行充分的集成测试。

9.6.2 基于协作图生成集成测试用例设计

1. 协作图的作用

协作图描述了参与协作的对象之间通过消息交互实现某种功能的机制。对每个协作图处理一次，得到相应的测试用例集。

基于协作图的集成测试用例设计方法首先要分析协作图，提取协作图中所涉及的所有元素，根据消息的顺序号和消息的条件，找到每一条消息的直接后继消息。然后根据场景路径的定义，使用深度优先方法遍历消息及其直接后继，直至到达无直接后继的消息，从而生成场景路径，然后回溯到没有被访问的直接后继，重复上述方法找到所有的场景路径。

在访问消息获取场景路径的同时，获取该路径上的操作调用序列、参数和路径条件，将关键因素用"范畴—划分"方法定义为操作序列、环境条件、系统输入、系统输出等范畴，结合该协作片段的用例规格说明和类图中的定义生成这些范畴的可能选择，再结合路径约束条件在这些范畴的划分中确定选择项的合理组合，这样就得到了该场景路径完整的测试用例，包括外界输入、交互输入、预期方法调用序列、后条件、预期输出。

对协作图中的所有场景路径都构造了测试用例,就形成了协作集成测试用例集。这样在实际执行集成测试时,不但可以直接观察到在系统级的输入作用下协作实现过程中的实际输出,还能够通过动态插装方法在代码中加入不影响软件功能的观察代码,使测试人员能够观察到实际协作执行时的方法调用序列和数据流的定义和使用。

最后,通过比较最终系统实际执行时的输出与预期输出的一致性,决定该协作实现的功能是否正确;通过比较应该发生的操作调用序列和实际执行时观察到的操作调用序列是否一致,确定协作表示的交互行为是否正确,从整体上对协作图描述的系统行为的实现是否与设计一致进行判断,从而完成协作的集成测试。

该方法的执行可以是增量式的,最终生成测试用例的具体程度与相应 UML 模型的设计细化程度相关。为了有针对性地解决从协作图生成测试用例的问题,有如下假定:

(1) 假定协作图描述的协作与用例图描述的规格说明是一致的。

(2) 假定系统中的对象都是自行开发的,不包括第三方构件。对象可以是不同粒度的对象(类的实例、类簇、构件、子系统、系统)。为的是能够获得它们的规格说明和内部详细设计信息,包括功能和结构信息。

(3) 假定测试只是为了查错,确认软件是否正确实现了设计,协作图上的结构关系是否被正确实现。

(4) 假定消息类型只有普通消息、条件消息、循环消息,且只存在顺序循环,不存在嵌套循环。

2. 协作图的概念

协作图描述了特定行为的参与对象的静态结构,以及参与对象之间的动态交互,可以用于不同的规格说明的抽象级别。规格说明级协作图表示了类的角色、关联的角色和消息,描述对象之间的可能的关系;实例级协作图表示对象、链和激发,描述特定对象之间的关系。两者都描述了协作参与者之间的结构关系。

如果要表示可能事件,一般用规格说明级的协作图,其中没有条件和循环,实例没有取值范围,也可能有许多可选的路径。如果要描述具体对象和它们之间的链接关系,一般用实例级协作图,其中对象的属性或参数有具体值,对象和链有具体数目,执行中的分支或循环有特定选择。协作图可以用来表示用例的实现或操作的实现,描述操作和用例的执行实现所处的上下文环境、交互中行为序列。

下面介绍实例级协作图。协作图由静态部分和动态部分组成:静态部分描述在协作实例中对象和链的角色,定义了协作的结构;动态部分是一个消息集合,定义了协作的行为,包括一系列交互。角色表示协作中对象和链的作用,在不同的协作中一个对象可以绑定到一个或多个角色。交互是在一个实现特定目标的协作内对一组对象之间的消息通信序列所实现行为的规格说明。每个交互包含的消息是激发的规格说明,是发送者对象和接受者对象之间的通信。消息指定了发送者对象要让接受者对象执行何种操作。激发将会导致一个对象被创建或终止。

下面介绍一个客户通过 ATM 验证客户卡和 PIN 有效性、建立会话的用例片段的实例级协作图,如图 9.22 所示。

其中的对象都是匿名对象,表明它扮演的角色,如 Bank 是银行,Session 是对话,Screen 是 ATM 的显示屏幕,NumKeyboard 是键盘号码,Card Slot 是客户卡插槽。

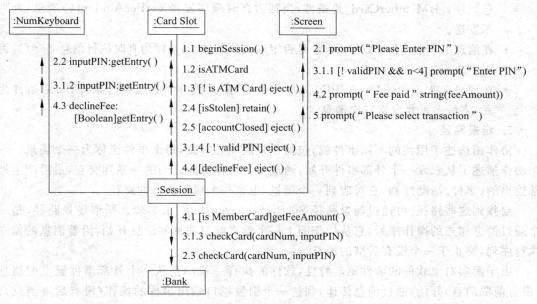

图 9.22 ATM 客户验证的协作图

协作图上存在条件消息，说明考虑到许多不同的用例场景，涉及多个对象之间的交互，其中每一个场景都对应协作图上的一条执行路径。图 9.23 表示了在这个协作中参与对象相应的协作图。

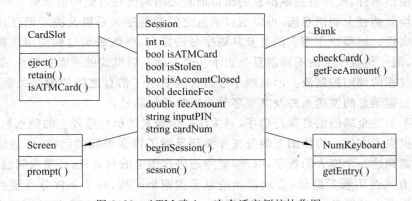

图 9.23 ATM 建立一次会话实例的协作图

协作图中的消息用带有消息标签的箭头表示，附在连接发送者和接受者的链上，箭头沿着链指向接受者。一个链上可以有多个消息，沿着相同或不同方向传递，消息的相关顺序由消息标签中的顺序号表示。消息箭头有 3 种：实线实心箭头表示同步消息，用于表示过程调用和嵌套控制流，每次调用增加一个嵌套层次；刺状箭头表示平面控制流，是异步通信，无嵌套，表示前驱和后继关系，指向下一步骤；虚线刺状箭头表示从过程调用返回。图 9.22 中的消息都是带有刺状箭头的实线，表示前驱/后继关系。消息标签说明交互中的消息序列。消息包含的条件增加了消息的表达能力，消息上的条件有几种形式：

- 在图 9.22 中有一个消息 4.1 [isMemberCard]getFeeAmount( )，其中，4.1 表示消

息顺序，[isMemberCard]是条件，当其为真时顺序发送 getFeeAmount() 消息，否则不发送。
- 在消息 1.3 中，[! isATMCard] 是否定形式的条件，当条件为真时执行消息 eject()，否则不执行。
- 在消息 3.1.1 中，[! validPIN && n<4] 表示了一个迭代执行条件，如果条件为真，将最多重复发送三次消息。

3. 场景路径

协作图描述了用例的不同事件流，包括正常流和异常流，每个事件流称为一个场景。一个协作描述了从触发一个外部事件开始，通过参与协作对象之间的一系列交互，最后产生外部输出的（事件）活动序列，它对应到一个场景，也是一个线程执行的路径。

要找到这些路径，可通过场景路径 Spath(Scenario Path) 来实现。所谓场景路径，是一个通过消息相连的操作序列，它从协作图上一个没有前驱消息的消息开始，沿着消息的偏序执行序列，终止于一个没有后继的消息。

由于面向对象软件的事件驱动特性，软件的执行一般都是从一个外部事件触发的消息（没有前驱消息）开始，通过消息传递，到达一个引发端口输出事件的操作（没有后继消息）。因此，场景路径表示了协作图中的一个场景的线程执行的完整轨迹。消息的传递导致对象之间控制流的转移，而路径中通过消息调用一系列操作时数据参数的传递和对象的创建、使用和撤销，表示了一条在控制流上执行的数据流。

在用协作图表示用例的实现时，协作图上的场景路径是从第一条入口消息开始，到所有能触发端口输出事件，或没有后继消息的出口消息之间的所有可能的消息流。

要获取场景路径上的消息流，可以通过消息之间的偏序关系以及决定消息流分支和循环的条件来实现。回顾协作图上消息及其顺序号的定义，整数表示过程调用中相邻高层中的消息顺序，同一整数项下的不同消息是表示一个前驱-后继式的平面控制流，嵌套的消息顺序号表示过程的调用控制流。消息顺序号隐含地表示了消息之间的偏序关系，因此可以在协作图上根据消息的发送条件及其顺序号来跟踪场景路径。

协作图不关注全局的消息执行顺序，只关注一个场景的执行路径上的消息顺序，这为识别场景路径提供了方便。协作图上的分支和循环导致了许多可能的路径，极端的情况下路径的数目可能到达一个庞大的数字，因此，要考虑协作图上的判定/循环覆盖问题，一般采用深度优先的方式遍历场景路径，要求每条消息至少遍历一次，每个条件分支至少遍历了一次。对于协作图上的循环，一般考虑零次循环、一次循环、最多次循环，以达到基本循环路径的覆盖。

在协作图上遍历生成场景路径的同时，很容易基于逻辑覆盖准则获取相应场景执行过程中的控制流和数据流、覆盖路径的条件，然后可以确定每一路径所需要的输入和状态条件，当满足所有路径条件时线程就会沿着该路径执行，这正是定义集成测试用例所需要的信息，因此可以将场景路径作为基于协作图的集成测试的基础。

4. 基于协作图的协作集成测试用例设计

协作图上描述的系统消息的错误实现，可能导致协作中表现的行为发生偏差，从而使最终实现与设计不一致，偏离软件规格说明规定的功能。这些可能发生的错误都是在参与协作的对象之间交互时发生，即集成不同类实例的操作以实现系统的行为时发生，这种错误通常由集成测试来发现。软件集成测试有几种常用的集成测试方式,如一次性组装、自底向上集成、自顶向下集成、协作集成、基干集成、层次集成等,但是考虑到面向对象软件时有的集成方式不一定有用,而基于线程或基于使用的测试方法对于测试类的交互,效果是非常明显的。识别在协作中参与的构件可以确定集成测试所有的参与对象,检查某个场景路径上的参与者之间的接口和交互可以验证该场景路径的功能是否得到正确的实现,每次检查一个场景路径,直到协作图上的所有场景路径都被测试。当所有构件的接口和构件之间的交互都测试完时,集成测试完成。

因为协作图上包括了对象间传递的消息及其顺序,这正是设计级的控制流和数据流信息,数据流和控制流对生成测试有很大的作用,所以可以利用协作图以及传统的数据流、控制流生成测试用例的方法,生成可用于集成测试的测试用例。

在测试用例设计时涉及一些有关协作图中链接的概念,我们先做一些解释,但需要清楚的是,这些链接与传统的数据流相比,是在更高的设计层次上描述数据的交互。

(1) 协作对:是在协作图中发生链接的一对类角色或者关联角色,如图 9.24 所示。
- 变量定义链接(Variable Definition Link):为消息指定的局部变量赋初始值;
- 变量使用链接(Variable Usage Link):把局部变量当做消息的参数;
- 对象定义链接(Object Definition Link):为新创建的类实例返回一个引用指针,并且程序可以通过该引用指针访问该实例;
- 对象创建链接(Object Creation Link):调用指定角色类的构造函数,为新创建的类实例初始化;
- 对象使用链接(Object Usage Link):调用一个指定类实例的外部可见的操作;
- 对象析构链接(Objeet Destruction Link):调用指定类的析构函数,撤销指定的类实例。

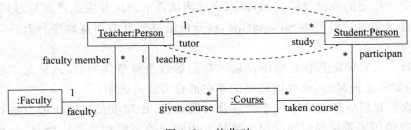

图 9.24 协作对

(2) 链接对。
- 变量的定义 - 使用链接(Variable Def - use Link):变量被先定义后使用;
- 对象的定义 - 使用链接(Object Def - use Link):对象被先定义后使用;
- 对象的创建 - 使用链接(Object Creation - usage Link):对象被先创建再使用;
- 对象的使用 - 析构链接(Object usage - Destruction Link):对象被使用后再销毁。

(3) 消息序列(Message Sequence):协作图指定的一个消息传递列。

这些链接对都可以用来静态地检查程序代码,消息序列可以用来生成测试用例。

5. 静态测试

集成测试可以是静态的也可以是动态的。静态测试是在不执行程序的情况下对软件的各方面进行检查,通常通过评价源代码的方法来进行。静态测试就是要检查一个系统是否违反了各种约束条件。例如,一个操作的约束条件有前置条件、后置条件、参数类型、返回类型等。在一个上下文环境中定义的链接对也可视为一种不能违反的约束条件。

在协作图中有 4 种需要使用静态测试来检查的元素,它们是:

(1) 类角色。在一个协作中,如果两个类角色来自于同一个父类,如 Teacher 和 Student 都是 Person 的子类,那么它们应该通过可提供的服务和属性值加以区别。因为它们来自于同一个父类,很可能被混淆。因此,要测试来自于一个父类的不同类角色,看它们是否包含各自不同的外部可用操作和属性值。

(2) 协作对。协作图上的链接描述了协作对的结构约束和它们的通信。链接表明它们之间是一对一、一对多还是多对多的关系,反映了在需求规格说明中的约束关系。因此,需要对链接进行静态测试以验证需求。协作图上的每一个协作对都应最少测试一次。

(3) 消息(即激发)。消息可以提供的信息有:返回值类型、控制线程、接受者对象要调用的操作名、被调用操作的参数表等。

对消息的测试有可能检查出很多有关集成的问题。激发是消息的一个实例。一个激发可以是一个外部信号,或一个操作的调用,或一个创建或销毁对象的事件。消息除了带有数据之外还具有方向。因此,激发提供了用于集成测试的信息,可成为生成测试输入的基础。

(4) 局部变量的定义－使用链接对。测试变量的定义－使用链接对,可在设计级别发现数据流的异常。此外,还应该检查全局变量的定义－使用链接对、对象的创建－使用链接对、对象的使用－析构链接对和对象的创建－析构链接对,看是否有数据流异常。

6. 动态测试

使用动态方法可以从协作图直接生成测试用例。主要思路是:

(1) 分析协作图的规格说明文档,提取集成测试需求信息并生成消息后继列表。为此,可用邻接表定义消息后继列表 messagelist,将分析结果信息按消息顺序号升序记录到该表的表头中。

(2) 为每个消息确定其直接后继消息。有的**后继**是有**条件**的,要区分是二值判断还是循环,是平面的还是嵌套的,这些信息要记录在消息后继列表中。

(3) 根据消息后继列表确定每个消息及后继消息,用深度优先遍历的方法找出所有的场景路径。在遍历场景路径时同时记录路径上相应的控制流和数据流信息,执行完毕得到一个场景路径集和相应的控制流和数据流测试规格说明。

(4) 消息激活的操作序列正是要测试的对象间的交互,是软件执行时表现出来的对象之间的控制流传递行为,是对象之间通过消息交互的结果,定义为交互范畴(Interaction Category)。输入参数列表为测试该场景时外界的输入,定义为输入参数范畴。通过对参与协作对象的类图的分析,以及用例描述,可以获取所研究的交互行为定义、输入参数的定义、其他影响消息执行的变量的定义、系统环境条件的定义等,从而可以获取这些系统环境条件、输入参数、方法行为的可能选择,然后结合利用范畴－划分思想,用相应场景路径的路径条件和加在消息上的约束以及系统本身的属性约束来限定这些选择,排除无意义和有冲突的值,然后通过这些不同范畴的不同选择的可能组合,作为一个场景路径的测试用例,这样每个场景路径生成一个集成测试用例。最后根据测试用例规格说明使用范畴－划分方法确定测试用例。

使用同样的方法可以为属于同一个用例的其他协作图构造测试用例。如果每一个用例的集成测试集构造完成,就可以用增量的方式为构件、子系统、系统构造完整的集成测试用例集。

9.6.3 继承关系的测试用例设计

继承是一种类层次的对象之间的转移关系,它简化了面向对象的程序设计。某些编程语言只允许单继承关系,即子类的父类只有一个,某些编程语言则允许多继承关系,后者更接近实际情况。但祖先类的属性可以通过层次结构中多条路径被其后代所继承,这样,情况就比较复杂了。复杂继承在程序设计和实现阶段容易引起多种错误,若一个子类是父类的派生类,此时人们可能会认为父类已经经过测试,继承其属性的子类就不需要再测试了,但其实这种直觉是错误的。

1. 继承图

继承图是一种描述多重继承的单向无环图。在继承图中,类用结点表示,用 V_i 标识,继承图中的边表示继承关系,用一对顶点来标识,如 (V_1, V_2),V_1 表示父(类)结点,V_2 表示子(类)结点。一系列顶点序列表示一条非空路径。继承图中的根结点代表根类,而叶结点代表没有子类的类。继承图没有环路,就是说不存在能返回祖先类的路径。

当图中的一个结点可以通过多条路径从它的一个祖先结点到达自身,则意味着出现了多重继承。

2. 测试用例设计方法

在继承关系中,祖先类中的错误可能会很自然地传递到子孙类中,所以当测试处于继承层次中的类时,应注意保持类实例间的拓扑次序,在测试所有子类之前还应对其父类做测试。

假设测试的继承层次有 n 层,用 $ILT(1), \cdots, ILT(n)$ 来标识,n 是继承图中最长的继承路径的长度加 1。n 值越大,继承层次出错的可能性就越大。n 层测试定义如下:

$ILT(1)$:一个继承图中的每个类至少要测试一次。

$ILT(2)$:两个相关类的每个序列(即继承路径=1)需至少测试一次。

$ILT(3)$:三个相关类的每一序列(即继承路径=2)和这一层的所有继承序列需至少测试一次。

$ILT(n)$:所有 n 层的继承序列至少测试一次,这样 ILT 层次已被完全测试。

那么,如何使用这些继承层次测试一个继承关系中所有的继承路径呢?首先用广度优先搜索算法遍历所有的根类(用序列 ROOT 来标识),然后构造一个关于继承关系的邻接矩阵并检查所有非零入口以保证类间关系的正确性。$ILT(i)$ 是基于"第 i 区域"这一思想的。用 $ILT(n)$ 表示的层次原型的测试描述如下:

$ILT(1)$:这是单个类实例的测试,应按照一个顺序来测试这些类的实例。由于错误的属性和操作会被子类继承,所以父类的错误应尽可能通过测试被检查出来。显然,所有被测对象是按照一种拓扑有序的次序执行测试的。使用拓扑排序的算法,可把如图 9.25 所示的各个类按照拓扑有序序列排列起来

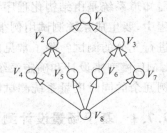

图 9.25 继承图

进行测试。在 ILT(1)中,拓扑有序序列＝$\{V_1, V_2, V_3, V_4, V_5, V_6, V_7, V_8\}$、$\{V_1, V_2, V_4, V_5, V_3, V_6, V_7, V_8\}$、$\{V_1, V_3, V_2, V_4, V_5, V_7, V_6, V_8\}$、…。

ILT(2):给定一个包含 n 个类 $V_1, V_2, \cdots, V_n$ 的继承关系 Q_1,表示 n 个类 V_1, $V_2, \cdots, V_n$ 之间继承关系的邻接矩阵可描述为

$$Q_1 = [a_{ij}]_{n \times n} = \begin{cases} a_{ij} = K, & 若从 V_i 到 V_j 存在一条直接的边,且 i \neq j \\ a_{ij} = 0, & 其他 \end{cases}$$

为了保证继承关系是正确的,每一个 $a_{ij}=1$ 至少需要被测试一次。

ILT(3):所有的长度为 2 的继承路径至少测试一次。用 Q_2 表示 $Q_1 * Q_1$,当且仅当从类 a_i 到类 a_j 有 K 条长度为 2 的不同路径时,Q_2 相应的矩阵元素被定义为 $a_{ij} = K$,其他情况下的 $a_{ij} = 0$。

$$Q_2 = [a_{ij}]_{n \times n} = \begin{cases} a_{ij} = K, & 若存在 K 条长度为 2 的不同路径 \\ a_{ij} = 0, & 其他 \end{cases}$$

每个 a_{ij} 需至少测试一次,这样就能测试所有 3 个类之间的关系了。如果 $a_{ij}=K>1$,从 K 条不同路径中重组 2,3,$\cdots$,K 条,以形成一些多重继承(其中 i 属于 ROOT)。另外,如果 a_{ij} 不等于零且在 ILT(2)中相关元素 a_{ij} 也不为零,也可以把 ILT(2)和 ILT(3)的路径重组以得到另外一些多重继承,把这些多重继承分解成多重继承单元(URI)可以帮助检测这一层的所有名字冲突。

ILT(s):所有长度为 $s-1$ 的继承路径应该被至少测试一次。这些长度为 $s-1$ 的路径被保存在 Q_{s-1} 中。其定义为

$$Q_{s-1} = [a_{ij}]_{n \times n} = \begin{cases} a_{ij} = K, & 若存在 K 条长度为 s-1 的不同路径 \\ a_{ij} = 0, & 其他 \end{cases}$$

每一个不等于零的 a_{ij} 至少需测试一次,这样就可以测试所有 s 层类之间的关系。

ILT(n):给定一个矩阵 $Q_n(Q_{n-1} * Q)$,如果 $Q_n([a_{ij}]_{n \times n})$ 中所有元素均为零,那么 ILT 测试就结束了。

ILT 方法是一种对类的多重继承性进行测试的简单易行的方法,并且可以防止一些层次的测试遗漏。但 ILT 方法的一个明显不足就是对类要进行多次测试,这不仅增加了软件人员的工作量,而且增加了工程的代价。

9.7 系统测试用例的设计

系统测试用例设计基本上都是用黑盒测试方法,也就是说测试人员在做系统测试时无需知道系统是由结构化程序设计语言还是面向对象程序设计语言来实现的。在系统测试过程中,要生成系统测试用例很简单,关键问题是:如何确定和选择测试用例才能保证对系统进行充分的测试?除了常见的黑盒测试用例设计方法外,现在流行借助于一些行为模型或 UML 模型来设计和确定系统测试的测试用例,同时制定一些标准,在避免不必要的测试用例冗余的同时度量系统测试的充分性。

9.7.1 基于场景设计测试用例

现在的软件几乎都是用事件触发来控制流程的,事件触发时的情景便形成了场景,而同

一事件不同的触发顺序和处理结果就形成事件流。通过描绘事件触发时的情景,测试者设计测试用例,用以检查软件的功能需求是否得到满足。

场景测试方法是基于 IBM 公司提出的 UML(统一建模语言)的测试用例生成方法。该方法从用例出发,通过对每个用例的场景进行分析,逐步实现测试用例的构造。

1. 基本流和备选流

在系统需求建模时,通过用例模型来描述系统与外界的交互和功能需求。每一个用例是一个外部参与者与系统在一次交互中所执行的相关事务的序列。在模型中用一个椭圆"◯"并跟随相应名称来表示。为了给出用例的细节,模型还为每个用例建立一个规格说明,描述用例的事件流。典型的事件流有基本事件流(简称基本流)、候补事件流和异常事件流(统称备选流)。

用例的场景要通过描述流经用例的路径来确定。这些路径从用例的开始到结束遍历其中的所有基本流和备选流。如图 9.26 所示,图中经过用例的每条路径都用基本流和备选流来表示,直黑线表示基本流,是经过用例的主流路径。每个备选流或者从基本流开始,在某个特定条件下执行,然后重新加入基本流中(如备选流 1 和 3);或者起源于另一个备选流(如备选流 2);或者终止用例而不再重新加入到某个流(如备选流 2 和 4)。

按照如图 9.26 中所示的每个经过用例的可能路径,可以确定以下不同的用例场景。

场景 1:基本流;
场景 2:基本流、备选流 1;
场景 3:基本流、备选流 1、备选流 2;
场景 4:基本流、备选流 3;
场景 5:基本流、备选流 3、备选流 1;
场景 6:基本流、备选流 3、备选流 1、备选流 2;
场景 7:基本流、备选流 4;
场景 8:基本流、备选流 3、备选流 4。

这些可能路径都是从基本流开始,再将基本流和备选流结合起来所确定的用例场景。注意,为方便起见,场景 5、场景 6 和场景 8 只考虑了备选流 3 循环执行一次的情况。

2. 用场景法设计测试用例举例

下面仍然用 ATM 作为例子来讨论如何基于场景设计测试用例。

(1) 银行自动出纳机(ATM)的用例分析

如图 9.27 所示,对于一个 ATM 系统来说,它有 3 个参与者,即客户、ATM 操作员和银行

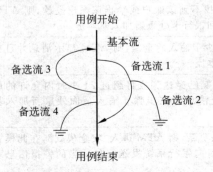

图 9.26 用例的事件流示例

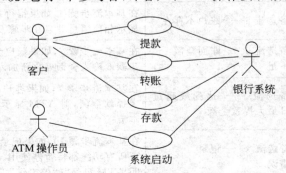

图 9.27 ATM 流程示意图

系统。其中,客户可以执行"提款"、"转账"和"存款"的操作;ATM 操作员可以执行"启动系统"的操作。因此,用例模型包括 4 个用例:提款、转账、存款和系统启动,此外,ATM 操作员与银行系统通信,完成相应的功能。

(2) 用例场景分析

建立了用例模型之后,需要对每个用例进行场景分析,发现所包含的基本流和备选流。表 9.16 包含了图 9.27 中提款用例的基本流和某些备用流。

表 9.16 提款用例的基本流和某些备选流

基本流/备选流	场 景
基本流	本用例的开始是 ATM 处于准备就绪状态 1 准备提款——客户将银行卡插入 ATM 机的读卡机 2 验证银行卡——ATM 机读取账户代码,并检查它是否可接受 3 输入 PIN——ATM 要求客户输入 PIN 码(4 位) 4 验证账户代码和 PIN——验证账户代码和 PIN,以确定其有效性 5 ATM 选项——ATM 显示在本机上各种选项。客户选择"提款" 6 输入金额——根据预设的金额(10 元、20 元、50 元或 100 元),客户输入要从 ATM 中提取的金额 7 授权——ATM 通过将卡 ID、PIN、金额以及账户信息作为一笔交易发送给银行系统来启动验证过程。银行系统对授权请求给予答复,批准完成提款过程,并且据此更新账户余额 8 出钞——提供现金 9 返回银行卡——银行卡被返还 10 收据——打印收据并提供给客户。ATM 还相应地更新内部记录 用例结束时 ATM 又回到准备就绪状态
备选流 1——银行卡无效	在基本流步骤 2,如果银行卡无效则该卡被退回,同时会显示相关消息通知客户
备选流 2——ATM 内没有现金	在基本流步骤 5,如果 ATM 内没有现金,则"提款"选项将无法使用
备选流 3——ATM 内现金不足	在基本流步骤 6,如果 ATM 机内金额少于请求提取的金额,则将显示一则适当的消息,并且在步骤 6 输入金额处重新加入基本流
备选流 4——PIN 有误	在基本流步骤 4,客户可三次输入 PIN。如果 PIN 输入有误,ATM 将显示相应消息;如果输入不足三次,则此事件流在步骤 3 输入 PIN 处重新加入基本流。如果第三次输入的 PIN 码仍然错误,则该卡将被 ATM 机收回,同时 ATM 返回到准备就绪状态,本用例终止
备选流 5——账户不存在	在基本流步骤 4,如果银行系统找不到该账户或禁止该账户提款,则 ATM 显示相应消息并且在步骤 9 返回银行卡处重新加入基本流
备选流 6——账面金额不足	在基本流步骤 7,如果账户余额少于输入的金额,则 ATM 显示消息并且在步骤 6 输入金额处重新加入基本流
备选流 7——达到或超过日最大提款金额	在基本流步骤 7,如果客户提款额已经达到或将超过 24 小时内允许的最大提款金额,则 ATM 显示相应消息并在步骤 6 输入金额处重新加入基本流
备选流 x——记录错误	在基本流步骤 10,如果记录无法更新,则 ATM 进入"安全模式",在此模式下所有功能都将暂停使用。同时向银行系统发送一条适当的警报信息表明 ATM 已经"暂停工作"

续表

基本流/备选流	场 景
备选流 y——退出	客户可随时决定中止交易(退出)。交易中止,银行卡随之退出
备选流 z——"翘起"	ATM 包含大量的传感器,用以监控各种功能。在任一时刻,如果某个传感器被激活,则警报信号将发送给警方而且 ATM 进入"安全模式",在此模式下所有功能都暂停使用,直到采取适当的重启/重新初始化的措施

第一次迭代中,根据迭代计划,我们需要核实提款用例已经正确地实施。此时尚未实施整个用例,只实施了下面的事件流:
- 基本流——提取预设金额(10 元、20 元、50 元、100 元)
- 备选流 2——ATM 内没有现金
- 备选流 3——ATM 内现金不足
- 备选流 4——PIN 有误
- 备选流 5——账户不存在,账户类型有误
- 备选流 6——账面金额不足

从以上所描述的提款用例的基本流和备选流,可以生成用例的场景,如表 9.17 所示。

表 9.17 提款用例的用例场景

用 例 场 景	基本流/备选流	
场景 1——成功的提款	基本流	
场景 2——ATM 内没有现金	基本流	备选流 2
场景 3——ATM 内现金不足	基本流	备选流 3
场景 4——PIN 有误(还有输入机会)	基本流	备选流 4
场景 5——PIN 有误(不再有输入机会)	基本流	备选流 4
场景 6——账户不存在/账户类型错误	基本流	备选流 5
场景 7——账户余额不足	基本流	备选流 5

说明:为方便起见,备选流 3 和 6(场景 3 和 7)内的循环以及循环组合未纳入表中。

(3) 提款用例的测试用例设计

对于表 9.17 列出的 7 个场景中的每一个场景都需要确定测试用例,一般采用矩阵或判定表来确定测试用例。如表 9.18 就是表示测试用例的一种通用格式,其中每一行分别代表一个测试用例,每一列分别代表测试用例的信息。在提款用例的情形下,测试用例包含测试用例 ID、场景/条件、测试用例中涉及的所有数据元素和预期结果等项目。

首先确定执行用例场景所需的数据元素,然后构建测试用例矩阵,针对每一个场景,确定包含执行场景所需要的适当条件的测试用例,如表 9.18 所示。在该矩阵中,V(有效)表示当此条件有效时才执行基本流;I(无效)表示在此条件下将激活所需备选流;n/a(不适合)表示此条件不适用于测试用例。

在表 9.18 所示的矩阵中,6 个测试用例执行了 5 个场景。对于基本流,测试用例 TEST1 称为正面测试用例。它一直沿着用例的基本流路径执行,未发生任何偏差。TEST2~TEST6 称为负面测试用例,用以确保只有在符合条件的情况下才执行基本流。阴影单元格表示这种条件下需要执行备选流。

表 9.18 提款用例的测试用例矩阵

测试用例 ID	场景/条件	PIN	账号	输入金额	账面金额	ATM 内的金额	预期结果
TEST 1	场景 1——成功的提款	V	V	V	V	V	成功的提款
TEST 2	场景 2——ATM 内没有现金	V	V	V	V	I	提款选项不能使用,用例结束
TEST 3	场景 3——ATM 内现金不足	V	V	V	V	I	警告信息:返回基本流步骤 6—输入金额
TEST 4	场景 4——PIN 有误(第一次输入错误)	I	V	n/a	V	V	警告信息:返回基本流步骤 4—输入 PIN
TEST 5	场景 4——PIN 有误(第二次输入错误)	I	V	n/a	V	V	警告信息:返回基本流步骤 4—输入 PIN
TEST 6	场景 5——PIN 有误(第三次输入错误)	I	V	n/a	V	V	警告信息:卡被收回,用例结束

每个场景只有一个正面测试用例和负面测试用例是不充分的,场景 4 正是这样的一个示例。要全面地测试场景 4 和场景 5(PIN 有误),至少需要三个正面测试用例:

a) PIN 输入错误,仍可再输入,此备选流重新加入基本流中的步骤 3(输入 PIN)。
b) PIN 输入错误,不能再输入,则此备选流将收回银行卡并终止用例。
c) PIN 输入"正确"。备选流在步骤 5(输入金额)处重新加入基本流。

注意,在表 9.18 所示的矩阵中,无需为条件输入任何实际的值。以这种方式创建测试用例矩阵的一个优点在于容易看到测试的是什么条件。由于只需要查看 V 和 I(或此处采用的阴影单元格),这种方式还易于判断是否已经确定了充足的测试用例。

表 9.18 的测试用例还不完全,如场景 6(不存在的账户/账户类型有误)和场景 7(账户余额不足)就缺少测试用例。

(4) 确定测试数据

一旦确定了所有的测试用例,还应该对这些测试用例进行评审和验证,以确保其准确和适度,并取消多余或等效的测试用例。测试用例一经认可,就可以确定实际数据值(在测试用例矩阵中)并设定测试数据,参看表 9.19。

表 9.19 带测试数据的测试用例矩阵

测试用例 ID	场景/条件	PIN	账号	输入金额	账面金额	ATM 内的金额	预期结果
TEST 1	场景 1——成功提款	4987	809498	50	500	2000	成功的提款
TEST 2	场景 2——ATM 内没有现金	4987	809498	100	500	0	提款选项不能使用,用例结束
TEST 3	场景 3——ATM 内现金不足	4987	809498	100	500	70	警告信息,返回基本流步骤 6—输入金额
TEST 4	场景 4——PIN 有误(第一次输入有错)	4978	809498	n/a	500	2000	警告信息,返回基本流步骤 4—输入 PIN
TEST 5	场景 4——PIN 有误(第二次输入有错)	4978	809498	n/a	500	2000	警告信息,返回基本流步骤 4—输入 PIN
TEST 6	场景 5——PIN 有误(第三次输入有错)	4978	809498	n/a	500	2000	警告信息,卡被收回,用例结束

9.7.2 基于功能图设计测试用例

基于功能图来设计测试用例的方法是一种黑盒测试方法。它用功能图 FD(Functional Diagram)形式化地表示程序的功能说明，并机械地生成功能图的测试用例。

功能图模型由状态图和功能说明构成，状态图用于表示输入数据的变换序列以及相应的输出数据，功能说明用于表示在状态中输入与输出间的对应关系。测试用例则是由测试中经过的一系列状态和在每个状态中必须依靠输入/输出数据满足的一对条件组成。

1. 功能图

一个程序的功能说明通常由动态说明和静态说明组成。前者描述了输入数据的变换顺序，而后者描述了输入与输出间的对应关系。对于较复杂的程序，由于存在大量的组合情况，因此仅用静态说明组成的规格说明对于测试来说往往不够，必须用动态说明来补充。

在状态图中，由输入数据和当前状态决定输出数据和后续状态。

2. 功能图中的符号

功能图由状态图和布尔函数组成。状态图用如图 9.28 所示的状态和迁移来描述。一个状态指出数据输入的位置(或时间)，并称活动的开始点为初始状态，活动的可能终止点为最后状态。而迁移则指明状态的改变，用单向箭头表示，并称位于箭头尾部的状态为尾状态，位于箭头头部的状态为头状态。在箭头范围内用方框围起来的 T 是用判定表或因果图表示的逻辑功能。如果逻辑功能很简单，也可以直接将输入和输出条件写在箭头上。

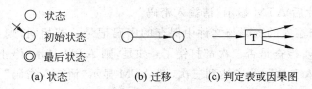

图 9.28 在功能图中的状态迁移符号

图 9.29 给出了用因果图或判定表描述的一个状态的逻辑功能。在输入条件之间的依赖关系用限制条件表示。

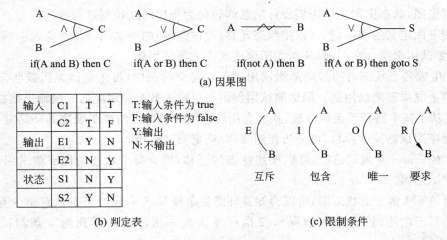

图 9.29 在功能图中的逻辑功能符号

3. 功能图法设计测试用例举例

图 9.30 是一个简化的自动出纳机 ATM(Automatic Teller Machine)的功能图,其规格说明如下。

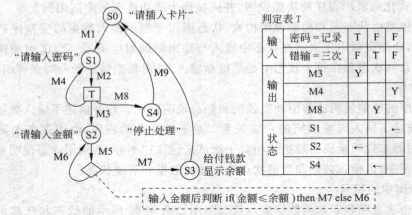

M1:插入卡片　　M2:输入密码　　M3:密码匹配　　M4:重输密码　　M5:输入金额
M6:重输金额　　M7:认定金额　　M8:消去记录　　M9:返回初始状态

图 9.30　一个功能图的实例

(1) 初始时 ATM 显示"请插入卡片"。

(2) 当插入卡片后 ATM 显示"请输入密码"。

(3) ATM 检查输入的密码与文件中保存的密码记录。若相同,则 ATM 显示"请输入金额";若不同,ATM 检查是否三次都打错了:如是,则 ATM 显示"停止处理",消去这个记录,重新显示"请插入卡片";若未达到三次,则 ATM 显示"请输入密码"。

(4) 输入一个取款金额后,ATM 检查它是否小于等于余额,若大于余额,ATM 显示"请输入金额",等待再次输入金额;否则 ATM 付给要求的现金,报告余额,显示"请插入卡片"。

如果我们用结点代替状态图中的状态,用有向边代替状态的迁移,则状态图就转化成程序的控制流图,状态图的测试用例设计问题就转化为程序的路径测试问题。

使用下面定义的规则,就可以把状态迁移(测试路径)的测试用例与功能说明(局部测试用例)的测试用例组合在一起,从功能图生成实用的测试用例。

(1) 生成各个状态内部的局部测试用例。在每个状态中,可依据因果图或状态内部的活动(图)生成局部测试用例。局部测试用例由一组输入数据和对应的一组输出数据构成。

(2) 基于基本路径覆盖的方法,从状态图转换成的程序控制流图确定其环路复杂性,从而得到程序测试路径的数目,再分析控制流程,确定测试路径。

(3) 对于每一条测试路径,可以按照状态的迁移,组合每个状态的局部测试用例,生成综合的测试用例。

分析 ATM 例子的状态图,可以得知其环路复杂性等于 4,因此可确认它至少有 4 条测试路径。对于循环(错误输入情况),仅执行零次或一次。这样得到的 4 条测试路径如图 9.31 所示。

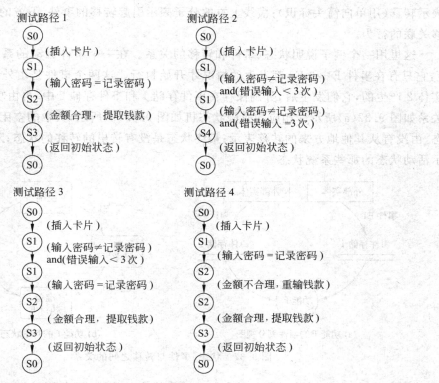

图 9.31 ATM 机取款功能的测试路径

9.7.3 基于有限状态机的系统级线索设计测试用例

1. 几个相关的定义

(1) 原子系统功能(简称为 ASF)。ASF 开始于一个端口输入事件,遍历一个或多个 MM-路径的一部分,以一个端口输出事件结束。因此,可以把 ASF 看做是一种在系统级可以观察得到的端口输入和输出事件的行动。

系统的端口一般是指 I/O 设备接入系统的点,如串行端口、并行端口、网络端口等,是物理设备。端口事件是物理端口行为的逻辑实现,如在一个银行自动出纳机(ATM)的例子中,"插入卡"就是端口输入事件,"屏幕显示"就是端口输出事件,"插入卡"就是 ASF。

ASF 是集成测试的最大测试项,是系统测试的最小测试项。对于 ATM 的例子,系统测试要检查当端口输入事件是"按下数字键"时,系统是否做出响应,执行"数字输入"ASF。而"数字输入"ASF 本身,则通过集成测试来检查。

(2) 源 ASF 和汇 ASF。给定通过原子系统功能定义的一个系统,系统的 ASF 图是一种有向图,其中的结点表示 ASF,边表示串行流。那么,在 ASF 图中的源结点就是源 ASF,在 ASF 图中的汇结点就是汇 ASF。

在 ATM 的例子中,"插入卡"是源 ASF,"返回初始状态"是汇 ASF。

(3) 系统线索。在系统的 ASF 图中,线索是一条从源 ASF 到汇 ASF 的路径。

(4) 有限状态机。有限状态机是一种有向图,其中结点表示状态(用圆角矩形标识);边表示转移(用单向箭头标识);横线上方的分子表示引起转移的事件,下方的分母表示与该转移关联的行为。

这里用一个例子说明状态、事件和转移的关系。在一个事件驱动的系统中有一个功能F,它只有在事件 E1 和 E2 都发生的情况才开始执行。这两个事件是由外部实体 1 和外部实体 2 产生的,它们发生后,分别保存在事件存储 1 和事件存储 2 中,再由功能 F 来访问,其关系如图 9.32(a)所示。相应的有限状态机如图 9.32(b)所示,其中的空闲状态就是初始状态,由没有从其他地方来的转移表示;最终状态是没有转出的转移的状态;除此之外,就是表示活动状态的那些系统状态。

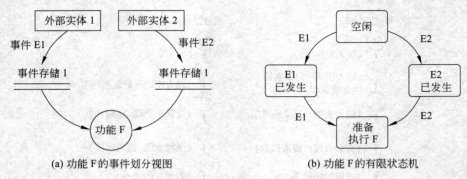

图 9.32　状态、事件与转移之间的关系

有限状态机的这种特点非常适合用于系统线索的标识,因此测试设计人员常常借助有限状态机来进行系统测试。

2. 测试用例设计

基于线索的系统测试用例设计步骤如下。

(1) 寻找线索。如果系统复杂,那么首先画出系统的顶层状态机,在这一层状态对应的阶段中,表示转移的事件可以用逻辑事件来表示;然后再对顶层状态机的宏状态进行细化。图 9.33 是一个 ATM 的顶层状态机的例子。状态对应于活动,转移由逻辑事件引发。

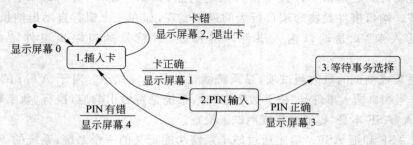

图 9.33　ATM 的顶层状态机

图 9.34 是对图 9.33 中"PIN 输入"的进一步细化。

图中状态和转移的编号用于测试用例覆盖的讨论。表 9.20 列出表示图 9.33 中的状态转移的端口事件。输入事件仍然是逻辑事件,而输出事件都是真正的端口事件。

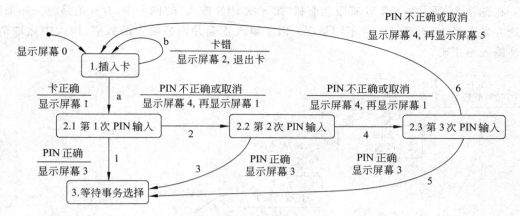

图 9.34 "PIN 输入"的有限状态机

表 9.20 PIN 输入有限状态机的事件

端口输入事件	端口输出事件	说 明
	显示屏幕 0	"请插入 ATM 卡"
卡正确	显示屏幕 1	"请输入 PIN"
卡错	显示屏幕 2	"ATM 卡不正确"
PIN 正确	显示屏幕 3	"请输入金额"
PIN 不正确	显示屏幕 4	"PIN 错误"
取消	显示屏幕 5	"PIN 三次错误,卡收回"

具体地,假设 PIN 有 4 位数字,对于第 $n(n=1,2,3)$ 次 PIN 输入,则第 i 次 PIN 输入的有限状态机如图 9.35 所示,输入的端口事件示例如表 9.21 所示。

表 9.21 第 3 次 PIN 输入正确的端口事件序列

序号	端口输入事件	端口输出事件	序号	端口输入事件	端口输出事件
1		屏幕显示"----"	9	按下 3	屏幕显示"XXX-"
2	按下 1	屏幕显示"X---"	10	按下"取消"键	显示屏幕 5
3	按下 2	屏幕显示"XX--"		第 2 次输入结束	
4	按下 3	屏幕显示"XXX-"	11	按下 1	屏幕显示"X---"
5	按下 5	屏幕显示"XXXX"	12	按下 2	屏幕显示"XX--"
6	按下"确认"	显示屏幕 4	13	按下 3	屏幕显示"XXX-"
	第 1 次 PIN 错误	屏幕显示"----"	14	按下 4	屏幕显示"XXXX"
7	按下 1	屏幕显示"X---"	15	按下"确认"	显示屏幕 3
8	按下 2	屏幕显示"XX--"		第 3 次 PIN 正确	显示屏幕 5

(2) 制定线索测试的策略。一般采用自底向上的线索组织策略。首先,确定能够遍历底层状态机的线索路径;然后,再依次上升到上一级有限状态机,遍历线索路径。

在图 9.35 所示的 ATM 有限状态机"第 n 次 PIN 输入"的例子中,有 6 条路径。如果遍历这 6 条路径,可以测试 3 种不同情况:PIN 输入正确并回显输入的数字、输入中途取消、PIN 输入不正确。

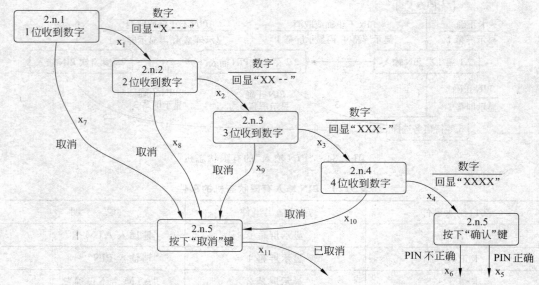

图 9.35 "第 n 次 PIN 输入"有限自动机

表 9.22 给出图 9.35 中的转移序列,取消键用 C 表示,确认键用 E 表示。

表 9.22 "第 n 次 PIN 输入"有限状态机中的线索路径

输入事件序列	转移的路径	输入事件序列	转移的路径
1,2,3,4,E	x_1,x_2,x_3,x_4,x_5	1,2,C	x_1,x_8,x_{11}
1,2,3,5,E	x_1,x_2,x_3,x_4,x_6	1,2,3,C	x_1,x_2,x_9,x_{11}
1,C	x_7,x_{11}	1,2,3,4,C	x_1,x_2,x_3,x_{10},x_{11}

一旦测试了这部分之后,就可以上升到它的上一层,如图 9.34 所示的"PIN 输入"状态机。共有 4 条路径,分别对应 3 次 PIN 输入尝试。在表 9.23 中,PIN 输入状态机中的路径用转移的序列表示。

表 9.23 "PIN 输入"有限状态机中的线索路径

输入事件序列	转移的路径	输入事件序列	转移的路径
1,2,3,4	1	1,2,3,5,C,1,2,3,4	2,4,5
1,2,3,5,1,2,3,4	2,3	C,C,C	2,4,6

(3) 确定测试用例,进行测试的度量。在遍历线索路径的过程中,可以参照结点覆盖与边覆盖指标来选取线索并度量所选取的测试用例是否能够对系统进行充分的测试。结点覆盖指标要求所选择的线索必须覆盖有限状态机的所有状态;边覆盖指标要求所选择的线索必须覆盖所有的转移(状态转换)。

9.7.4 基于 UML 的系统级线索测试用例设计

基于这种方法进行系统测试的前提条件是假设系统已经通过统一建模语言定义和细化。

(1) 明确软件系统的功能,至少要使用显示功能、隐藏功能和装饰功能对其进行标识。

(2) 勾画出系统界面草图,证明系统功能可以得到用户界面的支持。

(3) 通过系统功能的描述开发出高层用例,包括用例的名称、参与者、功能类型和功能描述 4 项信息。

(4) 在高层用例中增加"参与者行动"和"系统响应"两项信息。

(5) 扩展基本用例。增加"前提"和"结果"信息,有关备选流(事件序列)信息,以及与过程早期表示的系统功能的交叉引用信息等。另外一种扩展就是添加新的用例。

(6) 导出真实用例。如用"在 password 文本框中输入数字 123"这样的短语来代替"输入正确密码"。

(7) 选择和确定测试用例。具体例子可参看 9.7.1 节"基于场景设计测试用例"。

在选择和确定测试用例时,要考虑是否达到了相应的覆盖标准。

第一个层次:列出扩展基本用例和系统功能的关联矩阵;然后,找出可以覆盖所有功能的一组扩展基本用例;最后,通过使用这些扩展基本用例导出真实用例以及系统测试用例。

第二个层次:通过所有真实用例开发测试用例,这是系统测试所应该达到的最低限度的测试覆盖要求。

第三个层次:通过有限状态机导出测试用例。

第四个层次:通过基于状态的事件表导出测试用例。

系统级的测试类型有很多,上面所介绍的基于有限状态机和基于 UML 的系统级的测试用例设计方法为测试人员进行软件系统功能测试提供了十分有效的手段。

第 10 章 软 件 维 护

在软件开发完成交付用户使用后,就进入了软件运行/维护阶段。为了保证软件在一个相当长的时期能够正常运行,对软件的维护就成为必不可少的工作了。

10.1 软件维护的概念

通常的软件产品开发完成并投入运行一段时间后,往往由于各种原因需要对其进行一定规模的更新,而一个程序自从完成就再也不需要做任何更改的情况是非常罕见的。

10.1.1 软件维护的定义

GB/T 11457—2006《信息技术 软件工程术语》定义软件维护(Software Maintenance)为"在交付以后,修改软件系统与部件以排除故障,改进性能或其他属性或适应变更了的环境的过程。"

软件维护与硬件维修不同,软件维护并不是将产品恢复到产品的初始状态,以使它能够满意地运转,而是给用户提供一个对原始软件进行了修改的新产品。软件维护活动的目的是纠正、修改、改进现有软件或适应新的应用环境。

软件维护与软件开发之间的一个主要差别是,软件维护适用于一个现有软件结构或系统,即在现有软件结构中引入软件修改,并且必须考虑代码结构所施加的约束。此外,与软件开发不同的是,可用于软件维护的时间通常只是很短的一段时间。

要求进行维护的原因多种多样,归结起来有 3 种类型:

(1) 改正在特定的使用条件下暴露出来的一些潜在程序错误或设计缺陷;

(2) 因在软件使用过程中数据环境发生变化(例如一个事务处理代码发生改变)或处理环境发生变化(例如安装了新的硬件或操作系统),需要修改软件以适应这种变化;

(3) 用户和数据处理人员在使用时常会提出改进现有功能、增加新的功能以及改善总体性能的要求,为满足这些要求,就需要修改软件把这些要求纳入到软件之中。

由这些原因引起的维护活动可以归为以下 4 类。

1. 改正性维护

在软件交付使用后,由于开发时的测试不彻底、不完全,必然会有一部分隐藏的错误被带到运行阶段来。这些隐藏下来的错误在某些特定的使用环境下就会暴露出来。为了识别和纠正软件错误、改正软件性能上的缺陷、排除实施中的误使用,应当进行的诊断和改正错误的过程,就叫做改正性维护(Corrective Maintenance)。改正性维护所必须改正的错误包括:设计缺陷、逻辑缺陷、编码缺陷、文档缺陷、数据错误等。

2. 适应性维护

随着计算机的飞速发展,软件的运行环境会发生变化,为了使软件适应这种变化,而去修改软件的过程就叫做适应性维护(Adaptive Maintenance)。软件运行环境的变化可能是影响系统的规定、法律和规则的变化,硬件配置(如机型、终端、打印机等)的变化,数据格式或文件结构的变化,系统软件(如操作系统、编译系统或实用程序)的变化等。

3. 完善性维护

在软件的使用过程中,用户往往会对软件提出新的功能与性能要求。为了满足这些要求,需要修改或再开发软件,以扩充软件功能、增强软件性能、改进信息处理效率、提高软件的可维护性。这种情况下进行的维护活动叫做完善性维护(Perfective Maintenance)。例如,完善性维护可以是增加新的处理、改造业务处理流程、改善用户界面的终端对话方式、为软件的运行增加监控设施等(扩充或增强功能),或提高运行速度、节省存储空间等(提高性能),或增加注释、改进可读性等(为便于将来的维护)。

在维护阶段的最初一两年,改正性维护的工作量较大。随着错误发现率急剧降低,并趋于稳定,就进入了正常使用期。然而,由于改造的要求,适应性维护和完善性维护的工作量逐步增加,在这种维护过程中又会引入新的错误,从而加重了维护的工作量。实践表明,在几种维护活动中,完善性维护所占的比重最大。即大部分维护工作是改变和加强软件,而不是改错。所以,维护并不一定是救火式的紧急维修,而可以是有计划、有步骤的一种再开发活动。事实证明,来自用户要求扩充、加强软件功能、性能的维护活动约占整个维护工作的 60%。

4. 预防性维护

除了以上3类维护之外,还有一类维护活动,叫做预防性维护(Preventive Maintenance)。这类维护的目的是为了提高软件的可维护性、可靠性等,为以后进一步改进软件打下良好基础,有人把它归入完善性维护。通常,预防性维护定义为:"把今天的方法学用于昨天的系统以满足明天的需要"。也就是说,采用先进的软件工程方法对需要维护的软件或软件中的某一部分(重新)进行设计、编制和测试。

在整个软件维护阶段所花费的全部工作量中,预防性维护只占很小的比例,而完善性维护占了一半以上的工作量,参看图10.1。从图10.2中可以看到,软件维护活动所花费的工作要占到整个软件生存期工作量的70%,这是由于在漫长的软件运行过程中需要不断对软件进行修改,以改正新发现的错误、适应新的环境和用户新的要求,这些修改需要花费很多精力和时间,而且有时修改不正确,还会引入新的错误。同时,软件维护技术不像开发技术那样成熟、规范化,自然消耗工作量就比较多。

图 10.1 三类维护占总维护比例

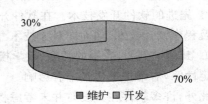

图 10.2 维护在软件生存期所占比例

10.1.2 影响维护工作量的因素

在软件的维护过程中,需要花费大量的工作量,从而直接影响了软件维护的成本。因此，应当考虑有哪些因素影响软件维护的工作量，相应应该采取什么维护策略，才能有效地维护软件并控制维护的成本。在软件维护中，影响维护工作量的因素有以下 9 种。

1. 软件的老化。老软件随着不断的修改，结构越来越乱，经常出现系统故障，严重影响了系统的性能发挥；由于维护人员经常更换，程序又变得越来越难于理解；许多老系统在当初并未按照软件工程的要求进行开发，因而没有文档，或文档太少，或在长期的维护过程中文档在许多地方与程序实现变得不一致，这样在维护时就会遇到很大困难。

2. 软件过大。系统越大，理解掌握起来越困难；系统越大，所执行功能越复杂。这直接影响着软件的维护工作量。系统大小可用源程序语句数、程序模块数、输入/输出文件数、数据库所占字节数及预定义的用户报表数来度量。

3. 模块或单个子程序过大。模块越大，程序的结构和逻辑流越复杂，维护起来难度就越大。如果软件出现了下列情况，就应要求重新进行设计，否则很难维护它了。这些情况包括过多地使用了 for 循环、过多地使用了 IF 语句、使用了不必要的 GOTO 语句、过多地使用了嵌入的常数和文字；使用了不必要的全程变量；使用了自我修改的代码；使用了多入口或多出口的模块；使用了相互作用过多的模块；使用了执行同样或相似功能的模块。为了便于修改，要求对大模块结构重新构造，分成较小的、功能上相关的部分，以增强系统的可维护性。

4. 软件对运行环境的依赖性。由于硬件以及操作系统更新很快，使得对运行环境依赖性很强的应用软件也要不停地更新，导致较高的维护代价。

5. 将易变的参数编在代码中。这种处理将使得程序经常要修改，以适应变化，增加了维护的频度。为了减少频繁地修改，要求对程序改造，让它能从输入模块或一个数据表中读入参数。

6. 维护人员的专业技能。用低级语言编写的程序，尤其是汇编语言，需要大量的时间和人力去维护。一般这类语言不为人们广泛了解，因此要寻找了解这类语言的维护人员日益困难。

7. 编程语言。虽然低级语言比高级语言具有更好的运行速度，但是低级语言比高级语言难以理解。用高级语言编写的程序比用低级语言编写的程序的维护代价要低得多（并且生产率高得多）。通常，商业应用软件大多采用高级语言。比如，开发一套 Windows 环境下的信息管理系统，用户大多采用 Visual Basic、Delphi 或 Power Builder 来编程，用 Visual C++ 的就少些，没有人会采用汇编语言来编程。

8. 先进的软件开发技术。在软件开发时，若使用能使软件结构比较稳定的分析与设计技术及程序设计技术，如面向对象技术、复用技术等，可减少大量的维护工作量。

9. 其他。例如，应用的类型、数学模型、任务的难度、编程风格、文档的质量、开发人员的稳定性等，对维护工作量都有影响。

此外，许多软件在开发时并未考虑将来的修改，这就为软件的维护带来许多问题。

10.1.3　软件维护的策略

根据影响软件维护工作量的各种因素，针对三种典型的维护，James Martin 等提出了一些策略，以控制维护成本。

1. 改正性维护。通常要生成 100% 可靠的软件并不一定合算，成本太高。但通过使用新技术,可大大提高可靠性,并减少进行改正性维护的需要。这些技术包括:数据库管理系统、软件开发环境、程序自动生成系统、较高级(第四代)的语言。应用以上4种方法可产生更加可靠的代码。此外,以下方法也可以减少改正性维护的需要:

(1) 利用应用软件包和 API,直接复用现成的、可靠的、可复用构件以降低维护难度。

(2) 采用结构化和模块化的开发方法,降低理解和测试的难度。

(3) 采用防错性编程技术,把自检能力引入程序,通过非正常状态的检查,提供审查跟踪能力。

(4) 通过周期性维护审查,在形成维护问题之前就可确定质量缺陷。

2. 适应性维护。这一类的维护不可避免,但可以控制。

(1) 在配置管理时,把硬件、操作系统和其他相关环境因素的可能变化考虑在内,可以减少某些适应性维护的工作量。

(2) 采用信息隐蔽的原则,把与硬件、操作系统以及其他外围设备有关的程序归到特定的程序模块中,尽可能避免直接与它们交互。这样,一旦环境变化,可把必须修改的程序局限到某些程序模块之中。

(3) 使用内部程序列表、外部文件以及处理的例行程序包,可为维护时修改程序提供方便。

3. 完善性维护。利用前两类维护中列举的方法,也可以减少这一类维护。特别是数据库管理系统、程序生成器、应用软件包的应用,可减少系统或程序员的维护工作量。

此外,建立软件系统的原型,把它在实际系统开发之前提供给用户,用户通过研究原型,进一步完善他们的功能要求,就可以减少以后完善性维护的需要。

10.1.4 维护成本

有形的软件维护成本是花费了多少钱,而无形的因素对维护成本有更大的影响。例如,无形的成本可以是:

(1) 一些看起来是合理的修复或修改请求不能及时安排,使得客户不满意;

(2) 变更的结果把一些潜在的错误引入正在维护的软件,使得软件整体质量下降;

(3) 当必须把软件人员抽调到维护工作中去时,使得软件开发工作受到干扰。

软件维护的代价是在生产率(用 LOC/人月或功能点/人月度量)方面的惊人下降。有报告说,生产率将降到原来的四十分之一。例如,为开发每一行源代码要耗资 25.00 美元,而维护每一行源代码则需要耗资 1000.00 美元。

维护工作量可以分成生产性活动(如分析和评价、设计修改和实现)和"轮转"活动(如力图理解代码在做什么,试图判明数据结构、接口特性、性能界限等)。下面的公式给出了一个维护工作量的模型:

$$M = p + Ke^{c-d}$$

其中,M 是维护中消耗的总工作量,p 是上面描述的生产性工作量,K 是一个经验常数,c 是因缺乏好的设计和文档而导致复杂性的度量,d 是对软件熟悉程度的度量。

这个模型指明,如果使用了不好的软件开发方法(未按软件工程要求做),原来参加开发的人员或小组不能参加维护,则工作量(及成本)将按指数级增加。

按照国家标准 GB/T 20157:2006(ISO/IEC 14764):1999《信息技术 软件维护》的说

明,维护成本还需要追加下列的费用:
(1) 到用户处的差旅费用;
(2) 对维护人员以及用户的培训费用;
(3) 软件工程环境和软件测试环境的成本和年度维护费用;
(4) 薪金及津贴之类的人员费用。

10.2 软件维护的活动

为了有效地进行软件维护,应事先就开始做组织工作。首先需要建立维护的机构,申明提出维护申请报告的过程及评价的过程;为每一个维护申请规定标准的处理步骤;还必须建立维护活动的登记制度以及规定评价和评审的标准。

10.2.1 维护机构

除了较大的软件开发公司外,通常在软件维护工作方面,并不保持一个正式的组织机构。维护往往是在没有计划的情况下进行的。

虽然不要求建立一个正式的维护机构,但是在开发部门,确立一个非正式的维护机构则是非常必要的。例如图 10.3 就是一个维护机构的组织方案。

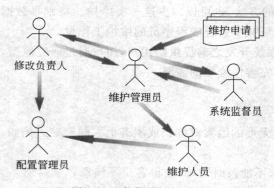

图 10.3 软件维护的机构

维护申请首先提交给维护管理员,他把申请交给某个系统监督员去评价。系统监督员是一位技术人员,他必须熟悉产品程序的某一部分。一旦做出评价,由修改负责人确定如何进行修改。在维护人员对程序进行修改的过程中,由配置管理员严格把关,控制修改的范围,对软件配置进行审计。

维护管理员、系统监督员、修改负责人等,均代表维护工作的某个职责范围。修改负责人、维护管理员可以是指定的某个人,也可以是一个包括管理人员、高级技术人员在内的小组。系统监督员可以有其他职责,但应具体分管某一个软件包。

在开始维护之前,就把责任明确下来,可以大大减少维护过程中的混乱。

10.2.2 软件维护申请报告

所有维护申请应按规定方式提出。软件维护组织把维护申请报告 MRF(Maintenance Request Form),或称软件问题报告,提供给用户,让申请维护的用户填写。在维护申请报告中,必须完整地说明产生错误的情况,包括是什么错误,是输入什么数据导致运行出错,错误出现的位置,错误的影响,以及其他相关资料。如果申请的是适应性维护或完善性维护,用户必须提出一份修改说明书,列出所有希望修改的错误。这个修改说明书必须包括足够的信息,使维护人员能够再现那个错误。维护申请报告将由维护管理员和系统监督员来研究处理。

维护申请报告是由软件组织外部提交的文档,它是计划维护工作的基础。软件组织内部应相应地做出软件修改报告 SCR(Software Change Report),指明所需修改变动的性质;申请修改的优先级;为满足某个维护申请报告,所需的工作量;预计修改后的状况。软件修改报告应提交给修改负责人,经批准后才能开始进一步安排维护工作。

10.2.3 软件维护过程模型

已经提出了很多软件维护过程模型,它们以不同的详细程度描述了软件维护工作的流程。我们从简到繁,介绍其中的几种。

1. 快速修改模型

此模型是一种软件维护的临时定制方法,是一种"救火式"的方法。一旦问题出现,尽可能迅速解决。应用此模型,不对长期效应(如对代码的副作用)进行分析就实施修改,即使有分析也不记入文档。模型的直观图示参看图 10.4。这种模型是历史发展的结果,现在还在用。

如果系统是一个人开发和维护的,它的维护就属于这种类型。因为这个人对系统本身有足够的理解,有能力在没有详细文档的情况下管理系统,有能力就如何实现变更做出本能的判断,维护工作能够快速、经济地完成。

还有一种不得不按照这个工作模型开展维护工作的情况是:客户不愿意为修改一个错误,等待软件机构完成仔细和耗时的风险分析程序,要求立即开始修改错误。

2. Boehm 模型

Boehm 把维护过程表示为闭合环路,如图 10.5 所示。

在此模型中,管理层基于成本和时间考虑的决策是很多过程背后的主要推动力量。维护管理人的任务是在追求维护目标和实施维护环境中的约束之间寻找平衡点。

3. Osborne 模型

Osborne 模型如图 10.6 所示。模型可以被当做开发生存周期的持续迭代,但在每个阶段都将可维护性考虑在内,采取相应的措施。如

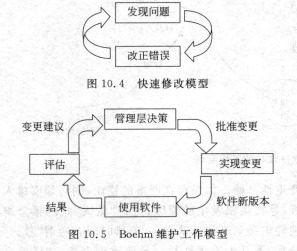

图 10.4 快速修改模型

图 10.5 Boehm 维护工作模型

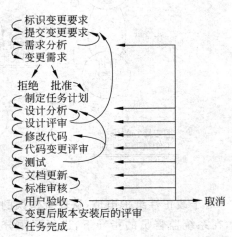

图 10.6 Osborne 维护工作模型

(1)包含维护要求的变更规格说明;

(2) 确定质量保证要求的软件质量保证程序；
(3) 检验维护目标是否达到的手段；
(4) 向管理人员提供反馈的绩效评审。

4. 面向复用的 Basili 模型

面向复用的模型将维护看做是一组复用现有程序构件的活动。主要有 4 个步骤：
(1) 标识可供复用的老系统部件；
(2) 理解这些系统部件；
(3) 修改这些系统部件，以适应新的需求；
(4) 将修改后的系统部件集成到新系统中。

如图 10.7 所示，对于完整的复用模型，起始点可以是生存周期的任意阶段，即需求、设计、编码和测试等，不像快速修改模型，起始点只是编码。

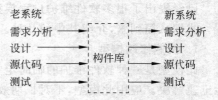

图 10.7 面向复用的 Basili 维护工作模型

10.2.4 软件维护的一般工作流程

如图 10.8 所示，第一步是先确认维护要求。这需要维护人员与用户反复协商，弄清错误概况以及对业务的影响大小，以及用户希望做什么样的修改，并把这些情况存入故障数据库。然后由维护组织管理员确认维护类型。

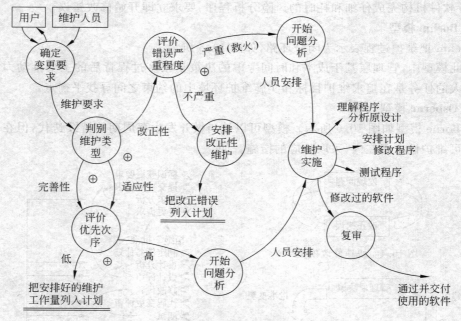

图 10.8 软件维护的工作流程

对于改正性维护申请，从评价错误的严重性开始。如果存在严重的错误，则必须安排人员，在系统监督员的指导下，进行问题分析，寻找错误发生的原因，进行"救火"式的紧急维护；对于不严重的错误，可根据任务要求，视轻重缓急进行排队，统一安排时间。所谓"救火"式的紧急维护，是指如果发生的错误非常严重，不马上着手往往会导致重大事故，这样就必须紧急修改，暂不再顾及正常的维护控制，不必考虑评价可能发生的副作用，在维护完成、交付用户之后再去做补偿工作。

对于适应性维护和完善性维护申请，需要先确定每项申请的优先次序。若某项申请的优先级非常高，就可立即开始维护工作，否则，维护申请和其他的开发工作一样，需进行排队，统一安排时间。并不是所有的完善性维护申请都必须承担，因为进行完善性维护等于是做二次开发，工作量很大，所以需要根据商业需要、可利用资源的情况、目前和将来软件的发展方向以及其他的考虑，决定是否承担。

尽管维护申请的类型不同，但都要进行同样的技术工作。这些工作有：修改软件需求说明、修改软件设计、设计评审、对源程序做必要的修改、单元测试、集成测试（回归测试）、系统测试、软件配置评审等。

在每次软件维护任务完成后，最好进行一次情况评审，对以下问题做一总结：
(1) 在目前情况下，设计、编码、测试中的哪一方面可以改进？
(2) 哪些维护资源应该有，但现尚没有？
(3) 工作中主要的或次要的障碍是什么？
(4) 从维护申请的类型来看是否应当有预防性维护？

情况评审对将来的维护工作如何进行会产生重要的影响，并可为软件机构的有效管理提供重要的反馈信息。

10.2.5 维护记录文档

在软件生命周期的维护阶段，保存好完整的维护记录十分必要。利用维护记录文档，可以估价维护技术的有效性，方便地确定产品的质量和维护的费用。

维护记录文档的内容包括程序名称、源程序语句条数、机器代码指令条数、所用的程序设计语言、程序安装的日期、程序安装后的运行次数、与程序安装后运行次数有关的处理故障次数、程序变动的层次及名称、修改程序所增加的源程序语句条数、修改程序所减少的源程序语句条数、每次修改所付出的"人时"数、修改程序的日期、软件维护人员的姓名、维护申请报告的名称、维护类型、维护开始时间和维护结束时间、花费在维护上的累计"人时"数、维护工作的净收益等。

应该为每项维护工作都收集上述数据。这些项目构成了一个维护数据库的基础，利用这些项目，就可以对维护活动进行有效的评估。

10.2.6 维护评价

评价维护活动比较困难，因为缺乏可靠的数据。但如果维护的档案记录做得比较好，就可以得出一些维护"性能"方面的度量值。可参考的度量值如下：
(1) 每次程序运行时的平均出错次数；
(2) 投入在每类维护上的总"人时"数；
(3) 每个程序、每种语言、每种维护类型的程序平均修改次数；
(4) 因为维护，增加或删除每个源程序语句所花费的平均"人时"数；
(5) 用于每种语言的平均"人时"数；
(6) 维护申请报告的平均处理时间；

(7) 各类维护申请的百分比。

这 7 个度量值提供了定量的数据,据此可对开发技术、语言选择、维护工作计划、资源分配以及其他许多方面做出判定。因此,这些数据可以用来评价维护工作。

此外,由于维护阶段的活动实际上包括了软件需求的规格说明、设计、实现、集成、测试及修订文档。因此,用于评价这些活动的度量同样适用于维护阶段。因为高度复杂的模块有可能引入回归错误,在修改这类模块时应特别注意。

另外,专门适用于维护阶段的度量还包括了维护申请报告(如所报告错误的总数以及按严重程度和类型划分的错误)相关的各种度量。并且,与错误报告当前状态相关的信息也属于评价标准之列。

10.3 程序修改的步骤及修改的副作用

从上一节可知,软件维护,特别是完善性维护,等于是软件的二次开发。为了完成修改,需要从用户的要求出发,精心地做好修改的分析、修改的设计、修改的计划,按照计划修改程序代码、进行测试和修改后的试运行以及对维护过程的评审和审计等。因此,软件维护过程实际上是软件开发过程的一个缩影。我们必须更好地理解软件维护的特点,从软件工程方法学的角度来讨论软件维护工作的问题。

10.3.1 结构化维护与非结构化维护

结构化维护的前提是软件产品或软件项目必须有一个完备的软件配置,包括完善的文档,并且文档与程序代码完全一致。在这样的软件配置下,维护活动可以从评价设计文档开始,确定软件的结构特点、性能特点以及接口特点,估计改动将带来的影响,并且计划实施途径。之后,首先修改设计,并且对所做的修改进行仔细复查;其次,编写相应的源程序代码;再使用原来的测试用例进行回归测试;最后交付修改后的软件。结构化维护虽然不能保证维护中没有问题,但却能大大提高软件维护的效率和总体质量,而且维护文档只要在原来的文档上加上适当修改,形成修改后的新版本文档即可,该新版本不构成大版本的升级。

反之,非结构化维护的软件配置不完备,只有程序代码。在这种情况下,维护活动只能从评价程序代码开始,从而给维护带来了不少麻烦。程序内部缺少文档,会使评价更加困难(如对于软件结构、全程数据结构、系统接口、性能和设计约束等因素)。若维护人员经常通过阅读程序代码来理解,就会产生误解,而改动程序代码的后果也是难以估量的。由于没有测试方面的文档,就不可能进行回归测试。这就使得所做的修改无法进行有效的验证,使得所做的修改变得无法正常工作。

非结构化维护效率低,维护费用高,没有有效的软件工程方法支持,挫折比较多。结构化维护与非结构化维护的流程如图 10.9 所示。

现在,很多软件开发组织非常重视软件开发方法的研究和软件工程过程的改进,类库和构件库的建设,配置管理和文档评审与审计等,并且已经开始逐步实施 CMM/CMMI 框架体系。而 CMM/CMMI 的基本精神就是软件质量存在于软件过程之中,文档的评审在软件过程中起关键作用,这对将来的软件维护十分有利。如果结构化维护占据绝对统治地位,随着时间的推移,高额的软件维护费用将会逐渐降下来。

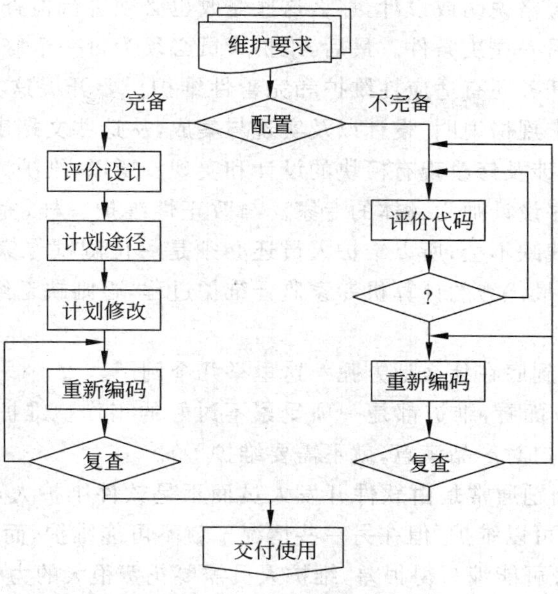

图 10.9　结构化维护与非结构化维护的流程图

10.3.2　软件维护面临的问题

在软件的生存周期中,维护工作所需的工作量比其他任何阶段都多。实际上,正如图 10.2 所示,产品总成本中至少有 70% 以上的支出是用于维护。但直到今天,许多组织仍然把维护工作分配给刚刚入门或能力不强的程序员,而把产品开发中"闪光"的部分留给更加出色或更具经验的程序员。

事实上,维护是所有软件工作中最困难的部分,以改正性维护为例。假设有一份问题报告送到维护人员手上,那么到底是什么造成程序没有按照用户手册上的说明运行呢?这可能是由几种原因造成:首先,软件本身根本没错,只是用户误解了用户手册或者没有正确使用该产品;或者是由于用户手册的阐述不当,导致软件使用出了问题。当然,也可能是程序代码中有缺陷,在程序运行时出现错误。维护人员在做出任何修改之前,必须判断错误存在于什么地方。他在做出判断时,依据可能只有用户提交的问题报告和源代码。因此,维护人员必须是一个出色的诊断专家和熟练的排错专家。

如果维护人员已经找出了错误,那么他必须在纠正该错误的同时防止无意中在产品其他地方引入其他错误(即回归错误)。如果希望将回归错误减少到最低程度,就需要拥有整个产品以及产品中每一模块的详细文档。然而,软件开发人员往往从心底里讨厌一切形式的书面工作,特别是建立文档。文档不完整、存在错误或根本找不到等都是相当常见的情况。这时维护人员只能通过源代码来推测什么情况下会引入回归错误。

在判断出可能存在的错误并设法将其纠正后,维护人员必须测试所做的修改能否正确运行,以及是否引入了回归错误。为了对所做的修改本身进行检查,维护人员需要使用当初发现错误的测试用例;为了检查回归错误,需要使用已经存档的专门用于回归测试的测试用例。这些测试用例都是在以往的测试实践中使用并保存下来的。另外,如果为了纠正错误必须修改相应的产品规格说明或设计,那么这些修改也必须进行检查。因此,测试方面的专业知识是维护工作的另一先决条件。最后,维护人员必须为每一个修改建立文档。

维护工作的主要任务还有适应性维护和完善性维护。要开展这方面的维护工作,维护人员必须全面研究需求规格说明、设计以及实现与集成,从这些文档出发,考虑修改的方案。对于某些修改,可能会涉及修改现有模块的设计和实现。所以,维护人员应是一位集需求分析师、系统设计师、程序设计师为一体的专家。与改正性维护一样,完善性维护和适应性维护的不利因素是文档残缺不全,所以维护人员还必须是一位测试专家和文档写作专家。从以上讨论可知,除非有最优秀的计算机专家监督维护过程,否则缺乏经验的程序员无法做好任何形式的维护工作。

那么,维护的困难到底在什么地方呢?这里举几个例子。

(1) 无论从哪一方面看,维护都是一项受累不讨好的工作。维护人员需要与心存不满的用户打交道(如果用户对产品满意,就不需要维护了)。

(2) 用户遇到的问题通常是由软件开发人员而不是软件维护人员造成的,这导致维护很困难,在有些情况下可以维护,但在另一些情况下就不可能维护,而用户对此并不理解。

(3) 程序代码本身可能编写得很差,维护人员需要花费很大的力气才能读懂它,造成维护人员的心理负担;修改这些程序代码很困难,往往会导致一些副作用,这又加深了维护人员的挫折感。

(4) 许多软件开发人员看不起维护,他们认为开发是一项"有创新"的工作,可以出成果和发表论文,而维护是给人收拾残局,是适合初级程序员或能力不强者的苦工作。

事实上,维护活动就是售后服务。软件交付给用户后,客户提出不满——要么是因为软件运行不正常,要么是软件不能满足用户现在的要求,或者软件开发时的环境与现在的使用环境已经不一样了。如果软件开发机构不能提供良好的维护服务,客户将来就会选择其他软件开发公司。所以,提供良好的维护服务让客户满意,这对每个软件开发机构都是很重要的。

如何才能改变人们对维护工作是"受累不讨好"的看法呢?只有管理者才能解决这个问题。他们必须让其他人知道,只有本机构的一流专业人员才有资格做维护,同时要向维护人员支付相应的报酬。如果管理层认为维护工作是一项挑战,认识到良好的维护对本机构的成功至关重要,那么人们对待维护工作的态度将发生改变。

在维护过程中安排软件人员的要点如下:

(1) 要使全体软件人员认识到维护与开发同等重要,同样具有难度。

(2) 安排的维护人员应是技术合格的、有责任心的人。

(3) 不能把维护工作看做对初级人员的"放任自流"式的培训。

(4) 全体软件人员应当轮流分配去做维护和开发工作。

(5) 出色的维护工作应同出色的开发工作一样受到奖励。

(6) 必须强调对维护人员进行良好的培训。

(7) 轮换分配,不应让一个系统或一个系统的主要部分成为某个人的专有领地。

10.3.3 分析和理解程序

在软件维护时,必然会对源程序进行修改。通常对源程序的修改不能无计划地仓促上阵,为了正确、有效地修改,软件维护人员首先需要分析和理解程序。在此之前维护人员应考虑以下的几个活动。

(1) 建立接收、记录和跟踪来自用户的问题报告和修改请求以及向用户提供反馈的规程(实施的过程)。

(2) 建立与配置管理过程的组织接口,以管理对现有软件系统的修改。

(3) 分析问题报告或修改请求,以确定是哪一种维护类型。

(4) 模拟用户使用过程,重现或验证问题。

经过分析,全面、准确、迅速地理解程序是决定维护成败和质量好坏的关键。在这方面,软件的可理解性和文档的质量非常重要。必须:

(1) 理解程序的功能和目标;

(2) 掌握程序的结构信息,即从程序中细分出若干结构成分,如程序系统结构、控制结构、数据结构和输入/输出结构等;

(3) 了解数据流信息,即所涉及的数据来源于何处,在哪里被使用;

(4) 了解控制流信息,即执行每条路径的结果;

(5) 理解程序的操作(使用)要求。

为了较容易地理解程序,要求自顶向下地理解现有源程序的程序结构和数据结构,为此可采用如下几种方法。

1. 分析程序结构图

(1) 搜集所有存储该程序的文件,阅读这些文件,记下它们包含的函数过程名,建立一个包括这些函数过程名和文件名的文档。

(2) 分析各个函数过程的源代码,建立一个直接调用矩阵 D 或调用树。在这个矩阵中,若函数过程 i 调用函数过程 j,则 $D[i][j]=1$,否则 $D[i][j]=0$。

(3) 建立函数过程的间接调用矩阵 I,即直接调用矩阵 D 的传递闭包:

$$I = D \cup D^2 \cup D^3 \cup \cdots \cup D^n,$$ 其中,n 是所包含的函数过程总数。

例如,函数过程 i 调用函数过程 j,函数过程 j 调用函数过程 k,则有 $D[i][j]=1$,$D[j][k]=1$,因此 $I[i][k]=1$。其中,$D^2 = D \times D^T$,D^T 是 D 的转置矩阵,$D^3 = D^2 \times D^T$,$D^4 = D^3 \times D^T$……

(4) 分析各个函数过程的接口,估计更改的复杂性。

2. 数据跟踪

(1) 建立各层程序级上的接口图,展示各模块或函数过程的调用方式和接口参数。

(2) 利用数据流分析方法,对函数过程内部的一些变量进行跟踪;维护人员通过这种数据流跟踪,可获得有关数据在函数过程之间如何传递,在函数过程内如何处理等信息,对于判断问题原因特别有用。在跟踪的过程中可在源程序中间插入自己的注释,必要时可建立自己的变量交叉引用表或对象交叉引用表。

3. 控制跟踪

控制流跟踪同样可在结构图基础上或源程序基础上进行。可采用符号执行或实际动态跟踪的方法,了解数据如何从一个输入源到达输出点的。必要时建立自己的控制流图或消息传递序列表。

4. 在分析的过程中,有源程序清单和文档两种信息源

要分析现有文档的合理性,必要时补充程序中的功能性注释。如果文档缺失,要加以补充。

5. 充分使用由编译程序或汇编程序提供的,或自行建立的交叉引用表、符号表以及其他有用的信息

特别是要比较源程序在不同版本的编译程序或解释程序下的运行情况,考虑为什么在某种版本下可以顺利执行,而在另一种版本下会出错?

6. 如有可能,维护人员应介入软件开发的过程,以利于将来实施修改

因此,软件开发过程的需求应补充如下:

(1) 应规定针对软件中已修改的与未修改的部分(软件单元、部件和配置项)进行测试和评价的准则,并形成文档。

(2) 应确保完整、正确地实现了新的和已修改的需求,同时确保原来的、未修改的需求不受影响;测试结果应形成文档。

10.3.4 评估修改范围

评估修改范围的目的是要明确修改的规模有多大,可能需要的工作量有多少,从而估计修改的成本和费用。维护人员要做的事情是:

1. 研究程序的各个模块、模块的接口以及与数据库、相关硬件/软件的接口,从全局的观点了解程序的体系结构。

2. 依次把要修改的以及那些受修改影响的模块和数据结构分离出来。为此,要

(1) 识别受修改影响的数据;

(2) 识别使用这些数据的程序模块;

(3) 对于上面程序模块,按是产生数据、修改数据、还是删除数据进行分类;

(4) 识别对这些数据元素的外部控制信息;

(5) 识别编辑和检查这些数据元素的地方;

(6) 隔离要修改的部分。

3. 详细地分析要修改的以及那些受变更影响的模块和数据结构的内部细节,设计修改计划,标明新逻辑及要改动的现有逻辑。

4. 如果涉及与性能、安全性与保密性有关的算法,要对算法做分析,确定算法的适用性和正确性,可能的影响和效果。

5. 确定修改的规模(可以用源代码行数或功能点来度量)。然后,凭借维护人员或管理者的经验或依据 COCOMO 模型等进一步估算需要的工作量,从而估算出修改需要的成本和时间。

6. 将以上的结果形成修改请求文档,提交维护管理员批准。

10.3.5 修改程序

对程序的修改,必须事先做出计划,有预案地、周密有效地实施修改。

1. 设计程序的修改计划

程序的修改计划要考虑人员和资源的安排。小的修改可以不需要详细的计划,而对于

需要耗时数月的修改,就需要计划立案。此外,在编写有关问题和解决方案的大纲时,必须充分地描述修改作业的规格说明。修改计划的内容主要包括以下几方面。

(1) 规格说明信息：数据修改、处理修改、作业控制语言修改、系统之间接口的修改等;
(2) 维护资源：新程序版本、测试数据、所需的软件系统、计算机时间等;
(3) 人员：程序员、用户相关人员、技术支持人员、厂家联系人、数据录入员等;
(4) 提供：纸面、计算机媒体等。

针对以上每一项,要说明必要性、从何处着手、是否接受、日期等。通常,可采用自顶向下的方法,在理解程序的基础上,依次进行修改活动。

2. 向用户提供回避措施

用户的某些业务因软件中发生问题而中断,为不让系统长时间停止运行,需把问题局部化,在可能的范围内继续开展业务。可以采取的措施有:

(1) 在问题的原因还未找到时,先就问题的现象,提供回避的操作方法,可能情况有以下几种：
- 意外停机,系统完全不能工作;
- 安装的期限到期;
- 系统运行出错。

必须正确地了解现在状态运行的系统将给应用系统的业务造成什么样的影响。

(2) 如果弄清了问题的原因,可通过临时修改或改变运行控制以回避在系统运行时产生的问题,参看表 10.1。

表 10.1 问题回避措施

问 题 原 因	处 理
硬件问题	由硬件人员调查处理
软件使用方法问题	说明错在哪里,以消除误解
已查出的软件问题	若已经提供过修改软件,通知用户应修改哪些部分;若还没有提供修改软件,向用户提供修改好的软件
新出现的软件问题	通知回避方法;准备好修改软件
规格说明不齐全	向用户提供正确的规格及处理方法;订正规格说明
其他(可能是新出现的软件错误)	指示如何采集必要的信息;提示代用方法(其他功能);开始详细调查原因;进行临时修改

3. 修改代码,以适应变化

在修改时,要求：

(1) 正确、有效地编写修改代码;
(2) 要谨慎地修改程序,尽量保持程序的风格及格式,要在程序清单上注明改动的指令;
(3) 不要删除程序语句,除非完全肯定它是无用的;
(4) 为了避免冲突或混淆用途,不要试图共用程序中已有的临时变量或工作区,应自行设置自己的变量;
(5) 插入错误检测语句;

(6) 在修改过程中做好修改的详细记录,消除变更中任何有害的副作用(波动效应)。

4. 修改程序的副作用

所谓副作用是指因修改软件而造成的错误或其他不希望发生的情况,有以下 3 种副作用。

(1) 修改代码的副作用。在使用程序设计语言修改源代码时,都可能引入错误。例如,删除或修改一个子程序、删除或修改一个标号、删除或修改一个标识符、改变程序代码的时序关系、改变占用存储的大小、改变逻辑运算符、修改文件的打开或关闭、改进程序的执行效率,以及把设计上的改变翻译成代码的改变、为边界条件的逻辑测试做出改变时,都容易引入错误。

(2) 修改数据的副作用。在修改数据结构时,有可能造成软件设计与数据结构不匹配,因而导致软件出错。数据副作用就是修改软件数据结构导致的结果。例如,在重新定义局部的或全局的常量、重新定义记录或文件的格式、增大或减小一个数组或高层数据结构的大小、修改全局或公共数据、重新初始化控制标志或指针、重新排列输入/输出或子程序的参数时,容易导致设计与数据不相容的错误。数据副作用可以通过详细的设计文档加以控制。在此文档中描述了一种交叉引用,把数据元素、记录、文件和其他结构联系起来。

(3) 文档的副作用。对数据流、软件结构、模块逻辑或任何其他有关特性进行修改时,必须对相关技术文档进行相应修改,否则会导致文档与程序功能不匹配、缺省条件改变、新错误信息不正确等错误,使得软件文档不能反映软件的当前状态。对于用户来说,软件事实上就是文档。如果对可执行软件的修改不反映在文档里,就会产生文档的副作用。例如,对交互输入的顺序或格式进行修改,如果没有正确地记入文档中,就可能引起重大的问题。过时的文档内容、索引和文本可能造成冲突,引起用户的操作失败和不满。因此,必须在软件交付之前对整个软件配置进行评审,以减少文档的副作用。事实上,有些维护请求并不要求改变软件设计和源代码,而是指出在用户文档中不够明确的地方。在这种情况下,维护工作主要集中在文档上。

为了控制因修改而引起的副作用,要做到:

(1) 按模块把修改分组;

(2) 自顶向下地安排被修改模块的顺序;

(3) 每次修改一个模块;

(4) 对于每个修改了的模块,在安排修改下一个模块之前,要确定这个修改的副作用。可以使用交叉引用表、存储映像表、执行流程跟踪等手段进行检查。

10.3.6 重新验证程序

在将修改后的程序提交用户之前,需要用以下的方法进行充分的确认和测试,以保证整个修改后的程序的正确性。

1. 静态确认

修改软件将伴随着引起新的错误的危险。为了能够做出正确的判断,验证修改后的程序至少需要两个人参加。要检查:

(1) 修改是否涉及规格说明?修改结果是否符合规格说明?有没有歪曲规格说明?

(2) 程序的修改是否足以修正软件中的问题?源程序代码有无逻辑错误?修改时有无修补失误?

(3) 修改部分对其他部分有无不良影响(副作用)?

对软件进行修改,常常会引发别的问题,因此有必要检查修改的影响范围。

2. 回归测试

在充分进行了以上确认的基础上,要对修改后的程序进行确认测试。

(1) 确认测试顺序:先对修改部分进行测试,然后隔离修改部分,用桩模块代替修改部分的程序,对程序的未修改部分进行测试,最后再把它们集成起来进行测试。这种测试称为回归测试。

(2) 准备标准的测试用例。

(3) 充分利用软件工具帮助重新验证过程。

(4) 在重新确认过程中,需邀请用户参加。

3. 维护后的验收

在交付新软件之前,维护主管部门要做以下工作:

(1) 确认全部文档是否完备,并已更新;

(2) 确认所有测试用例和测试结果已经正确记入文档;

(3) 按照软件配置管理要求,作为配置项的新版本已经纳入软件配置库;

(4) 确认所有维护活动和责任。

验收标准参看表10.2。

表10.2 系统变更验收标准度量表

No.	标 准	检 测 法	No	Yes
	管 理 标 准			
1	是在期限内安装起来的吗?	• 比较实际完成日期与期限		
2	是在预算内安装起来的吗?	• 比较预算与实际开销		
3	是遵循维护过程顺序的吗?	• 比较实际执行的顺序与处理		
4	其他	• 模型		
	技 术 标 准			
1	避开输入编辑中的问题了吗?	• 与规格说明比较检查		
2	处理正确吗?	• 与规格说明比较检查		
3	数据文件/数据库正确吗?	• 与规格说明比较检查		
4	输出报告正确吗?	• 与规格说明比较检查		
5	达到设定目标了吗?	• 设定/测定性能/完成目标		
6	用户正确执行了新的功能吗?	• 设定/测定完成目标		
7	操作员正确执行了新的功能吗?	• 设定/测定完成目标		
8	管理组的目标正确实现了吗?	• 设定/测定完成目标		
9	软件配置正确反映修改了吗?	• 比较修改信息和原有配置		

从维护角度来看所需测试种类包括:

(1) 对修改事务的测试； (2) 对修改程序的测试；
(3) 操作过程的测试； (4) 应用系统运用过程的测试；
(5) 使用过程的测试； (6) 系统各部分之间接口的测试；
(7) 作业控制语言的测试； (8) 与系统软件接口的测试；
(9) 软件系统之间接口的测试； (10) 安全性测试；
(11) 后备/恢复过程的测试。

10.4 面向对象软件的维护

采用面向对象方法的原因之一是它有利于软件维护。一个面向对象软件的体系结构是由对象构成的,它真实地反映了现实世界的概念,具有很好的稳定性。因为一个设计良好的对象在概念上有其独立性,软件的功能是由相关对象之间的协作以及消息传递序列所调用的操作来完成的。在软件运行时用户的修改要求大多集中在功能的改变上,这种改变对于一个面向对象的软件来说,整体结构不会改变,只需改变对象中的操作的实现即可。它彻底贯彻了信息隐蔽和软件复用的原则,保证了修改的局部化。

但是,有三个问题是专门针对维护面向对象软件的。首先,让我们结合图10.10,阅读如下程序中的类层次结构。操作displayNode是在UndirectedTree类中定义的,DirectedTree类继承,然后在RootedTree类中重新定义,BinaryTree类和BalancedBinaryTree类又继承了重定义的操作,并在BalancedBinaryTree类中调用。因此,维护程序员必须研究整个继承结构才能理解BalancedBinaryTree类。

程序代码如下:

```
class UndirectedTree {
    ...
    void displayNode(Node a);
    ...
};                          //class UndirectedTree
class DirectedTree: public UndirectedTree {
    ...
};                          //class DirectedTree
class RootedTree: public DirectedTree {
    ...
    void displayNode(Node a);
    ...
};                          //class RootedTree
class BinaryTree: public RootedTree {
    ...
};                          //class BinaryTree
class BalancedBinaryTree: public BinaryTree {
    Node hhh;
    ...
```

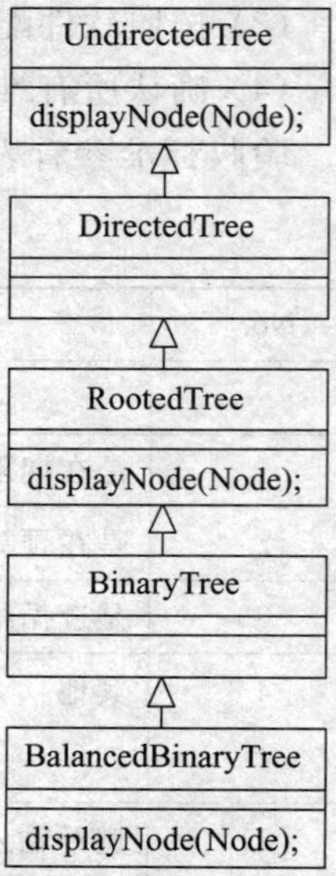

图10.10 类的继承层次

```
        displayNode(hhh);
        ...
};                              // class BalancedBinary Tree
```

一般情况下,继承结构会更加复杂。为了理解 displayNode 操作在 BalancedBinaryTree 类里的行为,维护人员必须仔细阅读产品的大部分代码。这造成类之间的强耦合,与对象"独立性"相差甚远。

这个问题的解决很简单——使用合适的 CASE 工具。如同 C++ 编译器可以在 BalancedBinaryTree 类实例的内部准确判断 displayNode 操作的版本一样,维护人员使用的工作平台可以提供一个类的"展开版本",即类的定义可显式地给出该类直接或间接继承过来的全部特征,包括任何重命名或重定义。在上面程序代码中,BalancedBinaryTree 类的展开版本包括 RootedTree 类中对 displayNode 操作的定义。这种可以展开类的 CASE 工具不仅包括 C++ 或 Java,像 Eiffel 中也包括了用于此目的的 flat 命令。

第二个问题是在维护面向对象程序时遇到的有关多态性和动态绑定这两个概念的问题,要解决它是有难度的。如图 10.11 所示的类继承层次,3 个具体子类 DiskFile、TapeFile 和 DisketteFile 继承了抽象父类 FileClass。在 FileClass 里声明了一个虚函数 Open(),3 个具体子类分别实现了该操作,每个操作的名字都是 Open()。假设 myFile 是作为 FileClass 类的实例被声明的一个对象,那么要维护的代码中就包括了 myFile.Open() 操作。由于多态性和动态绑定的原因,myFile 在运行时可能是 FileClass 类的 3 个具体子类中任何一个类的实例。一旦运行时系统确定了 myFile 所属的类,就会调用相应的 Open() 操作。

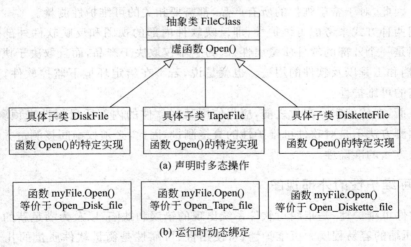

图 10.11 类的继承层次

这样的情况是不利于维护的。如果维护人员在程序中遇到了 myFile.Open() 调用,为了理解这部分程序,他必须分别考虑 myFile 是 3 个子类中任意一个类的实例时所发生情况。CASE 工具在这种情况下也无能为力,因为一般无法用静态工具解决动态绑定问题。判断大量绑定中究竟哪一个会发生,唯一方法是对程序进行跟踪,要么在计算机上运行代码,要么手工跟踪。多态性和动态绑定实际上是面向对象技术中非常强大的机制,它有助于面向对象软件的开发,但对于维护则是不利的,维护人员不得不研究运行时可能发生的各种绑定,然后在许多待选操作中判断是哪一个操作会在程序的这一点被调用。

第三个问题是由继承造成的。假如某一父类满足了一件新产品设计中多数但不是全部要求,现在定义一个子类,这个子类在许多方面与父类相同,但可能加入了新特征,并可能对父类的原有特征做了重命名、重新实现、取消或其他改动。这些修改可能不会对父类或该父类的其他子类产生影响,但是,如果父类本身发生了变更,那么所有子类都会产生相同的变化。换句话说,如果继承图(树)的内部结点发生了某种变化,那么这种变化将传递给它的子结点。这样,继承就成为面向对象技术的另一特征,它对开发有重大的积极影响,但对维护却存在负面影响。

10.5 软件可维护性

许多软件的维护十分困难,原因在于这些软件的文档和源程序难于理解,又难于修改。从原则上讲,软件开发工作应严格按照软件工程的要求,遵循特定的软件标准或规范进行。但实际上往往由于种种原因并不能真正做到。例如,文档不全、质量差、开发过程不注意采用结构化方法、忽视程序设计风格等。因此,造成软件维护工作量加大,成本上升,修改出错率升高。此外,许多维护要求并不是因为程序中出错而提出的,而是为适应环境变化或需求变化而提出的。由于维护工作面广,维护难度大,稍有不慎就会在修改中给软件带来新的问题或引入新的差错,所以,为了使得软件能够易于维护,必须考虑使软件具有可维护性。

可维护性并不只限于代码,它可描述很多软件产品,包括需求规格说明、设计以及测试计划文档。因此,对于希望维护的所有产品,都需要相关的可维护性测量。

通常用两种方式来考虑可维护性,即反映软件内部的视图和反映软件外部的视图。可维护性应当是一个外部的软件质量属性,因为它不仅取决于产品,而且取决于执行维护的人员、支持文档和工具以及软件的用法。也就是说,若不在给定环境下监控软件行为,我们不可能测量它的可维护性。

另一方面,在软件实际交付之前,应当使用某些软件的内部质量属性来预测可维护性。由于这种预测方法不是对软件可维护性的直接测量,因此,必须权衡间接测量方法的适用性与外部测量方法的准确性。

10.5.1 可维护性的外部视图

所谓软件可维护性,是指纠正软件系统出现的错误和缺陷,以及为满足新的要求进行修改、扩充或压缩的容易程度。可维护性、可使用性、可靠性是衡量软件质量的几个主要质量特性,也是用户十分关心的几个方面。可惜的是影响软件质量的这些重要因素,目前尚没有普遍适用的对它们定量度量的方法,但就它们的概念和内涵来说则是很明确的。

软件的可维护性是软件开发阶段各个时期的关键目标。

为了用平均修复时间来测量可维护性,对每个问题,我们需要仔细记录如下信息:
(1) 报告问题的时间。
(2) 由于行政管理延迟而损失的时间。
(3) 分析问题所需要的时间。
(4) 确定需要做何种修改所需要的时间。

(5) 执行修改所需要的时间。
(6) 测试修改所需要的时间。
(7) 记录修改情况所需要的时间。

图 10.12 给出了在一家大型英国公司中各软件子系统所用的平均修复时间。在识别引起大多数问题的子系统和计划预防性维护活动时，这种信息是很有用的。用这样的一张图表来跟踪平均修复时间，很容易判断软件系统是变得更可维护还是变得更不可维护。

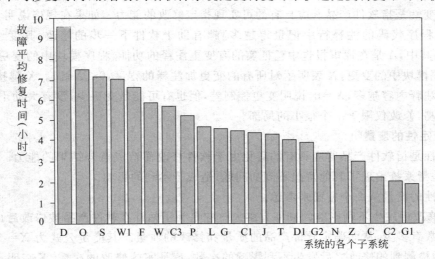

图 10.12 系统的平均修复时间

其他(依赖于环境的)测量也可能是很有用的：
(1) 实现变更的总时间除以已实现变更总数的结果。
(2) 未解决问题的数目。
(3) 花费在未解决问题上的时间。
(4) 引入新故障的变更所占的百分比。
(5) 为实现一个变更而修改的构件数。

这些测量共同描绘出维护活动的水平以及维护过程的有效性。

10.5.2 影响可维护性的内部质量属性

很多计算机专家研究并提出了与可维护性相关的内部质量属性的测量。按照 ISO 9126 的软件质量模型，可维护性则是用易分析性、易改变性、稳定性、易测试性、可维护性的依从性等内部质量属性来衡量的。

1. 易分析性的度量

易分析性是指软件产品所应具有的诊断软件中缺陷或失效的原因，以及识别待修改部分的能力。具有易分析性，将有助于识别出错原因。它有 2 个度量角度。

(1) 系统状态的记录是否完整。它是想要对按照规定在活动日志中记录下来了多少个系统状态的数据进行评估，其度量公式为 $X=A/B$，其中，A 是在评审报告中已证实的、按照规定已做记录的系统状态数据的数目，B 是在需求规格说明规定要求记录的系统状态数据的数目，X 表明了系统状态数据记录的完整程度，$0 \leqslant X \leqslant 1$。$X$ 越接近 1，记录系统状态的数据越完整。

(2) 诊断功能准备得是否全面。它是想要对按照规定已经实现了多少个诊断功能进行评估,其度量公式为 $X=A/B$,其中,A 是在评审报告中已证实的、按照规定已实现的诊断功能个数,B 是要求的诊断功能个数,X 表明了系统预备的诊断功能满足要求的全面程度,$0\leqslant X\leqslant 1$。X 越接近 1,诊断功能设置得越充分。

2. 易改变性的度量

易改变性是指软件产品所应具有的可实现指定修改的能力。如果在规格说明和程序中的变更在程序代码的注释行中记录得越多,越有助于软件下一步的修改,其度量公式为 $X=A/B$,其中,A 是在评审报告中已证实的有变更注释的功能/程序模块中的变更数,B 是功能/程序模块中的变更,X 表明了对所有的变更加注释的程度,$0\leqslant X\leqslant 1$。X 越接近 1,记录下来的注释内容越多,$X=0$,说明变更控制差,但也有可能是变更少,没有大动干戈,或系统稳定性高,修改仅限于一个很小的局部。

3. 稳定性的度量

稳定性是指软件产品所应具有的避免由于软件修改而造成意外结果的能力。这里"意外结果"是指系统出现了其他意想不到的问题,造成了不利的影响。

稳定性的度量从 2 个方面来考虑。

(1) 修改后发生不利影响的频率有多大。它是为了估计在软件产品被修改后出现不利影响的次数有多少,从而确定软件产品的质量和修改的质量。其度量公式为 $X=1-A/B$,其中,A 为检测到的修改之后发生不利影响的次数,B 是实施修改的次数,X 表明了对该软件产品实施修改的成功率,$0\leqslant X\leqslant 1$。X 越接近 1,修改成功率越高。

(2) 软件产品在修改时受到的影响(范围)有多大。受影响范围大,意味着修改牵涉面广,修改难度大,修改工作量也大。其度量公式为 $X=A/B$,其中,A 是在评审中证实了的受修改影响的变量数目,B 是变量总的数目,X 表明了修改的难度,$0\leqslant X\leqslant 1$。X 越接近 0,修改的影响越小。

4. 易测试性的度量

易测试性是指软件产品能够确认修改的能力。易测试性的度量从 3 个方面来考虑。

(1) 内置的测试能力是否完备。在软件产品中内置的测试功能一般应有:跟踪及显示逻辑控制流程,在检查点显示任意中间结果,从检查点再启动,显示带说明的错误信息,按照要求显示所有的输入/输出等。内置的测试功能越完备,就越容易确认程序的修改是否正确。其度量公式为 $X=A/B$,其中,A 是在评审中证实了的、按照规定已实现了的内置测试功能数,B 是要求的内置测试功能数,X 表明了内置测试功能实现的程度,$0\leqslant X\leqslant 1$。X 越接近 1,内置测试功能设置得越完备,确认软件修改正确与否的能力越强。

(2) 软件产品的测试是否独立。它表明软件产品中与其他系统有接口的部分的测试能否独立执行的程度。其度量公式为 $X=A/B$,其中,A 是依赖于其他系统并已经用桩模块来模拟那些系统的测试数,B 是依赖于其他系统的测试总数,X 表明了依赖于其他系统的测试执行的程度如何,$0\leqslant X\leqslant 1$。X 越接近 1 越好。

(3) 在测试期间内置测试结果显示是否完整。在测试期间,这些内置测试功能的作用发挥得越好,测试结果的参考价值就越大。其度量公式为 $X=A/B$,其中,A 是在评审中证实了的、按照规定已实现的检查点数,B 是设计中规定应设置的检查点数,X 表明了检查点的实现是否充分,$0 \leq X \leq 1$。X 越接近 1 越好。

5. 可维护性的依从性

可维护性的依从性是指软件产品能否遵从可维护性的标准或约定的能力。它主要是检查软件产品遵循与产品可维护性有关的法规、标准和约定的程度如何。其度量公式为 $X=A/B$,其中,A 是在评审中证实了的、对要求的依从性已经满足的项数,B 是相关的标准、约定、法规,以及规格说明、设计、源代码等要求的依从性项数,X 表明了对可维护性的依从程度如何,$0 \leq X \leq 1$。X 越接近 1,依从性越好。

对于程序模块,还可用 McCabe 程序复杂性来度量可测试性。程序的环路复杂性越大,程序的路径就越多,因此,全面测试程序的难度就越大。

10.5.3 其他可维护性的度量

ISO 9126 的有关可维护性的叙述适合于所有维护类型,是从预防的角度要求软件应具备的质量。而 James Martin 和 Carma McClure 在《Software Maintenance》一书中认为还不够,他们认为对于一个软件系统,高度的可维护性就意味着高度的可靠性、可移植性、效率、可使用性、可测试性、可理解性和可修改性。因为这些质量属性,特别是可靠性、可使用性、效率等,是用户最可能要求变更的地方。

如何度量这些质量属性,例如,如何才能知道一个程序是否可理解,他们采用了 3 种方法,即质量检查表、质量测试、质量标准。

质量检查表是用于测试程序中某些质量属性是否存在的一个问题清单。评价者针对检查表上的每一个问题,依据自己的定性判断,回答 Yes 或者 No。质量测试与质量标准则用于定量分析和评价程序的质量。由于许多质量特性是相互抵触的,要考虑几种不同的度量标准,相应地去度量不同的质量特性。

1. 可理解性

对于一个可维护的程序,可理解性也许是最基本的要求。如果一个程序不能被理解,那么实际上它就不能以任何一种有效的方法来维护。可理解性表明人们通过阅读源代码和相关文档,了解程序功能及其如何运行的容易程度。一个可理解的程序主要应具备以下一些特性:模块化(模块结构良好、功能完整、简明),风格一致性(代码风格及设计风格的一致性),不使用令人捉摸不定或含混不清的代码,使用有意义的数据名和过程名,结构化,完整性(对输入数据进行完整性检查)等。

用于可理解性度量的检查表如下:

(1) 程序是否模块化? 结构是否良好?

(2) 每个模块是否有注释块,说明程序的功能、主要变量的用途及取值、所有调用它的模块以及它调用的所有模块?

(3) 在模块中是否有其他有用的注释内容,包括输入/输出、精确度检查、限制范围和约束条件、假设、错误信息、程序履历等?

(4) 在整个程序中缩进和间隔的使用风格是否一致?

(5) 程序中的每一个变量和函数过程是否具有单一的有意义的名字?

(6) 程序是否体现了设计思想?

(7) 程序是否限制使用一般系统中没有的内部函数过程与子程序?

(8) 是否能通过建立公共模块或子程序来避免多余的代码？
(9) 所有变量是否是必不可少的？
(10) 是否避免了把程序分解成过多的模块、函数或子程序？
(11) 程序是否避免了很难理解的、非标准的语言特性？

对于可理解性，Shneiderman 提出可以使用一种叫做"90-10 测试"的方法来衡量。即把一份被测试的源程序清单拿给一位有经验的程序员阅读 10 分钟，然后把这个源程序清单拿开，让这位程序员凭自己的理解和记忆，写出该程序的 90%。如果程序员真的写出来了，则认为这个程序具有可理解性，否则这个程序要重新编写。

可理解性的另一种度量是程序复杂性度量标准，请参看第 7 章。程序越复杂，理解越困难。程序复杂性是通过程序设计问题的难度和程序的规模来表示的，它是一个关于程序中可执行路径数和决定任意一组输入数据的执行路径的难度的函数。程序复杂性度量标准可用于以下几个方面。

(1) 设计：评估一个模块化方案的"优良"程度；
(2) 测试：识别哪些模块最难测试；
(3) 维护：预测哪些模块最难修改，且最易出错。

2. 可靠性

可靠性表明一个程序按照用户的要求和设计目标，在给定的一段时间内正确执行其功能的可能性。然而在整个"现实世界"的软件中，完全可靠性仍是一个目标，而不是已经达到的现实。现在还没有一种手段能够保证 100% 的可靠性或者精确地度量一个程序的可靠性。有人想通过形式证明来确定程序的可靠性，但到目前还未实用化。现在能够为人们普遍接受的证明程序正确性的方法就是程序测试。但测试不能证明一个程序没有错误，只能表明程序存在错误，而且测试不是产生可靠性的方法，它只是一种诊断手段。

用于可靠性度量的检查表如下：
(1) 程序中对可能出现的没有定义的数学运算是否做了检查？如除以"0"。
(2) 循环终止和多重转换变址参数的范围，是否在使用前做了测试？
(3) 下标的范围是否在使用前测试过？
(4) 是否包括错误恢复和再启动过程？
(5) 所有数值方法是否足够准确？
(6) 输入的数据是否检查过？
(7) 测试结果是否令人满意？
(8) 大多数执行路径在测试过程中是否都已执行过？
(9) 对最复杂的模块和最复杂的模块接口，在测试过程中是否集中做过测试？
(10) 测试是否包括正常的、特殊的和非正常的测试用例？
(11) 程序测试中除了假设数据外，是否还用了实际数据？
(12) 为了执行一些常用功能，程序是否使用了程序库？

度量可靠性的方法，主要有 4 类：
(1) 植入故障法。Gilb 提出一种叫做植入故障的方法来定量地测量可靠性，用：

$$\frac{找到的实际错误数}{存在的实际错误数} \times 100\%$$

来预测可靠性。

(2) 可靠性模型。借用硬件可靠性的术语,Shooman 把软件可靠性定义为:在正在运行的一个计算机系统中程序在给定的限制内和在给定的时间内运行不出错的概率。他根据软件错误统计数字来进行可靠性预测。度量的标准主要有:

- 平均失效间隔时间 MTTF(Mean Time To Failure);
- 平均修复时间 MTTR(Mean Time To Repair Error);
- 可用性(亦称为有效性)Availability($=$MTTD/(MTTD$+$MDT)),其中 MTTD(Mean Time To Down,平均停机间隔时间),MDT(Mean Down Time,平均停机时间)。

(3) 错误统计。根据对程序错误的统计数字来预测软件可靠性是一种更简单、更有效的方法。它假定难于测试的程序(或模块)也难于维护。在测试中发现错误越多的程序,在运行和维护阶段出现的错误也越多。

(4) 程序复杂性。用程序复杂性预测可靠性,前提条件是可靠性与复杂性有关。因此可用复杂性预测出错率。程序复杂性度量标准可用于预测哪些模块最可能发生错误,以及可能出现的错误类型。了解了错误类型及它们在哪里可能出现,就能更快地查出和纠正更多的错误,提高可靠性。

3. 可测试性

可测试性表明论证程序正确性的容易程度。程序越简单,证明其正确性就越容易。而且设计合用的测试用例,取决于对程序的全面理解。因此,一个可测试的程序应当是可理解的、可靠的、简单的。

用于可测试性度量的检查表如下:

(1) 程序是否模块化?结构是否良好?
(2) 程序是否可理解?
(3) 程序是否可靠?
(4) 程序是否能显示任意的中间结果?
(5) 程序是否能以清楚的方式描述它的输出?
(6) 程序是否能及时地按照要求显示所有的输入?
(7) 程序是否有跟踪及显示逻辑控制流程的能力?
(8) 程序是否能从检查点再启动?
(9) 程序是否能显示带说明的错误信息?

对于程序模块,可用程序复杂性来度量可测试性。程序的环路复杂性越大,程序的路径就越多,因此,全面测试程序的难度就越大。

4. 可修改性

Van Tassel 把难于修改的程序比喻为"易碎品"。软件维护成本高与这些"易碎品"太多有关,因此提高软件可修改性是降低软件维护成本的极其重要的因素。

可修改性表明程序容易修改的程度。一个可修改的程序应当是可理解的、通用的、灵活的、简单的。其中,通用性是指程序适用于各种功能变化而无需修改;灵活性是指能够容易地对程序进行修改。用于可修改性度量的检查表如下:

(1) 程序是否模块化?结构是否良好?
(2) 程序是否可理解?

(3) 在表达式、数组/表的上下界、输入/输出设备命名符中是否使用了预定义的文字常数?

(4) 是否具有可用于支持程序扩充的附加存储空间?

(5) 是否使用了提供常用功能的标准库函数?

(6) 程序是否把可能变化的特定功能部分都分离到了单独的模块中?

(7) 程序是否提供了不受个别功能发生预期变化影响的模块接口?

(8) 是否确定了一个能够当做应急措施的一部分,或者能在小一些的计算机上运行的系统子集?

(9) 是否允许一个模块只执行一个功能?

(10) 每一个变量在程序中是否用途单一?

(11) 能否在不同的硬件配置上运行?

(12) 能否以不同的输入/输出方式操作?

(13) 能否根据资源的可利用情形,以不同的数据结构或不同的算法执行?

测试可修改性的一种定量方法是修改练习。其基本思想是通过做几个简单的修改,来评价修改的难度。设 C 是程序中各个模块的平均复杂性,m 是模块总数,C_i 是第 i 个模块的复杂性度量;A 是要修改模块的平均复杂性,n 是必须修改的模块数,C'_j 是第 j 个要修改的模块修改后的复杂性度量。则修改的难度 D 由下式计算:

$$D = A/C = \left(\frac{1}{m}\sum_{i=1}^{m} C_i\right) / \left(\frac{1}{n}\sum_{j=1}^{n} C'_j\right)$$

对于简单的修改,若 $D>1$,说明该程序修改困难。A 和 C 可用任何一种度量程序复杂性的方法计算。

另一种测量程序可修改性的标准是内聚性和耦合性。一个可修改的程序的每个模块应具有高内聚性,模块之间的交互应具有低耦合性。(请参看本书5.3节)

5. 可移植性

可移植性表明程序转移到一个新的计算环境的可能性的大小,或者它表明程序可以容易地、有效地在各种各样的计算环境中运行的容易程度。一个可移植的程序应具有结构良好、灵活、不依赖于某一具体计算机或操作系统的性能。

用于可移植性度量的检查表如下:

(1) 是否是用高级的、独立于机器的语言来编写程序?

(2) 是否是用广泛使用的、标准化的程序设计语言来编写程序?且是否仅使用了这种语言的标准版本和特性?

(3) 程序中是否使用了标准的、普遍使用的库功能和子程序?

(4) 程序中是否极少使用或根本不使用操作系统的功能?

(5) 程序中数值计算的精度是否与机器的字长或存储器大小的限制无关?

(6) 程序在执行之前是否初始化内存?

(7) 程序在执行之前是否测定当前的输入/输出设备?

(8) 程序是否把与机器相关的语句分离了出来,集中放在了一些单独的程序模块中,并有说明文件?

(9) 程序是否结构化?并允许在小一些的计算机上分段(覆盖)运行?

(10) 程序中是否避免了依赖于字母、数字或特殊字符的内部位表示？并有说明文件？

6. 效率

效率表明一个程序能执行预定功能而又不浪费机器资源的程度。这些机器资源包括内存容量、外存容量、通道容量和执行时间。

用于效率度量的检查表如下：

(1) 程序是否模块化？结构是否良好？
(2) 程序是否具有高度的局域性，即程序在执行的任一步都只涉及一个局部范围？
(3) 是否消除了无用的标号与表达式，以充分发挥编译器的优化作用？
(4) 程序的编译器是否有优化功能？
(5) 是否把特殊子程序和错误处理子程序都归入了单独的模块中？
(6) 在编译时是否尽可能多地完成了初始化工作？
(7) 是否把所有在一个循环内不变的代码都放在了循环外处理？
(8) 是否以快速的数学运算代替了较慢的数学运算？
(9) 是否尽可能地使用了整数运算，而不是实数运算？
(10) 是否在表达式中避免了混合数据类型的使用，消除了不必要的类型转换？
(11) 程序是否避免了非标准的函数或子程序的调用？
(12) 在几条分支结构中，是否最有可能为"真"的分支首先得到测试？
(13) 在复杂的逻辑条件中，是否最有可能为"真"的表达式首先得到测试？

效率是重要的，但考虑时也不要把它绝对化。一味优化程序的效率往往是以牺牲其他质量属性为代价的。较好的方法是选择高效能的硬件而不是去抠程序的细节，这样的代价较低，也不会造成软件新的错误。

7. 可使用性

用户修改要求的很大一部分是修改软件以提高程序的友好程度，所以，提高软件的可使用性对于控制维护成本也是非常重要的。从用户观点出发，可把可使用性定义为程序方便、实用及易于使用的程度。一个可使用的程序应是易于使用的、能允许用户出错和改变，并尽可能不使用户陷入混乱状态的程序。用于可使用性度量的检查表如下：

(1) 程序是否具有自描述性？检查条目包括：是否有适应不同读者，并附有实例的程序使用说明？是否有交互形式的 Help 功能？是否一有请求，就能对每一条语句或操作方式做出正确、完整的解释？用户能否很快熟悉程序的使用而无需他人的帮助？是否一有请求，就能很容易地获得当前程序状态的信息？

(2) 程序是否让用户对数据处理有一个满意的和适当的控制？检查条目有：程序在交互方式运行时，能否控制中止一项任务，开始或恢复另一项任务？在没有副作用的情形下，程序是否允许处理作废？程序是否允许用户查看后台处理？程序是否有一种易懂的命令语言并允许通过命令组合建立宏指令？程序能否在一旦用户有要求时提供提示信息，帮助用户使用系统？程序能否提供可理解的、非危险性的错误信息？

(3) 程序是否能始终如一地按照用户的要求运行？检查条目包括：程序是否有句法上统一的命令语言和错误信息格式？通过尽量缩小响应时间的差异，程序在相似的条件下，其表现是否也相似？

(4) 程序是否容易学会使用？检查条目包括：程序是否不需要专门的数据处理知识就

能使用？对输入格式、要求和限制的解释是否完整和清楚？在交互系统中，用户输入是否在菜单指示支持下进行？程序是否提供带有纠错提示的错误信息？对交互式系统，是否有"联机"手册？对批处理系统，手册是否容易得到？手册是否是用用户术语写的？

（5）程序是否使用数据管理系统来自动地处理事务性工作和管理格式化、地址分配及存储器组织？

（6）程序是否具有容错性？程序是否容忍典型的输入，如打字的错误？当输入动作需要重复时，程序能否接受简化输入？命令能否简写？程序能否验证输入的数据？

（7）程序是否灵活？检查条目包括：程序是否允许以自由形式输入？程序是否可以重复使用而无需对输入值做过多的说明？对用户而言，是否有各种不同的输出选择？程序是否可以针对所选择的运行方式，删除不必要的输入、计算和输出？程序是否允许用户扩充命令语言？程序是否允许用户定义自己的功能集和特性集？程序能否以子集形式出现？程序是否允许有经验的用户使用运行较快的版本、简写命令、缺省值等，而让没有经验的用户使用运行较慢的版本，并提供求助命令及监控能力等？

10.6 提高可维护性的方法

软件的可维护性对于延长软件的生存期具有决定性的意义，因此必须考虑如何才能提高软件的可维护性。为了做到这一点，需从以下五个方面着手。

10.6.1 建立明确的软件质量目标和优先级

一个可维护的程序应是可理解的、可靠的、可测试的、可修改的、可移植的、效率高的、可使用的。但要实现这所有的目标，需要付出很大的代价，而且也不一定行得通。因为某些质量特性是相互促进的，例如可理解性和可测试性、可理解性和可修改性，但另一些质量特性却是相互抵触的，例如效率和可移植性、效率和可修改性等。因此，尽管可维护性要求每一种质量特性都要得到满足，但它们的相对重要性应随程序的用途及计算环境的不同而不同。例如，对编译程序来说，可能强调效率；但对管理信息系统来说，则可能强调可使用性和可修改性。

Boehm 曾让两个程序员编写同一功能的程序，但质量目标不同：一个要求最大限度地提高程序速度，另一个要求程序尽量简单。实验结果是：强调执行速度的那个程序尽管效率高，但它所包含的错误是强调简单性的那个程序的 100 倍。

McClure 做过另一个实验，他让同一个开发小组的程序员编写两个程序，要求程序员将程序的复杂性降低到最小程度。对第一个程序，他没有指示具体如何做；对第二个程序给出了具体的指示，让程序员通过减少代码中的比较次数来达到目标。实验结果是：在第二个程序中的比较次数是第一个程序的一半。

所以，对程序的质量特性，应当在提出目标的同时规定它们的优先级，这样有助于提高软件的质量，并对软件生存期的费用产生很大的影响。

10.6.2 使用提高软件质量的技术和工具

使用适当的开发技术和工具可以大大提高软件的质量和降低软件开发的成本。这些质量属性通常体现在软件产品的许多方面。为使每一个质量属性都达到预定的要求,需要在软件开发的各个阶段采取相应的措施加以保证。也就是说,这些质量要求要渗透到各开发阶段的各个步骤当中。因此,软件的可维护性是产品投入运行以前各阶段面向上述各质量属性要求进行开发的最终结果。

1. 编码指南

编码指南和标准提供了一种提高系统可维护性的结构和框架,它使得系统以一种共同的、更易理解的方式进行开发和维护。编码应遵循如下原则:

(1) 单一高级语言。编码应尽可能只用一种符合标准的高级语言。

(2) 编码约定。为了提高程序的可读性,应在源程序中加入足够的注释和按照结构化的格式进行编写;应尽量采用较简单的方法;代码的每节开始行使用行首空格把一系列代码分成段;用有意义的注释来适当地为代码加以说明;使用有意义的变量名,以表达此数据项是什么以及为何要使用它;避免使用相似的变量名;在程序的过程/函数之间用参数来传递数据;在变量名中使用数字时,应放在末端;用作程序行序的标签或标号的数字应按顺序给出;逻辑上相关的功能应集中安排在同一模块或模块集,尽可能使逻辑流自顶向下;避免使用程序语言版本的非标准特征。

(3) 结构化。应采用自顶向下的程序设计方法,使程序的静态结构与执行的动态结构相一致。

(4) 模块化。

(5) 标准数据定义。应为系统制定一组数据定义的标准。这些数据定义可汇集于数据字典。字典项定义了系统中使用的每个数据元素名字、属性、用途和内容。这些名字要尽可能具有描述性和意义。正确一致地定义数据标准,将大大提高各模块程序的可阅读和可理解的程度,并确保各模块间的正确通信。

(6) 良好注释的代码。好的注释可增强源程序的可读性和可理解性。例如,GJB/Z 102—1997《软件可靠性和安全性设计准则》要求如下:在源程序中必须有足够详细的注释,注释的行数不得少于源程序总行数的 1/5;注释应为功能性的,而非指令的逐句说明;在每个模块的可执行代码之前,必须有模块名注释、模块功能注释、输入/输出注释、参数注释、限制注释、异常结束注释、方法注释和外部环境及资源注释;模块名注释标识模块的名称、版本号、入口点、程序开发者姓名、单位及开发时间,如有修改,还应标识修改者的姓名、单位和修改时间;模块功能注释说明模块的用途和功能;输入/输出注释说明模块所使用的输入/输出文件名,并指出每个文件是向模块输入,还是从模块输出,或两者兼而有之;参数注释说明模块所需的全部参数的名称、数据类型、大小、物理单位及用途,说明模块中使用的全局量的名称、数据类型、大小、物理单位及其使用方式,说明模块的返回值;调用注释列出模块中调用的全部模块名和调用该模块的全部模块名;限制注释列出限制模块运行特性的全部特殊因素;异常结束注释列出所有异常返回条件及动作;方法注释说明该模块为实现其功能所使用的方法,为简练,亦可列出说明该方法的文档名称;外部环境及资源注释说明该模块所依赖的外部运行环境及所用资源,如操作系统、编译程序、汇编程序、中央处理机单元、内存、寄存器、堆栈等;安全性注释说明本模块采取的安全性措施和方法等;在模块中,应对根据条件改变数据值或执行顺序的语句(即分支转移语句、输入/输出语句、循环语句、调用语句、控制语句)进行注释,对这些语句的注释不得扰乱模块的清晰性;对分支转移语句,应指出执行动作的目的;对输入/输出语句,应指出所处理的文件或记录的性质;对循环语句,应说明所执行动作的目的及出口条件;对调用语句,应说明调用过程的目的及被调模块的功能;对控制语句,应说明控制的目的及内容。

(7) 编译程序扩展。使用编译程序的非标准特征会严重影响系统的可维护性。如果编译程序更改了,或者系统必须移至新机器,则以前的编译程序扩展很可能与新的编译程序相冲突。因此最好限制语言的扩展并保留语言的基本特征的一致。如果需要使用编译程序扩展,应编制良好文档加以说明。

2. 文档编写指南

系统的文档是良好维护的基础,文档编写工作应贯穿系统的整个生存周期。应有计划地建立和及时更新文档,使维护人员能很快地找到所需信息。应参照 GB 8567—2006《计算机软件文档编制规范》编制文档。文档合格的关键不仅是将必需的信息记录下来,以保持文档的及时更新和一致,而且必须使维护人员能迅速地获得它。对于维护人员来说,具有受控的存取和修改能力的联机文档是文档的最佳形式。如果不能提供联机文档,应保证有一个机制使维护人员在任何时候能取用硬拷贝的文档。

3. 编码和评审技术

软件维护应综合使用自顶向下和自底向上的方法;应进行同行评审,以便分析和评价源程序代码及其可维护性;应进行软件审查,以便在软件生存周期中检查各阶段工作,然后产生一个报告指出发现的错误和提出错误改正要求;应进行软件走查,以便通过公开直接的交流,提炼好的主意,修改原来的方案。简单的走查方式是让两个维护人员一起讨论正在进行的工作,复杂的走查方式可以有一份日程表、报告书和一位记录秘书。

4. 测试标准和过程

测试是软件维护的关键部分,因此测试过程必须强调一致性,并以合理的原则为基础;测试计划要定义预期的输入,测试有效的、无效的、预期的和出乎意料的情况。测试要检查程序是否执行预期任务,测试的目的是发现错误而不是证明错误不存在。只要可能,测试过程和测试数据均需由其他人完成,而不是由实际从事系统维护的人来完成。

5. 模块化

模块化是软件开发过程中提高软件质量、降低成本的有效方法之一,也是提高可维护性的有效的技术。模块化是指把一个大而复杂的程序分解为一组小的、分层的程序模块,确保其中每个模块完成特定的单一功能,模块之间的界面尽可能清晰和简单。它的优点是如果需要改变某个模块的功能,则只要改变这个模块,对其他模块影响很小;如果需要增加程序的某些功能,则仅需增加完成这些功能的新的模块或模块层。这就大大提高了程序的可替换性和可修改性。

6. 结构化开发技术

结构化开发技术采用自顶向下逐步细化的方法开发程序的功能和代码,不仅使得模块结构能够达到高内聚、低耦合,还使得模块内部的数据流程和控制流程清晰可读,程序错误易于定位和纠正,极大地提高了程序的可修改性、可测试性和可理解性。

使用结构化程序设计技术,提高现有系统可维护性的方法有下列几种:

(1) 采用备用件的方法。当要修改某一个模块时,用一个新的、结构良好的模块替换掉整个模块。它只要求了解所替换模块的外部特性,可以不了解其内部工作情况。

（2）采用自动重建结构和重新格式化的工具实现结构更新。这种方法采用如代码评价程序、重定格式程序、结构化工具等自动软件工具，把非结构化代码转换成结构良好的代码。使用这种方法产生的结构化程序执行过程与结构化以前的原程序是一样的。

（3）改进现有程序的不完善文档。改进和补充文档的目的是为了提高程序的可理解性，以提高可维护性。

（4）使用结构化程序设计方法实现新的子系统。

（5）采用结构化的维护小组和文档结构化重构工具。提高现有系统的可维护性的一个比较好的方法是使维护过程结构化，而不是使现有系统重新结构化。

软件开发过程中，建立主程序员小组，实现严格的组织化结构，强调规范，明确领导以及职能分工，能够改善通信、提高程序生产率；在检查程序质量时，采取有组织分工的结构普查，分工合作，各司其职，能够有效地实施质量检查。同样，在软件维护过程中，维护小组也可以采取与主程序员小组和结构普查类似的方式，以保证程序的质量。

7．标准数据定义

应为系统制定一组数据定义的标准。这些数据定义可汇集于数据字典。字典项定义了系统中使用的每个数据元素名字、属性、用途和内容。这些名字要尽可能具有描述性和意义。正确一致地定义数据标准，就会大大简化各模块的阅读和理解，并确保各模块之间的正确通信。

8．软件复用和构件技术

使用复用技术可以减少软件开发活动中大量的重复性工作，这样就能够提高软件生产效率，降低开发成本，缩短开发周期。同时，由于可复用构件大都经过严格的质量验证，并在实际运行环境中得到检验，因此，复用软件构件有助于改善软件质量。此外，大量使用可复用构件，软件的灵活性和标准化程度也可望得到提高。

涉及软件维护的10种可能复用的软件要素包括：

（1）项目计划。软件项目计划的基本结构和许多内容都可以复用，这样可减少制定计划的时间，也可降低与建立进度表、风险分析及其他特征相关的不确定性。

（2）成本估计。由于不同项目中常包含类似的功能，所以有可能在极少修改或不修改的情况下，复用对该功能的成本估计。

（3）体系结构。即便应用领域千差万别，但程序和数据结构大同小异。因此，可以创建一组通用体系结构模板，将这些模板作为可复用的设计框架。

（4）需求模型和规格说明。类和对象的模型和规格说明显然可以复用。此外，用传统软件工程方法开发的分析模型（如数据流图）也可以复用。

（5）设计。用传统方法开发的体系结构、数据、接口和过程化设计都可以复用。另外，复用系统和对象的设计是常见的。

（6）源代码。验证过的程序构件都可以拿来复用。

（7）用户文档和技术文档。即便特定的应用不同，但也经常有可能复用用户文档和技术文档中的大部分内容。

（8）用户界面。这可能是最广泛被复用的软件元素，如经常复用GUI（图形用户界面）的软件构件，因为它可占到一个应用程序的60%的代码量，所以复用的效果最明显。

（9）数据结构。经常被复用的数据结构包括：内部表、列表和记录结构，以及文件和完整的数据库。

（10）测试用例。只要将设计或代码构件定义成可复用构件,相关的测试用例就应当成为这些构件的"从属品"。

9．工作流管理系统

工作流实际上就是工作任务在多个人或单位之间的流转。在计算机网络环境下,这种流转实际上表现为信息和数据在多个人之间的传送。为了实现对业务过程的工作流管理,需要相应的软件系统的支持,此种软件系统称为工作流管理系统。工作流管理系统是定义、创建、执行工作流的系统。开发这类软件系统就是要协调分布式、协同处理的各个结点上的活动,按照预定义的控制流程执行。

工作流管理系统就是要把这些分布式系统的公共流程控制部分(工作流运行服务、引擎)、管理部分和其他公共部分抽象出来,形成一种软件开发平台。用户只需要将它们的控制流程描述出来,该平台软件就可对它们的控制流程进行自动执行和有效地管理,而不需要对每次不同的应用重复地开发。工作流的主要作用是：提高工作效率,更好地实现过程控制,增强客户服务和对客户响应的可预见性,提高对新业务需求的适应性,简化和线性化业务流程的管理。

工作流管理系统是一种很强大的维护工具。每当业务发生改变时通过重新建立活动模型,就可通过工作流引擎实现新的业务流程。

10.6.3　进行明确的质量保证审查

质量保证审查对于保证和维持软件的质量,是一个很有用的技术。除了保证软件得到适当的质量外,审查还可以用来检测在开发和维护阶段内发生的质量变化。一旦检测出问题来,就可以采取措施来纠正,以控制不断增长的软件维护成本,延长软件系统的有效生命期。

为了保证软件的可维护性,有4种类型的软件审查。

1．在检查点进行审查

保证软件质量的最佳方法是在软件开发的最初阶段就把质量要求考虑进去,并在开发过程每一阶段的终点,设置检查点进行检查。检查的目的是要证实已开发的软件是否符合标准,是否满足规定的质量需求。在不同的检查点,检查的重点不完全相同,如图10.13所示。例如在设计阶段,检查重点是可理解性、可修改性、可测试性,而可理解性检查的重点是程序的复杂性。对每个模块可用McCabe环路来计算模块的复杂性,若大于10,则需重新设计。

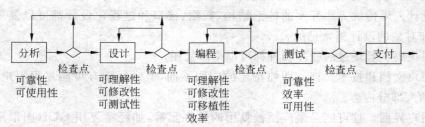

图10.13　软件开发期间各个检查点的检查重点

检查过程中可以进行下列活动：
（1）评价开发各阶段产生的工作制品的完善性和质量；
（2）查明可能的问题和缺陷，并安排进一步的调查；
（3）确定项目计划可能受到的影响；
（4）每一位参加会议的评审员签署一个检查点审查文件，以示他对该审查的完整性和对被检材料质量的认可，如果有异议也可予以标注。

可以使用各种质量特性检查表或用度量标准来检查可维护性。各种度量标准应当在管理部门、用户、软件开发人员、软件维护人员当中达成一致意见。审查小组可以采用人工测试一类的方式进行审查。表10.3给出各个阶段的检查重点、对象、检查方法。

表10.3 各阶段的检查重点、对象和方法

	检查重点	检查项目	检查方法或工具
需求分析	1. 对程序可维护性的要求是什么？例如，对于可使用性应关注交互系统的响应时间	1. 软件需求说明书 2. 限制与条件，优先顺序 3. 进度计划 4. 测试计划	1. 可使用性检查表
设计	1. 程序是否可理解？ 2. 程序是否可修改？ 3. 程序是否可测试？	1. 设计方法 2. 设计内容 3. 进度 4. 运行、维护支持计划	1. 复杂性度量、标准 2. 修改练习 3. 耦合、内聚估算 4. 可测试性检查表
编码及单元测试	1. 程序是否可理解？ 2. 程序是否可修改？ 3. 程序是否可移植？ 4. 程序是否效率高？	1. 源程序清单 2. 文档 3. 程序复杂性 4. 单元测试结果	1. 复杂性度量、90-10测试、自动结构检查程序 2. 可修改性检查表、修改练习 3. 编译结果分析 4. 效率检查表、编译对时间和空间的要求
集成与测试	1. 程序是否可靠？ 2. 程序是否效率高？ 3. 程序是否可移植？ 4. 程序是否可使用？	1. 测试结果 2. 用户文档 3. 程序和数据文档 4. 操作文档	1. 调试、错误统计、可靠性模型 2. 效率检查表 3. 比较在不同计算机上的运行结果 4. 验收测试结果、可使用性检查表

2. 验收审查

验收审查是一个特殊的检查点审查，是交付使用前的最后一次审查，是软件投入运行之前保证可维护性的最后机会。其目的是为了确保可维护性，并使系统的责任人正式从开发部门转到维护部门。它实际上是验收测试的一部分，只不过它是从维护的角度提出验收的条件和标准。

下面是验收检查必须遵循的最小验收标准。
（1）需求和规格说明的验收标准：
a）需求应当以可测试的术语进行书写，排列优先次序和定义；
b）区分必需的、任选的、将来的需求；
c）包括对系统运行时的计算机设备的需求；对维护、测试、操作以及维护人员的需求；对测试工具等的需求。

(2) 设计的验收标准：

a) 程序应设计成分层的模块结构。每个模块应完成唯一的功能，并达到高内聚、低耦合；

b) 通过一些知道预期变化的实例，说明设计的可扩充性、可缩减性和可适应性。

(3) 源代码的验收标准：

a) 尽可能使用最高级的程序设计语言，且只使用语言的标准版本；

b) 所有的代码都必须具有良好的结构；

c) 所有的代码都必须文档化，在注释中说明它的输入/输出以及便于测试/再测试的一些特点与风格。

(4) 文档的验收标准：文档中应说明程序的输入/输出、使用的方法/算法、错误恢复方法、所有参数的范围以及缺省条件等。

有的软件机构用保用期作为另一种可维护性测试。项目转换可以不直接从软件开发阶段转入软件运行和维护阶段，而是加入一个过渡时期或保用期作为一种扩大的验收测试。在这一期间（例如 90 天），软件作为一个运行系统使用，但仍旧由开发小组负责。任何在保用期发生的错误都由维护小组在开发小组的协助下加以纠正，并把错误类型、错误发生所在模块、找错和纠错时间记录下来。在保用期结束时，要对错误数据进行评估。用一张平均修复时间(MTTR)表格，按照系统可靠性接受标准来量度系统的可靠性。例如，可靠性接收标准可能要求在保用期间发现的所有错误的 90% 应该能由维护员在 2 个小时内纠正。如果能满足所有的接收标准，该软件就要由维护小组负责了。

保用期特别适用于外购的定制软件和标准软件包。

3. 周期性地维护审查

检查点审查和验收审查可用来保证新软件的可维护性。对已投入运行的软件，则应当进行周期性的维护检查。

软件在运行期间，为了纠正新发现的错误或缺陷，为了适应计算环境的变化，为了响应用户新的需求，延长其可用性，必须进行修改，故而会有软件质量变坏的危险，可能产生新的错误，破坏程序概念的完整性。因此，必须像硬件的定期检查一样，每月一次或两月一次，对软件做周期性的维护审查，以跟踪软件质量的变化。

对运行软件进行周期性审查是一个跟踪软件质量变化的方法。如果能够发现软件质量的退化，可以采取措施进行弥补或者以一个新的成本效益更高的系统来替换该软件。

周期性维护审查实际上就是软件开发阶段检查点审查的继续。维护审查期间可以执行检查点审查期间同样的质量测试和审查。维护审查的结果可以同以前的维护审查和检查点审查的结果进行比较。任何改变都表明，在软件质量或某些其他类型的问题（如软件维护人员的专业水平下降，维护支持工具不足）上可能起了变化。

变化的原因应调查清楚。例如，如果使用的是程序复杂性度量标准，那么，作为周期性审查的一部分，应该随机选择少量模块再次测量其复杂性。如果其新的复杂性值大于以前的值，则可能是一种软件可维护性退化的先兆，也可能预示将来维护该系统需要更多的维护工作量，又可能表明修改做得过于匆忙，没有考虑到保持系统的完整性，还可能表明软件的文档化技术工具以及程序员的专业知识不足。另一方面，如果新的复杂性值减小，则可能表明软件出错率的下降，也预示了软件质量的稳定性增加。

4. 对软件包进行检查

软件包是一种标准化了的,可为不同单位、不同用户使用的软件。软件包供应商(以下简称供方)考虑到他的专利权,一般不会把他的源代码和程序文档提供给用户。因此,对软件包的维护采取以下方法。

使用单位的维护人员首先要仔细分析、研究供方提供的用户手册、操作手册、培训教程、新版本说明、计算机环境要求书、未来特性表,以及供方提供的验收测试报告等。

在此基础上,结合本单位的要求,编制软件包的检验程序。该检验程序称为软件基准程序,用以检查软件包所执行的功能是否与用户的要求和条件相一致。为了建立这个程序,维护人员可以利用供方提供的验收测试用例,还可以自己重新设计新的测试用例。

然后对软件包进行测试,检查和验证软件包的参数传递和功能调用,以及对待维护软件控制结构的影响和无缝集成的程度,从而完成与软件包有关的软件维护。

10.6.4 选择可维护的程序设计语言

程序设计语言的选择,对程序的可维护性影响很大,如图 10.14 所示。

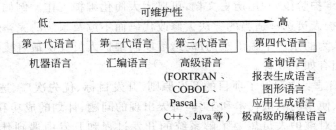

图 10.14 程序设计语言对可维护性的影响

低级语言,即机器语言和汇编语言,很难理解,很难掌握,因此很难维护。高级语言比低级语言容易理解,具有更好的可维护性。但同是高级语言,可理解的难易程度也不一样。例如,COBOL 语言比 FORTRAN 语言容易理解,因为它更接近于英语;Pascal 语言比 COBOL 语言容易理解,因为它有更丰富、更强的指令集。

从建立良好结构的程序来看,各个语言之间也有差别。如老 FORTRAN 语言版本中的逻辑 IF 语句不允许 IF 语句嵌套;在 COBOL 语言中不提供局部变量,也没有构造模块结构的能力。为了补偿语言中的这种缺陷,人们研制了预处理器。程序员使用一个程序设计语言的"结构化"版本编制程序,先在机器上用预处理器把它转换成相应的结构化语句,再进行编译。

第四代语言,例如查询语言、图形语言、报表生成器、非常高级的语言等,有的是过程化的语言,有的是非过程化的语言。不论是哪种语言,编制出的程序都容易理解和修改,而且,其产生的指令条数可能要比用 COBOL 语言或用 PL/1 语言编制出的指令条数少一个数量级,开发速度快许多倍。有些非过程化的第四代语言,用户不需要指出实现的算法,仅需向编译程序或解释程序提出自己的要求,由编译程序或解释程序自己做出实现用户要求的智能假设,例如自动选择报表格式、选择字符类型和图形显示方式等。

总之,从维护角度来看,第四代语言比其他语言更容易维护。

10.6.5 改进程序的文档

程序文档是对程序总目标、程序各组成部分之间的关系、程序设计策略、程序实现过程的历史数据等的说明和补充。程序文档对提高程序的可理解性有着重要作用。即使是一个十分简单的程序,要想有效地维护它,也需要编制文档来解释其目的及任务。而对于维护人员来说,要想对程序编制人员的意图重新改造,并对今后变化的可能性进行估计,缺了文档也是不行的。因此,为了维护程序,人们必须阅读和理解文档。现在人们已经认识到,好的文档是建立可维护性的基本条件。它的作用和意义有3点。

(1) 文档好的程序比没有文档的程序容易操作。因为它增加了程序的可读性和可使用性。但不正确的文档比根本没有文档要坏得多。

(2) 好的文档意味着简洁、风格一致、且易于更新。

(3) 程序应当成为其自身的文档。也就是说,在程序中应插入注释,以提高程序的可理解性,并以移行、空行等明显的语句形式来突出程序的控制结构。程序越长、越复杂,则它对文档的需要就越迫切。

另外,在软件维护阶段,利用历史文档,可以大大简化维护工作。例如,通过了解原设计思想,可以指导维护人员选择适当的方法去修改代码而不危及系统的完整性。又例如,了解系统开发人员所认为的系统中最困难的部分,可以向维护人员提供最直接的线索,来判断出错之处。历史文档有如下3种。

1. 系统开发日志:它记录了项目的开发原则、开发目标、优先次序、选择某种设计方案的理由、决策策略、使用的测试技术和工具、每天出现的问题、计划的成功和失败之处等。系统开发日志在日后对维护人员想要了解系统的开发过程和开发中遇到什么问题是非常必要的。

2. 错误记录:它把出错的历史情况记录下来,对于预测今后可能发生的错误类型及出错频率有很大帮助,也有助于维护人员查明出现故障的程序或模块,以便去修改或替换它们。此外,可以对错误进行统计、跟踪,更合理地评价软件质量以及软件质量度量标准和软件方法的有效性。

3. 系统维护日志:系统维护日志记录了在维护阶段有关系统修改和修改目的的信息,包括修改的宗旨、修改的策略、存在的问题、问题所在的位置、解决问题的办法、修改要求和说明、注意事项、新版本说明等信息。它有助于人们了解程序修改背后的思维过程,以进一步了解修改的内容和修改所带来的影响。

10.7 遗留系统的再工程

当软件系统运行了相当长时间,例如十几年,甚至几十年之后,它将难以修改和演化,我们称其为遗留系统。但是,包含在遗留系统中的知识构成了相当重要的企业资源,如果这些系统仍能够提供很高的业务价值,就必须对它们进行改造或替换。

10.7.1 遗留系统的演化

遗留系统的演化包括了一系列的开发活动,它可以小到在数据库中添加一个字段,大到完全重新实现一个系统。Weiderman 提出了遗留系统的演化活动可以分为 3 类：维护、现代化改造和替换。图 10.15 解释了各种演化活动在系统生存周期的不同阶段中是如何应用的。虚线表示增长的业务需要，实线表示系统提供的功能。反复的系统维护可以在一段时期充分地支持业务需要，但是随着系统的老化，维护就落后于业务需要了，从而不得不对系统进行现代化改造。这项任务比维护活动需要花更多的时间和工作。最后，当老系统不能再演化的时候，就必须彻底替换它。

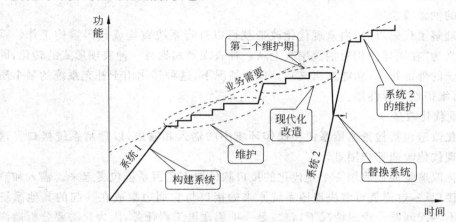

图 10.15　基于维护的系统的生存周期

在生存周期的不同阶段，采用哪一种演化活动最合适，这是一个必须谨慎决定的问题。是继续维护遗留系统或者对它进行现代化改造，还是完全替换它，要看使用该系统的组织单位。为了做出正确的决定，组织必须基于遗留系统对于组织的价值和系统本身的价值，现实地进行评估，制定出一个适当的演化策略，并且分析每一个行动的影响。

那么，维护、现代化改造和替换三者之间的差别是什么呢？下面将讨论这个问题。

1. 维护

维护是一个增量和迭代的过程，在此过程中只对系统进行较小的变更。这些变更通常是修正错误或者小规模地增强功能和性能，改动的结果并不涉及结构性的改变。但想要通过维护来完成所有系统的演化，是有一定限度的。这是因为下列原因造成的：

（1）维护遗留系统的成本随着时间的推移而不断增加。查找比较陈旧的技术的专门知识会变得越来越困难，而且也越来越昂贵。虽然提供内部培训相对成本低廉一些，但是软件人员必须愿意接受这种培训。

（2）修改一个遗留系统以使它适应新的业务需要，会变得越来越困难。因为许多小的变更积累起来，使得软件结构面目皆非，所造成的影响增加了维护的难度。

（3）严重限制了新技术的采用，而陈旧技术的包袱必将削弱其竞争的优势。

2. 现代化改造

与维护相比，现代化改造涉及的变更较大，但也保留了现有系统中的很大一部分。这些变化经常包括重构系统、增强功能或者修改软件属性。所以，当对一个遗留系统需要进行比维护期间更全面的修改，但是它仍然具有那些必须要保留下来的业务价值的时候，就应该对系统采用现代化改造。现代化改造的原因通常源于遗留系统的脆弱、不灵活以及接口、易扩充性、开放性差等。

根据支持现代化改造工作所需要的对系统的理解层次,可把系统的现代化改造分为白盒现代化改造和黑盒现代化改造。前者需要了解遗留系统的内部特性(数据结构、程序逻辑),而后者仅需了解遗留系统的外部特性(使用方式、接口、数据等)。

(1) 白盒现代化改造

白盒现代化改造要求对遗留系统的内部有所理解。如果无法获取这种知识,就要求进行一个称为"程序理解"的过程。程序理解包括领域建模、从代码中提炼信息以及创建描述底层系统结构的抽象概念等。

在分析和理解了代码以后,白盒现代化改造就可以进行系统重构或代码重构工作。系统重构可以定义为"在同样的相对抽象层次上从一种表现形式到另一种表现形式的转化,同时保留主体系统的外部行为(功能和语义)"。典型情况下,这种转化用于补充系统的某个质量属性,例如可维护性或者性能。

(2) 黑盒现代化改造

黑盒现代化改造包括检查遗留系统在操作环境中的输入和输出,以理解系统接口。这通常没有白盒现代化改造那样困难。

黑盒现代化改造是通过使用一个现代化的接口软件层把遗留系统包裹起来。输入和输出都基于这个接口层,这样就可解决遗留系统原来的接口与它周边集成在一起的其他系统的接口之间的不匹配问题。理想情况下,包装是一项黑盒再工程任务,因为只需要分析遗留系统的接口,而不考虑遗留系统的内部结构。但事实是,这个解决方案实际上并不是总能行得通,还经常要求同时使用白盒技术,理解软件模块的内部情况。

3. 替换

替换要求从头开始重新构建系统,这需要大量的资源。当遗留系统跟不上业务需要,而进行现代化改造又是不可能的或者是不划算的时候,采用替换是合适的选择。

可以通过使用"大爆炸(Big-Bang)"的方式一次性地把遗留系统完全替换下来,也可以增量式地逐步替换。当增量式地替换一个系统的时候,如果系统具有某种程度的模块化或者内聚,那么替换工作就容易得多。常见的情况是,开始着手进行一项增量式替换工作之前,需要先完成一个预备步骤,即对遗留系统先进行再工程。

在选择采用替换这项技术以前,应该对下面这些风险进行评估:

- 完成维护任务的 IT 人员可能不熟悉新技术。
- 替换要求对新系统进行广泛测试。遗留系统通常已经测试、调整好了,并且概括了相当多的业务专门知识。我们不能保证新系统具有与老系统一样的健壮性和功能,这样就可能会导致一段时期内系统功能有所降低。

10.7.2 软件再工程

软件再工程是现代化改造的一种形式,它通过引入现代技术和实践,提高了遗留系统的能力或可维护性。在 20 世纪 90 年代中期,SEI(美国软件工程研究所)形成了再工程的定义:再工程系统地把现有系统转换到一种新的形式,以更低的成本、更快的进度和对客户更少的风险来提高在操作、系统能力、功能、性能或者可演化性等方面的质量。这个定义强调,再工程的焦点是,与进行新的开发工作相比,它以更高的投资回报来改进系统。

从技术的角度来看,再工程比维护的费用高,也比系统替换更麻烦。但即使这样,它仍然是一种最实用的方法。因为存在着这么多遗留系统,对大多数组织来说,完全地替换这些系统在财务上是不可想象的。再工程提供了一种经济上划算的方式来延长这些系统的使用寿命。相对于替换,再工程的关键优势是减少风险和降低成本。

再工程具有多种形式,包括重新定位目标机、修补、使用市售构件、源代码翻译、代码化简和功能转换等。所有这些都是为了提高遗留系统在某方面的质量或者一组质量。

1. 重新定位目标机

重新定位目标机就是把一个遗留系统迁移到一个新的硬件平台上。这种做法是一种趋势,因为现在的硬件平台功能越来越强大,或者遗留平台的维护成本越来越昂贵,传统的专门环境的市场份额正在逐步萎缩。迁移到现代化硬件平台上,可以减少操作和维护成本,允许引入更高性能的计算机,并且为其他现代化改造工作提供一个可以演化的平台。

2. 修补

用户界面(UI)是一个系统的外部交互接口。仅仅替换 UI 是一种常见的软件再工程,称为修补。近来,许多组织陆续把他们的"绿屏"系统"Web 化",以适应 Web 出现所带来的变化。从技术的观点来看,使用一种标准的浏览器作为系统的接口也很方便。修补 UI 可以改进可使用性,但 Web 化可能要求为客户端购买额外的硬件,而且速度可能比遗留的绿屏系统慢一些。

用于修补的一种常见的黑盒技术就是屏幕剪裁。如图 10.16 所示,屏幕剪裁包括用新的图形界面来包装旧的基于文本的界面。一般情况下,旧的界面包括在终端上运行的一组文本屏幕。与此形成对照,新界面可能是一种基于 PC 的图形用户界面(GUI),甚至是一种在 Web 浏览器中运行的超文本置标语言(HTML)客户端。

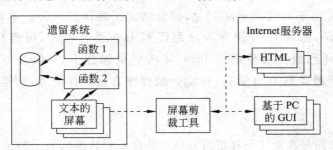

图 10.16 使用屏幕剪裁来包装遗留系统

新的 UI 能够包装一个或者多个遗留系统。新的图形用户界面通过专门的工具,如 Attachmate 的 QuickApp 等与旧的界面进行通信,会自动从初始屏幕中产生新的 GUI。

从最终用户的观点看来,新系统可以提供一种现代的方便的图形界面。但从 IT 部门的角度来看,"新"系统仍然是不灵活的,也仍然难以维护,因为它仍然依赖于遗留系统。使用屏幕剪裁,还是不可能添加、修改或者重新组合功能和屏幕。

屏幕剪裁也可以用于从遗留用户界面中产生应用程序接口(API)。

3. 市售构件

软件再工程可以用市售构件(COTS)来替换现有的遗留程序。一般情况下,用市售构件替换遗留程序可以减少必须维护的源代码量。不过,在利用这类再工程技术构建一个业务案例时,不仅要考虑减少了需要维护的程序代码而节约的费用,还要考虑提取遗留程序代码的成本、必须开发和维护的粘合代码,以及额外的授权和培训费用。

市售构件可以分类为基础结构构件和功能构件。基础结构构件包括数据库管理系统、HTTP 服务器、ORB、应用服务器和中间件产品等;功能构件则包括财务系统、人力资源系统和 ERP 系统等。

用市售基础结构构件替换遗留程序代码的优势在于:这些构件一般都比较健壮、安全,具有更好的性能、可伸缩性和可使用性。而且,它们实现了业界的标准接口,为将来的再工程项目提供了集成的机会。

替换功能构件也可以提供更多的功能并改善遗留系统的质量。但替换功能构件可能会引发某种层次的业务过程再工程,因为新的构件所支持的业务过程常常与现有业务过程不同。

4. 源代码翻译

源代码翻译是想要把使用老的编程语言编写的程序转换为使用更现代的编程语言编写的程序。例如,如果老的编程语言在目标机平台上不再使用时,源代码翻译就必须把遗留系统从遗留平台迁移到目标机平台。

自动化翻译有两种,一种是不同语言间的翻译,一种是同一语言不同版本间的翻译。

不同语言间的翻译虽然保持了程序的功能,但并没有显著改变代码的结构。例如,把 COBOL 语言翻译成 Java 语言,看起来就像是用 Java 语言编写 COBOL 代码,这导致翻译后的代码很难维护。

把遗留代码翻译到同种语言的一个更高的版本,例如,从 FORTRAN 77 转换到 FORTRAN 90,有助于系统的不断演化,但也增加了翻译的风险。类似地,在面向对象编程语言之间翻译,如从 C++ 语言程序翻译到 Java 语言程序,可能相当直截了当;但从过程性语言翻译到面向对象语言 Java,如从 C 翻译到 Java,风险可能就相当大。例如,从 C 语言直接翻译到 Java 语言,可能会把程序直接翻译成类,而毫不在意面向对象的原则。

5. 代码化简

代码化简的思路是在把代码移植到另一个平台或者转换为另一种语言以前,先消除不必要的代码。在代码移植时,首先确定不需要的功能,再大规模地化简这些功能。但在移除这些功能代码之前,必须保证这些代码与其他模块间没有隐藏的或者未知的依赖。

为了确定冗余的代码块,可以使用模式匹配来确定其他类似的代码块,用手工的方式把这些代码块转化成子程序。虽然这种方法对于代码化简是有效的,但是它也有一定的风险。因为是手工编写这些可复用子程序,所以很容易引入缺陷。

6. 功能转换

功能转换包括程序结构改进、程序模块化和数据再工程。程序结构改进的表现形式可以是用结构化代码替换 GOTO 语句或者简化复杂的条件语句。为此,首先需要确定在整个系统中反复出现的结构性缺陷,再选择一个可以代替这些结构性缺陷的结构形式,并且把旧结构转换成新结构。源代码的这种修改可以自动化完成,也可以手工完成。

程序模块化把一个程序中相关的部分收集到一起作为通用模块。模块化使我们更容易确定和消除冗余代码,优化模块之间的交互以及简化与系统的其他部分的交互。

数据再工程包括修改遗留系统处理的数据存储、组织形式和格式。

10.7.3 遗留系统的现代化改造的过程

一个遗留系统的现代化改造工作由 3 个基本过程组成。

（1）逆向工程：根据现有的制品,重构系统的一个或者多个更高层次的逻辑描述；

（2）转化：把这些逻辑描述转化成新的、改进了的逻辑描述；

（3）正向工程：把这些新的和改进的逻辑描述细化为源代码。

图 10.17 给出了一个再工程的"马蹄铁"模型,这 3 种基本的现代化改造过程形成了马蹄铁的基础。逆向工程在马蹄铁的左边上升,转化跨越了马蹄铁的顶部,而正向工程则在马蹄铁的右边下降。马蹄铁模型确定了可以用于逻辑描述的 3 种抽象层次,它们可以像系统源代码那样具体和简单,也可以像系统体系结构那样抽象和复杂。

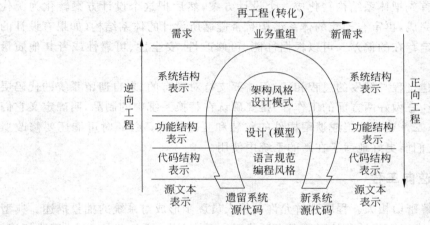

图 10.17　再工程的马蹄铁模型

例如,沿着马蹄铁的外边界顺时针方向的进行表示一个完整的体系结构的转化。但是,直接进行代码转化和功能转化也是可以的,这依赖于现代化改造工作的目的。这些转化是在图中自左向右横穿马蹄铁的代码结构和功能结构这两个层次表示的。这些跨过马蹄铁的路径表示了基于组织性或者技术性约束的实用选择。

1. 代码转化

代码转化是软件演化的低层方式,是对软件进行修改,使其易于理解或易于维护。代码转化包括重新定位目标机或源代码翻译等。如果软件非常陈旧,结构化也不好,而且如果没有一位当初的编程人员在旁边讲解代码的结构,那么这可能是演化系统的最好方法。代码转化也称为代码重构,就是要变更源代码的控制结构,如图 10.18 所示。代码转化不会改进遗留代码的结构,甚至经常会导致更加难以维护的代码。

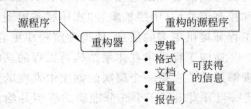

图 10.18　代码转化的示意图

2. 功能转化

功能转化相对于代码转化来说是一种中层的演化方式。它涉及在保持基本功能的条件下的技术变更。例如，当从一个过程性范型转变到一个面向对象范型，从客户机/服务器转化到对象请求代理，从离线处理转变到电子商务，或者从一个网状数据库转变到关系数据库时，就要求功能转化。这些技术变更主要体现在系统接口上，但也有可能更加深入。

为了进行功能转化，必须理解系统的结构——至少是在接口层。在没有很好地理解内部结构的时候，可以把功能模块"包装"起来，以用于另一个上下文环境中。

相对于代码转化，功能转化有更大的优越性。它可以具有更好的结构，并提供清晰定义的和具有更好文档的接口。

3. 体系结构转化

体系结构转化是马蹄铁的最高层演化。通过重构，使得系统的体系结构得到完全的演化。在转化过程中，根据系统的质量目标对所构建的校正后的系统进行再工程，然后重新评估。正向工程过程首先把体系结构转化成一个设计方案，然后把这个设计方案转化为源代码。一旦这个过程完成，再审查构建的体系结构是否遵循所设计的体系结构（如果有设计的体系结构的话），确定存在的偏差。可以根据性能、可修改性、安全性、可靠性或者其他质量属性来分析。

这个正向的构建过程与开发的过程相同，但需要支持对现有的、来自遗留系统的代码层制品的整合。特别注意做好两方面的工作，一是要确认在替换系统中的制品，明确定义它们在新系统中的功能；二是要确认集成遗留构件的包装和互连策略。必要时可能还要修改遗留系统的构件，使它们能更好地适于在新的系统中使用。

10.7.4 重构与逆向工程

重构与程序理解密切相关。程序理解允许软件人员逐步形成对系统的抽象描述。典型情况下，程序理解技术以逐步抽象的形式考虑源代码：原始文本、预处理的文本、词法标记、语法树、控制和数据流图、程序计划、体系结构描述和软件设计模型，这就是逆向工程。逆向工程就好像是一个魔术管道，若把一个非结构化的无文档的源代码或目标代码清单喂入管道，则从管道的另一端出来计算机软件的全部文档。逆向工程可以从源代码或目标代码中提取设计信息，其中抽象的层次、文档的完全性、工具与人的交互程度以及过程的方法都是重要的因素，如图10.19所示。

逆向工程的抽象层次和用来产生它的工具提交的设计信息是原来设计的仿真物，它是从源代码或目标代码中提取出来的。理想情况是抽象层次尽可能地高，也就是说，逆向工程过程应当能够导出过程性设计的表示（最低层抽象）、程序和数据结构信息（低层抽象）、数据和控制流模型（中层抽象）和实体联系模型（高层抽象）。随着抽象层次的增加，可以给软件工程师提供更多的信息，使得理解程序更容易。

逆向工程要求在体系结构再工程的马蹄铁模型中表示的每一个抽象层次上对程序进行理解活动。在每一个层次的抽象中发现的知识都建立在其下层抽象中收集的知识的基础之上。当开发出了一个充分准确的模型并给出完全的规格说明时，这个过程就结束了。下面分别在代码结构、功能和构架3个抽象层次上来考虑。

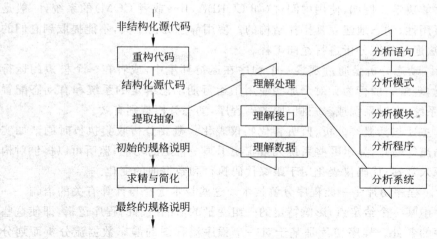

图 10.19 逆向工程过程

1. 代码结构表示

代码结构表示包括源程序代码和相关产物,例如通过词法/语法分析所得到的抽象语法树和程序流程图。为了理解源程序和现有文档,要做的事情包括以下4个方面:

(1) 人工阅读源程序代码。

(2) 提取现有制品。从遗留系统的代码结构表示中发现并编档元素以及元素间的关系。表 10.4 列出了典型情况下,从一个 COBOL 系统中提取出来的元素和它们的关系。

表 10.4 源元素和关系的典型集合

源元素	关系	目标元素	描述
程序元素	COPY	程序元素	在当前的程序元素中,包含另一个程序元素
段落或节	PERFORM	段落或节	传递执行控制,有效地调用一个子程序
数据部分	声明	变量或文件记录	在一个数据部分的变量声明
段落或节	CALL	程序元素	在可执行映像中,把控制传递给另一个程序
程序元素	FETCH	记录	一个记录的读访问
程序元素	STORE	记录	一个记录的写访问
程序元素	MODIFY	记录	一个记录的写访问
程序元素	DELETE	记录	一个记录的写访问

提取出来的元素和关系的特定集合依赖于系统的类型。例如,如果新系统是使用 Java 语言编写的,那么几乎所有的源元素、关系和目标元素都会改变。

(3) 静态分析。分析遗留程序的源代码,产生各种表格,如调用图、数据流和控制流、结构图、交叉引用表,以及数据类型和变量实例的定义/使用。

静态分析提供了构建抽象所必需的信息。可以从源代码、设计信息和编译时制品获取静态信息。但是,如果使用了多态、函数指针和运行时才能确定的(模板)参数等,通过静态分析很难捕捉到与运行期动态绑定相关的执行结构的信息。因为一个系统的精确的拓扑结构只有到运行时才能决定。例如,使用中间件(如 CORBA,Jini 或者 COM)的系统,一般是根据系统资源的可用性,动态地建立其拓扑结构的。使用静态分析工具,不能提取到它们的代码信息,也就无法通过静态分析进行逆向工程。

(4) 动态分析。动态分析是通过观察一个程序在运行环境中,或者在一个模拟的运行环境中的执行情况,理解它的行为。对于那些使用了运行期动态绑定的系统和有动态配置的系统,如分布式系统、实时系统或客户机/服务器程序,动态分析特别有效。

动态分析技术主要包括概要分析、监听和代码仪表化。概要分析收集执行时的诸如实际调用顺序和数据流等信息,显示哪些系统元素实现了某一特定的功能;监听可以提供对构件之间的交互的深入观察;代码仪表化用于跟踪代码执行和数据值的变化。

(5) 程序切片。程序切片是一族程序分解技术。这些技术选择与计算有关的语句。一个切片确定在程序中某一个给定点,影响特定的一组变量的值的所有的程序逻辑,即使这些程序段分布在程序的各处。程序切片是基于对一个程序流程图的静态数据流分析而划分的,它已被用到程序理解和软件维护中。

2. 功能结构表示

在理解了程序代码结构的表示之后,下一步就需要理解系统的功能结构表示。功能结构表示描述了程序中函数、数据和文件之间的关系。主要工作包括:

(1) 语义和行为模式匹配。语义和行为模式匹配与结构模式匹配相类似,但是它能用于发现动态行为。通过发现共享特定的数据流、控制流或具有动态(与程序执行有关)关系的源代码构件来确定行为模式。

(2) 重新制作文档。重新制作文档是逆向地为一个现有软件系统提供文档的过程。重构的文档主要用来帮助理解程序。这个过程是一种从源代码到伪代码和/或文本记叙的转化,它综合程序代码、其他文档及软件人员的知识,更新原来的代码文档。这种文档一般是文本形式的,但可以有图形表示(包括嵌入的注释、设计和程序规格说明),还可以采用通过超文本访问的链接文档等。重新制作文档过程的示意图如图 10.20 所示。

图 10.20 重新制作文档过程的示意图

(3) 剖面图识别。程序剖面图是源代码片段的抽象。通过比较的方法,可以在一个目标系统中,使用程序设计语言语义级的模式匹配,识别程序剖面图的实例。剖面图识别可以确定相似的代码片段,以使它们可以被合并起来。

(4) 聚合分层结构。聚合分层结构是通过把遗留程序代码中的元素分组而创建出来的制品。例如,使用这种方法可用于把对象聚集成一个通用的类层次。

(5) 重构。重构是改变一个软件系统的过程,它不改变代码的外部行为,但却改进内部结构。重构也可以被看做以一种训练有素的方式清除代码,这种方式使引入缺陷的机会最少。

3. 系统体系结构表示

系统体系结构表示把功能结构表示和代码结构表示中的一些制品组装成相应的构件或子系统。

(1) 结构模式匹配。通过结构模式匹配,把现有的设计模式库与使用静态分析技术挖掘的代码模式相匹配。

(2) 概念分配。概念分配首先是建立一个领域模型,描述程序与领域概念之间的关系,然后再把领域的概念分配给正在分析的源代码的元素。这些结果可以帮助维护人员理解源代码,并减少后果分析的成本。

(3) 系统体系结构确认。从模块视图、构件和连接器视图和部署视图等 3 个层次来理解一个遗留系统的体系结构。

10.7.5 系统体系结构的重构

系统体系结构的重构是最高抽象层次上的分析。在重构过程中,通过分析现有遗留系统,使用工具提取信息和在不同的抽象层次上构建系统模型,来获取一个新系统的体系结构。在这个过程中生成了体系结构的各种视图,这些视图有助于系统分析,并可以作为项目相关人员交流的一种方式。

1. 软件视图

软件视图是软件的一种表达形式。视图信息是视图中出现的特定信息,或是根据视图中信息分解而得到的知识构成的信息库。软件视图的实例包括:规格说明、数据流图(DFD)、源程序、度量值、静态分析报告、表明软件性能的测试数据等。视图编辑器可用于支持加入、浏览和变更视图信息。视图的示例如图 10.21 所示。

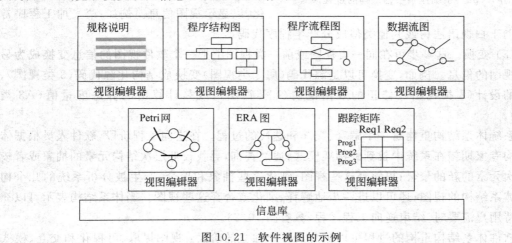

图 10.21 软件视图的示例

为了在系统体系结构重构的过程中对各种视图进行提取或生成,可对系统涉及的各种软件视图分类如下。

- 1 类视图:这是对系统的非过程性描述和/或元描述。如软件规格说明和数据库概念模式等。
- 2 类视图：这是对系统的伪过程性描述和/或面向体系结构的描述。如软件设计模型、PDL 描述和软件的体系结构等。
- 3 类视图：这是对系统的纯过程性描述或直接导出的信息。如源程序、数据、源程序中的数据定义、由视图分解得到的对象、关系和语法树等。
- A 类视图：这是伴随以上各类的分析视图。包括有：
  A1 类视图：这是对 1 类视图的分析信息，如规格说明文本的图索引。
  A2 类视图：这是有关 2 类视图的分析信息，如源模块的耦合度。
  A3 类视图：这是有关 3 类视图的分析信息，如源程序中的模块数。
- 信息库：这是有关软件的信息仓库。存放对象及其关系等。

2. 系统体系结构重构的模式

系统体系结构重构的模式为：在分解器中进行语法分析和语义分析之后，将相关信息送到信息库，信息库中的信息经过合成器，可以在软件再工程中生成各种视图和其他产品，以便进一步分析。

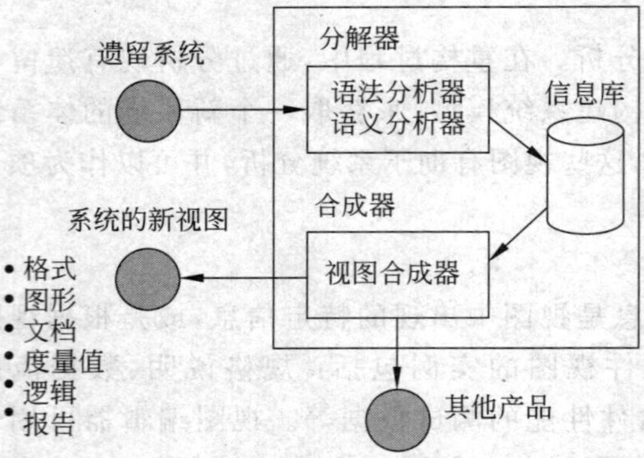

结构分析分成三步走：分解、合成和变换，如图 10.22 所示。

（1）分解。这一步把视图变换成信息库中存放的对象和关系。例如，编译器将程序分解为抽象的语法树表示。

（2）合成。这一步根据信息库中的信息生成视图信息。合成器（工具或完成合成工作的人）在信息库中寻找有关的对象和关系，组合成视图信息，然后根据要求将视图格式化，以显示视图信息。例如，语义加工程序常常借助于扫视语法树或其他类似成分产生程序代码。

图 10.22　系统体系结构重构的过程模式

（3）变换。这一步可在同一类视图或前一类视图上把一个软件视图的信息变换成为另一个视图的信息。例如，变换可以是源代码（属 3 类视图）变换成结构化源代码（3 类视图）、更新的设计（2 类视图）、修正的规格说明（1 类视图），或是计算出的静态度量值（A3 类视图）。

系统体系结构重构是一个解释、交互和迭代的过程。在逆向工程阶段，软件人员根据体系结构专家期望在系统中找到的构架模式，通过查询，寻找较低层次结构元素的抽象或者较低层次元素的新的聚合；再解释这些视图，细化这些抽象和聚合，产生被分析系统的几个构想的体系结构的视图；还可以进一步地解释、细化或舍弃这些视图。当体系结构表示可以充分支持用户需要时，结束逆向工程过程，参看图 10.23。

软件体系结构重构的过程可以被分成 3 个独立的阶段：视图提取、可视化和交互、模式定义和识别。

（1）视图提取：视图提取阶段根据知识库构建系统模型。这些视图可能是简单的，仅展示某些已经收集好的数据，也可能是复杂的，要协调和建立所收集到的数据之间的连接的聚合视图。例如，对于在运行期动态绑定的函数调用，通过静态分析无法确定实际调用了哪

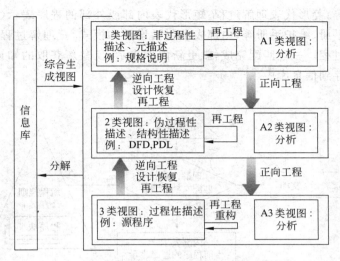

图 10.23 体系结构重构过程中有关视图的操作

个函数;而通过动态分析,则可根据一组给定的输入集合确定系统运行期间调用的到底是哪个函数。聚合静态视图和动态视图信息,可以获得比任一种单独的视图所能提供的信息还要完整和准确的信息。

(2) 可视化和交互:可视化和交互允许用户管理和操作视图。视图通常被表示为一个层次分解图。许多重构工具都提供了一组交互手段可用于管理和操作视图。这些手段包括产生不同外观或者基于不同类型的结点或边来过滤视图的能力。

(3) 模式定义和识别:模式定义和识别提供用于体系结构重构的机制。这些机制允许用户根据详细的视图,通过确定元素的聚合,把模式应用到低层的信息中,来构造抽象的视图。

10.7.6 程序理解策略和模型

程序理解策略是用来重构系统软件模型的手段,它包含了软件人员在程序理解过程中的思维方式和行为动作。从软件心理学和认知学的角度,通过对维护人员和维护人员理解过程的研究,总结出 3 种理解策略,并且提出若干相应的模型。

1. 自顶向下的程序理解策略

自顶向下理解策略的原则是维护人员从程序的顶层开始,以从上到下的方式逐步理解下层细节。主要的自顶向下模型有 Soloway 模型等。Soloway 在他的模型中采用自顶向下的方法,根据所拥有的知识和假设,把系统分解成能够在代码中实现的预料中的子系统,然后逐个分解每个子系统直到实现既定功能的一个个代码块。用这种方法构造的智力模型由目标和设计的层次构成,利用论述规则把目标分解成设计,继而分解成更低层的设计。该模型使用 3 种不同的设计类型:

(1) 战略性设计,它描述程序中的整体策略;
(2) 策略性设计,它与局部的问题解决策略有关;
(3) 实现性设计,它考虑实现策略格局的语言的特征。

图 10.24 给出了 Soloway 模型的三个主要成分。其中三角形代表知识,常见的如编程

规则和论述规则等;菱形代表理解过程;矩形代表内部或外部的程序表示(外部表示包括了文档、代码、用户手册、维护手册等,内部表示包括设计和模式)。理解过程是从外部表示到编程设计的匹配过程。一旦匹配完成,就更新内部表示,反映新获取的知识,并将这些新获取的思维表示保存到信息库中。

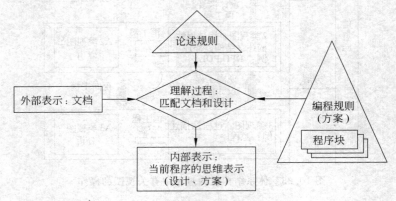

图 10.24 Soloway 模型

通常,在代码或代码类型已知的情况下可采用这种模型。

2. 自底向上的理解策略

自底向上理解策略的原则是软件人员自底向上认知程序的模式,聚合这些模式可以得到更有意义的高层结构,然后再按照自底向上的方式把这些高层结构聚合在一起,构成更大的结构,直到程序被完全理解。在构造的过程中使用了交叉引用表,可把过程层或语句层的表示直接映射到功能层表示。更高层次的设计可让维护人员重新考虑程序模型并做出必要的变更和改进。

图 10.25 给出的 Pennington 模型是典型的自底向上的理解模型。在 Pennington 模型中,理解过程分为两个不同的思维表示:程序模型和状况模型。维护人员拿到程序代码时,首先创建控制流程图,这种思维表示被称之为程序模型。这种自底向上所构建的表示是程

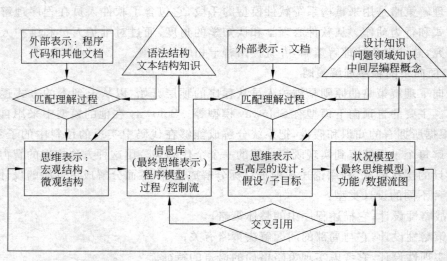

图 10.25 Pennington 模型

序中代码控制的基本块。状况模型则建立在程序模型之后,它也是按照自底向上方式构造的,是数据流图/功能的抽象。

模型需要现实世界的领域知识,一旦达到程序的目标就完成了状况模型。在图 10.25 中,左半部分构建了程序模型,右半部分构建了状况模型。文本结构知识和外部表示(程序代码、设计文档等)都是理解过程的输入部分,其中文本结构知识包括控制流、程序结构、语法、编程风格、基本控制结构(如顺序、循环或条件)等知识。代码语句相互之间的关系形成了微观结构。微观结构则构成宏观结构。

3. 机会主义的理解策略

在实际工作中,程序理解过程很少像上述这些模型所描述的那样定义完备。所以,Von Mayrhauser 和 Vans 提出了使用一种集成模型的机会主义的理解策略。他们的研究发现,理解过程是自顶向下与自底向上这两种方法的结合过程。集成模型包括 4 个主要部分,即程序模型、状况模型、自顶向下模型和知识库。当对代码熟悉时,使用自顶向下模型,而对代码完全不熟悉时,使用自底向上模型,通过这种灵活的方式推进理解过程。知识库能够帮助对其他 3 个部分模型的构造,每个模型均由代码的中间表示以及建立这种中间表示的策略构成,知识库融合了以前需要的相关信息和知识。在理解过程中,新的信息被开发出来放在知识库中以便将来使用。

10.7.7 影响程序理解的因素及对策

正确、完整、快速地理解程序意味着程序理解的效率高。在程序理解过程中,维护人员要尽可能多地搜集信息(程序文档、源代码、程序的组织与表示等),而这些信息的完整性、易读性、可靠性都直接影响理解的效率。另外,软件人员自身的专业知识和应用领域知识也很重要,这些都是影响程序理解的因素,针对这些因素,可采用下列对策。

1. 提高维护人员的素质

维护人员是软件理解过程的主体,所以维护人员自身的素质直接影响理解的效率。维护人员在应用领域或编程语言方面的经验越多,越容易理解程序以及整个软件系统。因此,应该多给维护人员培训的机会,提高他们的专业水平,使维护团队的整体素质得到提高。另外,还应该拓宽维护人员的知识领域。例如,若要理解的是某个应用在金融领域的系统,在理解的开始,就应该邀请该领域的专家对理解者做相应的培训工作,拓宽他们的知识面,帮助他们较快地进入到软件理解的环境中去。

2. 科学地管理开发过程

程序理解是在现有系统和保存信息的基础上进行的,所以程序理解活动中经常要咨询系统开发时的参与者。但这存在一定的困难,原因之一可能是这些工作人员任务繁重,或是由于遗忘,很难配合维护人员的工作;也可能这些人已经离开了本单位,根本无法咨询。所以,在系统开发时就应该采取科学的管理。它包含两层含义:一是保留所有有关的文档,并做到及时更新。例如从最初的需求规格说明,系统设计文档到维护文档,都要做到妥善保存、及时更新。这些信息都直接影响到维护人员搜集信息的质量。二是要注意系统的实现问题,例如命名风格、注释、嵌套层次,最好使用统一的规则,这些都直接影响维护人员理解的容易程度和深度。

3. 有效地使用自动化辅助工具

阅读源代码是程序理解的一项重要活动，但是阅读别人的代码是枯燥乏味而且困难的工作，所以开发辅助工具是软件理解的一项重要研究内容，并且在这一领域已经有了很多成果。这些工具能以更清晰、更可读、更可理解的方式组织和表示源代码，把人们从烦琐的代码阅读中解放出来。常见的辅助工具有程序切分器、静态分析器、动态分析器等。程序切分器能够帮助维护人员选择并只观察要修改和受修改影响的程序部件，不受其他无关部件的干扰，显示数据链和相关特征，使维护人员能够跟踪变更的影响。静态分析器能够帮助维护人员快速提取模块、过程、变量、数据元素、对象与类、类层次结构等信息。在理解过程中，维护人员应该使用这些工具，提高理解效率。

参考文献

[1] 计算机软件工程规范国家标准汇编.北京:中国标准出版社,2003.
[2] 教育部高等学校计算机科学与技术教学指导委员会.高等学校计算机科学与技术专业发展战略研究报告暨专业规范(试行).北京:高等教育出版社,2006.
[3] 国家标准化管理委员会.GB/T 11457:2006 软件工程术语.北京:中国标准出版社,2006.
[4] 国家标准化管理委员会.GB/Z 20157:2006 软件工程 软件维护.北京:中国标准出版社,2006.
[5] 国家标准化管理委员会.GB/T 8567:2006 计算机软件文档编制规范.北京:中国标准出版社,2006.
[6] 郑人杰,殷人昆,陶永雷.实用软件工程(第二版).北京:清华大学出版社,1997.
[7] Roger Pressman.软件工程——实践者的研究方法.郑人杰,马素霞,白晓颖,等译.6版.北京:机械工业出版社,2007.
[8] Ian Sommerville.软件工程.程成,陈霞,等译.6版.北京:机械工业出版社,2003.
[9] Alain Abran. James W. Moore. Guide to Software Engineering Body of Knowledge(SWEBOK), IEEE-2004 Version.
[10] Stephen R. Schach.面向对象与传统软件工程.韩松,邓迎春,李萍,等译.北京:机械工业出版社,2003.
[11] 张海藩.软件工程导论.5版.北京:清华大学出版社,2008.
[12] 金敏,周翔.高级软件开发过程——Rational统一过程、敏捷过程与微软过程.北京:清华大学出版社,2005.
[13] 赵池龙,杨林,孙伟.实用软件工程.2版.北京:电子工业出版社,2006.
[14] 叶俊民.软件工程.北京:清华大学出版社,2006.
[15] 朱三元,钱乐秋,宿为民.软件工程技术概论.北京:科学出版社,2002.
[16] 万江平.软件工程.北京:清华大学出版社 & 北京交通大学出版社,2006.
[17] Philippe Kruchten. Rational统一过程引论.周伯生,吴超英,王佳丽,译.(原书第2版).北京:机械工业出版社,2002.
[18] Ivar Jacobson, Grady Booch, James Rumbaugh.统一软件开发过程.周伯生,冯学民,樊东平,译.北京:机械工业出版社,2002.
[19] 钱乐秋,赵文耘,牛钧钰.软件工程.北京:清华大学出版社,2007.
[20] 齐治昌,谭庆平,宁洪.软件工程.2版.北京:高等教育出版社,2004.
[21] 孙家广,刘强.软件工程——理论、方法与实践.北京:高等教育出版社,2005.
[22] 郭宁,杨一平.软件工程实用教程.北京:人民邮电出版社,2006.
[23] 吴洁明,袁山龙.软件工程应用实践教程.北京:清华大学出版社,2003.
[24] 董兰芳,刘振安,等.UML课程设计.北京:机械工业出版社,2005.
[25] Grady Booch, James Rumbaugh, Ivar Jacobson. UML用户指南.邵维忠,麻志毅,张文娟,孟祥文,译.北京:机械工业出版社,2001.
[26] James Rumbaugh, Ivar Jacobson, Grady Booch. UML参考手册.李嘉兴,王海鹏,潘加宇,译.2版.北京:机械工业出版社,2005.
[27] 徐宝文,周毓明,卢红敏.UML与软件建模.北京:清华大学出版社,2006.
[28] 吴建,郑潮,汪杰.UML基础与Rose建模案例.北京:人民邮电出版社,2004.
[29] 冀振燕.UML系统分析设计与应用案例.北京:人民邮电出版社,2003.
[30] 王少锋.面向对象技术UML教程.北京:清华大学出版社,2004.
[31] Swapna Kishore,Rajesh Naik.软件需求与估算.丁一夫,柳剑锋,译.北京:机械工业出版社,2004.

[32] Dean Leffingwell, Don Widrig. 软件需求管理——统一方法. 蒋慧, 林东, 译. 北京: 机械工业出版社, 2002.

[33] Ian Sommerville, Pete Sawyer. 需求工程. 赵文耘, 叶恩, 译. 北京: 机械工业出版社 & 中信出版社, 2003.

[34] Jim Arlow, Ila Neustadt. UML 和统一过程——实用面向对象的分析与设计. 方贵宾, 李侃, 张罡, 译. 北京: 机械工业出版社, 2003.

[35] Leszek A. Maciaszek. 需求分析与系统设计. 金芝, 译. 北京: 机械工业出版社 & 中信出版社, 2007.

[36] Soren Lauesen. 软件需求. 刘晓晖, 译. 北京: 电子工业出版社, 2002.

[37] Suzanne Robertson, James Robertson. 掌握需求过程. 王海鹏, 译. 北京: 人民邮电出版社, 2003.

[38] John W. Satzinger, Robert B. Jackson, Stephen D. Burd. 系统分析与设计. 朱群雄, 汪晓男, 等译. 北京: 机械工业出版社 & 中信出版社, 2002.

[39] Geri Schneider, Jason P. Winters. 用例分析技术. 姚淑珍, 李巍, 等译. (原书第 2 版). 北京: 机械工业出版社 & 中信出版社, 2002.

[40] Timothy C. Lethbridge, Robert Laganière. 面向对象软件工程. 张红光, 温遇华, 徐巧丽, 张楠, 译. 北京: 机械工业出版社, 2003.

[41] Bend Bruegge, Allen H. Dutoit. 面向对象的软件工程——构建复杂且多变的系统. 吴丹, 唐忆, 申震杰, 译. 北京: 清华大学出版社, 2002.

[42] Bend Bruegge, Allen H. Dutoit. 面向对象软件工程. 叶俊民, 汪望珠, 译. 2 版. 北京: 清华大学出版社, 2006.

[43] Jackson M. A. Principles of Program Design. Academic Press, 1975.

[44] Belady L. Foreword to Software Design: Methods and Techniques. Yourdon Press, 1981.

[45] 张友生, 等. 软件体系结构. 2 版. 北京: 清华大学出版社, 2006.

[46] Shaw M., D. Garlan. Software Architecture. Prentice-Hall, 1996.

[47] Clemens Szyperski, Dominik Gruntz, Stephan Murer. 构件化软件——超越面向对象编程. 王千祥, 等译. 2 版. 北京: 电子工业出版社, 2004.

[48] Bass L., P. Clements, R. Kazman. Software Architecture in Practice. 2nd ed. Addison Wesley, 2003.

[49] Erich Gamma, Richard Helm, Ralph Johnson, John Vlissides. 设计模式——可复用面向对象软件的基础. 李英军, 马晓星, 蔡敏, 刘建中, 译. 北京: 机械工业出版社, 2000.

[50] 周之英. 现代软件工程(下). 北京: 科学出版社, 2000.

[51] 陈世忠. C++ 编码规范. 北京: 人民邮电出版社, 2002.

[52] Stephen C. Dewhurst. C++ 程序设计陷阱. 陈君, 等译. 北京: 中国青年出版社, 2003.

[53] 王振宇. 程序复杂性度量. 北京: 国防工业出版社, 1997.

[54] 张凯. 软件复杂性与质量控制. 北京: 中国财政经济出版社, 2005.

[55] 古乐, 史九林. 软件测试技术概论. 北京: 清华大学出版社, 2004.

[56] 朱少民. 软件质量保证和管理. 北京: 清华大学出版社, 2007.

[57] 贺平. 软件测试教程. 北京: 电子工业出版社, 2006.

[58] 苏秦, 何进, 张涞贤. 软件过程质量管理. 北京: 科学出版社, 2008.

[59] 周伟明. 软件测试实践. 北京: 电子工业出版社, 2008.

[60] 飞思科技产品研发中心. 实用软件测试方法与应用. 北京: 电子工业出版社, 2003.

[61] William E. Perry. 软件测试的有效方法. 蓝雨晴, 高静, 等译. 北京: 机械工业出版社 & 中信出版社, 2004.

[62] G. Gordon Schulmeyer, James I. McManus. 软件质量保证. 李怀璋, 武占春, 王青, 等译. (原书第 3 版). 北京: 机械工业出版社, 2003.

[63] Daniel Galin. 软件质量保证——从理论到实现. 王振宇,陈利,王志海,等译. 北京：机械工业出版社,2004.

[64] Cem Kaner,Jack Falk,Hung Quoc Nguyen. 计算机软件测试. 王峰,陈杰,喻琳,译.（原书第 2 版）. 北京：机械工业出版社 & 中信出版社,2004.

[65] Paul C. Jorgensen. 软件测试. 韩柯,杜旭涛,译.（原书第 2 版）. 北京：机械工业出版社,2003.

[66] John D. McGregor,David A. Sykes. 面向对象的软件测试. 杨文宏,李新辉,杨洁,等译. 北京：机械工业出版社 & 中信出版社,2002.

[67] 郑人杰. 计算机软件测试技术. 北京：清华大学出版社,1992.

[68] William E. Perry. 软件测试的有效方法. 高猛,冯飞,徐璐,译. 3 版. 北京：清华大学出版社,2008.

[69] Robert V. Binder. 面向对象系统的测试. 华庆一,王斌君,陈莉,译. 北京：人民邮电出版社,2001.

[70] 朱少民. 软件测试方法和技术. 北京：清华大学出版社,2005.

[71] William E. Lewis,Gunasekaran Veerapillai. 软件测试与持续质量改进. 陈绍英,张河涛,刘建华,金成姬,译. 2 版. 北京：人民邮电出版社,2008.

[72] 徐芳. 软件测试技术. 北京：机械工业出版社,2006.

[73] 曲朝阳,刘志颖,等. 软件测试技术. 北京：中国水利水电出版社,2006.

[74] Ron Patton. 软件测试. 张小松,王钰,曹跃,等译.（原书第 2 版）. 北京：机械工业出版社,2006.

[75] 徐宏喆,陈建明,等. UML 自动化测试技术. 西安：西安交通大学出版社,2006.

[76] 赵斌. 软件测试技术经典教程. 北京：科学出版社,2007.

[77] 张大方,李玮. 软件测试技术与管理. 长沙：湖南大学出版社,2007.

[78] Glenford J. Myers,et al. 软件测试的艺术. 王峰,陈杰,译.（原书第 2 版）. 北京：机械工业出版社,2006.

[79] 林宁,孟庆余. 软件测试实用指南. 北京：清华大学出版社,2004.

[80] James Martin,Carma McClure. 软件维护——问题与解决. 谢莎莉,文胜利,薛非,译. 北京：机械工业出版社,1990.

[81] Serge Demeyer,Stéphane Ducasse,Oscar Niersrasz. 软件再造——面向对象的软件再工程模式. 莫倩,王恺,译. 北京：机械工业出版社,2004.

[82] Martin Fowler. 重构改善既有代码的设计. 侯捷,熊节,译. 北京：中国电力出版社,2003.

[83] Penny Grubb,Armstrong A. Takang. 软件维护：概念与实践. 韩柯,孟海军,译. 2 版. 北京：电子工业出版社,2004.

[84] 国家标准化管理委员会,GB/T 16260.1-2006 软件工程产品质量第 1 部分：质量模型,北京：中国标准出版社,2006.

图书资源支持

感谢您一直以来对清华版图书的支持和爱护。为了配合本书的使用,本书提供配套的资源,有需求的读者请扫描下方的"书圈"微信公众号二维码,在图书专区下载,也可以拨打电话或发送电子邮件咨询。

如果您在使用本书的过程中遇到了什么问题,或者有相关图书出版计划,也请您发邮件告诉我们,以便我们更好地为您服务。

我们的联系方式:

地　　址:北京市海淀区双清路学研大厦 A 座 714

邮　　编:100084

电　　话:010-83470236　010-83470237

客服邮箱:2301891038@qq.com

QQ:2301891038(请写明您的单位和姓名)

资源下载: 关注公众号"书圈"下载配套资源。

资源下载、样书申请

书 圈

图书案例

清华计算机学堂

观看课程直播